Birgit Ueckerdt

Aufgabensammlung
Mathematik
für BWL-Studenten

tredition Verlag

Ueckerdt, Birgit
Hochschule für Wirtschaft und Recht Berlin

ISBN 978-3-7345-7972-1 (Paperback)
ISBN 978-3-7345-7973-8 (Hardcover
ISBN 978-3-7345-7974-5 (e-book)

tredition Verlag 2017

Aufgabensammlung Mathematik für BWL-Studenten

Zum Geleit

Die Mehrheit bringt der Mathematik Gefühle entgegen, wie sie nach Aristoteles durch die Tragödie geweckt werden sollen, nämlich Mitleid und Furcht. Mitleid mit denen, die sich mit der Mathematik plagen müssen, und Furcht: dass man selbst einmal in diese gefährliche Lage geraten könne.

Paul Epstein (1883 - 1966)

Dieses Zitat spricht sicherlich vielen BWL-Studenten aus der Seele, die sich in der Mathematik-Ausbildung erst mal hoffnungslos überfordert fühlen und häufig mehrere Klausurversuche benötigen, um zumindest die Grundanforderungen zu bewältigen. Einige müssen ihr BWL-Studium aus diesem Grund sogar aufgeben. Logisches Denken fällt manchem leicht, anderen sehr schwer, aber es ist erlernbar. Je größer die Probleme dabei sind, umso mehr Übung ist erforderlich. Um Ihnen dies zu erleichtern, habe ich diese Aufgabensammlung zusammengestellt. Zum Einstieg gibt es am Beginn jedes Abschnitts ein komplett durchgerechnetes Einführungsbeispiel, das deutlich anspruchsvoller ist als die ersten Übungsaufgaben des betreffenden Abschnitts. Begonnen wird dann in der Regel mit einfacheren, teils reinen Rechenaufgaben. Sachbezogene Aufgaben folgen. Aufgaben oder Teilaufgaben, die mit einem * gekennzeichnet sind, sind schwieriger als der Rest. Dabei ist es nicht erforderlich, alle Aufgaben des betreffenden Abschnitts zu lösen. Aus Aufgaben des zweiten und dritten Kapitels lassen sich jederzeit neue Probeklausuren zusammenstellen, notfalls auch noch zur Vorbereitung einer zweiten oder dritten Klausur, obwohl diese bei guter Vorbereitung der Erstklausur vermutlich nicht mehr erforderlich sind.

Wie der Titel bereits sagt, handelt es sich hier um eine Aufgabensammlung, nicht um ein Lehrbuch. Was eine partielle Ableitung ist, eine Elastizität oder ein totales Differential und wie die Simplex-Methode funktioniert, sollte aus dem Mathematik-Unterricht bekannt sein oder es bedarf eines Lehrbuchs, um sich dies zu erarbeiten. Im Literaturverzeichnis finden Sie diesbezüglich einige Empfehlungen, viele andere Lehrbücher sind dazu jedoch genauso gut geeignet. Bei vielen Studenten beginnen die Probleme mit der Mathematik nicht erst beim Ableiten. Rechenregeln der Bruchrechnung, sowie der korrekte Umgang mit Potenzen, Wurzeln und Logarithmen und nicht zuletzt die Umstellung einer Gleichung nach einer Variablen, die lange vor dem Abitur in der Schule behandelt wurden, sind zu Studienbeginn weitgehend vergessen oder sogar gänzlich unbekannt. Diese werden jedoch z.B. im Rahmen der Kurvendiskussion und bei der Bestimmung relativer Extrema von Funktionen mit einer oder mehreren Veränderlichen benötigt. Mancher rechnet hier einfach so, wie er denkt, und nutzt dabei sehr kreative Rechenregeln, die nur leider nicht gelten. Um solche Lücken zu schließen, ist dem im BWL-Studium behandelten Stoff ein Brückenkurs voran gestellt. Der Lösungsteil enthält auch Hinweise zu häufigen Fehlern, die regelmäßig in Mathematik-Klausuren auftreten, obwohl dieses Schulwissen im BWL-Studium gar nicht unmittelbar abgeprüft wird.

Dabei gibt es keinen einfachen und kurzen Weg, dies alles schnell zu erlernen. Man braucht Zeit, Geduld und vor allem sehr viel Übung. Die ausführlichen Lösungen oder ein guter Nachhilfelehrer können dabei helfen, aber Denken, Erfahrung und Rechnen kann Ihnen niemand abnehmen. Insbesondere gehört es zum Lernprozess, auch Fehler zu machen, deren Ursachen zu erkennen und diese künftig zu vermeiden. Eine häufige Fehlerquelle ist, wie schon erwähnt, die Nutzung frei erfundener Rechenregeln. Wer sich im Eiltempo nur die Lösungen anschaut, wird wenig von diesem Buch profitieren. Dabei lernt er weder, den richtigen Ansatz zur Lösung einer Aufgabe zu finden, z.B. zu erkennen, welche Ableitungsregel erforderlich ist, noch macht er Fehler, mit denen er sich beim Vergleich mit der angegebenen Lösung auseinandersetzen muss. Das ist wie Schwimmtraining nur durch Bewegungsübungen auf dem Trockenen, Radfahrtraining ohne Rad oder Reittraining ohne Pferd. Auch Kleinkinder lernen nicht Laufen, indem man mit ihren Beinen die Laufbewegungen ausführt. Ohne eigene praktische Erfahrung geht es nicht, auch nicht in der Mathematik. Immer wieder fragen mich Studenten, ob sie in der Klausur nicht wenigstens den Lösungsweg erläutern können, wenn sie es nicht schaffen, die Lösung danach zu ermitteln. Nein, das reicht nicht. Wenn Ihr Fernsehgerät defekt ist, möchten Sie auch, dass der bestellte Monteur es repariert und nicht, dass er Ihnen sagt, was Sie tun müssten, um es wieder in Gang zu setzen. Wenn Sie Erklärungen abgeben wollen, sollten Sie Politiker werden, nicht Betriebswirt. Von einem Betriebswirt wird erwartet, dass er rechnen kann. Er sollte Kosten und Preise von Produkten und Leistungen kalkulieren, ein Werbebudget verwalten und gezielt einsetzen oder Verkaufsflächen aufteilen können, um einen maximalen Umsatz zu erwirtschaften. Ihre Ideen dazu können Sie umso erfolgreicher präsentieren, je besser Sie Kosten und Nutzen der vorgeschlagenen Maßnahmen belegen, je exakter Sie diese kalkulieren können. Ein sicherer Umgang mit Formeln, Zahlen und Modellen, angefangen mit der Prozentrechnung, ist dabei sehr hilfreich.

Wenn sich dann erste Erfolge einstellen, verliert die Mathematik allmählich ihren Schrecken. Wenn Sie dann auch noch entdecken, dass diese Mathematik sogar etwas mit Ihrem täglichen Leben und der Wirtschaft zu tun hat, finden Sie am Ende vielleicht sogar Spaß daran. Die Aufgaben und Beispiele stammen aus jahrzehntelanger Tätigkeit in der Hochschulausbildung von Betriebswirten in Mathematik und Statistik, davon die letzten 20 Jahre im dualen Studium der HWR Berlin. Viele Beispiele habe ich in meinem Unterricht verwendet, die meisten stammen jedoch aus Mathematik-Klausuren des Fachbereichs Duales Studium der HWR. In diesem Zusammenhang möchte ich mich bei meinen Kolleginnen an der HWR Karin Krüger und Karin Brinner für ihre Unterstützung bedanken, von denen zahlreiche Übungsaufgaben und Ideen dazu stammen. Die betreffenden Aufgaben sind gekennzeichnet.

Die in den Aufgaben verwendeten Preis-Absatz-, Umsatz-, Gewinn- und Kostenfunktionen sind frei erfunden. Ähnlichkeiten mit dem wirklichen Leben sind zwar beabsichtigt aber keineswegs gewährleistet, selbst dann nicht, wenn sie sich auf reale Produkte beziehen. So lassen sich für Preis-Absatz-Funktionen z.B. folgende Ansätze verwenden:

$$A_1(p) = a - b\,p \qquad A_2(p) = a - b\,ln\,p \qquad A_3(p) = a - b\sqrt{p}$$

$$A_4(p) = a + \frac{b}{p} \qquad A_5(p) = e^{a-bp} \qquad A_6(p) = e^{a+b/p} \qquad \text{usw.} \; .$$

Allen ist gemeinsam, dass sich bei positiven Werten der Parameter a und b mit wachsendem Preis p die absetzbare Menge des betrachteten Produkts verringert. Das ist ökonomisch plausibel. Ich habe bei den Übungsaufgaben verschiedene dieser Funktionen eingesetzt, die jedoch auch durch andere Ansätze ersetzbar wären. Die dargestellten Zusammenhänge sind generell stark vereinfacht, es werden nur wenige Einflussgrößen einbezogen, die Realität ist wesentlich komplexer. Insbesondere wurden für die Konstanten möglichst einfache und glatte Werte gewählt, um die Rechnungen zu erleichtern. Darüber hinaus wurde bei allen durchgeführten Rechnungen auf Angaben zu den Dimensionen der Variablen und Konstanten verzichtet. Diese werden erst im Ergebnis hinzugefügt oder bei der Interpretation der ermittelten Werte genannt. Das gleiche gilt auch für die lineare Algebra. Viele der verwendeten Modelle sind realistisch, jedoch stark vereinfacht. Die Koeffizienten wurden dabei so gewählt, dass die Rechnung möglichst einfach ist und zu weitgehend ganzzahligen Ergebnissen führt. Die Ideen zu den Aufgaben stammen aus Nachrichten- oder Wirtschaftssendungen oder entsprechenden Zeitungsmeldungen (wie die Aufgaben zur Aufteilung einer Erbschaft im 1. Kapitel, die Aufgabe zu Tonerkassetten für Laserdrucker, die Aufgabe zum Puppenkrieg zwischen Barbie und Bratz im 2. Kapitel, die Aufgaben zu Preiserhöhungen für Milchprodukte, die Aufgabe zum Wohnungsbau für Flüchtlinge, die Aufgabe zum Ökostrom, die Aufgaben zum Download von Videos, das Beispiel zu einem TV-Reisemagazin und die Aufgabe zu einer Partnervermittlung im 3. Kapitel). Weitere Anregungen sind Projektberichten und Bachelor Thesis dualer Studenten der HWR entlehnt, die in ihren Unternehmen mit solchen oder ähnlichen Problemen zu tun hatten (wie die Aufgabe zum Personalcontrolling, die Aufgabe Bahn versus HKX, die Aufgaben zur Verkaufsflächenoptimierung im 2. Kapitel, die Aufgaben zur Werbung und zu Maklerannoncen und die Aufgabe zur Preissenkung von Medikamenten nach Auslaufen der Schutzfrist im 3. Kapitel. In anderen Aufgaben spiegeln sich Erfahrungen aus dem täglichen Leben wider. Dabei beginnen die Probleme mit der Mathematik bei vielen Studenten bereits mit der mathematischen Formulierung der Aufgabenstellung, mit dem Aufstellen der entsprechenden Gleichungen oder Ungleichungen. Das ist jedoch genau der Teil, der zur Nutzung der Mathematik in der Praxis unbedingt erforderlich ist, und den keine Software dem Betriebswirt abnehmen kann. In der späteren Berufspraxis ist dieser Teil sogar der wichtigste. Auch das lässt sich anhand der verschiedenen Aufgaben üben.

Trotz mehrfachen Korrekturlesens kann ich Druckfehler nicht ausschließen und bitte dafür schon vorab um Entschuldigung, ebenso wie für die unprofessionellen Grafiken, da mir weder ein sachkundiger Lektor noch ein Grafiker zur Verfügung stand. Dessen ungeachtet wünsche ich allen viel Erfolg beim Lösen der Aufgaben und hoffe, dass es Ihnen nach anfänglichen Mühen am Ende sogar ein bisschen Freude bereitet und vor allem zum Erfolg führt.

Birgit Ueckerdt

1 Brückenkurs Mathematik

1.1 Bruchrechnung

Beispiel: **Testament und Erbschaft**

Nach dem von den Eheleuten verfassten gemeinsamen Testament erbt nach dem Tod des Ehemannes seine Frau die Hälfte seines Vermögens. Der Rest soll an die 3 Kinder und 4 Enkel so aufgeteilt werden, dass jedes Kind und jedes Enkelkind den gleichen Anteil erhält, wobei der Erbteil eines Kindes doppelt so hoch sein soll wie der eines Enkels. Insgesamt beträgt die Erbschaft 180 000 €.

Bestimmung der Erbteile aus dem Vermögen des Vaters nach dem Testament

Anteil der Ehefrau: ½   Anteil eines Kindes: x Anteil eines Enkels: y .

Das ergibt folgende Vermögensaufteilung: $\dfrac{1}{2}+3x+4y=1$

Da der Erbteil eines Kindes doppelt so hoch sein soll wie der eines Enkels, ist $x = 2y$.

Eingesetzt in die obige Gleichung erhält man: $\dfrac{1}{2}+3\cdot 2y+4y=\dfrac{1}{2}+10y=1$

Daraus folgt dann, dass $10\,y=\dfrac{1}{2}$ und damit $y=\dfrac{1}{20}=0,05$ und $x=2\,y=\dfrac{1}{10}=0,1$

ist. Damit erbt jedes Kind ein Zehntel (oder 10 %) des hinterlassenen Vermögens und jeder Enkel ein Zwanzigstel (oder 5 %). Die Höhe der Erbschaft der Ehefrau wird mit E_F, die eines Kindes mit E_K und die eines Enkels mit E_E bezeichnet. Somit entfallen

auf die Ehefrau: $E_F =180000\cdot\dfrac{1}{2}=90000€$ (E_F = Erbschaft der Ehefrau)

auf jedes Kind: $E_K =180000\cdot\dfrac{1}{10}=18000\ €$ (E_K = Erbschaft eines Kindes)

und auf jeden Enkel: $E_E =180000\cdot\dfrac{1}{20}=9000\ €$ (E_E = Erbschaft eines Enkels).

Probe

Die Summe der Erbanteile der Kinder und Enkel muss ½ ergeben. Das ist aufgrund von

$$3x+4y=3\cdot\dfrac{1}{10}+4\cdot\dfrac{1}{20}=\dfrac{3}{10}+\dfrac{2}{10}=\dfrac{5}{10}=\dfrac{1}{2}$$

der Fall.

Von den drei Kindern sind zwei Töchter, die beide verheiratet sind und jeweils zwei Kinder haben. Das jüngste Kind ist ein Sohn, der allein lebt. Die Familien der Töchter erben damit jeweils:

$$x+2y=\dfrac{1}{10}+2\dfrac{1}{20}=\dfrac{2+2}{20}=\dfrac{4}{20}=\dfrac{1}{5}$$

bzw. $E_K +2\,E_E =180000\cdot\dfrac{1}{5}=36000\ €$.

Der Sohn erhält mit 18 000 € dagegen nur halb so viel wie die Familien seiner Schwestern. Er findet diese Aufteilung ungerecht. Wenn es kein Testament gäbe, stünde gemäß der gesetzlichen Erbfolge der Ehefrau die Hälfte des Erbes zu. Von dem Rest erhielte jedes der drei Kinder den gleichen Anteil, das wäre jeweils

$$\frac{1}{2} \cdot \frac{1}{3} = \frac{1}{6}$$ des Vermögens des Vaters bzw. $180\ 000/6 = 30\ 000\ €$,

während die Enkel leer ausgingen. Der Anwalt, den er aufsucht, empfiehlt ihm, gegen die Aufteilung des Testaments zu klagen, denn ungeachtet der Regelungen des Testaments steht ihm die Hälfte seines gesetzlichen Erbteils als Pflichtteil zu. Vor Gericht erhält er recht und bekommt den Pflichtteil zugesprochen.

Neubestimmung der Erbteile nach der Gerichtsentscheidung

Bei der Neubestimmung der Erbanteile wird der Anteil des Sohnes mit x_S, der seiner Schwestern (Geschwister) mit x_G und der der Enkel wieder mit y bezeichnet. Die zugehörigen Erbschaften werden mit E_S, E_G und E_E bezeichnet.

Gesetzlicher Erbteil des Sohnes: $$\frac{1}{2} \cdot \frac{1}{3} = \frac{1}{6}$$

Pflichtteil: $$x_S = \frac{1}{2} \cdot \frac{1}{6} = \underline{\frac{1}{12}}$$

Damit erhält er den Betrag: $$E_S = 180000 \cdot x_S = 180000 \cdot \frac{1}{12} = 15000\ €\ .$$

Da das weniger ist als er nach dem gemeinsamen Testament der Eltern erhalten hätte, sucht er den Anwalt erneut auf, um sich bei diesem über die schlechte Beratung zu beschweren. Der Anwalt weist dies mit der Begründung zurück, dass er ihn juristisch völlig korrekt beraten hätte, rechnen müsse er schließlich selbst. Er, der Anwalt, sei schließlich kein Mathematiker.

Den Rest des Erbes, die Mutter erhält auch hier einen Anteil von 50 %, teilen sich die beiden Geschwister und ihre Kinder wie geplant.

Rest: $$\frac{1}{2} - \frac{1}{12} = \frac{6-1}{12} = \frac{5}{12}$$

Aufteilung des Rests: $$2x_G + 4y = \frac{5}{12}\ .$$

Da gemäß dem Wunsch der Eltern, die Kinder doppelt so viel erhalten sollen wie die Enkel, ergibt das:

$x_G = 2y$ $\rightarrow$ $2 \cdot 2y + 4y = 8y = \dfrac{5}{12}$, so dass

die Enkel: $$y = \frac{5}{12 \cdot 8} = \underline{\frac{5}{96}}$$ bzw. $$E_E = 180000 \cdot \frac{5}{96} = 9\ 375\ €$$

und die Geschwister: $$x_G = 2y = \frac{2 \cdot 5}{96} = \underline{\frac{5}{48}}$$ bzw. $$E_G = 180000 \cdot \frac{5}{48} = 18\ 750\ €$$

erhalten.

Probe

Die Summe der Erbanteile der Kinder und Enkel muss ½ ergeben. Dabei ist:

$$x_S + 2x_G + 4y = \frac{1}{12} + 2 \cdot \frac{5}{48} + 4 \cdot \frac{5}{96} = \frac{1}{12} + \frac{5}{24} + \frac{5}{24} = \frac{2+10}{24} = \frac{12}{24} = \frac{1}{2} \quad .$$

Als die Mutter Jahre später ebenfalls stirbt, hinterlässt sie ihren Kindern und Enkeln ein Vermögen von 270 000 €, bestehend aus ihrer Vermögenshälfte und der nach dem Tode ihres Mannes erhaltenen Erbschaft. Sie hat ihrem jüngsten Sohn den Erbschaftsstreit, der sie sehr belastet hat, nicht verziehen und ihn daher in ihrem Testament ebenfalls nur mit dem Pflichtteil, der Hälfte seines gesetzlichen Erbteils, bedacht. Sein inzwischen geborenes Kind soll jedoch den gleichen Betrag wie die anderen 4 Enkelkinder erhalten. Nach dem gemeinschaftlichen Testament war sie zu entsprechenden Änderungen nach dem Tod ihres Mannes befugt.

Bestimmung der Erbteile aus dem Vermögen der Mutter

Gesetzlicher Erbteil des Sohnes: $\dfrac{1}{3}$

Pflichtteil: $\qquad x_S = \dfrac{1}{2} \cdot \dfrac{1}{3} = \dfrac{1}{6} \qquad$ bzw. $\qquad E_S = 270000 \cdot \dfrac{1}{6} = 45000$

€.

Aufteilung des Rests: $\qquad 1 - \dfrac{1}{6} = \dfrac{6-1}{6} = \dfrac{5}{6}$

$2x_G + 5y = \dfrac{5}{6} \qquad$ woraus wegen $\quad x_G = 2y \qquad 2 \cdot 2y + 5y = 9y = \dfrac{5}{6}$

und damit: $\qquad y = \dfrac{5}{6 \cdot 9} = \dfrac{5}{54} \qquad$ und $\qquad x_G = 2 \cdot \dfrac{5}{54} = \dfrac{5}{27} \;$ folgt.

Damit erhält jeder der Enkel: $\qquad y = \dfrac{5}{54} \qquad$ bzw. $\qquad E_E = 270000 \cdot \dfrac{5}{54} = 25000 \; €$

und jedes der Geschwister: $\qquad x_G = \dfrac{5}{27} \qquad$ bzw. $\qquad E_G = 270000 \cdot \dfrac{5}{27} = 50000 \; €.$

Probe

Die Summe der Erbanteile der Kinder und Enkel muss jetzt eins ergeben. Dabei ist:

$$x_S + 2x_G + 5y = \frac{1}{6} + 2 \cdot \frac{5}{27} + 5 \cdot \frac{5}{54} = \frac{1}{6} + \frac{10}{27} + \frac{25}{54} \quad .$$

Um diese drei Brüche addieren zu können, müssen sie auf einen gemeinsamen Nenner gebracht werden. Dieser ist 54. Dazu muss der erste Bruch mit 9 und der zweite mit 2 erweitert werden. Das ergibt:

$$x_S + 2x_G + 5y = \frac{1}{6} + \frac{10}{27} + \frac{25}{54} = \frac{9+20+25}{54} = \frac{54}{54} = 1 \quad .$$

Bestimmung der Erbanteile der Kinder und Enkel aus dem Vermögen des Ehepaares insgesamt

Insgesamt haben die einzelnen Familienmitglieder nach dem Tod beider Eltern folgendes Erbe erhalten:

Erbschaft des Sohnes: $E_S = 15\,000\,€ + 45\,000\,€ = 60\,000\,€$

Erbschaft jeder Schwester: $E_G = 18\,750\,€ + 50\,000\,€ = 68\,750\,€$

Bei den Enkeln muss zwischen dem Kind des Sohnes, dass nur nach dem Tod der Mutter erbt, und denen der Schwestern, die nach dem Tod jedes ihrer Großeltern erben, unterschieden werden.

Erbschaft des Kindes des Sohnes: $E_{E_S} = 25\,000\,€$

Erbschaft der Kinder der Schwestern: $E_{E_G} = 9\,375\,€ + 25\,000\,€ = 34\,375\,€.$

Bestimmung der Anteile am Vermögen des verstorbenen Paares insgesamt:

Anteil des Sohnes: $\quad x_S = \dfrac{60\,000}{360\,000} = \dfrac{6}{36} = \underline{\dfrac{1}{6}}$

Anteil jeder Schwester: $\quad x_G = \dfrac{68\,750}{360\,000} = \dfrac{6\,875}{36\,000} = \dfrac{275}{1440} = \underline{\dfrac{55}{288}}$

Hier wurde zunächst der Faktor 10 gekürzt, dann 25 und schließlich noch 5. Weitere gemeinsame Faktoren gibt es nicht.

Anteil des Kindes des Sohnes: $\quad y_S = \dfrac{25\,000}{360\,000} = \dfrac{25}{360} = \underline{\dfrac{5}{72}}$

Hier wurde zunächst der Faktor 1 000 gekürzt und danach 5.

Anteil der Kinder der Schwestern: $\quad y_G = \dfrac{34\,375}{360\,000} = \dfrac{1\,375}{14\,400} = \underline{\dfrac{55}{576}}.$

Dieser Bruch wurde gleich zweimal nacheinander um den Faktor 25 gekürzt. Natürlich hätte man auch gleich mit $25^2 = 625$ kürzen können, aber wer übersieht das schon anhand dieser Zahlen. Dass jedes Mal 25 gekürzt werden kann, ist dagegen offensichtlich.

Probe

Da es keine weiteren Erben gibt, muss die Summe der Erbanteile der Kinder und Enkel eins ergeben: Dabei ist:

$$x_S + 2x_G + y_S + 4y_G = \frac{1}{6} + 2 \cdot \frac{55}{288} + \frac{5}{72} + 4 \cdot \frac{55}{576} = \frac{1}{6} + \frac{55}{144} + \frac{5}{72} + \frac{55}{144} \ .$$

Der gemeinsame Nenner der zu addierenden Brüche ist 144, wobei der erste Bruch mit 24 und der dritte mit 2 erweitert werden muss. Das ergibt:

$$x_S + 2x_G + y_S + 4y_G = \frac{1}{6} + \frac{55}{144} + \frac{5}{72} + \frac{55}{144} = \frac{24 + 55 + 10 + 55}{144} = \frac{144}{144} = 1$$

Aufgabe 1.1.1

Bestimmen Sie das Ergebnis der folgenden Summen bzw. Differenzen und kürzen Sie dieses soweit wie möglich:

Lösen Sie diese Aufgaben, *ohne die Bruchrechnungsfunktion des Taschenrechners* zu aktivieren, sonst ist der Übungseffekt gering, wie Sie bei der Lösung der nächsten Aufgabe feststellen werden.

a) $\dfrac{3}{2} - \dfrac{2}{3} - \dfrac{1}{12}$

b) $\dfrac{2}{3} + \dfrac{2}{5} - \dfrac{7}{15}$

c) $-\dfrac{1}{2} + \dfrac{3}{8} + \dfrac{2}{3} + \dfrac{7}{12}$

d) $\dfrac{2}{3} + \dfrac{2}{5} + \dfrac{8}{15}$

e) $\dfrac{1}{6} + \dfrac{1}{4} + \dfrac{1}{3} - \dfrac{3}{5}$

f) $\dfrac{1}{2} - \dfrac{1}{4} - \dfrac{5}{12} + \dfrac{2}{3}$

g) $\dfrac{3}{2} + \dfrac{1}{5} + \dfrac{3}{10}$

h) $\dfrac{3}{4} + \dfrac{2}{5} - \dfrac{3}{7} - \dfrac{1}{14} - \dfrac{1}{2}$

i) $\dfrac{4}{3} + \dfrac{2}{5} - \dfrac{3}{7} - \dfrac{1}{15}$

Aufgabe 1.1.2

Führen Sie folgende Rechnungen aus und kürzen Sie das Ergebnis, falls möglich. Bei den Parametern *a* und *b* handelt es sich um positive Konstanten.

a) $\dfrac{a}{2} + \dfrac{a}{4} - \dfrac{2a}{3}$

b) $\dfrac{a}{7} + \dfrac{2a}{5} - \dfrac{a}{2}$

c) $\dfrac{1}{3a} + \dfrac{1}{4a} - \dfrac{3}{8a}$

d) $2a - \dfrac{3a}{5} - \dfrac{4a}{3}$

e) $\dfrac{1}{a} + \dfrac{2}{b} - \dfrac{a+b}{ab}$

f) $\dfrac{a-b}{2ab} + \dfrac{2}{a} - \dfrac{1}{2b}$

Aufgabe 1.1.3

Bestimmen Sie folgende Terme und kürzen Sie die Brüche anschließend soweit wie möglich:

Lösen Sie diese Aufgaben, *ohne die Bruchrechnungsfunktion des Taschenrechners* zu aktivieren.

a) $6 \cdot \left(\dfrac{2}{3} + \dfrac{3}{4} \right) - 8$

b) $\left(\dfrac{3}{5} + \dfrac{1}{6} \right) : 2 - \dfrac{1}{3}$

c) $\dfrac{2}{3} \cdot \left(\dfrac{1}{2} + \dfrac{2}{5} \right)$

d) $\left(\dfrac{1}{4} + \dfrac{1}{6} \right) \cdot \dfrac{4}{5}$

e) $\left(\dfrac{2}{3} + \dfrac{2}{5} \right) : \dfrac{4}{5}$

f) $\left(\dfrac{3}{2} - \dfrac{2}{3} \right) : \dfrac{5}{4}$

g) $\left(\dfrac{1}{4} + \dfrac{2}{5} \right) : \left(\dfrac{3}{7} + \dfrac{1}{2} \right)$

h) $\left(\dfrac{3}{8} + \dfrac{2}{3} \right) \cdot \left(\dfrac{2}{5} + \dfrac{2}{3} \right)$

i) $\left(\dfrac{3}{4} - \dfrac{3}{5} \right) : \left(\dfrac{2}{3} - \dfrac{1}{6} \right)$

Aufgabe 1.1.4

Führen Sie folgende Rechnungen aus und kürzen Sie das Ergebnis, falls möglich. Bei den Parametern *a*, *b* und *c* handelt es sich um positive Konstanten.

a) $ab \left(\dfrac{1}{a} + \dfrac{1}{b} \right)$

b) $a \left(\dfrac{b}{a} + \dfrac{a}{b} \right)$

c) $\left(\dfrac{b}{a} + \dfrac{a}{b} + 2 \right) : (a + b)$

d) $\left(\dfrac{1}{2a}+\dfrac{b}{a^2}\right)\cdot\dfrac{a}{b}$ **e)** $\left(\dfrac{1}{ab}-\dfrac{1}{a^2}\right)\cdot\dfrac{a+b}{b}$ **f)** $\left(\dfrac{ab}{c}+\dfrac{ac}{b}\right):\dfrac{a}{bc}$

Aufgabe 1.1.5

Beseitigen Sie in folgenden Termen die Doppelbrüche und kürzen Sie das Ergebnis soweit das möglich ist:

Lösen Sie diese Aufgaben, *ohne die Bruchrechnungsfunktion des Taschenrechners* zu aktivieren.

a) $\dfrac{8}{\dfrac{2}{3}+\dfrac{2}{5}}$ **b)** $\dfrac{\dfrac{1}{2}+\dfrac{3}{4}}{\dfrac{5}{3}}$ **c)** $\dfrac{\dfrac{2}{3}-\dfrac{3}{5}}{\dfrac{1}{10}}$ **d)** $\dfrac{\dfrac{1}{4}+\dfrac{2}{7}}{\dfrac{5}{7}}$

e) $\dfrac{\dfrac{3}{5}}{\dfrac{4}{7}-\dfrac{2}{5}}$ **f)** $\dfrac{\dfrac{1}{12}}{\dfrac{3}{8}-\dfrac{1}{3}}$ **g)** $\dfrac{\dfrac{1}{2}+\dfrac{2}{3}}{\dfrac{4}{5}-\dfrac{1}{3}}$ **h)** $\dfrac{\dfrac{5}{6}-\dfrac{3}{5}}{\dfrac{3}{4}-\dfrac{2}{5}}$

Aufgabe 1.1.6

Beseitigen Sie in folgenden Termen die Doppelbrüche und kürzen Sie das Ergebnis soweit das möglich ist:

a) $\dfrac{1}{\dfrac{1}{a}+\dfrac{1}{b}}$ **b)** $\dfrac{\dfrac{a+b}{ab}}{\dfrac{1}{a}-\dfrac{1}{b}}$ **c)** $\dfrac{\dfrac{1}{a}-\dfrac{1}{b}}{\dfrac{b}{a}}$ **d)** $\dfrac{ac+bc}{\dfrac{1}{a}+\dfrac{1}{b}}$

e) $\dfrac{\dfrac{c}{ab}}{\dfrac{c}{a}+\dfrac{c}{b}}$ **f)** $\dfrac{\dfrac{a}{bc}}{\dfrac{1}{b}+\dfrac{1}{c}}$ **g)** $\dfrac{a+b}{\dfrac{a}{b}-\dfrac{b}{a}}$ **h)** $\dfrac{\dfrac{a}{c}+\dfrac{a}{b}}{\dfrac{b}{c}-\dfrac{c}{b}}$

Aufgabe 1.1.7   Verkaufsflächenaufteilung

In der Etage der Damenoberbekleidung eines Kaufhauses, soll eine gegebene Verkaufsfläche auf die Marken Aniston (Anteil x_1), Boss (Anteil x_2), Esprit (Anteil x_3), Laura Scott (Anteil x_4) und Tom Tailor (Anteil x_5) aufgeteilt werden. Dabei bekommt Aniston die geringste Verkaufsfläche zugeteilt. Die Fläche der Marke Boss soll 1,5 mal so groß sein, die von Laura Scott 2 mal, die von Esprit 2,5 mal und die von Tom Tailor 3 mal so groß wie die der Marke Aniston.

a) Bestimmen Sie die Anteile aller 5 Marken an der insgesamt für diese Marken verfügbaren Fläche.

b) Welcher Teil dieser Fläche entfällt dabei insgesamt auf die Marken Aniston, Boss und Esprit?

c) In der Abteilung Damenoberbekleidung des Kaufhauses werden insgesamt 25 % der Gesamtfläche für diese 5 Marken reserviert. Welcher Teil der Gesamtfläche entfällt dabei auf die Marke Laura Scott?

Aufgabe 1.1.8   Aktie

Ein Anleger erwirbt eine Aktie, deren Wert im ersten Jahr um 20 % steigt und in den beiden Folgejahren jeweils 10 % an Wert verliert. Anschließend wird die Aktie wieder verkauft.

a) Wie hoch ist der dabei erzielte Gewinn oder Verlust in Prozent?

b) Ändert sich der Gewinn oder Verlust, wenn die Aktie in den ersten zwei Jahren jeweils 10 % an Wert verliert und im letzten Jahr 20 % zulegt?

Aufgabe 1.1.9   Einkommen eines Ehepaars

Bei der Eheschließung hat der Mann ein 50 % höheres Nettoeinkommen als seine Frau. Nach 10 Jahren Ehe hat sie mehrere Weiterbildungskurse besucht und ist zur Abteilungsleiterin aufgestiegen, wodurch sich ihr Nettoeinkommen um 38 % erhöht hat. Auch das Nettoeinkommen des Mannes ist gewachsen, aber nur um 8 %:

a) Welchen Anteil hatten beide zu Beginn ihrer Ehe am gemeinsamen Haushaltsnettoeinkommen (abgekürzt HHNE)?

b) Welchen Beitrag in Prozent leisten beide nach 10 Jahren zum gemeinsamen Nettoeinkommen?

c) Um wie viel Prozent ist das Haushaltsnettoeinkommen im Laufe der 10 Jahre gewachsen?

Aufgabe 1.1.10   Witwenrente

Wenn bestimmte rentenrechtliche Voraussetzungen gegeben sind (Ehedauer mindestens ein Jahr, beide Ehepartner sind Rentner) erhält der Hinterbliebene beim Tode seines Ehepartners eine Witwenrente von 55 % der Bruttorente des Verstorbenen, sofern er kein oder nur ein geringes eigenes Einkommen hat. Der Ehemann des hier betrachteten Paares erhält eine Bruttorente in Höhe von 2 500 €, die Ehefrau bekommt 1 500 €.

Fall A: Witwenrente der Frau nach dem Tod ihres Mannes

a) Wie hoch wäre die Witwenrente der Ehefrau, wenn sie kein eigenes Einkommen besäße?

Besitzt die Hinterbliebene eine eigene Rente, so wird die Witwenrente entsprechend gekürzt. Zunächst wird die Bruttorente des Hinterbliebenen um den geschätzten Steuerbetrag von derzeit 14 % vermindert. Von der verbleibenden Nettorente wird ein Freibetrag in Höhe von 741 € abgezogen. Der Rest wird zu 40 % auf die Witwenrente angerechnet, d.h. diese wird um den betreffenden Betrag (40 % der verbleibenden eigenen Nettorente nach Abzug des Freibetrags) vermindert.

b) Welcher Betrag wird ihr tatsächlich als Witwenrente ausgezahlt?

c) Wie viel Prozent der Bruttorente des Verstorbenen erhält die Hinterbliebene dabei als Witwenrente ausgezahlt?

Fall B: Witwerrente des Mannes nach dem Tod seiner Frau

d) Welche Witwerrente erhält der Ehemann ausgezahlt?

e) Wie viel Prozent der Witwerrente, die bei Fehlen eines eigenen Einkommens ausgezahlt worden wäre, beträgt die tatsächlich erhaltene Witwerrente in diesem Fall?

Aufgabe 1.1.11   Elektriker

In einem Handwerksbetrieb (Elektriker) liegen die Materialkosten im Mittel bei einem Drittel, während 2/3 als Arbeitskosten anfallen. Im Folgejahr erhöhen sich die Materialpreise um 12 %, während die Arbeitskosten nur um 6 % steigen.

a)   Um wie viel Prozent erhöhen sich dadurch die Gesamtkosten des Handwerksbetriebes?

b)   Welcher Teil der Kosten entfällt im Folgejahr auf die Arbeitskosten?

Aufgabe 1.1.12   Cocktail

An der Bar wird aus Wodka, Wein und Fruchtsaft ein Cocktail gemixt. Der Wodka enthält 40 % Alkohol, der Wein 12 % und der Fruchtsaft ist alkoholfrei.

a)   Wie hoch ist der Alkoholgehalt des Cocktails, wenn dieser zu 25 % aus Wodka und zu 40 % aus Wein besteht?

b)   Für eine Hochzeitsfeier sollen die angebotenen Cocktails nur 10 % Alkohol enthalten, wobei vom Fruchtsaft 40 % in der Mischung enthalten sind. Wie hoch ist der dafür erforderliche Anteil Wodka?

Aufgabe 1.1.13   Mehrwertsteuer Hotel

Für eine Übernachtung im Hotel fällt eine Mehrwertsteuer von 7 % an, für das Frühstück sind es 19 %.

a)   Um wie viel Prozent müssten die Übernachtungspreise wachsen, wenn der Steuersatz, so wie vor 2010, ebenfalls auf 19 % angehoben wird?

b)   Wie hoch ist der Durchschnittssteuersatz bei einer Hotelübernachtung mit Frühstück, wenn die Übernachtungskosten (der Nettopreis) im Einzelzimmer fünfmal so hoch sind wie die Kosten des Frühstücks (ebenfalls netto)?

c)   Wie viel kosten Übernachtung und Frühstück im Einzelzimmer (beides netto), wenn ein Gast brutto dafür 65,4 € zahlt?

d)   Welchen Doppelzimmerpreis (brutto, also inklusive Mehrwertsteuer) erhält man, wenn die Übernachtungskosten netto nur 5 € höher sind als im Einzelzimmer, das Frühstück für zwei Personen jedoch doppelt so viel kostet wie das für eine Person? (Gehen Sie dabei von den unter c) berechneten Kosten (netto) für Einzelzimmer aus.

Aufgabe 1.1.14   Erbschaft Patchwork-Familie

Betrachtet wird hier eine Patchwork-Familie, bei der das Ehepaar zwei gemeinsame Kinder besitzt. Dazu kommen noch ein Kind der Frau aus früherer Ehe und zwei Kinder des Mannes. Aufgrund der bei der Eheschließung vorliegenden Vermögen beider Partner besitzt der Mann ein Vermögen in Höhe von 60 000 € und die Frau eines in Höhe von 120 000 €.

Wenn es kein Testament gibt, erbt beim Tod eines Ehepartners der überlebende Ehegatte die Hälfte des Vermögens des Verstorbenen, während der Rest auf alle Kinder des Verstorbenen, gemeinsame und die aus der früheren Ehe, zu gleichen Teilen aufgeteilt wird.

Fall A: Der Ehemann stirbt zuerst

a)   Berechnen Sie die Erbschaft der Frau und der 4 Kinder des Mannes.

Beim Tod der Frau ist ihr Vermögen um den Betrag aus der Erbschaft ihres Mannes angewachsen. Dieses wird nun zu gleichen Teilen auf ihre 3 Kinder aufgeteilt.

b) Welche Erbschaft entfällt dabei auf die 3 Kinder der Frau?

c) Welchen Betrag und wieviel Prozent des gesamten Vermögens des Paares hat dabei jedes der 5 Kinder insgesamt erhalten? Weisen Sie dies getrennt für die gemeinsamen Kinder, die beiden anderen Kinder des Vaters und das Kind der Mutter aus früherer Ehe aus.

Addieren Sie die ermittelten Anteile und prüfen Sie, ob diese zusammen 1 (100 %) ergeben.

Fall B: Die Ehefrau stirbt zuerst.

Beim Tode des Ehemanns ist wiederum ein Vermögen zugrunde zu legen, das aus dem kompletten Vermögen des Mannes und dem halben Vermögen der Frau besteht, welches der Mann bei ihrem Tod erhalten hat.

d) Bestimmen Sie erneut getrennt nach gemeinsamen Kindern, denen des Vater und dem der Mutter, welchen Betrag jedes einzelne Kind insgesamt erhält und welchem Teil des Gesamtvermögens dies entspricht.

Addieren Sie die ermittelten Anteile und prüfen Sie, ob diese zusammen 1 (100 %) ergeben.

e) Warum erhalten die gemeinsamen Kinder in beiden Fällen eine unterschiedlich hohe Erbschaft von den Eltern?

Fall C: Die Eltern finden eine solche Vermögensaufteilung, die die Kinder des zuerst Verstorbenen klar benachteiligt, ungerecht und wollen dies durch die Abfassung eines Testaments vermeiden.

Insgesamt soll jedes Kind den gleichen Anteil am Vermögen seines Vaters und seiner Mutter erben, wobei die Kinder aus früheren Beziehungen nur ihren Elternteil beerben, die gemeinsamen Kinder dagegen beide Eltern.

f) Welche Erbschaft bekämen dann die gemeinsamen Kinder, die beiden Kinder des Vaters und das Kind der Mutter insgesamt nach dem Tod des Ehepaars. Welchem Prozentsatz des Gesamtvermögens entspricht das?

Addieren Sie die ermittelten Anteile und prüfen Sie, ob diese zusammen 1 (100 %) ergeben.

1.2 Rechnen mit Potenzen und Wurzeln

Beispiel: **Aktienfonds**

Ein Ehepaar entschließt sich zu einem Experiment in der Geldanlage. Der Mann erwirbt für 10 000 € Anteile eines Investmentfonds. Die Frau legt den gleichen Betrag als Festgeld für 5 Jahre an, das mit 2,5 % jährlich verzinst wird. Nach einem Jahr wird anhand der Kontoauszüge der Anlageerfolg beider verglichen. Die Maßeinheit (€) wird hier immer erst beim Rechenergebnis genannt, nicht in der Rechnung selbst.

Bestimmung des Guthabens beider am Ende des ersten Jahres

Mit K_0 wird der Anlagebetrag und mit K_k das daraus nach k-Jahren erzielte Guthaben, $k = 1,...,5$, bezeichnet.

Frau: $K_1 = K_0 \cdot 1,025 = 10\,000 \cdot 1,025 = 10\,250$ €

Der Mann ist erst mal verblüfft, sein Guthaben nach einem Jahr beläuft sich auf nur 9 893,8 €. Das ist weniger als er vor einem Jahr angelegt hatte, dabei weist der Aktienfonds, in den er investiert hat, doch Kurszuwächse von 8 % auf. Empört sucht er seinen Bankberater auf. Dieser erläutert ihm, dass von seiner Investition zunächst ein Ausgabeaufschlag von 5 % abgeht. Darüber hinaus fallen pro Jahr 1,65 % Verwaltungskosten, 1,96 % Depotgebühren und 0,2 % Pauschalgebühren an, um die sich der Wert seiner Fondsanteile vermindert. Davon war beim

Abschluss des Vertrages vor einem Jahr nicht die Rede gewesen. In den zahlreichen Broschüren, die ihm beim Erwerb der Fondsanteile ausgehändigt wurden, findet er diese Gebühren dann, allerdings ziemlich klein gedruckt. Entsprechend erklärt sich seine Bilanz. Vermindert um den Ausgabeaufschlag von 5 % wurden für $K_0/1{,}05$ € Fondsanteile erworben. Nur auf diese wirkt sich der Kursgewinn von 8 % aus. Das Guthaben wird nun noch um die anfallenden Gebühren: 1,65 % + 1,96 % + 0,2 % = 3,81 % gemindert.

Mann:

$$K_1 = \frac{K_0}{1{,}05} \cdot 1{,}08 \left(1 - \frac{3{,}81}{100}\right) = \frac{K_0}{1{,}05} \cdot 1{,}08 \cdot 0{,}9619 = K_0 \cdot 0{,}98938 = 9\,893{,}8 \text{ €}$$

Bestimmung des Guthabens beider nach 5 Jahren

Frau: $K_5 = K_0 \cdot 1{,}025^5 = 10\,000 \cdot 1{,}025^5 = 11\,314{,}1$ €

Im zweiten Jahr erzielt der Aktienfons sogar einen Kurszuwachs von 14 %, im dritten 20 % und im vierten Jahr verlor er 10 %, legte allerdings im 5. Jahr wieder 8 % zu. Außer dem Ausgabeaufschlag fallen die restlichen Gebühren in jedem Jahr an. Daraus ergibt sich folgende Rechnung für den Kurswert der Fondsanteile nach 5-jähriger Anlagedauer.

Mann: $K_5 = K_0 \dfrac{1{,}08 \cdot 0{,}9619}{1{,}05} \cdot 1{,}14 \cdot 0{,}9619 \cdot 1{,}2 \cdot 0{,}9619 \cdot 0{,}9 \cdot 0{,}9619 \cdot 1{,}08 \cdot 0{,}9619$

$$K_5 = K_0 \frac{1{,}08 \cdot 1{,}14 \cdot 1{,}2 \cdot 0{,}9 \cdot 1{,}08}{1{,}05} \cdot 0{,}9619^5 = K_0 \cdot 1{,}12625 = 11\,262{,}5 \text{ €}$$

Damit hat die Frau mit der sicheren Strategie in den 5 Jahren fast 52 € mehr erzielt als ihr Mann im gleichen Zeitraum mit seiner renditestärkeren aber auch risikobehafteten Anlage. Die Frau triumphiert angesichts dieses Ergebnisses.

Bestimmung der durchschnittlichen jährlichen Rendite

Die Frau hat bei ihrer Festgeldanlage eine jährliche Rendite von 2,5 % erzielt. Um die des Mannes zu errechnen, ersetzt man die tatsächliche Wertentwicklung, die in den einzelnen Jahren unterschiedlich hoch war, durch einen festen Prozentsatz p bzw. einen Aufzinsungsfaktor

$$q = 1 + \frac{p}{100} \quad ,$$

der für alle 5 Jahre angesetzt wird. Dieser wird wie folgt berechnet:

$$K_5 = K_0 q^5 \quad \text{, woraus} \quad q^5 = \frac{K_5}{K_0} \quad \text{bzw.} \quad q = \sqrt[5]{\frac{K_5}{K_0}} \quad .$$

Daraus ergibt sich eine durchschnittliche jährliche Rendite von 2,406 %:

$$q = \sqrt[5]{\frac{K_5}{K_0}} = \sqrt[5]{\frac{11\,262{,}5}{10\,000}} = 1{,}02406 \qquad p = 100(q-1) = 2{,}406 \quad .$$

Der Mann möchte jedoch seinen Investmentfonds noch nicht aufgeben. Vielleicht sollte er die Fondsanteile noch einige Jahre halten, damit die Kursentwicklung den gezahlten Ausgabeaufschlag besser kompensieren kann, denn dieser Aufschlag wird nur zu Beginn der Anlage gezahlt. Ohne den Ausgabeaufschlag, aber unter Berücksichtigung der laufenden Kosten, hätten seine Fondsanteile in den 5 Jahren einen Wertzuwachs von 18,2567 % erzielt, denn

$$1{,}08 \cdot 1{,}14 \cdot 1{,}2 \cdot 0{,}9 \cdot 1{,}08 \cdot 0{,}9619^5 = 1{,}182567 \quad .$$

Das entspricht einem durchschnittlichen jährlichen Wachstum von 3,41 %:

$$\sqrt[5]{1{,}182567} = 1{,}034106 \quad .$$

Wenn dieses Kurswachstum in den nächsten 5 Jahren anhielte, käme er nach 10 Jahren auf folgendes Guthaben.

Mann: $\qquad K_{10} = K_0 \dfrac{1{,}0341061^{\,10}}{1{,}05} = K_0 \cdot 1{,}33187 \; € = 13\,318{,}7\,€ \quad ,$

wobei der einmalige Ausgabeaufschlag von 5 % zu Beginn der Anlagezeit mit einbezogen wurde.

Seine Frau hätte dagegen mit ihrer Festgeldanlage im gleichen Zeitraum nur ein Guthaben von

Frau: $\qquad K_{10} = K_0 \cdot 1{,}025^{10} = K_0 \cdot 1{,}28008 = 12\,800{,}8\,€$

erzielt. D.h. langfristig zahlt sich die Anlage in Aktienfonds durchaus aus, allerdings bleibt dabei das Kursrisiko zu beachten. Außerdem sollte man auf die laufenden Kosten achten und sich diese vorab erläutern lassen.

Aufgabe 1.2.1

Geben Sie den Exponenten x in folgenden Gleichungen an:

a) $3 \cdot 9 = 3^x$
b) $16 = 2^x$
c) $2 = 8^x$
d) $4 = 64^x$

e) $\dfrac{9}{\sqrt{3}} = 3^x$
f) $\dfrac{4}{\sqrt[3]{2}} = 2^x$
g) $\dfrac{8}{\left(\sqrt{2}\right)^3} = 2^x$
h) $\dfrac{2^2}{\left(\sqrt[3]{4}\right)^2} = 4^x$

i) $\dfrac{\sqrt{3}\left(\sqrt[3]{9}\right)^2}{9} = 3^x$
j) $\dfrac{7^{3/4}\,7^{1/2}}{\left(\sqrt[3]{7}\right)^4} = 7^x$
k) $\dfrac{\left(5^{1/2}\,5^{1/4}\right)^2}{5^3} = 5^x$
l) $\dfrac{\left(2^{1/2}\,4\right)^3}{\sqrt{4}\sqrt{2}} = 4^x$

Aufgabe 1.2.2

Ermitteln Sie die Exponenten x und y in folgenden Gleichungen:

a) $\dfrac{\sqrt{2a}}{a^{1/3}\left(2a\right)^{2/3}} = 2^x a^y$
b) $\dfrac{a\sqrt{2a}}{2a^{1/2}\sqrt[3]{a}} = 2^x a^y$
c) $\dfrac{9\sqrt{a}\,3\,a}{\sqrt{3a}} = 3^x a^y$

d) $\dfrac{a^{2/3}}{a^{1/2}\,a^{1/6}} = a^x$
e) $\dfrac{a^{1/3}}{a^{2/3}\,a} = \sqrt[x]{a^y}$
f) $\dfrac{a^{1/2}\,a}{a^{3/4}\sqrt{a}} = \sqrt[x]{a^y}$

Aufgabe 1.2.3

Die Umstellung von Gleichungen nach einer Variablen ist eine wichtige Übung zur Vorbereitung der Kurvendiskussion und der Bestimmung von Extremwerten im 2. Kapitel.

Stellen Sie folgende Gleichungen nach x um:

a) $2\sqrt{x-3}+3=7$ b) $\sqrt{x^2-9}-2=2$ c) $2x^2-6x+4=0$

d) $2x^2+20=14x$ e) $\sqrt[3]{2x^3-8}=x$ f) $2\sqrt[3]{x}=\sqrt{x}$

g) $2\sqrt[4]{x^2-15}=\sqrt{x}$ h) $x=a\sqrt[4]{x}$ i) $2\sqrt{x-3a}=\sqrt{x}$

Aufgabe 1.2.4   Darlehen

Ein Student benötigt 10 000 € zum Kauf eines Autos. Er könnte sich dieses Geld von seiner Schwester, seinem Vater oder seinem Großvater leihen. Die Schwester möchte dafür in 3 Jahren 10 927 € zurück, der Vater würde ihm das Geld zu einem Zinssatz von 2,5 % jährlich für 4 Jahre leihen und der Großvater erwartet dafür in 5 Jahren 11 041 € zurück.

a) Bestimmen Sie für die Angebote der Schwester und des Großvaters den durchschnittlichen Jahreszinssatz.

b) Welchen Betrag müsste der Student seinem Vater nach einer Frist von 4 Jahren zurückzahlen?

c) Welches der drei Angebote besitzt den geringsten Zinssatz?

Aufgabe 1.2.5   Getränkepackung

Es soll eine Getränkepackung in Form eines Quaders hergestellt werden, bei dem die längste Kante doppelt so lang wie die nächstkürzere und viermal so lang wie die kürzeste Kante ist.

Abbildung 1.2-1 Quader

Das Volumen soll 1 000 cm³ (1 Liter) betragen. Wie lang müssen die drei Kanten sein?

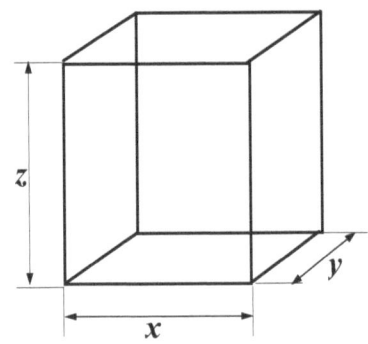

Aufgabe 1.2.6   Gebrauchtwagenpreis

Ein Auto, dessen Neupreis bei 15 000 € lag, verliert in den ersten 4 Jahren jeweils 10 % seines Wertes, im 5. und 6. Jahr jeweils 12 % und im 7. und 8. Jahr jeweils 15 %.

a) Zu welchem Preis kann der Eigentümer das Auto nach 7,5 Jahren verkaufen?

b) Wie hoch war in diesen 7,5 Jahren der mittlere jährliche Wertverlust?

Aufgabe 1.2.7   Aktienfonds

Ein Anleger investiert 10 000 € in einen Aktienfonds, der Aktien aus 3 Branchen enthält. Zum Anlagezeitpunkt entfallen 20 % des Wertes auf Branche A, 30 % auf Branche B und 50 % auf Branche C. Innerhalb von 3,5 Jahren steigt der Kurs von Branche A um 25 %, der von Branche B sinkt um 8 % und der von Branche C steigt um 30 %.

a) Welchen Betrag erhält der Anleger beim Verkauf seiner Fondsanteile nach 3,5 Jahren?

b) Wie hoch sind die Anteile der drei Branchen am Aktienfonds zum Verkaufszeitpunkt?

c) Welche durchschnittliche jährliche Rendite hat der Anleger dabei erzielt?

Aufgabe 1.2.8   Monitor

Die Bilddiagonale d eines Monitors, die sich nach dem Pythagoras aus den Längen der beiden Seiten x und y gemäß

$$d = \sqrt{x^2 + y^2}$$

berechnet, soll 80 cm betragen.

Abbildung 1.2-2 Monitor

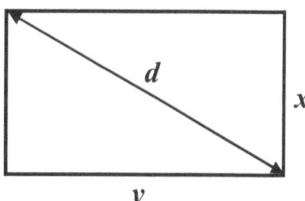

a) Wie lang müssen dann die beiden Seiten x und y sein, wenn das Verhältnis der Seitenlängen 4:3 sein soll?

b) Bei dem neueren Bildschirmformat beträgt das Verhältnis der Seitenlängen 16:9. Wie lang müssen die Seiten x und y hier bei gleicher Bildschirmdiagonale sein?

Aufgabe 1.2.9   Kirchturm

Nach einem Sturm benötigt die Dorfkirche eine neue Turmspitze. Der Turm ist quadratisch mit der Seitenlänge a. Das Dach besteht aus 4 Dreiecken mit der Seitenlänge a und der Höhe h_Δ, die nach dem Pythagoras aus der Seitenlänge a und der Dachhöhe h berechnet wird gemäß:

$$h_\Delta = \sqrt{h^2 + \left(\frac{a}{2}\right)^2} \quad .$$

Abbildung 1.2-3 Kirchturmdach

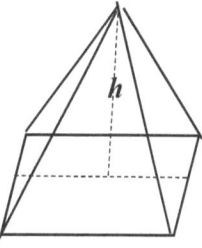

Die Dachfläche insgesamt beträgt damit:

$$F = 4\frac{ah_\Delta}{2} = 2a\sqrt{h^2 + \left(\frac{a}{2}\right)^2} \quad .$$

a) Vereinfachen Sie die Formel zur Berechnung der Dachfläche soweit es geht, wenn die Höhe der Turmspitze h 1,2-mal so groß sein soll, wie die Seitenlänge a.

b) Welche Höhe h besitzt die Turmspitze, wenn die Seite a 12 m lang ist und die gesamte Dachfläche 240 m² umfasst?

Aufgabe 1.2.10   Festgeld

Ein Anleger hat 2010 einen Betrag von 12 000 € als Festgeld angelegt. Dieser Betrag wird im ersten Jahr mit 1 % verzinst. Von Jahr zu Jahr steigen die Zinsen um 0,25 % bis sie im 5. und letzten Jahr 2 % erreichen.

a) Welches Guthaben bekommt der Anleger nach 5 Jahren ausgezahlt?

b) Bei welchem konstanten Zinssatz hätte er nach 5 Jahren den gleichen Endbetrag erzielt?

In dieser Zeit lag die Inflationsrate 2011 bei 2,3 %, 2012 bei 2,0 %, 2013 bei 1,5 %, 2014 bei 0,9 % und 2015 bei 0,25 %.

c) Um wieviel Prozent haben sich demnach die Preise 2015 gegenüber 2010 erhöht?

d) Welcher durchschnittlichen jährlichen Inflationsrate entspricht das?

e) Wie hat sich die Kaufkraft des angelegten Geldes prozentual in diesen 5 Jahren entwickelt?

Aufgabe 1.2.11   Aussichtsturm

Ein runder Aussichtsturm soll ein Dach erhalten Das Dach hat den Radius r und die Höhe h. Die Dachfläche berechnet sich daraus mittels:

Abbildung 1.2-4 Dach des Aussichtsturms

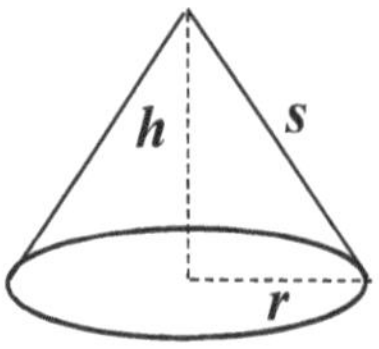

$$F = \pi\, r\, s \quad .$$

Dabei ist s die Seitenlänge, die nach dem Pythagoras mittels:

$$s = \sqrt{r^2 + h^2}$$

berechnet wird. Die Höhe h soll das α-fache des Radius r sein.

a) Geben Sie die Formel zur Berechnung der Seitenlänge s in Abhängigkeit von r und α an und vereinfachen Sie diese soweit wie möglich.

b) Setzen Sie das Ergebnis aus a) in die Formel zur Berechnung der Dachfläche ein. Um wie viel Prozent ändert sich die Dachfläche bei einer Erhöhung des Radius um 50 %?

c) Bestimmen Sie die Dachfläche bei einem Radius des Aussichtsturms von 10 m, wenn die Höhe h ¾ der Länge des Radius hat.

1.3   Rechnen mit Logarithmen

Beispiel: Immobilie

Ein neu gebautes Wohnhaus verliert pro Jahr 4 % seines Wertes. Wenn sich der Wert der Immobilie halbiert hat, ist eine umfassende Sanierung vorgesehen.

Bestimmung des Zeitpunkts der Sanierung

Mit W_0 wird der Neuwert des Hauses bezeichnet, mit W_n der Restwert nach n Jahren. Bei einem jährlichen Wertverlust von 4 % ($p = -4$ %) liegt der Auf/Abzinsungsfaktor q bei

$$q = 1 + \frac{p}{100} = 1 - \frac{4}{100} = 0{,}96 \quad .$$

Der Restwert nach n Jahren beträgt dann

$$W_n = W_0\, q^n \quad .$$

Um zu ermitteln, wann der Restwert halb so groß ist wie der Neuwert, muss $W_n = W_0/2$ gesetzt und die Gleichung nach n umgestellt werden.

$$\frac{W_0}{2} = W_0\, q^n \qquad \text{bzw.} \qquad \frac{1}{2} = q^n \quad .$$

Da die gesuchte Größe n im Exponenten steht, muss die Gleichung logarithmiert werden, bevor sie sich nach n umstellen lässt. Dabei spielt es keine Rolle, welche Basis für diese Logarithmen dabei gewählt wird, denn das Ergebnis für n hängt davon nicht ab.

$$ln\,\frac{1}{2} = ln\,q^n = n\,ln\,q \quad .$$

Damit ist $$n = \frac{ln\,0{,}5}{ln\,q} = \frac{ln\,0{,}5}{ln\,0{,}96} = \frac{-0{,}693147}{-0{,}040822} = 16{,}98 \approx \underline{17}\quad.$$

Damit hat sich der Wert des Hauses nach 17 Jahren halbiert.

Aufgabe 1.3.1

Bestimmen Sie den Logarithmus $ln\,c$ für folgende Terme und vereinfachen Sie den Ausdruck durch Nutzung der Rechenregeln für Logarithmen, wobei a und b positive reelle Zahlen sind:

a) $c = a\,b$

b) $c = a^2\,b$

c) $c = (a\,b)^2$

d) $c = \dfrac{a}{b}$

e) $c = \dfrac{a^2}{b}$

f) $c = \dfrac{a}{b^3}$

Aufgabe 1.3.2

Bestimmen Sie den Logarithmus $ln\,c$ für folgende Terme und vereinfachen Sie den Ausdruck durch Nutzung der Rechenregeln für Logarithmen ($a, b > 0$):

a) $c = a^\alpha$

b) $c = a^{1/\alpha}$

c) $c = a^{-\alpha}$

d) $c = a\,b^\alpha$

e) $c = \dfrac{a}{b^\alpha}$

f) $c = \left(\dfrac{a}{b}\right)^\alpha$

Aufgabe 1.3.3

Stellen Sie folgende Gleichungen nach den Exponenten α um ($a, b > 0$):

a) $c = a^\alpha$

b) $c = a^\alpha b$

c) $c = \dfrac{a}{b^\alpha}$

d) $c = a^\alpha + b$

e) $c = (a+b)^\alpha$

f) $c = (a+b)^{1/\alpha}$

Aufgabe 1.3.4

Stellen Sie, ohne den Taschenrechner zu benutzen, folgende Gleichungen nach x um:

a) $2\,ln\,x = 4$

b) $ln\,(x+2) = 4$

c) $ln\,(2x-1) = 4$

d) $ln\,(x-a) = b$

e) $ln\,(a+b\,x) = c$

f) $ln\left(a + \dfrac{b}{x}\right) = c$

Aufgabe 1.3.5   Radioaktivität (Zerfallsgesetz)

Der Abbau einer freigesetzten Strahlungsmenge N_0 erfolgt exponentiell, d.h. die Reststrahlung N_t (in Bq) nach der Zeit t berechnet sich mittels:

$$N_t = N_0\,e^{-\lambda t}\quad.$$

Dabei wird die Zeit t_H, bis zu der die Hälfte der Strahlungsmenge abgegeben wurde, als Halbwertzeit bezeichnet.

a) Das bei den Katastrophen von Tschernobyl 1986 und Fukushima 2011 freigesetzte Cäsium hat eine Halbwertzeit von 30 Jahren. Bestimmen Sie den Parameter λ in der obigen Funktion, wenn t die Anzahl der seit der Katastrophe vergangenen Jahre ist.

b) Für Jod beträgt $\lambda = 0{,}0866$, wobei hier t die Zahl der seit der Freisetzung vergangenen Tage angibt. Bestimmen Sie die Halbwertzeit für Jod.

Aufgabe 1.3.6   Preis-Absatz-Funktion

Nach erfolgreicher Werbekampagne ist die neue Bio-Babynahrung inzwischen den meisten betroffenen Eltern bekannt. Die monatlich absetzbare Menge y (in Mio. Gläsern) hängt nunmehr vom Verkaufspreis p pro Glas (in €) gemäß der folgenden Preis-Absatz-Funktion ab:

$$y = max\left[0, b\,ln(a-p)\right] \qquad ,$$

wobei a und b positive Konstanten sind. Der Ansatz bedeutet, dass bei negativen Funktionswerten von $b\,ln(a-p)$ der Absatz y null ist, eben das Maximum aus diesem Funktionswert und null. Dabei verringert sich die absetzbare Menge mit wachsendem Preis p des Produkts.

a) Bestimmen Sie die Nullstelle dieser Preis-Absatz-Funktion. Es genügt hier, den Term $b\,ln(a-p)$ zu betrachten.

b) Setzen Sie $a = 2$ und geben Sie an, welchen Preis die Bio-Babynahrung auf keinen Fall überschreiten sollte.

Aufgabe 1.3.7   Werbung

Die pro Monat verkaufte Menge einer neuen Bio-Säuglingsnahrung y (in Mio. Gläsern) hängt bei gegebenem Preis gemäß der folgenden Funktion von den Werbungskosten x (in Mio. €) ab:

$$y = a\left(1 - e^{-bx}\right) \qquad .$$

Dabei ist a der Sättigungswert, der unabhängig von der Höhe der aufgewandten Werbungskosten nicht überschritten wird. Dieser liegt bei dem betrachteten Produkt bei 10 Mio. Gläsern.

a) Bisher lagen die Werbungskosten bei 2 Mio. €. Damit wurde eine monatliche Verkaufsmenge von 7 Mio. Gläsern erzielt. Bestimmen Sie damit den Funktionsparameter b. Runden Sie das Ergebnis auf eine Kommastelle.

b) Der Hersteller möchte die Verkaufsmenge pro Monat auf 8 Mio. Gläser steigern. Welche Werbungskosten sind dazu erforderlich? Nutzen Sie dabei den in **a)** ermittelten Wert für b.

Aufgabe 1.3.8   Wäscherei

Der Gewinn einer Wäscherei G (in 100 €/Tag) hängt von der in Auftrag gegebenen Wäschemenge x (in kg pro Tag) gemäß der folgenden Gewinnfunktion ab:

$$G = b\,ln\,x - a \quad ,$$

wobei a und b positive Konstanten sind. Je größer das Auftragsvolumen pro Tag ist, umso höher ist auch der erzielte Gewinn.

a) Welche Wäschemenge muss pro Tag mindestens in Auftrag gegeben werden, damit kein Verlust entsteht?

b*) Welche Werte nehmen die beiden Konstanten a und b an, wenn ab einer Wäschemenge von 90 kg pro Tag ein Gewinn erwirtschaftet wird und der Gewinn bei 200 kg Wäsche pro Tag 400 € beträgt? (Ergebnisse auf eine Kommastelle runden)

Aufgabe 1.3.9   Cobb-Douglas Produktionsfunktion

Für die Abhängigkeit des Umsatzes einer Handelsfiliale U (in € pro Woche) von der Verkaufsfläche F (in m^2) und den geleisteten Arbeitsstunden A (h pro Woche) soll eine Cobb-Douglas Produktionsfunktion ermittelt werden. Da dies eine nichtlineare Funktion ist, wurde sie *logarithmiert*, um die Funktionsparameter aus den Beobachtungswerten der einzelnen Filialen einer Handelskette (nach der Methode der kleinsten Quadrate) ermitteln zu können.

Aus den Daten von 400 Filialen wurde mit Hilfe von Statistik-Software die folgende Funktion berechnet:

$$ln\ U = 8{,}058 + 0{,}411\ ln\ F + 0{,}449\ ln\ A\ .$$

a) Geben Sie dazu die entsprechende Funktion für den Umsatz U an.

b*) Durch Erwerb eines weiteren Raumes und Umbau konnte die Verkaufsfläche um 10 % vergrößert werden. Wieviel Prozent der Arbeitsstunden ließen sich dann einsparen bei gleichbleibendem Umsatz?

1.4   Lösungen der Übungsaufgaben

1.4.1 Bruchrechnung

Aufgabe 1.1.1

Um Brüche addieren oder subtrahieren zu können, müssen sie auf einen gemeinsamen Nenner gebracht werden. Dieser ist das kleinste gemeinsame Vielfache der Nenner der betrachteten Brüche, d.h. die kleinste Zahl, die durch die Nenner aller betrachteten Brüche teilbar ist. Die einzelnen Brüche müssen dann entsprechend erweitert werden.

a) $\dfrac{3}{2} - \dfrac{2}{3} - \dfrac{1}{12} = \dfrac{18 - 8 - 1}{12} = \dfrac{9}{12} = \underline{\dfrac{3}{4}}$

b) $\dfrac{2}{3} + \dfrac{2}{5} - \dfrac{7}{15} = \dfrac{10 + 6 - 7}{15} = \dfrac{9}{15} = \underline{\dfrac{3}{5}}$

c) Hier empfiehlt sich eine Zerlegung der Nenner der Brüche in Primfaktoren. Dabei ist $8 = 2^3$ und $12 = 2^2 \cdot 3$. Das kleinste gemeinsame Vielfache von 2, 8, 3 und 12 ist dann das Produkt: $2^3 \cdot 3 = 24$.

Wird stattdessen $12 \cdot 8 = 96$ als Hauptnenner verwendet, ist das *kein* Fehler. Man erschwert sich dadurch nur die Rechnung, weil mit zu hohen Werten gerechnet wird und das Ergebnis am Ende stärker gekürzt werden muss.

$-\dfrac{1}{2} + \dfrac{3}{8} + \dfrac{2}{3} + \dfrac{7}{12} = \dfrac{-12 + 9 + 16 + 14}{24} = \dfrac{27}{24} = \underline{\dfrac{9}{8}}$

d) $\dfrac{2}{3} + \dfrac{2}{5} + \dfrac{8}{15} = \dfrac{10 + 6 + 8}{15} = \dfrac{24}{15} = \underline{\dfrac{8}{5}}$

e) $\dfrac{1}{6} + \dfrac{1}{4} + \dfrac{1}{3} - \dfrac{3}{5} = \dfrac{10 + 15 + 20 - 36}{60} = \dfrac{9}{60} = \underline{\dfrac{3}{20}}$

f) $\dfrac{1}{2} - \dfrac{1}{4} - \dfrac{5}{12} + \dfrac{2}{3} = \dfrac{6 - 3 - 5 + 8}{12} = \dfrac{6}{12} = \underline{\dfrac{1}{2}}$

g) $\dfrac{3}{2}+\dfrac{1}{5}+\dfrac{3}{10}=\dfrac{15+2+3}{10}=\dfrac{20}{10}=\underline{2}$

h) Bestimmung des Hauptnenners:

In den Nennern der vier Brüche sind folgende Primfaktoren enthalten: 2 , 5 , 7 , wobei 2 in 4 gleich doppelt vorkommt, so dass man als Hauptnenner $2^2 \cdot 5 \cdot 7 = 140$ erhält.

$\dfrac{3}{4}+\dfrac{2}{5}-\dfrac{3}{7}-\dfrac{1}{14}-\dfrac{1}{2}=\dfrac{105+56-60-10-70}{140}=\dfrac{21}{140}=\underline{\dfrac{3}{20}}$

i) Bestimmung des Hauptnenners:

Die Nennern der vier Brüche enthalten die Primfaktoren: 3 , 5 , 7 . Ihr Produkt $3 \cdot 5 \cdot 7 = 105$ ist der Hauptnenner.

$\dfrac{4}{3}+\dfrac{2}{5}-\dfrac{3}{7}-\dfrac{1}{15}=\dfrac{140+42-45-7}{105}=\dfrac{130}{105}=\underline{\dfrac{26}{21}}$

Aufgabe 1.1.2

Der Lösungsweg ist der gleiche wie in Aufgabe 1.1.1, nur haben Sie es hier teilweise mit unbekannten Konstanten a und b zu tun.

a) $\dfrac{a}{2}+\dfrac{a}{4}-\dfrac{2a}{3}=\dfrac{6a+3a-8a}{12}=\underline{\dfrac{a}{12}}$

b) $\dfrac{a}{7}+\dfrac{2a}{5}-\dfrac{a}{2}=\dfrac{10a+28a-35a}{70}=\underline{\dfrac{3a}{70}}$

c) $\dfrac{1}{3a}+\dfrac{1}{4a}-\dfrac{3}{8a}=\dfrac{8+6-9}{24a}=\underline{\dfrac{5}{24a}}$

d) $2a-\dfrac{3a}{5}-\dfrac{4a}{3}=\dfrac{30a-9a-20a}{15}=\underline{\dfrac{a}{15}}$

e) $\dfrac{1}{a}+\dfrac{2}{b}-\dfrac{a+b}{ab}=\dfrac{b+2a-(a+b)}{ab}=\dfrac{b+2a-a-b}{ab}=\dfrac{a}{ab}=\underline{\dfrac{1}{b}}$

f) $\dfrac{a-b}{2ab}+\dfrac{2}{a}-\dfrac{1}{2b}=\dfrac{a-b+4b-a}{2ab}=\dfrac{3b}{2ab}=\underline{\dfrac{3}{2a}}$

Für die Multiplikation und Division von Brüchen gilt:

$c \cdot \dfrac{a}{b}=\dfrac{c\,a}{b} \qquad \dfrac{a}{b}:c=\dfrac{a}{b\,c} \qquad \dfrac{a}{b}\cdot\dfrac{c}{d}=\dfrac{a\,c}{b\,d} \qquad \dfrac{a}{b}:\dfrac{c}{d}=\dfrac{a\,d}{b\,c}$

Zur Addition und Subtraktion von Brüchen müssen diese in der Regel erweitert und auf einen gemeinsamen Nenner gebracht werden (vergl. Aufg. 1.1.1 und 1.1.2).

Aufgabe 1.1.3

a) $\quad 6 \cdot \left(\dfrac{2}{3} + \dfrac{3}{4}\right) - 8 = 6 \cdot \dfrac{8+9}{12} - 8 = \dfrac{6 \cdot 17}{12} - 8 = \dfrac{17}{2} - 8 = \dfrac{17-16}{2} = \underline{\dfrac{1}{2}}$

b) $\quad \left(\dfrac{3}{5} + \dfrac{1}{6}\right) : 2 - \dfrac{1}{3} = \dfrac{18+5}{30} : 2 - \dfrac{1}{3} = \dfrac{23}{60} - \dfrac{1}{3} = \dfrac{23-20}{60} = \dfrac{3}{60} = \underline{\dfrac{1}{20}}$

c) $\quad \dfrac{2}{3} \cdot \left(\dfrac{1}{2} + \dfrac{2}{5}\right) = \dfrac{2}{3} \cdot \dfrac{5+4}{10} = \dfrac{2}{3} \cdot \dfrac{9}{10} = \dfrac{9}{3 \cdot 5} = \underline{\dfrac{3}{5}}$

d) $\quad \left(\dfrac{1}{4} + \dfrac{1}{6}\right) \cdot \dfrac{4}{5} = \dfrac{3+2}{12} \cdot \dfrac{4}{5} = \dfrac{5}{12} \cdot \dfrac{4}{5} = \dfrac{4}{12} = \underline{\dfrac{1}{3}}$

e) $\quad \left(\dfrac{2}{3} + \dfrac{2}{5}\right) : \dfrac{4}{5} = \dfrac{10+6}{15} : \dfrac{4}{5} = \dfrac{16}{15} \cdot \dfrac{5}{4} = \dfrac{4 \cdot 5}{15} = \underline{\dfrac{4}{3}}$

f) $\quad \left(\dfrac{3}{2} - \dfrac{2}{3}\right) : \dfrac{5}{4} = \dfrac{9-4}{6} : \dfrac{5}{4} = \dfrac{5}{6} \cdot \dfrac{4}{5} = \dfrac{4}{6} = \underline{\dfrac{2}{3}}$

g) $\quad \left(\dfrac{1}{4} + \dfrac{2}{5}\right) : \left(\dfrac{3}{7} + \dfrac{1}{2}\right) = \dfrac{5+8}{20} : \dfrac{6+7}{14} = \dfrac{13}{20} : \dfrac{13}{14} = \dfrac{13}{20} \cdot \dfrac{14}{13} = \dfrac{14}{20} = \underline{\dfrac{7}{10}}$

h) $\quad \left(\dfrac{3}{8} + \dfrac{2}{3}\right) \cdot \left(\dfrac{2}{5} + \dfrac{2}{3}\right) = \dfrac{9+16}{24} \cdot \dfrac{6+10}{15} = \dfrac{25}{24} \cdot \dfrac{16}{15} = \dfrac{5 \cdot 16}{24 \cdot 3} = \dfrac{5 \cdot 2}{3 \cdot 3} = \underline{\dfrac{10}{9}}$

i) $\quad \left(\dfrac{3}{4} - \dfrac{3}{5}\right) : \left(\dfrac{2}{3} - \dfrac{1}{6}\right) = \dfrac{15-12}{20} : \dfrac{4-1}{6} = \dfrac{3}{20} : \dfrac{3}{6} = \dfrac{3}{20} : \dfrac{1}{2} = \dfrac{3}{20} \cdot 2 = \underline{\dfrac{3}{10}}$

Aufgabe 1.1.4

Der Lösungsweg ist der gleiche wie in Aufgabe 1.1.3, nur haben Sie es hier teilweise mit unbekannten Konstanten a und b zu tun. Außerdem wird bei c) die erste und bei e) die dritte binomische Formel zur Vereinfachung genutzt:

(1) $\quad (a+b)^2 = a^2 + 2ab + b^2$ $\qquad$ (3) $\quad (a+b)(a-b) = a^2 - b^2$

a) $\quad ab\left(\dfrac{1}{a} + \dfrac{1}{b}\right) = ab \, \dfrac{b+a}{ab} = \underline{b+a}$

b) $\quad a\left(\dfrac{b}{a} + \dfrac{a}{b}\right) = a \, \dfrac{b^2 + a^2}{ab} = \dfrac{b^2 + a^2}{\underline{b}}$

19

c) $\left(\dfrac{b}{a}+\dfrac{a}{b}+2\right):(a+b)=\dfrac{b^2+a^2+2ab}{ab}:(a+b)=\dfrac{(a+b)^2}{ab(a+b)}=\underline{\dfrac{a+b}{ab}}$

d) $\left(\dfrac{1}{2a}+\dfrac{b}{a^2}\right)\cdot\dfrac{a}{b}=\dfrac{a+2b}{2a^2}\cdot\dfrac{a}{b}=\dfrac{(a+2b)a}{2a^2b}=\underline{\dfrac{a+2b}{2ab}}$

e) $\left(\dfrac{1}{ab}-\dfrac{1}{a^2}\right)\cdot\dfrac{a+b}{b}=\dfrac{a-b}{a^2b}\cdot\dfrac{a+b}{b}=\underline{\dfrac{a^2-b^2}{a^2b^2}}$

f) $\left(\dfrac{ab}{c}+\dfrac{ac}{b}\right):\dfrac{a}{bc}=\dfrac{ab^2+ac^2}{bc}:\dfrac{a}{bc}=\dfrac{a\left(b^2+c^2\right)}{bc}\cdot\dfrac{bc}{a}=\underline{b^2+c^2}$

Aufgabe 1.1.5

Zunächst müssen die Summen bzw. Differenzen im Zähler und Nenner, soweit vorhanden, ausgerechnet werden. Der Doppelbruch wird dann beseitigt, indem der Zähler mit dem Kehrwert des Nenners multipliziert wird. Alternativ kann man auch den ganzen Bruch mit dem Nenner des Zählers und dem des Nenners erweitern, was zum gleichen Ergebnis führt, sich aber leichter merken lässt, wenn man mit der Erweiterung von Brüchen bereits vertraut ist.

$$\dfrac{\dfrac{a}{b}}{\dfrac{c}{d}}=\dfrac{a}{b}\cdot\dfrac{d}{c}=\dfrac{a\,d}{b\,c}$$

a) $\dfrac{\dfrac{8}{}}{\dfrac{2}{3}+\dfrac{2}{5}}=\dfrac{8}{\dfrac{10+6}{15}}=\dfrac{8}{\dfrac{16}{15}}=\dfrac{8\cdot15}{16}=\underline{\dfrac{15}{2}}$

b) $\dfrac{\dfrac{1}{2}+\dfrac{3}{4}}{\dfrac{5}{3}}=\dfrac{\dfrac{2+3}{4}}{\dfrac{5}{3}}=\dfrac{\dfrac{5}{4}}{\dfrac{5}{3}}=\dfrac{5\cdot3}{4\cdot5}=\underline{\dfrac{3}{4}}$

c) $\dfrac{\dfrac{2}{3}-\dfrac{3}{5}}{\dfrac{1}{10}}=\dfrac{\dfrac{10-9}{15}}{\dfrac{1}{10}}=\dfrac{\dfrac{1}{15}}{\dfrac{1}{10}}=\dfrac{10}{15}=\underline{\dfrac{2}{3}}$

d) $\dfrac{\dfrac{1}{4}+\dfrac{2}{7}}{\dfrac{5}{7}}=\dfrac{\dfrac{7+8}{28}}{\dfrac{5}{7}}=\dfrac{\dfrac{15}{28}}{\dfrac{5}{7}}=\dfrac{15\cdot7}{28\cdot5}=\underline{\dfrac{3}{4}}$

e) $\dfrac{\dfrac{3}{5}}{\dfrac{4}{7}-\dfrac{2}{5}}=\dfrac{\dfrac{3}{5}}{\dfrac{20-14}{35}}=\dfrac{\dfrac{3}{5}}{\dfrac{6}{35}}=\dfrac{3\cdot35}{5\cdot6}=\underline{\dfrac{7}{2}}$

f) $\dfrac{\dfrac{1}{12}}{\dfrac{3}{8}-\dfrac{1}{3}}=\dfrac{\dfrac{1}{12}}{\dfrac{9-8}{24}}=\dfrac{\dfrac{1}{12}}{\dfrac{1}{24}}=\dfrac{1\cdot24}{12\cdot1}=\underline{2}$

g) $\dfrac{\dfrac{1}{2}+\dfrac{2}{3}}{\dfrac{4}{5}-\dfrac{1}{3}}=\dfrac{\dfrac{3+4}{6}}{\dfrac{12-5}{15}}=\dfrac{\dfrac{7}{6}}{\dfrac{7}{15}}=\dfrac{7\cdot15}{6\cdot7}=\underline{\dfrac{5}{2}}$

h) $\dfrac{\dfrac{5}{6}-\dfrac{3}{5}}{\dfrac{3}{4}-\dfrac{2}{5}}=\dfrac{\dfrac{25-18}{30}}{\dfrac{15-8}{20}}=\dfrac{\dfrac{7}{30}}{\dfrac{7}{20}}=\dfrac{7\cdot20}{30\cdot7}=\underline{\dfrac{2}{3}}$

Aufgabe 1.1.6

Der Lösungsweg ist der gleiche wie in Aufgabe 1.1.5, nur haben Sie es hier wieder mit unbekannten Konstanten a und b zu tun. Außerdem wird bei **g)** und **h)** die dritte binomische Formel zur Vereinfachung genutzt.

a) $\dfrac{\dfrac{1}{1}}{\dfrac{1}{a}+\dfrac{1}{b}} = \dfrac{1}{\dfrac{b+a}{ab}} = \dfrac{ab}{b+a}$

b) $\dfrac{\dfrac{a+b}{ab}}{\dfrac{1}{a}-\dfrac{1}{b}} = \dfrac{\dfrac{a+b}{ab}}{\dfrac{b-a}{ab}} = \dfrac{a+b}{b-a}$

c) $\dfrac{\dfrac{1}{a}-\dfrac{1}{b}}{\dfrac{b}{a}} = \dfrac{\dfrac{b-a}{ab}}{\dfrac{b}{a}} = \dfrac{(b-a)a}{ab^2} = \dfrac{b-a}{b^2}$

d) $\dfrac{ac+bc}{\dfrac{1}{a}+\dfrac{1}{b}} = \dfrac{c(a+b)}{\dfrac{b+a}{ab}} = \dfrac{abc(a+b)}{a+b} = abc$

e) $\dfrac{\dfrac{c}{ab}}{\dfrac{c}{a}+\dfrac{c}{b}} = \dfrac{\dfrac{c}{ab}}{\dfrac{cb+ca}{ab}} = \dfrac{c}{c(b+a)} = \dfrac{1}{b+a}$

f) $\dfrac{\dfrac{a}{bc}}{\dfrac{1}{b}+\dfrac{1}{c}} = \dfrac{\dfrac{a}{bc}}{\dfrac{c+b}{bc}} = \dfrac{a}{c+b}$

g) $\dfrac{a+b}{\dfrac{a}{b}-\dfrac{b}{a}} = \dfrac{a+b}{\dfrac{a^2-b^2}{ab}} = \dfrac{(a+b)ab}{a^2-b^2} = \dfrac{(a+b)ab}{(a+b)(a-b)} = \dfrac{ab}{a-b}$

h) $\dfrac{\dfrac{a}{c}+\dfrac{a}{b}}{\dfrac{b}{c}-\dfrac{c}{b}} = \dfrac{\dfrac{ab+ac}{cb}}{\dfrac{b^2-c^2}{cb}} = \dfrac{a(b+c)}{b^2-c^2} = \dfrac{a(b+c)}{(b+c)(b-c)} = \dfrac{a}{b-c}$

Aufgabe 1.1.7 Verkaufsflächenaufteilung

x_1 = Anteil Aniston x_2 = Anteil Boss x_3 = Anteil Esprit
x_4 = Anteil Laura Scott x_5 = Anteil Tom Tailor

a) Dabei bekommt Aniston die geringste Verkaufsfläche zugeteilt. Die Fläche der Marke Boss soll 1,5 mal so groß sein, die von Laura Scott 2 mal, die Esprit 2,5 mal und die von Tom Tailor 3 mal so groß sein wie die der Marke Aniston, d.h.

$x_2 = 1{,}5\,x_1$ $x_4 = 2\,x_1$ $x_3 = 2{,}5\,x_1$ $x_5 = 3\,x_1$

$x_1 + x_2 + x_3 + x_4 + x_5 = x_1 + 1{,}5\,x_1 + 2{,}5\,x_1 + 2\,x_1 + 3\,x_1 = 10\,x_1 = 1$

$\rightarrow x_1 = \dfrac{1}{10}$ $x_2 = 1{,}5\,x_1 = \dfrac{1{,}5}{10} = \dfrac{3}{20}$ $x_3 = 2{,}5\,x_1 = \dfrac{2{,}5}{10} = \dfrac{1}{4}$

$x_4 = 2\,x_1 = \dfrac{2}{10} = \dfrac{1}{5}$ $x_5 = 3\,x_1 = \dfrac{3}{10}$

b) $x_1 + x_2 + x_3 = \dfrac{1}{10} + \dfrac{3}{20} + \dfrac{1}{4} = \dfrac{2+3+5}{20} = \dfrac{10}{20} = \underline{\dfrac{1}{2}}$

c) y_4 = Anteil Laura Scott an der Verkaufsfläche der Damenoberbekleidung insgesamt

$y_4 = \dfrac{1}{4} x_4 = \dfrac{1}{4} \cdot \dfrac{1}{5} = \underline{\dfrac{1}{20}}$ bzw. 5 %

Aufgabe 1.1.8

a) K_0 = Kaufpreis der Aktie (Kurswert zum Zeitpunkt des Kaufs)
K_3 = Verkaufspreis der Aktie nach 3 Jahren

Häufiger Fehlschluss

$K_3 = K_0$ da der Kurswert anfangs um 20 % gestiegen und in den Folgejahren um 20 % gesunken ist.

Grund: Die anfängliche Steigerung des Kurses um 20 % bezieht sich auf das Ausgangskapital K_0, während die erste 10 %-ige Verringerung sich auf das Kapital K_1 bezieht, und die zweite auf K_2. Dabei ist

$K_1 = 1{,}2 \cdot K_0$ und $K_2 = 0{,}9 \cdot K_1$, sowie $K_3 = 0{,}9 \cdot K_2$.

Das ergibt:

$$K_3 = K_0 \frac{120}{100} \cdot \frac{90}{100} \cdot \frac{90}{100} = K_0 \cdot 1{,}2 \cdot 0{,}9 \cdot 0{,}9 = K_0 \cdot 0{,}972 \qquad \frac{K_3}{K_0} = \underline{0{,}972}$$

Der Aktienbesitzer erhält beim Verkauf noch 97,2 % des ursprünglichen Kurswertes.

b) Der Kurswert am Ende ändert sich nicht, wenn die Aktie erst zwei Jahre lang an Wert verliert und im letzten Jahr wieder steigt, da sich das Produkt nicht ändert, wenn man die Reihenfolge der Faktoren vertauscht.

$$K_3 = K_0 \cdot 1{,}2 \cdot 0{,}9 \cdot 0{,}9 = K_0 \cdot 0{,}9 \cdot 0{,}9 \cdot 1{,}2 = K_0 \cdot 0{,}972$$

Aufgabe 1.1.9 Einkommen eines Ehepaars

a) Anteil des Ehemannes zu Beginn der Ehe am HHNE: $h_{M0} = \dfrac{150}{150+100} = \underline{0{,}6}$

Anteil des Mannes zu Ehebeginn am HHNE: 60 %

b) Anteil des Ehemannes nach 10 Jahren Ehe am HHNE:

$$h_{M10} = \frac{150 \cdot 1{,}08}{150 \cdot 1{,}08 + 100 \cdot 1{,}38} = \underline{0{,}54}$$

Anteil des Mannes nach 10 Ehejahren am HHNE: 54 %

c) HHNE zu Ehebeginn: $150 + 100 = 250$ (Werteinheiten)

HHNE nach 10 Ehejahren: $150 \cdot 1{,}08 + 100 \cdot 1{,}38 = 300$ (Werteinheiten)

Wertentwicklung: $\dfrac{300}{250} = \underline{1{,}2}$

Das hat sich HHNE in den 10 Jahren um 20 % erhöht.

Aufgabe 1.1.10   Witwenrente

BRV = Bruttorente des Verstorbenen
BRH = Bruttorente des Hinterbliebenen
AH = Anrechnungsbetrag von der Rente des Hinterbliebenen
WR_{voll} = volle Witwenrente, wenn der Hinterbliebene kein eigenes Einkommen hat
WR_{real} = tatsächlich gezahlte Witwenrente

a) $BRV = 2\,500 \,€$ $WR_{voll} = 0{,}55\ BRV = 0{,}55 \cdot 2500 = \underline{1\,375\,€}$

b) $BRH = 1\,500 \,€$

Zunächst muss von der Bruttorente des Hinterbliebenen der Steuersatz von 14 % abgezogen werden. Der Restbetrag sind 86 % der eigenen Bruttorente, hier

$0{,}86\ BRH = 0{,}86 \cdot 1\,500 = 1\,290\,€$.

Davon wird der Freibetrag von 741 € abgezogen: $1\,290 - 741 = 549\,€$.

Von diesem Betrag werden 40 % auf die Witwenrente angerechnet, das sind

$AH = 0{,}4 \cdot 549 = 219{,}6\,€$.

Zusammenfassung der Rechnung:

$AH = (0{,}86\ BRH - 741) \cdot 0{,}4 = (0{,}86 \cdot 1\,500 - 741) \cdot 0{,}4 = 219{,}6\,€$

Um diesen Betrag wird die Witwenrente gegenüber einer Witwe ohne eigenes Einkommen gemindert:

$WR_{real} = WR_{voll} - AH = 1\,375 - 219{,}6 = \underline{1\,155{,}4\,€}$.

c) Anteil der Witwenrente an der Rente des Verstorbenen:

$1\,155{,}4 / 2\,500 = \underline{0{,}46216}$ 46,2 %

d) $BRV = 1\,500 \,€$ $BRH = 2\,500 \,€$

$WR_{voll} = 0{,}55\ BRV = 0{,}55 \cdot 1\,500 = 825\,€$

$AH = (0{,}86\ BRH - 741) \cdot 0{,}4 = (0{,}86 \cdot 2\,500 - 741) \cdot 0{,}4 = 563{,}6\,€$

$WR_{real} = WR_{voll} - AH = 825 - 563{,}6 = \underline{261{,}4\,€}$

e) Anteil der Witwerrente an der Rente der Verstorbenen:

$261{,}4 / 1\,500 = \underline{0{,}17427}$ 17,4 %

Aufgabe 1.1.11   Elektriker

a) Kostensteigerung insgesamt: $\dfrac{1}{3} \cdot \dfrac{12}{100} + \dfrac{2}{3} \cdot \dfrac{6}{100} = \dfrac{1}{3} \cdot \dfrac{24}{100} = \dfrac{8}{100}$ 8 %

b) Anteil Arbeitskosten: $\dfrac{\dfrac{2}{3} \cdot \dfrac{106}{100}}{\dfrac{1}{3} \cdot \dfrac{112}{100} + \dfrac{2}{3} \cdot \dfrac{106}{100}} = \dfrac{212}{112 + 212} = 0{,}6543$ 65,43 %

Aufgabe 1.1.12   Cocktail

Wodka: 40 % Alkohol   Wein: 12 % Alkohol   Fruchtsaft : 0 % Alkohol

a) Alkoholgehalt des Cocktails aus 25 % Wodka, 40 % Wein und 35 % Fruchtsaft

$$40 \cdot \frac{25}{100} + 12 \cdot \frac{40}{100} + 0 \cdot \frac{35}{100} = \frac{40 \cdot 25 + 12 \cdot 40}{100} = \underline{14{,}8} \ \%$$

b) Alkoholgehalt des Cocktails: 10 %

Zusammensetzung: x % Wodka , $(60 - x)$ % Wein , 40 % Fruchtsaft

$$40 \cdot \frac{x}{100} + 12 \cdot \frac{60 - x}{100} = \frac{40x + 720 - 12x}{100} = 10$$

Zunächst wird die Gleichung mit 100 multipliziert und dann nach x umgestellt:

$\rightarrow \qquad 40\,x + 720 - 12\,x = 1\,000 \qquad \rightarrow \qquad 28\,x = 280 \qquad \rightarrow \qquad x = 280/28 = \underline{10\ \%}$

Aufgabe 1.1.13   Mehrwertsteuer Hotel

a) x = Übernachtungskosten netto (ohne Mehrwertsteuer)

> ***Häufiger Fehler***   -7 % + 19 % = 12 %
>
> Hier wäre der Nettopreis der Übernachtungskosten die Basis, die 100 % ausmacht. Die Nettopreise kennt der Gast jedoch nicht. Der Gast vergleicht den alten Preis inklusive der bisherigen 7 % Mehrwertsteuer mit dem neuen Bruttopreis bei 19 % Mehrwertsteuer.

Zunächst muss der Nettopreis x der Übernachtung aus dem alten Bruttopreis z_{alt}, den der Kunde bisher gezahlt hat, bestimmt werden: $\qquad\qquad x = z_{alt} / 1{,}07$

Um den neuen Preis z_{neu} (brutto) nach Anhebung der Mehrwertsteuer zu ermitteln, müssen auf diesen Preis 19 % draufgeschlagen werden:

$z_{neu} = 1{,}19\,x = 1{,}19 \cdot z_{alt} / 1{,}07 = 1{,}11215\,z_{alt}$,

d.h. $z_{neu} = 1{,}11215\,z_{alt}$ *Folglich würden die Übernachtungspreise (brutto) um 11,215 % steigen.*

b) **EZ** x = Übernachtungskosten y = Kosten Frühstück   beides netto

$x = 5\,y$ bzw. die Übernachtungskosten haben einen Anteil von 5/6 am Nettopreis eines Einzelzimmers und das Frühstück hat einen Anteil von 1/6.

Bestimmung des Durchschnittssteuersatzes:

$$\frac{5}{6} \cdot 7 + \frac{1}{6} \cdot 19 = \frac{5 \cdot 7 + 19}{6} = \frac{54}{6} = \underline{9} \qquad \text{Durchschnittssteuersatz: 9 \%}$$

c) Bruttopreis EZ z_{EZ}: $z_{EZ} = 1{,}07\,x + 1{,}19\,y = 65{,}4$ $x = 5\,y$

$\rightarrow \qquad z_{EZ} = 1{,}07 \cdot 5\,y + 1{,}19\,y = (5{,}35 + 1{,}19)\,y = 6{,}54\,y = 65{,}4$

$\rightarrow \qquad y = 65{,}4/6{,}54 = \underline{10\ \text{€}} \qquad x = 5\,y = 5 \cdot 10 = \underline{50\ \text{€}}$

d) **DZ** x = Übernachtungskosten y = Kosten Frühstück   beides netto

$x = 50 + 5 = 55 \qquad\qquad\qquad y = 2 \cdot 10 = 20$

$z_{DZ} = 1{,}07\,x + 1{,}19\,y = 1{,}07 \cdot 55 + 1{,}19 \cdot 20 = \underline{82{,}65\ \text{€}}$

Aufgabe 1.1.14 Erbschaft Patchwork-Familie

V_M = 60 000 € Vermögen des Mannes V_F = 120 000 € Vermögen der Frau
E_M = Erbschaft des Mannes beim Tod der Frau
E_F = Erbschaft der Frau beim Tod des Mannes
E_{G1} = Erbschaft jedes der gemeinsamen Kinder beim Tode des ersten Elternteils
E_{G2} = Erbschaft jedes der gemeinsamen Kinder beim Tode des zweiten Elternteils
E_{KM} = Erbschaft jedes weiteren Kindes des Mannes
E_{KF} = Erbschaft des Kindes der Frau aus früherer Ehe

Fall A: Der Ehemann stirbt zuerst

a) Erbschaft der Frau: $E_F = 0,5 \cdot 60\ 000 = 30\ 000$ €

Erbschaft der 4 Kinder des Mannes: $E_{G1} = E_{KM} = (0,5 \cdot 60\ 000)/4 = \underline{7\ 500}$ €

b) Erbschaft der Kinder beim Tode der Frau
ihr Vermögen nach dem Tod des Mannes: 120 000 + 30 000 = 150 000 €

Erbschaft der 3 Kinder der Frau: $E_{G2} = E_{KF} = 150000/3 = \underline{50\ 000}$ €

c) Gesamterbschaft

Gemeinsame Kinder: $E_G = E_{G1} + E_{G2} = 7\ 500 + 50\ 000 = 57\ 500$ €

Weitere Kinder des Mannes: $E_{KM} = 7\ 500$ €

Weiteres Kind der Frau: $E_{KF} = 50\ 000$ €

Anteile am Gesamtvermögen:

Gemeinsame Kinder: $\dfrac{E_G}{V} = \dfrac{57\ 500}{180\ 000} = \dfrac{575}{1800} = \dfrac{23}{72} = \underline{0,3194}$ 31,94 %

Weitere Kinder des Mannes:

$\dfrac{E_{KM}}{V} = \dfrac{7\ 500}{180\ 000} = \dfrac{75}{1800} = \dfrac{3}{72} = \dfrac{1}{24} = \underline{0,04167}$ 4,167 %

Anteil des weiteren Kindes der Frau:

$\dfrac{E_{KF}}{V} = \dfrac{50\ 000}{180\ 000} = \dfrac{5}{18} = \underline{0,2778}$ 27,778 %

Probe: $2\ E_G + 2\ E_{KM} + E_{KF} = 2 \cdot 57\ 500 + 2 \cdot 7\ 500 + 50\ 000 = 180\ 000$ €

$$2 \cdot \frac{23}{72} + 2 \cdot \frac{1}{24} + \frac{5}{18} = \frac{23}{36} + \frac{1}{12} + \frac{5}{18} = \frac{23+3+10}{36} = 1$$

Fall B: Die Ehefrau stirbt zuerst.

d) Erbschaft der Kinder beim Tod der Frau

Erbschaft der 3 Kinder der Frau: $E_{G1} = E_{KF} = (0,5 \cdot 120\ 000)/3 = 20\ 000$ €

Erbschaft der Kinder beim Tode des Mannes
sein Vermögen nach dem Tod der Frau: 60 000 + 60 000 = 120 000 €

Erbschaft der 4 Kinder des Mannes: $E_{G2} = E_{KM} = 120000/4 = 30\ 000$ €

Gesamterbschaft

Gemeinsame Kinder: $E_G = E_{G1} + E_{G2} = 20\ 000 + 30\ 000 = 50\ 000$ €

Weiteres Kind der Frau: $E_{KF} = 20\,000\,€$

Weitere Kinder des Mannes: $E_{KM} = 30\,000\,€$

Anteile am Gesamtvermögen: $\dfrac{E_G}{V} = \dfrac{50\,000}{180\,000} = \dfrac{5}{18} = 0{,}2778$ $\underline{27{,}78\,\%}$

Anteil des weiteren Kindes der Frau:

$$\frac{E_{KF}}{V} = \frac{20\,000}{180\,000} = \frac{2}{18} = \frac{1}{9} = 0{,}1111 \qquad\qquad \underline{11{,}111\,\%}$$

Anteile der weiteren Kinder des Mannes:

$$\frac{E_{KM}}{V} = \frac{30\,000}{180\,000} = \frac{3}{18} = \frac{1}{6} = 0{,}16667 \qquad\qquad \underline{16{,}667\,\%}$$

Probe: $2\,E_G + 2\,E_{KM} + E_{KF} = 2 \cdot 50\,000 + 20\,000 + 2 \cdot 30\,000 = 180\,000\,€$

$$2 \cdot \frac{5}{18} + \frac{1}{9} + 2 \cdot \frac{1}{6} = \frac{5}{9} + \frac{1}{9} + \frac{1}{3} = 1$$

e) Die Anteile der Halbgeschwister sind unterschiedlich, weil sie nur beim Tode ihres Vaters oder ihrer Mutter erben. Stirbt ihr Elternteil zuerst, erben Sie nur die Hälfte des ihnen eigentlich zustehenden Erbes, weil der überlebende Ehepartner die Hälfte des Vermögens ihres Elternteils erbt und dieses dann nur noch an seine Kinder weiter vererbt.

Auch für die gemeinsamen Kinder unterscheiden sich die Erbanteile in beiden Varianten, da sie sich das Erbe ihres Vaters mit 2 und das der Mutter nur mit einem weiteren Erben teilen müssen. Da das größere Erbe erst beim Tod des zweiten Ehepartners anfällt, es besteht aus dessen Vermögen und der Hälfte des Vermögens seines Ehepartners, ist es für die gemeinsame Kinder günstiger, den geringeren Erbteil beim Tode des ersten Elternteils mit mehr Halbgeschwistern und den wesentlich höheren Rest mit weniger Halbgeschwistern zu teilen.

Fall C: gerechte Vermögensaufteilung

f) $V_M = 60\,000\,€$ Vermögen des Mannes $V_F = 120\,000\,€$ Vermögen der Frau

Erbschaftsanteile der Kinder des Vaters: $E_{KM} = 60\,000/4 = 15\,000\,€$

Erbschaftsanteile der Kinder der Mutter: $E_{KF} = 120\,000/3 = 40\,000\,€$

Gesamterbe der gemeinsamen Kinder:

$E_G = E_{KM} + E_{KF} = 15\,000 + 40\,000 = 55\,000\,€$

Anteile am Gesamtvermögen:

Gemeinsame Kinder $\dfrac{55\,000}{180\,000} = \dfrac{55}{180} = \dfrac{11}{36} = 0{,}30556$ $\underline{30{,}556\,\%}$

Weitere Kinder des Mannes: $\dfrac{15\,000}{180\,000} = \dfrac{15}{180} = \dfrac{1}{12} = 0{,}08333$ $\underline{8{,}333\,\%}$

Weiteres Kind der Frau: $\dfrac{40\,000}{180\,000} = \dfrac{4}{18} = \dfrac{2}{9} = 0{,}22222$ $\underline{22{,}222\,\%}$

Probe: $2\,E_G + 2\,E_{KM} + E_{KF} = 2 \cdot 55\,000 + 2 \cdot 15\,000 + 40\,000 = 180\,000\ €$

$$2 \cdot \frac{11}{36} + 2 \cdot \frac{1}{12} + \frac{2}{9} = \frac{11}{18} + \frac{1}{6} + \frac{2}{9} = \frac{11+3+4}{18} = 1$$

1.4.2 Rechnen mit Potenzen und Wurzeln

Aufgabe 1.2.1

Hierbei sind z.B. folgende Darstellungen zu nutzen:
$81 = 9^2 = 3^4$ woraus wiederum folgt, dass $9 = 81^{1/2}$ und $3 = 81^{1/4}$ ist, d.h. wenn $b = a^n$ ist $a = b^{1/n} = \sqrt[n]{b}$.

a) $3 \cdot 9 = 3 \cdot 3^2 = \underline{3^3}$

b) $16 = 4^2 = 2 \cdot 2 \cdot 2 \cdot 2 = \underline{2^4}$

c) $8 = 2^3 \;\rightarrow\; 2 = \underline{8^{1/3}}$

d) $64 = 4^3 \;\rightarrow\; 4 = \underline{64^{1/3}}$

Für die restlichen Teilaufgaben werden folgende Rechenregeln für Potenzen und Wurzeln benötigt, wobei a und b positive reelle Zahlen sind: (für negative Zahlen sind einige dieser Rechenoperationen nicht ausführbar)

$$a^0 = 1 \qquad a^{-n} = \frac{1}{a^n} \qquad a^n a^m = a^{n+m} \qquad \frac{a^n}{a^m} = a^{n-m}$$

$$\left(a^m\right)^n = a^{nm} \qquad a^n b^n = \left(ab\right)^n \qquad \frac{a^n}{b^n} = \left(\frac{a}{b}\right)^n \qquad \left(\frac{a}{b}\right)^{-n} = \left(\frac{b}{a}\right)^n ,$$

Mittels $\quad a^{\frac{1}{n}} = \sqrt[n]{a} \qquad a^{-\frac{1}{n}} = \frac{1}{\sqrt[n]{a}} \qquad a^{\frac{m}{n}} = \sqrt[n]{a^m} \qquad a^{-\frac{m}{n}} = \frac{1}{\sqrt[n]{a^m}}$

lassen sich die Rechenregeln für Wurzeln direkt auf die zuvor genannten Rechenregeln für Potenzen zurückführen.

e) $\dfrac{9}{\sqrt{3}} = \dfrac{3^2}{3^{1/2}} = 3^{2-1/2} = \underline{3^{3/2}}$

f) $\dfrac{4}{\sqrt[3]{2}} = \dfrac{2^2}{2^{1/3}} = 2^{2-1/3} = \underline{2^{5/3}}$

g) $\dfrac{8}{\left(\sqrt{2}\right)^3} = \dfrac{2^3}{2^{3/2}} = 2^{3-3/2} = \underline{2^{3/2}}$

h) $\dfrac{2^2}{\left(\sqrt[3]{4}\right)^2} = \dfrac{4}{4^{2/3}} = 4^{1-2/3} = \underline{4^{1/3}}$

i) $\dfrac{\sqrt{3}\left(\sqrt[3]{9}\right)^2}{9} = \dfrac{3^{1/2}\left(3^2\right)^{2/3}}{3^2} = \dfrac{3^{1/2} 3^{4/3}}{3^2} = 3^{1/2+4/3-2} = \underline{3^{-1/6}}$

j) $\dfrac{7^{3/4}\,7^{1/2}}{\left(\sqrt[3]{7}\right)^4} = \dfrac{7^{3/4+1/2}}{7^{4/3}} = \dfrac{7^{5/4}}{7^{4/3}} = 7^{5/4-4/3} = \underline{7^{-1/12}}$

k) $\dfrac{\left(5^{1/2}\,5^{1/4}\right)^2}{5^3} = \dfrac{\left(5^{1/2+1/4}\right)^2}{5^3} = \dfrac{\left(5^{3/4}\right)^2}{5^3} = \dfrac{5^{3/2}}{5^3} = 5^{3/2-3} = \underline{5^{3/2}}$

l) $\dfrac{\left(2^{1/2}\,4\right)^3}{\sqrt{4}\,\sqrt{2}} = \dfrac{\left(\left(4^{1/2}\right)^{1/2}\,4\right)^3}{4^{1/2}\,2^{1/2}} = \dfrac{\left(4^{1/4}\,4\right)^3}{4^{1/2}\left(4^{1/2}\right)^{1/2}} = \dfrac{\left(4^{5/4}\right)^3}{4^{1/2}\,4^{1/4}} = \dfrac{4^{15/4}}{4^{3/4}} = 4^{15/4-3/4} = 4^{12/4} = \underline{4^3}$

Aufgabe 1.2.2

a) $\dfrac{\sqrt{2a}}{a^{1/3}(2a)^{2/3}} = \dfrac{2^{1/2}a^{1/2}}{a^{1/3}2^{2/3}a^{2/3}} = 2^{1/2-2/3}\dfrac{a^{1/2}}{a} = \underline{2^{-1/6}a^{-1/2}}$

b) $\dfrac{a\sqrt{2a}}{2a^{1/2}\sqrt[3]{a}} = \dfrac{a\sqrt{2}\sqrt{a}}{2a^{1/2}a^{1/3}} = \dfrac{2^{1/2}a\,a^{1/2}}{2a^{1/2+1/3}} = 2^{1/2-1}\dfrac{a^{1+1/2}}{a^{5/6}} = 2^{-1/2}a^{3/2-5/6} = \underline{2^{-1/2}a^{2/3}}$

c) $\dfrac{9\sqrt{a}3a}{\sqrt{3a}} = \dfrac{3^2a^{1/2}3a}{(3a)^{1/2}} = \dfrac{3^3a^{1/2+1}}{3^{1/2}a^{1/2}} = 3^{3-1/2}a^{3/2-1/2} = \underline{3^{5/2}a}$

d) $\dfrac{a^{2/3}}{a^{1/2}a^{1/6}} = \dfrac{a^{2/3}}{a^{1/2+1/6}} = \dfrac{a^{2/3}}{a^{4/6}} = \dfrac{a^{2/3}}{a^{2/3}} = 1 = \underline{a^0}$

Zur Erinnerung: $a^{\frac{m}{n}} = \sqrt[n]{a^m} = \left(\sqrt[n]{a}\right)^m$

e) $\dfrac{a^{1/3}}{a^{2/3}a} = \dfrac{a^{1/3}}{a^{2/3+1}} = \dfrac{a^{1/3}}{a^{5/3}} = a^{1/3-5/3} = a^{-2/3} = \underline{\sqrt[3]{a^{-2}}}$

f) $\dfrac{a^{1/2}a}{a^{3/4}\sqrt{a}} = \dfrac{a^{1/2+1}}{a^{3/4}a^{1/2}} = \dfrac{a^{3/2}}{a^{3/4+1/2}} = \dfrac{a^{3/2}}{a^{5/4}} = a^{3/2-5/4} = a^{1/4} = \underline{\sqrt[4]{a}}$

Aufgabe 1.2.3

Häufige Fehler

Gern genutzt werden die folgenden *falschen* Rechenregeln:

$\sqrt{x^2-9}+5 = \sqrt{x^2-9+5}$ ist genauso *falsch*, wie $\sqrt{x^2-9}+5 = \sqrt{x^2-9+25}$.

$\sqrt{x^2-9} = x-3$ ist *falsch*, da nach der binomischen Formel $(x-3)^2 = x^2-6x+9$ ist.

Auch $2\sqrt{x^2-9} = \sqrt{2x^2-18}$ *gilt nicht*, da $2\sqrt{x^2-9} = \sqrt{2^2(x^2-9)} = \sqrt{4x^2-36}$

ist. Die verwendbaren Rechenregeln wurden bereits in Aufgabe 1.2.1 aufgelistet.

Bei der Lösung der folgenden Teilaufgaben muss genau beachtet werden, wo die Wurzel endet und welche Summanden *nicht* unter der Wurzel stehen. Als erstes müssen diese störenden Summanden subtrahiert werden. Anschließend wird durch den Faktor vor dem Wurzelzeichen, sofern vorhanden, dividiert. Erst dann wird die Gleichung quadriert bzw. in die benötigte Potenz erhoben.

a) $2\sqrt{x-3}+3 = 7$ $\rightarrow$ $2\sqrt{x-3} = 7-3 = 4$ $\rightarrow$ $\sqrt{x-3} = 4/2 = 2$

$\rightarrow$ $x-3 = 2^2 = 4$ $\rightarrow$ $x = 4+3 = \underline{7}$

b) $\sqrt{x^2-9}-2 = 2$ $\rightarrow$ $\sqrt{x^2-9} = 2+2 = 4$ $\rightarrow$ $x^2-9 = 4^2 = 16$

$\rightarrow$ $x^2 = 16+9 = 25$ $\rightarrow$ $x_{1,2} = \pm\sqrt{25} = \underline{\pm 5}$

c) Die Lösung einer quadratischen Gleichung: $\qquad x^2 + px + q = 0$

hat die Form: $\qquad\qquad\qquad\qquad\qquad x_{1,2} = -\dfrac{p}{2} \pm \sqrt{\dfrac{p^2}{4} - q}$.

$2x^2 - 6x + 4 = 0 \qquad \rightarrow \qquad x^2 - 3x + 2 = 0$

$\rightarrow \qquad x_{1,2} = \dfrac{3}{2} \pm \sqrt{\dfrac{9}{4} - 2} = \dfrac{3}{2} \pm \sqrt{\dfrac{9-8}{4}} = \dfrac{3}{2} \pm \sqrt{\dfrac{1}{4}} = \dfrac{3}{2} \pm \dfrac{1}{2}$

$\rightarrow \qquad x_1 = \dfrac{3}{2} + \dfrac{1}{2} = \dfrac{4}{2} = \underline{2} \qquad\qquad x_2 = \dfrac{3}{2} - \dfrac{1}{2} = \dfrac{2}{2} = \underline{1}$

d) $2x^2 + 20 = 14x \qquad \rightarrow \qquad 2x^2 - 14x + 20 = 0 \qquad \rightarrow \qquad x^2 - 7x + 10 = 0$

$\rightarrow \qquad x_{1,2} = \dfrac{7}{2} \pm \sqrt{\dfrac{49}{4} - 10} = \dfrac{7}{2} \pm \sqrt{\dfrac{49-40}{4}} = \dfrac{7}{2} \pm \sqrt{\dfrac{9}{4}} = \dfrac{7}{2} \pm \dfrac{3}{2}$

$\rightarrow \qquad x_1 = \dfrac{7}{2} + \dfrac{3}{2} = \dfrac{10}{2} = \underline{5} \qquad\qquad x_2 = \dfrac{3}{2} - \dfrac{1}{2} = \dfrac{2}{2} = \underline{1}$

e) $\sqrt[3]{2x^3 - 8} = x \quad \rightarrow \quad 2x^3 - 8 = x^3 \quad \rightarrow \quad x^3 = 8 \quad \rightarrow \quad x = \sqrt[3]{8} = \underline{2}$

f) $2\sqrt[3]{x} = \sqrt{x} \qquad \rightarrow \qquad 2 = \dfrac{\sqrt{x}}{\sqrt[3]{x}} = \dfrac{x^{1/2}}{x^{1/3}} = x^{1/2 - 1/3} = x^{1/6} \rightarrow \quad x = 2^6 = \underline{64}$

g) $2\sqrt[4]{x^2 - 15} = \sqrt{x} \qquad \rightarrow \qquad \sqrt[4]{x^2 - 15} = \dfrac{\sqrt{x}}{2} \qquad \rightarrow \qquad x^2 - 15 = \dfrac{x^2}{2^4} = \dfrac{x^2}{16}$

$\rightarrow \qquad x^2 - \dfrac{x^2}{16} = 15 \qquad \rightarrow \qquad \dfrac{16-1}{16} x^2 = 15 \qquad\qquad \rightarrow \qquad x^2 = 15 \cdot \dfrac{16}{15} = 16$

$\rightarrow \qquad x = \pm\sqrt{16} = \underline{\pm 4}$

h) $x = a\sqrt[4]{x} \qquad\qquad \rightarrow \qquad \dfrac{x}{\sqrt[4]{x}} = x^{1 - 1/4} = x^{3/4} = a \rightarrow \quad x = \underline{a^{4/3}}$

i) $2\sqrt{x - 3a} = \sqrt{x} \quad \rightarrow \quad \sqrt{x - 3a} = \dfrac{\sqrt{x}}{2} \qquad\qquad \rightarrow \qquad x - 3a = \dfrac{x}{2^2} = \dfrac{x}{4}$

$\rightarrow \qquad x - \dfrac{x}{4} = 3a \quad \rightarrow \quad \left(1 - \dfrac{1}{4}\right)x = \dfrac{3}{4}x = 3a \quad \rightarrow \quad x = \dfrac{4}{3} \cdot 3a = \underline{4a}$

Aufgabe 1.2.4 $\qquad\qquad$ Darlehen

Darlehen: $\qquad\qquad\qquad K_0 = 10\,000\,€$

Zinssätze: $\qquad\qquad$ Schwester: p_S $\qquad$ Vater: $p_V = 2,5\,\%$ $\quad$ Großvater: p_G

Aufzinsungsfaktor: $\qquad q = 1 + \dfrac{p}{100}$ $\qquad$ Vater: $q_V = 1,025$

Rückzahlungsbetrag: Schwester: $K_{S3} = 10\,927\ €$ Vater: K_{V4} Großvater: $K_{G5} = 11\,041\ €$

a) Schwester: $K_{S3} = K_0 q_S^3 \quad \rightarrow \quad q_S = \sqrt[3]{\dfrac{K_{S3}}{K_0}} = \sqrt[3]{\dfrac{10\,927}{10\,000}} = 1{,}03$

$$p_S = (q_S - 1)\cdot 100 = \underline{3\ \%}$$

   Großvater: $K_{G5} = K_0 q_G^5 \quad \rightarrow \quad q_G = \sqrt[5]{\dfrac{K_{G5}}{K_0}} = \sqrt[5]{\dfrac{11\,041}{10\,000}} = 1{,}02$

$$p_G = (q_G - 1)\cdot 100 = \underline{2\ \%}$$

b) Rückzahlungsbetrag an den Vater nach 4 Jahren:

   Vater: $K_{V4} = K_0 q_V^4 = 10\,000 \cdot 1{,}025^4 = \underline{11\,038\ €}$

c) Vergleich der Zinssätze:

   Zinssätze: Schwester: $p_S = 3\ \%$ Vater: $p_V = 2{,}5\ \%$ Großvater: $p_G = 2\ \%$

   Das Angebot des Großvaters ist das zinsgünstigste.

Aufgabe 1.2.5   Getränkepackung

$z = 2\,x = 4\,y$ $V = x\,y\,z = 1\,000\ cm^3$

$$V = x\,y\,z = \frac{z}{2}\cdot\frac{z}{4}\cdot z = \frac{z^3}{8} \quad \rightarrow \quad z = \sqrt[3]{8V} = \sqrt[3]{8\,000} = \underline{20\ cm}$$

$$x = \frac{z}{2} = \underline{10\ cm} \qquad\qquad y = \frac{z}{4} = \underline{5\ cm}$$

Aufgabe 1.2.6   Gebrauchtwagenpreis

Neupreis: $K_0 = 15\,000\ €$

Wertverlust: $p_1 = \ldots = p_4 = -10\ \%$ $p_5 = p_6 = -12\ \%$ $p_7 = p_8 = -15\ \%$

Auf/Abzinsungsfaktor: $q = 1 + \dfrac{p}{100}$

$q_1 = \ldots = q_4 = 0{,}9$ $q_5 = q_6 = 0{,}88$ $q_7 = q_8 = 0{,}85$

a) Restwert nach 7,5 Jahren:

$$K_{7,5} = K_0 q_1 \cdots q_7 \cdot q_8^{0,5} = 15\,000 \cdot 0{,}9^4 \cdot 0{,}88^2 \cdot 0{,}85^{1,5} = \underline{5\,972{,}48\ €}$$

b) durchschnittlicher jährlicher Wertverlust:

$$q = \left(\frac{K_{7,5}}{K_0}\right)^{1/7,5} = \left(\frac{5\,972{,}48}{15\,000}\right)^{2/15} = 0{,}8845 \qquad p = (q-1)\cdot 100 = \underline{-11{,}55\ \%}$$

Aufgabe 1.2.7   **Aktienfonds**

Anlagebetrag: $K_0 = 10\,000\,€$ $A_0 = 2\,000\,€$ $B_0 = 3\,000\,€$ $C_0 = 5\,000\,€$

Wertentwicklung in 3,5 Jahren: $p_A = 25\,\%$ $p_B = -8\,\%$ $p_C = 30\,\%$

Aufzinsungsfaktor $q = 1 + \dfrac{p}{100}$

$q_A = 1,25$ $q_B = 0,92$ $q_C = 1,3$

a) Auszahlungsbetrag nach 3,5 Jahren

$K_{3,5} = A_0 q_A + B_0 q_B + C_0 q_C = 2\,000 \cdot 1,25 + 3\,000 \cdot 0,92 + 5\,000 \cdot 1,3 = \underline{11\,760\,€}$

b) Branche A: $\dfrac{2\,000 \cdot 1,25}{11\,760} = \underline{0,2126}$ 21,26 %

Branche B: $\dfrac{3\,000 \cdot 0,92}{11\,760} = \underline{0,2347}$ 23,47 %

Branche C: $\dfrac{5\,000 \cdot 1,3}{11\,760} = \underline{0,5527}$ 55,27 %

c) durchschnittliche jährliche Rendite:

$q = \left(\dfrac{K_{3,5}}{K_0}\right)^{1/3,5} = \left(\dfrac{11\,760}{10\,000}\right)^{2/7} = 1,0474$ $p = (q-1) \cdot 100 = \underline{4,74\,\%}$

Aufgabe 1.2.8   **Monitor**

a) $d = 80$ cm $\dfrac{y}{x} = \dfrac{4}{3}$ $\rightarrow$ $y = \dfrac{4}{3}x$

Häufiger Fehler

Sehr beliebt ist die Vereinfachung mittels $\sqrt{x^2 + y^2} = \sqrt{x^2} + \sqrt{y^2} = x + y$,
allerdings zu Unrecht, denn sie ist *falsch*, wie man beim Einsetzen dieses Ergebnisses in
die binomische Formel feststellt. (siehe auch Hinweis zu Aufgabe 1.2.3)

$d = \sqrt{x^2 + y^2} = \sqrt{x^2 + \left(\dfrac{4}{3}\right)^2 x^2} = \sqrt{x^2\left(1 + \dfrac{16}{9}\right)} = x\sqrt{\dfrac{25}{9}} = x\dfrac{5}{3} = 80$

$x = 80 \cdot \dfrac{3}{5} = \underline{48\text{ cm}}$ $y = \dfrac{4}{3}x = \dfrac{4}{3} \cdot 48 = \underline{64\text{ cm}}$

b) $d = 80$ cm $\dfrac{y}{x} = \dfrac{16}{9}$ $\rightarrow$ $y = \dfrac{16}{9}x$

$d = \sqrt{x^2 + y^2} = \sqrt{x^2 + \left(\dfrac{16}{9}\right)^2 x^2} = \sqrt{x^2\left(1 + \dfrac{256}{81}\right)} = x\sqrt{\dfrac{337}{81}}$

$$d = x\sqrt{\frac{337}{81}} = 2{,}03973 \cdot x = 80$$

$$x = 80 : 2{,}03973 = \underline{39{,}22 \text{ cm}} \qquad\qquad y = \frac{16}{9}x = \frac{16}{9} \cdot 39{,}22 = \underline{69{,}73 \text{ cm}}$$

Aufgabe 1.2.9   Kirchturm

Dachfläche: $\quad F = 2a\sqrt{h^2 + \left(\dfrac{a}{2}\right)^2}$

a) $h = 1{,}2\,a$

$$F = 2a\sqrt{h^2 + \left(\frac{a}{2}\right)^2} = 2a\sqrt{1{,}2^2 a^2 + \frac{a^2}{4}} = 2a\sqrt{a^2(1{,}44 + 0{,}25)}$$

$$F = 2a^2\sqrt{1{,}44 + 0{,}25} = 2a^2\sqrt{1{,}69} = 2{,}6a^2$$

b) $a = 12$ m $\qquad\qquad\qquad F = 240$ m^2

$$\frac{F}{2a} = \sqrt{h^2 + \left(\frac{a}{2}\right)^2} \qquad\rightarrow\qquad \frac{F^2}{4a^2} = h^2 + \frac{a^2}{4}$$

$$\rightarrow\qquad h^2 = \frac{F^2}{4a^2} - \frac{a^2}{4} = \frac{240^2}{4\cdot 12^2} - \frac{12^2}{4} = \frac{20^2}{4} - \frac{12^2}{4} = 5\cdot 20 - 3\cdot 12 = 64$$

$$\rightarrow\qquad h = \sqrt{64} = \underline{8 \text{ m}}$$

Aufgabe 1.2.10   Festgeld

Anlagebetrag: $K_0 = 12\,000$ €

Zinssatz: $p_1 = 1\ \%$ $p_2 = 1{,}25\ \%$ $p_3 = 1{,}5\ \%$ $p_4 = 1{,}75\ \%$ $p_5 = 2\ \%$

Aufzinsungsfaktor: $q = 1 + \dfrac{p}{100}$

$\qquad\qquad q_1 = 1{,}01 \qquad q_2 = 1{,}0125 \quad q_3 = 1{,}015 \quad q_4 = 1{,}0175 \quad q_5 = 1{,}02$

a)   Endguthaben nach 5 Jahren:

$\qquad K_5 = K_0\, q_1 \cdots q_5 = 12\,000 \cdot 1{,}01 \cdot 1{,}0125 \cdot 1{,}015 \cdot 1{,}0175 \cdot 1{,}02 = \underline{12\,927\text{ €}}$

b)   durchschnittlicher jährlicher Zinssatz:

$$q = \left(\frac{K_5}{K_0}\right)^{1/5} = \left(1{,}07725\right)^{1/5} = 1{,}015 \qquad\qquad p = (q-1)\cdot 100 = \underline{1{,}5\ \%}$$

c)   Inflationsraten 2,3 % (2011), 2,0 % (2012), 1,5 % (2013), 0,9 % (2014), 0,25 % (2015)
     Preisentwicklung 2015 gegenüber 2010:

$\qquad I_{ins} = 1{,}023 \cdot 1{,}02 \cdot 1{,}015 \cdot 1{,}009 \cdot 1{,}0025 = 1{,}0713$ Zunahme: 7,13 %

d) Durchschnittliche jährliche Inflationsrate:

$$I_{Mittel} = \sqrt[5]{I_{ins}} = \sqrt[5]{1,0713} = \underline{1,0139} \qquad\qquad 1,39\ \%$$

e) Entwicklung der Kaufkraft des angelegten Geldes:
q_{real} = Index der Kaufkraft des erzielten Guthabens nach 5 Jahren

$$q_{real} = \frac{q_1 \cdots q_5}{I_{ins}} = \frac{1,07725}{1,0713} = \underline{1,00555} \qquad\qquad \text{Zunahme: } 0,555\ \%$$

Aufgabe 1.2.11 Aussichtsturm

Seitenlänge: $s = \sqrt{r^2 + h^2}$ \qquad Dachfläche: $\quad F = \pi\, r\, s$

a) $\quad h = \alpha\, r \qquad s = \sqrt{r^2 + h^2} = \sqrt{r^2 + \alpha^2 r^2} = \sqrt{r^2\left(1 + \alpha^2\right)} = r\sqrt{1 + \alpha^2}$

b) $\quad F = \pi\, r\, s = \pi\, r\, r\, \sqrt{1 + \alpha^2} = \pi\, r^2\, \sqrt{1 + \alpha^2}$

$r_{neu} = 1,5\, r_{alt}$

$\rightarrow \qquad F_{neu} = \pi\left(1,5\, r_{alt}\right)^2 \sqrt{1 + \alpha^2} = 2,25\, \pi\, r_{alt}\, \sqrt{1 + \alpha^2} = 2,25\, F_{alt}$

Die Dachfläche würde sich auf 225 % bzw. um 125 % vergrößern.

c) $\quad r = 10 \qquad \alpha = 0,75$

$$F = \pi\, r^2\, \sqrt{1 + \alpha^2} = \pi\, 10^2\, \sqrt{1 + 0,75^2} = \pi\, 100\, \sqrt{1,5625} = 125\, \pi = \underline{392,7}$$

1.4.3 Rechnen mit Logarithmen

Definiert ist der natürliche Logarithmus (zur Basis e) mittels:

$$\ln a = c \qquad\qquad \leftrightarrow \qquad\qquad e^c = a \quad,$$

woraus für $c = 0$ \qquad $e^0 = 1$ \qquad und damit \qquad $\ln 1 = 0$

und für $c = 1$ \qquad $e^1 = e$ \qquad bzw. \qquad $\ln e = 1$ \quad folgen.

Häufige Fehler

In Unkenntnis der Rechenregeln für Logarithmen werden oft Formeln wie
$\ln (a + b) = \ln a + \ln b$ ebenso wie $\ln (a\, b) = (\ln a) \cdot (\ln b)$ verwendet. Das sollten Sie lieber bleiben lassen, denn beide Formeln sind *falsch*.

Folgende Rechenregeln, die übrigens für Logarithmen mit beliebiger Basis gelten, sind dagegen korrekt:

$$\ln (ab) = \ln a + \ln b \qquad \ln\frac{a}{b} = \ln a - \ln b \qquad \ln a^n = n \ln a \qquad \ln \sqrt[n]{a} = \frac{1}{n}\ln a$$

Aufgabe 1.3.1

a) $c = a\, b \qquad\qquad \rightarrow \qquad \ln c = \ln (a\, b) = \ln a + \ln b$

b) $c = a^2\, b \qquad\qquad \rightarrow \qquad \ln c = \ln (a^2\, b) = 2 \ln a + \ln b$

c) $c = (a\, b)^2 \qquad\qquad \rightarrow \qquad \ln c = \ln (a\, b)^2 = 2\, (\ln a + \ln b)$

d) $c = \dfrac{a}{b}$ $\rightarrow$ $ln\,c = ln\dfrac{a}{b} = ln\,a - ln\,b$

e) $c = \dfrac{a^2}{b}$ $\rightarrow$ $ln\,c = ln\dfrac{a^2}{b} = ln\,a^2 - ln\,b = 2\,ln\,a - ln\,b$

f) $c = \dfrac{a}{b^3}$ $\rightarrow$ $ln\,c = ln\dfrac{a}{b^3} = ln\,a - ln\,b^3 = ln\,a - 3\,ln\,b$

Aufgabe 1.3.2

a) $c = a^\alpha$ $\rightarrow$ $ln\,c = ln\,a^\alpha = \alpha\,ln\,a$

b) $c = a^{1/\alpha}$ $\rightarrow$ $ln\,c = ln\,a^{1/\alpha} = \dfrac{1}{\alpha}\,ln\,a$

c) $c = a^{-\alpha}$ $\rightarrow$ $ln\,c = ln\,a^{-\alpha} = -\alpha\,ln\,a$

d) $c = a\,b^\alpha$ $\rightarrow$ $ln\,c = ln\big(a\,b^\alpha\big) = ln\,a + ln\,b^\alpha = ln\,a + \alpha\,ln\,b$

e) $c = \dfrac{a}{b^\alpha}$ $\rightarrow$ $ln\,c = ln\dfrac{a}{b^\alpha} = ln\,a - ln\,b^\alpha = ln\,a - \alpha\,ln\,b$

f) $c = \left(\dfrac{a}{b}\right)^\alpha$ $\rightarrow$ $ln\,c = ln\left(\dfrac{a}{b}\right)^\alpha = \alpha\,ln\dfrac{a}{b} = \alpha\big(ln\,a - ln\,b\big)$

Aufgabe 1.3.3

a) $c = a^\alpha$ $\rightarrow$ $ln\,c = \alpha\,ln\,a$ $\rightarrow$ $\alpha = \dfrac{ln\,c}{ln\,a}$

b) $c = a^\alpha\,b$ $\rightarrow$ $ln\,c = \alpha\,ln\,a + ln\,b$ $\rightarrow$ $\alpha = \dfrac{ln\,c - ln\,b}{ln\,a}$

c) $c = \dfrac{a}{b^\alpha}$ $\rightarrow$ $ln\,c = ln\,a - \alpha\,ln\,b$ $\rightarrow$ $\alpha = \dfrac{ln\,a - ln\,c}{ln\,b}$

d) Da sich der Logarithmus einer Summe oder Differenzen durch keine Rechenregel vereinfachen lässt, muss als erstes der störende Summand b subtrahiert werden, bevor logarithmiert wird, um α zu bestimmen..

    $c = a^\alpha + b$ $c - b = a^\alpha$ $ln(c-b) = \alpha\,ln\,a$ $\alpha = \dfrac{ln(c-b)}{ln\,a}$

e) $c = (a+b)^\alpha$ $\rightarrow$ $ln\,c = \alpha\,ln(a+b)$ $\rightarrow$ $\alpha = \dfrac{ln\,c}{ln(a+b)}$

f) $c = (a+b)^{1/\alpha}$ $\rightarrow$ $ln\,c = \dfrac{1}{\alpha}\,ln(a+b)$ $\rightarrow$ $\alpha = \dfrac{ln(a+b)}{ln\,c}$

Aufgabe 1.3.4

a) Per Definition ist $ln\,a = c \;\leftrightarrow\; e^c = a$. Danach erhält man:

$$2\,ln\,x = 4 \quad\rightarrow\quad ln\,x = 4/2 = 2 \quad\rightarrow\quad x = e^2$$

b) Zu beachten ist erneut, dass es für den Logarithmus von Summen und Differenzen keine Rechenregel zur Vereinfachung gibt.

$$ln\,(x + 2) = 4 \quad\rightarrow\quad x + 2 = e^4 \qquad\rightarrow\qquad x = e^4 - 2$$

c) $ln\,(2x - 1) = 4 \quad\rightarrow\quad 2x - 1 = e^4 \qquad\rightarrow\qquad x = \dfrac{e^4 + 1}{2}$

d) $ln\,(x - a) = b \quad\rightarrow\quad x - a = e^b \qquad\rightarrow\qquad x = e^b + a$

e) $ln\,(a + b\,x) = c \rightarrow\quad a + b\,x = e^c \qquad\rightarrow\qquad x = \dfrac{e^c - a}{b}$

f) $ln\left(a + \dfrac{b}{x}\right) = c \rightarrow\quad a + \dfrac{b}{x} = e^c \qquad\rightarrow\qquad \dfrac{b}{x} = e^c - a$

Häufige Fehler

Gern wird hier der Kehrwert von $\dfrac{b}{x} = e^c - a$ gebildet in Form von

$\dfrac{x}{b} = \dfrac{1}{e^c} - \dfrac{1}{a}$, was leider *falsch* ist, da $\dfrac{x}{b} = \dfrac{1}{e^c - a} \neq \dfrac{1}{e^c} - \dfrac{1}{a}$ ist.

Auch eine Division der Gleichung $\dfrac{b}{x} = e^c - a$ durch b ergibt *nicht*

$x = \dfrac{e^c}{b} - \dfrac{a}{b}$, sondern $\dfrac{1}{x} = \dfrac{e^c}{b} - \dfrac{a}{b}$ da $\dfrac{b}{x} : b = \dfrac{1}{x}$ ist und nicht x.

Um die Gleichung nach x umzustellen, muss sie zunächst mit x multipliziert werden

$b = (e^c - a)\,x$ und dann durch $(e^c - a)$ dividiert werden. $\quad x = \dfrac{b}{e^c - a}$

Aufgabe 1.3.5   Radioaktivität (Zerfallsgesetz)

N_t = Reststrahlung nach t Zeiteinheiten (in Bq) $\qquad N_t = N_0\,e^{-\lambda t}$

a) Cäsium: $t_H = 30$ Jahre $\qquad\qquad \dfrac{N_t}{N_0} = \dfrac{1}{2} = e^{-\lambda \cdot 30}$

$\rightarrow\qquad -30\,\lambda = ln\,0{,}5 \qquad\rightarrow\qquad \lambda = \dfrac{-ln\,0{,}5}{30} = \underline{0{,}0231}$

b) Jod: $\lambda = 0{,}0866$ $\qquad\qquad \dfrac{N_t}{N_0} = \dfrac{1}{2} = e^{-0{,}0866\,t_H}$

$$\rightarrow \quad -0{,}0866\, t_H = ln\, 0{,}5 \quad \rightarrow \quad t_H = \frac{-ln\, 0{,}5}{0{,}0866} = \underline{8{,}004\ \text{Tage}}$$

Aufgabe 1.3.6   Preis-Absatz-Funktion

p = Preis pro Glas in €
x = Absatzmenge in Mio. Gläsern $\qquad y = b\, ln(a-p) \qquad a, b > 0$

a) Nullstelle: $\quad 0 = b\, ln(a-p_N) \qquad \rightarrow \qquad 0 = ln(a-p_N)$

$$\rightarrow \qquad e^0 = 1 = a - p_N \qquad \rightarrow \qquad \underline{p_N = a - 1}$$

b) $a = 2 \qquad \rightarrow \qquad$ Preisobergrenze: $p_N = a - 1 = 2 - 1 = \underline{1\ €}$
Bei höheren Preisen als 1 € pro Glas kann keine Babynahrung mehr verkauft werden, die Absatzmenge ist dann null.

Aufgabe 1.3.7   Werbung

y = pro Monat verkaufte Menge einer neuen Bio-Säuglingsnahrung in Mio. Gläsern
x = Werbungskosten (in Mio. €) ab:

$$y = a\big(1 - e^{-bx}\big) \qquad\qquad a = 10$$

a) $x = 2$ (Mio €) $\qquad y = 7$ (Mio. Gläser)

$$\rightarrow \quad 7 = 10\big(1 - e^{-b\cdot 2}\big) \quad \rightarrow \quad 0{,}7 = 1 - e^{-b\cdot 2} \quad \rightarrow \quad e^{-b\cdot 2} = 0{,}3$$

$$\rightarrow \quad -2b = ln\, 0{,}3 \quad \rightarrow \quad b = \frac{-ln\, 0{,}3}{2} = 0{,}602 \approx \underline{0{,}6}$$

b) $b = 0{,}6 \qquad\qquad y = 8$ (Mio. Gläser)

$$\rightarrow \quad 8 = 10\big(1 - e^{-0{,}6x}\big) \quad \rightarrow \quad 0{,}8 = 1 - e^{-0{,}6x} \quad \rightarrow \quad e^{-0{,}6x} = 0{,}2$$

$$\rightarrow \quad -0{,}6x = ln\, 0{,}2 \quad \rightarrow \quad x = \frac{-ln\, 0{,}2}{0{,}6} = \underline{2{,}68\ \text{Mio. €}}$$

Aufgabe 1.3.8   Wäscherei

G = Gewinn (in 100 €/Tag)
x = Wäschemenge (in kg pro Tag) $\qquad G = b\, ln\, x - a \qquad a, b > 0$

a) Nullstelle: $\quad G = b\, ln\, x_N - a = 0 \rightarrow \quad ln\, x_N = a/b \qquad \rightarrow \quad x_N = \underline{e^{a/b}}$

b*) $x_N = 90 \qquad 90 = e^{a/b} \qquad \rightarrow \qquad \dfrac{a}{b} = ln\, 90 = 4{,}4998 \approx 4{,}5 \qquad \rightarrow \qquad a = 4{,}5\, b$

$\quad x_T = 200 \quad G_T = 4 \qquad \rightarrow \qquad 4 = b\, ln\, 200 - 4{,}5\, b = b\,(ln\, 200 - 4{,}5)$

$$\rightarrow \qquad b = \frac{4}{ln\, 200 - 4{,}5} = 5{,}01 \approx \underline{5} \qquad a = 4{,}5\, b = 4{,}5 \cdot 5 = \underline{22{,}5}$$

Aufgabe 1.3.9   Cobb-Douglas Produktionsfunktion

U = Umsatzes in € pro Woche
F = Verkaufsfläche in m^2
A = Arbeitsstunden *in* h pro Woche   *ln* U = 8,058 + 0,411 *ln* F + 0,449 *ln* A

a) $U = e^{8,058+0,411 lnF + 0,449 lnA} = e^{8,058} e^{0,411 lnF} e^{0,449 lnA} = 3159 \cdot F^{0,411} A^{0,449}$

b*) p_F = Veränderung der Verkaufsfläche F in % (= 10 %)
     p_A = Veränderung der Arbeitsstunden in %

Auf/Abzinsungsfaktor: $q = 1 + \dfrac{p}{100}$ $q_F = 1,1$

Da der Umsatz gleich bleiben soll ist:

$$U = 3159 \cdot F^{0,411} A^{0,449} = 3159 \cdot (1,1\,F)^{0,411} (q_A A)^{0,449}$$
$$= 3159 \cdot 1,1^{0,411} F^{0,411} q_A^{0,449} A^{0,449}$$

Damit muss $1,1^{0,411} q_A^{0,449} = 1$ sein. $\rightarrow$ $q_A^{0,449} = \dfrac{1}{1,1^{0,411}} = 1,1^{-0,411}$

$q_A = \left(1,1^{-0,411}\right)^{1/0,449} = 1,1^{-0,411/0,449} = 0,9165$ $\rightarrow$ $p_A = (q_A - 1) \cdot 100 = \underline{-8,35\ \%}$

2 Analysis

2.1 Funktionen einer Veränderlichen

2.1.1 Ableitungen, Elastizitäten und ihre Interpretation

Beispiel: **Konsumfunktionen**

Aus Daten der Einkommens- und Verbrauchsstichprobe wurden für die Abhängigkeit der monatlichen Ausgaben für Bekleidung y_B und der für Verkehr y_V vom monatlichen Haushaltsnettoeinkommen (HHNE), alles in €, folgende Konsumfunktionen ermittelt:

Bekleidung: $y_B = f_B(x) = c\,\dfrac{x-a}{x+b}$ mit $a = 500$ $b = 5000$ $c = 380$

Verkehr: $y_V = f_V(x) = \alpha\,x\,e^{-\beta/x}$ mit $\alpha = 0{,}14$ $\beta = 500$.

Die Funktionsparameter wurden stark gerundet, um die folgende Rechnung zu vereinfachen. Für ein Haushaltsnettoeinkommen von $x_H = 2500$ € ergeben sich daraus die Funktionswerte:

$$f_B(2500) = 101{,}3 \qquad f_V(2500) = 286{,}6 \quad .$$

Danach geben Haushalte mit einem Haushaltsnettoeinkommen von 2500 € im Durchschnitt pro Monat 101,3 € für Bekleidung und 286,6 € für Verkehr und Beförderung aus. Beide Funktionen sollen nun näher betrachtet werden.

Nullstellen und Grenzwerte für $x \to \infty$

Nullstellen geben Schnittpunkte der Funktion mit der x-Achse an. Für eine Nullstelle x_N ist daher $f(x_N) = 0$.

Ein Bruch wird null, wenn sein Zähler null ist. Für die Ausgaben für Bekleidung und Schuhe gilt daher: $x_N = a$.

Ein Produkt wird null, wenn einer der Faktoren null ist. Da die e-Funktion keine Nullstelle besitzt, gilt hier $x_N = 0$.

Um den Grenzwert der Ausgaben für Bekleidung und Schuhe zu ermitteln, werden Zähler und Nennen durch x dividiert. Das heißt x wird jeweils ausgeklammert und dann gekürzt. Dabei erhält man

$$\lim_{x\to\infty} f_B(x) = \lim_{x\to\infty} c\,\frac{x-a}{x+b} = c \lim_{x\to\infty} \frac{1-\dfrac{a}{x}}{1+\dfrac{b}{x}} = \underline{c} \quad .$$

Das bedeutet, dass die Ausgaben für Bekleidung und Schuhe den Wert $c = 380$ € nicht überschreiten werden, egal wie hoch das Haushaltsnettoeinkommen wird.

Die Ausgaben für Verkehr besitzen dagegen keinen Grenzwert für $x \to \infty$, denn

$$\lim_{x\to\infty} f_V(x) = \lim_{x\to\infty} \alpha\,x\,e^{-\beta/x} = \lim_{x\to\infty} \frac{\alpha\,x}{e^{\beta/x}} = \frac{\infty}{e^0} = \underline{\infty} \quad .$$

Bestimmung und Interpretation der ersten Ableitung

Die Ableitung der Funktion $f_B(x) = c\,\dfrac{x-a}{x+b}$ erfolgt nach der *Quotientenregel*, wobei

$$f(x) = c(x-a) \qquad f'(x) = c \qquad\qquad g(x) = x+b \qquad g'(x) = 1 \qquad\qquad \text{ist.}$$

Damit ist:

$$f_B'(x) = \frac{f'(x)g(x) - f(x)g'(x)}{(g(x))^2} = \frac{c(x+b) - c(x-a)}{(x+b)^2} = c\,\frac{b+a}{(x+b)^2} \quad .$$

Zur Ableitung der Funktion $f_V(x) = \alpha\,x\,e^{-\beta/x}$ wird die *Produktregel* und für den zweiten Faktor zusätzlich die Kettenregel benötigt, wobei

$$f(x) = \alpha\,x \qquad f'(x) = \alpha \qquad\qquad g(x) = e^{-\beta/x} \qquad g'(x) = \frac{\beta}{x^2}e^{-\beta/x} \quad \text{ist.}$$

Dabei erfolgt die Ableitung von $g(x) = e^{-\beta/x}$ nach der Kettenregel. Um äußere und innere Funktion zu trennen, ersetzt man den Exponenten durch die neue Variable: $z = -\beta/x$. Die äußere Funktion ist nun $h(z) = e^z$ mit $h'(z) = e^z$ und

die innere Funktion $z = k(x) = -\dfrac{\beta}{x} = -\beta\,x^{-1}$ mit $k'(x) = \beta\,x^{-2} = \dfrac{\beta}{x^2}$,

woraus gemäß der Kettenregel $g'(x) = h'(k(x))k'(x) = \dfrac{\beta}{x^2}e^{-\beta/x}$ folgt.

Daraus ergibt sich gemäß der Produktregel:

$$f_V'(x) = f'(x)g(x) + f(x)g'(x) = \alpha e^{-\beta/x} + \alpha\,x\,\frac{\beta}{x^2}e^{-\beta/x} \quad .$$

Nach dem Ausklammern der gemeinsamen Faktoren α und $e^{-\beta/x}$ erhält man

$$f_V'(x) = \alpha\,e^{-\beta/x}\left(1 + \frac{\beta}{x}\right) \quad .$$

Alternativ könnte man die Funktion $f_V(x) = \alpha\,x\,e^{-\beta/x}$ auch mit Hilfe der *logarithmischen Ableitung* ableiten. Dazu muss die Funktion zunächst logarithmiert werden:

$$\ln f_V(x) = \ln\alpha + \ln x - \frac{\beta}{x} \quad .$$

Diese logarithmierte Funktion wird nun abgeleitet:

$$\left(\ln f_V(x)\right)' = \frac{1}{x} + \frac{\beta}{x^2} \quad .$$

Die Ableitung der ursprünglichen Funktion erhält man dann durch Multiplikation der Ableitung $(\ln f_V(x))'$ mit der ursprünglichen Funktion $f_V(x)$:

$$f_V'(x) = \left(\ln f_V(x)\right)' f_V(x) = \left(\frac{1}{x} + \frac{\beta}{x^2}\right)\alpha\,x\,e^{-\beta/x} = \left(1 + \frac{\beta}{x}\right)\alpha\,e^{-\beta/x} \quad .$$

Nunmehr sollen wieder die Werte der Funktionsparameter, sowie für das Haushaltsnettoeinkommen der Wert $x_H = 2500 \, €$, eingesetzt werden. Dabei erhält man:

$$f'_B(2500) = 0{,}037 \qquad\qquad f'_V(2500) = 0{,}1375 \quad .$$

Abbildung 2.1-1   **Tangente an der Stelle $x_H = 2\,500$**

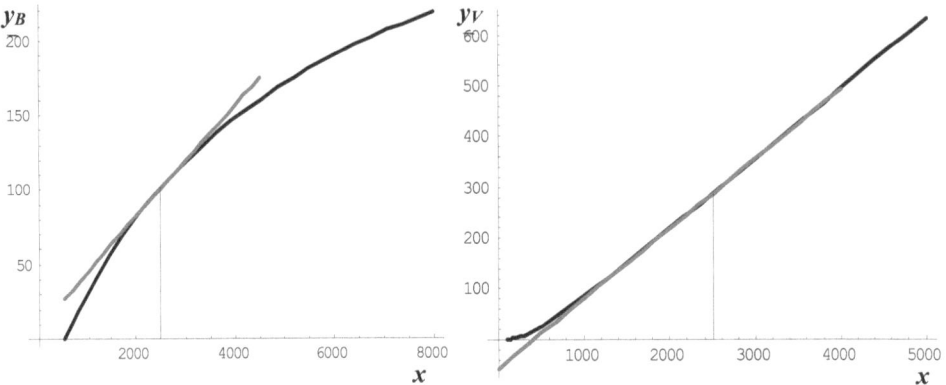

Geometrisch stellt die erste Ableitung den Anstieg der Tangente (in der Abb. rot) im Punkt $x_H = 2500$ dar. Diese lässt sich nutzen, um die Veränderung des Funktionswertes bei einer kleinen Änderung von x zu approximieren. Ökonomisch bedeutet das, dass sich bei einer Erhöhung des Haushaltsnettoeinkommens von bisher 2500 € um 1 € die Ausgaben für Bekleidung näherungsweise um 0,037 € erhöhen und die für Verkehr um 0,1375 €. Anschaulicher wird diese Aussage, wenn eine Erhöhung des HHNE um 100 € betrachtet wird. In diesem Fall wachsen die Ausgaben für Bekleidung ungefähr um 3,7 € und die für Verkehr um 13,75 €.

Bestimmung und Interpretation der Elastizität

Die Elastizität $\varepsilon_y(x) = \dfrac{dy/y}{dx/x} = \dfrac{dy}{dx} \cdot \dfrac{x}{y} = f'(x)\dfrac{x}{f(x)}$

beschreibt die prozentuale Änderung von y, wenn x sich um 1 % verändert.

Für die Ausgaben für Textilien und Bekleidung erhält man

$$\varepsilon_{y_B}(x) = f'_B(x)\frac{x}{f_B(x)} = c\,\frac{b+a}{(x+b)^2}\,\frac{x}{c\,\dfrac{x-a}{x+b}} = \frac{(b+a)x}{(x+b)(x-a)}$$

(Rechnen mit Brüchen, siehe Brückenkurs 1.1) und für die Verkehrsausgaben

$$\varepsilon_{y_V}(x) = f'_V(x)\frac{x}{f_V(x)} = \alpha e^{-\beta/x}\left(1+\frac{\beta}{x}\right)\frac{x}{\alpha x e^{-\beta/x}} = 1+\frac{\beta}{x} \quad .$$

An der Stelle $x_H = 2500$ ergeben sich daraus die Werte

$$\varepsilon_{y_B}(2\,500) = 0{,}917 \qquad \text{und} \qquad \varepsilon_{y_V}(2\,500) = 1{,}2 \quad .$$

Wenn sich ausgehend von 2500 € das Haushaltsnettoeinkommen um 1 % erhöht, dann steigen die Ausgaben für Bekleidung näherungsweise um 0,917 %, während sich die Verkehrsausgaben um ca. 1,2 % erhöhen. Damit sind die Ausgaben für Verkehr und Beförderung deutlich elastischer als die Ausgaben für Bekleidung. Die Ausgaben für Bekleidung wachsen prozentual langsamer als das Haushaltsnettoeinkommen, was bedeutet, dass ihr Anteil am Nettoeinkommen sich mit steigendem Einkommen verringert. Die Ausgaben für Verkehr und Beförderung erhöhen sich dagegen prozentual stärker als das Nettoeinkommen, so dass ihr Anteil am Nettoeinkommen mit wachsendem Einkommen steigt.

Die folgenden Aufgaben setzen Bruchrechnung, den Umgang mit Potenzen und Wurzeln und Rechnen mit Logarithmen voraus. Wer damit Probleme hat, müsste noch mal im entsprechenden Abschnitt des Brückenkurses nachlesen und einige Aufgaben daraus lösen, falls Sie den Brückenkurs übersprungen haben.

Aufgabe 2.1.1.1

Bestimmen Sie die erste Ableitung der folgenden Funktionen und vereinfachen Sie das Ergebnis so weit wie möglich:

a) $y = x\ln x$

b) $y = \dfrac{e^x}{x}$

c) $y = (x - c)^4$

d) $y = \ln(x - c)$

e) $y = e^{a-bx}$

f) $y = \sqrt{bx - a}$

Aufgabe 2.1.1.2   Personalcontrolling

Dies ist ein typisches Problem des Handels, das umfassend anhand von Unternehmensdaten in den Bachelor Thesis von Fabian Hofmann (2013), den Diplomarbeiten von Katrin Müller (2005) und Andy Wahlbrink (1999) und in Hausarbeiten von Susann Klinkisch (2001) und Matthias Schliesske (2001), HWR Fachrichtung Handel bzw. Industrie, behandelt wurde.

Mit dem Ziel, Filialen mit zu hohem Personalaufwand zu identifizieren, wurde aus den Daten der Filialen eines Discounters folgende Funktion für den Aufwand an Personalstunden y (in h) in Abhängigkeit vom Umsatz pro Woche (in €) ermittelt:

$$y = P(x) = a\, x^b \qquad \text{mit} \qquad a = 0{,}142 \quad \text{und} \quad b = 0{,}739$$

a) Mit welchem Aufwand an Personalstunden ist bei einer Filiale mit einem Wochenumsatz von 300 000 € zu rechnen?

b) Bestimmen Sie die erste Ableitung der Funktion $f(x)$, zunächst ohne die Werte der Funktionsparameter a und b einzusetzen. Welchen Wert hat diese an der Stelle $x_F = 300\,000$? (nun unter Verwendung der angegebenen Werte der Funktionsparameter).

c) In der Woche vor Ostern erhöht sich der Umsatz der betrachteten Filiale um 5 000 €. Wie viele Personalstunden werden in dieser Woche zusätzlich benötigt? Ermitteln Sie die exakte Lösung und die Näherungslösung mit Hilfe der ersten Ableitung und vergleichen Sie beide miteinander.

d) Ermitteln Sie die Elastizität der Personalstunden gegenüber Änderungen des Wochenumsatzes. Interpretieren Sie den berechneten Wert sachbezogen.

e*) Nach Implementierung eines Bake-Off bieten die Filialen auch frische Backwaren an. Dadurch wächst der Umsatz, ohne dass sich der Aufwand an Personalstunden erhöht. Für einen Wochenumsatz von 300 000 € werden jetzt nur noch 1550 Personalstunden benötigt, während eine Filiale mit einem Wochenumsatz von 500 000 € mit 2321 Personalstunden auskommt. Ermitteln Sie damit die neuen Werte der Funktionsparameter a und b. Runden Sie dabei b auf zwei und a auf drei Kommastellen.

Aufgabe 2.1.1.3   Kosten Maschendrahtzaun

Eine Firma, die Zäune baut und montiert, ermittelt die Auftragskosten für Maschendrahtzäune in Abhängigkeit von der Länge des zu montierenden Zauns x (in m) mit Hilfe der folgenden Kostenfunktion:

$$K(x) = a + b\,x + c\sqrt{x} \quad .$$

Dabei sind a die Fixkosten, z.B. die Anfahrtskostenpauschale, die unabhängig von der Strecke angesetzt wird, und b die Materialkosten je m Zaun. Der letzte Term beschreibt die Montagekosten, die langsamer wachsen als die Länge der zu montierenden Zäune.

Aktuell geht die Firma von $a = 50$, $b = 40$ und $c = 135$ aus.

a)   Mit welchen Kosten hat ein Kunde zu rechnen, der seine Grundstücksgrenze von 36 m mit einem Maschendrahtzaun sichern möchte?

b)   Bestimmen Sie die erste Ableitung der Kostenfunktion, zunächst ohne die Werte der Parameter a, b und c einzusetzen.

c)   Wie ändert sich der Wert dieser Ableitung, wenn sich die Zaunlänge x erhöht? Gegen welchen Wert strebt sie, wenn $x \to \infty$ strebt?

d)   Bestimmen Sie den Wert der ersten Ableitung der Kostenfunktion an der Stelle $x_Z = 36$. Interpretieren Sie diesen Wert ökonomisch.

e)   Bestimmen Sie die Elastizität der Kosten an der Stelle $x_Z = 36$ und interpretieren Sie den ermittelten Wert.

f*)   Gegen welchen Wert strebt die relative Elastizität für $x \to \infty$?

g)   Ermitteln Sie aus der bisher betrachteten Kostenfunktion eine Funktion für die Kosten je m Zaun $k(x)$ und bestimmen Sie für diese ebenfalls die erste Ableitung und die Elastizität. Vereinfachen Sie den Ausdruck der Elastizitätsfunktion. Bestimmen Sie auch für diese Funktion $k(x)$ den Wert der ersten Ableitung und der Elastizität an der Stelle $x_Z = 36$ und interpretieren Sie beide Werte.

Aufgabe 2.1.1.4   Preis-Absatz-Funktion für Beton

Ein Betonwerk, das Fertigbeton an Baustellen liefert, hat für die an einem Tag absetzbare Menge Fertigbeton in m³ in Abhängigkeit vom Preis des Betons p in €/m³ folgende Preis-Absatzfunktion ermittelt:

$$A(p) = a - b\,ln\,p \quad .$$

a*) Bestimmen Sie die Funktionsparameter a und b, wenn zu einem Preis von 100 € pro Tag 200 m³ Beton und zu einem Preis von 150 € an einem Tag 99 m³ verkauft werden können.

Für besonderen flüssigkeitsdichten Beton, der z.B. für Kellergeschosse in feuchteren Gebieten benötigt wird, sind die Werte der beiden Funktionsparameter: $a = 1180$ und $b = 225$. (Dies sind nicht die unter a*) berechneten Werte.)

Mit diesen Werten sollen die folgenden Aufgaben gelöst werden.

b) Ermitteln Sie die Nullstelle dieser Funktion. Welche ökonomischen Schlussfolgerungen ergeben sich aus dem ermittelten Wert? Geben Sie aus ökonomischer Sicht den Defintionsbereich dieser Preis-Absatz-Funktion an.

c) Bestimmen Sie die erste Ableitung der Preis-Absatzfunktion. Welchen Wert nimmt sie an der Stelle $p_B = 125$ € an? Interpretieren Sie den ermittelten Wert.

d) Wie ändert sich die absetzbare Menge dieses Fertigbetons prozentual, wenn der Preis ausgehend von $p_B = 125$ € um 1 % steigt?

e) Um wie viel Prozent darf der Preis von bisher $p_B = 125$ € steigen, wenn sich die Absatzmenge höchstens um 3 % verringern soll?

Aufgabe 2.1.1.5 Ladedauer von Elektroautos

Ein Vergleich der derzeit angebotenen Elektroautos hat gezeigt, dass die Ladedauer der Akkus in h gemäß der folgenden Funktion von der Reichweite einer Akkuladung x in km abhängt:

$$L(x) = \frac{bx}{x + a} \qquad \text{mit} \qquad a = 350 \quad \text{und} \quad b = 25 \;.$$

a) Mit welcher Ladedauer muss bei einem Elektroauto mit einer Reichweite von 200 km gerechnet werden?

b) Gibt es einen Grenzwert der Ladedauer für $x \to \infty$?

c) Bestimmen Sie die erste Ableitung der Funktion $L(x)$, zunächst ohne die gegebenen Werte der Funktionsparameter einzusetzen. Berechnen Sie anschließend den Wert der ersten Ableitung an der Stelle $x_A = 200$, jetzt unter Nutzung der gegebenen Werte für a und b.

d) Um wie viel Minuten erhöht sich die Ladedauer näherungsweise, wenn die Reichweite des Autos auf 210 km steigt?

e) Ermitteln Sie die Elastizität der Ladedauer für ein Elektroauto mit einer Reichweite von 200 km und interpretieren Sie den berechneten Wert.

f) Welche Reichweite kann unter den gegebenen Bedingungen von einem Elektroauto mit einer Ladedauer von 5 h erreicht werden?

Aufgabe 2.1.1.6 Reiseausgaben

Für die Abhängigkeit der jährlichen Ausgaben von Singles für Reisen vom monatlichen Einkommen x (beides in €) wurde folgende Funktion ermittelt (Engel-Funktion):

$$A(x) = 900 \frac{2x - 800}{x + 400}$$

a) Geben Sie den Definitionsbereich aus ökonomischer Sicht an. Bestimmen Sie für ein Einkommen von 2 000 € mit dieser Funktion die mittlere Höhe der Reiseausgaben.

b) Gegen welchen Wert streben die Reiseausgaben von Singles für $x \to \infty$?

c) Bestimmen Sie die erste Ableitung der Ausgabenfunktion.

d) Mit welcher Erhöhung der Reiseausgaben von Singles ist näherungsweise zu rechnen bei einer Steigerung des Einkommens um 50 € ausgehend von einem Einkommen von 2 000 €?

e) Wie erhöhen sich die Ausgaben für Reisen prozentual bei einer 1%-igen Einkommenserhöhung ausgehend von einem Einkommen von 2 000 €?

Aufgabe 2.1.1.7

Bestimmen Sie die erste Ableitung der folgenden Funktionen und vereinfachen Sie das Ergebnis so weit wie möglich. Diese Vereinfachungen werden im nächsten Abschnitt zur Kurvendiskussion benötigt.

a) $y = (2x - 1)\sqrt{x}$

b) $y = \dfrac{(x-a)^2}{2\sqrt{x}}$

c) $y = ln(x^2 - c)$

d) $y = x\sqrt{x^2 - 2}$

e) $y = \dfrac{e^{x^2 + c}}{x}$

f) $y = x\,e^{c/x}$

Aufgabe 2.1.1.8   Heizkosten nach der Dämmung

Die jährlichen Heizkosten eines Einfamilienhauses in € hängen gemäß der folgenden Funktion von der Höhe der getätigten Investitionen zur Wärmedämmung der Außenfassade x, ebenfalls in €, ab.

$$H(x) = e^{a - x/b} \qquad \text{mit} \qquad a = 7{,}6 \qquad \text{und} \qquad b = 20\,000 \ .$$

a) Wie hoch waren die jährlichen Heizkosten vor der Dämmung der Außenfassade und wie hoch müssten sie nach einer Dämmung der Außenfassade im Wert von 10 000 € sein? Nach wie vielen Jahren hätte sich bei gleichbleibenden Preisen für Gas bzw. Öl diese Investition in die Dämmung amortisiert?

b) Berechnen Sie die erste Ableitung der Funktion $H(x)$, zunächst ohne die Werte der Funktionsparameter einzusetzen.

c) Welchen Wert hat die erste Ableitung an der Stelle $x_H = 10\,000$ €? Setzen Sie jetzt die gegebenen Werte der Funktionsparameter ein. Wie ändern sich die Heizkosten näherungsweise, wenn im Folgejahr erneut 1 000 € in die Dämmung der Außenfassade investiert werden?

d) Ermitteln Sie die Elastizität der Heizkosten gegenüber Investitionen in die Dämmung des Hauses und interpretieren Sie diese an der Stelle $x_H = 10\,000$ € sachbezogen.

Aufgabe 2.1.1.9   Kundenzahl Bio-Markt

Um Anlieger auf die Eröffnung eines neuen Bio-Marktes aufmerksam zu machen, werden Flyer verteilt. Dabei hängt die Zahl der Kunden pro Tag (in 1 000) in der Eröffnungswoche gemäß folgender Funktion von der Zahl der verteilten Flyer x (ebenfalls in 1 000) ab:

$$K(x) = ln\left(a - \frac{b}{x} \right) \qquad \text{mit} \qquad a = 4 \qquad \text{und} \qquad b = 1{,}2 \ .$$

a) Ermitteln Sie die Nullstelle dieser Funktion. Was bedeutet diese ökonomisch?

b*) Wie viele Flyer müssten verteilt werden, um in der Eröffnungswoche pro Tag 1000 Kunden begrüßen zu können?

c) Wie viele Kunden sind pro Tag in der Eröffnungswoche zu erwarten, wenn 2000 Flyer verteilt wurden?

d) Bestimmen Sie die erste Ableitung, zunächst ohne die Werte der Funktionsparameter einzusetzen.

e) Welchen Wert hat die erste Ableitung der Funktion $K(x)$ an der Stelle $x_B = 2$? Verwenden Sie dazu die gegebenen Werte von a und b. Um wie viele Personen erhöht sich die Kundenzahl in der Eröffnungswoche pro Tag näherungsweise, wenn 100 Flyer mehr verteilt werden?

f) Bestimmen Sie die Elastizität der Besucherzahl gegenüber der Zahl der verteilten Flyer an der Stelle $x_B = 2$ und interpretieren Sie diesen Wert.

g) Bestimmen Sie den Grenzwert der Funktion $K(x)$ für $x \to \infty$. Interpretieren Sie diesen Wert.

Aufgabe 2.1.1.10   Preis von TV-Geräten

Der Preis der LED-Fernsehgeräte einer Produktionsserie eines Markenherstellers hängt gemäß der folgenden Preisfunktion von der Bilddiagonale x in Zoll ab.

$$P(x) = x\sqrt{bx - a} \qquad \text{mit} \qquad a = 240 \qquad \text{und} \qquad b = 12 \ .$$

a) Ermitteln Sie die Nullstelle dieser Funktion. Was bedeuten diese ökonomisch? Geben Sie den Definitionsbereich dieser Preisfunktion aus ökonomischer Sicht an.

b) Bestimmen Sie die erste Ableitung dieser Preisfunktion, zunächst ohne die Werte der Funktionsparameter einzusetzen.

c) Welchen Preis erwarten Sie bei einem Fernsehgerät mit einer Bilddiagonale von 40 Zoll? Ermitteln und interpretieren Sie den Wert der ersten Ableitung der Preisfunktion an der Stelle $x_F = 40$.

d) Bestimmen und interpretieren Sie den Wert der Elastizität des Preises gegenüber Erhöhungen der Bilddiagonale an der Stelle $x_F = 40$.

e) Gegen welchen Grenzwert strebt die Elastizität des Preises für $x \to \infty$?

2.1.2 Kurvendiskussion

Beispiel: **Wasserbetriebe**

Die von den Haushalten verbrauchte Wassermenge hängt gemäß der folgenden Preis-Absatz-Funktion vom Preis p je m^3 Wasser ab:

$$A(p) = e^{-p/c} \quad ,$$

wobei c eine positive Konstante ist. Ökonomisch sinnvoll sind hier nur Preise $p \geq 0$. Durch Multiplikation der absetzbaren Menge mit dem Preis p lässt sich daraus der Umsatz der Wasserbetriebe:

$$U(p) = p\, A(p) = p\, e^{-p/c}$$

berechnen. Die Produktionskosten ergeben sich aus der Funktion

$$K(x) = a + b\, x \quad ,$$

bei der x die produzierte Menge Wasser ist. Dabei sind a die Fixkosten, zu denen z.B. die Instandhaltungskosten der Rohrleitungen gehören, und b die variablen Kosten je m^3 Frischwasser. Die Differenz zwischen Umsatz und Kosten ist der erzielte Gewinn. Verwendet man nun als Produktionsmenge x die zum Preis p absetzbare Menge $A(p)$, dann ergibt sich daraus die Gewinnfunktion:

$$G(p) = U(p) - K(A(p)) \quad .$$

Analyse der Preis-Absatz-Funktion $\qquad A(p) = e^{-p/c}$

- **Nullstellen:** $\qquad$ keine, da die e-Funktion nur positive Werte annehmen kann

Das ist auch plausibel, denn egal wie hoch der Preis ist, ohne Wasser kommt man nicht aus.

- **Grenzwert für $p \to \infty$:** $\qquad \lim_{p \to \infty} A(p) = \lim_{p \to \infty} e^{-p/c} = \lim_{p \to \infty} \frac{1}{e^{p/c}} = \underline{0}$

Mit $p \to \infty$ strebt auch $e^{p/c} \to \infty$. Ein Bruch mit konstantem Zähler, dessen Nenner gegen ∞ strebt, wird immer kleiner und nähert sich dem Wert null.

- **Monotonie**

Um die Monotonie der Preis-Absatz-Funktion zu untersuchen, wird die erste Ableitung benötigt. Diese wird unter Nutzung der ***Kettenregel*** mittels der Substitution $z = $ -p/c gebildet.

Die äußere Funktion ist $\qquad g(z) = e^z \qquad$ mit $\qquad g'(z) = e^z$

und die innere Funktion ist $\qquad z = f(p) = -\dfrac{p}{c} \qquad$ mit $\qquad f'(p) = -\dfrac{1}{c}$,

woraus gemäß der Kettenregel $\qquad A'(p) = g'(f(p)) f'(p) = -\dfrac{1}{c} e^{-p/c} \qquad$ folgt.

Da die e-Funktion ausschließlich positive Werte annimmt, ist $A'(p) = -\dfrac{1}{c} e^{-p/c} < 0$.

Die Preis-Absatz-Funktion ist daher ***monoton fallend***. Dies erkennt man übrigens auch ohne Ableitung. Da der Exponent der e-Funktion negativ ist, wird der Funktionswert mit wachsendem p immer geringer. Das ist auch sachlogisch plausibel, denn die Haushalte versuchen, die wachsenden Wasserpreise durch einen geringeren Verbrauch zu kompensieren. Sie können jedoch nicht komplett auf Wasser verzichten und haben hier auch nicht die Möglichkeit, den Anbieter zu wechseln. Daher gibt es keinen Schnittpunkt der Preis-Absatz-Funktion mit der Preis-Achse.

- **Krümmung**

Um festzustellen, ob die Funktion konvex oder konkav ist, wird die zweite Ableitung benötigt. Auch diese wird mit Hilfe der ***Kettenregel*** bestimmt, wobei wiederum -p/c durch z substituiert wird. Der Faktor -$1/c$ wird nach der Faktorregel unverändert in die Ableitung übernommen.

$$A''(p) = -\frac{1}{c}\left(-\frac{1}{c}\right) e^{-p/c} = \frac{1}{c^2} e^{-p/c} > 0 \quad .$$

Da die zweite Ableitung der Preis-Absatz-Funktion positiv ist, ist die Funktion selbst ***konvex***. Der Verlauf der Preis-Absatz-Funktion ist in Abbildung 2.1-2 dargestellt.

Analyse der Umsatz-Funktion $\qquad U(p) = p\, A(p) = p\, e^{-p/c}$

- **Nullstellen:** $\qquad p_N = 0$

Ein Produkt wird null, wenn einer seiner Faktoren null ist. Da die Preis-Absatz-Funktion nur positive Werte annehmen kann, ist dies die einzige Nullstelle der Umsatzfunktion. Das ist auch sachlogisch plausibel, denn wenn die Wasserlieferung kostenlos erfolgte, gäbe es keinen Umsatz.

- **Grenzwert für $p \to \infty$:** $\lim\limits_{p \to \infty} U(p) = \lim\limits_{p \to \infty} pe^{-p/c} = \lim\limits_{p \to \infty} \dfrac{p}{e^{p/c}}$

Um den Grenzwert der Umsatzfunktion für $p \to \infty$ zu ermitteln, lassen sich die *l'Hospitalschen Regeln* nutzen. Nach diesen ist der Grenzwert eines Quotienten

$$f(x) = \frac{g(x)}{h(x)} \quad ,$$

zweier stetig differenzierbarer Funktionen $g(x)$ und $h(x)$, die beide für $x \to a$ entweder gegen null oder beide gegen unendlich streben, gleich dem Grenzwert des Quotienten ihrer Ableitungen:

$$\lim\limits_{x \to a} \frac{g(x)}{h(x)} = \lim\limits_{x \to a} \frac{g'(x)}{h'(x)} \quad .$$

In diesem Fall ist die betrachtete Variable $x = p$ und $a = \infty$. Demnach ist

$$g(p) = p \qquad\qquad g'(p) = 1 \qquad\qquad h(p) = e^{p/c} \qquad\qquad h'(p) = \frac{1}{c} e^{p/c}$$

und damit $\lim\limits_{p \to \infty} \dfrac{p}{e^{p/c}} = \lim\limits_{p \to \infty} \dfrac{1}{\dfrac{1}{c} e^{p/c}} = \underline{0}$

- **Relative Extrema**

Um diese zu bestimmen, müssen zunächst die erste und zweite Ableitung der Umsatzfunktion ermittelt werden. Das erfordert die Anwendung der Produktregel.

$U(p) = p\, A(p) = p\, e^{-p/c}$ *Produktregel*

$$f(p) = p \qquad f'(p) = 1 \qquad\qquad g(p) = A(p) = e^{-p/c} \qquad g'(p) = A'(p) = -\frac{1}{c} e^{-p/c}$$

$$U'(p) = f'(p)g(p) + f(p)g'(p) = e^{-p/c} - p\frac{1}{c} e^{-p/c} = \underline{\left(1 - \frac{p}{c}\right) e^{-p/c}}$$

$$U'(p) = \left(1 - \frac{p}{c}\right) e^{-p/c} \qquad \textit{Produktregel}$$

$$f(p) = 1 - \frac{p}{c} \quad f'(p) = -\frac{1}{c} \qquad g(p) = A(p) = e^{-p/c} \qquad g'(p) = A'(p) = -\frac{1}{c} e^{-p/c}$$

$$U''(p) = f'(p)g(p) + f(p)g'(p) = -\frac{1}{c} e^{-p/c} + \left(1 - \frac{p}{c}\right)\left(-\frac{1}{c}\right) e^{-p/c}$$

$$= -\frac{1}{c} e^{-p/c}\left(1 + 1 - \frac{p}{c}\right) = \underline{-\frac{1}{c} e^{-p/c}\left(2 - \frac{p}{c}\right)}$$

Wenn die Umsatzfunktion in einem Punkt p_0 ein relatives Extremum besitzt, muss $U'(p_0) = 0$ sein. (*notwendige Bedingung*)

Ist außerdem $\qquad\qquad U''(p_0) < 0$ so liegt ein relatives Maximum vor, während es sich bei $U''(p_0) > 0$ um ein relatives Minimum handelt.

Notwendige Bedingung $\quad U'(p_0) = \left(1 - \dfrac{p_0}{c}\right)e^{-p_0/c} = 0$

Da die *e*-Funktion nicht null wird, ist $\quad 1 - \dfrac{p_0}{c} = 0$

und damit $\quad \dfrac{p_0}{c} = 1 \quad$ sowie $\quad \underline{p_0 = c}.$

Hinreichende Bedingung $\quad U''(p_0) = U''(c) = -\dfrac{1}{c}e^{-c/c}\left(2 - \dfrac{c}{c}\right) = -\dfrac{1}{c}e^{-1} < 0$

Damit besitzt die Umsatzfunktion im Punkt $p_0 = c$ ein *relatives Maximum*.

- **Wendepunkt**

Ein Wendepunkt liegt in p_W vor, wenn $U''(p_W) = 0$ (*notwendige Bedingung*) und $U'''(p_W) \neq 0$ (*hinreichende Bedingung*) ist.

Notwendige Bedingung $\quad U''(p_W) = -\dfrac{1}{c}e^{-p_W/c}\left(2 - \dfrac{p_W}{c}\right) = 0$

Der einzige Faktor in diesem Produkt, der null werden kann, ist $\quad 2 - \dfrac{p_W}{c} = 0 \quad .$

Damit ist $\quad \dfrac{p_W}{c} = 2 \quad$ und $\quad \underline{p_W = 2c}$

Hinreichende Bedingung $\quad U'''(p_W) \neq 0.$

Dazu muss zunächst die dritte Ableitung der Umsatzfunktion bestimmt werden, was erneut die Anwendung der Produktregel erfordert.

$$U''(p) = -\dfrac{1}{c}e^{-p/c}\left(2 - \dfrac{p}{c}\right) \qquad \textit{Produktregel}$$

$$f(p) = 2 - \dfrac{p}{c} \quad f'(p) = -\dfrac{1}{c} \quad g(p) = A(p) = e^{-p/c} \quad g'(p) = A'(p) = -\dfrac{1}{c}e^{-p/c}$$

Der Faktor $-1/c$ bleibt als Konstante beim Ableiten stets erhalten und wird daher in die Produktregel nicht einbezogen.

$$U'''(p) = -\dfrac{1}{c}\left[f'(p)g(p) + f(p)g'(p)\right] = -\dfrac{1}{c}\left[-\dfrac{1}{c}e^{-p/c} + \left(2 - \dfrac{p}{c}\right)\left(-\dfrac{1}{c}\right)e^{-p/c}\right]$$

$$= \left(-\dfrac{1}{c}\right)^2 e^{-p/c}\left(1 + 2 - \dfrac{p}{c}\right) = \dfrac{1}{c^2}e^{-p/c}\left(3 - \dfrac{p}{c}\right)$$

Damit ist $\quad U'''(p_W) = U'''(2c) = \dfrac{1}{c^2}e^{-2c/c}\left(3 - \dfrac{2c}{c}\right) = \dfrac{1}{c^2}e^{-2} \neq 0 \quad .$

Folglich besitzt die Umsatzfunktion im Punkt $p_W = 2c$ einen Wendepunkt.

Auf die Angabe der Funktionswerte soll hier generell verzichtet werden.

Zusammenfassung

Die **Preis-Absatz-Funktion** ist *monoton fallend*, *konvex* und weist für $p \to \infty$ den *Grenzwert null* auf.

Die **Umsatzfunktion** besitzt eine *Nullstelle* im Punkt $p_N = 0$, ein *relatives Maximum* in $p_0 = c$, einen *Wendepunkt* an der Stelle $p_W = 2\,c$ und für $p \to \infty$ ebenfalls den *Grenzwert null*. Für $p < p_W = 2c$ ist sie konkav, denn in diesem Bereich befindet sich das relative Maximum, für $p > 2\,c$ dann konvex.

Die folgende Abbildung zeigt eine Skizze der Preis-Absatz- und der Umsatzfunktion der Wasserbetriebe.

Abbildung 2.1-2   **Preis-Absatz- und Umsatzfunktion zum Wasserverbrauch**

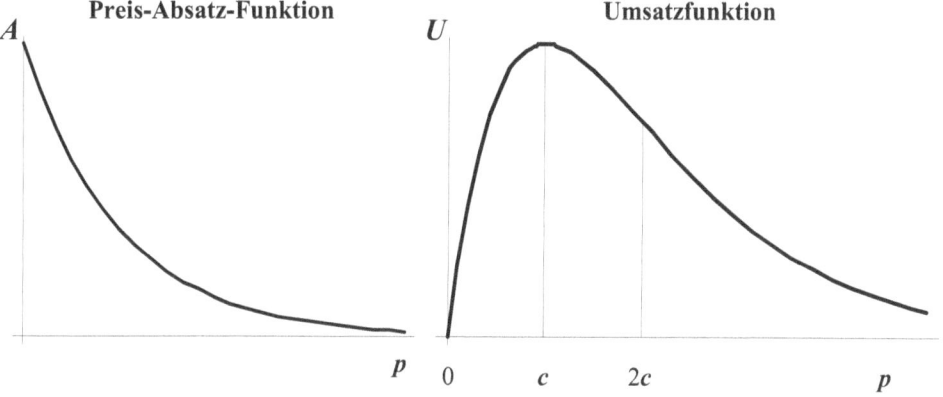

Maximierung der Gewinnfunktion

Zum Abschluss soll der Wasserpreis ermittelt werden, für den der Gewinn

$$G(p) = U(p) - K(A(p)) = p\,A(p) - a - b\,A(p) = (p - b)\,A(p) - a$$

maximal wird. Nach der **Produktregel** erhält man

$$f(p) = p - b \qquad f'(p) = 1 \qquad g(p) = A(p) = e^{-p/c} \qquad g'(p) = A'(p) = -\frac{1}{c}e^{-p/c}$$

und damit

$$G'(p) = f'(p)g(p) + f(p)g'(p) = e^{-p/c} + (p - b)\left(-\frac{1}{c}\right)e^{-p/c}$$

$$= e^{-p/c}\left(1 - \frac{1}{c}(p - b)\right) = e^{-p/c}\left(1 - \frac{p}{c} + \frac{b}{c}\right)$$

während die Ableitung der Konstanten $-a$ null ist.

Die notwendige Bedingung für relative Extrema $G'(p_0) = 0$ ist erfüllt, wenn

$$1 - \frac{p_0}{c} + \frac{b}{c} = 0 \qquad\qquad \text{ist, denn die } e\text{-Funktion wird nicht null. Daraus ergibt sich}$$

$$\frac{p_0}{c}=1+\frac{b}{c} \qquad \text{bzw.} \qquad \underline{p_0=c+b} \quad .$$

Bleibt noch zu prüfen, ob auch die hinreichende Bedingung $G''(p_0) < 0$ erfüllt ist.

Nach der **Produktregel** erhält man

$$f(p)=1-\frac{p}{c}+\frac{b}{c} \quad f'(p)=-\frac{1}{c} \quad g(p)=A(p)=e^{-p/c} \quad g'(p)=A'(p)=-\frac{1}{c}e^{-p/c}$$

und damit

$$G''(p)= f'(p)g(p)+f(p)g'(p)=-\frac{1}{c}e^{-p/c}+\left(1-\frac{p}{c}+\frac{b}{c}\right)\left(-\frac{1}{c}\right)e^{-p/c}$$

$$=-\frac{1}{c}e^{-p/c}\left(1+\left(1-\frac{p}{c}+\frac{b}{c}\right)\right)=-\frac{1}{c}e^{-p/c}\left(2-\frac{p}{c}+\frac{b}{c}\right)$$

An der Stelle $p_0 = c + b$ ist dann

$$G''(p_0)=G''(c+b)=-\frac{1}{c}e^{\frac{c+b}{c}}\left(2-\frac{c+b}{c}+\frac{b}{c}\right)=-\frac{1}{c}e^{\frac{c+b}{c}}\left(2-\frac{c}{c}-\frac{b}{c}+\frac{b}{c}\right)$$

$$=-\frac{1}{c}e^{\frac{c+b}{c}}<0$$

Damit nimmt der Gewinn bei einem Preis von $p_0 = c + b$ je m^3 Wasser ein relatives Maximum an. Interessant ist, dass hier der optimale Preis höher ist als der Preis, der zu maximalem Umsatz führt. Da bei einem höheren Preis die absetzbare Menge $A(p)$ geringer ist, fallen dabei niedrigere Kosten an, so dass der Gewinn sein Maximum später erreicht als der Umsatz.

In den folgenden Aufgaben sollen immer nur die Stellen, an denen sich relative Extrema oder Wendepunkte befinden, bestimmt werden. Die zugehörigen Funktionswerte sind nur anzugeben, wenn in der Aufgabe explizit danach gefragt wird.

Aufgabe 2.1.2.1

Bestimmen Sie die Nullstellen, relativen Extrema und Wendepunkte der folgenden Funktionen, sowie den Grenzwert für $x \to \infty$ (außer in **a)**) und skizzieren Sie den Funktionsverlauf. Dabei sind alle hier auftretenden Funktionsparameter a und b positiv.

a) $\quad f(x)=ax^2-bx^3$

b) $\quad f(x)=(x-a)e^{-x}$

c) $\quad f(x)=\frac{ln\ x}{x}$

d*) $\quad f(x)=\frac{1}{1+e^{-x}}$

Bei **d*)** soll auf die dritte Ableitung und den Nachweis der hinreichenden Bedingung des Wendepunktes verzichtet werden. Hier soll nur die notwendige Bedingung geprüft werden. Für **a)**, **b)**, **c)** gilt dies jedoch nicht.

Aufgabe 2.1.2.2   Umsatz und Gewinn bei Erdbeeren

Die Kosten eines Obstproduzenten beim Anbau von Erdbeeren hängen gemäß der folgenden Kostenfunktion von der Produktionsmenge x ab:

$$K(x) = a + b\,x \quad ,$$

wobei a und b positive Konstanten sind. Dabei sind a die Fixkosten, die unabhängig von der Höhe der Produktion anfallen, und b die variablen Kosten je Mengeneinheit des Produkts. Beim Verkauf am firmeneigenen Stand kann die Produktionsmenge x an einem Tag vollständig abgesetzt werden, wenn diese zum Preis von

$$p(x) = c - x \qquad\qquad\qquad 0 < x < c$$

angeboten wird.

a) Bestimmen Sie die Umsatzfunktion. Für welche Produktionsmenge wird der Umsatz maximal? Weisen Sie nach, dass es sich tatsächlich um ein relatives Maximum handelt.

b) Geben Sie die Gewinnfunktion an und maximieren Sie diese ebenfalls.

c) Welche Werte nehmen b und c an, wenn der Umsatz bei einer Produktionshöhe von 100 kg sein Maximum erreicht, während der Gewinn bei 80 kg maximal ausfällt?

Aufgabe 2.1.2.3   Lagerhaltungskosten

Aufgabe aus [5] J. Schwarze „Mathematik für Wirtschaftswissenschaftler" Band 2

In einem Lager wird ein bestimmtes Gut gelagert, das kontinuierlich verbraucht wird. Sobald der Lagerbestand vollständig abgebaut ist, wird eine neue Bestellung ausgelöst.

Abbildung 2.1-3   Lagerbestand

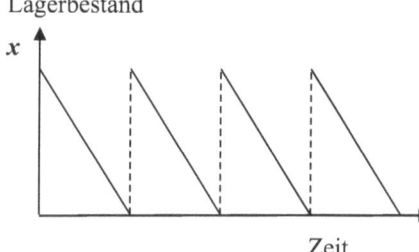

M = in einem Jahr benötigte Gesamtmenge des Gutes

a = Bestell- und Lieferkosten, die unabhängig vom Umfang der Lieferung bei jeder Bestellung anfallen

b = Lagerkosten pro Jahr je Mengeneinheit des Gutes

x = Bestellmenge

a) Die jährlichen Lagerhaltungskosten $K(x)$ setzen sich aus Bestellkosten a, multipliziert mit der Zahl der Bestellungen pro Jahr, und den Lagerhaltungskosten b, multipliziert mit dem mittleren Lagerbestand, zusammen. Geben Sie diese Funktion $K(x)$ an.

b) Berechnen Sie die erste und zweite Ableitung der Kostenfunktion $K(x)$.

c) Bestimmen Sie die optimale Bestellmenge x_0, bei der insgesamt die geringsten Kosten anfallen. Weisen Sie nach, dass hier tatsächlich ein relatives Minimum der Kosten liegt.

Aufgabe 2.1.2.4   Materialverbrauch Konservendose

Der Materialverbrauch bei der Herstellung einer Konservendose mit dem Radius x und der Höhe y berechnet sich nach folgender Formel:

Abbildung 2.1-4

Konservendose

$$M(x,y) = 2\pi x^2 + 2\pi x y \quad .$$

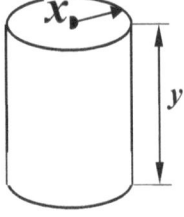

Ein Gemüseproduzent hat für seinen Mais Konservendosen mit einem Volumen V von 402 cm³ bestellt. Diese Konservendosen sollen mit einem möglichst geringen Materialverbrauch hergestellt werden.

a) Wie berechnet sich das Volumen der Konservendose? Stellen Sie die betreffende Formel nach y um und setzen Sie das Ergebnis in die Funktion zur Bestimmung des Materialverbrauchs ein.

b) Bestimmen Sie die erste und zweite Ableitung der unter **a)** ermittelten Funktion zur Berechnung des Materialverbrauchs.

c) Wie muss der Radius x gewählt werden, um Konservendosen des gewünschten Volumens mit möglichst geringem Materialverbrauch herzustellen? Weisen Sie nach, dass hier tatsächlich ein relatives Minimum vorliegt. Welche Höhe haben die betreffenden Konservendosen? (Setzen Sie erst am Ende der Rechnung den Wert für V ein und runden Sie die Maße auf ganze cm.)

Aufgabe 2.1.2.5   Umsatz-Funktion für Beton

Fortsetzung von Aufgabe 2.1.1.4

Als Preis-Absatz-Funktion eines Betriebes, der Fertigbeton herstellt, wurde in Aufgabe 2.1.1.4 die Funktion

$$A(p) = a - b \ln p$$

angegeben, wobei a und b positive Konstanten sind.

a) Bestimmen Sie die Nullstelle dieser Preis-Absatz-Funktion. Welche ökonomische Bedeutung hat dieser Wert? Geben Sie den Definitionsbereich aus ökonomischer Sicht an.

b) Geben Sie die zugehörige Umsatzfunktion zu dieser Preis-Absatz-Funktion an.

c) Bestimmen Sie die erste und zweite Ableitung der Umsatzfunktion.

d) Ermitteln Sie den Preis je m³ Fertigbeton, für den der Umsatz maximal wird. Weisen Sie nach, dass die Umsatzfunktion an dieser Stelle tatsächlich ein relatives Maximum besitzt.

Aufgabe 2.1.2.6   Gewinn Mietshaus

Der Gewinn einer Wohnimmobilie (Gewinn = Mieteinnahmen – Kosten) hängt gemäß der folgenden Gewinnfunktion vom Alter des Hauses t in Jahren ab, sofern in diesem Zeitraum keine Sanierung oder Modernisierung erfolgt:

$$G(t) = c \frac{t - b}{t^2} \quad ,$$

wobei b und c positive Konstanten sind.

a) Bestimmen Sie die Nullstelle. Welche Information liefert Ihnen die Nullstelle?

b) Besitzt die Gewinnfunktion für $t \to \infty$ einen Grenzwert?

c) Ermitteln Sie die erste und zweite Ableitung dieser Gewinnfunktion.

d) Besitzt diese Funktion relative Extrema? Wenn ja, wo liegen sie und welcher Art sind sie?

e) Stellen Sie fest, ob ein Wendepunkt vorhanden ist und wo dieser sich befindet. Prüfen Sie auch die hinreichende Bedingung.

f) Skizzieren Sie den Funktionsverlauf. Wann wäre Ihrer Meinung nach eine Sanierung oder Modernisierung des Hauses zu empfehlen?

Aufgabe 2.1.2.7   Kosten Landschaftsbau

Die Kosten einer Landschaftsbaufirma hängen gemäß der folgenden Kostenfunktion von der Größe der zu gestaltenden Fläche x in ha ab:

$$K(x) = \frac{a}{x} + b\,ln\,x \quad,$$

wobei a und b positive Konstanten sind und nur Aufträge von mindestens 1 ha Fläche angenommen werden.

a) Bestimmen Sie die erste, zweite und dritte Ableitung dieser Kostenfunktion.

b) Gibt es relative Extrema? Wenn ja, an welcher Stelle liegen sie und welcher Art sind sie?

c) Gibt es einen Wendepunkt? Wenn ja, an welcher Stelle? Weisen Sie nach, dass es sich hier tatsächlich um einen Wendepunkt handelt.

d) Skizzieren Sie den Funktionsverlauf.

Aufgabe 2.1.2.8   Gewinn einer Wäscherei

Der tägliche Gewinn einer Wäscherei hängt gemäß der folgenden Gewinnfunktion von der Menge x der gewaschenen Wäsche in kg ab:

$$G(x) = \frac{bx - a}{e^x} \quad.$$

Dabei sind a und b positive Konstanten.

a) Besitzt diese Gewinnfunktion eine Nullstelle? Wenn ja, wo befindet sie sich? Was bedeutet dies ökonomisch für das Unternehmen?

b) Bestimmen Sie die erste, zweite und dritte Ableitung dieser Gewinnfunktion.

c) Gibt es ein relatives Extremum? Wenn ja, an welcher Stelle befindet es sich und welche Art von Extremum liegt hier vor?

d) Stellen Sie fest, ob diese Funktion einen Wendepunkt besitzt und wo dieser sich befindet. Prüfen Sie auch die hinreichende Bedingung.

e) Besitzt die Gewinnfunktion einen Grenzwert für $x \to \infty$?

f) Skizzieren Sie den Funktionsverlauf der Gewinnfunktion.

Aufgabe 2.1.2.9   Absatz Saugroboter

Für die Entwicklung der abgesetzten Menge eines neuen Saugroboters in Abhängigkeit von der Zahl der Monate seit Markteinführung t wurde folgende Absatzfunktion ermittelt:

$$A(t) = e^{a - b/t} \quad,$$

wobei die beiden Konstanten a und b positiv sind.

a) Besitzt diese Funktion Grenzwerte für $t \to 0$ und $t \to \infty$, wenn ja welche?

b) Bestimmen Sie die erste und zweite Ableitung dieser Absatzfunktion.

c) Ist die Absatzfunktion monoton? Besitzt sie Extremwerte?

d) Besitzt diese Absatzfunktion Wendepunkte? Wenn ja, an welcher Stelle?

   Auf den Nachweis mit Hilfe der 3. Ableitung soll hier verzichtet werden. Ein Punkt, der die notwendige Bedingung erfüllt, soll hier bereits als Wendepunkt betrachtet werden.

e) Skizzieren Sie den Funktionsverlauf.

Aufgabe 2.1.2.10   Kraftstoffverbrauch

Der Kraftstoffverbrauch eines Autos in Liter je 100 km hängt von der Geschwindigkeit x in km/h gemäß der folgenden Funktion ab:

$$K(x) = \sqrt{x} - c \ln x + a \quad ,$$

wobei a und c positive Konstanten sind.

a) Bestimmen Sie die erste, zweite und dritte Ableitung der Funktion $K(x)$.

b) Gibt es relative Extrema des Kraftstoffverbrauchs? Wenn ja, an welcher Stelle befinden sie sich und welcher Art sind sie?

c) Gibt es einen Wendepunkt? Wenn ja, an welcher Stelle? Weisen Sie nach, dass hier tatsächlich ein Wendepunkt vorliegt.

d) Skizzieren Sie den Funktionsverlauf.

e) Welche Werte nehmen die Konstanten a und c an, wenn die optimale Fahrgeschwindigkeit bei 64 km/h liegt und der Kraftstoffverbrauch an dieser Stelle 5,36 Liter je 100 km beträgt? Runden Sie die Ergebnisse auf ganze Zahlen.

   Bestimmen Sie mit diesen Werten auch die Geschwindigkeit und den Kraftstoffverbrauch an der Stelle des Wendepunkts.

Aufgabe 2.1.2.11   Absatz Ebola-Impfstoff

Für die Entwicklung der absetzbaren Menge eines neuen Impfstoffs gegen Ebola in 1000 Impfdosen wurde folgende Funktion ermittelt:

$$A(t) = (t + a)\sqrt{t} \quad ,$$

wobei t die Zahl der Monate seit Zulassung dieses Impfstoffs und a eine positive Konstante ist.

a) Geben Sie aus ökonomischer Sicht den Definitionsbereich dieser Absatzfunktion an. Bestimmen Sie die Nullstelle der Absatzfunktion.

b) Bestimmen Sie die erste, zweite und dritte Ableitung dieser Absatzfunktion.

c) Machen Sie eine Aussage zur Monotonie dieser Funktion. Gibt es relative Extrema?

d) Besitzt diese Funktion Wendepunkte? Wenn ja, an welcher Stelle? Prüfen Sie auch die hinreichende Bedingung. Machen Sie Aussagen zur Krümmung der Absatzfunktion vor und nach Erreichen des Wendepunkts.

e) Skizzieren Sie den Funktionsverlauf.

Aufgabe 2.1.2.12   Gewinn Smartphone

Der Gewinn eines Unternehmens beim Verkauf seines neuen Smartphones in Mio. € hängt gemäß der folgenden Funktion von den Werbungsausgaben x (in Mio. €) ab:

$$G(x) = e^{x/a}(4a - x) \quad ,$$

wobei $a > 0$ ist.

a) Welchen Wert hat der Gewinn an der Stelle $x = 0$? Was bedeutet das ökonomisch?

b) Besitzt die Gewinnfunktion Nullstellen? Wenn ja, an welcher Stelle? Was bedeutet dieser Wert ökonomisch?

c) Bestimmen Sie die Ableitungen erster, zweiter und dritter Ordnung dieser Gewinnfunktion.

d) Besitzt diese Funktion relative Extrema? Wenn ja, an welcher Stelle befinden sie sich und welcher Art sind sie?

e) Gibt es Wendepunkte? Wenn ja, an welcher Stelle? Weisen Sie nach, dass hier tatsächlich ein Wendepunkt liegt.

f) Skizzieren Sie den Funktionsverlauf dieser Gewinnfunktion.

g) Wie hoch würden Sie die Werbungskosten ansetzen?

Aufgabe 2.1.2.13   Reisekosten

Die bei Reisen mit dem Pkw anfallenden Kosten hängen gemäß der folgenden Funktion von der Länge der Strecke x in km ab:

$$K(x) = ln(x + a) - \frac{2x}{x + a} \quad ,$$

wobei a eine positive Konstante ist.

a) Bestimmen Sie die erste, zweite und dritte Ableitung dieser Kostenfunktion.

b) Besitzt diese Kostenfunktion relative Extrema? Wenn ja, an welcher Stelle liegen sie und welche Art von Extremum liegt hier vor?

c) Gibt es einen Wendepunkt? Wenn ja, wo liegt er? Weisen Sie nach, dass es sich hierbei tatsächlich um einen Wendepunkt handelt.

d) Skizzieren Sie den Funktionsverlauf.

Aufgabe 2.1.2.14   Gewinn Rollrasen

Die Gewinnfunktion eines Unternehmens, das Rollrasen verlegt, hat die folgende Form:

$$G(x) = \sqrt{x}\, e^{-x/a} \quad ,$$

wobei x die mit Rasen zu belegende Fläche in m^2 und a eine positive Konstante ist.

a) Bestimmen Sie die Nullstelle dieser Gewinnfunktion und den Grenzwert für $x \to \infty$.

b) Ermitteln Sie die erste Ableitung dieser Funktion. Prüfen Sie anhand der notwendigen Bedingung, wo sich gegebenenfalls ein relatives Maximum der Gewinnfunktion befinden könnte.

c*) Ermitteln Sie die zweite Ableitung und prüfen Sie, ob die Gewinnfunktion tatsächlich ein relatives Maximum besitzt.

d*) Prüfen Sie, ob die Gewinnfunktion einen Wendepunkt besitzt und stellen Sie gegebenenfalls fest, wo dieser sich befindet. *Eine Prüfung der hinreichenden Bedingung ist* **nicht** *verlangt.*

e*) Skizzieren Sie den Funktionsverlauf.

Aufgabe 2.1.2.15   Kosten Malerarbeiten

Die Kosten einer Malerfirma hängen gemäß der folgenden Funktion von der zu streichenden Fläche x in m^2 ab

$$K(x) = \frac{a}{x} + \sqrt{x} \quad ,$$

wobei a eine positive Konstante ist.

a) Bestimmen Sie die erste, zweite und dritte Ableitung dieser Kostenfunktion.

b) Bestimmen Sie die zu streichende Fläche x_0, bei der die geringsten Kosten anfallen. Weisen Sie nach, dass es sich hier tatsächlich um ein relatives Minimum handelt.

c) Gibt es einen Wendepunkt, wenn ja an welcher Stelle liegt er? *Auf eine Prüfung der hinreichenden Bedingung soll erst mal verzichtet werden.*

d*) Prüfen Sie nun, ob der in **c)** ermittelte Punkt auch die hinreichende Bedingung für einen Wendepunkt erfüllt.

e) Skizzieren Sie den Funktionsverlauf.

f) Welchen Wert hat der Parameter a, wenn die geringsten Kosten bei einer zu streichenden Fläche von 100 m^2 auftreten?

Aufgabe 2.1.2.16   Milchpreis

Der Milchpreis (je Liter) hängt gemäß der folgenden Funktion von der produzierten Menge x in Hektolitern ab:

$$P(x) = \frac{\ln x - b}{x} \quad ,$$

wobei b eine positive Konstante ist.

a) Besitzt diese Funktion eine Nullstelle? Wenn ja, wo befindet sie sich?

b) Gibt es einen Grenzwert des Milchpreises für $x \to \infty$? (Aussage begründen).

c) Bestimmen Sie die erste, zweite und dritte Ableitung der Preisfunktion.

d) Besitzt die Preisfunktion ein relatives Extremum? Wenn ja, wo liegt es und um welche Art von Extremum handelt es sich?

e) Gibt es einen Wendepunkt? Wenn ja, an welcher Stelle? Prüfen Sie auch die Erfüllung der hinreichenden Bedingung.

f) Skizzieren Sie den Funktionsverlauf.

Aufgabe 2.1.2.17   Werbung Pay-TV

Funktion aus [5] J. Schwarze „Mathematik für Wirtschaftswissenschaftler" Band 2 –mit anderem Sachbezug

Die Funktion $\quad A(x) = \dfrac{c}{1 + e^{a-x}}$

beschreibt die Zahl der Abonnenten eines Pay-TV-Anbieters in Abhängigkeit von den aufgewandten Werbekosten x.

a) Ermitteln Sie den Grenzwert dieser Funktion für $x \to \infty$. Was bedeutet dies ökonomisch?

b) Bestimmen Sie die erste Ableitung der Funktion $A(x)$ und machen Sie Aussagen zur Monotonie dieser Funktion.

c*) Berechnen Sie die zweite Ableitung der Funktion $A(x)$.

d*) Gibt es einen Wendepunkt? *Es genügt hier, wenn Sie die notwendige Bedingung prüfen.* Machen Sie Aussagen zur Krümmung der Funktion vor und nach Erreichen des Wendepunkts.

e*) Skizzieren Sie den Funktionsverlauf.

2.2   Funktionen mehrerer Veränderlicher

2.2.1   Höhenlinien, partielle Ableitungen, das totale Differential, der Gradient und partielle Elastizitäten

Beispiel: Fassadenfarbe

Die pro Woche absetzbare Menge der häufig verwendeten Silikat-Fassadenfarbe eines Baumarkts (in 10 Liter-Eimern) hängt gemäß der folgenden Preis-Absatz-Funktion vom Preis dieser Fassadenfarbe x und dem Preis der nur über Spezialanbieter bzw. das Internet erhältlichen Fassadenfarbe LOTUSAN y ab (beides in € je 10 Liter-Eimer):

$$A(x,y) = \sqrt{\frac{y}{x}}\, e^{a + y/b} \quad ,$$

wobei a und b positive Konstanten sind. Dabei hat die Fassadenfarbe aus dem Baumarkt gegen das 1999 entwickelte und hervorragend vermarktete LOTUSAN nur eine Chance, wenn sie zu einem deutlich geringeren Preis verkauft wird. Die angegebene Preis-Absatz-Funktion basiert daher auf der Preisrelation y/x zwischen LOTUSAN und der Silikat-Fassadenfarbe des Baumarkts.

Intelligente Farben mit Lotus-Effect® Technology

Die Fassadenfarben Lotusan® und Lotusan® G verfügen neben hervorragenden bauphysikalischen Eigenschaften über die einzigartige und patentierte Lotus-Effect® Technology. Diese unterstützt die Fähigkeit zur Selbstreinigung und sorgt für einen aktiven, feuchteregulativen Wetterschutz der Fassade. Das Ergebnis: Schmutz perlt mit dem Regen ab. Die Fassade bleibt länger sauber und schön. Algen- und Pilzbefall wird nachhaltig gehemmt.

Werbetext des Herstellers auf: http://www.lotusan.de/de/home/home.html

---

Abbildung 2.2-1 3D Darstellung der Preis-Absatz-Funktion **Abbildung 2.2-2 Contourplot der Preis-Absatz-Funktion**

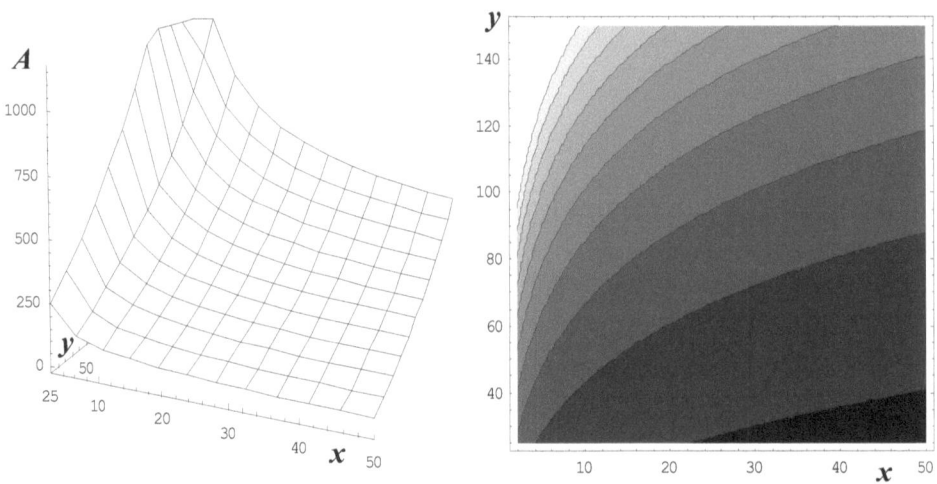

Die beiden Abbildungen bilden die Preis-Absatz-Funktion der Fassadenfarbe aus dem Baumarkt in 3D-Darstellung und als Contourplot aus den Höhenlinien ab. Beide Darstellungen zeigen, wie sich die absetzbare Menge der Baumarkt-Fassadenfarbe mit wachsendem Preis dieser Farbe x verringert und mit steigenden Preisen für LOTUSAN y erhöht (für $a = 4$ und $b = 100$). Helle Flächen im Contourplot weisen dabei auf höhere, dunkle auf geringere Funktionswerte hin. Für Interpretationen sollen hier stets die Werte $a = 4$ und $b = 100$ eingesetzt werden. Bei der Rechnung wird allgemein mit a und b gearbeitet.

Höhenlinien

Der Baumarkt hat noch einen Restbestand von 500 Eimern Fassadenfarbe, die er möglichst schnell verkaufen möchte. Mit Hilfe einer Höhen- oder Niveaulinie (auch Isoquante) soll untersucht werden, wie der Preis x dieser Fassadenfarbe angesetzt werden muss, um den Restbestand innerhalb einer Woche zu verkaufen. Dazu setzt man

$$500 = \sqrt{\frac{y}{x}}\, e^{a+y/b}$$

und stellt die Funktionsgleichung nach dem Preis x um. Dabei ist

$$500 = \sqrt{\frac{y}{x}}\, e^{a+y/b} = \frac{\sqrt{y}}{\sqrt{x}}\, e^{a+y/b}$$

und damit $\qquad \sqrt{x} = \dfrac{\sqrt{y}\, e^{a+y/b}}{500} \qquad$ bzw. $\qquad x = \dfrac{y\, e^{2(a+y/b)}}{250\,000}$.

Für $a = 4$ und $b = 100$ ergibt sich daraus bei einem Internet-Preis von LOTUSAN von 150 € der Wert:

$$x = \frac{150\, e^{2(4+150/100)}}{250\,000} = \underline{35{,}92} \quad .$$

Zu einem Preis von 35,92 € je Eimer Fassadenfarbe könnte innerhalb einer Woche der gesamte Restbestand von 500 Eimern abgesetzt werden. Dabei ist die Höhenlinie der geometrische Ort aller Preiskombinationen (x, y), für die die absetzbare Menge der Baumarkt-Fassadenfarbe konstant ist, in diesem Fall 500 Eimer.

Partielle Ableitungen

Bei der partiellen Ableitung nach x wird die andere Einflussgröße y wie eine Konstante bchandelt. Um die Differentiation zu erleichtern wird die Preis-Absatz-Funktion in der Form:

$$A(x, y) = \sqrt{\frac{y}{x}} e^{a+y/b} = \frac{\sqrt{y}}{\sqrt{x}} e^{a+y/b}$$

dargestellt. (Umgang mit Potenzen und Wurzeln siehe Brückenkurs 1.2) Damit ist:

$$A'_x(x, y) = -\frac{\sqrt{y}}{2x^{3/2}} e^{a+y/b} \quad .$$

Die partielle Ableitung nach y erfordert die **Produktregel** mit:

$$f(y) = \frac{\sqrt{y}}{\sqrt{x}} \qquad f'(y) = \frac{1}{2\sqrt{xy}} \quad g(y) = e^{a+y/b} \qquad g'(y) = \frac{1}{b} e^{a+y/b}$$

und somit

$$A'_y(x, y) = f'(y)g(y) + f(y)g'(y) = \frac{1}{2\sqrt{xy}} e^{a+y/b} + \frac{\sqrt{y}}{b\sqrt{x}} e^{a+y/b} \quad .$$

Wird $e^{a+y/b}$ als gemeinsamer Faktor ausgeklammert, erhält man (verwendete Rechenregeln der Bruchrechnung siehe Brückenkurs 1.1)

$$A'_y(x, y) = \left(\frac{1}{2\sqrt{xy}} + \frac{\sqrt{y}}{b\sqrt{x}} \right) e^{a+y/b} = \frac{b+2y}{2b\sqrt{xy}} e^{a+y/b} \quad .$$

An der Stelle $(x_F, y_F) = (50, 150)$ mit $a = 4$ und $b = 100$ nehmen die partiellen Ableitungen die Werte:

$$A'_x(x_F, y_F) = -4{,}24 \qquad\qquad A'_y(x_F, y_F) = 5{,}65$$

an. Geometrisch geben die Werte der partiellen Ableitungen den Anstieg der Tangente im Punkt (x_F, y_F) an innerhalb der senkrechten Ebene, in der y überall den festen Wert y_F besitzt. Ökonomisch bedeutet das, dass ausgehend von der Preiskombination $(x_F, y_F) = (50, 150)$ eine Erhöhung des Preises der Baumarkt-Fassadenfarbe um 1 € bei gleichbleibendem Preis von LOTUSAN näherungsweise zu einer Verringerung der pro Woche absetzbaren Menge von ungefähr 4,24 Eimern Farbe führt. Steigt dagegen der Preis von LOTUSAN um 1 € bei gleichbleibendem Preis der Baumarkt-Fassadenfarbe, so erhöht sich die Verkaufsmenge der Baumarkt-Fassadenfarbe um ca. 5,65 Eimer.

Das totale Differential

Wenn sich ausgehend von $(x_F, y_F) = (50, 150)$ beide Preise erhöhen, der der Baumarkt-Fassadenfarbe um 1 € und der von LOTUSAN um 2 €, dann lässt sich die Änderung der Absatzmenge im Baumarkt mit Hilfe des totalen Differentials über:

$$dA = A'_x(x_F, y_F)dx + A'_y(x_F, y_F)dy = -4{,}24 \cdot 1 + 5{,}65 \cdot 2 = 7{,}06$$

ermitteln. Die im Baumarkt absetzbare Menge würde sich infolgedessen um ca. 7,06 Eimer erhöhen.

Um die gleiche Menge Fassadenfarbe im Baumarkt abzusetzen wie bisher, kann bei einer Steigerung des Preises von LOTUSAN um 2 € der Preis der Fassadenfarbe im Baumarkt gemäß:

$$-4{,}24\ dx + 5{,}65 \cdot 2 = 0 \qquad \rightarrow \qquad dx = \frac{5{,}65 \cdot 2}{4{,}24} = 2{,}67$$

sogar um 2,67 € erhöht werden.

Der Gradient

Als Gradient der Funktion $A(x,y)$ im Punkt $(x_F\,,y_F) = (50\,,\,150)$ wird der Vektor

$$grad\ A\big(x_F\,,y_F\big) = \begin{pmatrix} A'_x\big(x_F\,,y_F\big) \\ A'_y\big(x_F\,,y_F\big) \end{pmatrix} = \begin{pmatrix} -4{,}24 \\ 5{,}65 \end{pmatrix}$$

ihrer partiellen Ableitungen an dieser Stelle bezeichnet.

Dieser Vektor weist vom Punkt $(x_F\,,y_F) = (50\,,\,150)$ aus in die Richtung des stärksten Anstiegs der Preis-Absatz-Funktion der Baumarkt-Fassadenfarbe. Dabei ist nur die Relation der beiden Komponenten des Gradienten zueinander wichtig. Demnach wird bei einer Erhöhung des Preises von LOTUSAN um 1 € die stärkste Erhöhung der absetzbaren Menge der Fassadenfarbe im Baumarkt erzielt, wenn deren Preis gleichzeitig um ca. 0,75 € ($dx = -4{,}24/5{,}65 \cdot dy$) sinkt.

Partielle Elastizitäten

Für die partiellen Elastizitäten erhält man

$$\varepsilon_A(x) = A'_x(x,y)\frac{x}{A(x,y)} = -\frac{\sqrt{y}}{2\,x^{3/2}}\,e^{a-y/b}\;\frac{x}{\frac{\sqrt{y}}{\sqrt{x}}\,e^{a-y/b}} = -\frac{\sqrt{y}\ x^{3/2}}{2\,x^{3/2}\sqrt{y}} = -\frac{1}{2}$$

sowie

$$\varepsilon_A(y) = A'_y(x,y)\frac{y}{A(x,y)} = \frac{b+2y}{2\,b\sqrt{xy}}\,e^{a-y/b}\;\frac{y}{\frac{\sqrt{y}}{\sqrt{x}}\,e^{a-y/b}} = \frac{(b+2y)y\sqrt{x}}{2\,b\,y\sqrt{x}} = \frac{b+2y}{2\,b}\quad.$$

Im Punkt $(x_F\,,y_F) = (50\,,\,150)$ ist dann für $b = 100$

$$\varepsilon_A(x_F) = -0{,}5 \qquad \text{und} \qquad \varepsilon_A(y_F) = 2 \quad.$$

Eine Erhöhung des Preises der Fassadenfarbe im Baumarkt um 1 % würde demnach zu einer Verringerung der Absatzmenge um ungefähr 0,5 % führen bei gleichbleibendem Preis von LOTUSAN.

Steigt dagegen der Preis von LOTUSAN um 1 %, so hätte das bei gleichbleibendem Preis der Baumarkt-Fassadenfarbe eine Erhöhung von deren Absatzmenge um ca. 2 % zur Folge.

Aufgabe 2.2.1.1 Konservendose

Das Volumen einer Konservendose berechnet sich aus dem Radius *r* und der Höhe *h* mit Hilfe der folgenden Funktion:

Abbildung 2.2-3 Konservendose

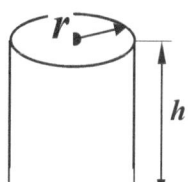

$$V(r,h) = \pi r^2 h \ .$$

Der Materialverbrauch zur Herstellung dieser Dose wird mittels

$$M(r,h) = 2\pi r^2 + 2\pi r h$$

bestimmt.

a) Ermitteln Sie die Höhenlinie der Funktion $V(r,h)$ zum Niveau 500. Stellen Sie die Formel dazu nach *r* um. Erklären Sie an diesem Beispiel den Begriff der Höhenlinie.

b) Eine Ananasbüchse hat einen Radius von 4 cm und eine Höhe von 11 cm. Bestimmen Sie das Volumen dieser Büchse.

c) Ermitteln Sie die partiellen Ableitungen des Volumens nach dem Radius und der Höhe.

d) Bestimmen Sie den Gradienten an der Stelle $(r_A, h_A) = (4, 11)$. In welchem Verhältnis müssten sich der Radius und die Höhe der Büchse ändern, damit sich das Volumen maximal erhöht?

e) Berechnen und interpretieren Sie die partiellen Elastizitäten des Volumens in Abhängigkeit von beiden Einflussgrößen.

f) Stellen Sie die Formel des Materialverbrauchs nach *h* um und interpretieren Sie auch hier den Begriff der Höhenlinie.

g) Bestimmen Sie den Materialverbrauch zur Herstellung der Ananasbüchse mit einem Radius von 4 cm und einer Höhe von 11 cm.

h) Ermitteln Sie die partiellen Ableitungen erster Ordnung des Materialverbrauchs an der Stelle $(r_A, h_A) = (4, 11)$. Wie ändert sich der Materialverbrauch näherungsweise, wenn der Radius um 0,2 cm vergrößert und die Höhe gleichzeitig um 0,3 cm verringert wird?

i) Bestimmen Sie für den Materialverbrauch die partiellen Elastizitäten an der Stelle $(r_A, h_A) = (4, 11)$ und interpretieren Sie die berechneten Werte.

Runden Sie die Ergebnisse dabei auf zwei Kommastellen.

Aufgabe 2.2.1.2 Fahrzeit

Die Fahrzeit, die ein Zug von der Stadt **A** in die Stadt **B** benötigt, lässt sich mit Hilfe der Funktion

$$F(x,y) = \frac{a}{x} + \frac{3a}{y}$$

aus der Geschwindigkeit *x* auf einer langsam zu befahrenden Strecke der Länge von *a* km und der Geschwindigkeit *y* (jeweils in km/h) auf der Hochgeschwindigkeitsstrecke mit einer Länge von 3 *a* km darstellen.

a) Bestimmen Sie die Höhenlinie der Funktion $F(x,y)$ zum Niveau 5 h. Erklären Sie an diesem Beispiel den Begriff der Höhenlinie.

b) Berechnen und interpretieren Sie die partiellen Ableitungen erster Ordnung der Funktion $F(x,y)$ im Punkt $(x_0, y_0) = (60, 150)$ für die Streckenlänge $a = 120$ km.

c) Berechnen Sie das totale Differential im Punkt $(x_0, y_0) = (60, 150)$ für $dx = 2$ und $dy = 5$. Interpretieren Sie den ermittelten Wert.

d) Bestimmen und interpretieren Sie die partielle Elastizität der Gesamtfahrzeit bezüglich der Veränderung der Durchschnittsgeschwindigkeit x auf der langsamen Strecke im Punkt $(x_0, y_0) = (60, 150)$.

Aufgabe 2.2.1.3   Gebrauchtwagenpreis

Zur Ermittlung des Preises von Gebrauchtwagen vom Typ VW-Golf in Abhängigkeit vom Neupreis x in € und dem Alter y in Jahren wurde folgende Preisfunktion ermittelt:

$$P(x,y) = cx^\alpha e^{-\beta y} \quad,$$

wobei c, α und β positive Konstanten sind.

a) Geben Sie die Gleichung für eine Höhenlinie zum Niveau 5 000 an. Erklären Sie den Begriff der Höhenlinie an diesem Beispiel.

b) Bestimmen Sie die partiellen Ableitungen erster Ordnung dieser Preisfunktion.

Setzen Sie für die folgenden Teilaufgaben $c = 2,6$, $\alpha = 0,9$, $\beta = 0,166$ und $(x_{VW}, y_{VW}) = (12\,000, 5)$.

c) Berechnen Sie damit den Wert der partiellen Ableitungen nach y an der Stelle (x_{VW}, y_{VW}). Mit welchem Wertverlust ist zu rechnen, wenn der Besitzer das Auto noch ein halbes Jahr behält?

d) Ermitteln und interpretieren Sie den Wert der partiellen Elastizität des Gebrauchtwagenpreises in Abhängigkeit vom Neupreis x.

Aufgabe 2.2.1.4   Freilandeier

Die in einem Supermarkt pro Tag verkaufte Menge von Eiern aus Freilandhaltung hängt gemäß der folgenden Nachfragefunktion vom Preis x von Eiern aus Käfighaltung und dem Preis y von Eiern aus Freilandhaltung (beides in Cent) ab:

$$N(x,y) = b\,ln\left(x - \frac{y}{2}\right) \quad,$$

wobei b eine positive Konstante ist. Dass Freilandeier teurer sind als Eier aus Käfighaltung, wird von vielen Kunden akzeptiert, die Preisrelation sollte jedoch auch für umweltbewusste Kunden angemessen sein, damit genügend Eier aus Freilandhaltung gekauft werden.

a) Wie hoch darf der Preis y der Eier aus Freilandhaltung höchstens werden, damit bei gegebenem, festem Preis x_0 der Eier aus Käfighaltung überhaupt noch Freilandeier abgesetzt werden können?

b) Bestimmen Sie die Gleichung einer Höhenlinie zur abgesetzten Menge $N_0 = 1\,000$ Stück. Erklären Sie an diesem Beispiel den Begriff der Höhenlinie.

c) Ermitteln Sie die partiellen Ableitungen erster Ordnung der Nachfragefunktion.

Setzen Sie für die folgenden Teilaufgaben $b = 800$ und $(x_E, y_E) = (20, 24)$.

d) Bestimmen Sie den Wert der partiellen Ableitung der Nachfragefunktion nach x an der Stelle $(x_E, y_E) = (20, 24)$. Interpretieren Sie den ermittelten Wert.

e) Wie ändert sich näherungsweise die abgesetzte Menge von Eiern aus Freilandhaltung, wenn sowohl der Preis für Käfigeier als auch der Preis der Freilandeier um 2 Cent erhöht werden?

f) Bestimmen und interpretieren Sie die partielle Elastizität der Nachfrage nach Freilandeiern an der Stelle $(x_E, y_E) = (20, 24)$ gegenüber der Änderung des Preises y dieser Eier.

Aufgabe 2.2.1.5   Festgeld

Das Endguthaben K, das ein Anleger aus einer einmaligen Anlage des Betrages x (in €) bei einer jährlichen Verzinsung seines Guthabens mit y Prozent nach n Jahren erhält, wird nach der Formel:

$$K(x,y) = x\left(1 + \frac{y}{100}\right)^n$$

berechnet. Dabei wird die Anlagedauer von n Jahren als konstant angesehen.

a) Angestrebt wird ein Endguthaben von 10 000 €. Bestimmen und interpretieren Sie die Höhenlinie der Funktion $K(x, y)$ zu diesem Endbetrag.

b) Berechnen Sie die partiellen Ableitungen erster Ordnung der Funktion $K(x, y)$.

c) Bestimmen und interpretieren Sie den Wert der partiellen Ableitung nach y an der Stelle $x_0 = 5\,000$ und $y_0 = 5$ bei einer Anlagedauer von 8 Jahren.

d) Ermitteln und interpretieren Sie den Wert der partiellen Elastizität des Endguthabens $K(x, y)$ in Abhängigkeit von x.

Aufgabe 2.2.1.6   Toner für Laserdrucker

Viele Hersteller von Laserdruckern arbeiten nach dem Rockefellerprinzip. Sie verkaufen ihre Drucker sehr preisgünstig, die dafür benötigten Tonerkassetten dagegen äußerst teuer.

Rockefellerprinzip

Als **Rockefellerprinzip** wird eine Marktstrategie bezeichnet, bei der ein Produkt Folgekosten auslöst, über die der Produktverkäufer den Hauptteil des Gewinns erzielt. Es wird John D. Rockefeller nachgesagt, er habe die Öllampe kostenlos oder sehr günstig vermarktet, um über die unvermeidlichen Nachkäufe von Brennöl einen dauerhaften Absatz seines Öls sicherzustellen. (Quelle: http://www.sdi-research.at/lexikon/rockefeller-prinzip.html)

Kleinere Firmen nutzen diese Marktlücke, indem sie für verschiedene Markendrucker preiswertere Ersatzkassetten mit Toner herstellen, die sich bei den Kunden wachsender Beliebtheit erfreuen. Es sei x der Preis einer Originaldruckerkassette und y der Preis der Ersatzkassette eines anderen Herstellers für den gleichen Drucker (beides in €). Dass Tonerkassetten nachgekauft werden müssen, ist unstrittig. Wie viele Originalkassetten dabei erworben werden, hängt jedoch von der Relation der Preise der Originalkassetten zu denen der Ersatzkassetten anderer Hersteller y/x ab. Die folgende Absatzfunktion beschreibt die Zahl der pro Tag absetzbaren Originalkassetten (in Stück) von den beiden Preisen der Druckerkassetten x und y:

$$A(x,y) = a\,e^{y/x}\quad,$$

wobei a eine positive Konstante ist.

a) Bestimmen Sie die Gleichung einer Höhenlinie zu einem positiven Niveau A_0 und erklären Sie den Begriff der Höhenlinie an diesem Beispiel.

b) Ermitteln Sie die partiellen Ableitungen erster Ordnung dieser Absatzfunktion.

c) Setzen Sie $a = 1\,000$ und bestimmen Sie den Wert der partiellen Ableitung nach x an der Stelle $(x_p, y_p) = (80, 40)$. Interpretieren Sie den ermittelten Wert.

d) Geben Sie den Gradienten der Absatzfunktion an der Stelle $(80, 40)$ an. Welche Schlussfolgerungen ergeben sich daraus?

e) Wie weit kann der Preis der Originalkassetten steigen, wenn andere Hersteller den Preis ihrer Ersatzkassetten um 2 € erhöhen, ohne, dass sich die Absatzmenge der Originalkassetten verringert?

f) Berechnen Sie die partielle Elastizität der abgesetzten Menge Originalkassetten in Abhängigkeit vom Preis der Ersatzkassetten anderer Hersteller y. Interpretieren Sie den ermittelten Wert.

Aufgabe 2.2.1.7   Puppenkrieg Bratz gegen Barbie

Im Kampf um die Kinderzimmer versucht MGA mit einer neuen frecheren Puppe namens *Bratz*, die *Barbie* des Herstellers Mattel zu verdrängen. Während sich beide Hersteller seit Jahren um die Urheberrechte streiten, Designer Carter Bryant war noch bei Mattel beschäftigt, als er die Konkurrenzpuppe Bratz entwickelt hat, hat sich diese bereits einen festen Platz in den amerikanischen Kinderzimmern erobert.

Abbildung 2.2-3   Puppenkrieg Barbie und Bratz

Bratz gegen Barbie – Der Krieg der Puppenhersteller

Im «Puppenkrieg» hatte Mattel ursprünglich den Herausforderer MGA auf mehrere Hundert Millionen Dollar verklagt, war aber letztlich nicht damit durchgekommen. Der «Barbie»-Hersteller bezichtigte MGA, die Idee zu den sogenannten «Bratz»-Puppen von Mattel geklaut zu haben. Die vor zehn Jahren eingeführten Puppen mit großen Kulleraugen sind weltweit die größte Herausforderung für die 52 Jahre alte «Barbie». 2010 schrieb der Richter des US-Berufsgerichts, der gegen Mattel entschied: «Amerika ist durch Wettbewerb groß geworden. Auch das uramerikanische Mädchen Barbie wird sich daran gewöhnen müssen.»

Westdeutsche Zeitung 14.9.2011

Es sei x der Preis einer **Bratz**-Puppe und y der einer **Barbie**-Puppe. Die Anzahl der bei dieser Konstellation pro Jahr verkauften **Bratz**-Puppen in Mio. Stück, lässt sich mit Hilfe der folgenden Preis-Absatz-Funktion ermitteln:

$$A(x,y) = c\left(1,5 \, ln \, y - \sqrt{x}\right) \, ,$$

wobei c eine positive Konstante ist. Dabei steigt die Verkaufsmenge der Bratz-Puppen je geringer ihr Preis x und je höher der Preis der Konkurrenzpuppe Barbie y ist.

a) Geben Sie die Gleichung einer Höhenlinie zum Niveau $A_0 = 3$ an und interpretieren Sie an diesem Beispiel den Begriff der Höhenlinie.

b) **Barbie**-Puppen werden zu einem Preis von 15 € angeboten. Welchen Maximalpreis sollte dann MGA Entertainment mit seiner Bratz-Puppe nicht überschreiten, um den Absatz dieser Puppe zu garantieren?

c) Bestimmen Sie partiellen Ableitungen erster Ordnung der Funktion $A(x,y)$.

Setzen Sie für die folgenden Teilaufgaben $c = 3$ und $(x_0 , y_0) = (9 , 15)$.

d) Ermitteln Sie die partiellen Ableitungen der Absatzfunktion der Puppe Bratz. Bestimmen Sie den Wert der partiellen Ableitung nach y an der Stelle $(x_0 , y_0) = (9 , 15)$ und interpretieren Sie den erhaltenen Wert.

e) Wie ändert sich die abgesetzte Menge Bratz-Puppen näherungsweise, wenn der Preis dieser Puppen um 1 € sinkt, während Mattel den Preis seiner Barbie-Puppen gleichzeitig um 3 € reduziert? Die Ausgangswerte waren $(x_0 , y_0) = (9 , 15)$.

f) Berechnen Sie die partielle Elastizität der abgesetzten Menge Bratz-Puppen gegenüber Änderungen ihres Preises x. Interpretieren Sie den ermittelten Wert ökonomisch.

Mittels der Funktion:

$$U(x,y) = x \, A(x,y) = c \, x\left(1,5 \, ln \, y - \sqrt{x}\right)$$

lässt sich der beim Verkauf der Bratz-Puppe erzielte Umsatz ermitteln.

g) Bestimmen Sie die partielle Ableitung dieser Umsatzfunktion nach x an der Stelle $(x_0 , y_0) = (9 , 15)$ und interpretieren Sie den ermittelten Wert.

Aufgabe 2.2.1.8   Bahn versus HKX

(Idee (nur der Sachbezug) aus einem Projektbericht von Lisann Rust (2013), HWR Fachrichtung Dienstleistungsmanagement)

Die Zahl der pro Tag verkauften Bahntickets für die Strecke Köln-Hamburg hängt vom Ticketpreis der Deutschen Bahn x (in €) und vom Preis des wesentlich preisgünstigeren aber auch langsameren Konkurrenten HKX y (in €) gemäß der folgenden Funktion ab:

$$N(x,y) = c\sqrt{3y - x} \quad ,$$

wobei c eine positive Konstante ist. Da Bahnen häufiger fahren und schneller ankommen, ist der Ticketpreis der Bahn höher als der des HKX. Es muss jedoch eine vernünftige Relation zum Ticketpreis des HKX eingehalten werden. Je höher der Preis der Bahn und je geringer der Ticketpreis des HKX ist, umso mehr Kunden wechseln von der Bahn zum HKX.

a) Ermitteln Sie die Gleichung der Höhenlinie zum Niveau 1 000 und interpretieren Sie den Begriff der Höhenlinie.

b) Welchen Preis dürfen Bahntickets für diese Strecke auf keinen Fall überschreiten bei einem Preis des HKX von $y_0 = 32$ €?

c) Bestimmen Sie die partiellen Ableitungen erster Ordnung für die Nachfragefunktion nach Bahntickets.

Setzen Sie für die folgenden Teilaufgaben $c = 500$, sowie $x_0 = 71$ € und $y_0 = 32$ €.

d) Bestimmen Sie den Wert der partiellen Ableitung nach x an der Stelle (x_0 , y_0) und interpretieren Sie diesen.

e) Wenn der HKX seinen Preis um 1 € anhebt, um welchen Betrag kann dann die Bahn ihren Ticketpreis für diese Strecke erhöhen, ohne dass sich die Zahl ihrer verkauften Bahntickets ändert?

f) Bestimmen Sie die partielle Elastizität der Nachfrage nach Bahntickets an der Stelle (x_0 , y_0) bezüglich Änderungen des HKX-Preises y. Interpretieren Sie den ermittelten Wert.

Der Umsatz der Bahn auf dieser Strecke berechnet sich mittels:

$$U(x,y) = x\,N(x,y) = c\,x\,\sqrt{3y - x} \quad .$$

g) Bestimmen Sie die partielle Ableitung der Umsatzfunktion nach x und interpretieren Sie deren Wert an der Stelle $(x_0 , y_0) = (71 , 32)$.

h) Ermitteln Sie die partielle Elastizität des Umsatzes gegenüber Änderungen des Preises y und interpretieren Sie auch diesen Wert an der Stelle $(x_0 , y_0) = (71 , 32)$ ökonomisch.

Aufgabe 2.2.1.9   CO₂-Emission von Autos

Aus Daten von 260 Kraftfahrzeugen im Jahr 2007 wurde für den CO_2-Ausstoß in g/km (nach Herstellerangaben) von Autos in Abhängigkeit von der Leistung x (in kW) und dem Hubraum y (in cm³) folgende Funktion ermittelt:

$$C(x,y) = 33\,e^{0,002x}\,y^{0,2} \quad .$$

Dabei steigt mit der Leistung x und dem Hubraum y auch der CO_2-Ausstoß.

a) Bestimmen Sie die Höhenlinie zum Niveau 200 und interpretieren Sie den Begriff der Höhenlinie an diesem Beispiel.

b) Ermitteln Sie die partiellen Ableitungen der Funktion $C(x, y)$.

c) Bestimmen Sie für ein Fahrzeug mit einer Leistung von 125 kW und einem Hubraum von 2 000 cm^3 den erwarteten CO_2-Ausstoß, sowie den Wert der partiellen Ableitung nach x an dieser Stelle und interpretieren Sie diesen Wert.

d) Berechnen Sie für das gleiche Fahrzeug (Leistung 125 kW, Hubraum 2000 cm^3) die partiellen Elastizitäten des CO_2-Ausstoßes und interpretieren Sie die ermittelten Werte.

Aufgabe 2.2.1.10   Briefaufkommen

Die Anzahl der täglich von der Post zu befördernden Briefe in Mio. hängt gemäß der folgenden Funktion vom Preis eines Standardbriefes x und dem eines Kompaktbriefes y (beides in Cent) ab:

$$B(x, y) = \frac{a - b\,x - c\,y}{x\,y} \quad ,$$

wobei a, b und c positive Konstanten sind.

a) Ermitteln Sie die Höhenlinie zum Niveau 1 und interpretieren Sie den Begriff der Höhenlinie in diesem Beispiel.

b) Bestimmen Sie die partiellen Ableitungen der Funktion $B(x,y)$.

Setzen Sie für die folgenden Teilaufgaben $a = 6000$, $b = 3$, $c = 2$ und $(x_P, y_P) = (70, 85)$. Dabei sind x_P und y_P die Preise der Deutschen Post von 2016 für die beiden Briefarten.

c) Ermitteln und interpretieren Sie die partielle Ableitung der Funktion $B(x, y)$ nach x an der Stelle $(x_P, y_P) = (70, 85)$.

d) Mit welcher Veränderung des Briefaufkommens ist ungefähr zu rechnen, wenn der Preis des Standardbriefs um 1 Cent und der des Kompaktbriefs um 2 Cent steigen?

e) Berechnen Sie die partielle Elastizität des Briefaufkommens gegenüber Änderungen des Preises der Kompaktbriefe an der Stelle $(x_P, y_P) = (70, 85)$ und interpretieren Sie den ermittelten Wert ökonomisch.

Aufgabe 2.2.1.11   Hotel

Die mittlere Anzahl der pro Tag vermieteten Zimmer eines Hotels hängt gemäß der folgenden Nachfragefunktion vom Zimmerpreis x in € und den Werbungskosten y T€ ab:

$$N(x, y) = c\sqrt{y}\,\ln(240 - x) \quad ,$$

wobei c eine positive Konstante ist. Je höher die Zimmerpreise x angesetzt werden, umso geringer ist die Zahl der vermietbaren Zimmer, zumindest wenn kein Großereignis in der Nähe oder bei Urlaubshotels die entsprechende Saison den Preisanstieg rechtfertigt. Andererseits kann gezielt eingesetzte Werbung neue Gäste anlocken.

a) Geben Sie eine Höhenlinie der Nachfragefunktion an und erklären Sie an diesem Beispiel den Begriff der Höhenlinie.

b) Bestimmen Sie die partiellen Ableitungen erster Ordnung für diese Nachfragefunktion.

c) An der Stelle $(x_H, y_H) = (80, 2\,500)$ besitzt die partielle Ableitung nach x der Nachfragefunktion den Wert -10. Interpretieren Sie diesen Wert. Welchen Wert hat die Konstante c in diesem Fall?

d) Bestimmen und interpretieren Sie die partielle Elastizität der Nachfrage gegenüber einer Änderung der Werbungskosten y.

Aufgabe 2.2.1.12   Kosten Pflegedienst

Die Gesamtkosten K (in €) eines Pflegedienstes pro Tag sind abhängig von der Anzahl der Kunden x und der pro Tag zurückgelegten Wegstrecke y (in km):

$$K(x,y) = e^{y/b}\left(8x + \frac{200}{x}\right)$$

wobei b eine positive reelle Konstante ist.

a) Bestimmen und interpretieren Sie die Höhenlinie zum Kostenniveau 200 €.
(Hinweis: Gleichung nach y umstellen)

b) Geben Sie die partiellen Ableitungen erster Ordnung an.

Setzen Sie für alle folgenden Teilaufgaben $b = 40$, sowie $(x_P , y_P) = (10 , 30)$.

c) Bestimmen und interpretieren Sie die partielle Ableitung der Kostenfunktion nach x an der Stelle $(x_P , y_P) = (10 , 30)$.

d) Um wie viel € steigen die Kosten näherungsweise, wenn die Kundenzahl um 2 steigt und sich die dabei zurückgelegte Wegstrecke um 3 km erhöht.

e) Bestimmen und interpretieren Sie die Kostenelastizität bezüglich der Wegstrecke an der Stelle $(x_P , y_P) = (10 , 30)$.

Aufgabe 2.2.1.13   Fair-Trade-Kaffee

Zur Ermittlung der nachgefragten Menge von Fair-Trade-Kaffee in 1 000 kg in Abhängigkeit vom Preis x einer Packung dieses Kaffees und dem Preis y des normalen Kaffees (beides in €) wurde folgende Nachfragefunktion ermittelt:

$$N(x,y) = (a - b \ln x)\frac{y}{x} \quad ,$$

wobei a und b positive reelle Konstanten sind. Dabei beschreibt y/x die Preisrelation zwischen Fair-Trade- und normalem Kaffee. Je höher der prozentuale Preisunterschied ist, umso geringer ist die nachgefragte Menge des Fair-Trade-Kaffees.

a) Ab welchem Preis wird kein Fair-Trade-Kaffee mehr nachgefragt?

b) Bestimmen Sie eine Höhenlinie und interpretieren Sie diese sachbezogen. (Hinweis: Gleichung nach y umstellen).

c) Ermitteln Sie die partiellen Ableitungen erster Ordnung der Nachfragefunktion $N(x , y)$.

d) Bestimmen Sie den Wert der partiellen Ableitung der Funktion $N(x , y)$ nach x an der Stelle $(x_K , y_K) = (5 , 4)$, wenn $a = 12$ und $b = 5$ ist.

e) Berechnen Sie die partielle Elastizität der Nachfrage nach Fair-Trade-Kaffee in Abhängigkeit vom Preis des normalen Kaffees y an der Stelle $(x_K , y_K) = (5 , 4)$ für $a = 12$ und $b = 5$.

Aufgabe 2.2.1.14   Dach Rundbau

In einem Freizeitpark soll ein runder Pavillon für eine Gaststätte errichtet werden. Mit der Eindeckung des kegelförmigen Dachs soll eine Dachdeckerfirma beauftragt werden. Für den Kostenvoranschlag muss gemäß der folgenden Formel die Dachfläche ermittelt werden:

Abbildung 2.2-5   Pavillondach

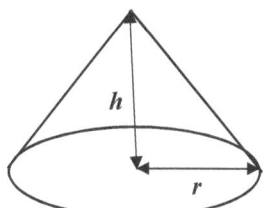

$$F(r,h) = \pi\, r \sqrt{r^2 + h^2}$$

wobei *r* der Radius des Rundbaus und *h* die Höhe des Dachs ist.

a) Bestimmen Sie die Höhenlinie dieser Funktion zum Niveau von 200.

b) Wie groß ist die zu deckende Dachfläche, wenn der Radius des Rundbaus 6 m und die Höhe des Daches 8 m betragen sollen?

c) Berechnen Sie die partiellen Ableitungen erster Ordnung dieser Funktion nach *r* und *h*.

d) Ermitteln und interpretieren Sie den Wert der partiellen Ableitung der Funktion $F(r,h)$ nach *h* an der Stelle $(r_D, h_D) = (6, 8)$.

e) Berechnen und interpretieren Sie die partiellen Elastizitäten der Funktion $F(r,h)$ an der Stelle $(r_D, h_D) = (6, 8)$.

Aufgabe 2.2.1.15   Vertrieb Schlankheitsmittel

Da der Effekt von Schlankheitsmitteln umstritten ist, bedarf es einer gezielten Werbung, um ein neues Schlankheitsmittel auf dem Markt zu etablieren. Die monatliche Verkaufsmenge eines neuen Schlankheitsmittels in Mio. Packungen hängt gemäß der folgenden Vertriebsfunktion vom Preis *x* pro Packung in € und den Werbungsausgaben *y* in Mio. € ab:

$$V(x,y) = e^{\frac{\sqrt{y}}{a} + \frac{b}{x}}\ ,$$

wobei *a* und *b* positive Konstanten sind. Je höher die Werbungskosten *y* sind, umso mehr potentielle Interessenten werden auf das Produkt aufmerksam. Andererseits sorgt ein möglichst geringer Preis für eine höhere Absatzmenge.

a) Ermitteln Sie die partiellen Ableitungen der Vertriebsfunktion $V(x,y)$.

Setzen Sie nun $a = 2$, $b = 20$ und $(x_S, y_S) = (50, 4)$.

b) Bestimmen Sie die Werte der partiellen Ableitungen der Vertriebsfunktion an der Stelle $(x_S, y_S) = (50, 4)$. Interpretieren Sie den Wert der partiellen Ableitung nach *x* ökonomisch.

c) Wie stark kann der Preis pro Packung erhöht werden, wenn weitere 0,5 Mio. € in die Werbung investiert werden, ohne dass die absetzbare Menge sich verringert?

d) Berechnen Sie die partiellen Elastizitäten der Vertriebsfunktion und interpretieren Sie den Wert der partiellen Elastizität des Vertriebs gegenüber Änderungen der Werbungskosten.

Aufgabe 2.2.1.16   Klärwerk

In einem Gebiet mit drei Orten soll im Punkt (x, y) ein Klärwerk errichtet werden. Dazu müssen Abwasserrohre von jedem der drei Orte bis zum Klärwerk verlegt werden. Die Länge der insgesamt zu verlegenden Rohre in km berechnet sich gemäß der folgenden Funktion:

Abbildung 2.2-6 Klärwerk

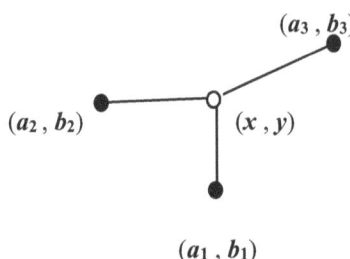

$$R(x,y) = \sum_{i=1}^{3} \sqrt{(x-a_i)^2 + (y-b_i)^2} \quad .$$

Dabei werden die Rohrlängen von jedem der drei Orte ($i = 1,2,3$) bis zum Klärwerk summiert. Ausgeschrieben ergibt das:

$$R(x,y) = \sqrt{(x-a_1)^2 + (y-b_1)^2} + \sqrt{(x-a_2)^2 + (y-b_2)^2} + \sqrt{(x-a_3)^2 + (y-b_3)^2}$$

a)   Ermitteln Sie die partiellen Ableitungen der Funktion $R(x, y)$.

Verwenden Sie für die folgenden Teilaufgaben die Werte:

$(a_1, b_1) = (24, 27)$ $(a_2, b_2) = (8, 39)$ $(a_3, b_3) = (28, 24)$ $(x_K, y_K) = (20, 30)$.

Die erste Koordinate gibt die Entfernung des betreffenden Ortes vom Zentrum der nächsten größeren Stadt in Richtung Osten in km an, die zweite die in Richtung Norden.

b*) Bestimmen Sie die Werte der beiden partiellen Ableitungen im Punkt $(x_K, y_K) = (20, 30)$ und interpretieren Sie die ermittelten Werte.

c*) Wie ändert sich die Länge der zu verlegenden Rohre näherungsweise, wenn der geplante Standort des Klärwerks vom Punkt (x_K, y_K) aus um 0,6 km nach Osten und um 0,8 km nach Süden verlegt wird? Um welche Strecke wird das Klärwerk dabei insgesamt verlegt?

d*) Geben Sie den Gradienten der Funktion $R(x, y)$ im Punkt $(x_K, y_K) = (20, 30)$ an. Welche Schlussfolgerung bezüglich der Eignung des geplanten Standorts ziehen Sie daraus?

e*) Wie sollte der Standort des Klärwerks verlegt werden, um möglichst viel Rohrlänge einzusparen, wenn nur eine Verlegung um eine Strecke von 1 km Luftlinie infrage kommt?

Berechnen Sie die dabei erzielte Einsparung hinsichtlich der Länge der zu verlegenden Rohre und vergleichen Sie diese mit dem Ergebnis aus **c*)**.

2.2.2 Relative Extrema von Funktionen mit zwei Veränderlichen

Beispiel: **Materialverbrauch**

Getränke wie Milch, Mineralwasser und Frucht-saft werden im Supermarkt häufig in quader-förmigen Verpackungen angeboten. Die Kantenlängen einer solchen Packung in cm werden hier mit x, y und z bezeichnet. Der Materialverbrauch dafür berechnet sich mittels:

Abbildung 2.2-6   Getränkepackung

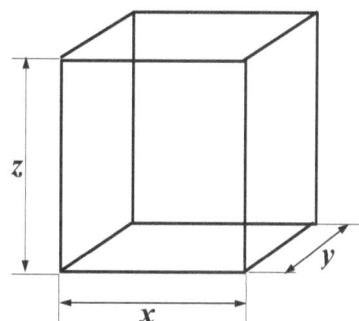

$$f(x,y,z) = 2xy + 2xz + 2yz \quad,$$

wobei Faltung und Klebekanten hier der Einfachheit halber außer Acht gelassen werden.

Das Volumen V wird vom Getränkehersteller vorgegeben, wobei $V = x\,y\,z$ ist.

Bei gegebenem Volumen können nur zwei der drei Kantenlängen frei gewählt werden, während die dritte durch Umstellung der Formel des Volumens mittels $z = \dfrac{V}{xy}$

bestimmt wird. Eingesetzt in die Funktion $f(x,y,z)$ erhält man damit zur Berechnung des Materialverbrauchs die Funktion:

$$M(x,y) = f\left(x,y,\frac{V}{xy}\right) = 2xy + 2x\frac{V}{xy} + 2y\frac{V}{xy} = 2xy + 2\frac{V}{y} + 2\frac{V}{x} \quad.$$

Dabei sind nur positive Werte für x und y sinnvoll. Wäre der Wert einer der beiden Variablen null, dann ergäbe das keinen Hohlraumquader, in den Getränke gefüllt werden können, sondern lediglich eine Fläche. Negative Kantenlängen sind ebenfalls ungeeignet.

Partielle Ableitungen

Erster Ordnung:

$$M'_x(x,y) = 2y - 2\frac{V}{x^2}$$

$$M'_y(x,y) = 2x - 2\frac{V}{y^2} \quad.$$

Zweiter Ordnung:

$$M''_{xx}(x,y) = 4\frac{V}{x^3}$$

$$M''_{xy}(x,y) = 2$$

$$M''_{yx}(x,y) = 2$$

$$M''_{yy}(x,y) = 4\frac{V}{y^3} \quad.$$

Abbildung 2.2-7 Materialverbrauch Hohlraumquader bei gegebenen Volumen - 3D-Darstellung

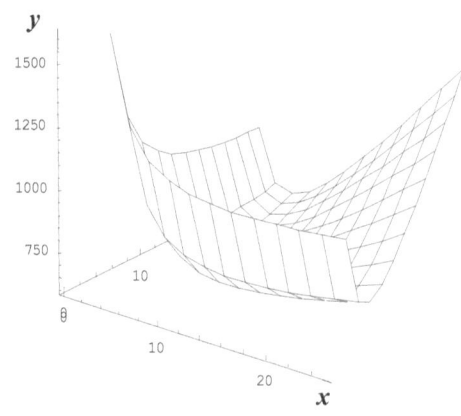

Abbildung 2.2-7 enthält die Darstellung der Materialverbrauchsfunktion bei gegebenem Volumen V. Die Einflussgrößen x und y sind die beiden Kantenlängen der Getränkepackung, die senkrechte Achse gibt den erforderlichen Materialverbrauch an.

Dabei stimmen die gemischten zweiten Ableitungen $M''_{xy}(x,y) = M''_{yx}(x,y)$ stets überein. Die Reihenfolge der Ableitungen spielt keine Rolle.

Zunächst soll eine konkrete Getränkepackung betrachtet werden, für die der Materialverbrauch ermittelt und die Werte der partiellen Ableitungen erster Ordnung interpretiert werden.

Für eine Milchpackung mit den Maßen: $x_M = 9,5$ cm und $y_M = 6,3$ cm und dem Volumen von einem Liter bzw. $V = 1000$ cm^3 benötigt man

$$(x_M, y_M) = (9,5 , 6,3) \qquad\qquad M(x_M, y_M) = 647,69 \text{ cm}^2$$

Material.

Die partiellen Ableitungen nehmen hier die Werte:

$$M'_x(x_M, y_M) = \text{-}9,56 \qquad\qquad M'_y(x_M, y_M) = \text{-}31,39 \qquad \text{an.}$$

Das bedeutet, dass bei Vergrößerung der Kantenlänge x um 1 cm und Beibehaltung der Kantenlänge y ca. 9,56 cm^2 Material eingespart werden können.

Wird stattdessen die Länge der kleinsten Kante y um 1 cm vergrößert bei fester Kantenlänge x, könnte man sogar etwa 31,39 cm^2 Material einsparen.

Wem es unlogisch erscheint, dass die Verlängerung einer Kante zu einem geringeren Materialverbrauch führt, der sollte sich in Erinnerung rufen, dass das Volumen V unverändert bleibt, so dass bei Verlängerung der Kantenlängen x oder y die Beibehaltung des Volumens eine entsprechende Verringerung der Höhe z erfordert.

Aus dem Gradienten $\qquad \textbf{\textit{grad }} M(x_M, y_M) = \begin{pmatrix} -9,56 \\ -31,39 \end{pmatrix}$

geht hervor, dass beide Kanten x und y verlängert werden müssen, um den Materialverbrauch zu minimieren, wobei y ungefähr 3,3 mal so stark verlängert werden sollte wie x (Gegenrichtung zum Gradienten mit $31,39/9,56 \approx 3,3$). Es ist jedoch nicht ersichtlich, wie weit man dieser Richtung folgen müsste, um zum Minimum zu gelangen.

Notwendige Bedingungen für ein relatives Extremum

Nun sollen die Kantenlängen x_0 und y_0 bestimmt werden, für die die Getränkepackung mit dem geringsten Materialverbrauch herstellbar ist. Dass diese Funktion ein relatives Minimum besitzt, ist in Abbildung 2.2-7 bereits erkennbar.

Damit die Funktion $M(x,y)$ im Punkt (x_0, y_0) ein relatives Extremum annimmt, müssen die partiellen Ableitungen erster Ordnung:

$$M'_x(x_0, y_0) = 0 \ , \qquad\qquad M'_y(x_0, y_0) = 0$$

sein. In diesem Beispiel bedeutet das, dass

$$(1) \ M'_x(x_0, y_0) = 2y_0 - 2\frac{V}{x_0^2} = 0 \quad \text{und} \quad (2) \ M'_y(x_0, y_0) = 2x_0 - 2\frac{V}{y_0^2} = 0$$

ist. Aus diesen beiden Gleichungen werden die Werte (x_0, y_0) ermittelt. Dabei lässt sich die erste Gleichung gut nach y_0 umstellen oder alternativ die zweite Gleichung nach x_0.

Das ergibt:

$$(1) \quad y_0 = \frac{V}{x_0^2} \quad .$$

Immer wieder versuchen einige besonders Clevere, analog die zweite Gleichung nach x_0 umzustellen, was zu den Formeln

$$(1) \quad y_0 = \frac{V}{x_0^2} \quad , \qquad\qquad (2) \quad x_0 = \frac{V}{y_0^2}$$

führt, die zwar korrekt sind, sie der Lösung des Problems aber nicht näher gebracht haben, da zur Ermittlung von y_0 der Wert x_0 und zur Bestimmung von x_0 wiederum y_0 benötigt wird.

Ohne den bereits ermittelten Wert für y_0 in die zweite Gleichung einzusetzen, kommt man aus diesem Dilemma nicht heraus. Auf diese Weise erhält man aus Gleichung (2):

$$(2) \quad 2x_0 - 2\frac{V}{y_0^2} = 2x_0 - 2\frac{V}{\left(\frac{V}{x_0^2}\right)^2} = 0 \quad .$$

Diese Formel muss nun nach x_0 umgestellt werden. Zunächst sollte der Doppelbruch beseitigt werden mittels

$$2x_0 - 2\frac{V}{\left(\frac{V}{x_0^2}\right)^2} = 2x_0 - \frac{V}{\frac{V^2}{x_0^4}} = 2x_0 - \frac{2\,V\,x_0^4}{V^2} = 2x_0 - 2\frac{x_0^4}{V} = 0 \quad .$$

Diese Gleichung wird mit V multipliziert und durch $2\,x_0$ dividiert, woraus sich

$$V - x_0^3 = 0 \qquad \text{bzw.} \qquad x_0^3 = V \qquad \text{und} \qquad \underline{x_0 = \sqrt[3]{V}}$$

ergibt. Damit ist bereits eine der gesuchten Kantenlängen ermittelt, die nun in die nach y_0 umgestellte Gleichung (1) eingesetzt wird, woraus sich

$$y_0 = \frac{V}{x_0^2} = \frac{V}{\left(\sqrt[3]{V}\right)^2} = \frac{V}{V^{2/3}} = V^{1-2/3} = V^{1/3} = \underline{\sqrt[3]{V}}$$

ergibt. Ein Punkt (x_0 , y_0), der die notwendigen Extremwertbedingungen erfüllt, wird als **stationärer Punkt** bezeichnet. In diesem Fall ist $\left(x_0 , y_0\right) = \left(\sqrt[3]{V}, \sqrt[3]{V}\right)$

ein solcher stationärer Punkt. Um Herauszufinden, ob es sich hierbei um ein relatives Minimum, ein relatives Maximum oder keinen Extremwert handelt, müssen noch die hinreichenden Extremwertbedingungen untersucht werden.

Hinreichende Bedingungen für ein relatives Extremum

Hinreichend für ein relatives Extremum im stationären Punkt (x_0 , y_0) sind:

für ein *relatives Maximum* $\qquad\qquad\qquad$ für ein *relatives Minimum*

$$M_{xx}''\left(x_0,y_0\right)<0 \;, \;\; M_{yy}''\left(x_0,y_0\right)<0 \qquad M_{xx}''\left(x_0,y_0\right)>0 \;, \;\; M_{yy}''\left(x_0,y_0\right)>0$$

und für beide Extremwerte außerdem:

$$M_{xx}''\left(x_0 , y_0\right) M_{yy}''\left(x_0 , y_0\right) > \left(M_{xy}''\left(x_0 , y_0\right)\right)^2 \quad .$$

Man kann die hinreichenden Bedingungen auch zusammenfassen zu

$$M''_{xx}(x_0, y_0) M''_{yy}(x_0, y_0) - \left(M''_{xy}(x_0, y_0)\right)^2 > 0 \quad,$$

wobei dann allerdings Minimum und Maximum nicht mehr zu unterscheiden sind. Ist diese Bedingung erfüllt, befindet sich im Punkt (x_0, y_0) ein **relatives Extremum**. Gilt dagegen

$$M''_{xx}(x_0, y_0) M''_{yy}(x_0, y_0) - \left(M''_{xy}(x_0, y_0)\right)^2 < 0 \quad,$$

so handelt es sich um einen **Sattelpunkt**, der je nach der Richtung, aus der man sich ihm nähert, mal als relatives Maximum und mal als relatives Minimum erscheint. Ist jedoch

$$M''_{xx}(x_0, y_0) M''_{yy}(x_0, y_0) - \left(M''_{xy}(x_0, y_0)\right)^2 = 0 \quad,$$

so bedarf es weiterer Untersuchungen, um herauszufinden, ob es sich hier um ein relatives Extremum oder einen Sattelpunkt handelt. Anders als die notwendigen Bedingungen müssen die hinreichenden Bedingungen für ein relatives Extremum nicht zwangsläufig erfüllt sein, nur ist im zuletzt dargestellten Fall unklar, ob es sich bei dem stationären Punkt um einen Sattelpunkt oder ein relatives Extremum handelt.

In diesem Beispiel ist:

$$M''_{xx}(x_0, y_0) = 4\frac{V}{x_0^3} = 4\frac{V}{\left(\sqrt[3]{V}\right)^3} = 4 > 0$$

$$M''_{yy}(x_0, y_0) = 4\frac{V}{y_0^3} = 4\frac{V}{\left(\sqrt[3]{V}\right)^3} = 4 > 0$$

und

$$M''_{xx}(x_0, y_0) M''_{yy}(x_0, y_0) = 4 \cdot 4 > \left(M''_{xy}(x_0, y_0)\right)^2 = 2^2 \quad,$$

so dass der Materialverbrauch im Punkt $(x_0, y_0) = \left(\sqrt[3]{V}, \sqrt[3]{V}\right)$ ein **relatives Minimum** besitzt. Für die Höhe z_0 erhält man dann

$$z_0 = \frac{V}{x_0 y_0} = \frac{V}{\sqrt[3]{V}\sqrt[3]{V}} = \frac{V}{V^{1/3}V^{1/3}} = V^{1-2/3} = V^{1/3} = \sqrt[3]{V} \quad.$$

Damit ist der Würfels bei gegebenen Volumen der mit dem geringsten Materialverbrauch herstellbare Hohlraumquader. Dass der Würfel bei gleichem Volumen eine geringere Oberfläche besitzt als andere Quader, dürfte den meisten bereits bekannt sein. Das erhaltene Ergebnis bestätigt dies. Häufig wird daraufhin die Frage gestellt, warum diese Form nicht für Getränkepackungen genutzt wird. Dies ist unschwer zu erraten, wenn man sich vorstellt, wie ein solcher Quader von einem Liter Inhalt und den Kantenlängen von jeweils 10 cm beim Eingießen in der Hand liegt. Die Lösung mit dem geringsten Materialverbrauch dürfte daher bei den Kunden wenig Akzeptanz finden.

Aufgabe 2.2.2.1

Stellen Sie fest, ob folgende Funktionen relative Extrema oder Sattelpunkte besitzen und an welcher Stelle sich diese befinden:

a) $f(x,y) = x^2 + 2y^2 - 2x - 3y + 10$

d) $f(x,y) = e^{xy - 2x - 3y}$

b) $f(x,y) = 20 - x^2 - 2y^2 - 3xy + 8x + 7y$

e) $f(x,y) = (2x - \ln x) e^{(y-2)^2}$

74

c) $f(x,y) = xy - 4\ln x - 4\sqrt{y}$

Aufgabe 2.2.2.2 Weinkellerei

(Aufgabe von Karin Krüger)

Eine Weinkellerei erzeugt Weißwein und Rotwein. Die Preise für ein Fass in Abhängigkeit von der Zahl der eingelagerten Fässer (x = Anzahl Weißweinfässer, y = Anzahl Rotweinfässer), welche wiederum von der Qualität des Weins und der Ernte abhängen, lassen sich mittels folgender Preisfunktionen bestimmen:

Weißwein $p_W(x, y) = 180 - 6x + 2y$

Rotwein $p_R(x, y) = 140 + 2x - 4y$

Dabei sinkt der Preis mit wachsender Produktionsmenge der betreffenden Weinsorte.

a) Ermitteln Sie daraus die Umsatzfunktion und bestimmen Sie die partiellen Ableitungen erster Ordnung der Umsatzfunktion.

b) Nach der diesjährigen Ernte werden 15 Fässer Weißwein und 20 Fässer Rotwein eingelagert. Interpretieren Sie die partiellen Ableitungen der Umsatzfunktion an dieser Stelle. Wie ändert sich der Umsatz näherungsweise, wenn von beiden Sorten je ein Fass zusätzlich eingelagert werden kann?

c) Wie ändert sich der Umsatz prozentual, wenn die Menge des eingelagerten Rotweins gegenüber den in **b)** gegebenen Ausgangswerten um 1 % erhöht wird?

Die Herstellungs- und Lagerkosten setzen sich aus Fixkosten von 400 € und 40 € je Fass Weißwein bzw. 20 € je Fass Rotwein zusammen.

d) Geben Sie die Kostenfunktion und die Gewinnfunktion der Weinkellerei an.

e) Ermitteln Sie den Gradienten der Gewinnfunktion im Punkt $(x_K, y_K) = (15, 20)$. Welche Schlussfolgerungen ziehen Sie aus diesem Gradienten?

f) Ermitteln Sie die Anzahlen der einzulagernden Fässer Weiß- und Rotwein, bei denen der Gewinn der Weinkellerei maximal wird. Prüfen Sie dabei auch die hinreichenden Bedingungen für ein relatives Maximum.

Aufgabe 2.2.2.3 Baumarkt

Ein Baumarkt bietet unter anderem Parkett und Laminat im Dekor Eiche als Fußbodenbelag an. Für die absetzbaren Mengen gelten folgende Preis-Absatz-Funktionen:

Parkett: $A_P(x) = a(p - x)$

Laminat: $A_L(x, y) = b(x - y)$.

Dabei ist x der Preis je m² Parkett und y der Preis je m² Laminat dieser Sorte, sowie p der Höchstpreis der Konkurrenz für Parkett in der Umgebung des Baumarkts. Je näher der Baumarktpreis für Parkett diesem Preis p kommt, umso geringer ist die zu diesem Preis absetzbare Menge Parkett. Andererseits sehen sich Parkett und Laminat in Eiche ziemlich ähnlich, so dass sich bei hoher Preisdifferenz $x - y$ mehr Kunden für Laminat entscheiden als bei geringerem Preisunterschied. Die beiden verwendeten Konstanten a und b sind positiv.

Daraus ergibt sich die Umsatzfunktion:

$$U(x,y) = A_P(x)x + A_L(x,y)y = a(p-x)x + b(x-y)y \quad .$$

Die beiden Preise sollen so gewählt werden, dass der Umsatz insgesamt maximal wird.

a) Bestimmen Sie die partiellen Ableitungen erster und zweiter Ordnung für diese Umsatzfunktion.

b) Ermitteln Sie den stationären Punkt, der die notwendigen Extremwertbedingungen erfüllt.

c) Prüfen Sie für den ermittelten stationären Punkt die hinreichenden Extremwertbedingungen. Welche Relation muss zwischen den beiden Parametern a und b bestehen, damit die Umsatzfunktion ein relatives Maximum besitzt?

Aufgabe 2.2.2.4   Milchproduktion

(Aufgabe von Karin Krüger)

Die Kosten eines landwirtschaftlichen Betriebs für seine Milchproduktion hängen gemäß der folgenden Kostenfunktion von der produzierten Menge Frischmilch x und der Menge H-Milch y (beides in Hektolitern) ab:

$$K(x,y) = a\,x\,y + \frac{4a}{x} + \frac{2a}{y} \quad ,$$

wobei a eine positive Konstante ist. Die beiden Produktionsmengen sollen so gewählt werden, dass dadurch minimale Kosten verursacht werden.

a) Bestimmen Sie die partiellen Ableitungen erster und zweiter Ordnung für diese Kostenfunktion.

b) Ermitteln Sie den stationären Punkt, der die notwendigen Extremwertbedingungen erfüllt.

c) Stellen Sie fest, ob im stationären Punkt tatsächlich ein relatives Minimum der Kostenfunktion liegt.

Aufgabe 2.2.2.5   Lindt-Osterhasen

(Aufgabe von Karin Krüger)

Die Nachfrage $N(x,y)$ nach Schokoladen-Osterhasen von Lindt (a 150 g) hängt vom Preis x für diese Osterhasen und vom Preis y für andere Schokoladenhasen ab in der Form:

$$N(x,y) = 16\ln x - (y-x)^2 - 4y$$

a) Ermitteln Sie die partiellen Ableitungen erster und zweiter Ordnung der Funktion $N(x,y)$.

b) Ermitteln Sie die Preiskombination, bei der die Nachfrage nach Lindt-Osterhasen maximal wird.

c) Weisen Sie nach, dass es sich tatsächlich um ein relatives Maximum handelt.

Aufgabe 2.2.2.6　　　　Hotelpreise

Ein neues Hotel geht bei der Kalkulation seiner Preise von folgenden Preis-Absatzfunktionen aus, wobei x der Preis für ein Einzelzimmer pro Tag und y der Doppelzimmerpreis (in €) ist:

Einzelzimmer:　$A_E(x,y) = \alpha(a-x)y$　　　　　　$a, \alpha > 0$

Doppelzimmer:　$A_D(x,y) = \beta(b-y)x$　　　　　　$b, \beta > 0$.

Dabei ist a der maximale Einzelzimmerpreis und b der maximale Doppelzimmerpreis vergleichbarer Hotels in der Umgebung. Je näher der eigene Preis diesen Maximalwerten kommt, umso geringer ist die Zahl, der zu diesem Preis vermietbaren Zimmer. Bei Reisegruppen haben die Teilnehmer die Wahl, ob sie ein Einzelzimmer buchen oder sich mit einem anderen Gruppenmitglied ein Doppelzimmer teilen. Je höher der Einzelzimmerpreis ist, umso stärker ist daher die Nachfrage nach Doppelzimmern und umgekehrt.

Der aus der Zimmervermietung erzielte Erlös ergibt sich dann mittels:

$$E(x,y) = A_E(x,y)x + A_D(x,y)y = \alpha(a-x)yx + \beta(b-y)xy \ .$$

Im Folgenden sollen die Einzelzimmer- und Doppelzimmerpreise ermittelt werden, die den Erlös maximieren.

a) Bestimmen Sie die partiellen Ableitungen erster und zweiter Ordnung für die Erlös-funktion.

b) Ermitteln Sie den stationären Punkt, der die notwendigen Extremwertbedingungen erfüllt. Berücksichtigen Sie dabei, dass nur Preise $x, y > 0$ ökonomisch sinnvoll sind.

c*) Weisen Sie nach, dass sich an der unter **b)** ermittelten Stelle tatsächlich ein relatives Maximum der Erlösfunktion befindet.

d) Setzen Sie nun　$a = 75$　　　$b = 150$　　　$\alpha = 2$　　　$\beta = 1$
und bestimmen Sie ausgehend von diesen Werten die optimalen Preise für Einzel- und Doppelzimmer.

Falls Sie **c*)** nicht gelöst haben, weisen Sie nun anhand der gegebenen Werte der Funk-tionsparameter nach, dass die Erlösfunktion an dieser Stelle tatsächlich ein relatives Maximum besitzt.

Aufgabe 2.2.2.7　　　　Kosten Tierhaltung

Die Kosten eines Tierzuchtbetriebes hängen gemäß der folgenden Kostenfunktion von der Zahl der gehaltenen Kühe x und der Zahl der Schweine y ab:

$$K(x,y) = -ax + y^2 + a\frac{x^2}{y} + c \ ,$$

wobei a und c positive reelle Konstanten sind. Gesucht wird die Zahl der zu haltenden Kühe und Schweine, die die geringstmöglichen Kosten verursachen.

a) Ermitteln Sie sämtliche partiellen Ableitungen erster und zweiter Ordnung für diese Kostenfunktion.

b) Geben Sie die notwendigen Bedingungen für ein relatives Extremum der Kostenfunktion an und bestimmen Sie die Werte x_0 und y_0, die diesen Bedingungen genügen.

　　Hinweis:　　Stellen Sie dazu zunächst die Gleichung mit der partielle Ableitung nach x nach x um.

c) Weisen Sie nach, dass für die in **b)** ermittelten Tierzahlen x_0 und y_0 die Kosten tatsächlich minimal werden.

Aufgabe 2.2.2.8   Stiftung Warentest

Die Stiftung Warentest hat festgestellt, dass Interessenten ihre Testergebnisse zunehmend aus dem Internet herunterladen, während der Absatz des zugehörigen Monatshefts rückläufig ist. Sie will daher die Preise ihrer Publikationen neu kalkulieren, wobei x der Preis eines Monatshefts (in €) ist und y der Preis für die vollständigen Testergebnisse eines Produkttests im Internet (ebenfalls in €). Für die Zahl der verkauften Monatshefte bzw. der übers Internet abgerufenen Testergebnisse gelten folgende Absatzfunktionen:

für Monatshefte:
$$A_H(x,y) = c\frac{y}{x}(a-x)$$

für Testberichte im Internet:
$$A_T(x,y) = cx(b-y) \qquad b > 1 \quad,$$

dabei sind a, b und c positive Konstanten. Bei Monatsheften darf der Preis a nicht überschritten werden, bei Testberichten der Preis b, wobei $b > 1$ ist. Je näher die Preise diesen Maximalwerten kommen, umso weniger Hefte bzw. Online-Testberichte können abgesetzt werden. Da Interessenten in der Regel nur eines der beiden Produkte erwerben, wirkt ein hoher Preis des anderen Produkts verkaufsfördernd. Die Preise x und y sollen so gewählt werden, dass der damit realisierbare Umsatz:

$$U(x,y) = A_H(x,y)x + A_T(x,y)y$$

maximal wird.

a) Ermitteln Sie die partiellen Ableitungen erster und zweiter Ordnung der Umsatzfunktion.

b) Bestimmen Sie zunächst die Preise der beiden Publikationen x_0 und y_0, die die notwendigen Bedingungen für ein relatives Maximum des Umsatzes erfüllen. Gehen Sie davon aus, dass dafür nur Werte $x, y > 0$ infrage kommen.

c) Prüfen Sie, ob die Umsatzfunktion für die unter **b)** berechneten Preise tatsächlich ein relatives Maximum annimmt.

Aufgabe 2.2.2.9   Kosten Molkerei

(Funktion in Anlehnung an Karin Krüger)

Die Kosten einer Molkerei, die Butter und Käse herstellt, hängen gemäß der folgenden Kostenfunktion von den Produktionsmengen x für Butter und y für Käse, jeweils in 1 000 kg, ab:

$$K(x,y) = a\,ln\,x + b\,y + \frac{2a}{x\,y} \qquad.$$

Dabei sind a und b positive Konstanten.

a) Bestimmen Sie die partiellen Ableitungen erster und zweiter Ordnung dieser Kostenfunktion.

b) Geben Sie die notwendigen Bedingungen für ein relatives Minimum der Kostenfunktion an. Ermitteln Sie damit die Werte der Produktionsmengen an Butter und Käse, x_0 und y_0, die diesen Bedingungen genügen.

c) Weisen Sie nach, dass an dieser Stelle (x_0, y_0) tatsächlich ein relatives Minimum der Kostenfunktion liegt.

Aufgabe 2.2.2.10   BVG-Ticketpreise

BVG und S-Bahn wollen ihr Preisgefüge prüfen und gegebenenfalls ändern. Dabei sei x der Preis einer Kurzstreckenfahrkarte und y der Preis für ein Normalticket. Je geringer der Kurzstreckenpreis x im Verhältnis zum Normalpreis y ist, umso mehr Kurzstreckentickets werden verkauft. Andererseits sinkt die Zahl der verkauften Normalticketsn, je näher der Preis einem sozial kritischen Wert a kommt. Das drücken die folgenden Preis-Absatz-Funktionen aus:

Kurzstreckenticket: $A_K(x,y) = 2c\left(1 - \dfrac{x}{y}\right)$

Normalticket: $A_N(y) = c(a - y)$,

wobei a und c positive Konstanten sind.

Aus diesen Preis-Absatz-Funktionen berechnet sich der erzielte Umsatz mittels:

$$U(x,y) = A_K(x,y)x + A_N(y)y \quad .$$

Die Preise x und y sollen so festgelegt werden, dass der daraus resultierende Umsatz maximal wird. (Alle anderen Tarife wie Umweltkarten, Tageskarten usw. behalten die alten Preise und werden daher hier nicht berücksichtigt.)

a) Bestimmen Sie die partiellen Ableitungen erster und zweiter Ordnung der Umsatzfunktion.

b) Geben Sie die notwendigen Bedingungen für ein relatives Maximum der Umsatzfunktion an und zeigen Sie, dass sich daraus die Bedingung $y_0 = 2\,x_0$ ergibt.

c) Prüfen Sie nunmehr die hinreichenden Bedingungen, die für ein relatives Maximum der Umsatzfunktion an der Stelle $(x_0, y_0) = (x_0, 2\,x_0)$ erfüllt sein müssen.

d) Ermitteln Sie nun den noch fehlenden Wert x_0.

Aufgabe 2.2.2.11   Agrarbetrieb

(Aufgabe von Karin Krüger)

Ein Agrarbetrieb verkauft Obst und Gemüse in den Mengen x und y (Angaben in 1 000 t) an einen Großabnehmer und erzielt damit einen Erlös $E(x, y)$ in Mio. €, der sich wie folgt berechnen lässt:

$$E(x,y) = a\sqrt{x} + b\,ln(y+1) - x\,y + 10 \qquad x, y > 0.$$

Dabei sind a und b positive Kontanten.

a) Ermitteln Sie die partiellen Ableitungen erster und zweiter Ordnung der Erlösfunktion $E(x, y)$.

b) Geben Sie die notwendige Bedingung zur Bestimmung eines relativen Extremums der Erlösfunktion an und berechnen Sie die Werte der Konstanten a und b, wenn sich der stationäre Punkt, der beide notwendigen Bedingungen erfüllt, an der Stelle $(x_0, y_0) = (4, 2)$ befindet.

c) Prüfen Sie, ob in diesem Punkt $(x_0, y_0) = (4, 2)$ tatsächlich ein relatives Maximum angenommen wird.

Aufgabe 2.2.2.12   Tageszeitung

Es sei x der Verkaufspreis einer Tageszeitung und y der Preis, den ein Inserent für eine einspaltige Annonce zahlt. Die Anzahl der verkauften Zeitungen hängt gemäß der Nachfragefunktion:

$$Z(x) = a - \frac{x}{b}$$

vom Preis x ab. Je geringer dieser Preis ist, umso mehr Zeitungen werden verkauft. Die Zahl der bestellten Annoncen hängt neben dem Annoncenpreis y ebenfalls von der Zahl der verkauften Exemplare der Zeitung $Z(x)$ ab. Je höher die Auflage und je geringer der Annoncenpreis y ist, umso mehr Kunden veröffentlichen Anzeigen in der Zeitung. Das bildet die folgende Nachfragefunktion ab:

$$A(x, y) = Z(x)(c - y) = \left(a - \frac{x}{b}\right)(c - y) \quad .$$

Aus beiden Nachfragefunktionen ergibt sich mittels

$$E(x, y) = Z(x)x + A(x, y)y$$

die zu maximierende Erlösfunktion, wobei a, b und c positive Konstanten sind.

a) Bestimmen Sie die partiellen Ableitungen erster und zweiter Ordnung für diese Erlösfunktion.

b) Zeigen Sie, dass die Erlösfunktion an der Stelle:

$$x_0 = \frac{ab}{2} - \frac{c^2}{8} \qquad\qquad y_0 = \frac{c}{2}$$

ein relatives Maximum besitzt. Prüfen Sie die dabei notwendigen und hinreichenden Bedingungen.

Aufgabe 2.2.2.13   Berliner Weiße

(Aufgabe von Karin Krüger)

Das besonders im Sommer beliebte Getränk *Berliner Weiße* wird aus Fruchtsaft und Bier hergestellt. Es sei x die eingesetzte Menge Fruchtsaft in Litern und y die Menge Bier, ebenfalls in Litern. Die daraus herstellbare Menge Berliner Weiße wird mit Hilfe der folgenden Produktionsfunktion ermittelt:

$$M(x, y) = 10 - \frac{9}{x} - \frac{a}{y^2} \quad ,$$

wobei a eine positive Konstante ist. Ein Liter *Berliner Weiße* wird zum Preis von 16 € verkauft. Die dabei eingesetzten Rohstoffe kosten 1 € je Liter Fruchtsaft und 4 € je Liter Bier.

a) Zeigen Sie, dass die Gewinnfunktion folgende Form hat, wenn ausschließlich die Rohstoffkosten berücksichtigt werden:

$$G(x, y) = 160 - x - 4y - \frac{144}{x} - \frac{16a}{y^2} \quad .$$

b) Bestimmen Sie sämtliche partiellen Ableitungen erster und zweiter Ordnung dieser Gewinnfunktion.

c) Ermitteln Sie in Abhängigkeit von a die Mengen der beiden Rohstoffe, mit denen der maximale Gewinn erzielt wird.

d) Zeigen Sie, dass die Gewinnfunktion an dieser Stelle tatsächlich ein relatives Maximum besitzt für jedes beliebige positive *a*.

Aufgabe 2.2.2.14   Werbung

Ein Unternehmen plant zur Markteinführung eines neuen Produkts eine Werbekampagne mit dem Einsatz von Zeitungsinseraten, Plakaten und TV-Spots. Es seien x die Kosten für Inserate in Zeitungen, y die Kosten für Plakatwerbung und z die Kosten für TV-Werbung (jeweils in 1000 €). Der Effekt der eingesetzten Mittel wird in der Anzahl der Personen, die die betreffende Werbung wahrnehmen, gemessen. Die erwartete Anzahl der mit den einzelnen Medien erreichten Personen (in 1000) wird über folgende Funktionen ermittelt:

Inserate: $P_I(x) = a\left(1 - \dfrac{4}{x}\right)$

Plakate: $P_P(y) = 2a \ln y$

TV-Spots: $P_{TV}(z) = bz$,

wobei a und b positive Konstanten sind. Dabei gilt für alle drei Werbemedien, je höher die Werbungskosten sind, umso mehr Personen werden damit erreicht. Bei geschicktem Einsatz der drei Medien addieren sich deren Effekte zu

$$P(x, y, z) = P_I(x) + P_P(y) + P_{TV}(z) = a\left(1 - \frac{4}{x}\right) + 2a \ln y + bz$$

insgesamt erreichten Personen. Dabei stehen für die Werbung für alle drei Medien K (1 000 €) zur Verfügung. (Nebenbedingung)

Die Gesamtkosten K sollen so auf die drei Werbemedien aufgeteilt werden, dass die Zahl der erreichten Personen $P(x, y, z)$ maximiert wird.

a) Formulieren Sie die Nebenbedingung. Stellen Sie diese nach z um und ersetzen Sie z in der Funktion $P(x, y, z)$ durch diesen Ausdruck.

b) Bestimmen Sie die partiellen Ableitungen erster und zweiter Ordnung der erhaltenen Funktion.

c) Ermitteln Sie die optimalen Teilkosten für die beiden in der Funktion noch enthaltenen Werbemedien.

d) Weisen Sie mit Hilfe der hinreichenden Bedingungen nach, dass an dieser Stelle tatsächlich ein relatives Maximum der durch die Werbung erreichten Personen vorliegt.

e) Setzen Sie $K = 500$, $a = 500$ und $b = 5$ und bestimmen Sie die optimalen Kosten x_0, y_0, z_0.

Aufgabe 2.2.2.15   Kosten Paddel

(Aufgabe von Karin Krüger)

Ein Handwerksbetrieb stellt Paddel aus Holz und aus Aluminium her. Die Produktionskosten hängen gemäß der folgenden Kostenfunktion von der Anzahl produzierter Holzpaddel x und der Anzahl Aluminiumpaddel y ab:

$$K(x, y) = ax + by + \frac{c}{xy} \quad ,$$

wobei die reellen Konstanten a, b und c der Funktion alle positiv sind. Die Produktionsmengen x und y sollen so gewählt werden, dass die dabei entstehenden Kosten minimal ausfallen.

a) Ermitteln Sie sämtliche partiellen Ableitungen erster und zweiter Ordnung für diese Kostenfunktion.

b) Weisen Sie nach, dass für einen stationären Punkt mit positiven Werten x_0, y_0 tatsächlich ein relatives Minimum der Kostenfunktion vorliegt. Die Werte x_0, y_0 selbst sind hier nicht zu ermitteln.

c*) Zeigen Sie, dass die Werte $x_0 = \sqrt[3]{\dfrac{b\,c}{a^2}}$ und $y_0 = \sqrt[3]{\dfrac{a\,c}{b^2}}$

die notwendigen Bedingungen für ein relatives Extremum erfüllen.

d) Falls Sie **c*)** nicht lösen konnten, setzen Sie $a = 1$, $b = 2$ und $c = 32$ und

ermitteln Sie ausgehend von diesen Werten, welche Anzahlen von Holz- x_0 und von Aluminiumpaddeln y_0 zu minimalen Kosten führen, ohne die Formeln aus **c*)** zu nutzen..

Aufgabe 2.2.2.16   Tankstelle

Eine Tankstelle bietet Benzin-Fahrzeugen Super und E10 an. Die nachgefragte Menge beider Benzinsorten hängt von den Preisen x für Super und y für E10 (in € je Liter) gemäß der folgenden Nachfragefunktionen ab:

Super $\qquad\qquad N_S(x) = c\,(a - \ln x)$

E10 $\qquad\qquad N_E(x,y) = c\,(2 - y)\,x$,

wobei a und c positive Konstanten sind. Je höher der Preis des jeweiligen Kraftstoffs ist, umso weniger wird davon abgesetzt. Darüber hinaus hängt die Absatzmenge von E10 auch vom Preis der Sorte Super ab. Je höher dieser ist, umso mehr Fahrer steigen auf E10 um. Daraus ergibt sich folgende Umsatzfunktion

$$U(x,y) = N_S(x)\,x + N_E(x,y)\,y = c\,(a - \ln x)\,x + c\,(2 - y)\,x\,y ,$$

die maximiert werden soll.

a) Ermitteln Sie sämtliche partiellen Ableitungen erster und zweiter Ordnung für diese Umsatzfunktion.

b) Bestimmen Sie die Werte x_0 und y_0, die die notwendigen Bedingungen eines Extremwerts erfüllen. Sie können dabei voraussetzen, dass ein Preis x oder y von 0 € den Umsatz nicht maximiert.

c) Weisen Sie nach, dass die Umsatzfunktion an dieser Stelle tatsächlich ein relatives Maximum annimmt. (*Hinweis:* Dieser Nachweis ist auch dann möglich, wenn Sie in **b)** den Wert x_0 nicht bestimmen konnten oder einen falschen Wert dafür ermittelt haben.)

Aufgabe 2.2.2.17   Zaunkosten

Die Kosten eines Unternehmens, das Mattenzäune herstellt, lassen sich aus der Länge des Zaunfeldes x und der Höhe y (beides in m) gemäß der folgenden Kostenfunktion bestimmen:

$$K(x,y) = x\,y - b \ln x + \frac{c}{y} ,$$

wobei b und c positive Konstanten sind. Dabei ist $x\,y$ die Zaunfläche, der die reinen Materialkosten entsprechen. Die Arbeitskosten verringern sich dagegen tendenziell mit wachsender

Länge und wachsender Höhe des Zaunfeldes. Es soll ermittelt werden, bei welchen Maßen eines Zaunfeldes die geringsten Kosten entstehen.

a) Bestimmen Sie sämtliche partielle Ableitungen erster und zweiter Ordnung dieser Kostenfunktion.

b) Bestimmen Sie die Maße x_0 und y_0 in Abhängigkeit von den Werten der Konstanten b und c, die den notwendigen Bedingungen eines relativen Extremums genügen.

c) Weisen Sie nach, dass die Kostenfunktion $K(x, y)$ an der Stelle (x_0, y_0) tatsächlich ein relatives Minimum besitzt.

d) Setzen Sie $b = 1{,}6$ und für $c = 1$. Welche Maße hat dann das kostengünstigste Zaunfeld?

Aufgabe 2.2.2.18 Kosmetik für den Mann

Ein Kosmetikhersteller hat Männer als Kunden entdeckt und bringt eine spezielle Pflegeserie für Männer auf den Markt. Die absetzbare Menge hängt gemäß der folgenden Nachfragefunktion von ihrem Preis x und den Werbungskosten y (beides in €) ab:

$$A(x,y) = 400\,(a - x)\sqrt{y} \qquad a > 0 \ .$$

Je höher die Werbungskosten y sind und je geringer der Preis x ist, umso häufiger wird die Pflegeserie von Männern selbst oder von ihren Partnerinnen für sie gekauft.

Die Kosten im betrachteten Zeitraum setzen sich aus fixen Kosten von 400 €, stückvariablen Produktionskosten von 4 €/Stück und den Werbungskosten y zusammen.

a) Geben Sie die Kostenfunktion $K(x,y)$, die Umsatzfunktion $U(x,y)$ und die Gewinnfunktion $G(x,y)$ an.

b) Wie müssten der Preis und die Werbungskosten gewählt werden, um den Gewinn zu maximieren?

c) Welchen Wert nimmt die Preisobergrenze a an, wenn das Optimum der Werbungskosten bei 40 000 € liegt? Bei zwei verschiedenen Lösungen wählen Sie den größeren der beiden Werte für a. Welcher optimale Preis ergibt sich daraus für das Produkt?

d) Weise Sie nach, dass es sich dabei tatsächlich um ein relatives Maximum handelt. Nutzen Sie dabei die Werte y_0 und a aus Teilaufgabe **c)**.

Aufgabe 2.2.2.19 Obstanbau

(Aufgabe von Karin Brinner)

Der Gewinn eines Obstbauern, der Erdbeeren und Kirschen produziert, berechnet sich mittels folgender Gewinnfunktion:

$$G(x,y) = 4\,ln\,x - \frac{9}{10 - 2x - y} + y \ .$$

Dabei ist x die erzeugte Menge Erdbeeren und y die Menge Kirschen (beides in dt)

Gesucht sind die Produktionsmengen x und y, für die der Gewinn maximal wird.

a) Bestimmen Sie alle partiellen Ableitungen erster und zweiter Ordnung dieser Gewinnfunktion.

b) Geben Sie die notwendigen Bedingungen für ein relatives Maximum der Gewinnfunktion an. Es gibt hier *zwei* stationäre Punkte, die diese notwendigen Bedingungen erfüllen. Nutzen Sie den stationären Punkt mit dem ***kleineren*** *y*-Wert.

Hinweis: Beginnen Sie mit der zweiten Bedingung, die die partielle Ableitung nach y enthält und stellen Sie diese nach y um.

c) Prüfen Sie nun, ob der ermittelte stationäre Punkt (der mit dem kleineren y-Wert) auch den hinreichenden Bedingungen für ein relatives Maximum der Gewinnfunktion genügt.

d*) Bestimmen Sie auch den zweiten stationären Punkt mit dem größeren y-Wert.

e*) Prüfen Sie anhand der hinreichenden Bedingungen, ob sich hier ebenfalls ein relatives Extremum befindet und wenn ja, welcher Art dieses ist.

Aufgabe 2.2.2.20   Verkauf Bekleidung

(Aufgabe von Karin Krüger)

In der Etage für Damenbekleidung eines Kaufhauses soll die verfügbare Fläche in einen Verkaufsraum von x m² Fläche und Umkleidekabinen von y m² Fläche aufgeteilt werden. Aus empirischen Untersuchungen ähnlicher Filialen weiß man, dass der zu erwirtschaftende Gewinn entsprechend der folgenden Funktion von den Flächen der beiden Bereiche abhängt:

$$G(x,y) = 100\,x^{1/2}\,y^{2/5} - 20x - 50y + 200 \qquad x, y > 0$$

Dabei entspricht der erste Teil der Funktion einer Produktionsfunktion, die den erzielbaren Umsatz ausgehend von den Flächen des Verkaufsraumes und der Umkleidekabinen beschreibt. Durch Vergrößerung jeder der beiden Flächen kann ein Umsatzwachstum generiert werden. Davon werden die flächenbezogenen Kosten $20\,x$ und $50\,y$ subtrahiert. Die Flächen x und y sind so zu bestimmen, dass der Gewinn maximal wird.

a) Ermitteln Sie alle partiellen Ableitungen erster und zweiter Ordnung.

b) Geben Sie die notwendigen Bedingungen zur Bestimmung des Gewinnmaximums an und berechnen Sie den stationären Punkt, der alle notwendigen Extremwertbedingungen erfüllt.

c) Zeigen Sie, dass sich in dem stationären Punkt tatsächlich ein relatives Maximum der Gewinnfunktion befindet.

Aufgabe 2.2.2.21   Kaffeespezialgeschäft

Ein Spezialgeschäft bietet zwei Sorten Kaffee an, normalen und entkoffeinierten. Es sei x der Preis einer Packung normalen Kaffees und y der Preis einer Packung entkoffeinierten Kaffees in €. Die nachgefragten Mengen beider Kaffee-Sorten in Abhängigkeit von den Preisen x und y lassen sich mit Hilfe der folgenden Nachfragefunktionen ermitteln:

Normaler Kaffee: $\qquad N_N(x,y) = a\left(1 - \dfrac{x}{y}\right)$

Entkoffeinierter Kaffee : $\qquad N_E(y) = a - \dfrac{1}{4}\ln y \quad ,$

wobei a eine positive Konstante ist. Je teurer der entkoffeinierte Kaffee angeboten wird, umso geringer ist die absetzbare Menge. Kunden, die normalen und entkoffeinierten Kaffee trinken, entscheiden sich in Abhängigkeit vom prozentualen Preisunterschied $(y - x)/y = 1 - x/y$. Je größer dieser ist, umso eher greifen sie zu dem preisgünstigeren normalen Kaffee.

Daraus ergibt sich die Umsatzfunktion: $\quad U(x,y) = N_N(x,y)x + N_E(y)y \quad$.

Die Preise x und y sollen so festgelegt werden, dass der erzielte Umsatz maximal wird.

a) Ermitteln Sie die partiellen Ableitungen erster und zweiter Ordnung für diese Umsatz-funktion.

b) Zeigen Sie, dass im Falle eines Extremums der Umsatzfunktion $y_0 = 2\,x_0$ sein muss.

c) Weisen Sie nach, dass es sich bei $y_0 = 2\,x_0$ unabhängig vom Wert x_0 um ein relatives Maximum handelt.

d) Bestimmen Sie nun den Wert x_0.

2.2.3 Relative Extrema unter Nebenbedingungen

Beispiel: Shopping Mall

Auf einem von drei Straßen begrenzten Gebiet soll eine Shopping Mall mit rechteckiger Grund-fläche errichtet werden. Dabei soll der Platz so gewählt werden, dass die Grundfläche maximal wird.

Die Fläche des Rechtecks ergibt sich aus dem Produkt der beiden Seitenlängen:

Abbildung 2.2-8   Shopping Mall

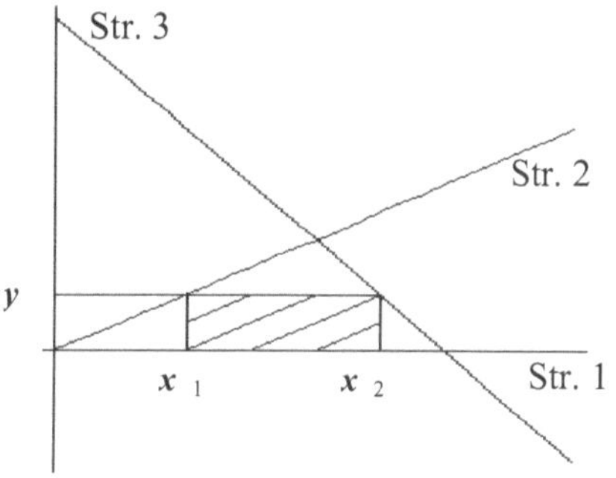

Fläche: $F(x_1, x_2, y) = (x_2 - x_1)\,y$.

Das Rechteck grenzt an alle drei Straßen:

Straße 1: x-Achse

Straße 2: $y = b\,x_1$

Straße 3: $y = a - c\,x_2$,

wobei a, b und c positive Konstanten sind. Die Straßen 2 und 3 begrenzen die Fläche der Shopping Mall.

Daraus ergeben sich folgende Nebenbedingungen:

(1) $g_1(x_1, y) = y - b x_1 = 0$ und   (2) $g_2(x_2, y) = y - a + c x_2 = 0$.

Lagrangefunktion

Die *Lagrangefunktion*, die die zu maximierende Funktion $F(x,y)$ mit den Funktionen der beiden Nebenbedingungen kombiniert, hat die Form:

$$L(x_1, x_2, y, \lambda_1, \lambda_2) = (x_2 - x_1)\,y + \lambda_1(y - b x_1) + \lambda_2(y - a + c x_2)$$.

Die Faktoren λ_1 und λ_2, mit denen die Nebenbedingungsgleichungen multipliziert werden, werden als *Lagrangemultiplikatoren* bezeichnet.

Damit die Grundfläche der Shopping Mall unter Einhaltung der beiden Nebenbedingungen maximal wird, müssen sämtliche partiellen Ableitungen erster Ordnung der Lagrangefunktion null werden, die nach x_1, die nach x_2 und die nach y ebenso wie die nach λ_1 und die nach λ_2.

Partielle Ableitungen

$$L'_{x_1}(x_1, x_2, y, \lambda_1, \lambda_2) = -y - \lambda_1\,b \qquad L'_{\lambda_1}(x_1, x_2, y, \lambda_1, \lambda_2) = y - b x_1$$

$$L'_{x_2}(x_1, x_2, y, \lambda_1, \lambda_2) = y + \lambda_2\,c \qquad L'_{\lambda_2}(x_1, x_2, y, \lambda_1, \lambda_2) = y - a + c x_2$$

$$L'_{y}(x_1, x_2, y, \lambda_1, \lambda_2) = (x_2 - x_1) + \lambda_1 + \lambda_2$$.

Durch Ableitung der Lagrangefunktion nach den Lagrangemultiplikatoren λ_1 und λ_2 erhält man erneut die beiden Nebenbedingungen, die bei der Lösung des Problems einzuhalten sind.

Notwendige Bedingungen

Um die Fläche der Shopping Mall unter Einhaltung der beiden Nebenbedingungen zu maximieren, müssen alle fünf partiellen Ableitungen der Lagrangefunktion null sein, d.h.

$$(1)\quad L'_{x_1}\left(x_{10}, x_{20}, y_0, \lambda_{10}, \lambda_{20}\right) = -y_0 - \lambda_{10}\, b = 0$$

$$(2)\quad L'_{x_2}\left(x_{10}, x_{20}, y_0, \lambda_{10}, \lambda_{20}\right) = y_0 + \lambda_{20}\, c = 0$$

$$(3)\quad L'_{y}\left(x_{10}, x_{20}, y_0, \lambda_{10}, \lambda_{20}\right) = \left(x_{20} - x_{01}\right) + \lambda_{10} + \lambda_{20} = 0$$

$$(4)\quad L'_{\lambda_1}\left(x_{10}, x_{20}, y_0, \lambda_{10}, \lambda_{20}\right) = y_0 - b\, x_{10} = 0$$

$$(5)\quad L'_{\lambda_2}\left(x_{10}, x_{20}, y_0, \lambda_{10}, \lambda_{20}\right) = y_0 - a + c\, x_{20} = 0 \quad .$$

Bei den hier erhaltenen fünf Gleichungen mit fünf zu bestimmenden Variablen, empfiehlt es sich, diese zunächst genauer zu betrachten und sich eine geeignete Lösungsstrategie zu überlegen. Dabei fällt auf, dass mit Ausnahme der dritten Gleichung alle anderen jeweils zwei der zu ermittelnden Variablen enthalten. Die eine ist in allen vier Gleichungen y. Daher bietet es sich an, diese Gleichungen nach der jeweils anderen darin enthaltenen Variablen umzustellen und die Ergebnisse anschließend in Gleichung (3) einzusetzen, um den noch fehlenden Wert von y zu ermitteln. Dabei erhält man:

$$(1)\quad \lambda_{10} = -\frac{y_0}{b} \qquad\qquad (2)\quad \lambda_{20} = -\frac{y_0}{c}$$

$$(4)\quad x_{10} = \frac{y_0}{b} \qquad\qquad (5)\quad x_{20} = \frac{a - y_0}{c} \quad .$$

Diese Ergebnisse werden nun in Gleichung (3) eingesetzt, um damit y_0 zu bestimmen. Das ergibt:

$$(3)\quad \left(x_{20} - x_{10}\right) + \lambda_{10} + \lambda_{20} = \frac{a - y_0}{c} - \frac{y_0}{b} - \frac{y_0}{b} - \frac{y_0}{c} = 0$$

und damit:

$$\frac{a}{c} - 2\frac{y_0}{b} - 2\frac{y_0}{c} = 0 \quad .$$

Um die Brüche zu beseitigen, wird die Gleichung mit b und c multipliziert.

Dabei erhält man $\quad ab - 2c\, y_0 - 2b\, y_0 = 0$

bzw. $\quad 2c\, y_0 + 2b\, y_0 = 2(c + b)\, y_0 = ab \quad ,$

woraus $\quad y_0 = \dfrac{a\, b}{2(b + c)} \quad$ folgt.

Nach Einsetzen dieses Wertes in die anderen Gleichungen erhält man die Lösung:

$$x_{10} = \frac{a}{2(b + c)} \qquad\qquad x_{20} = \frac{a(b + 2c)}{2c(b + c)}$$

$$\lambda_{10} = -\frac{a}{2(b + c)} \qquad\qquad \lambda_{20} = -\frac{a\, b}{2c(b + c)} \quad .$$

Dabei ist dieses Einsetzen nicht mehr unbedingt nötig. Für gegebene Werte der Funktionsparameter a, b und c kann man stattdessen zunächst y_0 berechnen und den ermittelten Wert dann in die anderen Gleichungen einsetzen.

Interpretation der Lösung

Es sollen nun die Werte:
$a = 600$ $b = 2$ $c = 4$

verwendet werden. Dabei ist a die Entfernung von Straße 3 in Richtung Norden vom Schnittpunkt der beiden Straßen 1 und 2 in m, während b der Anstieg der Straße 2 und $-c$ der der Straße 3 ist.

Für y_0 erhält man damit:
$$y_0 = \frac{a\,b}{2(b+c)} = \frac{600 \cdot 2}{2(2+4)} = \underline{100} \quad ,$$

während $x_{10} = 50$ m $\quad x_{20} = 125$ m $\quad \lambda_{10} = -50 \quad \lambda_{20} = -25$

und $\quad F(x_{10}, x_{20}, y_0) = 7\,500$ m^2 .

Die Kantenlängen der Shopping Mall betragen damit $x_{20} - x_{10} = 75$ m und $y_0 = 100$ m, woraus sich eine Gesamtfläche von 7 500 m^2 ergibt.

Auch die Werte der Lagrangemultiplikatoren λ_{10} und λ_{20} lassen sich interpretieren. Sie geben an, wie sich die Grundfläche der Shopping Mall verändern würde, wenn sich die betreffende Nebenbedingung um eine Einheit änderte, bei optimaler Wahl der Seitenlängen.

Wenn Straße 2 um 1 m (eine Einheit) parallel nach Süden verschoben würde, verringerte sich die maximale Fläche der zu bauenden Shopping Mall um ca. 50 m^2, bei Verschiebung nach Norden würde sie sich um ca. 50 m^2 vergrößern.

Verliefe die Straße 3 um 1 m weiter südlich, so wäre die Fläche der zu bauenden Shopping Mall um ca. 25 m^2 kleiner bei optimaler Wahl der Seitenlängen.

Ob die erhaltenen Werte für die Lagrangemultiplikatoren λ_1 und λ_2 positiv oder negativ sind, hängt davon ab, wie die Nebenbedingungen umgestellt wurden. Hätte man hier

$$g_1(x_1, y) = b x_1 - y = 0 \qquad \text{und} \qquad g_2(x_2, y) = a - c x_2 - y = 0$$

gewählt, so hätte λ_{10} den Wert +50 und λ_{20} den Wert +25 angenommen. An den Werten x_{10}, x_{20} und y_0 hätte das nichts geändert. Man kann daher bei der Interpretation der Werte der Lagrangemultiplikatoren getrost von der Sachlogik ausgehen und das Vorzeichen dabei außer Acht lassen.

Aufgabe 2.2.3.1   Werbung Elektroauto

Ein Autohersteller plant zur Markteinführung seines neuen Elektroautos eine Werbekampagne mit dem Einsatz von Zeitungsinseraten, Plakaten und TV-Spots. Der Werbeerfolg ist abhängig von den aufgewandten Kosten, die jedoch in Abhängigkeit von den eingesetzten Werbemedien unterschiedliche Effekte bringen. Dabei sind x die Kosten für Inserate in Zeitungen, y die Kosten für Plakatwerbung und z die Kosten für Fernsehwerbung (alles in Mio. €).

Die Anzahl der Personen, die das Produkt aus der Werbekampagne kennen, berechnet sich bei geschicktem Einsatz der drei Werbemedien ohne Streuverluste gemäß der Funktion:

$$P(x, y, z) = c\,\ln x + 4c\,\sqrt{y} + cz \quad ,$$

wobei c eine positive Konstante ist. Insgesamt steht der Kampagne ein Werbebudget von $K = 10$ Mio. € zur Verfügung, das so auf die drei Medien aufgeteilt werden soll, dass möglichst viele Personen durch die Werbung erreicht werden.

a) Geben Sie die Nebenbedingung an und bestimmen Sie die Lagrangefunktion.

b) Bestimmen Sie die partiellen Ableitungen der Lagrangefunktion.

c) Ermitteln Sie die optimalen Werte der Werbeaufwendungen für Zeitungsinserate, Plakate und Fernsehwerbung.

d) Interpretieren Sie den Wert des Lagrangemultiplikators λ.

Aufgabe 2.2.3.2   Bus- und Flugreisen

Die nachgefragten Mengen an Bus- und Flugreisen zur Adria lassen sich ausgehend vom Preis x für Bus- und dem Preis y für Flugreisen (beide in €) mit Hilfe der folgenden Nachfragefunktionen ermitteln:

Busreisen:
$$B(x) = a - \frac{x}{b}$$

Flugreisen:
$$F(y) = 2a - \frac{y}{2b} \quad ,$$

wobei a und b positive Konstanten sind.

Der Umsatz an Bus- und Flugreisen eines Reiseveranstalters für dieses Zielgebiet insgesamt kann dann mit Hilfe der Umsatzfunktion:

$$U(x,y) = x\,B(x) + y\,F(y)$$

berechnet werden.

a) Insgesamt gibt es G Interessenten für Bus- und Flugreisen an die Adria, die sich zwischen beiden Reisevarianten entscheiden. Formulieren Sie diese Aussage als Nebenbedingung.

Bestimmen Sie die Preise x und y, für die der Umsatz maximal wird unter der Nebenbedingung des insgesamt vorhandenen Bedarfs G.

b) Geben Sie die Lagrangefunktion an.

c) Berechnen Sie die partiellen Ableitungen der Lagrangefunktion.

d) Welche Werte x_0, y_0 und λ_0 erfüllen die notwendigen Bedingungen für ein relatives Maximum der Umsatzfunktion unter der angegebenen Nebenbedingung?

e) Welche optimalen Preise erhalten Sie für $a = 300$, $b = 2$ und $G = 150$? Bestimmen und interpretieren Sie den Wert des Lagrangemultiplikators λ.

Aufgabe 2.2.3.3   Grundstückspreis

Ein von einem Makler zu verkaufendes Baugrundstück hat die Form eines rechtwinkligen Dreiecks. Verglichen mit einem rechteckigen Grundstück der gleichen Größe muss dafür ein deutlicher Preisabschlag berücksichtigt werden. Es sei p der ortsübliche m²-Preis, der jedoch nur für rechteckige Flächen angesetzt werden kann, deren Größe wesentlich für die Größe des zu errichtenden Hauses ist. Für die Restfläche außerhalb dieses Rechtecks wird daher nur die Hälfte dieses m²-Preises $p/2$ zugrunde gelegt. Daraus ergibt sich folgende

Abbildung 2.2-9   Grundstück

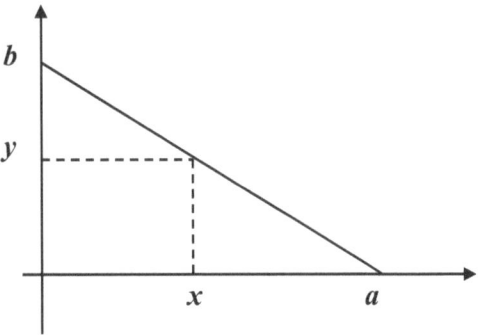

Preisfunktion: $\quad P(x,y) = \dfrac{p}{2}xy + \dfrac{p}{4}ab$.

Für die Festlegung eines angemessenen Preises ist es wichtig, die Fläche des größtmöglichen Rechtecks zu ermitteln. Aus der obigen Zeichnung erhält man damit folgende Nebenbedingung (Grundstücksgrenze an der Straßenseite):

$$y = b - \frac{b}{a}x \ .$$

Gesucht sind die Seitenlängen des Rechtecks *x* und *y*, bei deren Wahl der Preis maximal wird.

a) Erklären Sie das Zustandekommen der obigen Preisfunktion.

b) Geben Sie die Lagrangefunktion an.

c) Ermitteln Sie die partiellen Ableitungen der Lagrangefunktion.

d) Berechnen Sie die Kantenlängen x_0 und y_0 des Rechtecks mit dem größtmöglichen Flächeninhalt.

Setzen Sie nun: $\quad a = 30$ m $\qquad b = 40$ m $\qquad p = 200$ €/m^2 .

e) Bestimmen Sie die optimalen Werte der beiden Kantenlängen x_0 und y_0 unter Nutzung dieser Werte. Welchen Preis würde dieses Grundstück damit erzielen?

f) Ermitteln Sie den Wert des Lagrangemultiplikators λ und interpretieren Sie ihn.

Aufgabe 2.2.3.4 Verkaufsflächen bei Kosmetikmarken

Ein wichtiges Problem im Handel ist die Aufteilung der Verkaufsfläche auf die angebotenen Produkte und Marken. Anhand der je Flächeneinheit erzielten Umsätze wird in bestimmten Zeitabständen überprüft, inwieweit durch eine Neuaufteilung der Verkaufsflächen ein höherer Umsatz generiert werden kann.

Douglas bietet u.a. die Marken Boss, Chanel und Dior an, wobei die Verkaufsflächen in Regalmetern von Boss mit *x*, die von Chanel mit *y* und die von Dior mit *z* bezeichnet werden. Der damit pro Woche generierte Umsatz in 1 000 € errechnet sich gemäß der folgenden Umsatzfunktionen:

Boss: $\quad U_B(x) = ax$

Chanel: $\quad U_C(y) = \dfrac{a}{4}y^2$

Dior: $\quad U_D(z) = 4a\sqrt{z}$,

woraus sich ein Gesamtumsatz von:

$$U(x,y,z) = U_B(x) + U_C(y) + U_D(z) = ax + \frac{a}{4}y^2 + 4a\sqrt{z}$$

ergibt, wobei *a* eine positive Konstante ist. Dabei ist nur bei Boss die Flächenproduktivität *a* unabhängig von der Größe der Verkaufsfläche. Bei Chanel steigen die Umsätze prozentual stärker als die Fläche, bei Dior geringer.

Insgesamt steht für alle drei Marken eine Fläche von 10 Regalmetern zur Verfügung (Nebenbedingung).

Die verfügbare Verkaufsfläche soll so auf die drei Marken aufgeteilt werden, dass ein maximaler Umsatz erzielt wird.

a) Formulieren Sie die Nebenbedingung und geben Sie die Lagrangefunktion an.

b) Bestimmen Sie alle partiellen Ableitungen der Lagrangefunktion.

c) Bestimmen Sie die Verkaufsflächen für die drei Marken, bei denen insgesamt ein maximaler Umsatz generiert wird.

d) Interpretieren Sie den Wert des Lagrangemultiplikators λ.

Aufgabe 2.2.3.5   Bettwäsche

Ein Textilbetrieb produziert Bettwäsche aus LINON (Menge x_1), BIBER (Menge x_2) und SATIN (Menge x_3). Insgesamt können G Bettwäsche-Sets pro Tag produziert werden (Nebenbedingung).

Der Preis in € für ein Bettwäsche-Set hängt gemäß den folgenden Preisfunktionen von den hergestellten Menge ab:

$$p_1(x_1)=c_1\left(1-\frac{x_1}{G}\right) \qquad p_2(x_2)=c_2\left(1-\frac{x_2}{G}\right) \qquad p_3(x_3)=c_3\left(1-\frac{x_3}{G}\right) \ .$$

Die zu produzierenden Mengen x_1, x_2, x_3 sollen so gewählt werden, dass der Umsatz, der beim Verkauf zu den mit den Preisfunktionen ermittelten Preisen erzielt wird, maximal wird.

a) Geben Sie die Umsatzfunktion $U(x_1, x_2, x_3)$ an.

b) Formulieren Sie die Nebenbedingung und geben Sie die Lagrangefunktion an.

c) Bestimmen Sie die partiellen Ableitungen der Lagrangefunktion. Aus Analogiegründen genügen die Ableitungen nach einem x_i für ein i ($i = 1,2,3$) und λ.

d) Wie müssen die Werte x_1, x_2, x_3 und λ gewählt werden, um den Umsatz unter den gegebenen Bedingungen zu maximieren?

e) Setzen Sie $c_1 = 160$, $c_2 = 32$, $c_3 = 80$ und $G = 800$. Ermitteln und interpretieren Sie den Wert λ_0 und bestimmen Sie damit die optimalen Produktionsmengen für die drei Sorten Bettwäsche.

Aufgabe 2.2.3.6   Wasserbassin

(Aufgabe von Karin Krüger)

In einer Parkanlage soll ein Wasserbassin folgender Gestalt (siehe Abb. 2.2-10) angelegt werden. Die Variable x beschreibt die Länge der einen Rechteckseite und die Variable y den Radius des angesetzten Halbkreises (Angaben in m). Für den Flächeninhalt $A(x, y)$ und den Umfang $U(x, y)$ ergeben sich die folgenden Formeln:

Abbildung 2.2-10   Wasserbassin

$$A(x,y)=2xy+\frac{1}{2}\pi y^2.$$

$$U(x,y)=2x+2y+\pi y \quad .$$

a) Ermitteln und interpretieren Sie die Höhenlinie $A(x, y) = 100$.

   Hinweis: Lösen Sie die Gleichung nach x auf.

Für eine Länge von 50 m können die bereits vorhandenen sehr schönen historischen Randsteine eingesetzt werden. Da eine Nachfertigung nach historischem Muster nicht möglich ist, soll der Umfang des Wasserbeckens 50 m betragen (Nebenbedingung). Wie groß müssen dann die Längen x und y gewählt werden, um eine maximale Fläche des Beckens zu erreichen?

b) Geben Sie die Nebenbedingung als Gleichung an und stellen Sie die Lagrangefunktion auf.

c) Bestimmen Sie die partiellen Ableitungen der Lagrangefunktion.

d) Ermitteln Sie nun die optimalen Werte für x, y und λ.

e) Interpretieren Sie den Wert von λ.

Aufgabe 2.2.3.7 Verkaufsflächen bei Bekleidungsmarken

(Idee (nur der Sachbezug) aus den Bachelor Thesis von Anett Andrejewski (2011) und Sandy Block (2009), HWR Fachrichtung Handel)

Die Bekleidungsabteilung eines Kaufhauses möchte die Verkaufsflächen der Marken A (Armani), B (Boss) und C (Calvin Klein) optimieren. Die Flächenproduktivitäten (Umsatz je m^2 Verkaufsfläche pro Tag in 1000 €) hängen dabei wie folgt von den Verkaufsflächen x, y und z (in m^2) der drei betrachteten Marken ab:

A (Armani) $\qquad f_A(x) = 2 + \dfrac{1}{x}$

B (Boss) $\qquad f_B(y) = 6 - y$

C (Calvin Klein) $\qquad f_C(z) = 5 - \sqrt{z}$.

Daraus ergibt sich ein Gesamtumsatz von:

$$U(x.y.z) = f_A(x)x + f_B(y)y + f_c(z)z = \left(2 + \frac{1}{x}\right)x + (6 - y)y + (5 - \sqrt{z})z$$

Die Flächen sollen so gewählt werden, dass insgesamt ein maximaler Umsatz erzielt wird, wobei für alle drei Marken zusammen eine Verkaufsfläche von 12 m^2 zur Verfügung steht (Nebenbedingung).

a) Geben Sie die Nebenbedingung als Gleichung an und bestimmen Sie die Lagrangefunktion.

b) Ermitteln Sie die partiellen Ableitungen der Lagrangefunktion.

c) Bestimmen Sie die Verkaufsflächen der drei Marken, bei denen insgesamt ein maximaler Umsatz erzielt wird.

d) Interpretieren Sie den Wert des Lagrangemultiplikators λ.

Aufgabe 2.2.3.8 Waschmittel

Es sei x der Preis für 1 kg Waschpulver, y der Preis je kg Tabs und z der Preis für ein kg Flüssigwaschmittel der gleichen Sorte (in €). Die nachgefragten Mengen der drei Formen des betrachteten Waschmittels lassen sich aus diesen Preisen mit Hilfe der folgenden Nachfragefunktionen ermitteln:

Absetzbare Menge Pulver: $\qquad N_P(x,y) = a(y - x)$,

Absetzbare Menge Tabs: $\qquad N_T(y,z) = a(z - y)$,

Absetzbare Menge Flüssigwaschmittel: $\qquad N_F(z) = a(c - z)$, wobei *a* und *c* positive Konstanten sind. Am teuersten ist das Flüssigwaschmittel, am preiswertesten Waschpulver. Von den entsprechenden Preisdifferenzen hängt die Nachfrage nach dem jeweils preisgünstigeren Produkt ab.

Der Umsatz aus dem Verkauf aller drei Sorten dieses Waschmittels kann dann mit Hilfe der Umsatzfunktion:

$$U(x,y,z) = N_P(x,y)x + N_T(y,z)y + N_F(z)z$$

ermittelt werden. Die Preise sollen so festgelegt werden, dass beim Verkauf der drei Sorten dieses Waschmittels ein maximaler Umsatz erzielt wird, wobei der Gesamtbedarf an den drei Sorten des Waschmittels die Menge *G* nicht überschreitet (Nebenbedingung), d.h.

$$G = N_P(x,y) + N_T(y_2,z) + N_F(z) \quad .$$

a) Geben Sie die Lagrangefunktion an.

b) Ermitteln Sie die partiellen Ableitungen der Lagrangefunktion.

c) Wie müssen die Preise *x, y, z* gewählt werden, damit der Umsatz bei gegebenem Gesamtbedarf *G* maximal wird?

d) Bestimmen Sie die optimalen Preise der drei Sorten des betrachteten Waschmittels, wenn *a* = 300, *c* = 10 und der Gesamtbedarf *G* = 2 700 kg ist.

e) Geben Sie den Wert des Lagrangemultiplikators λ an und interpretieren Sie ihn.

Aufgabe 2.2.3.9   Konservendose

Aufgabe aus [1] K. Bosch „Mathematik für Wirtschaftswissenschaftler"

Wie schon in Aufgabe 2.2.1.1 angegeben, berechnet sich das Volumen einer Konservendose aus dem Radius *r* und der Höhe *h* mit Hilfe der folgenden Funktion:

Abbildung 2.2-11   Konservendose

$$V(r,h) = \pi r^2 h \quad .$$

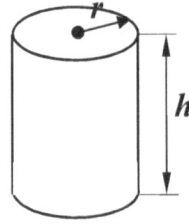

Der zur Herstellung dieser Dose benötigte Materialverbrauch wird mittels

$$M(r,h) = 2\pi r^2 + 2\pi r h$$

bestimmt.

Im Folgenden sollen der Radius und die Höhe einer Konservendose bestimmt werden, deren Materialverbrauch bei gegebenem Volumen *V* minimal ist.

a) Geben Sie die Lagrangefunktion an.

b) Ermitteln Sie die partiellen Ableitungen der Lagrangefunktion.

c) Bestimmen Sie nun Radius und Höhe einer Konservendose, die bei gegebenem Volumen den geringsten Materialverbrauch aufweist.

d) Bestimmen Sie die Werte r_0, h_0 und λ_0 für die optimale Konservendose mit einem Volumen von 400 cm³. Interpretieren Sie den Wert λ_0.

Aufgabe 2.2.3.10   Investition

In Anlehnung an [4] Kallischnigg, G./Kockelkorn, U./Dinge, A. „Mathematik für Volks- und Betriebswirte"

Ein Unternehmen besteht aus zwei Fertigungsbetrieben. Der Gewinn jedes der beiden Betriebe hängt gemäß der folgenden Funktionen von den eingesetzten Kapitalmengen x bzw. y ab:

Betrieb **A**: $G_A(x) = a\sqrt{2x}$

Betrieb **B**: $G_B(y) = b\sqrt{y}$,

wobei a und b positive Konstanten sind. Es bezeichne K die Menge des insgesamt verfügbaren Kapitals (in Mio. €). Wie muss diese auf die beiden Betriebe aufgeteilt werden, um damit insgesamt den höchstmöglichen Gewinn

$$G(x) = G_A(x) + G_B(y)$$

zu erwirtschaften?

a) Formulieren Sie die Nebenbedingung und geben Sie die Lagrangefunktion an.

b) Bestimmen Sie die partiellen Ableitungen der Lagrangefunktion.

c) Berechnen Sie die Kapitalmengen x und y für die insgesamt ein maximaler Gewinn erwirtschaftet wird.

d) Setzen Sie nun $a = 0{,}4$, $b = 0{,}8$ und $K = 6$ (Mio. €). Wie muss dieses Kapital auf die beiden Betriebe aufgeteilt werden, um den Gesamtgewinn zu maximieren und wie hoch ist der dadurch erzielte Gewinn insgesamt?

e) Interpretieren Sie den Wert des Lagrangemultiplikators λ.

Aufgabe 2.2.3.11   Therme

Für eine neu zu bauende Therme steht eine Fläche von 2025 m^2 zur Verfügung, die in die Bereiche Sauna (Fläche x m^2), Fitness (Fläche y m^2) und Baden (Fläche z m^2) aufgeteilt werden soll. Die Einnahmen pro Stunde der Öffnungszeiten lassen sich aus den Flächen mittels folgender Erlösfunktion ermitteln:

$$E(x, y, z) = 5\sqrt{x} + 2\sqrt{2y} + 4\sqrt{3z} \quad .$$

Die Gesamtfläche soll so in die drei Bereiche aufgeteilt werden, dass der Erlös pro Stunde Öffnungszeit maximal wird.

a) Geben Sie die Nebenbedingung an und stellen Sie die Lagrangefunktion auf.

b) Geben Sie die notwendigen Bedingungen zur Maximierung der Erlösfunktion unter Berücksichtigung der Nebenbedingung an.

c) Bestimmen Sie die optimalen Flächen für die drei Bereiche und den Wert λ.

d) Interpretieren Sie den ermittelten Wert λ_0.

Aufgabe 2.2.3.12   Mieteinnahmen

Eine Immobilie umfasst Flächen, die sowohl zu Wohnzwecken als auch als Gewerberäume (Büroräume oder Arztpraxen) genutzt werden können. In Abhängigkeit von den Mietpreisen, wobei x der m^2-Mietpreis für Wohnungen und y der m^2-Mietpreis für Gewerberäume (beides in €) ist, errechnen sich die zu diesen Preisen nachgefragten Flächen gemäß der folgenden Nachfragefunktionen:

Nachgefragte Wohnfläche: $$N_W(x) = 4a(b-x)$$

Nachgefragte Gewerbefläche: $$N_G(x,y) = a(2x-y) \quad ,$$

wobei a und b positive Konstanten sind. Dabei ist b der laut Mietspiegel in diesem Gebiet maximal zulässige Mietpreis. Die Mietpreise für Gewerberäume sollen das Doppelte der Wohnungsmietpreise nicht übersteigen.

Die Mietpreise je m^2 sollen so festgelegt werden, dass die Mieteinnahmen insgesamt

$$M(x,y) = N_W(x) x + N_G(x,y) y$$

maximal werden, wobei insgesamt eine Fläche F:

Nebenbedingung: $$F = N_W(x) + N_G(x,y)$$

zu vermieten ist.

a) Bestimmen Sie die Lagrangefunktion.

b) Ermitteln Sie die partiellen Ableitungen der Lagrangefunktion.

c) Bestimmen Sie die Werte x_0, y_0 und λ_0, die die notwendigen Bedingungen für ein relatives Extremum unter der angegebenen Nebenbedingung erfüllen.

d) Setzen Sie $F = 2000$, $a = 200$ und $b = 15$ und bestimmen Sie die optimalen Mietpreise x_0 und y_0 und den zugehörigen Wert λ_0. Interpretieren Sie den Wert λ_0.

Aufgabe 2.2.3.13   Verbindungsstraße zum Aussichtsturm

Zwischen zwei Straßen, die entlang der beiden Koordinatenachsen verlaufen, soll eine Verbindungsstrecke durch den Punkt (a, b), in dem sich ein Aussichtsturm befindet, gebaut werden. Um das angrenzende Naturschutzgebiet zu schonen, soll das durch die Verbindungsstraße abgetrennte Areal eine möglichst geringe Fläche besitzen. Diese Fläche ist:

$$F(x,y) = \frac{x\,y}{2}$$

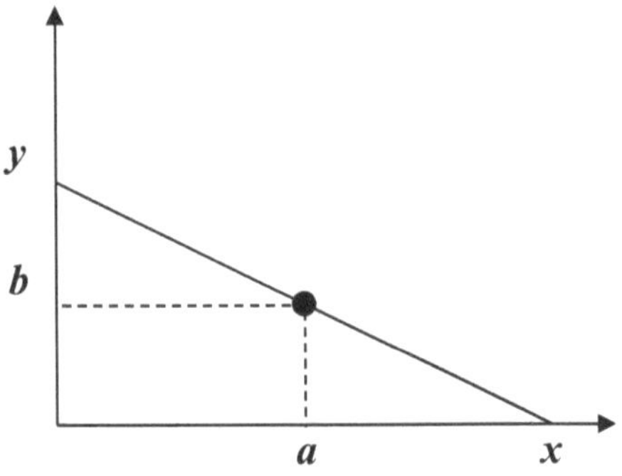

Damit die Verbindungsstrecke durch den

Abbildung 2.2-12   Verbindungsstraße

Punkt (a, b) verläuft, muss: $$y - \frac{y-b}{a} x = 0$$ sein. (Nebenbedingung)

Bestimmen Sie mit Hilfe der Lagrange-Methode die Werte x_0 und y_0, durch die die Verbindungsstraße verlaufen sollte, damit die von allen drei Straßen eingeschlossene Fläche minimal wird.

a) Geben Sie die Lagrangefunktion an.

b) Ermitteln Sie die partiellen Ableitungen der Lagrangefunktion.

c) Wie müssen x, y und λ gewählt werden, damit die Fläche zwischen den drei Straßen minimal wird? (Es reicht, wenn man diese Werte durch schrittweises nacheinander Einsetzen der Werte λ, x und y aus a und b ermitteln kann.)

d) Setzen Sie $a = 4$ km und $b = 2$ km und bestimmen Sie die optimalen Werte für x und y und die Größe der von den drei Straßen dann eingeschlossenen Fläche.

Hinweis: Wenn Sie λ_0 nicht bestimmen konnten, setzen Sie $\lambda_0 = \pm 4$.

e) Interpretieren Sie den Wert λ_0.

Aufgabe 2.2.3.14   Schwimmbecken

Nachdem der Fußballclub einer Stadt abgestiegen ist und infolgedessen Insolvenz anmelden musste, soll das frühere Stadion zu einem Schwimmbad umgebaut werden. Das rechteckige Bassin besitzt eine Fläche von:

$$F(x,y) = x\,y \quad ,$$

wobei x und y die Seitenlängen sind. Das Bassin soll eine möglichst große Fläche einnehmen. Dabei wird es durch den Rand des Stadions, welches die Form einer Ellipse mit den Halbachsen a und b hat, begrenzt. Daraus ergibt sich die Nebenbedingung

$$\frac{x^2}{a^2} + \frac{y^2}{b^2} = 4 \quad .$$

Abbildung 2.2-13   Schwimmbecken

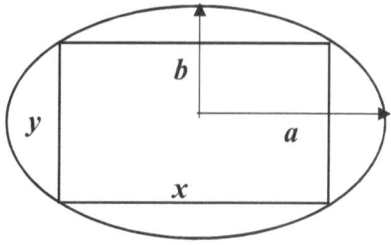

a) Geben Sie die Lagrangefunktion an.

b) Ermitteln Sie die partiellen Ableitungen der Lagrangefunktion.

c) Wie müssen x, y und λ gewählt werden, damit die Fläche des Schwimmbassins maximal wird?

Aufgabe 2.2.3.15   Planetarium

Die Kuppel eines kreisförmigen Planetariums soll den Durchmesser x und die Höhe y besitzen. Das Volumen (ein Kugelsegment) der Kuppel ergibt sich dann aus:

$$V(x, y) = \frac{\pi}{3} y^2 \left(\frac{3}{2} x - y \right)$$

Abbildung 2.2-14   Planetariumskuppel

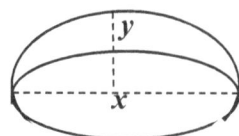

Die Dachfläche (Kugelkappe) wird mittels: $A(x,y) = \pi x\,y$ berechnet.

Da das Dach aus besonderem lichtundurchlässigem Glas bestehen soll, das bereits für eine Fläche von 630 m^2 bestellt wurde, sollen die Maße der Kuppel darunter so gewählt werden, dass bei gegebener Dachfläche das Volumen der Kuppel maximal wird.

a) Geben Sie die Lagrangefunktion an.

b) Bestimmen Sie sämtliche partiellen Ableitungen erster Ordnung der Lagrangefunktion.

c) Ermitteln Sie die Werte x und y des Durchmessers und der Höhe der Kuppel, für die das Volumen bei gegebener Dachfläche maximal wird.

d) Geben Sie den zugehörigen Wert des Lagrangemultiplikators λ an und interpretieren Sie ihn.

Aufgabe 2.2.3.16   Materialverbrauch

Hier soll erneut auf das im Abschnitt 2.2.2 behandelte Beispiel des Materialverbrauchs bei der Herstellung eines Hohlraumquaders, wie er für Getränke im Supermarkt genutzt wird, zurückgegriffen werden. Im Unterschied zu diesem Beispiel, soll hier jedoch die Faltung des Materials mit berücksichtigt werden. (siehe Abb. 2.2-15)

Abbildung 2.2-15   Materialverbrauch zur Herstellung eines Hohlraumquaders

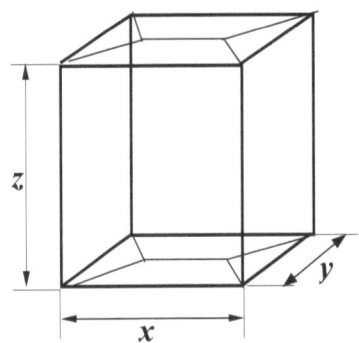 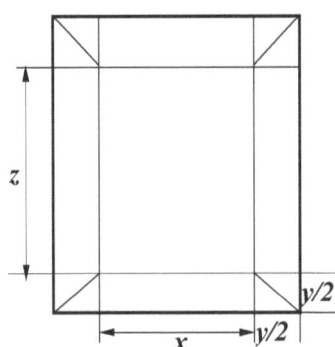

Der Materialverbrauch wird mit Hilfe der Funktion: $M(x, y, z) = 2(x+y)(z+y)$

berechnet, das Volumen mittels: $V = x y z \quad,$

wobei mit x, y, z die Kantenlängen bezeichnet werden. Diese sollen so gewählt werden, dass der betrachtete Quader bei gegebenem Volumen V mit dem geringstmöglichen Materialverbrauch hergestellt werden kann.

a) Geben Sie die Lagrangefunktion an.

b) Ermitteln Sie die partiellen Ableitungen der Lagrangefunktion.

Da die Lösung dieses Problem ziemlich schwierig ist, wird hier bereits eine Lösung gegeben:

Lösung: $x_0 = \sqrt[3]{2V}$ $y_0 = \sqrt[3]{\dfrac{V}{4}}$ $z_0 = \sqrt[3]{2V}$

c) Ermitteln Sie dazu den fehlenden Wert λ_0 und weisen Sie nach, dass alle notwendigen Bedingungen erfüllt sind:

Hinweis: $2 y_0 = 2\sqrt[3]{\dfrac{V}{4}} = \sqrt[3]{2^3\,\dfrac{V}{4}} = \sqrt[3]{2V} = x_0 = z_0$

d) Geben Sie die Kantenlängen für den optimalen Hohlraumquader bei einem Volumen von 500 cm³ an. Berechnen und interpretieren Sie den Wert λ_0.

Aufgabe 2.2.3.17   Verbindungsstraße

Zwischen zwei Hauptstraßen, die entlang der
Koordinatenachsen verlaufen, soll eine Verbindungsstrecke durch den Punkt (a, b), in
dem eine Gaststätte vorgesehen ist, gebaut
werden. Um die Baukosten möglichst gering
zu halten, soll die Länge dieser Verbindungsstraße bzw. der Einfachheit halber deren
Quadrat:

Abbildung 2.2-16   Verbindungsstraße

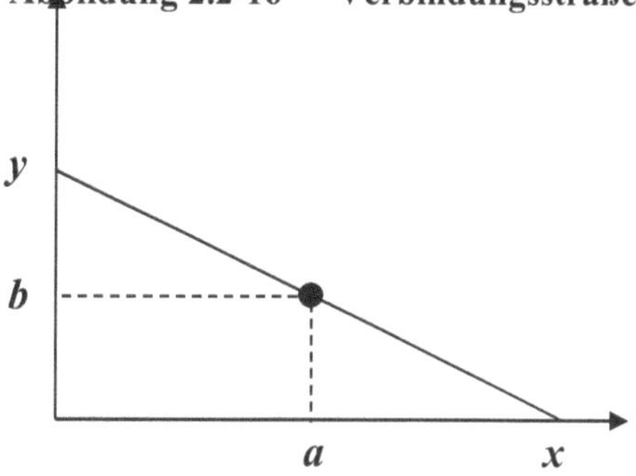

$$f(x,y) = x^2 + y^2$$

minimiert werden.

Damit die Verbindungsstrecke durch den
Punkt (a,b) verläuft, muss $(x - a)(y - b) = a\,b$ sein. (Nebenbedingung)
Bestimmen Sie mit Hilfe der Lagrange-Methode die Werte x und y, die die Entfernung der
Endpunkte der Verbindungsstraße von der Kreuzung der beiden Hauptstraßen angeben, damit
das Quadrat der Länge der Verbindungsstraße minimal wird.

a) Geben Sie die Lagrangefunktion an.

b) Ermitteln Sie die partiellen Ableitungen erster Ordnung der Lagrangefunktion.

c*) Setzen Sie $x_0 = a^{1/3}\left(a^{2/3} + b^{2/3}\right)$ und $y_0 = b^{1/3}\left(a^{2/3} + b^{2/3}\right)$.

Bestimmen Sie λ_0 und weisen Sie nach, dass die notwendigen Bedingungen für ein
relatives Extremum unter der angegebenen Nebenbedingung für diese Werte erfüllt sind.

d) Setzen Sie nun a = 8 km und b = 64 km. Bestimmen Sie die Endpunkte der kürzest
möglichen Verbindungsstraße (x_0, y_0) und die Länge dieser Verbindungsstraße.

2.3   Lösungen der Übungsaufgaben

2.3.1 Funktionen einer Veränderlichen

2.3.1.1 *Ableitungen, Elastizitäten und ihre Interpretation*

Genutzt werden können folgende Ableitungsregeln:

Faktorregel	$g(x) = c\,f(x)$	$g'(x) = c\,f'(x)\quad c \in R$
Additionsregel	$h(x) = f(x) \pm g(x)$	$h'(x) = f'(x) \pm g'(x)$
Produktregel	$h(x) = f(x)\,g(x)$	$h'(x) = f'(x)g(x) + f(x)g'(x)$
Quotientenregel	$h(x) = \dfrac{f(x)}{g(x)}$	$h'(x) = \dfrac{f'(x)g(x) - f(x)g'(x)}{g^2(x)}$
Kettenregel	$h(x) = g(f(x))$	$h'(x) = g'(f(x))f'(x)$
logarithmische Ableitung		$f'(x) = \left(ln\,f(x)\right)'\,f(x)$

Aufgabe 2.1.1.1

a) $y = x\,\ln x$

$y = x\,\ln x$ *Produktregel*

$f(x) = x$ $f'(x) = 1$ $g(x) = \ln x$ $g'(x) = \dfrac{1}{x}$

$$y' = f'(x)g(x) + f(x)g'(x) = \ln x + x\,\frac{1}{x} = \ln x + 1$$

b) $y = \dfrac{e^x}{x}$ *Quotientenregel*

$f(x) = e^x$ $f'(x) = e^x$ $g(x) = x$ $g'(x) = 1$

$$y' = \frac{f'(x)g(x) - f(x)g'(x)}{(g(x))^2} = \frac{e^x x - e^x}{x^2} = \frac{e^x(x-1)}{x^2}$$

Alternative   *logarithmische Ableitung*

$\ln y = x\,\ln e - \ln x = x - \ln x$ $(\ln y)' = 1 - \dfrac{1}{x}$

$$y' = (\ln y)'\, y = \left(1 - \frac{1}{x}\right)\frac{e^x}{x} = \left(\frac{1}{x} - \frac{1}{x^2}\right)e^x = \frac{x-1}{x^2}e^x$$

98

c) $y = (x - c)^4$ *Kettenregel* $z = x - c$

   äußere Funktion $g(z) = z^4$ $g'(z) = 4\,z^3$

   innere Funktion $z = f(x) = x - c$ $f'(x) = 1$

$$y' = g'(f(x))\,f'(x) = 4(x - c)^3$$

Alternativ kann man den Term auch ausmultiplizieren und dann ableiten:

$$y = (x - c)^4 = x^4 - 4x^3 c + 6x^2 c^2 - 4xc^3 + c^4$$

$$y' = 4x^3 - 12x^2 c + 12xc^2 - 4c^3 = 4(x^3 - 3x^2 c + 3xc^2 - c^3) = 4(x - c)^3$$

Allerdings ist dies bei höheren Exponenten nicht zu empfehlen und bei nichtganzzahligen Exponenten auch nicht mehr möglich.

d) $y = \ln(x - c)$

Häufiger Fehler

Viele haben Probleme mit der Anwendung der Kettenregel und der Zerlegung der betrachteten Funktion in eine innere und eine äußere Funktion. Ersatzweise wird statt dessen nur die innere Funktion $(x - c)$ abgeleitet, wobei man $(x - c)' = 1$ erhält und dies einfach in die Logarithmusfunktion einsetzt, wobei man $y' = \ln 1 = 0$ erhält. Dieses Ergebnis ist jedoch *falsch*.

Um bei der Ableitung von $y = \ln(x - c)$ innere und äußere Funktion voneinander zu trennen, erfolgt eine Substitution des zu logarithmierenden Terms $z = x - c$. Dieses $z = f(x) = x - c$ ist die innere Funktion, während der nach der Substitution verbleibende Term $g(z) = \ln z$ die äußere Funktion darstellt.

                           Kettenregel $z = x - c$

   äußere Funktion $g(z) = \ln z$ $g'(z) = \dfrac{1}{z}$

   innere Funktion $z = f(x) = x - c$ $f'(x) = 1$

$$y' = g'(f(x))\,f'(x) = \frac{1}{x - c}$$

e) $y = e^{a - bx}$

Häufige Fehler

Wie schon in **d)** gezeigt, wird auch hier die Anwendbarkeit der Kettenregel gern übersehen und nur die innere Funktion $a - b\,x$ abgeleitet. Dabei erhält man $(a - b\,x)' = -b$. Dies wird dann in die Exponentialfunktion eingesetzt, was zu $y' = e^{-b}$ führt. Auch das ist *falsch*.

In anderen Fällen wird ausschließlich die äußere Funktion abgeleitet, während die innere Funktion ignoriert wird, was zum Ergebnis $y' = e^{a - bx}$. Wenn die Ableitung der inneren Funktion 1 ist wie bei **d)**, führt dies sogar ausnahmsweise zum richtigen Ergebnis. Hier jedoch ist die Ableitung der inneren Funktion $(a - b\,x)' = -b$ und dieses Ergebnis daher *falsch*.

$$\textit{Kettenregel} \qquad z = a - bx$$

äußere Funktion $\qquad g(z) = e^z \qquad\qquad g'(z) = e^z$

innere Funktion $\qquad z = f(x) = a - b\,x \qquad f'(x) = -b$

$$y' = g'(f(x))\,f'(x) = -b\,e^{a-bx}$$

Alternativ kann hier auch die **logarithmische Ableitung** genutzt werden, die für Exponentialfunktionen sehr geeignet ist, da hier beim Logarithmieren nur der Exponent übrig bleibt.

$$ln\,y = (a - b\,x)\,ln\,e = a - b\,x \qquad\qquad (ln\,f(x))' = -b$$

$$f'(x) = (ln\,f(x))'\,f(x) = -b\,e^{a-bx}$$

f) $\quad y = \sqrt{bx - a}$

Häufige Fehler

Wie schon in **d)** und **e)** erwähnt, wird auch hier die Anwendbarkeit der Kettenregel gern ignoriert und nur die innere Funktion $b\,x - a$ abgeleitet, wobei $(b\,x - a)' = b$ ist, und der Term unter der Wurzel einfach dadurch ersetzt wird. Als Ergebnis erhält man dann

$y' = \sqrt{b}$, was leider **falsch** ist.

In anderen Fällen wird ausschließlich die äußere Funktion $y = \sqrt{bx - a}$ abgeleitet, wobei

man $y' = \dfrac{1}{2\sqrt{bx - a}}$ erhält. Da die Ableitung der inneren Funktion $(b\,x - a)' = b$ und nicht

1 ist, ist dieses Ergebnis für y' jedoch ebenfalls **falsch**.

Da es sich bei den häufigen Fehlern in **d)**, **e)** und **f)** immer um den gleichen Fehlschluss handelt, wird auf diesen Fehler künftig nicht mehr eingegangen.

$$\textit{Kettenregel} \qquad z = bx - a$$

äußere Funktion $\qquad g(z) = \sqrt{z} = z^{1/2} \qquad\qquad g'(z) = \dfrac{1}{2}z^{-1/2} = \dfrac{1}{2\sqrt{z}}$

innere Funktion $\qquad z = f(x) = b\,x - a \qquad\qquad f'(x) = b$

$$y' = g'(f(x))\,f'(x) = \dfrac{b}{2\sqrt{bx-a}}$$

Hinweise zur Interpretation

Erste Ableitung $\qquad$ Die erste Ableitung $f'(x)$ gibt den Anstieg der Tangente der Funktion $f(x)$ im Punkt x an. Dieser kann zur Approximation der Änderung des Funktionswertes bei einer kleinen Änderung von x genutzt werden. Verändert sich x um *eine Einheit*, dann ändert sich der Funktionswert $y = f(x)$ näherungsweise um $f'(x)$ *Einheiten*.

Elastizität $\qquad \varepsilon_y(x) = f'(x)\dfrac{x}{f(x)}$

Die Elastizität $\varepsilon_y(x)$ gibt an, um wieviel *Prozent* sich der Funktionswert *y* näherungsweise ändert, wenn *x* um *ein Prozent* wächst.

Häufige Fehler

Gern werden beide Interpretationen, die der ersten Ableitung und die der Elastizität gemischt und die absolute Änderung von *x* mit der prozentualen Änderung von *y* verglichen. Dies ist jedoch die Interpretation einer *Wachstumsrate*, die hier nicht behandelt wird. Um diesem Problem zu entgehen, nennen viele weder die Einheit noch fügen sie % an. Natürlich könnte der Dozent das fehlende Zeichen ergänzen, er kann aber auch die Antwort einfach als falsch bewerten, weil er diesen Trick bereits zur Genüge aus zahlreichen Klausuren kennt.

Aufgabe 2.1.1.2   Personalcontrolling

x = Wochenumsatz in €
y = aufgewandte Personalstunden pro Woche $\quad y = P(x) = ax^b \quad a = 0{,}142 \quad b = 0{,}739$

a) $x_F = 300\,000 \quad P(x_F) = 0{,}142 \cdot 300\,000^{0{,}739} = 1584$ h

b) $P'(x) = bax^{b-1} \qquad P'(x_F) = 0{,}739 \cdot 0{,}142 \cdot 300\,000^{-0{,}261} = 0{,}0039$

c)   exakte Lösung: $\quad P(305\,000) - P(300\,000) = 1604 - 1584 = 20$ h

     Näherungslösung: $dx = 5\,000 \qquad P'(x_F)\,dx = 0{,}0039 \cdot 5\,000 = 19{,}5$

d) $\varepsilon_y(x) = P'(x)\dfrac{x}{P(x)} = bax^{b-1}\dfrac{x}{ax^b} = b\dfrac{x^{b-1}x}{x^b} = \underline{b}$

Erhöht sich der Umsatz der Filiale um 1 %, so sind dazu 0,739 % mehr Personalstunden erforderlich.

e*) (1) $P(300\,000) = a \cdot 300\,000^b = 1551$ h

    (2) $P(500\,000) = a \cdot 500\,000^b = 2321$ h

Nach der Division von Gleichung (1) durch Gleichung (2) erhält man:

$$\frac{a \cdot 300\,000^b}{a \cdot 500\,000^b} = 0{,}6^b = \frac{1550}{2321} = 0{,}6678156 \quad .$$

Um die Gleichung $\quad 0{,}6^b = 0{,}6678156 \quad$ nach *b* umzustellen, muss sie logarithmiert werden. Dabei erhält man:

$$b \ln 0{,}6 = \ln 0{,}667815 \quad ,$$

woraus sich $\qquad b = \dfrac{\ln 0{,}6678156}{\ln 0{,}6} = \dfrac{-0{,}403743}{-0{,}5108256} = \underline{0{,}79}$

ergibt. Nach dem Einsetzen dieses Wertes in Gleichung (1) oder (2) erhält man

$$a = \frac{1550}{300000^{0{,}79}} = \underline{0{,}073} \quad .$$

Aufgabe 2.1.1.3   **Kosten Maschendrahtzaun**

x = Länge des Zauns in m
$K(x)$ = Kosten in €

$$K(x) = a + bx + c\sqrt{x}$$
$$a = 50 \quad b = 40 \quad c = 135$$

a) $x_Z = 36$ $K(36) = 50 + 40 \cdot 36 + 135\sqrt{36} = \underline{2\,300\ €}$

b) $K(x) = a + bx + c\,x^{1/2}$ $K'(x) = b + \dfrac{1}{2}c\,x^{-1/2} = b + \dfrac{c}{2\sqrt{x}}$

c) Da die Zaunlänge x im Nenner steht und $c > 0$ ist, ist die $K'(x)$ monoton fallend.

$$\lim_{x \to \infty} K'(x) = \lim_{x \to \infty}\left(b + \frac{c}{2\sqrt{x}}\right) = \underline{b}$$

d) $K'(36) = 40 + \dfrac{135}{2 \cdot 6} = \underline{51{,}25}$

Wenn die Länge des zu fertigenden Zauns ausgehend von 36 m um 1 m größer wird, dann erhöhen sich die Kosten näherungsweise um 51,25 €.

e) $\varepsilon_K(x) = K'(x)\dfrac{x}{K(x)} = \left(b + \dfrac{c}{2\sqrt{x}}\right)\dfrac{x}{a + bx + c\sqrt{x}} = \dfrac{bx + \dfrac{c}{2}\sqrt{x}}{a + bx + c\sqrt{x}}$

$\varepsilon_K(36) = \dfrac{1845}{2300} = \underline{0{,}802}$

Wenn die Länge des zu fertigenden Zauns ausgehend von 36 m um 1 % wächst, dann erhöhen sich die Kosten näherungsweise um 0,802 %.

f*) Um diesen Grenzwert zu bestimmen, werden Zähler und Nenner des Bruchs durch x dividiert, wodurch sich der Wert des Bruches nicht verändert. .

$$\lim_{x \to \infty} \varepsilon_K(x) = \lim_{x \to \infty}\frac{bx + \dfrac{c}{2}\sqrt{x}}{a + bx + c\sqrt{x}} = \lim_{x \to \infty}\frac{b + \dfrac{c}{2\sqrt{x}}}{\dfrac{a}{x} + b + \dfrac{c}{\sqrt{x}}} = \frac{b}{b} = \underline{1}$$

g) Kosten je m Zaun $k(x) = \dfrac{K(x)}{x} = \dfrac{a}{x} + b + \dfrac{c\sqrt{x}}{x} = \dfrac{a}{x} + b + \dfrac{c}{\sqrt{x}}$

$k'(x) = -\dfrac{a}{x^2} - \dfrac{c}{2x^{3/2}}$ $k'(36) = \underline{-0{,}351}$

Wenn sich die Länge des zu fertigenden Zauns ausgehend von 36 m um 1 m vergrößert, dann sinken die Kosten je m Zaun näherungsweise um 0,351 €.

$$\varepsilon_k(x) = k'(x)\dfrac{x}{k(x)} = \left(-\dfrac{a}{x^2} - \dfrac{c}{2x^{3/2}}\right)\dfrac{x}{\dfrac{a}{x} + b + \dfrac{c}{\sqrt{x}}} = \dfrac{-\dfrac{a}{x} - \dfrac{c}{2\sqrt{x}}}{\dfrac{a}{x} + b + \dfrac{c}{\sqrt{x}}}$$

Dieser Bruch lässt sich vereinfachen, indem man ihn mit x erweitert.

$$\varepsilon_k(x)=\frac{-\dfrac{a}{x}-\dfrac{c}{2\sqrt{x}}}{\dfrac{a}{x}+b+\dfrac{c}{\sqrt{x}}}=\frac{-a-\dfrac{c}{2}\sqrt{x}}{a+bx+c\sqrt{x}} \qquad \varepsilon_k(36)=\frac{-455}{2300}=\underline{-0{,}198}$$

Wenn die Länge des zu fertigenden Zauns ausgehend von 36 m um 1 % wächst, dann verringern sich die Kosten je m Zaun ungefähr um 0,198 %.

Aufgabe 2.1.1.4   Preis-Absatz-Funktion für Beton

p = Betonpreis in €/m^3 $A(p)=a-b\,ln\,p$ $a=1180$ $b=225$

$A(p)$ = pro Tag absetzbare Menge in m^3 außer bei a*)

a*) (1) $A(100)=a-b\,ln\,100=200$

    (2) $A(150)=a-b\,ln\,150=99$

Durch Subtraktion der beiden Gleichungen erhält man:

$(1)-(2)$ $-b\,ln\,100+b\,ln\,150=101$

Dies lässt sich umformen in:

$$b\,(ln\,150-ln\,100)=101$$

bzw. $b\,ln\dfrac{150}{100}=b\,ln\,1{,}5=101$ woraus $b=\dfrac{101}{ln\,1{,}5}=\underline{249{,}1}$

folgt. Aus Gleichung (1) ergibt sich damit $a=200+b\,ln\,100=\underline{1347}$

b) $A(p_N)=a-b\,ln\,p_N=0$ $\rightarrow$ $a=b\,ln\,p_N$ $\rightarrow$ $ln\,p_N=\dfrac{a}{b}$

und damit $p_N=e^{a/b}=e^{1180/225}=\underline{189{,}5}$

Der Preis je m^3 darf 189,5 € nicht überschreiten, da ab diesem Preis kein Fertigbeton mehr abgesetzt werden kann.

Definitionsbereich $D_f=(0\,,\,189{,}5]$

c) $A'(p)=-\dfrac{b}{p}$ $A'(125)=\underline{-1{,}8}$

Erhöht sich der Preis von 125 € um 1 €, so verringert sich die absetzbare Menge des Fertigbetons um ca. 1,8 m^3.

d)   Elastizität $\varepsilon_A(p)=A'(p)\dfrac{p}{A(p)}=-\dfrac{b}{p}\cdot\dfrac{p}{a-b\,ln\,p}=-\dfrac{b}{a-b\,ln\,p}$

$$\varepsilon_A(125)=-\frac{225}{93{,}63}=\underline{-2{,}4}$$

Eine Steigerung des Preises um 1 % verringert die absetzbare Menge um ca. 2,4 %.

e)   Eine Verringerung der Absatzmenge Fertigbeton um 3 % erlaubt demnach eine Preiser-höhung von bis zu 3/2,4 = 1,25 %.

Aufgabe 2.1.1.5 Ladedauer von Elektroautos

x = Reichweite der Akkuladung in km
$L(x)$ = Ladedauer in h

$$L(x) = \frac{bx}{x+a} \qquad a = 350 \quad b = 25$$

a) $x_A = 200$ km $\qquad L(200) = \frac{25 \cdot 200}{200 + 350} = \underline{9,09 \text{ h}}$

b) Um diesen Grenzwert zu bestimmen, werden Zähler und Nenner des Bruchs durch x dividiert, wodurch sich der Wert des Bruches nicht verändert. (Alternative: *l'Hospitalsche Regeln*)

$$\lim_{x \to \infty} L(x) = \lim_{x \to \infty} \frac{bx}{x+a} = \lim_{x \to \infty} \frac{b}{1 + \dfrac{a}{x}} = \underline{b}$$

c) $L(x) = \dfrac{bx}{x+a}$ *Quotientenregel*

$f(x) = b\,x \qquad f'(x) = b \qquad g(x) = x + a \qquad g'(x) = 1$

$$L'(x) = \frac{f'(x)g(x) - f(x)g'(x)}{(g(x))^2} = \frac{b(x+a) - bx}{(x+a)^2} = \frac{ba}{(x+a)^2}$$

$L'(200) = \underline{0,029}$

d) $dx = 10 \qquad L'(x_A)\,dx = 0,029 \cdot 10 = 0,29 \text{ h} = 0,29 \cdot 60 \text{ min} = \underline{17,4 \text{ min}}$

Wenn die Reichweite von bisher 200 km um 10 km steigt, müsste sich die Ladedauer um ca. 17,4 min erhöhen.

e) $\varepsilon_L(x) = L'(x) \dfrac{x}{L(x)} = \dfrac{ab}{(x+a)^2} \dfrac{x}{\dfrac{bx}{x+a}} = \dfrac{a}{x+a} \qquad \varepsilon_L(200) = \underline{0,636}$

Wenn die Reichweite ausgehend von 200 km um 1 % erhöht wird, verlängert sich die Ladedauer näherungsweise um 0,636 %.

f) $y_A = 5$ h

$$y = \frac{bx}{x+a} \qquad \rightarrow \qquad (x+a)\,y = b\,x \qquad \rightarrow \qquad a\,y = b\,x - xy = (b-y)\,x$$

$$x = \frac{ay}{b-y} \qquad\qquad x_A = \frac{350 \cdot 5}{25 - 5} = \underline{87,5 \text{ km}}$$

Aufgabe 2.1.1.6 Reiseausgaben

x = monatliches Einkommen in €
$A(x)$ = Reiseausgaben in €

$$A(x) = 900 \frac{2x - 800}{x + 400}$$

a) Da die Ausgaben nicht negativ sein können, umfasst der Defintionsbereich nur Werte
$x \geq 400 \qquad\qquad D_A = [400, \infty) \qquad\qquad A(2\,000) = \underline{1\,200 \text{ €}}$

b) Um den Grenzwert zu bestimmen, werden Zähler und Nenner des Bruchs durch x dividiert. (Alternative: *l'Hospitalsche Regeln*)

$$\lim_{x\to\infty} 900 \frac{2x-800}{x+400} = 900 \lim_{x\to\infty} \frac{2-\dfrac{800}{x}}{1+\dfrac{400}{x}} = \underline{1\,800\ \text{€}}$$

c) $A(x) = 900 \dfrac{2x-800}{x+400}$ 　　　　*Quotientenregel*

$f(x) = 2\,x - 800$ 　　$f'(x) = 2$ 　　　　$g(x) = x + 400$ 　　$g'(x) = 1$

Nach der Faktorregel bleibt die Konstante 900 beim Ableiten erhalten. Daher wird sie hier nicht in die Quotientenregel einbezogen sondern einfach übernommen.

$$A'(x) = 900 \frac{f'(x)g(x) - f(x)g'(x)}{(g(x))^2} = 900 \frac{2(x+400) - (2x-800)}{(x+400)^2}$$

$$= 900 \frac{1600}{(x+400)^2}$$

d) $A'(2\,000) = 0,25$ 　　　　$dx = 50$ 　　　　$A'(2000)\,dx = 0,25 \cdot 50 = \underline{12,5}$

Wenn sich das Einkommen von 2 000 € auf 2 050 € erhöht, steigen die jährlichen Reiseausgaben um ca. 12,5 €.

e) $\varepsilon_y(x) = f'(x)\dfrac{x}{y} = 900\dfrac{1600}{(x+400)^2}\dfrac{x}{900\dfrac{2x-800}{x+400}} = \dfrac{1600\,x}{(x+400)(2x-800)}$

$\varepsilon_y(2\,000) = 0,417$

Bei einem Anstieg des Einkommens von bisher 2 000 € um 1 %, erhöhen sich die jährlichen Reiseausgaben um ungefähr 0,417 %.

Aufgabe 2.1.1.7

a) $y = (2x-1)\sqrt{x}$ 　　　　　*Produktregel*

$f(x) = 2\,x - 1$ 　　$f'(x) = 2$ 　　　　$g(x) = \sqrt{x} = x^{1/2}$ 　　$g'(x) = \dfrac{1}{2}x^{-1/2} = \dfrac{1}{2\sqrt{x}}$

$$y' = f'(x)g(x) + f(x)g'(x) = 2\sqrt{x} + \frac{2x-1}{2\sqrt{x}} = \frac{4x+2x-1}{2\sqrt{x}} = \frac{6x-1}{2\sqrt{x}}$$

b) $y = \dfrac{(x-a)^2}{2\sqrt{x}}$ 　　　　　*Quotientenregel*

$f(x) = (x-a)^2$ 　　$f'(x) = 2(x-a)$ 　　$g(x) = 2\sqrt{x} = 2x^{1/2}$ 　　$g'(x) = x^{-1/2} = \dfrac{1}{\sqrt{x}}$

$$y' = \frac{f'(x)g(x) - f(x)g'(x)}{(g(x))^2} = \frac{2(x-a)2\sqrt{x} - (x-a)^2\dfrac{1}{\sqrt{x}}}{4x}$$

Zur Vereinfachung, um den Term $\sqrt{x}$ zu beseitigen, wird der Bruch mit $\sqrt{x}$ erweitert.

$$y' = \frac{4(x-a)x - (x-a)^2}{4x^{3/2}} = \frac{(x-a)(4x-x+a)}{4x^{3/2}} = \frac{(x-a)(3x+a)}{4x^{3/2}}$$

c) $y = \ln(x^2 - c)$ *Kettenregel* $z = x^2 - c$

    äußere Funktion $g(z) = \ln z$ $g'(z) = \dfrac{1}{z}$

    innere Funktion $z = f(x) = x^2 - c$ $f'(x) = 2x$

$$y' = g'(f(x))f'(x) = \frac{2x}{x^2 - c}$$

d) $y = x\sqrt{x^2 - 2}$ *Produktregel*

    $f(x) = x$ $f'(x) = 1$ $g(x) = \sqrt{x^2 - 2}$ $g'(x) = \dfrac{x}{\sqrt{x^2 - 2}}$

Dabei wurde die Funktion $g(x)$ mittels *Kettenregel* abgeleitet: $z = x^2 - 2$

    äußere Funktion $h(z) = \sqrt{z} = z^{1/2}$ $h'(z) = \dfrac{1}{2}z^{-1/2} = \dfrac{1}{2\sqrt{z}}$

    innere Funktion $z = k(x) = x^2 - 2$ $k'(x) = 2x$

$$g'(x) = h'(k(x))k'(x) = \frac{2x}{2\sqrt{x^2 - 2}} = \frac{x}{\sqrt{x^2 - 2}}$$

$$y' = f'(x)g(x) + f(x)g'(x) = \sqrt{x^2 - 2} + \frac{x^2}{\sqrt{x^2 - 2}} = \frac{x^2 - 2 + x^2}{\sqrt{x^2 - 2}} = 2\frac{x^2 - 1}{\sqrt{x^2 - 2}}$$

e) $y = \dfrac{e^{x^2 + c}}{x}$ *Quotientenregel*

    $f(x) = e^{x^2 + c}$ $f'(x) = 2x\,e^{x^2 + c}$ $g(x) = x$ $g'(x) = 1$

Dabei wurde die Funktion $f(x)$ mittels *Kettenregel* abgeleitet: $z = x^2 + c$

    äußere Funktion $h(z) = e^z$ $h'(z) = e^z$

    innere Funktion $z = k(x) = x^2 + c$ $k'(x) = 2x$

$$f'(x) = h'(k(x))k'(x) = 2x\,e^{x^2 + c}$$

$$y' = \frac{f'(x)g(x) - f(x)g'(x)}{(g(x))^2} = \frac{2x\,e^{x^2 + c} - e^{x^2 + c}}{x^2} = \frac{e^{x^2 + c}(2x^2 - 1)}{x^2}$$

f) $y = x\,e^{c/x}$ *Produktregel*

    $f(x) = x$ $f'(x) = 1$ $g(x) = e^{c/x}$ $g'(x) = -\dfrac{c}{x^2}e^{c/x}$

Dabei wurde die Funktion $g(x)$ mittels *Kettenregel* abgeleitet: $z = c/x$

äußere Funktion	$h(z) = e^z$	$h'(z) = e^z$
innere Funktion	$z = k(x) = \dfrac{c}{x} = cx^{-1}$	$k'(x) = -cx^{-2} = -\dfrac{c}{x^2}$

$$g'(x) = h'(k(x))k'(x) = -\frac{c}{x^2}e^{c/x}$$

$$y' = f'(x)g(x) + f(x)g'(x) = e^{c/x} - x\frac{c}{x^2}e^{c/x} = e^{c/x}\left(1 - \frac{c}{x}\right)$$

Aufgabe 2.1.1.8   Heizkosten nach der Dämmung

x = Kosten Wärmedämmung in €
$H(x)$ = jährliche Heizkosten in €
$\qquad\qquad\qquad H(x) = e^{a-x/b} \qquad a = 7{,}6 \qquad b = 20\,000$

a) $H(0) = e^{7{,}6} = \underline{1\,998\ \text{€}}$ $\qquad\qquad H(10\,000) = e^{7{,}1} = \underline{1\,212\ \text{€}}$

jährliche Einsparung der Heizkosten: $H(0) - H(10\,000) = 786$ €

Amortisationsdauer: $\qquad t = 10\,000/786 = \underline{12{,}7\ \text{Jahre}}$

b) $H(x) = e^{a-x/b}$ *Kettenregel* $z = a - x/b$

äußere Funktion	$g(z) = e^z$	$g'(z) = e^z$
innere Funktion	$z = f(x) = a - x/b$	$f'(x) = -1/b$

$$y' = H'(x) = g'(f(x))f'(x) = -\frac{1}{b}e^{a-x/b}$$

Alternative   *logarithmische Ableitung*

$$\ln y = (a - x/b)\ln e = a - x/b \qquad\qquad (\ln y)' = -1/b$$

$$y' = (\ln y)'\,y = -\frac{1}{b}e^{a-x/b}$$

c) $H'(10\,000) = -0{,}06$ $dx = 1\,000$ $H'(x_H)\,dx = -0{,}06 \cdot 1\,000 = \underline{-60\ \text{€}}$

Wenn statt der 10 000 € noch 1000 € mehr für die Dämmung eingesetzt würden, müssten sich die Heizkosten pro Jahr um ca. 60 € verringern.

d) $\varepsilon_H(x) = H'(x)\dfrac{x}{H(x)} = -\dfrac{1}{b}e^{a-x/b}\dfrac{x}{e^{a-x/b}} = -\dfrac{x}{b}$ $\varepsilon_H(10\,000) = \underline{-\dfrac{1}{2}}$

Eine Erhöhung der Kosten für die Dämmung der Außenfassade von 10 000 € um 1 % führt im Mittel zu einer Verringerung der Heizkosten von 0,5 %

Aufgabe 2.1.1.9   **Kundenzahl Bio-Markt**

x = Anzahl verteilter Flyer in 1 000
$K(x)$ = Anzahl Kunden pro Tag in der
Eröffnungswoche

$$K(x) = ln\left(a - \frac{b}{x}\right) \qquad a = 4 \quad b = 1,2$$

a) $\quad K(x_N) = ln\left(a - \dfrac{b}{x_N}\right) = 0 \qquad \rightarrow \qquad a - \dfrac{b}{x_N} = e^0 = 1$

$\dfrac{b}{x_N} = a - 1 \qquad\qquad\qquad \rightarrow \qquad x_N = \dfrac{b}{a-1} = \underline{0,4}$

Es müssen mindestens 400 Flyer verteilt werden, um Kunden zu gewinnen.

b*) $\quad K(x) = ln\left(a - \dfrac{b}{x}\right) = 1 \qquad \rightarrow \qquad a - \dfrac{b}{x} = e$

$\dfrac{b}{x} = a - e \qquad\qquad\qquad \rightarrow \qquad x = \dfrac{b}{a-e} = \underline{0,936}$

Es müssten 936 Flyer verteilt werden.

c) $\quad K(2) = \underline{1,224} \qquad$ *Bei 2 000 verteilten Flyern werden 1 224 Kunden pro Tag erwartet.*

d) $\quad K(x) = ln\left(a - \dfrac{b}{x}\right) \qquad$ **Kettenregel** $\qquad z = a - b/x$

äußere Funktion $\qquad g(z) = ln\,z \qquad\qquad g'(z) = \dfrac{1}{z}$

innere Funktion $\qquad z = f(x) = a - b/x \qquad f'(x) = b/x^2$

$$y' = K'(x) = g'(f(x))\,f'(x) = \frac{1}{a - b/x} \cdot \frac{b}{x^2} = \frac{b}{x(a\,x - b)}$$

e) $\quad K'(2) = 0,088 \qquad\qquad dx = 0,1 \qquad K'(2)\,dx = 0,088 \cdot 0,1 = \underline{0,0088}$

Wenn 100 Flyer mehr verteilt werden, müsste sich die Zahl der Kunden pro Tag im Durchschnitt um 8,8 Kunden erhöhen.

f) $\quad \varepsilon_K(x) = K'(x)\dfrac{x}{K(x)} = \dfrac{b}{x(a\,x - b)}\dfrac{x}{ln(a - b/x)} = \dfrac{b}{(a\,x - b)\,ln(a - b/x)}$

$\varepsilon_K(2) = \underline{0,144}$

Wenn die Zahl der verteilten Flyer um 1 % erhöht wird, würde die tägliche Kundenzahl in der Eröffnungswoche um ca. 0,144 % steigen.

g) $\quad \lim\limits_{x\to\infty} K(x) = \lim\limits_{x\to\infty} ln\left(a - \dfrac{b}{x}\right) = ln\,a = \underline{1,386}$

Die Kundenzahl des Bio-Marktes wird 1 386 Kunden pro Tag nicht übersteigen, egal wie viele Flyer verteilt werden.

Aufgabe 2.1.1.10   Preis von TV-Geräten

x = Bilddiagonale in Zoll

$P(x)$ = Preis des TV-Geräts in €

$$P(x) = x\sqrt{b\,x - a} \qquad a = 240 \qquad b = 12$$

a) $P(x_N) = x_N \sqrt{b\,x_N - a} = 0$

Ein Produkt ist null, wenn einer seiner Faktoren null ist.

1. Nullstelle $x_{N_1} = 0$

Diese Nullstelle ist irrelevant, weil hier der Term unter der Wurzel: $b\,x - a = -a < 0$ ist, so dass diese Wurzel keine reelle Lösung besitzt.

2. Nullstelle: $b x_{N_2} - a = 0$ $\rightarrow$ $x_{N_2} = \dfrac{a}{b} = \underline{20}$

Fernsehgeräte mit einer Bilddiagonale von 20 Zoll oder weniger lassen sich nicht verkaufen.

$\rightarrow$ Definitionsbereich $D_P = [a/b\,, \infty)$

b) $P(x) = x\sqrt{b\,x - a}$ **Produktregel**

$f(x) = x$ $f'(x) = 1$ $g(x) = \sqrt{b\,x - a}$ $g'(x) = \dfrac{b}{2\sqrt{b\,x - a}}$

Dabei wurde die Funktion $g(x)$ mittels **Kettenregel** abgeleitet: $z = b\,x - a$

äußere Funktion $h(z) = \sqrt{z} = z^{1/2}$ $h'(z) = \dfrac{1}{2}z^{-1/2} = \dfrac{1}{2\sqrt{z}}$

innere Funktion $z = k(x) = b\,x - a$ $k'(x) = b$

$$g'(x) = h'(k(x))k'(x) = \dfrac{b}{2\sqrt{b\,x - a}}$$

$$P'(x) = f'(x)g(x) + f(x)g'(x) = \sqrt{b\,x - a} + x\dfrac{b}{2\sqrt{b\,x - a}}$$

$$= \dfrac{2(b\,x - a) + x\,b}{2\sqrt{b\,x - a}} = \dfrac{2b\,x - 2a + b\,x}{2\sqrt{b\,x - a}} = \dfrac{3b\,x - 2a}{2\sqrt{b\,x - a}}$$

c) $P(40) = 619{,}68\,€$ $P'(40) = 30{,}98\,€$

Wenn die Bilddiagonale von bisher 40 auf 41 Zoll erhöht wird, kostet das Gerät ungefähr 30,98 € mehr.

d) $\varepsilon_P(x) = P'(x)\dfrac{x}{P(x)} = \dfrac{3b\,x - 2a}{2\sqrt{b\,x - a}}\cdot\dfrac{x}{x\sqrt{b\,x - a}} = \dfrac{3b\,x - 2a}{2(b\,x - a)}$ $\varepsilon_P(40) = \underline{2}$

Wird die Bilddiagonale von bisher 40 Zoll um ein Prozent erhöht, so steigt der Preis um annähernd 2 %.

e) Um den Grenzwert der Elastizitätsfunktion zu ermitteln, werden Zähler und Nenner des Bruchs durch x dividiert. Der Wert des Bruchs ändert sich dabei nicht. (Alternative: *l'Hospitalsche Regeln*)

$$\lim_{x\to\infty} \varepsilon_P(x) = \lim_{x\to\infty} \frac{3bx - 2a}{2(bx - a)} = \lim_{x\to\infty} \frac{3b - \dfrac{2a}{x}}{2\left(b - \dfrac{a}{x}\right)} = \frac{3b}{2b} = \frac{3}{2}$$

2.3.1.2 *Kurvendiskussion*

Hinweise zur Kurvendiskussion

Monotonie Eine Funktion $y = f(x)$ ist *monoton wachsend*, wenn $f'(x) > 0$ ist, sie ist *monoton fallend*, wenn $f'(x) < 0$ ist, jeweils im gesamten Definitionsbereich.

Relative Extrema Damit die Funktion $y = f(x)$ im Punkt x_0 ein *relatives Extremum* besitzt, muss $f'(x_0) = 0$ sein (*notwendige Bedingung*). Es handelt sich um ein *relatives Minimum*, wenn $f''(x_0) > 0$ ist, und um ein *relatives Maximum*, wenn $f''(x_0) < 0$ ist (*hinreichende Bedingung*).

Krümmung Die Funktion $y = f(x)$ ist *konvex*, wenn $f''(x) > 0$, sie ist konkav, wenn $f''(x) < 0$ ist, für alle Werte x aus dem Definitionsbereich.

Wendepunkt Die Funktion $y = f(x)$ besitzt in x_W einen *Wendepunkt*, d.h. ihre Krümmung wechselt zwischen konvex und konkav, wenn $f''(x_W) = 0$ ist (*notwendige Bedingung*) und $f'''(x_W) \neq 0$ ist (*hinreichende Bedingung*), wobei es auch genügt, wenn anstelle $f'''(x_W)$ eine höhere Ableitung ungerader Ordnung von null verschieden ist.

Sattelpunkt Ein *Sattelpunkt* liegt vor, wenn sowohl $f'(x_S) = 0$ als auch $f''(x_S) = 0$ ist (*notwendige Bedingungen*) und eine höhere Ableitung ungerader Ordnung in x_S von null verschieden ist.

Aufgabe 2.1.2.1

a) $f(x) = ax^2 - bx^3$

Nullstellen $\qquad f(x_N) = ax_N^2 - bx_N^3 = x_N^2(a - bx_N) = 0$

Ein Produkt ist null, wenn einer seiner Faktoren null ist. Demnach gibt es hier zwei Nullstellen: $\qquad x_{N_1} = 0$

und $a - bx_{N_2} = 0$, woraus $\quad x_{N_2} = \dfrac{a}{b} \qquad$ folgt.

Ableitungen

$f'(x) = 2ax - 3bx^2 \qquad f''(x) = 2a - 6bx \qquad f'''(x) = -6b$

Relative Extrema

Notwendige Bedingung: $\quad f'(x_0) = 2ax_0 - 3bx_0^2 = x_0(2a - 3bx_0) = 0$

Da ein Produkt null ist, wenn einer seiner Faktoren null ist, gibt es zwei stationäre Punkte, die diese Bedingung erfüllen:

$$\underline{x_{01} = 0} \qquad \text{und} \qquad \underline{x_{02} = \frac{2\,a}{3\,b}}$$

Hinreichende Bedingung: $f''(0) = 2\,a > 0$

$$f''(x_{02}) = f''\left(\frac{2a}{3b}\right) = 2a - 6b\frac{2a}{3b} = 2a - 4a = -2a < 0$$

Damit befindet sich an der Stelle $x_0 = 0$ ein *relatives Minimum* und an der Stelle

$x_{02} = \dfrac{2a}{3b}$ ein *relatives Maximum*.

Wendepunkt

Notwendige Bedingung: $f''(x_W) = 2\,a - 6\,b\,x_W = 0 \qquad \rightarrow \qquad \underline{x_W = \dfrac{a}{3b}}$

Hinreichende Bedingung: $f'''(x_W) = -6\,b \neq 0 \;\rightarrow\; \textit{Wendepunkt in } x_W = \dfrac{a}{3b}$

b) $f(x) = (x - a)e^{-x}$

Nullstellen $\qquad\qquad f(x_N) = (x_N - a)e^{-x_N}$

Ein Produkt ist null, wenn einer seiner Faktoren null ist. Da die e-Funktion nicht null wird, gibt es hier nur die Nullstelle in $x_N = a$.

Ableitungen $\qquad\qquad$ *Produktregel*

$$h(x) = x - a \qquad h'(x) = 1 \qquad g(x) = e^{-x} \qquad g'(x) = -e^{-x}$$

$$f'(x) = h'(x)g(x) + h(x)g'(x) = e^{-x} + (x - a)(-e^{-x}) = (1 - x + a)e^{-x}$$

Produktregel

$$h(x) = 1 - x + a \qquad h'(x) = -1 \qquad g(x) = e^{-x} \qquad g'(x) = -e^{-x}$$

$$f''(x) = h'(x)g(x) + h(x)g'(x) = -e^{-x} + (1 - x + a)(-e^{-x}) = (-2 + x - a)e^{-x}$$

Produktregel

$$h(x) = -2 + x - a \qquad h'(x) = 1 \qquad g(x) = e^{-x} \qquad g'(x) = -e^{-x}$$

$$f'''(x) = h'(x)g(x) + h(x)g'(x) = e^{-x} + (-2 + x - a)(-e^{-x}) = (3 - x + a)e^{-x}$$

Relative Extrema

Notwendige Bedingung: $\quad f'(x_0) = 0 \qquad \rightarrow \qquad (1 - x_0 + a)e^{-x_0} = 0$

$\rightarrow \qquad\qquad\qquad 1 - x_0 + a = 0 \qquad \rightarrow \qquad \underline{x_0 = a + 1}$

Hinreichende Bedingung:

$$f''(x_0) = f''(a+1) = (-2 + a + 1 - a)e^{-(a+1)} = -e^{-(a+1)} < 0$$

$\rightarrow$ In x_0 befindet sich ein *relatives Maximum*.

Wendepunkt

Notwendige Bedingung: $\quad f''(x_W) = 0 \qquad \rightarrow \qquad (-2 + x_W - a)e^{-x_W} = 0$

$\rightarrow \qquad\qquad\qquad -2 + x_W - a = 0 \qquad \rightarrow \qquad \underline{x_W = a + 2}$

Hinreichende Bedingung:

$$f'''(x_W) = f'''(a+2) = (3 - (a+2) + a)e^{-(a+2)} = e^{-(a+2)} \neq 0$$

$\rightarrow$ In $x_W = a + 2$ liegt ein *Wendepunkt*.

Grenzwert

Zunächst wird die Funktion als Bruch dargestellt mittels:

$$f(x) = (x - a)e^{-x} = \frac{x - a}{e^x}$$

Mit Hilfe der *l'Hospitalschen Regeln* erhält man für

$g(x) = x - a \qquad g'(x) = 1 \qquad h(x) = e^x \qquad\qquad h'(x) = e^x$

$$\lim_{x \to \infty} f(x) = \lim_{x \to \infty} \frac{g(x)}{h(x)} = \lim_{x \to \infty} \frac{g'(x)}{h'(x)} = \lim_{x \to \infty} \frac{1}{e^x} = \underline{0}$$

a)   b)

$0 \qquad a/3b \qquad 2a/3b \qquad a/b\ x \quad a \qquad a+1 \qquad a+2 \qquad\qquad\qquad x$

c) $\quad f(x) = \dfrac{\ln x}{x}$

Nullstellen $\qquad\qquad\qquad f(x_N) = \dfrac{\ln x_N}{x_N} = 0$

Ein Bruch ist null, wenn sein Zähler null ist, d.h. $\qquad\qquad \ln x_N = 0$

und damit
$$x_N = e^0 = 1$$

Ableitungen

Quotientenregel

$$h(x)=\ln x \qquad h'(x)=\frac{1}{x} \qquad g(x)=x \qquad g'(x)=1$$

$$f'(x)=\frac{h'(x)g(x)-h(x)g'(x)}{(g(x))^2}=\frac{\dfrac{1}{x}x-\ln x}{x^2}=\frac{1-\ln x}{x^2}$$

Quotientenregel

$$h(x)=1-\ln x \qquad h'(x)=-\frac{1}{x} \qquad g(x)=x^2 \qquad g'(x)=2x$$

$$f''(x)=\frac{h'(x)g(x)-h(x)g'(x)}{(g(x))^2}=\frac{-\dfrac{1}{x}x^2-(1-\ln x)2x}{x^4}$$

$$f''(x)=\frac{-x-2x+2x\ln x}{x^4}=\frac{-3x+2x\ln x}{x^4}=\frac{-3+2\ln x}{x^3}$$

Quotientenregel

$$h(x)=-3+2\ln x \qquad h'(x)=\frac{2}{x} \qquad g(x)=x^3 \qquad g'(x)=3x^2$$

$$f'''(x)=\frac{h'(x)g(x)-h(x)g'(x)}{(g(x))^2}=\frac{\dfrac{2}{x}x^3-(-3+2\ln x)3x^2}{x^6}$$

$$f'''(x)=\frac{2x^2+9x^2-6x^2\ln x}{x^6}=\frac{11x^2-6x^2\ln x}{x^6}=\frac{11-6\ln x}{x^4}$$

Relative Extrema

Notwendige Bedingung: $f'(x_0)=0 \qquad \rightarrow \qquad \dfrac{1-\ln x_0}{x_0^2}=0$

Ein Bruch wird null, wenn sein Zähler null ist.

$1-\ln x_0=0 \qquad \rightarrow \qquad \ln x_0=1 \qquad \rightarrow \qquad \underline{x_0=e}$

Hinreichende Bedingung:

$$f''(x_0)=f''(e)=\frac{-3+2\ln e}{e^3}=\frac{-3+2}{e^3}=\frac{-1}{e^3}<0$$

$\rightarrow$ In $x_0=e$ liegt ein *relatives Maximum*.

Wendepunkt

Notwendige Bedingung: $f''(x_W)=0 \qquad \rightarrow \qquad \dfrac{-3+2\ln x_W}{x_W^3}=0$

Ein Bruch wird null, wenn sein Zähler null ist, d.h.

$$-3 + 2\,\textit{ln}\,x_W = 0 \quad \rightarrow \quad 2\,\textit{ln}\,x_W = 3 \quad \rightarrow \quad \underline{x_W = e^{3/2}}$$

Hinreichende Bedingung:

$$f'''\!\left(x_W\right) = f'''\!\left(e^{3/2}\right) = \frac{11 - 6\,\textit{ln}\,e^{3/2}}{\left(e^{3/2}\right)^4} = \frac{11 - 6 \cdot \dfrac{3}{2}}{e^6} = \frac{2}{e^6} \neq 0$$

$\rightarrow$ in $x_W = e^{3/2}$ liegt ein **Wendepunkt**

Grenzwert

Mit Hilfe der *l'Hospitalschen Regeln* erhält man für

$$g(x) = \textit{ln}\,x \qquad g'(x) = \frac{1}{x} \qquad h(x) = x \qquad\qquad h'(x) = 1$$

$$\lim_{x \to \infty} f(x) = \lim_{x \to \infty} \frac{g(x)}{h(x)} = \lim_{x \to \infty} \frac{g'(x)}{h'(x)} = \lim_{x \to \infty} \frac{1/x}{1} = \underline{0} \quad .$$

d*) $f(x) = \dfrac{1}{1 + e^{-x}}$

Nullstellen   *keine*

Ableitungen   *Kettenregel* $z = 1 + e^{-x}$

äußere Funktion $h(z) = \dfrac{1}{z} = z^{-1}$ $h'(z) = -z^{-2} = -\dfrac{1}{z^2}$

innere Funktion $z = k(x) = 1 + e^{-x}$ $k'(x) = -e^{-x}$

$$f'(x) = h'(k(x))k'(x) = -\frac{1}{\left(1 + e^{-x}\right)^2}\left(-e^{-x}\right) = \frac{e^{-x}}{\left(1 + e^{-x}\right)^2}$$

Quotientenregel

$$h(x) = e^{-x} \qquad h'(x) = -e^{-x} \qquad g(x) = \left(1 + e^{-x}\right)^2 \qquad g'(x) = 2\left(1 + e^{-x}\right)\left(-e^{-x}\right)$$

Häufiger Fehler

Mancher steht mit Klammern auf Kriegsfuß und lässt diese gern weg. Damit erhält er dann

$$g'(x) = 2\left(1 + e^{-x}\right) - e^{-x} = 2 + 2e^{-x} - e^{-x} = 2 + e^{-x} \quad .$$

Abgesehen davon, dass die Ableitung ohne die Klammer um $-e^{-x}$ falsch ist, selbst wenn man hier nicht weiter rechnet, tritt spätestens bei der nächsten Ableitung oder der Bestimmung von Extremwerten ein Fehler auf, da dieser Term dann als Differenz angesehen wird und nicht als Produkt mit einem negativen Faktor, das er eigentlich ist.

Dabei erfolgte die Ableitung der Funktion $g(x)$ nach der **Kettenregel** mit $z = 1 + e^{-x}$

äußere Funktion $k(z) = z^2$ $k'(z) = 2\,z$

innere Funktion $z = l(x) = 1 + e^{-x}$ $l'(x) = -e^{-x}$

$$g'(x) = k'(l(x))l'(x) = 2(1+e^{-x})(-e^{-x})$$

$$f''(x) = \frac{h'(x)g(x) - h(x)g'(x)}{(g(x))^2} = \frac{-e^{-x}(1+e^{-x})^2 - e^{-x}2(1+e^{-x})(-e^{-x})}{(1+e^{-x})^4}$$

$$= \frac{e^{-x}(1+e^{-x})[-(1+e^{-x})+2e^{-x}]}{(1+e^{-x})^4} = \frac{e^{-x}[-1-e^{-x}+2e^{-x}]}{(1+e^{-x})^3} = \frac{e^{-x}[-1+e^{-x}]}{(1+e^{-x})^3}$$

Relative Extrema   *keine* $f'(x) = \dfrac{e^{-x}}{(1+e^{-x})^2} > 0$

Die Funktion ist monoton wachsend.

Wendepunkt

Notwendige Bedingung: $f''(x_W) = 0$ $\rightarrow$ $f''(x_w) = \dfrac{e^{-x_W}(-1+e^{-x_W})}{(1+e^{-x_W})^2} = 0$

Ein Bruch wird null, wenn sein Zähler null ist, was hier nur am Faktor $-1+e^{-x_W} = 0$ liegen kann, da die e-Funktion nicht null wird.

$\rightarrow$ $e^{-x_W} = 1$ $\rightarrow$ $-x_W = ln\ 1 = 0 \rightarrow$ $\underline{x_W = 0}$

Grenzwert $\lim\limits_{x\to\infty} f(x) = \lim\limits_{x\to\infty} \dfrac{1}{1+e^{-x}} = \underline{1}$

c)

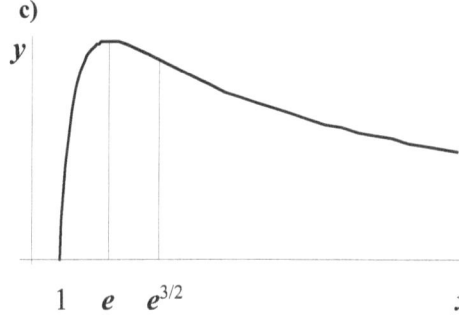

1   e $e^{3/2}$ x

d*)

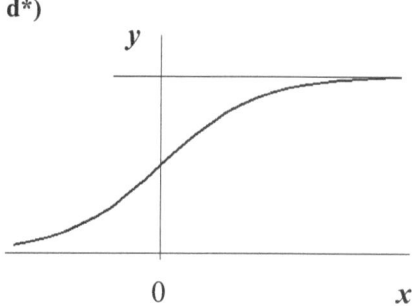

Aufgabe 2.1.2.2   **Umsatz und Gewinn bei Erdbeeren**

a) $U(x) = p(x)\,x = (c-x)\,x = c\,x - x^2$ $U'(x) = c - 2\,x$ $U''(x) = -2 < 0$

   Maximum $U'(x_0) = 0$ $\rightarrow$ $x_0 = \dfrac{c}{2}$ *rel. Maximum* des Umsatzes, da $U''(x) < 0$

b) $G(x) = U(x) - K(x) = c\,x - x^2 - a - b\,x$ $G'(x) = c - 2\,x - b$ $G''(x) = -2 < 0$

   Maximum $G'(x_1) = 0$ $\rightarrow$ $x_1 = \dfrac{c-b}{2}$ *rel. Maximum* des Gewinns, da $G''(x) < 0$

c) $x_0 = \dfrac{c}{2} = 100$ $\rightarrow$ $\underline{c = 200}$

115

$$x_1 = \frac{c-b}{2} = 80 \rightarrow c-b = 160 \rightarrow b = c - 160 = 200 - 160 = \underline{40}$$

Aufgabe 2.1.2.3   Lagerhaltungskosten

a) Anzahl Bestellungen: M/x mittlerer Lagerbestand: $x/2$

$$K(x) = a\frac{M}{x} + b\frac{x}{2}$$

b) Ableitungen: $K'(x) = -a\frac{M}{x^2} + \frac{b}{2}$ $K''(x) = 2a\frac{M}{x^3}$

c) Relatives Minimum

Notwendige Bedingung: $K'(x_0) = -a\frac{M}{x_0^2} + \frac{b}{2} = 0$

$\rightarrow$ $\frac{b}{2} = a\frac{M}{x_0^2}$ $\rightarrow$ $\frac{b}{2}x_0^2 = aM$ $\rightarrow$ $x_0^2 = 2\frac{aM}{b}$

$\rightarrow$ $x_0 = \pm\sqrt{2\frac{aM}{b}}$

Da eine negative Menge nicht bestellt werden kann, ist nur die positive Lösung ökonomisch relevant.

Hinreichende Bedingung:

$$K''(x_0) = K''\left(\sqrt{2\frac{aM}{b}}\right) = 2a\frac{M}{\left(2\frac{aM}{b}\right)^{3/2}} = \frac{2aMb^{3/2}}{(2aM)^{3/2}} = \frac{b^{3/2}}{(2aM)^{1/2}} > 0$$

$\rightarrow$ ***Relatives Minimum*** in $x_0 = \pm\sqrt{2\frac{aM}{b}}$

Da $K''(x) > 0$ ist für jeden positiven Wert x, ist auch die hinreichende Bedingung erfüllt, ohne dass der Wert x_0 in diese eingesetzt werden muss. Die Bestellmenge x_0 führt zu einem *relativen Minimum* der Kosten.

Aufgabe 2.1.2.4   Materialverbrauch Konservendose

$$M(x,y) = 2\pi x^2 + 2\pi x y$$

a) $V = \pi x^2 y$ $\rightarrow$ $y = \frac{V}{\pi x^2}$

$$f(x) = M\left(x, \frac{V}{\pi x^2}\right) = 2\pi x^2 + 2\pi x\frac{V}{\pi x^2} = 2\pi x^2 + 2\frac{V}{x}$$

b) $f(x) = 2\pi x^2 + 2\frac{V}{x}$ $f'(x) = 4\pi x - 2\frac{V}{x^2}$ $f''(x) = 4\pi + 4\frac{V}{x^3}$

c) **Relatives Minimum**

Notwendige Bedingung: $\quad f'(x_0) = 4\pi\, x_0 - 2\dfrac{V}{x_0^2} = 0$

$\rightarrow\quad 4\pi\, x_0 = 2\dfrac{V}{x_0^2}\quad\rightarrow\quad 4\pi\, x_0^3 = 2V\quad\rightarrow\quad x_0^3 = \dfrac{V}{2\pi}\quad\rightarrow\quad x_0 = \sqrt[3]{\dfrac{V}{2\pi}}$

Hinreichende Bedingung: Das Einsetzens des Wertes x_0 erübrigt sich, da bereits erkennbar ist, dass $f''(x) = 4\pi + 4\dfrac{V}{x^3} > 0$ ist für jeden positiven Wert x.

Setzt man trotzdem ein, so erhält man:

$$f''(x_0) = f''\left(\sqrt[3]{\dfrac{V}{2\pi}}\right) = 4\pi + 4\dfrac{V}{\dfrac{V}{2\pi}} = 4\pi + 8\pi = 12\pi > 0\quad .$$

Damit liegt in $x_0 = \sqrt[3]{\dfrac{V}{2\pi}}$ ein *relatives Minimum* des Materialverbrauchs.

$V = 402\text{ cm}^3\qquad x_0 = \sqrt[3]{\dfrac{V}{2\pi}} = \sqrt[3]{\dfrac{402}{2\pi}} \approx \underline{4\text{ cm}}\qquad y_0 = \dfrac{V}{\pi\, x_0^2} = \dfrac{402}{\pi 4^2} \approx \underline{8\text{ cm}}$

Aufgabe 2.1.2.5   Umsatz-Funktion für Beton

Preis-Absatz-Funktion $\qquad A(p) = a - b\,ln\,p \qquad\qquad\qquad a, b > 0$

a) **Nullstelle** $\quad A(p_N) = a - b\,ln\,p_N\qquad\rightarrow\quad ln\,p_N = \dfrac{a}{b}\qquad\rightarrow\quad \underline{p_N = e^{a/b}}$

Wenn der Preis je m^3 Beton diesen Wert übersteigt, kann kein Beton mehr abgesetzt werden.

Definitionsbereich $\quad D_A = (0\,,\,e^{a/b}]$

b) Umsatzfunktion $\qquad U(p) = p\,A(p) = p\,(a - b\,ln\,p)$

c) $U(p) = p\,(a - b\,ln\,p)\qquad$ *Produktregel*

$f(p) = p\qquad\qquad f'(p) = 1\qquad\quad g(p) = a - b\,ln\,p\qquad g'(p) = -\dfrac{b}{p}$

$U'(p) = f'(p)g(p) + f(p)g'(p) = a - b\,ln\,p + p\left(-\dfrac{b}{p}\right) = a - b - b\,ln\,p$

$U''(p) = -\dfrac{b}{p}$

d) **Relatives Maximum**

Notwendige Bedingung: $\qquad U'(p_0) = a - b - b\,ln\,p_0$

$\rightarrow\qquad b\,ln\,p_0 = a - b\qquad\rightarrow\qquad ln\,p_0 = \dfrac{a}{b} - 1\qquad\rightarrow\qquad \underline{p_0 = e^{a/b-1}}$

Hinreichende Bedingung: $U''(p_0) = U''\left(e^{a/b-1}\right) = -\dfrac{b}{e^{a/b-1}} < 0$

Das Einsetzen des Wertes p_0 erübrigt sich, da $U''(p) = -\dfrac{b}{p} < 0$ ist für jedes positive p.

Für einen Preis $p_0 = e^{a/b-1}$ nimmt der Umsatz ein *relatives Maximum* an.

Aufgabe 2.1.2.6   Gewinn Mietshaus

$$G(t) = c\,\dfrac{t-b}{t^2} \qquad\qquad b,\,c > 0$$

a) **Nullstelle** $G(t_N) = c\,\dfrac{t_N - b}{t_N^2} = 0 \quad\rightarrow\qquad \underline{t_N = b}$

*Erst **b** Jahre nach der Fertigstellung wird ein Erlös erwirtschaftet.*

b) **Grenzwert**

Um den Grenzwert für $t \to \infty$ zu bestimmen, werden Zähler und Nenner des Bruchs durch t dividiert, wodurch sich der Wert des Bruches nicht ändert. (Alternative: *l'Hospitalsche Regeln*)

$$\lim_{t\to\infty} G(t) = c\lim_{t\to\infty}\dfrac{t-b}{t^2} = c\lim_{t\to\infty}\dfrac{1-\dfrac{b}{t}}{t} = 0$$

c) $G(t) = c\,\dfrac{t-b}{t^2}$ *Quotientenregel*

$f(t) = t - b \qquad f'(t) = 1 \qquad g(t) = t^2 \qquad\qquad g'(t) = 2\,t$

Die Konstante c bleibt nach der Faktorregel beim Ableiten erhalten und wird hier nicht in die Quotientenregel einbezogen.

$$G'(t) = c\,\dfrac{f'(t)g(t) - f(t)g'(t)}{(g(t))^2} = c\,\dfrac{t^2 - (t-b)2t}{t^4} = c\,\dfrac{t(t - 2\,t + 2\,b)}{t^4}$$

$$= c\,\dfrac{t - 2t + 2b}{t^3} = c\,\dfrac{2b - t}{t^3}$$

Quotientenregel

$f(t) = 2\,b - t \qquad f'(t) = -1 \qquad g(t) = t^3 \qquad\qquad g'(t) = 3\,t^2$

$$G''(t) = c\,\dfrac{f'(t)g(t) - f(t)g'(t)}{(g(t))^2} = c\,\dfrac{-t^3 - (2\,b - t)3t^2}{t^6}$$

$$G''(t) = c\,\dfrac{-t - 3(2\,b - t)}{t^4} = c\,\dfrac{-t - 6b + 3\,t}{t^4} = c\,\dfrac{2\,t - 6\,b}{t^4}$$

d) **Relatives Extremum**

Notwendige Bedingung: $G'(t_0) = c\,\dfrac{2b - t_0}{t_0^3} = 0 \quad\rightarrow\qquad \underline{t_0 = 2\,b}$

Hinreichende Bedingung: $\quad G''(t_0) = G''(2b) = c\,\dfrac{4b-6b}{(2b)^4} = c\,\dfrac{-2b}{(2b)^4} < 0$

Nach $t_0 = 2b$ Jahren erreicht die Gewinnfunktion ihr *relatives Maximum*.

e) Wendepunkt

Notwendige Bedingung: $\quad G''(t_W) = c\,\dfrac{2t_W - 6b}{t_W^4} = 0 \qquad \rightarrow \qquad \underline{t_W = 3b}$

Hinreichende Bedingung: $\quad G'''(t_W) \neq 0$

$$\textbf{\textit{Quotientenregel}}$$

$f(t) = 2\,t - 6\,b \quad f'(t) = 2 \qquad g(t) = t^4 \qquad\qquad g'(t) = 4\,t^3$

$$G'''(t) = c\,\frac{f'(t)g(t) - f(t)g'(t)}{(g(t))^2} = c\,\frac{2t^4 - (2\,t - 6\,b)4t^3}{t^8}$$

$$G'''(t) = c\,\frac{2\,t - 4(2\,t - 6\,b)}{t^5} = c\,\frac{2\,t - 8\,t + 24\,b}{t^5} = c\,\frac{-6\,t + 24\,b}{t^5}$$

$$G'''(t_W) = G'''(3b) = c\,\frac{-18b + 24b}{(3b)^5} = c\,\frac{6b}{(3b)^5} = c\,\frac{2}{(3b)^4} \neq 0$$

An der Stelle $t_W = 3b$ besitzt die Gewinnfunktion einen *Wendepunkt*.

f) G

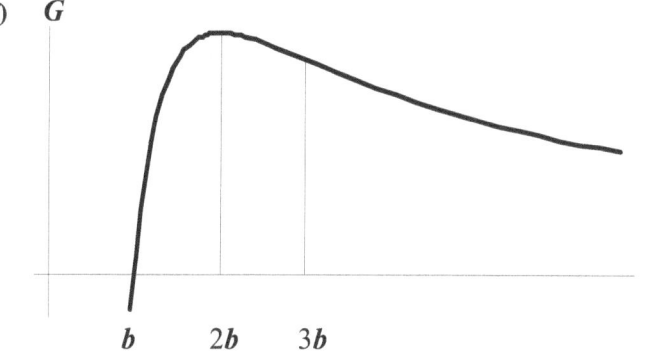

$b \qquad 2b \qquad 3b \qquad\qquad\qquad\qquad x$

Eine Sanierung sollte nicht vor dem Ablauf von 2 b Jahren (Gewinnmaximum) erfolgen. Am besten erfolgt sie zwischen 2 b und 3 b Jahren (Wendepunkt) nach Errichtung des Hauses.

Aufgabe 2.1.2.7 $\qquad$ **Kosten Landschaftsbau**

$$K(x) = \frac{a}{x} + b\ln x \qquad\qquad a,\ b > 0$$

a) $\quad K'(x) = -\dfrac{a}{x^2} + \dfrac{b}{x} \qquad\qquad K''(x) = \dfrac{2\,a}{x^3} - \dfrac{b}{x^2} \qquad\qquad K'''(x) = -\dfrac{6\,a}{x^4} + \dfrac{2\,b}{x^3}$

b) Relatives Extremum

Notwendige Bedingung: $\quad K'(x_0) = -\dfrac{a}{x_0^2} + \dfrac{b}{x_0} = 0$

$$\rightarrow \quad \frac{-a+b\,x_0}{x_0^2}=0 \quad \rightarrow \quad -a+b\,x_0=0 \quad \rightarrow \quad x_0=\frac{a}{b}$$

Hinreichende Bedingung:

$$K''(x_0)=K''\left(\frac{a}{b}\right)=\frac{2a}{\left(\dfrac{a}{b}\right)^3}-\frac{b}{\left(\dfrac{a}{b}\right)^2}=\frac{2ab^3}{a^3}-\frac{b^3}{a^2}=\frac{2b^3-b^3}{a^2}=\frac{b^3}{a^2}>0$$

Bei einer Fläche von $x_0=a/b$ nehmen die Kosten ein **relatives Minimum** an.

c) **Wendepunkt**

Notwendige Bedingung:
$$K''(x_W)=\frac{2a}{x_W^3}-\frac{b}{x_W^2}=0$$

$$\rightarrow \quad \frac{2a-b\,x_W}{x_W^3}=0 \quad \rightarrow \quad 2\,a-b\,x_W=0 \quad \rightarrow \quad x_W=\frac{2a}{b}$$

Hinreichende Bedingung:
$$K'''(x_W)=K'''\left(\frac{2a}{b}\right)=-\frac{6\,a}{\left(\dfrac{2a}{b}\right)^4}+\frac{2b}{\left(\dfrac{2a}{b}\right)^3}$$

$$K'''\left(\frac{2a}{b}\right)=-\frac{6\,a\,b^4}{16\,a^4}+\frac{2\,b^4}{8\,a^3}=-\frac{3\,b^4}{8\,a^3}+\frac{2\,b^4}{8\,a^3}=\frac{-3\,b^4+2\,b^4}{8\,a^3}=\frac{-b^4}{8\,a^3}\neq 0$$

An der Stelle $x_W=2a/b$ besitzt die Kostenfunktion einen **Wendepunkt**.

d)

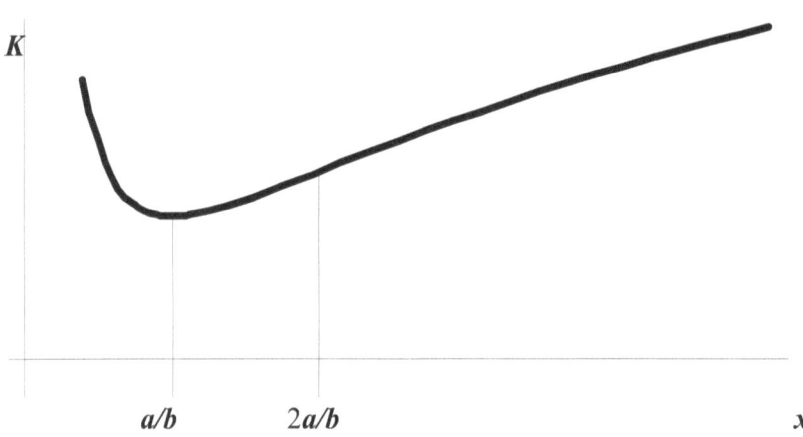

Aufgabe 2.1.2.8   **Gewinn einer Wäscherei**

$$G(x)=\frac{b\,x-a}{e^x}\quad.$$

a) $G(x)=0$ $\rightarrow$ $b\,x-a=0$ $\rightarrow$ $x_N=a/b$

*Erst ab einer Menge von **a/b** kg Wäsche pro Tag, kann die Wäscherei Gewinn erwirtschaften.*

b) $G(x) = \dfrac{bx - a}{e^x}$ *Quotientenregel*

$f(x) = b\,x - a$ $f'(x) = b$ $g(x) = e^x$ $g'(x) = e^x$

$$G'(x) = \frac{f'(x)g(x) - f(x)g'(x)}{(g(x))^2} = \frac{be^x - (bx - a)e^x}{e^{2x}} = \frac{b - bx + a}{e^x}$$

Quotientenregel

$f(x) = b - b\,x + a$ $f'(x) = -b$ $g(x) = e^x$ $g'(x) = e^x$

$$G''(x) = \frac{f'(x)g(x) - f(x)g'(x)}{(g(x))^2} = \frac{-be^x - (b - b\,x + a)e^x}{e^{2x}} = \frac{-2b + b\,x - a}{e^x}$$

Quotientenregel

$f(x) = -2b + b\,x - a$ $f'(x) = b$ $g(x) = e^x$ $g'(x) = e^x$

$$G'''(x) = \frac{f'(x)g(x) - f(x)g'(x)}{(g(x))^2} = \frac{be^x - (-2b + bx - a)e^x}{e^{2x}} = \underline{\frac{3b - bx + a}{e^x}}$$

c) **Relatives Extremum**

Notwendige Bedingung: $G'(x_0) = \dfrac{b - b\,x_0 + a}{e^x} = 0$

$\rightarrow$ $b - b\,x_0 + a = 0$ $\rightarrow$ $b\,x_0 = a + b$ $\rightarrow$ $x_0 = \underline{\dfrac{a + b}{b}}$

Hinreichende Bedingung:

$$G''(x_0) = G''\left(\frac{a + b}{b}\right) = \frac{-2b + (a + b) - a}{e^{x_0}} = \frac{-b}{e^{x_0}} < 0$$

Für $x_0 = \dfrac{a + b}{b}$ kg Wäsche erreicht die Gewinnfunktion ihr *relatives Maximum*.

d) **Wendepunkt**

Notwendige Bedingung: $G''(x_W) = \dfrac{-2b + b\,x_W - a}{e^{x_W}} = 0$

$\rightarrow$ $-2b + b\,x_W - a = 0$ $\rightarrow$ $b\,x_W = a + 2b$ $\rightarrow$ $x_W = \underline{\dfrac{a + 2b}{b}}$

Hinreichende Bedingung:

$$G'''(x_W) = G'''\left(\frac{a + 2b}{b}\right) = \frac{3b - (a + 2b) + a}{e^{(a+2b)/b}} = \frac{b}{e^{(a+2b)/b}} \neq 0$$

$\rightarrow$ *Wendepunkt* in $x_W = \dfrac{a + 2b}{b}$

e) Grenzwert

Nach den *l'Hospitalschen Regeln* ist:

$$\lim_{x\to\infty} G(x) = \lim_{x\to\infty} \frac{b\,x-a}{e^x} = \lim_{x\to\infty} \frac{g(x)}{h(x)} = \lim_{x\to\infty} \frac{g'(x)}{h'(x)} = \lim_{x\to\infty} \frac{b}{e^x} = 0$$

f)

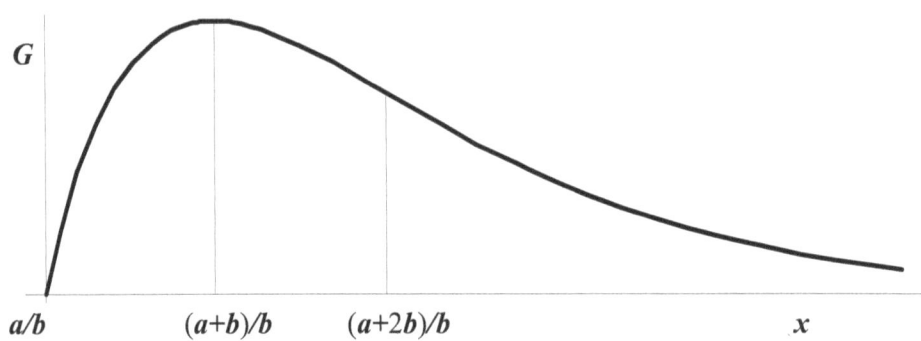

G

a/b $(a+b)/b$ $(a+2b)/b$ x

Aufgabe 2.1.2.9   Absatz Saugroboter

$$A(t) = e^{a-b/t} \qquad\qquad a,\,b > 0$$

a) $\displaystyle\lim_{t\to 0} A(x) = \lim_{t\to 0} e^{a-b/t} = e^{-\infty} = \underline{0}$ $\displaystyle\lim_{t\to\infty} A(x) = \lim_{t\to\infty} e^{a-b/t} = \underline{e^a}$

b) $A(t) = e^{a-b/t}$ *Kettenregel* $z = a - b/t$

     äußere Funktion $g(z) = e^z$ $g'(z) = e^z$

     innere Funktion $z = f(t) = a - b/t$ $f'(t) = b/t^2$

$$A'(t) = g'(f(t))\,f'(t) = \frac{b}{t^2}\,e^{a-b/t}$$

Alternative   *logarithmische Ableitung*

$$\ln A(t) = a - \frac{b}{t} \qquad\qquad\qquad (\ln A(t))' = \frac{b}{t^2}$$

$$A'(t) = (\ln A(t))'\,A(t) = \frac{b}{t^2}\,e^{a-b/t}$$

$$A'(t) = \frac{b}{t^2}\,e^{a-b/t} \qquad \textit{Produktregel}$$

$$f(t) = \frac{b}{t^2} \qquad f'(t) = -2\frac{b}{t^3} \qquad g(t) = A(t) = e^{a-b/t} \quad g'(t) = A'(t) = \frac{b}{t^2}\,e^{a-b/t}$$

$$A''(t) = f'(t)g(t) + f(t)g'(t) = -2\frac{b}{t^3}\,e^{a-b/t} + \frac{b^2}{t^4}\,e^{a-b/t} = \frac{b}{t^3}\left(-2 + \frac{b}{t}\right)e^{a-b/t}$$

c) Monotonie

$$A'(t) = \frac{b}{t^2}\,e^{a-b/t} > 0 \quad\rightarrow\quad A(t) \text{ ist } \textit{monoton wachsend} \quad\rightarrow\quad \textit{keine Extrema}$$

122

d) Wendepunkt

Notwendige Bedingung: $A''(t_W) = \dfrac{b}{t_W^3}\left(-2 + \dfrac{b}{t_W}\right)e^{a-b/t_W} = 0$

Nur der mittlere Faktor dieses Produkts kann null werden.

$\rightarrow \quad -2 + \dfrac{b}{t_W} = 0 \rightarrow \qquad \underline{t_W = \dfrac{b}{2}}$

e) $A \; e^a$

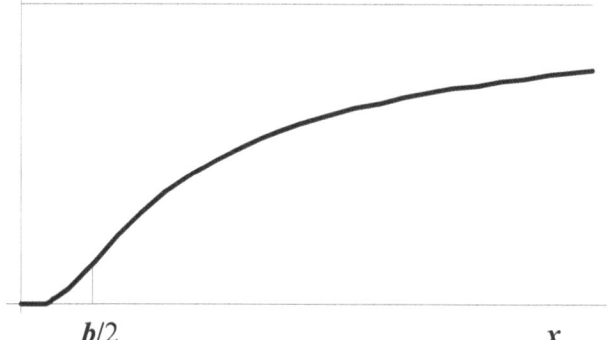

$b/2$ $\qquad\qquad\qquad\qquad\qquad x$

Aufgabe 2.1.2.10 $\qquad$ Kraftstoffverbrauch

$$K(x) = \sqrt{x} - c \, \ln x + a \quad ,$$

a) $K'(x) = \dfrac{1}{2\sqrt{x}} - \dfrac{c}{x}$ $\qquad$ $K''(x) = -\dfrac{1}{4x^{3/2}} + \dfrac{c}{x^2}$ $\qquad$ $K'''(x) = \dfrac{3}{8x^{5/2}} - 2\dfrac{c}{x^3}$

b) **Relatives Extremum**

Notwendige Bedingung: $K'(x_0) = \dfrac{1}{2\sqrt{x_0}} - \dfrac{c}{x_0} = 0$

Zunächst wird diese Gleichung mit x_0 multipliziert.

$\rightarrow \quad \dfrac{\sqrt{x_0}}{2} - c = 0 \qquad \rightarrow \qquad \sqrt{x_0} = 2\,c \qquad \rightarrow \qquad \underline{x_0 = 4\,c^2}$

Hinreichende Bedingung:

$$K''(x_0) = K''(4c^2) = \dfrac{-1}{4(4c^2)^{3/2}} + \dfrac{c}{(4c^2)^2} = \dfrac{-1}{4 \cdot 2^3 c^3} + \dfrac{c}{4^2 c^4} = \dfrac{-1+2}{32c^3} = \dfrac{1}{32c^3} > 0$$

Der Kraftstoffverbrauch besitzt für die Geschwindigkeit $x_0 = 4\,c^2$ km/h ein **relatives Minimum**.

c) **Wendepunkt**

Notwendige Bedingung: $K''(x_W) = -\dfrac{1}{4\,x_W^{3/2}} + \dfrac{c}{x_W^2} = 0$

Zur Vereinfachung wird die Gleichung mit x_W^2 multipliziert.

$\rightarrow \quad -\dfrac{\sqrt{x_W}}{4} + c = 0 \qquad \rightarrow \qquad \sqrt{x_W} = 4\,c \qquad \rightarrow \qquad \underline{x_W = 16\,c^2}$

Hinreichende Bedingung: $$K'''(x_W)=K'''(16c^2)=\frac{3}{8(16c^2)^{5/2}}-2\frac{c}{(16c^2)^3}$$

$$K'''(16c^2)=\frac{3}{8\cdot4^5c^5}-\frac{2c}{4^6c^6}=\frac{3-4}{2\cdot4^6c^5}=\frac{-1}{2\cdot4^6c^5}\neq0$$

→ *Wendepunkt* in $x_W=16\,c^2$

d) **K**

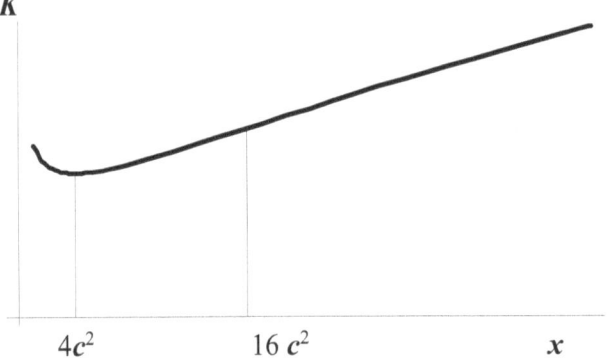

$$4c^2 \qquad\qquad\qquad 16\,c^2 \qquad\qquad\qquad x$$

e) $x_0=4\,c^2=64 \quad\rightarrow\quad c^2=64/4=16 \quad\rightarrow\quad c=\sqrt{16}=\underline{4}$

Da c positiv sein sollte, kommt nur die Lösung $c=4$ infrage, $c=-4$ nicht.

$$K(x_0)=K(64)=\sqrt{64}-4\,ln\,64+a=5,36 \quad\rightarrow\quad a=5,36-8+4\,ln\,64=\underline{14}$$

Wendepunkt $\qquad x_W=16\,c^2=\underline{256} \qquad\qquad K(256)=\underline{7,82}$

Aufgabe 2.1.2.11 $\qquad$ Absatz Ebola-Impfstoff

$$A(t)=(t+a)\sqrt{t} \qquad\qquad\qquad a>0$$

a) Definitionsbereich: $D_A=[0,\infty)$

Nullstelle: $\quad A(t_N)=(t_N+a)\sqrt{t_N}=0$

Der erste Faktor wird an der Stelle $t_{N1}=-a$ null. Dieser Punkt gehört jedoch nicht zum Definitionsbereich.

Der zweite Faktor wird an der Stelle $t_{N2}=0$ null.

b) $A(t)=(t+a)\sqrt{t} \qquad\qquad$ *Produktregel*

$f(t)=t+a \qquad f'(t)=1 \qquad\qquad g(t)=\sqrt{t} \qquad\qquad g'(t)=\frac{1}{2\sqrt{t}}$

$$A'(t)=f'(t)g(t)+f(t)g'(t)=\sqrt{t}+\frac{t+a}{2\sqrt{t}}=\frac{2t+t+a}{2\sqrt{t}}=\frac{3t+a}{2\sqrt{t}}$$

Quotientenregel

$f(t)=3\,t+a \qquad f'(t)=3 \qquad\qquad g(t)=2\sqrt{t} \qquad\qquad g'(t)=\frac{1}{\sqrt{t}}$

$$A''(t) = \frac{f'(t)g(t) - f(t)g'(t)}{(g(t))^2} = \frac{3 \cdot 2\sqrt{t} - (3t+a)\dfrac{1}{\sqrt{t}}}{4t} = \frac{6t - (3t+a)}{4t^{1,5}} = \frac{3t-a}{4t^{1,5}}$$

Quotientenregel

$$f(t) = 3t - a \qquad f'(t) = 3 \qquad g(t) = 4t^{1,5} \qquad g'(t) = 4 \cdot 1,5\, t^{0,5} = 6t^{0,5}$$

$$A'''(t) = \frac{f'(t)g(t) - f(t)g'(t)}{(g(t))^2} = \frac{3 \cdot 4t^{1,5} - (3t-a)6t^{0,5}}{16t^3} = \frac{12t - 6(3t-a)}{16t^{2,5}}$$

$$= \frac{-6t + 6a}{16t^{2,5}}$$

c) **Monotonie**

$$A'(t) = \frac{3t+a}{2\sqrt{t}} > 0 \qquad \rightarrow \qquad A(t) \text{ monoton wachsend} \qquad \rightarrow \qquad \textit{keine Extrema}$$

d) **Wendepunkt**

Notwendige Bedingung: $\qquad A''(t_W) = \dfrac{3t_W - a}{4t_W^{1,5}} = 0$

$\rightarrow \qquad 3\,t_W - a = 0 \qquad \rightarrow \qquad \underline{t_W = \dfrac{a}{3}}$

Hinreichende Bedingung:

$$A'''(t_W) = A\left(\frac{a}{3}\right) = \frac{-6\dfrac{a}{3} + 6a}{16\left(\dfrac{a}{3}\right)^{2,5}} = \frac{-2a + 6a}{16\left(\dfrac{a}{3}\right)^{2,5}} = \frac{4a}{16\left(\dfrac{a}{3}\right)^{2,5}} \neq 0$$

Die Absatzfunktion besitzt an der Stelle $t_W = \dfrac{a}{3}$ einen **Wendepunkt.**

$$A''(t) = \frac{3t-a}{4t^{1,5}} \begin{cases} < 0 & \textit{falls} \quad t < t_W \\ > 0 & \textit{falls} \quad t > t_W \end{cases} \qquad \begin{array}{l} \text{Damit ist die Funktion bis zur Stelle } t_W \\ \text{\textbf{konkav} und anschließend \textbf{konvex}.} \end{array}$$

e) *A*

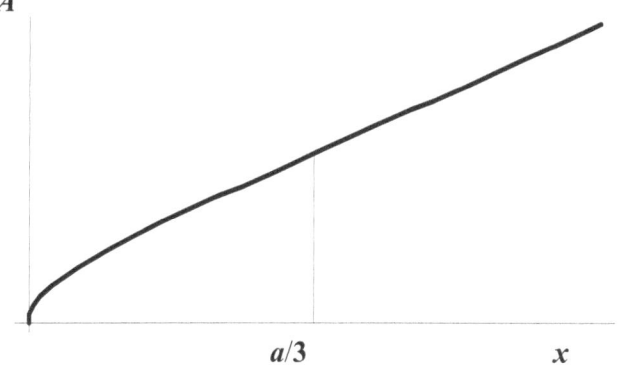

a/3   x

Aufgabe 2.1.2.12   **Gewinn Smartphone**

$$G(x) = e^{x/a}(4a - x) \qquad\qquad a > 0$$

a) $G(0) = e^0\, 4\,a = \underline{4\,a}$ *Ohne Werbung läge der Gewinn des Unternehmens bei 4 a.*

b) **Nullstelle** $G(x_N) = 0$ → $\underline{x_N = 4\,a}$

Die Werbungskosten dürfen 4 a nicht überschreiten, damit Gewinn erwirtschaftet wird.

c) $G(x) = e^{x/a}(4a - x)$ **Produktregel**

$$f(x) = e^{x/a} \qquad f'(x) = \frac{1}{a}e^{x/a} \qquad g(x) = 4\,a - x \qquad g'(x) = -1$$

$$G'(x) = f'(x)g(x) + f(x)g'(x) = \frac{1}{a}e^{x/a}(4a - x) - e^{x/a} = e^{x/a}\left(4 - \frac{x}{a} - 1\right)$$

$$= e^{x/a}\left(3 - \frac{x}{a}\right)$$

Produktregel

$$f(x) = e^{x/a} \qquad f'(x) = \frac{1}{a}e^{x/a} \qquad g(x) = 3 - \frac{x}{a} \qquad g'(x) = -\frac{1}{a}$$

$$G''(x) = f'(x)g(x) + f(x)g'(x) = \frac{1}{a}e^{x/a}\left(3 - \frac{x}{a}\right) - \frac{1}{a}e^{x/a}$$

$$= \frac{1}{a}e^{x/a}\left(3 - \frac{x}{a} - 1\right) = \frac{1}{a}e^{x/a}\left(2 - \frac{x}{a}\right)$$

Produktregel

$$f(x) = \frac{1}{a}e^{x/a} \quad f'(x) = \frac{1}{a^2}e^{x/a} \qquad g(x) = 2 - \frac{x}{a} \qquad g'(x) = -\frac{1}{a}$$

$$G'''(x) = f'(x)g(x) + f(x)g'(x) = \frac{1}{a^2}e^{x/a}\left(2 - \frac{x}{a}\right) - \frac{1}{a^2}e^{x/a}$$

$$= \frac{1}{a^2}e^{x/a}\left(2 - \frac{x}{a} - 1\right) = \frac{1}{a^2}e^{x/a}\left(1 - \frac{x}{a}\right)$$

d) **Relatives Extremum**

Notwendige Bedingung: $G'(x_0) = e^{x_0/a}\left(3 - \dfrac{x_0}{a}\right) = 0$

→ $3 - \dfrac{x_0}{a} = 0$ → $\underline{x_0 = 3\,a}$

Hinreichende Bedingung: $G''(x_0) = G''(3a) = \dfrac{1}{a}e^3\left(2 - \dfrac{3a}{a}\right) = -\dfrac{1}{a}e^3 < 0$

Bei Werbungskosten von $x_0 = 3\,a$ Mio. € nimmt der Gewinn ein ***relatives Maximum*** an.

e) Wendepunkt

Notwendige Bedingung:
$$G''(x_W) = \frac{1}{a}e^{x_W/a}\left(2 - \frac{x_W}{a}\right) = 0$$

$\rightarrow \quad 2 - \dfrac{x_W}{a} = 0 \qquad \rightarrow \qquad \underline{\underline{x_W = 2\,a}}$

Hinreichende Bedingung: $G'''(x_W) = G'''(2a) = \dfrac{1}{a^2}e^2\left(1 - \dfrac{2a}{a}\right) = -\dfrac{1}{a^2}e^2 \neq 0$

An der Stelle $x_W = 2\,a$ befindet sich ein ***Wendepunkt*** der Gewinnfunktion.

f)

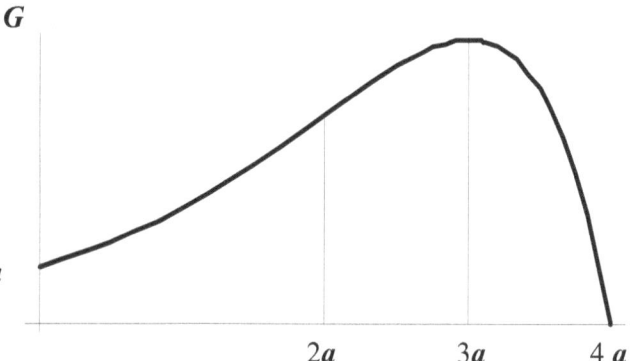

g) Es sollten 3 *a* Mio. € in die Werbung investiert werden, da dann der Gewinn maximal wird.

Aufgabe 2.1.2.13   Reisekosten

$$K(x) = ln(x + a) - \frac{2x}{x + a} \qquad\qquad a > 0$$

a) $K(x) = ln(x + a) - \dfrac{2x}{x + a}$ ***Quotientenregel*** (nur für den zweiten Term)

$f(x) = 2\,x \qquad f'(x) = 2 \qquad\qquad g(x) = x + a \qquad g'(x) = 1$

$$K'(x) = \frac{1}{x + a} - \frac{f'(x)g(x) - f(x)g'(x)}{(g(x))^2} = \frac{1}{x + a} - \frac{2(x + a) - 2x}{(x + a)^2}$$

$$= \frac{1}{x + a} - \frac{2x + 2a - 2x}{(x + a)^2} = \frac{1}{x + a} - \frac{2a}{(x + a)^2} = \frac{x + a - 2a}{(x + a)^2} = \frac{x - a}{(x + a)^2}$$

Quotientenregel

$f(x) = x - a \qquad f'(x) = 1 \qquad\qquad g(x) = (x + a)^2 \qquad g'(x) = 2\,(x + a)$

$$K''(x) = \frac{f'(x)g(x) - f(x)g'(x)}{(g(x))^2} = \frac{(x + a)^2 - (x - a)2(x + a)}{(x + a)^4}$$

$$= \frac{x + a - 2(x - a)}{(x + a)^3} = \frac{x + a - 2\,x + 2\,a}{(x + a)^3} = \frac{3\,a - x}{(x + a)^3}$$

127

$$f(x) = 3\,a - x \qquad f'(x) = -1 \qquad\qquad g(x) = (x + a)^3 \qquad g'(x) = 3\,(x + a)^2$$

$$K'''(x) = \frac{f'(x)g(x) - f(x)g'(x)}{(g(x))^2} = \frac{(x+a)^3 - (3\,a - x)\,3(x+a)^2}{(x+a)^6}$$

$$= \frac{x + a - 3(3\,a - x)}{(x+a)^4} = \frac{x + a - 9\,a + 3\,x}{(x+a)^4} = \frac{4\,x - 8\,a}{(x+a)^3}$$

b) Relative Extrema

Notwendige Bedingung: $\qquad K'(x_0) = \dfrac{x_0 - a}{(x_0 + a)^2} = 0$

→ $\qquad x_0 - a = 0 \qquad\qquad$ → $\qquad \underline{x_0 = a}$

Hinreichende Bedingung: $\qquad K''(x_0) = K''(a) = \dfrac{3a - a}{(a + a)^3} = \dfrac{2a}{(2a)^3} = \dfrac{1}{(2a)^2} > 0$

Bei einerer Strecke von $x_0 = a$ km liegt das *relatives Minimum* der Reisekosten.

c) Wendepunkt

Notwendige Bedingung: $\qquad K''(x_W) = \dfrac{3a - x_W}{(x_W + a)^3} = 0$

→ $\qquad 3\,a - x_W = 0 \qquad\qquad$ → $\qquad \underline{x_W = 3\,a}$

Hinreichende Bedingung:

$$K'''(x_W) = K'''(3a) = \frac{4 \cdot 3\,a - 8\,a}{(3\,a + a)^3} = \frac{4\,a}{(4\,a)^3} = \frac{1}{(4\,a)^2} \neq 0$$

An der Stelle $x_W = 3\,a$ befindet sich ein *Wendepunkt* der Reisekosten.

d) K

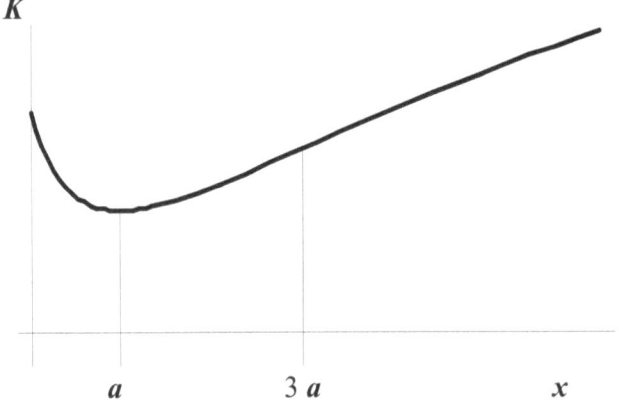

$\qquad\qquad a \qquad\qquad\qquad 3\,a \qquad\qquad\qquad\qquad x$

Aufgabe 2.1.2.14 $\qquad$ **Gewinn Rollrasen**

$$G(x) = \sqrt{x}\,e^{-x/a} \qquad\qquad\qquad\qquad a > 0$$

a) Nullstelle $\qquad\qquad G(x_N) = \sqrt{x_N}\,e^{-x_N/a} = 0 \qquad$ → $\qquad \underline{x_N = 0}$

Grenzwert

$$G(x) = \sqrt{x}\,e^{-x/a} = \frac{\sqrt{x}}{e^{x/a}} \qquad\qquad \textit{l'Hospitalsche Regeln}$$

$$g(x) = \sqrt{x} \qquad g'(x) = \frac{1}{2\sqrt{x}} \qquad\qquad h(x) = e^{x/a} \qquad h'(x) = \frac{1}{a}e^{x/a}$$

$$\lim_{x\to\infty} G(x) = \lim_{x\to\infty} \frac{g(x)}{h(x)} = \lim_{x\to\infty}\frac{g'(x)}{h'(x)} = \lim_{x\to\infty} \frac{\dfrac{1}{2\sqrt{x}}}{\dfrac{1}{a}e^{x/a}} = \lim_{x\to\infty}\frac{a}{2\sqrt{x}\,e^{x/a}} = 0$$

b) $\quad G(x) = \sqrt{x}\,e^{-x/a} \qquad\qquad \textit{Produktregel}$

$$f(x) = \sqrt{x} \qquad f'(x) = \frac{1}{2\sqrt{x}} \qquad\qquad g(x) = e^{-x/a} \qquad\qquad g'(x) = -\frac{1}{a}e^{-x/a}$$

$$G'(x) = f'(x)g(x) + f(x)g'(x) = \frac{1}{2\sqrt{x}}e^{-x/a} - \sqrt{x}\,\frac{1}{a}e^{-x/a}$$

$$= \left(\frac{1}{2\sqrt{x}} - \frac{\sqrt{x}}{a}\right)e^{-x/a}$$

Alternative $\qquad\qquad\qquad \textit{logarithmische Ableitung}$

$$G(x) = \sqrt{x}\,e^{-x/a} \qquad\qquad \ln G(x) = \frac{1}{2}\ln x - \frac{x}{a} \qquad\qquad \left(\ln G(x)\right)' = \frac{1}{2x} - \frac{1}{a}$$

$$G'(x) = \left(\ln G(x)\right)' G(x) = \left(\frac{1}{2x} - \frac{1}{a}\right)\sqrt{x}\,e^{-x/a} = \left(\frac{1}{2\sqrt{x}} - \frac{\sqrt{x}}{a}\right)e^{-x/a}$$

Relatives Extremum

Notwendige Bedingung: $\qquad G'(x_0) = \left(\dfrac{1}{2\sqrt{x_0}} - \dfrac{\sqrt{x_0}}{a}\right)e^{x_0/a} = 0$

$$\rightarrow \qquad \frac{1}{2\sqrt{x_0}} - \frac{\sqrt{x_0}}{a} = 0 \quad\rightarrow\quad \frac{1}{2} - \frac{x_0}{a} = 0 \qquad\qquad \rightarrow \qquad \underline{x_0 = a/2}$$

c*) $\quad G'(x) = \left(\dfrac{1}{2\sqrt{x}} - \dfrac{\sqrt{x}}{a}\right)e^{-x/a} \qquad \textit{Produktregel}$

$$f(x) = \frac{1}{2}x^{-0,5} - \frac{1}{a}x^{0,5} \qquad f'(x) = -\frac{1}{4}x^{-1,5} - \frac{1}{2a}x^{-0,5} = -\frac{1}{4\,x^{1,5}} - \frac{1}{2\,a\,x^{0,5}}$$

$$g(x) = e^{-x/a} \qquad\qquad\qquad g'(x) = -\frac{1}{a}e^{-x/a}$$

$$G''(x) = f'(x)g(x) + f(x)g'(x)$$

$$= \left(-\frac{1}{4\,x^{1,5}} - \frac{1}{2\,a\,x^{0,5}} \right) e^{-x/a} - \left(\frac{1}{2\,x^{0,5}} - \frac{x^{0,5}}{a} \right) \frac{1}{a} e^{-x/a}$$

$$= \left(-\frac{1}{4\,x^{1,5}} - \frac{1}{2\,a\,x^{0,5}} - \frac{1}{2\,a\,x^{0,5}} + \frac{x^{0,5}}{a^2} \right) e^{-x/a}$$

$$= \frac{-a^2 - 2\,a\,x - 2\,a\,x + 4\,x^2}{4\,a^2 x^{1,5}} e^{-x/a} = \frac{-a^2 - 4\,a\,x + 4\,x^2}{4\,a^2 x^{1,5}} e^{-x/a}$$

Hinreichende Bedingung:

$$G''(x_0) = G''\left(\frac{a}{2} \right) = \frac{-a^2 - 2\,a^2 + a^2}{4\,a^2 (a/2)^{1,5}} = \frac{-2\,a^2}{4\,a^2 (a/2)^{1,5}} = -\frac{1}{2}\left(\frac{2}{a} \right)^{1,5} < 0$$

Bei einer Fläche von $x_0 = a/2$ m² liegt das *relative Maximum* des Gewinns.

d*) Wendepunkt

Notwendige Bedingung: $\qquad G''(x_W) = \dfrac{-a^2 - 4\,a\,x_W + 4\,x_W^2}{4\,a^2 x_W^{1,5}} e^{-x_W/a} = 0$

$$\rightarrow \qquad -a^2 - 4\,a\,x_W + 4\,x_W^2 = 0 \qquad\qquad \rightarrow \qquad x_W^2 - a\,x_W - \frac{a^2}{4} = 0$$

$$\rightarrow \qquad x_{W_1, W_2} = \frac{a}{2} \pm \sqrt{\frac{a^2}{4} + \frac{a^2}{4}} = \frac{a}{2} \pm \frac{a}{\sqrt{2}}$$

relevant ist nur $\quad \underline{x_{W_2} = \dfrac{a}{2} + \dfrac{a}{\sqrt{2}} > 0} \qquad$ denn $\qquad x_{W_2} = \dfrac{a}{2} - \dfrac{a}{\sqrt{2}} < 0$

Im Punkt x_{W2} liegt ein Wendepunkt der Gewinnfunktion.

e*) G

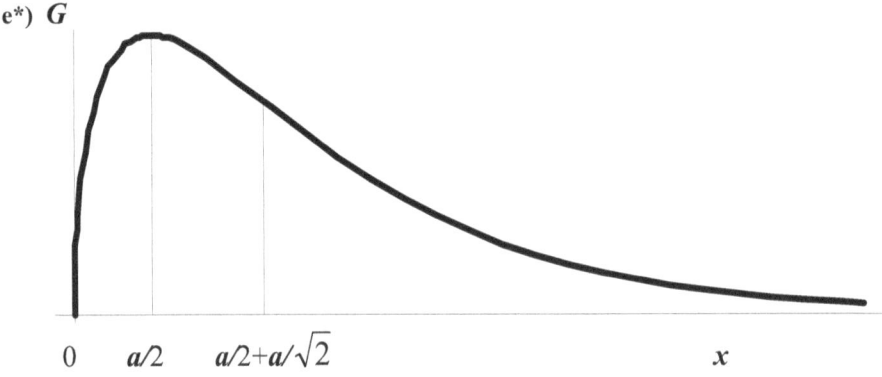

| 0 | a/2 | a/2+a/√2 | x |

Aufgabe 2.1.2.15 $\qquad$ **Kosten Malerarbeiten**

$$K(x) = \frac{a}{x} + \sqrt{x} \qquad\qquad a > 0$$

a) $K'(x)=-\dfrac{a}{x^2}+\dfrac{1}{2\sqrt{x}}$ $\qquad K''(x)=\dfrac{2a}{x^3}-\dfrac{1}{4x^{3/2}}$ $\qquad K'''(x)=-\dfrac{6a}{x^4}+\dfrac{3}{8x^{5/2}}$

b) Relatives Extremum

Notwendige Bedingung: $\qquad K'(x_0)=-\dfrac{a}{x_0^2}+\dfrac{1}{2\sqrt{x_0}}=0$

Als erstes wird die Gleichung mit $2\,x_0^2$ multipliziert. $\qquad -2a+x_0^{3/2}=0$

$\rightarrow \qquad x_0^{3/2}=2\,a \qquad \rightarrow \qquad \underline{x_0=(2\,a)^{2/3}}$

Hinreichende Bedingung:

$K''(x_0)=K''\!\left((2\,a)^{2/3}\right)=\dfrac{2a}{\left((2\,a)^{2/3}\right)^3}-\dfrac{1}{4\left((2\,a)^{2/3}\right)^{3/2}}=\dfrac{2a}{(2\,a)^2}-\dfrac{1}{4\cdot 2\,a}$

$\qquad =\dfrac{1}{2\,a}-\dfrac{1}{8\,a}=\dfrac{4-1}{8\,a}=\dfrac{3}{8\,a}>0$

Bei einer Fläche von $x_0=(2\,a)^{2/3}$ m² besitzt die Kostenfunktion ein *relatives Minimum*.

c) Wendepunkt

Notwendige Bedingung: $\qquad K''(x_W)=\dfrac{2a}{x_W^3}-\dfrac{1}{4\,x_W^{3/2}}=0$

Zunächst wird die Gleichung mit $4\,x_W^3$ multipliziert. $\qquad 8a-x_W^{3/2}=0$

$\rightarrow \qquad x_W^{3/2}=8\,a \qquad \rightarrow \qquad \underline{x_W=(8\,a)^{2/3}}$

d*) Hinreichende Bedingung: $\qquad K'''(x_W)=-\dfrac{6a}{x_W^4}+\dfrac{3}{8\,x_W^{5/2}}\neq 0$

$K'''(x_W)=K'''\!\left((8\,a)^{2/3}\right)=-\dfrac{6a}{(8\,a)^{8/3}}+\dfrac{3}{8(8\,a)^{5/3}}=-\dfrac{6}{8(8\,a)^{5/3}}+\dfrac{3}{8(8\,a)^{5/3}}=\dfrac{-3}{8(8a)^{5/3}}\neq 0$

e) K

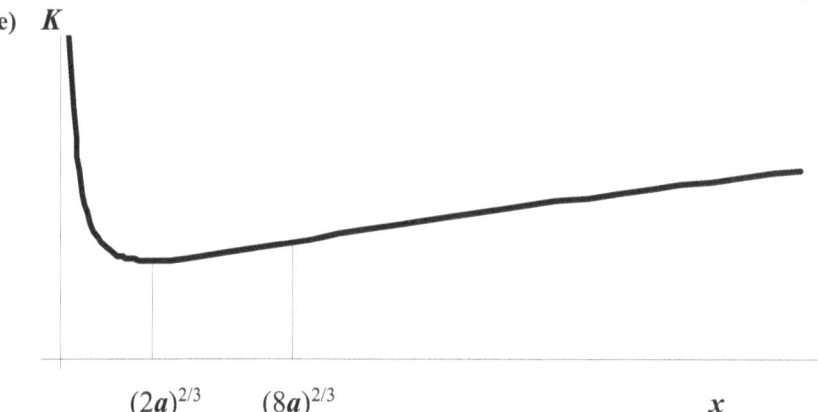

$\qquad (2a)^{2/3} \qquad (8a)^{2/3} \qquad\qquad\qquad\qquad\qquad x$

f) $x_0=(2\,a)^{2/3}=100 \qquad \rightarrow \qquad 2\,a=100^{3/2}=10^3=1000 \qquad \rightarrow \qquad \underline{a=500}$

Aufgabe 2.1.2.16   **Milchpreis**

$$P(x) = \frac{\ln x - b}{x} \qquad\qquad b > 0$$

a) **Nullstelle** $\qquad P(x_N) = \dfrac{\ln x_N - b}{x_N} = 0$

$\rightarrow \quad \ln x_N - b = 0 \qquad \rightarrow \qquad \ln x = b \qquad \rightarrow \qquad x_N = e^b$

b) **Grenzwert** $\qquad\qquad\qquad$ *l'Hospitalsche Regeln*

$$g(x) = \ln x - b \qquad g'(x) = \frac{1}{x} \qquad h(x) = x \qquad h(x) = 1$$

$$\lim_{x \to \infty} P(x) = \lim_{x \to \infty} \frac{g(x)}{h(x)} = \lim_{x \to \infty} \frac{g'(x)}{h'(x)} = \lim_{x \to \infty} \frac{1/x}{1} = 0$$

c) $\quad P(x) = \dfrac{\ln x - b}{x} \qquad\qquad$ *Quotientenregel*

$$f(x) = \ln x - b \qquad f'(x) = \frac{1}{x} \qquad g(x) = x \qquad g(x) = 1$$

$$P'(x) = \frac{f'(x)g(x) - f(x)g'(x)}{(g(x))^2} = \frac{\dfrac{1}{x}x - (\ln x - b)}{x^2} = \frac{1 + b - \ln x}{x^2}$$

$$\text{\textit{Quotientenregel}}$$

$$f(x) = 1 + b - \ln x \qquad f'(x) = -\frac{1}{x} \qquad g(x) = x^2 \qquad g(x) = 2x$$

$$P''(x) = \frac{f'(x)g(x) - f(x)g'(x)}{(g(x))^2} = \frac{-\dfrac{1}{x}x^2 - (1 + b - \ln x)2x}{x^4}$$

$$P''(x) = \frac{-x - 2x - 2bx + 2x\ln x}{x^4} = \frac{-3 - 2b + 2\ln x}{x^3}$$

$$\text{\textit{Quotientenregel}}$$

$$f(x) = -3 - 2b + 2\ln x \qquad f'(x) = \frac{2}{x} \qquad g(x) = x^3 \qquad g(x) = 3x^2$$

$$P'''(x) = \frac{f'(x)g(x) - f(x)g'(x)}{(g(x))^2} = \frac{\dfrac{2}{x}x^3 - (-3 - 2b + 2\ln x)3x^2}{x^6}$$

$$= \frac{2x^2 + 9x^2 + 6bx^2 - 6x^2\ln x}{x^6} = \frac{11 + 6b - 6\ln x}{x^4}$$

d) **Relatives Extremum**

Notwendige Bedingung: $\qquad P'(x_0) = \dfrac{1 + b - \ln x_0}{x_0^2} = 0$

$\rightarrow$ $1 + b - \ln x_0 = 0$ $\qquad$ $\rightarrow$ $\qquad$ $\ln x_0 = b + 1$ $\qquad$ $\rightarrow$ $\qquad$ $\underline{x_0 = e^{b+1}}$

Hinreichende Bedingung: $P''(x_0) = P''(e^{b+1}) = \dfrac{-3 - 2b + 2(b+1)}{e^{3(b+1)}} = \dfrac{-1}{e^{3(b+1)}} < 0$

Für eine Produktionsmenge $x_0 = e^{b+1}$ Hektolitern erreicht der Preis sein *relatives Maximum*.

e) **Wendepunkt**

Notwendige Bedingung: $\qquad$ $P''(x_W) = \dfrac{-3 - 2b + 2\ln x_W}{x_W^3} = 0$

$\rightarrow$ $-3 - 2b + 2\ln x_W = 0$ $\rightarrow$ $\ln x_W = b + 1{,}5$ $\rightarrow$ $\underline{x_W = e^{b+1{,}5}}$

Hinreichende Bedingung:

$P'''(x_W) = P'''(e^{b+1{,}5}) = \dfrac{11 + 6b - 6(b+1{,}5)}{e^{4b+6}} = \dfrac{2}{e^{4b+6}} \ne 0$

$\rightarrow$ $\qquad$ An der Stelle $x_W = e^{b+1{,}5}$ besitzt die Preisfunktion einen *Wendepunkt*.

f) P

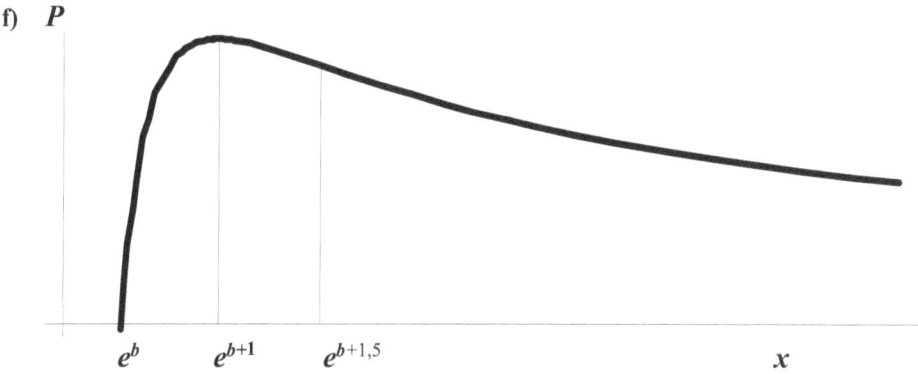

$e^b \qquad e^{b+1} \qquad e^{b+1{,}5} \qquad\qquad\qquad\qquad\qquad x$

Aufgabe 2.1.2.17 $\qquad$ **Werbung Pay-TV**

$$A(x) = \dfrac{c}{1 + e^{a-x}} \qquad\qquad\qquad a,\, c > 0$$

a) $\lim\limits_{x \to \infty} A(x) = \lim\limits_{x \to \infty} \dfrac{c}{1 + e^{a-x}} = \dfrac{c}{1 + 0} = \underline{c}$

Egal wie hoch die Werbungskosten x angesetzt werden, die Zahl der Abonnenten des Pay-TV-Senders wird den Wert c nicht übersteigen.

b) $A(x) = \dfrac{c}{1 + e^{a-x}}$ $\qquad\qquad$ *Kettenregel* $\qquad\qquad$ $z = 1 + e^{a-x}$

äußere Funktion $\qquad\qquad$ $g(z) = \dfrac{c}{z}$ $\qquad\qquad$ $g'(z) = -\dfrac{c}{z^2}$

innere Funktion $\qquad\qquad$ $z = f(x) = 1 + e^{a-x}$ $\qquad$ $f'(x) = -e^{a-x}$

$$A'(x) = g'(f(x))f'(x) = -\frac{c}{\left(1+e^{a-x}\right)^2}\left(-e^{a-x}\right) = \frac{c\,e^{a-x}}{\left(1+e^{a-x}\right)^2}$$

Monotonie

$$A'(x) = \frac{c\,e^{a-x}}{\left(1+e^{a-x}\right)^2} > 0 \qquad \rightarrow \qquad A(x) \text{ ist } \textbf{\textit{monoton wachsend}}$$

c*) $\quad A'(x) = \frac{c\,e^{a-x}}{\left(1+e^{a-x}\right)^2} \qquad\qquad$ *Quotientenregel*

$$f(x) = c\,e^{a-x} \quad f'(x) = -c\,e^{a-x} \quad g(x) = \left(1+e^{a-x}\right)^2 \quad g'(x) = 2\left(1+e^{a-x}\right)\left(-e^{a-x}\right)$$

Beide Funktionen wurden nach der **Kettenregel** abgeleitet, wobei die Ableitung des Nenners $g(x)$ auf der Substitution $z = 1 + e^{a-x}$ beruht.

äußere Funktion $\qquad\qquad k(z) = z^2 \qquad\qquad\qquad\qquad k'(z) = 2z$

innere Funktion $\qquad\qquad z = h(x) = 1 + e^{a-x} \qquad\qquad h'(x) = -e^{a-x}$

$$g'(x) = k'(h(x))h'(x) = 2\left(1+e^{a-x}\right)\left(-e^{a-x}\right)$$

$$A''(x) = \frac{f'(x)g(x) - f(x)g'(x)}{(g(x))^2}$$

$$= \frac{-c\,e^{a-x}\left(1+e^{a-x}\right)^2 - c\,e^{a-x}\,2\left(1+e^{a-x}\right)\left(-e^{a-x}\right)}{\left(1+e^{a-x}\right)^4}$$

Im Zähler werden die Faktoren $c\,e^{a-x}$ und $(1+e^{a-x})$ ausgeklammert. Außerdem wird $(1+e^{a-x})$ gekürzt, da dieser Faktor im Zähler und Nenner des Bruchs vorkommt.

$$A''(x) = \frac{-c\,e^{a-x}\left(1+e^{a-x}\right)\left[\left(1+e^{a-x}\right) - 2\,e^{a-x}\right]}{\left(1+e^{a-x}\right)^4} = \frac{-c\,e^{a-x}\left[\left(1+e^{a-x}\right) - 2\,e^{a-x}\right]}{\left(1+e^{a-x}\right)^3}$$

$$= -c\,\frac{e^{a-x}\left(+1+e^{a-x} - 2e^{a-x}\right)}{\left(1+e^{a-x}\right)^3} = -c\,\frac{e^{a-x}\left(1-e^{a-x}\right)}{\left(1+e^{a-x}\right)^3}$$

d*) **Wendepunkt**

Notwendige Bedingung: $\qquad A''(x_W) = -c\,\dfrac{e^{a-x_W}\left(1-e^{a-x_W}\right)}{\left(1+e^{a-x_W}\right)^3} = 0$

Ein Bruch ist null, wenn sein Zähler null ist, wobei hier nur der Faktor $(1 - e^{a-x})$ null wird.

$$\rightarrow \quad 1 - e^{a-x_W} = 0 \quad \rightarrow \quad e^{a-x_W} = 1 \quad \rightarrow \quad a - x_W = \ln 1 = 0 \quad \rightarrow \quad \underline{\underline{x_W = a}}$$

$$A''(x) \begin{cases} > 0 & \textit{falls} \quad x < x_W \quad \rightarrow \quad A(x) \text{ konvex} \\ = 0 & \textit{falls} \quad x = x_W \\ < 0 & \textit{falls} \quad x > x_W \quad \rightarrow \quad A(x) \text{ konkav} \end{cases}$$

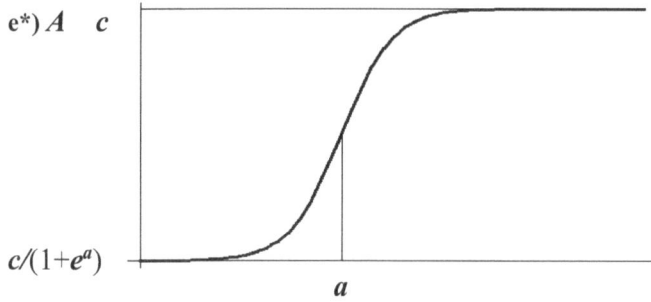

e*) A $\quad c$

$c/(1+e^a)$

$\qquad\qquad\qquad\qquad\qquad$ **a**

2.3.2 Funktionen mehrerer Veränderlicher

2.3.2.1 *Höhenlinien, partielle Ableitungen, das totale Differential, der Gradient und partielle Elastizitäten*

Hinweise zur Interpretation $\qquad z = f(x,y)$

Höhenlinie	Eine *Höhenlinie*, *Niveaulinie* oder *Isoquante* zum Niveau z_0 ist der geometrische Ort aller Punkte (x,y), die den gleichen Funktionswert z_0 besitzen.
Partielle Ableitung	Die *partielle Ableitung* $f_x'(x_0, y_0)$ gibt den Anstieg der Tangente im Punkt (x_0, y_0) innerhalb der Ebene, in der $y = y_0$ ist, an. Sie wird zur Approximation der Änderung des Funktionswertes bei einer kleinen Änderung von x genutzt. Verändert sich x um *eine Einheit*, dann ändert sich der Funktionswert $z = f(x,y)$ näherungsweise um $f_x'(x_0, y_0)$ *Einheiten*, bei gleichbleibendem Wert y_0.

Totales Differential $\quad dz = f_x'(x_0, y_0)\,dx + f_y'(x_0, y_0)\,dy$

Bei kleinen Änderungen von x um dx und y um dy gegenüber dem Ausgangspunkt (x_0, y_0) beschreibt das *totale Differential* näherungsweise die dadurch bewirkte Änderung des Funktionswertes z.

Gradient $\qquad grad\ f(x_0, y_0) = \begin{pmatrix} f_x'(x_0, y_0) \\ f_y'(x_0, y_0) \end{pmatrix}$

Der *Gradient* im Punkt (x_0, y_0) ist ein Vektor, der ausgehend von diesem Punkt in die Richtung des stärksten Anstiegs der Funktion $z = f(x,y)$ zeigt.

Partielle Elastizität $\quad \varepsilon_z(x) = f_x'(x,y)\dfrac{x}{f(x,y)}$

Die *partielle Elastizität* $\varepsilon_z(x)$ gibt an, um wieviel *Prozent* sich der Funktionswert $z = f(x,y)$ näherungsweise ändert, wenn x um *ein Prozent* wächst bei gleichbleibendem Wert y.

Aufgabe 2.2.1.1 $\qquad$ Konservendose

Volumen $\quad V(r,h) = \pi r^2 h$ $\qquad\qquad r$ = Radius in cm

Materialverbrauch $\qquad\qquad\qquad\qquad h$ = Höhe in cm

$\qquad\qquad M(r,h) = 2\pi r^2 + 2\pi r h$

a) Höhenlinie des Volumens:

$$V(r,h) = \pi\,r^2 h = 500 \qquad \rightarrow \qquad r^2 = \frac{500}{\pi h} \qquad \rightarrow \qquad r = \sqrt{\frac{500}{\pi h}}$$

Alle Konservendosen, deren Radius und Höhe dieser Gleichung genügen, haben das gleiche Volumen von 500 cm³.

b) Volumen: $\quad V(4,11) = \pi 4^2 \cdot 11 = \underline{552{,}92 \text{ cm}^3}$

c) Partielle Ableitungen des Volumens:

$$V_r'(r,h) = 2\pi\,r\,h \qquad\qquad\qquad V_h'(r,h) = \pi\,r^2$$

d) $\quad V_r'(4,11) = 276{,}46 \qquad\qquad\qquad V_h'(4,11) = 50{,}27$

Gradient: $\qquad\qquad grad\,V(4,11) = \begin{pmatrix} 276{,}46 \\ 50{,}27 \end{pmatrix}$

D.h. der Radius sollte $276{,}46/50{,}27 \approx 5{,}5$-mal so stark vergrößert werden wie die Höhe, um das Volumen maximal zu steigern. (Richtung des Gradienten)

e) Partielle Elastizitäten des Volumens:

$$\varepsilon_V(r) = V_r'(r,h)\frac{r}{V(r,h)} = 2\pi\,r\,h\,\frac{r}{\pi\,r^2 h} = \underline{2}$$

Erhöht man den Radius um 1 % bei gleichbleibender Höhe, so vergrößert sich das Volumen der Büchse um 2 %.

$$\varepsilon_V(h) = V_h'(r,h)\frac{h}{V(r,h)} = \pi\,r^2\,\frac{h}{\pi\,r^2 h} = \underline{1}$$

Steigt die Höhe um 1 %, so erhöht sich das Volumen der Büchse ebenfalls um 1 % bei gleichbleibendem Radius.

f) Höhenlinie des Materialverbrauchs:

$$M_0 = 2\pi\,r^2 + 2\pi\,r\,h \;\rightarrow\; 2\pi\,r\,h = M_0 - 2\pi\,r^2 \;\rightarrow\; h = \frac{M_0 - 2\pi\,r^2}{2\pi\,r}$$

Alle Wertepaare aus Radius r und Höhe h, die dieser Gleichung genügen, gehören zu Konservendosen, die mit dem gleichen Materialverbrauch M_0 herstellbar sind.

g) Materialverbrauch: $\quad M(4,11) = 2\pi\,4^2 + 2\pi\,4\cdot 11 = \underline{377 \text{ cm}^2}$

h) Partielle Ableitungen des Materialverbrauchs:

$$M_r'(r,h) = 4\pi\,r + 2\pi h \qquad\qquad M_r'(4,11) = 119{,}38$$

$$M_h'(r,h) = 2\pi r \qquad\qquad\qquad M_h'(4,11) = 25{,}13$$

Totales Differential:

$$dM = M_r'(r_A,h_A)dr + M_h'(r_A,h_A)dh = 119{,}38 \cdot 0{,}2 + 25{,}13 \cdot (-0{,}3) = \underline{16{,}34 \text{ cm}^2}$$

i) Partiellen Elastizitäten des Materialverbrauchs

$$\varepsilon_M(r) = M_r'(r,h)\frac{r}{M(r,h)} = (4\pi\,r + 2\pi h)\frac{r}{2\pi\,r^2 + 2\pi\,r\,h}$$

$$\varepsilon_M(r) = \frac{4\pi r^2 + 2\pi rh}{2\pi r^2 + 2\pi rh} = \frac{2\pi r(2r+h)}{2\pi r(r+h)} = \frac{2r+h}{r+h}$$

$$\varepsilon_M(h) = M'_h(r,h)\frac{h}{M(r,h)} = 2\pi r\frac{h}{2\pi r^2 + 2\pi rh} = \frac{2\pi rh}{2\pi r(r+h)} = \frac{h}{r+h}$$

$$(r_A, h_A) = (4,\,11) \qquad \varepsilon_M(r_A) = \frac{19}{15} = 1{,}27 \qquad \varepsilon_M(h_A) = \frac{11}{15} = 0{,}73$$

Erhöht man den Radius von bisher 4 cm um 1 % bei gleichbleibender Höhe, so steigt der Materialverbrauch um ca. 1,27 %.

Steigt die Höhe von bisher 11 cm um 1 %, so erhöht sich der Materialverbrauch um 0,73 % bei gleichbleibendem Radius.

Aufgabe 2.2.1.2 Fahrzeit

Fahrzeit $\quad F(x,y) = \dfrac{a}{x} + \dfrac{3a}{y}$

x = Geschwindigkeit auf der langsamen Strecke in km/h

y = Geschwindigkeit auf der schnellen Strecke in km/h

a) Höhenlinie: $\quad F(x,y) = \dfrac{a}{x} + \dfrac{3a}{y} = 5$

$$\rightarrow \quad \frac{3a}{y} = 5 - \frac{a}{x} \qquad \rightarrow \qquad y = \frac{3a}{5 - \dfrac{a}{x}} = \frac{3ax}{5x - a}$$

Alle Geschwindigkeiten x auf der langsamen und y auf der schnellen Strecke, die dieser Gleichung genügen, führen zu der gleichen Gesamtfahrzeit von A nach B von 5 h.

b) Partielle Ableitungen: $\qquad (x_0, y_0) = (60,\,150) \qquad a = 120$ km

$$F'_x(x,y) = -\frac{a}{x^2} \qquad\qquad F'_x(x_0, y_0) = -0{,}0333$$

Steigt die Geschwindigkeit auf der langsamen Strecke von bisher 60 km/h um 1 km/h bei gleichbleibender Geschwindigkeit auf der schnellen Strecke, dann verringert sich die Fahrzeit um ca. 0,0333 h bzw. um 2 Minuten.

$$F'_y(x,y) = -\frac{3a}{y^2} \qquad\qquad F'_y(x_0, y_0) = -0{,}016$$

Erhöht sich die Geschwindigkeit auf der schnellen Strecke von derzeit 150 km/h um 1 km/h bei gleichbleibender Geschwindigkeit auf der langsamen Strecke, dann verringert sich die Fahrzeit um ca. 0,016 h bzw. um 0,96 Minuten.

c) Totales Differential: $\qquad (x_0, y_0) = (60,\,150) \qquad\qquad dx = 2$ km/h $\quad dy = 5$ km/h

$$dF = F'_x(x_0, y_0)dx + F'_y(x_0, y_0)dy = -0{,}0333 \cdot 2 - 0{,}016 \cdot 5 = \underline{0{,}1466\text{ h}} = \underline{8{,}8\text{ min}}$$

Bei einer Erhöhung der Durchschnittsgeschwindigkeit auf der langsamen Strecke um 2 km/h und einer auf der schnellen Strecke um 5 km/h spart man bei der Gesamtfahrzeit ca. 8,8 Minuten ein.

d) Partielle Elastizität:

$$\varepsilon_F(x) = -\frac{a}{x^2} \frac{x}{\left(\dfrac{a}{x} + \dfrac{3a}{y}\right)} = -\frac{a}{a + 3a\dfrac{x}{y}} = -\frac{ay}{ay + 3ax} = -\frac{y}{y + 3x}$$

$(x_0, y_0) = (60 , 150)$ $\qquad$ $\varepsilon_F(x_0) = -\dfrac{150}{330} = \underline{-0{,}455}$

Wenn sich die Geschwindigkeit auf der langsamen Strecke von bisher 60 km/h um 1 % erhöht bei gleichbleibender Geschwindigkeit auf der schnellen Strecke, dann verringert sich die Gesamtfahrzeit um ca. 0,455 %.

Aufgabe 2.2.1.3 $\qquad$ Gebrauchtwagenpreis

Gebrauchtwagenpreis $\qquad\qquad\qquad$ x = Neupreis in €

$$P(x, y) = c x^\alpha e^{-\beta y}$$

y = Alter in Jahren

a) Höhenlinie: $\quad P(x, y) = c\, x^\alpha e^{-\beta y} = 5\,000$

Variante 1: $\quad x^\alpha = \dfrac{5\,000}{ce^{-\beta y}} \quad \rightarrow \quad x = \left(\dfrac{5\,000}{ce^{-\beta y}}\right)^{1/\alpha}$

Variante 2: $\quad e^{-\beta y} = \dfrac{5\,000}{cx^\alpha} \quad \rightarrow \quad -\beta y = ln\left(\dfrac{5\,000}{cx^\alpha}\right) \quad \rightarrow \quad y = -\dfrac{1}{\beta} ln\left(\dfrac{5\,000}{cx^\alpha}\right)$

Alle Pkw vom Typ VW-Golf, deren Neupreis und Alter dieser Gleichung genügen, erzielen beim Verkauf den gleichen Preis von 5 000 €.

b) Partielle Ableitungen:

$$P_x'(x, y) = \alpha c x^{\alpha - 1} e^{-\beta y}$$

Bei der Ermittlung der partiellen Ableitung nach y bleiben c und x^α nach der Faktorregel als konstante Faktoren erhalten. Sie werden hier in die Anwendung der Kettenregel nicht mit einbezogen.

$$\text{Kettenregel} \quad \text{mit} \quad z = -\beta y$$

äußere Funktion $\qquad g(z) = e^z$ $\qquad\qquad\qquad$ $g'(z) = e^z$

innere Funktion $\qquad f(y) = -\beta y$ $\qquad\qquad\qquad$ $f'(y) = -\beta$

$$P_y'(x, y) = cx^\alpha g'(f(y)) f'(y) = c\, x^\alpha e^{-\beta y} (-\beta)$$

c) $c = 2{,}6$ $\qquad\qquad$ $\alpha = 0{,}9$ $\qquad\qquad$ $\beta = 0{,}166$ $\qquad\qquad$ $(x_{VW}, y_{VW}) = (12\,000 , 5)$

$P_y'(12\,000 , 5) = \underline{-882{,}8}$ $\qquad\qquad$ $P_y'(12\,000 , 5)dy = -882{,}8 \cdot 0{,}5 = \underline{441{,}4\ €}$

Erwarteter Wertverlust: 441,4 €

d) Partielle Elastizität:

$$\varepsilon_P(x) = P_x'(x, y) \frac{x}{P(x, y)} = \alpha c x^{\alpha - 1} e^{-\beta y} \frac{x}{cx^\alpha e^{-\beta y}} = \frac{x^{\alpha - 1} x}{x^\alpha} = \alpha$$

Ein VW mit einem 1 % höheren Neupreis als der bisher betrachtete erzielt beim Verkauf nach 5 Jahren im Mittel einen um 0,9 % höheren Preis.

Aufgabe 2.2.1.4   Freilandeier

Absatzmenge Freilandeier x = Preis von Käfigeiern in Cent

y = Preis von Freilandeiern in Cent

$$N(x,y) = b \, ln\left(x - \frac{y}{2}\right)$$

a) Nullstelle: $N(x_0, y_{0N}) = b \, ln\left(x_0 - \frac{y_{0N}}{2}\right) = 0$ → $ln\left(x_0 - \frac{y_N}{2}\right) = 0$

→ $x_0 - \frac{y_{0N}}{2} = e^0 = 1$ → $\frac{y_{0N}}{2} = x_0 - 1$ → $\underline{y_{0N} = 2\,(x_0 - 1)}$

Der Preis $y_{0\,N} = 2\,(x_0 - 1)$ sollte von Freilandeiern nicht überschritten werden, da sie sonst nicht mehr gekauft werden.

b) Höhenlinie: $N(x, y) = b \, ln\left(x - \frac{y}{2}\right) = 1000$ → $\frac{1000}{b} = ln\left(x - \frac{y}{2}\right)$

→ $e^{1000/b} = x - \frac{y}{2}$ → $x = e^{1000/b} + \frac{y}{2}$ oder $y = 2\left(x - e^{N_0/b}\right)$

Alle Preiskombinationen (x,y), die dieser Gleichung genügen, führen zu der gleichen Menge von 1 000 pro Tag abgesetzten Freilandeiern.

c) Partielle Ableitungen: ***Kettenregel***   mit $z = x - \frac{y}{2}$

äußere Funktion $g(z) = b \, ln \, z$ $g'(z) = \frac{b}{z}$

innere Funktion $f(x,y) = x - \frac{y}{2}$ $f_x'(x,y) = 1$ $f_y'(x,y) = -\frac{1}{2}$

$$N_x'(x,y) = g'(f(x,y))\,f_x'(x,y) = \frac{b}{x - \dfrac{y}{2}} = \frac{2b}{2x - y}$$

$$N_y'(x,y) = g'(f(x,y))\,f_y'(x,y) = \frac{-\dfrac{1}{2}b}{x - \dfrac{y}{2}} = \frac{-b}{2x - y}$$

d) $b = 800$ $(x_E, y_E) = (20\,,\,24)$

$$N_x'(20\,,\,24) = \frac{1600}{40 - 24} = \underline{100}$$

Erhöht sich der Preis für Eier aus Käfighaltung von bisher 20 Cent um 1 Cent bei gleichbleibendem Preis der Freilandeier, so steigt die abgesetzte Menge Freilandeier um durchschnittlich 100 Stück.

e) $N_y'(20\,,\,24) = \frac{-800}{40 - 24} = \underline{-50}$

Totales Differential: $\qquad dx = dy = 2$

$$dN = N'_x(x_E, y_E)dx + N'_y(x_E, y_E)dy = 100 \cdot 2 - 50 \cdot 2 = \underline{100}$$

f) Partielle Elastizität:

$$\varepsilon_N(y) = N'_y(x, y)\frac{y}{N(x, y)} = \frac{-b}{2x - y}\frac{y}{b\ln(x - y/2)} = \frac{-y}{(2x - y)\ln(x - y/2)}$$

$$\varepsilon_N(y_E) = \frac{-24}{16\ln 8} = \underline{-0,72}$$

Erhöht sich der Preis für Freilandeier an der Stelle $(x_E, y_E) = (20, 24)$ um 1 % bei gleichbleibendem Preis der Eier aus Käfighaltung, so sinkt die absetzbare Menge Freilandeier im Mittel um 0,72 %.

Aufgabe 2.2.1.5 $\qquad$ Festgeld

Endguthaben $\qquad K(x, y) = x\left(1 + \dfrac{y}{100}\right)^n \qquad \begin{array}{l} x = \text{Anlagebetrag in } € \\ y = \text{Zinssatz in \%} \end{array}$

a) Höhenlinie: $K(x, y) = x\left(1 + \dfrac{y}{100}\right)^n = 10\,000 \quad \rightarrow \quad x = \dfrac{10\,000}{\left(1 + \dfrac{y}{100}\right)^n}$

Alternative $\qquad \left(1 + \dfrac{y}{100}\right)^n = \dfrac{10\,000}{x} \quad \rightarrow \quad 1 + \dfrac{y}{100} = \sqrt[n]{\dfrac{10\,000}{x}}$

$\rightarrow \qquad \dfrac{y}{100} = \sqrt[n]{\dfrac{10\,000}{x}} - 1 \qquad \rightarrow \qquad y = 100\left(\sqrt[n]{\dfrac{10\,000}{x}} - 1\right)$

Für alle Anlagebeträge x und Zinssätze y, die dieser Gleichung genügen, wird nach n Jahren ein Guthaben von 10 000 € ausgezahlt.

b) Partielle Ableitungen:

$$K'_x(x, y) = \left(1 + \frac{y}{100}\right)^n$$

Da nach der Faktorregel x als konstanter Faktor beim Ableiten nach y erhalten bleibt, wird x hier nicht in die Kettenregel einbezogen sondern lediglich als Faktor übernommen.

$$\text{Kettenregel} \quad \text{mit} \quad z = 1 + y/100$$

äußere Funktion $\qquad g(z) = z^n \qquad\qquad\qquad g'(z) = n\,z^{n-1}$

innere Funktion $\qquad f(y) = 1 + \dfrac{y}{100} \qquad\qquad f'(y) = \dfrac{1}{100}$

$$K'_y(x, y) = x\,g'(f(y))f'(y) = x\,n\left(1 + \frac{y}{100}\right)^{n-1}\frac{1}{100}$$

c) $x_0 = 5000\,€$ $\qquad\qquad y_0 = 5\,\%$ $\qquad\qquad n = 8$

$$K'_y(x_0, y_0) = K'_y(5000, 5) = \underline{562,84}$$

Eine Erhöhung des Zinssatzes von 5 auf 6 % bewirkt bei konstantem Anlagebetrag von 5 000 € eine Erhöhung des Endguthabens um ca. 562,84 €.

d) $\displaystyle \varepsilon_K(x) = K'_x(x,y)\frac{x}{K(x,y)} = \left(1 + \frac{y}{100}\right)^n \frac{x}{x\left(1 + \dfrac{y}{100}\right)^n} = 1$

Bei Erhöhung des Anlagebetrages um 1 % erhöht sich das Endguthaben ebenfalls um 1 % bei gleichbleibendem Zinssatz.

Aufgabe 2.2.1.6 $\qquad$ Toner für Laserdrucker

Absatzmenge Originalkassetten $\qquad\qquad x$ = Preis Originalkassette in €

$$A(x,y) = a\,e^{y/x}$$

y = Preis Ersatzkassette des anderen
$\qquad\quad$ Herstellers in €

a) Höhenlinie: $\qquad\qquad A_0 = a\,e^{y/x}$

$\quad\rightarrow\qquad \ln A_0 = \ln a + \dfrac{y}{x} \qquad\qquad \rightarrow \qquad \dfrac{y}{x} = \ln A_0 - \ln a$

$\quad\rightarrow\qquad y = x\,(\ln A_0 - \ln a) \qquad$ oder $\qquad x = \dfrac{y}{\ln A_0 - \ln a}$

Für alle Preiskombinationen (x, y), die dieser Gleichung genügen, beträgt die abgesetzte Menge Originaldruckerkassetten genau A_0.

b) Partielle Ableitungen:

$\qquad\qquad\qquad\qquad\qquad\qquad\qquad\qquad$ ***Kettenregel*** mit $z = y/x$

$\qquad$ äußere Funktion $\qquad g(z) = a\,e^z \qquad\qquad\qquad g'(z) = a\,e^z$

$\qquad$ innere Funktion $\qquad f(x,y) = y\,/\,x \qquad\quad f'_x(x,y) = -y/x^2 \quad f'_y(x,y) = 1/x$

$$A'_x(x,y) = g'(f(x,y))\,f'_x(x,y) = -\frac{a\,y}{x^2}\,e^{y/x}$$

$$A'_y(x,y) = g'(f(x,y))\,f'_x(x,y) = \frac{a}{x}\,e^{y/x}$$

c) $a = 1000 \qquad (x_K, y_K) = (80, 40) \qquad A'_x(80, 40) = \underline{-10,3}$

Steigt der Preis für Originalkassetten von 80 auf 81 € bei gleichbleibendem Preis der Ersatzkassetten der anderen Hersteller, so verringert sich die pro Tag absetzbare Menge Originalkassetten um ca. 10,3 Stück.

d) $\displaystyle \mathbf{grad}\,A(80, 40) = \begin{pmatrix} -10,3 \\ 20,6 \end{pmatrix}$

Die abgesetzte Menge Originalkassetten steigt maximal an, wenn der Preis der Kassetten des anderen Herstellers doppelt so stark steigt, wie der Preis der Originalkassetten verringert wird.

e) $dy = 2$

Totales Differential: $dA = A'_x(x_K, y_K) dx + A'_y(x_K, y_K) dy = 0$

$dA = -10{,}3\,dx + 20{,}6 \cdot 2 = 0 \quad \rightarrow \quad dx = 41{,}2/10{,}3 = \underline{4\,€}$

Der Preis der Originalkassetten kann dann um 4 € erhöht werden, ohne dass deren Absatzmenge sinkt.

f) $\varepsilon_A(y) = A'_y(x, y) \dfrac{y}{A(x, y)} = \dfrac{a}{x} e^{y/x} \dfrac{y}{ae^{y/x}} = \dfrac{y}{x} = \dfrac{40}{80} = \underline{0{,}5}$

Erhöht sich der Preis der Ersatzkassetten anderer Hersteller von bisher 40 € um 1 %, so wächst die abgesetzte Menge Originalkassetten um ca. 0,5 % bei gleichbleibendem Preis der Originalkassetten.

Aufgabe 2.2.1.7   Puppenkrieg Bratz gegen Barbie

Absatzmenge Bratz in Mio. x = Preis Bratz-Puppe in €

$$A(x, y) = c\left(1{,}5\ln y - \sqrt{x}\right)$$

y = Preis Barbie-Puppe in €

a) Höhenlinie: $A(x, y) = c\left(1{,}5\ln y - \sqrt{x}\right) = 3$

$\rightarrow \quad \sqrt{x} = 1{,}5\ln y - \dfrac{3}{c} \quad \rightarrow \quad \underline{x = \left(1{,}5\ln y - \dfrac{3}{c}\right)^2}$

Alternative

$1{,}5\ln y = \dfrac{3}{c} + \sqrt{x} \quad \rightarrow \quad \underline{y = e^{(3/c + \sqrt{x})/1{,}5}}$

*Alle Preiskombinationen (x,y), die dieser Gleichung genügen, führen zum gleichen Absatz der **Bratz**-Puppen von 3 Mio. St.*

b) $y_0 = 15\,€$

$A(x, y_0) = c\left(1{,}5\ln y_0 - \sqrt{x}\right) \geq 0 \quad \rightarrow \quad \sqrt{x} \leq 1{,}5\ln y_0$

$\rightarrow \quad x \leq (1{,}5\ln y_0)^2 = \underline{16{,}5\,€}$

***Bratz**-Puppen sollten dann höchstens 16,5 € kosten.*

c) Partielle Ableitungen:

$A'_x(x, y) = -c\,\dfrac{1}{2\sqrt{x}}$ $A'_y(x, y) = c\,\dfrac{1{,}5}{y}$

d) $c = 3$ $(x_0, y_0) = (9, 15)$ $A'_y(x_0, y_0) = 3 \cdot \dfrac{1{,}5}{15} = 0{,}3$

*Steigt ausgehend von der Preiskombination $(x_0, y_0) = (9, 15)$ der Preis einer **Barbie**-Puppe um 1 € bei unverändertem Preis der **Bratz**-Puppe, so erhöht sich der Absatz der **Bratz**-Puppen um ungefähr 0,3 Mio. St.*

e) $A'_x(x_0, y_0) = -0,5$

Totales Differential: $\qquad dx = -1 \qquad\qquad\qquad dy = -3$

$dA = A'_x(x_0, y_0)dx + A'_y(x_0, y_0)dy = -0,5 \cdot (-1) + 0,3 \cdot (-3) = -0,4$

f) Partielle Elastizität:

$$\varepsilon_A(x) = A'_x(x_0, y_0)\frac{x}{A(x_0, y_0)} = -c\,\frac{1}{2\sqrt{x}}\frac{x}{c\left(1,5\,\ln y - \sqrt{x}\right)}$$

$$\varepsilon_A(x) = \frac{-\sqrt{x}}{2\left(1,5\,\ln y - \sqrt{x}\right)} \qquad\qquad \varepsilon_A(x) = \frac{-3}{2 \cdot 1,06208} = \underline{-1,412}$$

Alternative $\qquad \varepsilon_A(x) = A'_x(x_0, y_0)\dfrac{x}{A(x_0, y_0)} = -0,5\dfrac{9}{3,186} = \underline{-1,412}$

*Steigt ausgehend von der Preiskombination $(x_0, y_0) = (9, 15)$ der Preis einer **Bratz**-Puppe um 1 % bei unverändertem Preis der Barbie-Puppe, so sinkt der Absatz der **Bratz**-Puppen um ca. 1,412 %.*

g) Umsatz Bratz $\qquad U(x, y) = x\, A(x, y) = c\, x\left(1,5\,\ln y - \sqrt{x}\right)$

Partielle Ableitung nach x: $\qquad$ ***Produktregel***

$$f(x) = c\,x \qquad\qquad f'_x(x) = c \qquad g(x, y) = 1,5\,\ln y - \sqrt{x} \quad g'_x(x) = -\frac{1}{2\sqrt{x}}$$

$$U'_x(x, y) = f'(x)g(x, y) + f(x)g'_x(x, y) = c\left(1,5\,\ln y - \sqrt{x}\right) + c\,x\left(-\frac{1}{2\sqrt{x}}\right)$$

$$= c\left(1,5\,\ln y - \sqrt{x} - \frac{x}{2\sqrt{x}}\right) = c\left(1,5\,\ln y - \sqrt{x} - \frac{\sqrt{x}}{2}\right)$$

$$U'_x(x, y) = 1,5\,c\left(\ln y - \sqrt{x}\right) \qquad\qquad U'_x(x_0, y_0) = \underline{-1,314}$$

Wenn sich ausgehend von der Preiskombination $(x_0, y_0) = (9, 15)$ der Preis der Bratz-Puppe um 1 € erhöht bei gleichbleibendem Preis der Barbie, verringert sich der Bratz-Umsatz um ca. 1,314 Mio. €.

Aufgabe 2.2.1.8 $\qquad$ Bahn versus HKX

Absatzmenge Bahn-Tickets $\qquad\qquad x$ = Preis Bahn-Ticket in €

$$N(x, y) = c\sqrt{3y - x} \qquad\qquad y = \text{Preis HKX-Ticket in €}$$

a) Höhenlinie: $\qquad\qquad N(x, y) = c\sqrt{3y - x} = 1000$

$$\rightarrow \quad 3y - x = \left(\frac{1000}{c}\right)^2 \quad \rightarrow \quad 3y = \left(\frac{1000}{c}\right)^2 + x \quad \rightarrow \quad y = \frac{1}{3}\left(\frac{1000}{c}\right)^2 + \frac{x}{3}$$

Alle Preiskombinationen der Ticketpreise der Bahn x und des HKX y, die dieser Gleichung genügen, führen zu genau 1 000 pro Tag verkauften Bahntickets für diese Strecke.

b) $y_0 = 32\,€$ $\qquad N_B(x, y) = c\sqrt{3y - x} \geq 0 \quad \rightarrow \qquad x \leq 3\,y_0 = 3 \cdot 32 = \underline{96\,€}$

c) Partielle Ableitungen: $\qquad$ ***Kettenregel*** mit $z = 3\,y - x$

äußere Funktion $\qquad g(z) = c\sqrt{z} \qquad\qquad g'(z) = \dfrac{c}{2\sqrt{z}}$

innere Funktion $\qquad f(x,y) = 3\,y - x \qquad f'_x(x,y) = -1 \qquad f'_y(x,y) = 3$

$$N'_x(x,y) = g'(f(x,y))\,f'_x(x,y) = -\frac{c}{2\sqrt{3y - x}}$$

$$N'_y(x,y) = g'(f(x,y))\,f'_y(x,y) = \frac{3c}{2\sqrt{3y - x}}$$

d) $c = 500$, $x_0 = 71\,€$, $y_0 = 32\,€$

$$N'_x(x_0, y_0) = -\frac{500}{2\sqrt{3 \cdot 32 - 71}} = -\frac{250}{\sqrt{25}} = \text{-50}$$

Erhöht die Bahn ihre Ticketpreise von bisher 71 € um 1 € bei gleichbleibendem Preis des HKX, so werden pro Tag ca. 50 Tickets weniger für diese Strecke verkauft.

e) $dy = 1 \qquad\qquad dN = 0 \qquad\qquad$ ges. dx

$$N'_y(x_0, y_0) = \frac{3 \cdot 500}{2\sqrt{3 \cdot 32 - 71}} = \frac{750}{\sqrt{25}} = 150$$

Totales Differential:

$$dN = N'_x(x_0, y_0)\,dx + N'_y(x_0, y_0)\,dy = -50\ dx + 150 \cdot 1 = 0$$

$$\rightarrow \qquad 50\ dx = 150 \qquad\qquad \rightarrow \qquad dx = 150/50 = \underline{3\,€}$$

Steigt der Preis des HKX um 1 €, so kann die Bahn ihre Ticketpreise um 3 € erhöhen, ohne dass sich die Menge verkaufter Bahntickets ändert.

f) Partielle Elastizität:

$$\varepsilon_N(y) = N'_y(x,y)\frac{y}{N(x,y)} = \frac{3c}{2\sqrt{3y - x}}\,\frac{y}{c\sqrt{3y - x}} = \frac{3y}{2(3y - x)}$$

$$(x_0, y_0) = (71, 32) \qquad\qquad \varepsilon_N(32) = \frac{3 \cdot 32}{2(3 \cdot 32 - 71)} = \frac{96}{50} = \underline{1{,}92}$$

Steigt der Ticketpreis des HKX von bisher 32 € um 1 %, so erhöht sich die Zahl der verkauften Bahntickets um ca. 1,92 % bei gleichbleibendem Preis der Bahn.

g) Umsatz $\qquad U(x, y) = x\,N(x, y) = c\,x\sqrt{3y - x}$

Partielle Ableitung nach x: $\qquad$ ***Produktregel***

$$f(x) = c\,x \qquad f'_x(x) = c \qquad g(x,y) = \sqrt{3y - x} \qquad g'_x(x,y) = -\frac{1}{2\sqrt{3y - x}}$$

$$U'_x(x,y) = f'(x)g(x,y) + f(x)g'_x(x,y) = c\sqrt{3y-x} - cx\frac{1}{2\sqrt{3y-x}}$$

$$= c\frac{2(3y-x)-x}{2\sqrt{3y-x}} = c\frac{6y-3x}{2\sqrt{3y-x}}$$

$(x_0, y_0) = (71, 32)$ $\qquad U'_x(x_0, y_0) = \underline{-1050}$

Wenn der Preis der Bahntickets von bisher 71 € um 1 € erhöht wird bei gleichbleibendem Ticketpreis des HKX, dann verringert sich der Umsatz der Bahn pro Tag um ca. 1 050 €.

h) Partielle Elastizität des Umsatzes: $\qquad U'_y(x,y) = \dfrac{3cx}{2\sqrt{3y-x}}$

$$\varepsilon_U(y) = U'_y(x,y)\frac{y}{U(x,y)} = \frac{3cx}{2\sqrt{3y-x}}\frac{y}{cx\sqrt{3y-x}} = \frac{3y}{2(3y-x)}$$

$(x_0, y_0) = (71, 32)$ $\qquad \varepsilon_U(32) = \underline{1,92}$

Steigt der Ticketpreis des HKX von bisher 32 € um 1 %, so erhöht sich der Umsatz der Bahn bei gleichbleibendem Preis der Bahn um 1,92 %.

Aufgabe 2.2.1.9 $\qquad$ CO$_2$-Emission von Autos

CO$_2$-Ausstoß $\quad C(x,y) = 33\,e^{0,002x}\,y^{0,2}$ $\qquad x$ = Leistung in kW

$\qquad\qquad\qquad\qquad\qquad\qquad\qquad\qquad\qquad y$ = Hubraum in cm^3

a) Höhenlinie: $\qquad C(x,y) = 33\,e^{0,002x}\,y^{0,2} = 200$

$$\rightarrow \quad y^{0,2} = \frac{200}{33\,e^{0,002x}} \quad \rightarrow \quad y = \left(\frac{200}{33e^{0,002x}}\right)^5$$

Alternative

$$\rightarrow \quad e^{0,002x} = \frac{200}{33\,y^{0,2}} \quad \rightarrow \quad 0,002x = ln\frac{200}{33\,y^{0,2}} \quad \rightarrow \quad x = \frac{ln\dfrac{200}{33\,y^{0,2}}}{0,002}$$

Alle Leistungen x und Hubräume y, die dieser Gleichung genügen, gehören zu Kraftfahrzeugen mit dem gleichen CO$_2$-Ausstoß von 200 g/km.

b) Partielle Ableitungen:

$$C'_x(x,y) = 0,002 \cdot 33e^{0,002x}\,y^{0,2} = 0,066e^{0,002x}\,y^{0,2}$$

$$C'_y(x,y) = 0,2 \cdot 33\,e^{0,002x}\,y^{-0,8} = 6,6e^{0,002x}\,y^{-0,8}$$

c) $(x_A, y_A) = (125, 2\,000)$ $\quad C(x_A, y_A) = 193,77$ $\qquad C'_x(x_A, y_A) = 0,388$

Ein Fahrzeug mit einer 1 kW höheren Leistung als 125 kW und gleichem Hubraum stößt ca. 0,388 g/km mehr CO$_2$ aus.

d) Partielle Elastizitäten:

$$\varepsilon_C(x) = C'_x(x,y)\frac{x}{C(x,y)} = 0{,}066\, e^{0,002\,x}\, y^{0,2}\frac{x}{33\, e^{0,002\,x}\, y^{0,2}} = 0{,}002\,x$$

$(x_A\ y_A) = (125\, ,\, 2\,000)$ \qquad\qquad $\varepsilon_C(x_A) = \underline{0{,}25}$

Ein Auto mit einer 1 % höheren Leistung als 125 kW und gleichem Hubraum stößt ca. 0,25 % mehr CO$_2$ aus.

$$\varepsilon_C(y) = C'_y(x,y)\frac{y}{C(x,y)} = 6{,}6\, e^{0,002x}\, y^{-0,8}\frac{y}{33\, e^{0,002x}\, y^{0,2}} = 0{,}2\frac{y^{-0,8}\, y}{y^{0,2}} = \underline{0{,}2}$$

Ein Kraftfahrzeug mit einem 1 % größerem Hubraum als 2 000 cm^3 stößt bei gleicher Leistung ca. 0,2 % mehr CO$_2$ aus.

Aufgabe 2.2.1.10 \qquad **Briefaufkommen**

Briefaufkommen in Mio. \qquad\qquad x = Preis Standardbrief in Cent

$$B(x,y) = \frac{a - bx - cy}{xy}$$

y = Preis Kompaktbrief in Cent

a) Höhenlinie: \qquad\qquad $B(x,y) = \dfrac{a - bx - cy}{xy} = 1$

$\rightarrow \quad x\,y = a - b\,x - c\,y \quad \rightarrow \quad x\,y + c\,y = a - b\,x \quad \rightarrow \quad y = \dfrac{a - bx}{x + c}$

Alternative \qquad\qquad $x\,y + b\,x = a - c\,y \quad \rightarrow \quad y = \dfrac{a - cy}{y + b}$

Alle Preiskombinationen (x,y), die dieser Gleichung genügen, führen zum gleichen Briefaufkommen von 1 Mio..

b) Partielle Ableitungen: \qquad *Quotientenregel*

$f(x,y) = a - bx - cy \qquad f'_x(x,y) = -b \qquad g(x,y) = xy \qquad g'_x(x,y) = y$

$$B'_x(x,y) = \frac{f'_x(x,y)g(x,y) - f(x,y)g'_x(x,y)}{(g(x,y))^2} = \frac{-b\,x\,y - (a - bx - cy)y}{(xy)^2}$$

$$= \frac{-bx - a + bx + cy}{x^2\,y} = \frac{-a + cy}{x^2\,y}$$

Quotientenregel

$f(x,y) = a - bx - cy \qquad f'_y(x,y) = -c \qquad g(x,y) = xy \qquad g'_y(x,y) = x$

$$B'_y(x,y) = \frac{f'_y(x,y)g(x,y) - f(x,y)g'_y(x,y)}{(g(x,y))^2} = \frac{-c\,x\,y - (a - bx - cy)x}{(xy)^2}$$

$$= \frac{-cy - a + bx + cy}{xy^2} = \frac{-a + bx}{xy^2}$$

c) $a = 6\,000$, $b = 3$, $c = 2$ und $(x_P, y_P) = (70\,,\,85)$

$$B'_x(x_P, y_P) = \frac{-6\,000 + 2 \cdot 85}{70^2 85} = \frac{-5830}{70^2 85} = \underline{-0{,}014}$$

Wird das Porto für Standardbriefe gegenüber dem Preis von 2016 um 1 Cent angehoben bei gleichbleibendem Porto für Kompaktbriefe, dann sinkt das Briefaufkommen pro Tag um ca. 0,014 Mio. Briefe.

d) $\displaystyle B'_y(x_P, y_P) = \frac{-6\,000 + 3 \cdot 70}{70 \cdot 85^2} = \frac{-5790}{70 \cdot 85^2} = \underline{-0{,}011}$

Totales Differential: $\qquad dx = 1 \qquad dy = 2$

$$dB = B'_x(x_0, y_0)dx + B'_y(x_0, y_0)dy = -0{,}014 \cdot 1 - 0{,}011 \cdot 2 = \underline{-0{,}036}$$

Es würden 0,036 Mio. bzw. 36 000 Briefe pro Tag weniger anfallen.

e) Partielle Elastizität:

$$\varepsilon_B(y) = B'_y(x, y) \frac{y}{B(x, y)} = \frac{-a + bx}{xy^2} \cdot \frac{y}{\dfrac{a - bx - cy}{xy}} = \frac{-a + bx}{a - bx - cy}$$

$(x_P, y_P) = (70\,,\,85) \qquad\qquad \varepsilon_B(y_P) = \dfrac{-5790}{5620} = \underline{-1{,}03}$

Steigt der Preis eines Kompaktbriefs gegenüber dem Preis von 2016 um 1 % bei gleichbleibendem Preis der Standardbriefe, dann sinkt das Briefaufkommen um ungefähr 1,03 %.

Aufgabe 2.2.1.11 Hotel

Mittlere Anzahl pro Tag vermieteter Zimmer $\qquad x =$ Zimmerpreis in €

$$N(x, y) = c\sqrt{y}\, ln(240 - x) \qquad\qquad y = \text{Werbungskosten in } 1\,000 \text{ €}$$

a) Höhenlinie:

$$N_0 = c\sqrt{y}\, ln(240 - x) \;\rightarrow\; \sqrt{y} = \frac{N_0}{c\, ln(240 - x)} \;\rightarrow\; y = \left(\frac{N_0}{c\, ln(240 - x)}\right)^2$$

Alternative

$$ln(240 - x) = \frac{N_0}{c\sqrt{y}} \quad\rightarrow\quad 240 - x = e^{\frac{N_0}{c\sqrt{y}}} \quad\rightarrow\quad x = 240 - e^{\frac{N_0}{c\sqrt{y}}}$$

Alle Wertepaare (x,y) aus Zimmerpreis und Werbungskosten, die dieser Gleichung genügen, führen zu der gleichen Menge nachgefragter Hotelzimmer.

b) Partielle Ableitungen:

$$N'_x(x, y) = -c\sqrt{y}\,\frac{1}{240 - x} \qquad\qquad N'_y(x, y) = \frac{c}{2\sqrt{y}}\, ln(240 - x)$$

c) $(x_H, y_H) = (80, 2\,500)$ $N'_x(x_H, y_H) = -10$

Wenn sich der Zimmerpreis von bisher 80 € um 1 € erhöht bei gleichbleibenden Werbungskosten, so sinkt die Zahl der pro Tag vermieteten Hotelzimmer um ca. 10.

$$N'_x(80, 2\,500) = -c\sqrt{2\,500}\,\frac{1}{240-80} = 0{,}3125\,c = -10 \qquad \rightarrow \qquad c = \underline{32}$$

d) $\varepsilon_N(y) = N'_w(x,y)\dfrac{y}{N(x,y)} = \dfrac{c}{2\sqrt{y}}\ln(240-x)\dfrac{y}{c\sqrt{y}\,\ln(240-x)} = \underline{0{,}5}$

Erhöhen sich die Werbungskosten von bisher 2,5 Mio. € um 1 %, so wächst die Nachfrage nach Hotelzimmern um 0,5 % bei gleichbleibendem Zimmerpreis.

Aufgabe 2.2.1.12   Kosten Pflegedienst

Kosten Pflegedienst pro Tag $x = $ Zahl der Kunden

$$K(x,y) = e^{y/b}\left(8x + \frac{200}{x}\right)$$

$y = $ pro Tag zurückgelegte Strecke in km

a) Höhenlinie zum Kostenniveau $K_0 = 200$ €

$$K(x,y) = e^{y/b}\left(8x + \frac{200}{x}\right) = 200 \qquad \rightarrow \qquad e^{y/b} = \frac{200}{\left(8x + \dfrac{200}{x}\right)}$$

$$\rightarrow \qquad \frac{y}{b} = \ln\frac{200}{\left(8x + \dfrac{200}{x}\right)} \qquad\qquad \rightarrow \qquad y = b\ln\frac{200}{\left(8x + \dfrac{200}{x}\right)}$$

Alle Wertepaare (x,y) von Kundenzahl x und Wegstrecke y, die dieser Gleichung genügen, führen zu den gleichen Kosten pro Tag von 200 €.

b) Partielle Ableitungen:

$$K'_x(x,y) = e^{y/b}\left(8 - \frac{200}{x^2}\right) \qquad\qquad K'_y(x,y) = \frac{1}{b}e^{y/b}\left(8x + \frac{200}{x}\right)$$

c) $b = 40$ $(x_P, y_P) = (10, 30)$ $K'_x(10, 30) = e^{30/40}\left(8 - \dfrac{200}{10^2}\right) = \underline{12{,}7}$

Erhöht sich die Kundenzahl von 10 auf 11 bei gleichbleibender Wegstrecke, so steigen die Kosten näherungsweise um 12,7 €.

d) $dx = 2$ $dy = 3$

$$K'_y(10, 30) = \frac{1}{40}e^{30/40}\left(80 + \frac{200}{10}\right) = 5{,}29$$

Totales Differential:

$$dK = K'_x(10, 30)\,dx + K'_y(10, 30)\,dy = 12{,}7 \cdot 2 + 5{,}29 \cdot 3 = \underline{41{,}27}$$

e) $\varepsilon_K(y) = K'_y(x,y)\dfrac{y}{K(x,y)} = \dfrac{1}{b}e^{y/b}\left(8x + \dfrac{200}{x}\right)\dfrac{y}{e^{y/b}\left(8x + \dfrac{200}{x}\right)} = \dfrac{y}{b} = 0{,}75$

Steigt die Wegstrecke um 1 % bei gleichbleibender Kundenzahl ausgehend von
$(x_P, y_P) = (10 , 30)$, so wachsen die Kosten durchschnittlich um 0,75 %.

Aufgabe 2.2.1.13   Fair-Trade-Kaffee

Absatzmenge Fair-Trade-Kaffee in 1000 kg x = Preis pro Packung Fair-Trade-Kaffee

$$N(x,y) = (a - b\ln x)\dfrac{y}{x}$$

y = Preis pro Packung normaler Kaffee
(beides in €)

a) Nullstelle:

$$N(x_N, y) = (a - b\ln x_N)\dfrac{y}{x_N} = 0 \qquad \rightarrow \qquad a - b\ln x_N = 0$$

$$\rightarrow \qquad \ln x_N = \dfrac{a}{b} \rightarrow \qquad \underline{x_N = e^{a/b}}$$

Ab einem Preis von x_N für Fair Trade Kaffee wird dieser von den Kunden nicht mehr nach-
gefragt.

b) Höhenlinie: $\qquad N_0 = (a - b\ln x)\dfrac{y}{x} \qquad \rightarrow \qquad y = \dfrac{N_0 x}{a - b\ln x}$

c) Partielle Ableitungen: **Quotientenregel**

$$f(x,y) = (a - b\ln x)y \qquad f'_x(x,y) = -\dfrac{by}{x} \qquad g(x) = x \qquad g'(x) = 1$$

$$N'_x(x,y) = \dfrac{f'_x(x,y)g(x) - f(x,y)g'(x)}{(g(x))^2} = \dfrac{-\dfrac{by}{x}x - (a - b\ln x)y}{x^2}$$

$$N'_x(x,y) = \dfrac{-b - a + b\ln x}{x^2}y \qquad\qquad N'_y(x,y) = (a - b\ln x)\dfrac{1}{x}$$

d) $a = 12 \quad b = 5 \quad (x_K, y_K) = (5 , 4) \qquad N'_x(x_K, y_K) = -1{,}432$

Steigt der Preis von Fair-Trade-Kaffee von 5 auf 6 € bei gleichbleibendem Preis des
normalen Kaffees, so sinkt die nachgefragte Menge dieses Kaffees um 1 432 kg.

e) $\varepsilon_N(y) = N'_y(x,y)\dfrac{y}{N(x,y)} = (a - b\ln x)\dfrac{1}{x}\dfrac{y}{(a - b\ln x)\dfrac{y}{x}} = 1$

Wenn der Preis des normalen Kaffees von bisher 4 € um 1 % steigt bei gleichbleibendem
Preis des Fair-Trade-Kaffees, dann steigt die nachgefragte Menge von Fair-Trade-Kaffee
ebenfalls um 1 %.

Aufgabe 2.2.1.14   **Dach Rundbau**

Dachfläche in m² r = Radius in m

$$F(r,h) = \pi\, r\sqrt{r^2 + h^2}$$ y = Höhe in m

a) Höhenlinie: $F(r,h) = \pi\, r\sqrt{r^2 + h^2} = 200$

$$\rightarrow\ \sqrt{r^2 + h^2} = \frac{200}{\pi\, r} \quad \rightarrow \quad h^2 = \left(\frac{200}{\pi\, r}\right)^2 - r^2 \quad \rightarrow \quad h = \pm\sqrt{\left(\frac{200}{\pi\, r}\right)^2 - r^2}$$

Alle Wertepaare aus Radius und Höhe des Dachs (r,h), die dieser Gleichung genügen, gehören zu Dächern mit der gleichen Dachfläche von 200 m².

b) $F(6,8) = \pi\, 6\sqrt{6^2 + 8^2} = 60\,\pi = \underline{188{,}5\ \text{m}^2}$

c) Partielle Ableitungen: ***Produktregel***

$$f(r) = \pi\, r \quad f'(r) = \pi \qquad g(r,h) = \sqrt{r^2 + h^2} \quad g_r'(r,h) = \frac{r}{\sqrt{r^2 + h^2}}$$

Dabei wurde die partielle Ableitung von *g(r,h)* nach der ***Kettenregel*** ermittelt mit
$z = r^2 + h^2$

äußere Funktion $k(z) = \sqrt{z}$ $k'(z) = \dfrac{1}{2\sqrt{z}}$

innere Funktion $h(r,h) = r^2 + h^2$ $h_r'(r,h) = 2r$

$$g_r'(r,h) = k'(h(r,h))h_r'(r,h) = \frac{2r}{2\sqrt{r^2 + h^2}} = \frac{r}{\sqrt{r^2 + h^2}}$$

$$F_r'(r,h) = f_r'(r,h)g(r,h) + f(r,h)g_r'(r,h) = \pi\sqrt{r^2 + h^2} + \pi\, r\frac{r}{\sqrt{r^2 + h^2}}$$

$$= \pi\frac{r^2 + h^2 + r^2}{\sqrt{r^2 + h^2}} = \pi\frac{2r^2 + h^2}{\sqrt{r^2 + h^2}}$$

Kettenregel mit $z = r^2 + h^2$

äußere Funktion $g(z) = \pi\, r\sqrt{z}$ $g'(z) = \dfrac{\pi\, r}{2\sqrt{z}}$

innere Funktion $z = f(r,h) = r^2 + h^2$ $f_h'(r,h) = 2h$

$$F_h'(r,h) = g'(f(r,h))f_h'(r,h) = \frac{\pi\, r}{2\sqrt{r^2 + h^2}} \cdot 2h = \pi\frac{r\, h}{\sqrt{r^2 + h^2}}$$

d) $F_h'(6,8) = \pi\dfrac{6 \cdot 8}{\sqrt{6^2 + 8^2}} = 4{,}8\,\pi = \underline{15{,}08}$

Wird das Dach 9 statt 8 m hoch gebaut bei gleichbleibendem Radius, so erhöht sich die Dachfläche um ca. 15,08 m².

e) Partielle Elastizitäten:

$$\varepsilon_F(r) = F_r'(r,h)\frac{r}{F(r,h)} = \pi\frac{2r^2+h^2}{\sqrt{r^2+h^2}}\frac{r}{\pi\sqrt{r^2+h^2}} = \frac{2r^2+h^2}{r^2+h^2}$$

$$\varepsilon_F(r_D) = \frac{2\cdot 6^2+8^2}{6^2+8^2} = \underline{1,36}$$

Erhöht sich der Radius gegenüber den bisher betrachteten 6 m um 1 % bei gleichbleibender Höhe des Dachs, dann wächst die Dachfläche um ca. 1,36 %.

$$\varepsilon_F(h) = F_h'(r,h)\frac{h}{F(r,h)} = \pi\frac{r\,h}{\sqrt{r^2+h^2}}\frac{h}{\pi\,r\sqrt{r^2+h^2}} = \frac{h^2}{r^2+h^2}$$

$$\varepsilon_F(h_D) = \frac{8^2}{6^2+8^2} = \underline{0,64}$$

Wird die Höhe des Dachs von bisher 8 m um 1 % vergrößert bei gleichbleibendem Radius, dann wächst die Dachfläche um ca. 0,64 %.

Aufgabe 2.2.1.15   Vertrieb Schlankheitsmittel

Monatliche Verkaufsmenge in Mio. Packungen x = Preis pro Packung in €

y = Werbungsausgaben in Mio. €

$$V(x,y) = e^{\frac{\sqrt{y}}{a}+\frac{x}{b}}$$

a) Partielle Ableitungen: ***Kettenregel*** mit $z = \sqrt{y}/a + b/x$

äußere Funktion $g(z) = e^z$ $g'(z) = e^z$

innere Funktion $f(x,y) = \frac{\sqrt{y}}{a} + \frac{b}{x}$ $f_x'(x,y) = -\frac{b}{x^2}$ $f_y'(x,y) = \frac{1}{2\,a\sqrt{y}}$

$$V_x'(x,y) = g'(f(x,y))f_x'(x,y) = -\frac{b}{x^2}e^{\frac{\sqrt{y}}{a}+\frac{b}{x}}$$

$$V_y'(x,y) = g'(f(x,y))f_y'(x,y) = \frac{1}{2a\sqrt{y}}e^{\frac{\sqrt{y}}{a}+\frac{b}{x}}$$

b) $a = 2$, $b = 20$ und $(x_S, y_S) = (50, 4)$

$$V_x'(x_S,y_S) = -0,0324 \qquad\qquad V_y'(x_S,y_S) = 0,507$$

Wird der Preis pro Packung von 50 auf 51 € erhöht bei gleichbleibenden Werbungskosten von 4 Mio. €, dann sinkt die absetzbare Menge um etwa 0,0324 Mio. Packungen.

c) Totales Differential: $dy = 0,5$

$$dV = V_x'(x_S,y_S)dx + V_y'(x_S,y_S)dy = -0,0324\,dx + 0,507\cdot 0,5 = 0$$

$$\rightarrow \quad 0,0324\;dx = 0,507\;\cdot 0,5 \quad \rightarrow \quad dx = \frac{0,507\cdot 0,5}{0,0324} = \underline{7,82}$$

Der Preis pro Packung könnte um 7,82 € erhöht werden, ohne dass die absetzbare Menge sich verringert.

d) Partielle Elastizitäten:

$$\varepsilon_V(x) = V_x'(x,y)\frac{x}{V(x,y)} = -\frac{b}{x^2}e^{\frac{\sqrt{y}}{a}+\frac{b}{x}}\frac{x}{e^{\frac{\sqrt{y}}{a}+\frac{b}{x}}} = -\frac{b}{x} \qquad \varepsilon_V(x_S) = \underline{-0,4}$$

$$\varepsilon_V(y) = V_y'(x,y)\frac{y}{V(x,y)} = \frac{1}{2a\sqrt{y}}e^{\frac{\sqrt{y}}{a}+\frac{b}{x}}\frac{y}{e^{\frac{\sqrt{y}}{a}+\frac{b}{x}}} = \frac{\sqrt{y}}{2a} \qquad \varepsilon_V(y_S) = \underline{0,5}$$

Eine Erhöhung der Werbungskosten von derzeit 4 Mio. € um 1 % führt bei gleichbleibendem Preis zu einer Erhöhung der absetzbaren Menge von ca. 0,5 %.

Aufgabe 2.2.1.16   Klärwerk

Länge zu verlegender Rohre in km

$$R(x,y) = \sum_{i=1}^{3}\sqrt{(x-a_i)^2 + (y-b_i)^2}$$

x = Entfernung in Richtung Osten in km

y = Entfernung in Richtung Norden in km des Klärwerks von der nächsten größeren Stadt

a) Partielle Ableitungen:

Additionsregel und *Kettenregel* mit $z = (x-a_i)^2 + (y-b_i)^2$

äußere Funktion $g(z) = \sqrt{z}$ $g'(z) = \dfrac{1}{2\sqrt{z}}$

innere Funktion $f(x,y) = (x-a_i)^2 + (y-b_i)^2$

$$f_x'(x,y) = 2(x-a_i) \qquad f_y'(x,y) = 2(y-b_i)$$

$$R_x'(x,y) = g'(f(x,y))f_x'(x,y) = \sum_{i=1}^{3}\frac{2(x-a_i)}{2\sqrt{(x-a_i)^2 + (y-b_i)^2}}$$

$$= \sum_{i=1}^{3}\frac{x-a_i}{\sqrt{(x-a_i)^2 + (y-b_i)^2}}$$

$$R_y'(x,y) = g'(f(x,y))f_y'(x,y) = \sum_{i=1}^{3}\frac{y-b_i}{\sqrt{(x-a_i)^2 + (y-b_i)^2}}$$

b*) $(a_1, b_1) = (24, 27)$ $(a_2, b_2) = (8, 39)$ $(a_3, b_3) = (28, 24)$ $(x_K, y_K) = (20, 30)$

b*) $R_x'(x_K, y_K) = \dfrac{20-24}{\sqrt{4^2+3^2}} + \dfrac{20-8}{\sqrt{12^2+9^2}} + \dfrac{20-28}{\sqrt{8^2+6^2}} = -\dfrac{4}{5} + \dfrac{12}{15} - \dfrac{8}{10} = \underline{-0,8}$

Wenn das Klärwerk genau 1 km weiter östlich gebaut würde, ließen sich ca. 0,8 km Rohre einsparen.

$R_y'(x_K, y_K) = \dfrac{30-27}{\sqrt{4^2+3^2}} + \dfrac{30-39}{\sqrt{12^2+9^2}} + \dfrac{30-24}{\sqrt{8^2+6^2}} = \dfrac{3}{5} - \dfrac{9}{15} + \dfrac{6}{10} = \underline{0,6}$

Wenn der Standort des Klärwerks um 1 km nach Norden verlegt würde, müssten ca. 0,6 km Rohre zusätzlich verlegt werden.

c*) Totales Differential: $\qquad dx = 0,6 \qquad\qquad dy = -0,8$

$$dR = R'_x(x_K, y_K)dx + R'_y(x_K, y_K)dy = -0,8 \cdot 0,6 + 0,6\,(-0,8) = \underline{-0,96}$$

Dabei würden ca. 0,96 km Rohre eingespart.

Länge des Verlegungsvektors:

$$s = \begin{pmatrix} 0,6 \\ -0,8 \end{pmatrix} \qquad\qquad |s| = \sqrt{0,6^2 + 0,8^2} = \sqrt{1} = \underline{1}$$

Der Standort würde dabei um 1 km Luftlinie verlegt werden.

d*) Gradient:

$$grad\,R(x_K\,y_K) = \begin{pmatrix} R'_x(x_K\,y_K) \\ R'_y(x_K\,y_K) \end{pmatrix} = \begin{pmatrix} -0,8 \\ 0,6 \end{pmatrix}$$

Der Gradient zeigt in die Richtung des stärksten Anstiegs der Funktion. Eine Verlegung des Klärwerks in Richtung des Gradienten, d.h. um 0,8 km nach Westen und um 0,6 km nach Norden, würde den stärksten Anstieg der Länge der zu verlegenden Rohre bewirken.

Um möglichst viel Rohrlänge zu sparen, muss der Standort in Gegenrichtung zum Gradienten verlegt werden.

e*) Der Standort sollte in Gegenrichtung zum Gradienten verlegt werden, d.h. um 0,8 km nach Osten und um 0,6 km nach Süden.

Totales Differential: $\qquad dx = 0,8 \qquad\qquad dy = -0,6$

$$dR = R'_x(x_K, y_K)dx + R'_y(x_K, y_K)dy \quad -0,8 \cdot 0,8 + 0,6\,(-0,6) = \underline{-1}$$

Gegenrechnung mit Hilfe der Funktion $R(x, y)$ selbst:

$$R(x_K, y_K) = R(20,30) = \sqrt{4^2 + 3^2} + \sqrt{12^2 + 9^2} + \sqrt{8^2 + 6^2}$$
$$= 5 + 15 + 10 = 30$$

$$R(20,8;29,4) = \sqrt{3,2^2 + 2,4^2} + \sqrt{12,8^2 + 9,6^2} + \sqrt{7,2^2 + 5,4^2}$$
$$= 4 + 16 + 9 = 29$$

$$R(x_K, y_K) - R(20,8\,,\,29,4) = 30 - 29 = \underline{1}$$

Die gegenüber dem bisher geplanten Standort eingesparte Rohrlänge beträgt genau 1 km.

2.3.2.2 *Relative Extrema von Funktionen mit zwei Veränderlichen*

Zur Bestimmung relativer Extrema

Die Funktion $z = f(x,y)$ besitzt im Punkt (x_0, y_0) ein ***relatives Extremum***, wenn folgende Bedingungen erfüllt sind:

notwendige Bedingungen $\qquad f'_x(x_0, y_0) = 0 \qquad$ und $\qquad f'_y(x_0, y_0) = 0$

hinreichende Bedingung $\qquad f''_{xx}(x_0, y_0)f''_{yy}(x_0, y_0) > \left(f''_{xy}(x_0, y_0)\right)^2$

Es handelt sich um ein ***relatives Minimum***, wenn

$$f''_{xx}(x_0, y_0) > 0 \qquad \text{und} \qquad f''_{yy}(x_0, y_0) > 0$$

ist, und um ein *relatives Maximum* bei

$$f_{xx}''(x_0,y_0)<0 \quad \text{und} \quad f_{yy}''(x_0,y_0)<0 \quad .$$

Ein *Sattelpunkt* liegt vor, wenn

notwendigen Bedingungen $\quad f_x'(x_0,y_0)=0 \quad \text{und} \quad f_y'(x_0,y_0)=0$

hinreichende Bedingung $\quad f_{xx}''(x_0,y_0)f_{yy}''(x_0,y_0)<\left(f_{xy}''(x_0,y_0)\right)^2 \quad$ ist.

Ist dagegen $\quad f_{xx}''(x_0,y_0)f_{yy}''(x_0,y_0)=\left(f_{xy}''(x_0,y_0)\right)^2,$

so bedarf es weiterer Untersuchungen, um zu entscheiden, ob ein relatives Extremum oder ein Sattelpunkt vorliegt.

Häufiger Fehler

Oft wird die *gemischte* zweite Ableitung $f_{xy}''(x,y)$ vergessen und die Prüfung der hinreichenden Bedingungen auf die Unterscheidung von relativen Minima und Maxima anhand der *reinen* zweiten Ableitungen reduziert. Dies ist analog zu Funktionen einer Veränderlichen, bei zwei Veränderlichen jedoch nicht ausreichend.

Aufgabe 2.2.2.1

a) $\quad f(x,y)=x^2+2y^2-2x-3y+10$

Partielle Ableitungen:

$$f_x'(x,y)=2x-2 \qquad f_y'(x,y)=4y-3$$

$$f_{xx}''(x,y)=2 \qquad f_{yy}''(x,y)=4 \qquad f_{xy}''(x,y)=0$$

Notwendige Bedingungen:

$$f_x'(x_0,y_0)=2x_0-2=0 \qquad f_y'(x_0,y_0)=4y_0-3=0 \;\rightarrow\; \underline{(x_0,y_0)=(1,3/4)}$$

Hinreichende Bedingungen:

$$f_{xx}''(x,y)=2>0 \qquad f_{yy}''(x,y)=4>0 \qquad f_{xy}''(x,y)=0$$

$$\rightarrow \quad f_{xx}''(x_0,y_0)f_{yy}''(x_0,y_0)=2\cdot 4>\left(f_{xy}''(x_0,y_0)\right)^2=0$$

$\rightarrow \quad$ $f(x,y)$ besitzt in $(x_0,y_0)=(1,3/4)$ ein *relatives Minimum*.

b) $\quad f(x,y)=20-x^2-y^2-3\,x\,y+8\,x+7y$

Partielle Ableitungen:

$$f_x'(x,y)=-2x-3y+8 \quad f_y'(x,y)=-2y-3x+7$$

$$f_{xx}''(x,y)=-2 \qquad f_{yy}''(x,y)=-2 \qquad f_{xy}''(x,y)=-3$$

Notwendige Bedingungen:

(1) $f'_x(x_0, y_0) = -2x_0 - 3y_0 + 8 = 0$ $\rightarrow$ $2x_0 + 3y_0 = 8$

(2) $f'_y(x_0, y_0) = -2y_0 - 3x_0 + 7 = 0$ $\rightarrow$ $3x_0 + 2y_0 = 7$

1,5 (1) − (2) $\quad$ $2{,}5\, y_0 = 5$ $\rightarrow$ $\underline{y_0 = 2}$ $\quad$ $\underline{x_0 = 1}$

Hinreichende Bedingungen:

$f''_{xx}(x_0, y_0) = -2 < 0$ $\quad$ $f''_{yy}(x_0, y_0) = -2 < 0$ $\quad$ $f''_{xy}(x_0, y_0) = -3$

$\rightarrow$ $\quad$ $f''_{xx}(x_0, y_0)\, f''_{yy}(x_0, y_0) = (-2)(-2) < \left(f''_{xy}(x_0, y_0)\right)^2 = (-3)^2$

$\rightarrow$ $\quad$ $f(x, y)$ besitzt in $(x_0, y_0) = (1, 2)$ einen **Sattelpunkt**.

c) $\quad$ $f(x, y) = xy - 4\ln x - 4\sqrt{y}$

Partielle Ableitungen:

$f'_x(x, y) = y - \dfrac{4}{x}$ $\qquad\qquad$ $f'_y(x, y) = x - \dfrac{2}{\sqrt{y}}$

$f''_{xx}(x, y) = \dfrac{4}{x^2}$ $\qquad$ $f''_{yy}(x, y) = \dfrac{1}{y^{3/2}}$ $\qquad$ $f''_{xy}(x, y) = 1$

Notwendige Bedingungen:

(1) $f'_x(x_0, y_0) = y_0 - \dfrac{4}{x_0} = 0$ $\qquad$ $\rightarrow$ $\qquad$ $y_0 = \dfrac{4}{x_0}$

(2) $f'_y(x_0, y_0) = x_0 - \dfrac{2}{\sqrt{y_0}} = 0$

$\rightarrow$ $\quad$ $x_0 - \dfrac{2}{\sqrt{\dfrac{4}{x_0}}} = x_0 - \dfrac{2\sqrt{x_0}}{\sqrt{4}} = x_0 - \sqrt{x_0} = 0$ $\qquad$ $\rightarrow$ $\qquad$ $x_0 = \sqrt{x_0}$

Die Gleichung wird durch $\sqrt{x_0}$ dividiert und dann quadriert:

$\rightarrow$ $\quad$ $\sqrt{x_0} = 1$ $\qquad$ $\rightarrow$ $\qquad$ $\underline{x_0 = 1}$ $\qquad$ $y_0 = \dfrac{4}{x_0} = 4$

Hinreichende Bedingungen:

$f''_{xx}(x_0, y_0) = \dfrac{4}{x_0^2} = 4 > 0$ $\quad$ $f''_{yy}(x_0, y_0) = \dfrac{1}{y_0^{3/2}} = \dfrac{1}{2^3} = \dfrac{1}{8} > 0$ $\quad$ $f''_{xy}(x_0, y_0) = 1$

$\rightarrow$ $\quad$ $f''_{xx}(x_0, y_0)\, f''_{yy}(x_0, y_0) = 4 \cdot \dfrac{1}{8} < \left(f''_{xy}(x_0, y_0)\right)^2 = 1$

$\rightarrow$ $\quad$ $f(x, y)$ besitzt in $(x_0, y_0) = (1, 4)$ einen **Sattelpunkt**.

d) $f(x,y)=e^{xy-2x-3y}$

Partielle Ableitungen:

$$f'_x(x,y)=(y-2)\,e^{xy-2x-3y} \qquad\qquad f'_y(x,y)=(x-3)\,e^{xy-2x-3y}$$

$$f''_{xx}(x,y)=(y-2)^2 e^{xy-2x-3y} \qquad\qquad f''_{yy}(x,y)=(x-3)^2 e^{xy-2x-3y}$$

Nach der **Produktregel** mit $g(y)=y-2$ und $h(x,y)=e^{xy-2x-3y}$ erhält man:

$$f''_{xy}(x,y)=e^{xy-2x-3y}+(y-2)(x-3)e^{xy-2x-3y}=e^{xy-2x-3y}\left[1+(y-2)(x-3)\right]$$

Notwendige Bedingungen:

(1) $\quad f'_x(x_0,y_0)=(y_0-2)e^{xy-2x-3y}=0 \qquad\rightarrow\qquad \underline{y_0=2}$

(2) $\quad f'_x(x_0,y_0)=(x_0-3)e^{xy-2x-3y}=0 \qquad\rightarrow\qquad \underline{x_0=3}$

Hinreichende Bedingungen:

$$f''_{xx}(x_0,y_0)=0 \qquad f''_{yy}(x_0,y_0)=0 \qquad f''_{xy}(x_0,y_0)=e^{3\cdot2-2\cdot3-3\cdot2}=e^{-6}>0$$

$\rightarrow\qquad f''_{xx}(x,y)f''_{yy}(x,y)=0<\left(f''_{xy}(x,y)\right)^2=e^{-12}$

$\rightarrow\qquad f(x,y)$ besitzt in $(x_0\,,y_0)=(3\,,2)$ einen **Sattelpunkt**.

e) $f(x,y)=(2x-\ln x)\,e^{(y-2)^2}$

Partielle Ableitungen:

$$f'_x(x,y)=\left(2-\frac{1}{x}\right)e^{(y-2)^2} \qquad\qquad f'_y(x,y)=2(2x-\ln x)(y-2)\,e^{(y-2)^2}$$

$$f''_{xx}(x,y)=\frac{1}{x^2}e^{(y-2)^2}$$

Nach der **Produktregel** mit $g(y)=y-2$ und $h(x,y)=e^{(y-2)^2}$ erhält man, wobei
$2(2x-\ln x)$ bei der partiellen Ableitung nach y als konstanter Faktor erhalten bleibt:

$$f''_{yy}(x,y)=2(2x-\ln x)\left[e^{(y-2)^2}+2(y-2)^2 e^{(y-2)^2}\right]$$

$$=2(2x-\ln x)e^{(y-2)^2}\left[1+2(y-2)^2\right]$$

$$f''_{xy}(x,y)=2\left(2-\frac{1}{x}\right)(y-2)e^{(y-2)^2}$$

Notwendige Bedingungen:

(1) $f'_x(x_0,y_0)=\left(2-\dfrac{1}{x_0}\right)e^{(y_0-2)^2}=0 \qquad\qquad\rightarrow\qquad \underline{x_0=1/2}$

(2) $f'_y(x_0,y_0)=2(2x_0-\ln x_0)(y_0-2)\,e^{(y_0-2)^2}=0 \qquad\rightarrow\qquad \underline{y_0=2}$

Da $\ln x_0=\ln\tfrac12\neq1$ und damit $2\,x_0-\ln x_0\neq0$ ist, gibt es nur diese Lösung.

Hinreichende Bedingungen:

$$f''_{xx}(x_0,y_0) = \frac{1}{(1/2)^2} e^{(2-2)^2} = 4 > 0$$

$$f''_{yy}(x_0,y_0) = 2\left(2\cdot\frac{1}{2} - \ln\frac{1}{2}\right)e^{(2-2)^2}\left[1+2(2-2)^2\right] = 3{,}386 > 0$$

$$f''_{xy}(x_0,y_0) = 0$$

$$\rightarrow \quad f''_{xx}(x_0,y_0)\,f''_{yy}(x_0,y_0) = 4\cdot 3{,}386 > \left(f''_{xy}(x_0,y_0)\right)^2 = 0$$

$\rightarrow \quad$ *f(x,y)* besitzt in *(x₀ , y₀)* = (½ , 2) ein ***relatives Minimum***

Aufgabe 2.2.2.2   Weinkellerei

Preisfunktionen   *x* = Anzahl Weißweinfässer

Weißwein $p_W(x,y) = 180 - 6x + 2y$ *y* = Anzahl Rotweinfässer

Rotwein $p_R(x,y) = 140 + 2x - 4y$

Umsatz $U(x,y) = x\,p_W(x,y) + y\,p_R(x,y)$

Kosten $K(x,y) = 400 + 40x + 20y$

Gewinn $G(x,y) = U(x,y) - K(x,y)$

$$U(x,y) = x\,p_W(x,y) + y\,p_R(x,y) = 180x - 6x^2 + 2xy + 140y + 2xy - 4y^2$$
$$= 180x - 6x^2 + 4xy + 140y - 4y^2$$

a)   Partielle Ableitungen:

$$U'_x(x,y) = 180 - 12x + 4y \qquad U'_y(x,y) = 4x + 140 - 8y$$

b) $(x_K , y_K) = (15 , 20)$ $U'_x(15,20) = 80$ $U'_y(15,20) = 40$

Erhöht sich die Zahl der eingelagerten Weißweinfässer um eins bei gleichbleibender Anzahl Rotweinfässer, so steigt der Umsatz um ca. 80 €.

Bei einem Rotweinfass mehr und gleicher Anzahl Weißweinfässer würde sich der Umsatz um näherungsweise 40 € erhöhen.

Totales Differential: *dx* = 1   *dy* = 1

$$dU = U'_x(15,20)\,dx + U'_y(15,20)\,dy = 80 + 40 = \underline{120}$$

c)   Partielle Elastizität:

$$\varepsilon_U(y_K) = U'_y(x_K,y_K)\frac{y_K}{U(x_K,y_K)} = 40\,\frac{20}{3750} = 0{,}213$$

Erhöht sich die Zahl der eingelagerten Rotweinfässer um 1 % bei gleichbleibender Menge der Weißweinfässer, dann steigt der Umsatz ungefähr um 0,213 %.

d) Kosten $\quad K(x,y)=400+40x+20y$

Gewinn

$$G(x,y)=U(x,y)-K(x,y)=180x-6x^2+4xy+140y-4y^2$$
$$-\left(400+40x+20y\right)$$
$$=140x-6x^2+4xy+120y-4y^2-400$$

e) Partielle Ableitungen erster Ordnung:

$$G'_x(x,y)=140-12x+4y \qquad\qquad G'_x(15,20)=40$$
$$G'_y(x,y)=120+4x-8y \qquad\qquad G'_y(15,20)=20$$

Gradient: $\quad grad\,G(15,20)=\begin{pmatrix}40\\20\end{pmatrix}$

Um den Gewinn maximal zu steigern, sollte die Zahl der eingelagerten Weißweinfässer doppelt so stark erhöht werden wie die der Rotweinfässer.

f) Notwendige Bedingungen:

$$(1)\ \ G'_x(x_0,y_0)=140-12x+4y=0 \qquad\rightarrow\qquad 12x-4y=140$$

$$(2)\ \ G'_y(x_0,y_0)=120+4x-8y=0 \qquad\rightarrow\qquad -4x+8y=120$$

$$2(1)+(2) \qquad 20x_0=400 \qquad\qquad\rightarrow\qquad x_0=\underline{20}$$

$$(1)+3(2) \qquad 20y_0=500 \qquad\qquad\rightarrow\qquad y_0=\underline{25}$$

Partielle Ableitungen zweiter Ordnung:

$$G''_{xx}(x_0,y_0)=-12<0 \qquad G''_{yy}(x_0,y_0)=-8<0 \qquad G''_{xy}(x_0,y_0)=4$$

$$\rightarrow\ G''_{xx}(x_0,y_0)G''_{xx}(x_0,y_0)=12\cdot 8>\left(G''_{xy}(x_0,y_0)\right)^2=4^2$$

$G(x,y)$ besitzt in $(x_0,y_0)=(20,25)$ ein ***relatives Maximum***.

Aufgabe 2.2.2.3 Baumarkt

Parkett: $\quad A_P(x)=a\left(p-x\right)$

Laminat: $\quad A_L(x,y)=b\left(x-y\right)$

Umsatz: $\quad U(x,y)=A_P(x)x+A_L(x,y)y=a\left(px-x^2\right)+b\left(xy-y^2\right)$

a) Partielle Ableitungen:

$$U'_x(x,y)=a(p-2x)+by \qquad\qquad U'_y(x,y)=b(x-2y)$$
$$U''_{xx}(x,y)=-2a \qquad\qquad U''_{yy}(x,y)=-2b \qquad\qquad U''_{xy}(x,y)=b$$

b) Notwendige Bedingungen:

(1) $U_x'(x_0,y_0)=a(p-2x_0)+by_0=0$

(2) $U_y'(x_0,y_0)=b(x_0-2y_0)=0 \qquad \rightarrow \qquad x_0=2y_0$

Dieser Wert wird in Gleichung (1) eingesetzt.

$a(p-4y_0)+b\,y_0=0 \qquad \rightarrow \qquad a\,p-4a\,y_0+b\,y_0=0$

$(4a-b)\,y_0=a\,p \qquad \rightarrow \qquad \underline{y_0=\dfrac{ap}{4a-b}} \qquad\qquad \underline{x_0=2y_0=\dfrac{2ap}{4a-b}}$

c) Hinreichende Bedingungen:

$U_{xx}''(x_0,y_0)=-2a<0 \qquad U_{yy}''(x_0,y_0)=-2b<0 \qquad U_{xy}''(x_0,y_0)=b$

Damit ist $\quad U_{xx}''(x_0,y_0)U_{yy}''(x_0,y_0)=(-2a)(-2b)=4ab$

und $\quad \left(U_{xy}''(x_0,y_0)\right)^2=b^2 \quad .$

Fall A: $\qquad 4a>b$

$\rightarrow \qquad U_{xx}''(x_0,y_0)U_{yy}''(x_0,y_0)>\left(U_{xy}''(x_0,y_0)\right)^2$

$\rightarrow \qquad$ ***relatives Maximum*** in (x_0,y_0)

Fall B: $\qquad 4a<b$

$\rightarrow \qquad U_{xx}''(x_0,y_0)U_{yy}''(x_0,y_0)<\left(U_{xy}''(x_0,y_0)\right)^2$

$\rightarrow \qquad$ ***Sattelpunkt*** in (x_0,y_0)

Abbildung 2.3-1 zeigt Fall A und Abbildung 2.3-2 Fall B.

Abbildung 2.3-1   **Umsatzfunktion mit relativem Maximum** $(4a>b)$

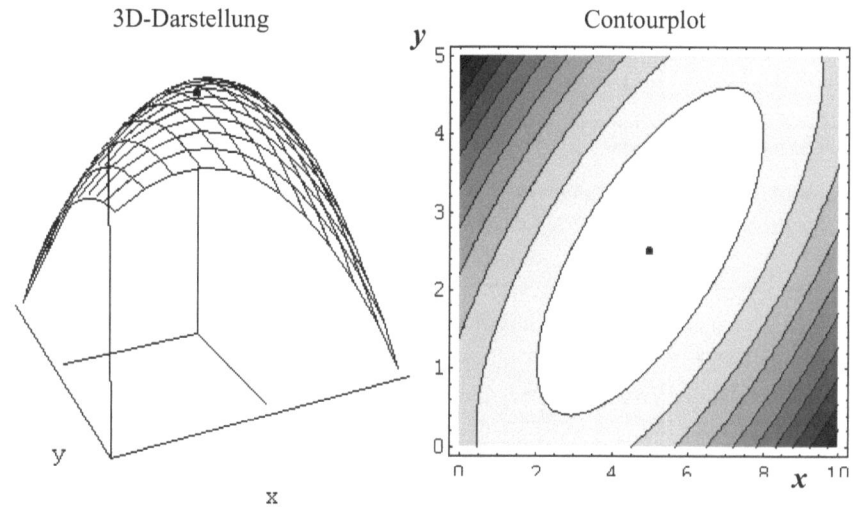

3D-Darstellung   Contourplot

Abbildung 2.3-2   **Umsatzfunktion mit Sattelpunkt** $(4a < b)$

3D-Darstellung   Contourplot

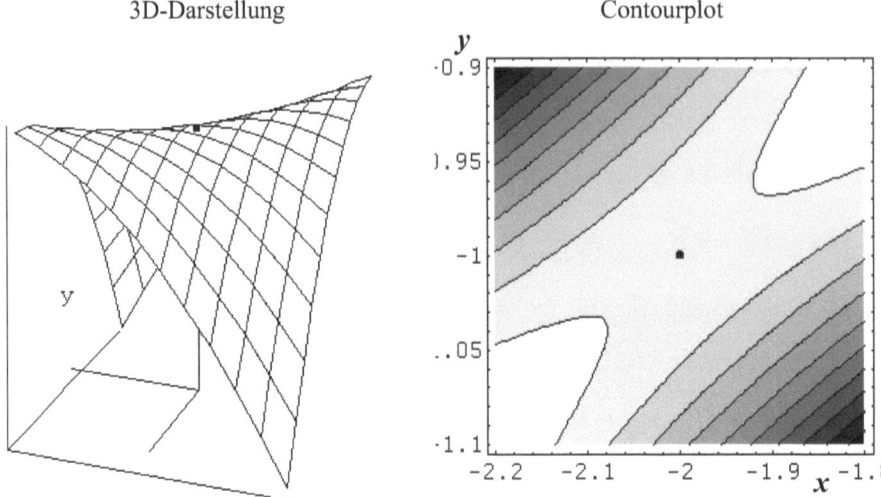

Allerdings erhält man im Fall B negative Preise für (x_0, y_0), so dass diese Lösung ökonomisch nicht relevant ist.

Aufgabe 2.2.2.4   Milchproduktion

$$K(x,y)= axy + \frac{4a}{x} + \frac{2a}{y} \qquad a > 0$$

a)   Partielle Ableitungen:

$$K'_x(x,y)= ay - \frac{4a}{x^2} \qquad K'_y(x,y)= ax - \frac{2a}{y^2}$$

$$K''_{xx}(x,y)= \frac{8a}{x^3} \qquad K''_{yy}(x,y)= \frac{4a}{y^3} \qquad K''_{xy}(x,y)= a$$

b)   Notwendige Bedingungen:

$$(1) \ \ K'_x(x_0,y_0)= ay_0 - \frac{4a}{x_0^2} = 0 \qquad \rightarrow \qquad y_0 = \frac{4}{x_0^2}$$

Häufiger Fehlschluss

Immer wieder versuchen einige, den stationären Punkt zu ermitteln, indem sie Gleichung (1) nach x_0 und Gleichung (2) nach y_0 umstellen. Hierbei erhielte man:

$$(1) \ \ y_0 = \frac{4}{x_0^2} \qquad\qquad \text{und} \qquad\qquad (2) \ \ x_0 = \frac{2}{y_0^2} \ \ .$$

Rechnerisch ist das korrekt, nur ist das nicht die Lösung, da sich x_0 nicht ohne y_0 bestimmen lässt und die Ermittlung von y_0 die Kenntnis von x_0 voraussetzt.

Um den stationären Punkt zu bestimmen, muss der aus Gleichung (1) ermittelte Term für y_0 in Gleichung (2) eingesetzt werden, bevor diese nach x_0 umgestellt wird.

$$(2) \ \ K'_y(x_0,y_0)= ax_0 - \frac{2a}{y_0^2} = 0$$

Nach dem Einsetzen der Formel für y_0 aus Gleichung (1) erhält man daraus:

$$\rightarrow \quad ax_0 - \frac{2a}{\left(\dfrac{4}{x_0^2}\right)^2} = ax_0 - \frac{2ax_0^4}{16} = ax_0 - \frac{ax_0^4}{8} = 0$$

Diese Gleichung wird mit 8 multipliziert und durch $a\,x_0$ dividiert.

$$\rightarrow \quad 8 - x_0^3 = 0 \quad \rightarrow \quad x_0^3 = 8 \quad \rightarrow \quad \underline{x_0 = \sqrt[3]{8} = 2} \qquad \underline{y_0 = \frac{4}{x_0^2} = \frac{4}{4} = 1}$$

c) Hinreichende Bedingungen:

$$K''_{xx}(x_0,y_0) = \frac{8a}{2^3} = a > 0 \qquad K''_{yy}(x_0,y_0) = \frac{4a}{1^3} = 4a > 0 \qquad K''_{xy}(x_0,y_0) = a$$

$$K''_{xx}(x_0,y_0)K''_{yy}(x_0,y_0) = 4a^2 > \left(K''_{xy}(x_0,y_0)\right)^2 = a^2$$

$$\rightarrow \qquad \textit{relatives Minimum} \text{ in } (x_0 , y_0)$$

Aufgabe 2.2.2.5   Lindt-Osterhasen

$$N(x,y) = 16\,ln\,x - (y-x)^2 - 4y$$

a) Partielle Ableitungen:

$$N'_x(x,y) = \frac{16}{x} + 2(y-x) \qquad N'_y(x,y) = -2(y-x) - 4$$

$$N''_{xx}(x,y) = -\frac{16}{x^2} - 2 \qquad N''_{yy}(x,y) = -2 \qquad N''_{xy}(x,y) = 2$$

b) Notwendige Bedingungen:

(1) $N'_x(x_0,y_0) = \dfrac{16}{x_0} + 2(y_0 - x_0) = 0$

(2) $N'_y(x_0,y_0) = -2(y_0 - x_0) - 4 = 0 \qquad \rightarrow \qquad -2y_0 + 2x_0 = 4$

$\rightarrow \quad -y_0 + x_0 = 2 \qquad\qquad\qquad\qquad \rightarrow \qquad x_0 = y_0 + 2$

(1) $\rightarrow \quad \dfrac{16}{x_0} + 2(y_0 - x_0) = \dfrac{16}{y_0 + 2} + 2(-2) = 0$

$\qquad \rightarrow \quad 16 - 4y_0 - 8 = 0 \quad \rightarrow \quad 4y_0 = 8 \quad \rightarrow \quad \underline{y_0 = 2} \qquad \underline{x_0 = y_0 + 2 = 4}$

c) Hinreichende Bedingungen: $(x_0 , y_0) = (4, 2)$

$$N''_{xx}(x_0,y_0) = -\frac{16}{4^2} - 2 = -1 - 2 = -3 < 0 \qquad N''_{yy}(x_0,y_0) = -2 < 0$$

$$N''_{xx}(x_0,y_0)N''_{yy}(x_0,y_0) = 6 > \left(N''_{xy}(x_0,y_0)\right)^2 = 4$$

→ Im Punkt $(x_0, y_0) = (4, 2)$ besitzt die Nachfrage nach Lindt-Osterhasen ein *relatives Maximum*.

Aufgabe 2.2.2.6   Hotelpreise

$$E(x, y) = \alpha(a - x)yx + \beta(b - y)xy \qquad\qquad a, b, \alpha, \beta > 0$$

a) Partielle Ableitungen:

Um die Produktregel zu vermeiden, empfiehlt es sich, die Erlösfunktion auszumultiplizieren oder x bzw. y in die Klammer hinein zu ziehen:

$$E(x, y) = \alpha(a - x)yx + \beta(b - y)xy = \alpha(ax - x^2)y + \beta(by - y^2)x$$

$$E'_x(x, y) = \alpha(a - 2x)y + \beta(b - y)y$$

$$E'_y(x, y) = \alpha(a - x)x + \beta(b - 2y)x$$

$$E''_{xx}(x, y) = -2\alpha y \quad E''_{yy}(x, y) = -2\beta x \quad E''_{xy}(x, y) = \alpha(a - 2x) + \beta(b - 2y)$$

b) Notwendige Bedingungen:

(1) $E'_x(x_0, y_0) = \alpha(a - 2x_0)y_0 + \beta(b - y_0)y_0 = 0$

(2) $E'_y(x_0, y_0) = \alpha(a - x_0)x_0 + \beta(b - 2y_0)x_0 = 0$

Da nur Preise $x, y > 0$ ökonomisch sinnvoll sind, kann Gleichung (1) durch y_0 und Gleichung (2) durch x_0 dividiert werden.

(1) $\alpha(a - 2x_0) + \beta(b - y_0) = 0$ \qquad (2) $\alpha(a - x_0) + \beta(b - 2y_0) = 0$

Nach dem Ausmultiplizieren und Umstellen beider Gleichungen erhält man:

(1) $2\alpha x_0 + \beta y_0 = \alpha a + \beta b$ \qquad (2) $\alpha x_0 + 2\beta y_0 = \alpha a + \beta b$

Nach den Subtraktionsverfahren ergibt sich daraus:

$2(1) - (2) \quad 3\alpha x_0 = \alpha a + \beta b \qquad \rightarrow \qquad x_0 = \dfrac{\alpha a + \beta b}{3\alpha}$

und

$2(2) - (1) \quad 3\beta y_0 = \alpha a + \beta b \qquad \rightarrow \qquad y_0 = \dfrac{\alpha a + \beta b}{3\beta}$

c*) Hinreichende Bedingungen:

$$E''_{xx}(x_0, y_0) = -2\alpha\,\frac{\alpha a + \beta b}{3\beta} \qquad\qquad E''_{yy}(x_0, y_0) = -2\beta\,\frac{\alpha a + \beta b}{3\alpha} < 0$$

$$E''_{xx}(x_0, y_0)\,E''_{yy}(x_0, y_0) = \frac{4\alpha\beta}{9\alpha\beta}(\alpha a + \beta b)^2 = \frac{4}{9}(\alpha a + \beta b)^2$$

$$E''_{xy}(x_0,y_0)=\alpha\left(a-2\frac{\alpha a+\beta b}{3\alpha}\right)+\beta\left(b-2\frac{\alpha a+\beta b}{3\beta}\right)$$

$$=\alpha a-\frac{2}{3}(\alpha a+\beta b)+\beta b-\frac{2}{3}(\alpha a+\beta b)$$

$$=\alpha a+\beta b-\frac{4}{3}(\alpha a+\beta b)=-\frac{1}{3}(\alpha a+\beta b)$$

$$E''_{xx}(x_0,y_0)E''_{yy}(x_0,y_0)=\frac{4}{9}(\alpha a+\beta b)^2>\left(E''_{xy}(x_0,y_0)\right)^2=\frac{1}{9}(\alpha a+\beta b)^2$$

$\rightarrow$ *relatives Maximum* in (x_0 , y_0)

d) $a = 75$ $\qquad$ $b = 150$ $\qquad$ $\alpha = 2$ $\qquad$ $\beta = 1$

$$x_0=\frac{\alpha a+\beta b}{3\alpha}=\frac{2\cdot 75+150}{3\cdot 2}=\underline{50}\qquad y_0=\frac{\alpha a+\beta b}{3\beta}=\frac{2\cdot 75+150}{3}=\underline{100}$$

Hinreichende Bedingungen:

$$E''_{xx}(x_0,y_0)=-2\alpha\, y_0=-2\cdot 2\cdot 100=-400>0$$

$$E''_{yy}(x_0,y_0)=-2\beta\, x_0=-2\cdot 50=-100>0$$

$$E''_{xy}(x_0,y_0)=\alpha(a-2x_0)+\beta(b-2y_0)=2(75-100)+(150-200)=-100$$

$$E''_{xx}(x_0,y_0)E''_{yy}(x_0,y_0)=400\cdot 100>\left(E''_{xy}(x_0,y_0)\right)^2=100^2$$

$\rightarrow$ *relatives Maximum* in (x_0 , y_0)

Aufgabe 2.2.2.7 $\qquad$ Kosten Tierhaltung

$$K(x,y)=-ax+y^2+a\frac{x^2}{y}+c\qquad\qquad a, c>0$$

a) Partielle Ableitungen

$$K'_x(x,y)=-a+2a\frac{x}{y}\qquad K'_y(x,y)=2y-a\frac{x^2}{y^2}$$

$$K''_{xx}(x,y)=\frac{2a}{y}\qquad\qquad K''_{yy}(x,y)=2+2a\frac{x^2}{y^3}\qquad K''_{xy}(x,y)=-2a\frac{x}{y^2}$$

b) Notwendige Bedingungen:

(1) $K'_x(x_0,y_0)=-a+2a\dfrac{x_0}{y_0}=0\ \rightarrow\ 2ax_0=ay_0\ \rightarrow\ x_0=\dfrac{y_0}{2}$

(2) $K'_y(x_0,y_0)=2y_0-a\dfrac{x_0^2}{y_0^2}=0\ \rightarrow\ 2y_0-a\dfrac{\frac{y_0^2}{4}}{y_0^2}=0$

$\rightarrow\qquad 2y_0-\dfrac{a}{4}=0\qquad\qquad\rightarrow\qquad \underline{y_0=\dfrac{a}{8}}\qquad \underline{x_0=\dfrac{a}{16}}$

c) Hinreichende Bedingungen:

$$K''_{xx}(x_0,y_0)=\frac{2a}{y_0}=\frac{2a}{\dfrac{a}{8}}=\underline{16}>0$$

$$K''_{yy}(x_0,y_0)=2+2a\frac{x_0^2}{y_0^3}=2+2a\frac{\dfrac{a^2}{16^2}}{\dfrac{a^3}{8^3}}=2+2\cdot\frac{8^3}{16^2}=2+2\cdot\frac{8}{4}=\underline{6}>0$$

$$K''_{xy}(x_0,y_0)=-2a\frac{x_0}{y_0^2}=-2a\frac{\dfrac{a}{16}}{\dfrac{a^2}{8^2}}=-2\frac{8^2}{16}=\underline{-8}$$

$$K''_{xx}(x_0,y_0)K''_{yy}(x_0,y_0)=16\cdot6=96>\left(K''_{xy}(x_0,y_0)\right)^2=8^2=64$$

$\rightarrow$ *relatives Minimum* in $(x_0,\,y_0)$

Aufgabe 2.2.2.8   Stiftung Warentest

$$U(x,y)=A_H(x,y)x+A_T(x,y)y=c\,y(a-x)+c\,x(b-y)y$$

a) Partielle Ableitungen:

$$U'_x(x,y)=-c\,y+c(b-y)y=c\,y(-1+b-y)$$

Im zweiten Summanden wird zur Vermeidung der Produktregel y in die Klammer gezogen.

$$U'_y(x,y)=c(a-x)+c\,x(b-2y)=c(a-x+bx-2xy)$$

$$U''_{xx}(x,y)=0 \qquad U''_{yy}(x,y)=-2cx \qquad U''_{xy}(x,y)=c(-1+b-2y)$$

b) Notwendige Bedingungen:

$$(1)\ \ U'_x(x_0,y_0)=c\,y_0(-1+b-y_0)=0$$

Es gibt zwei Lösungen: $y_{01}=0$, diese ist jedoch irrelevant und

$-1+b-y_{02}=0$ $\rightarrow$ $\underline{y_{02}=b-1}$

$$(2)\ \ U'_y(x_0,y_0)=c(a-x_0+bx_0-2x_0y_0)=0$$

Lösung für $y_{02}=b-1$:

$$U'_y(x_{02},y_{02})=c(a-x_{02}+bx_{02}-2x_{02}(b-1))=0$$

$$\rightarrow\ a-x_{02}+bx_{02}-2x_{02}(b-1)=a+x_{02}(-1+b-2b+2)=a+x_{02}(1-b)=0$$

$$\rightarrow\ x_{02}(b-1)=a \qquad\rightarrow\qquad \underline{x_{02}=\frac{a}{b-1}}$$

c) Hinreichende Bedingungen:

$$U''_{xx}(x_{02},y_{02})=0 \qquad\qquad U''_{yy}(x_{02},y_{02})=-2c\frac{a}{b-1}<0$$

$$U''_{xy}(x_{02},y_{02})=c(-1+b-2(b-1))=c(-b+1)$$

$$\rightarrow \quad U''_{xx}(x_0,y_0)U''_{yy}(x_0,y_0)=0<\left(U''_{xy}(x_0,y_0)\right)^2$$

da $b>1$ vorausgesetzt wurde

$\rightarrow$ kein relatives Maximum, sondern ein ***Sattelpunkt*** in (x_0,y_0)

Aufgabe 2.2.2.9   Kosten Molkerei

$$K(x,y)=a\,\ln x+by+\frac{2a}{xy} \qquad a,b>0$$

a) Partielle Ableitungen:

$$K'_x(x,y)=\frac{a}{x}-\frac{2a}{x^2y} \qquad\qquad K'_y(x,y)=b-\frac{2a}{xy^2}$$

$$K''_{xx}(x,y)=-\frac{a}{x^2}+\frac{4a}{x^3y} \qquad K''_{yy}(x,y)=\frac{4a}{xy^3} \qquad\qquad K''_{xy}(x,y)=\frac{2a}{x^2y^2}$$

b) Notwendige Bedingungen:

$$(1)\ \ K'_x(x_0,y_0)=\frac{a}{x_0}-\frac{2a}{x_0^2y_0}=0 \ \rightarrow\ ay_0-\frac{2a}{x_0}=0 \ \rightarrow\ y_0=\frac{2}{x_0}$$

$$(2)\ \ K'_y(x_0,y_0)=b-\frac{2a}{x_0y_0^2}=0 \ \rightarrow\ b-\frac{2a}{x_0y_0^2}=b-\frac{2a}{x_0\dfrac{4}{x_0^2}}=b-\frac{ax_0}{2}=0$$

$$\rightarrow\ \underline{x_0=\frac{2b}{a}} \qquad\qquad \rightarrow\qquad \underline{y_0=\frac{a}{b}}$$

c) Hinreichende Bedingungen:

$$K''_{xx}(x_0,y_0)=-\frac{a}{\dfrac{4b^2}{a^2}}+\frac{4a}{\dfrac{8b^3}{a^3}a}=-\frac{a^3}{4b^2}+\frac{a^3}{2b^2}=\frac{a^3}{4b^2}>0$$

$$K''_{yy}(x_0,y_0)=\frac{4a}{\dfrac{2b}{a}\dfrac{a^3}{b^3}}=\frac{2b^2}{a}>0 \qquad\qquad K''_{xy}(x_0,y_0)=\frac{2a}{\dfrac{4b^2}{a^2}\dfrac{a^2}{b^2}}=\frac{a}{2}$$

$$K''_{xx}(x_0,y_0)K''_{yy}(x_0,y_0)=\frac{a^2}{2}>\left(K''_{xy}(x_0,y_0)\right)^2=\frac{a^2}{4}$$

$\rightarrow$ ***relatives Minimum*** in (x_0,y_0)

Aufgabe 2.2.2.10   **BVG-Ticketpreise**

$$U(x,y)=A_K(x,y)x+A_N(y)y=2c\left(1-\frac{x}{y}\right)x+c(a-y)y$$

a) Um ohne die Produktregel auszukommen, werden x bzw. y in die Klammer hineinmultipliziert:

$$U(x,y)=2c\left(1-\frac{x}{y}\right)x+c(a-y)y=2c\left(x-\frac{x^2}{y}\right)+c\left(ay-y^2\right)$$

Partielle Ableitungen:

$$U'_x(x,y)=2c\left(1-2\frac{x}{y}\right) \qquad U'_y(x,y)=2c\frac{x^2}{y^2}+c(a-2y)$$

$$U''_{xx}(x,y)=-\frac{4c}{y} \qquad U''_{yy}(x,y)=-4c\frac{x^2}{y^3}-2c \qquad U''_{xy}(x,y)=4c\frac{x}{y^2}$$

b) Notwendige Bedingungen:

(1) $U'_x(x_0,y_0)=2c\left(1-2\frac{x_0}{y_0}\right)=0 \qquad \rightarrow \qquad y_0=2x_0$

(2) $U'_y(x_0,y_0)=4c\frac{x_0^2}{y_0^2}+c(a-2y_0)=0$

c) Hinreichende Bedingungen: $\quad (x_0,y_0)=(x_0,2x_0)$

$$U''_{xx}(x_0,2x_0)=-\frac{4c}{2x_0}=-\frac{2c}{x_0}<0$$

$$U''_{yy}(x_0,2x_0)=-4c\frac{x_0^2}{(2x_0)^3}-2c=-4c\frac{x_0^2}{8x_0^3}-2c=-\frac{c}{2x_0}-2c<0$$

$$U''_{xx}(x_0,2x_0)U''_{yy}(x_0,2x_0)=-\frac{2c}{x_0}\left(-\frac{c}{2x_0}-2c\right)=\frac{c^2}{x_0^2}+\frac{4c^2}{x_0}$$

$$U''_{xy}(x_0,2x_0)=4c\frac{x_0}{(2x_0)^2}=4c\frac{x_0}{4x_0^2}=\frac{c}{x_0}$$

$$U''_{xx}(x_0,2x_0)U''_{yy}(x_0,2x_0)=\frac{c^2}{x_0^2}+\frac{4c^2}{x_0}>\left(U''_{xy}(x_0,2x_0)\right)^2=\frac{c^2}{x_0^2}$$

d) $y_0=2x_0$

(2) $U'_y(x_0,y_0)=4c\frac{x_0^2}{y_0^2}+c(a-2y_0)=4c\frac{x_0^2}{4x_0^2}+c(a-4x_0)=0$

$\quad U'_y(x_0,y_0)=c+ca-4cx_0=0$

$\quad \rightarrow \qquad 4x_0=a+1 \qquad \rightarrow \qquad x_0=\frac{a+1}{4} \qquad y_0=\frac{a+1}{2}$

Aufgabe 2.2.2.11   **Agrarbetrieb**

$$E(x,y) = a\sqrt{x} + b\,ln(y+1) - xy + 10 \qquad x, y > 0.$$

a)   Partielle Ableitungen:

$$E'_x(x,y) = \frac{a}{2\sqrt{x}} - y \qquad E'_y(x,y) = \frac{b}{y+1} - x$$

$$E''_{xx}(x,y) = -\frac{a}{4x^{3/2}} \qquad E''_{yy}(x,y) = -\frac{b}{(y+1)^2} \qquad E''_{xy}(x,y) = -1$$

b)   Notwendige Bedingungen:

$$(1) \quad E'_x(x_0,y_0) = \frac{a}{2\sqrt{x_0}} - y_0 = 0 \qquad (2) \quad E'_y(x_0,y_0) = \frac{b}{y_0+1} - x_0 = 0$$

$(x_0, y_0) = (4, 2)$

$$E'_x(4,2) = \frac{a}{2\sqrt{4}} - 2 = 0 \qquad \rightarrow \qquad \frac{a}{4} = 2 \qquad \rightarrow \qquad \underline{a = 8}$$

$$E'_y(4,2) = \frac{b}{2+1} - 4 = 0 \qquad \rightarrow \qquad \frac{b}{3} = 4 \qquad \rightarrow \qquad \underline{b = 12}$$

c)   Hinreichende Bedingungen:

$$E''_{xx}(x_0,y_0) = -\frac{a}{4x_0^{3/2}} = -\frac{8}{4\cdot 4^{3/2}} = -\frac{8}{4\cdot 8} = -\frac{1}{4} < 0$$

$$E''_{yy}(x_0,y_0) = -\frac{b}{(y_0+1)^2} = -\frac{12}{(2+1)^2} = -\frac{12}{9} = -\frac{4}{3} < 0$$

$$E''_{xx}(x_0,y_0)E''_{yy}(x_0,y_0) = \left(-\frac{1}{4}\right)\left(-\frac{4}{3}\right) = \frac{1}{3} < \left(E''_{xy}(x_0,y_0)\right)^2 = (-1)^2 = 1$$

$\rightarrow$ *Sattelpunkt* in (x_0, y_0)

Aufgabe 2.2.2.12   **Tageszeitung**

$$E(x,y) = Z(x)x + A(x,y)y = \left(a - \frac{x}{b}\right)x + \left(a - \frac{x}{b}\right)(c-y)y$$

a)   Um die Produktregel zu vermeiden, werden x im ersten und y im zweiten Term in die Klammer hineingezogen:

$$E(x,y) = ax - \frac{x^2}{b} + \left(a - \frac{x}{b}\right)(cy - y^2)$$

Partielle Ableitungen:

$$E'_x(x,y) = a - \frac{2x}{b} - \frac{1}{b}(c-y)y \qquad E'_y(x,y) = \left(a - \frac{x}{b}\right)(c - 2y)$$

$$E''_{xx}(x,y) = -\frac{2}{b} \qquad E''_{yy}(x,y) = -2\left(a - \frac{x}{b}\right) \qquad E''_{xy}(x,y) = -\frac{1}{b}(c - 2y)$$

b) $\quad x_0 = \dfrac{ab}{2} - \dfrac{c^2}{8} \qquad\qquad y_0 = \dfrac{c}{2}$

Notwendige Bedingungen:

$$E'_x(x_0,y_0) = a - \frac{2}{b}\left(\frac{ab}{2} - \frac{c^2}{8}\right) - \frac{1}{b}\left(c - \frac{c}{2}\right)\frac{c}{2}$$

$$= a - a + \frac{2c^2}{8b} - \frac{1}{b}\frac{c}{2}\frac{c}{2} = \frac{c^2}{4b} - \frac{c^2}{4b} = 0$$

$$E'_y(x_0,y_0) = \left[a - \frac{1}{b}\left(\frac{ab}{2} - \frac{c^2}{8}\right)\right]\left(c - 2\frac{c}{2}\right)$$

$$= \left(a - \frac{a}{2} + \frac{c^2}{8b}\right)(c - c) = \left(\frac{a}{2} + \frac{c^2}{8b}\right)(c - c) = 0$$

Hinreichende Bedingungen:

$$E''_{xx}(x_0,y_0) = -\frac{2}{b} < 0$$

$$E''_{yy}(x_0,y_0) = -2\left[a - \frac{1}{b}\left(\frac{ab}{2} - \frac{c^2}{8}\right)\right] = -2\left(a - \frac{a}{2} + \frac{c^2}{8b}\right) = -a - \frac{c^2}{4b} < 0$$

$$E''_{xy}(x_0,y_0) = -\frac{1}{b}\left(c - 2\cdot\frac{c}{2}\right) = 0$$

$$E''_{xx}(x_0,y_0)\,E''_{yy}(x_0,y_0) = \frac{2}{b}\left(a + \frac{c^2}{4b}\right) > \left(E''_{xy}(x_0,y_0)\right)^2 = 0$$

$\rightarrow \qquad$ *relatives Maximum* in (x_0 , y_0)

Aufgabe 2.2.2.13 $\qquad$ Berliner Weiße

a) $\quad x$ = Menge Fruchtsaft in Litern $\qquad\qquad y$ = Menge Bier in Litern.

Menge Berliner Weiße $\quad M(x,y) = 10 - \dfrac{9}{x} - \dfrac{a}{y^2}$

Umsatz $\quad U(x,y) = 16\,M(x,y) = 160 - \dfrac{144}{x} - \dfrac{16a}{y^2}$

Kosten $\quad K(x,y) = x + 4y$

Gewinn $\quad G(x,y) = U(x,y) - K(x,y) = 160 - \dfrac{144}{x} - \dfrac{16a}{y^2} - x - 4y$

b) Partielle Ableitungen:

$$G'_x(x,y) = \frac{144}{x^2} - 1 \qquad\qquad G'_y(x,y) = \frac{32a}{y^3} - 4$$

$$G''_{xx}(x,y) = -\frac{288}{x^3} \qquad G''_{yy}(x,y) = -\frac{96a}{y^4} \qquad G''_{xy}(x,y) = 0$$

c) Notwendige Bedingungen:

$$G'_x(x_0,y_0) = \frac{144}{x_0^2} - 1 = 0 \qquad \rightarrow \qquad x_0^2 = 144 \qquad \rightarrow \qquad \underline{x_0 = 12}$$

Die negative Lösung -12 ist ökonomisch irrelevant.

$$G'_y(x_0,y_0) = \frac{32a}{y_0^3} - 4 = 0 \quad \rightarrow \quad 4y_0^3 = 32a \qquad \rightarrow \qquad \underline{y_0 = \sqrt[3]{8a} = 2a^{1/3}}$$

d) Hinreichende Bedingungen:

$$G''_{xx}(x_0,y_0) = -\frac{288}{x_0^3} = -\frac{2 \cdot 12^2}{12^3} = -\frac{1}{6} < 0$$

$$G''_{yy}(x_0,y_0) = -\frac{96a}{y_0^4} = -\frac{96a}{\left(2a^{1/3}\right)^4} = -\frac{96a}{16a^{4/3}} = -\frac{6}{a^{1/3}} < 0$$

$$G''_{xx}(x_0,y_0)G''_{yy}(x_0,y_0) = \frac{1}{a^{1/3}} > \left(G''_{xy}(x_0,y_0)\right)^2 = 0$$

$\rightarrow$ *relatives Maximum* in (x_0 , y_0)

Aufgabe 2.2.2.14   Werbung

Personen $\quad P(x,y,z) = P_I(x) + P_P(y) + P_{TV}(z) = a\left(1 - \frac{4}{x}\right) + 2a\,ln\,y + bz$.

a) Nebenbedingung: $\quad K = x + y + z \qquad \rightarrow \qquad z = K - x - y$

$$F(x,y) = P(x,y,K-x-y) = a\left(1 - \frac{4}{x}\right) + 2a\,ln\,y + b\,(K - x - y)$$

b) Partielle Ableitungen:

$$F'_x(x,y) = \frac{4a}{x^2} - b \qquad\qquad F'_y(x,y) = \frac{2a}{y} - b$$

$$F''_{xx}(x,y) = -\frac{8a}{x^3} \qquad\qquad F''_{yy}(x,y) = -\frac{2a}{y^2} \qquad\qquad F''_{xy}(x,y) = 0$$

c) Notwendige Bedingungen: relevant sind nur nichtnegativen Lösungen $x_0, y_0 \geq 0$

$$(1) \; F'_x(x_0,y_0) = \frac{4a}{x_0^2} - b = 0 \qquad\qquad \rightarrow \qquad x_0 = \sqrt{\frac{4a}{b}}$$

$$(2) \; F'_y(x_0,y_0) = \frac{2a}{y_0} - b = 0 \qquad\qquad \rightarrow \qquad y_0 = \frac{2a}{b}$$

d) Hinreichende Bedingungen:

$$F''_{xx}(x_0,y_0) = -\frac{8a}{x_0^3} < 0 \qquad F''_{yy}(x_0,y_0) = -\frac{2a}{y_0^2} \qquad F''_{xy}(x_0,y_0) = 0$$

Die für x_0 und y_0 ermittelten Werte müssen hier nicht mehr eingesetzt werden, da

$$F''_{xx}(x_0, y_0)F''_{yy}(x_0, y_0) = \frac{16\,a^2}{x_0^3 y_0^2} > \left(F''_{xy}(x_0, y_0)\right)^2 = 0$$

ist für beliebige positive Werte x_0 und y_0.

e) $K = 500$, $a = 500$, $b = 5$

$$x_0 = \sqrt{\frac{4a}{b}} = \sqrt{\frac{2000}{5}} = \underline{20} \qquad y_0 = \frac{2a}{b} = \frac{1000}{5} = \underline{200} \qquad z_0 = K - x_0 - y_0 = \underline{280}$$

Aufgabe 2.2.2.15 **Kosten Paddel**

$$K(x, y) = ax + by + \frac{c}{xy} \qquad\qquad a, b, c > 0$$

a) Partielle Ableitungen:

$$K'_x(x, y) = a - \frac{c}{x^2 y} \qquad\qquad K'_y(x, y) = b - \frac{c}{xy^2}$$

$$K''_{xx}(x, y) = 2\frac{c}{x^3 y} \qquad K''_{yy}(x, y) = 2\frac{c}{xy^3} \qquad K''_{xy}(x, y) = \frac{c}{x^2 y^2}$$

b) $K''_{xx}(x, y) = 2\dfrac{c}{x^3 y} > 0 \qquad K''_{yy}(x, y) = 2\dfrac{c}{xy^3} > 0 \qquad$ für $x, y > 0$

$$K''_{xx}(x, y)K''_{yy}(x, y) = 2\frac{c}{x^3 y}\,2\frac{c}{xy^3} = 4\frac{c^2}{x^4 y^4}$$

$$\left(K''_{xy}(x, y)\right)^2 = \left(\frac{c}{x^2 y^2}\right)^2 = \frac{c^2}{x^4 y^4}$$

$$K''_{xx}(x, y)K''_{yy}(x, y) > \left(K''_{xy}(x, y)\right)^2$$

$\rightarrow$ *relatives Minimum*, sofern die notwendigen Bedingungen erfüllt sind

c*) Notwendige Bedingungen: $\qquad x_0 = \sqrt[3]{\dfrac{bc}{a^2}} \qquad\qquad y_0 = \sqrt[3]{\dfrac{ac}{b^2}}$

$$K'_x(x_0, y_0) = a - \frac{c}{\left(\dfrac{bc}{a^2}\right)^{2/3}\left(\dfrac{ac}{b^2}\right)^{1/3}} = a - \frac{ca^{4/3}b^{2/3}}{b^{2/3}c^{2/3}a^{1/3}c^{1/3}} = a - \frac{a^{4/3}}{a^{1/3}} = a - a = 0$$

$$K'_y(x_0, y_0) = b - \frac{c}{\left(\dfrac{bc}{a^2}\right)^{1/3}\left(\dfrac{ac}{b^2}\right)^{2/3}} = b - \frac{ca^{2/3}b^{4/3}}{b^{1/3}c^{1/3}a^{2/3}c^{2/3}} = b - \frac{b^{4/3}}{b^{1/3}} = b - b = 0$$

d) Notwendige Bedingungen: $\qquad a = 1\,, b = 2\,, c = 32$

(1) $\quad K'_x(x_0, y_0) = 1 - \dfrac{32}{x_0^2 y_0} = 0 \;\rightarrow\; y_0 = \dfrac{32}{x_0^2}$

(2) $\quad K'_y(x_0, y_0) = 2 - \dfrac{32}{x_0 y_0^2} = 0 \;\rightarrow\; 2 - \dfrac{32}{x_0 \left(\dfrac{32}{x_0^2}\right)^2} = 2 - \dfrac{x_0^3}{32} = 0$

$\rightarrow \quad x_0^3 = 64 \qquad\qquad \rightarrow \qquad \underline{x_0 = \sqrt[3]{64} = 4} \qquad\qquad \underline{y_0 = \dfrac{32}{4^2} = 2}$

Die hinreichenden Bedingungen wurden unter **b)** bereits geprüft.

Aufgabe 2.2.2.16 $\qquad$ Tankstelle

$$U(x, y) = c\,(a - \ln x)\,x + c\,(2 - y)\,x\,y = c\,(ax - x\ln x + 2xy - xy^2)$$

a) Partielle Ableitungen: $\qquad$ *Produktregel*

$$f(x) = \ln x \qquad f'(x) = \frac{1}{x} \qquad g(x) = x \qquad g'(x) = 1$$

$$(x\ln x)' = f'(x)g(x) + f(x)g'(x) = \frac{1}{x}x + \ln x = 1 + \ln x$$

$$U'_x(x, y) = c(a - 1 - \ln x + 2y - y^2) \qquad U'_y(x, y) = c(2x - 2xy)$$

$$U''_{xx}(x, y) = -\frac{c}{x} \qquad U''_{yy}(x, y) = -2cx \qquad U''_{xy}(x, y) = c(2 - 2y)$$

b) Notwendige Bedingungen:

(1) $U'_x(x_0, y_0) = c(a - 1 - \ln x_0 + 2y_0 - y_0^2) = 0$

(2) $U'_y(x_0, y_0) = c(2x_0 - 2x_0 y_0) = 2c\,x_0(1 - y_0) = 0$

Gleichung (2) kann durch $2\,c\,x_0$ dividiert werden, da nur Lösungen mit $x_0 > 0$ relevant sind.

$\rightarrow \quad \underline{y_0 = 1}$

(1) $\quad c(a - 1 - \ln x_0 + 2y_0 - y_0^2) = c(a - 1 - \ln x_0 + 2 - 1) = c(a - \ln x_0) = 0$

$\rightarrow \quad \ln x_0 = a \qquad\qquad \rightarrow \qquad \underline{x_0 = e^a}$

c) Hinreichende Bedingungen: $\qquad\qquad (x_0, y_0) = (e^a, 1)$

$$U''_{xx}(x_0, y_0) = -\frac{c}{x_0} = -\frac{c}{e^a} < 0 \qquad\qquad U''_{yy}(x_0, y_0) = -2cx_0 = -2ce^a < 0$$

$$U''_{xy}(x_0, y_0) = c(2 - 2y_0) = c(2 - 2) = 0$$

$$U''_{xx}(x_0, y_0)U''_{yy}(x_0, y_0) = \left(-\frac{c}{e^a}\right)(-2ce^a) = 2c^2$$

$$U''_{xx}(x_0, y_0)U''_{yy}(x_0, y_0) = 2c^2 > \left(U''_{xy}(x_0, y_0)\right)^2 = 0$$

$\rightarrow$ *relatives Maximum* in (x_0, y_0)

Aufgabe 2.2.2.17   Zaunkosten

$$K(x, y) = x\,y - b\,ln\,x + \frac{c}{y} \qquad\qquad b, c > 0$$

a) Partielle Ableitungen:

$$K'_x(x, y) = y - \frac{b}{x} \qquad\qquad K'_y(x, y) = x - \frac{c}{y^2}$$

$$K''_{xx}(x, y) = \frac{b}{x^2} \qquad\qquad K''_{yy}(x, y) = 2\frac{c}{y^3} \qquad\qquad K''_{xy}(x, y) = 1$$

b) Notwendige Bedingungen:

(1) $\;K'_x(x_0, y_0) = y_0 - \dfrac{b}{x_0} = 0 \qquad \rightarrow \qquad y_0 = \dfrac{b}{x_0}$

(2) $\;K'_y(x_0, y_0) = x_0 - \dfrac{c}{y_0^2} = 0$

(2) $\;K'_y(x_0, y_0) = x_0 - \dfrac{c}{y_0^2} = x_0 - \dfrac{c}{\dfrac{b^2}{x_0^2}} = x_0 - \dfrac{cx_0^2}{b^2} = 0$

Da ein Zaunfeld der Länge null keineswegs zur Begrenzung eines Geländes geeignet ist, muss $x > 0$ sein. Das gleiche gilt für y. Man kann die Gleichung daher durch x_0 dividieren und mit b^2 multiplizieren.

$\rightarrow \qquad b^2 - cx_0 = 0 \qquad\qquad \rightarrow \qquad \underline{\underline{x_0 = \dfrac{b^2}{c}}}$

(1) $\quad y_0 = \dfrac{b}{x_0} = \dfrac{b}{\dfrac{b^2}{c}} = \dfrac{c}{b} \qquad\qquad \underline{\underline{y_0 = \dfrac{c}{b}}}$

c) Hinreichende Bedingungen:

$$K''_{xx}(x_0, y_0) = \frac{b}{x_0^2} = \frac{b}{\dfrac{b^4}{c^2}} = \frac{c^2}{b^3} > 0 \qquad K''_{yy}(x_0, y_0) = 2\frac{c}{y_0^3} = 2\frac{c}{\dfrac{c^3}{b^3}} = 2\frac{b^3}{c^2} > 0$$

$$K''_{xx}(x_0, y_0)K''_{yy}(x_0, y_0) = \frac{c^2}{b^3}2\frac{b^3}{c^2} = 2 > \left(K''_{xy}(x_0, y_0)\right)^2 = 1$$

d) $\;b = 1{,}6 \qquad c = 1 \qquad \rightarrow \qquad x_0 = \dfrac{b^2}{c} = \underline{2{,}56\text{ m}} \qquad y_0 = \dfrac{c}{b} = \underline{0{,}625\text{ m}}$

Aufgabe 2.2.2.18   **Kosmetik für den Mann**

Absatzmenge $A(x, y) = 400\,(a - x)\sqrt{y}$ $a > 0$

a) **Kosten** $K(x, y) = 400 + 4\,A(x, y) + y = 400 + 1\,600\,(a - x)\sqrt{y} + y$

   Umsatz $U(x, y) = x\,A(x, y) = 400\,x\,(a - x)\sqrt{y}$

   Gewinn $G(x, y) = U(x, y) - K(x, y)$

$$G(x, y) = 400\,x\,(a - x)\sqrt{y} - 400 - 1\,600\,(a - x)\sqrt{y} - y$$
$$= 400\,\big(ax - x^2 - 4a + 4x\big)\sqrt{y} - y - 400$$

b) Partielle Ableitungen erster Ordnung:

$$G'_x(x, y) = 400\,(a - 2x + 4)\sqrt{y}$$

$$G'_y(x, y) = \frac{400\,x(a - x) - 1600(a - x)}{2\sqrt{y}} - 1 = \frac{200\,x(a - x) - 800(a - x)}{\sqrt{y}} - 1$$

$$= \frac{200(a - x)(x - 4)}{\sqrt{y}} - 1$$

Notwendige Bedingungen:

(1) $G'_x(x_0, y_0) = 400\,(a - 2x_0 + 4)\sqrt{y_0} = 0$

   Da $y_0 > 0$ vorausgesetzt wurde, kann durch $\sqrt{y_0}$ dividiert werden.

$\quad\rightarrow\quad 2x_0 = a + 4 \qquad\qquad \rightarrow \qquad x_0 = \dfrac{a + 4}{2}$

(2) $G'_y(x_0, y_0) = 200\dfrac{(a - x_0)(x_0 - 4)}{\sqrt{y_0}} - 1 = 0$

$\quad\rightarrow\quad \sqrt{y_0} = 200\,(a - x_0)(x_0 - 4) = 200\left(a - \dfrac{a + 4}{2}\right)\left(\dfrac{a + 4}{2} - 4\right)$

$\quad\rightarrow\quad \sqrt{y_0} = 200\left(\dfrac{a - 4}{2}\right)\left(\dfrac{a}{2} - 2\right) = 200\left(\dfrac{a - 4}{2}\right)^2$

$\quad\rightarrow\quad \sqrt{y_0} = 200\left(\dfrac{a - 4}{2}\right)^2 = 50(a - 4)^2 \qquad \rightarrow \qquad \underline{y_0 = 2\,500\,(a - 4)^4}$

c) $y_0 = 2\,500\,(a - 4)^4 = 40\,000 \qquad\qquad \rightarrow \qquad (a - 4)^4 = \dfrac{40\,000}{2\,500} = 16$

$\quad\rightarrow\quad a - 4 = \pm\sqrt[4]{16} = \pm\,2 \quad\rightarrow\quad a_1 = 2 + 4 = 6 \qquad\qquad a_2 = -2 + 4 = 2$

a_1 ist der größere Wert, daher ist $a = a_1 = \underline{6}$ $\qquad\qquad x_0 = \dfrac{a + 4}{2} = \underline{5}$

d) Partielle Ableitungen zweiter Ordnung:

$$G''_{xx}(x,y) = 400\,(-2)\sqrt{y}$$

$$G''_{yy}(x,y) = -200\,\frac{(a-x)(x-4)}{2\,y^{3/2}} = -100\,\frac{(a-x)(x-4)}{y^{3/2}}$$

$$G''_{xy}(x,y) = 400\,\frac{a-2x+4}{2\sqrt{y}} = 200\,\frac{a-2x+4}{\sqrt{y}}$$

Hinreichende Bedingungen:

$$G''_{xx}(x_0,y_0) = G''_{xx}(5,40000) = -160\,000 < 0$$

$$G''_{yy}(x_0,y_0) = G''_{yy}(5,40\,000) = -0{,}0000125 < 0$$

$$G''_{xy}(x_0,y_0) = G''_{xy}(5,40000) = 0$$

$$G''_{xx}(x_0,y_0)\,G''_{yy}(x_0,y_0) = 2 > \left(G''_{xy}(x_0,y_0)\right)^2 = 0$$

→ In $(x_0\,,y_0) = (5\,,40\,000)$ besitzt die Gewinnfunktion ein *relatives Maximum*.

Aufgabe 2.2.2.19   Obstanbau

$$G(x,y) = 4\,ln\,x - \frac{9}{10-2x-y} + y$$

a) Partielle Ableitungen:

$$G'_x(x,y) = \frac{4}{x} - \frac{18}{(10-2x-y)^2} \qquad G'_y(x,y) = -\frac{9}{(10-2x-y)^2} + 1$$

$$G''_{xx}(x,y) = -\frac{4}{x^2} - \frac{72}{(10-2x-y)^3} \qquad G''_{yy}(x,y) = -\frac{18}{(10-2x-y)^3}$$

$$G''_{xy}(x,y) = -\frac{36}{(10-2x-y)^3}$$

b) Notwendige Bedingungen:

(1) $\displaystyle G'_x(x_0,y_0) = \frac{4}{x_0} - \frac{18}{(10-2x_0-y_0)^2} = 0$

(2) $\displaystyle G'_y(x_0,y_0) = -\frac{9}{(10-2x_0-y_0)^2} + 1 = 0$

$\rightarrow \qquad \dfrac{9}{(10-2x_0-y_0)^2} = 1 \qquad \rightarrow \qquad (10-2x_0-y_0)^2 = 9$

$\rightarrow \qquad 10-2x_0-y_0 = \pm\sqrt{9} = \pm 3$

→ 1. Lösung: $\quad 10-2\,x_{01}-y_{01} = 3 \;\rightarrow\; y_{01} = 10-2\,x_{01}-3 = 7 - 2\,x_{01}$

→ 2. Lösung: $\quad 10-2\,x_{02}-y_{02} = -3 \;\rightarrow\; y_{02} = 10-2\,x_{02}+3 = 13 - 2\,x_{02}$

→ $y_{01} < y_{02}$ $\quad$ bei gleichem x-Wert

(1) $\dfrac{4}{x_{01}} - \dfrac{18}{(10 - 2x_{01} - y_{01})^2} = \dfrac{4}{x_{01}} - \dfrac{18}{(10 - 2x_{01} - 7 + 2x_{01})^2} = \dfrac{4}{x_{01}} - \dfrac{18}{3^2} = 0$

$\rightarrow$ $\dfrac{4}{x_{01}} = 2$ $\rightarrow$ $x_{01} = \dfrac{4}{2} = 2$ $\qquad y_{01} = 7 - 2 \qquad \underline{x_{01} = 7 - 4 = 3}$

c) Hinreichende Bedingungen:

$G''_{xx}(x_{01}, y_{01}) = G''_{xx}(2,3) = -\dfrac{4}{2^2} - \dfrac{72}{(10 - 4 - 3)^3} = -1 - \dfrac{72}{3^3} = -1 - \dfrac{8}{3} = -\dfrac{11}{3} < 0$

$G''_{yy}(x_{01}, y_{01}) = G''_{yy}(2,3) = -\dfrac{18}{(10 - 4 - 3)^3} = -\dfrac{18}{3^3} = -\dfrac{2}{3} < 0$

$G''_{xy}(x_{01}, y_{01}) = G''_{xy}(2,3) = -\dfrac{36}{(10 - 4 - 3)^3} = -\dfrac{36}{3^3} = -\dfrac{4}{3}$

$G''_{xx}(x_{01}, y_{01})G''_{yy}(x_{01}, y_{01}) = \dfrac{22}{9} > \left[G''_{xy}(x_{01}, y_{01})\right]^2 = \dfrac{16}{9}$

$\rightarrow$ In $(x_{01}, y_{01}) = (2,3)$ liegt ein ***relatives. Maximum***

d*) Zweiter stationärer Punkt: $\qquad y_{02} = 13 - 2\,x_{02}$

(1) $G'_x(x_{02}, y_{02}) = \dfrac{4}{x_{02}} - \dfrac{18}{(10 - 2x_{02} - y_{02})^2} = \dfrac{4}{x_{02}} - \dfrac{18}{(10 - 2x_{02} - 13 + 2x_{02})^2} = 0$

$\rightarrow$ $\dfrac{4}{x_{02}} - \dfrac{18}{(-3)^2} = \dfrac{4}{x_{02}} - \dfrac{18}{9} = 0$ $\rightarrow$ $\dfrac{4}{x_{02}} = 2$

$\rightarrow$ $x_{02} = \dfrac{4}{2} = 2$ $\qquad \underline{y_{02} = 13 - 2 \qquad x_{02} = 13 - 4 = 9}$

e*) Hinreichende Bedingungen:

$G''_{xx}(x_{02}, y_{02}) = G''_{xx}(2,9) = -\dfrac{4}{2^2} - \dfrac{72}{(10 - 4 - 9)^3} = -1 - \dfrac{72}{(-3)^3}$

$= -1 + \dfrac{8}{3} = \dfrac{5}{3} > 0$

$G''_{yy}(x_{02}, y_{02}) = G''_{yy}(2,9) = -\dfrac{18}{(10 - 4 - 9)^3} = -\dfrac{18}{(-3)^3} = \dfrac{2}{3} > 0$

$G''_{xy}(x_{02}, y_{02}) = G''_{yy}(2,9) = -\dfrac{36}{(10 - 4 - 9)^3} = -\dfrac{36}{(-3)^3} = \dfrac{4}{3}$

$G''_{xx}(x_{02}, y_{02})G''_{xx}(x_{02}, y_{02}) = \dfrac{10}{9} < \left(G''_{xy}(x_{02}, y_{02})\right)^2 = \dfrac{16}{9}$

$\rightarrow$ In $(x_{02}, y_{02}) = (2, 9)$ liegt ein ***Sattelpunkt***

Aufgabe 2.2.2.20   **Verkauf Bekleidung**

$$G(x,y) = 100\, x^{1/2} y^{2/5} - 20x - 50y + 200$$

a) Partielle Ableitungen:

$$G'_x(x,y) = 50\, x^{-1/2}\, y^{2/5} - 20 \qquad\qquad G'_y(x,y) = 40\, x^{1/2}\, y^{-3/5} - 50$$

$$G''_{xx}(x,y) = -25\, x^{-3/2}\, y^{2/5} \qquad\qquad G''_{yy}(x,y) = -24\, x^{1/2}\, y^{-8/5}$$

$$G''_{xy}(x,y) = 20\, x^{-1/2}\, y^{-3/5}$$

b) Notwendige Bedingungen:

(1) $G'_x(x_0,y_0) = 50\, x_0^{-1/2} y_0^{2/5} - 20 = 0$

(2) $G'_y(x_0,y_0) = 40\, x_0^{1/2} y_0^{-3/5} - 50 = 0$

(1) $50\, x_0^{-1/2} y_0^{2/5} - 20 = 0 \qquad \rightarrow \qquad x_0^{-1/2} y_0^{2/5} = \dfrac{20}{50} = \dfrac{2}{5}$

$\rightarrow \qquad x_0^{1/2} = \dfrac{5}{2} y_0^{2/5} \qquad\qquad \rightarrow \qquad x_0 = \dfrac{25}{4} y_0^{4/5}$

(2) $40\, x_0^{1/2} y_0^{-3/5} - 50 = 40 \left(\dfrac{25}{4} y_0^{4/5} \right)^{1/2} y_0^{-3/5} - 50 = 0$

$\rightarrow \quad 40 \cdot \dfrac{5}{2} y_0^{2/5} y_0^{-3/5} - 50 = 100\, y_0^{-1/5} - 50 = 0$

$\rightarrow \qquad y_0^{1/5} = \dfrac{100}{50} = 2 \qquad \rightarrow \qquad \underline{y_0 = 2^5 = 32}$

$\rightarrow \qquad \underline{x_0 = \dfrac{25}{4} \cdot \left(2^5 \right)^{4/5} = \dfrac{25}{4} \cdot 2^4 = 100}$

stationärer Punkt $(x_0 , y_0) = (100 , 32)$

c) Hinreichende Bedingungen:

$$G''_{xx}(x_0,y_0) = -25\, x_0^{-3/2}\, y_0^{2/5} = -25 \cdot 100^{-3/2} \cdot 32^{2/5} = -25 \cdot \dfrac{1}{10^3} \cdot 2^2 = -0,1 < 0$$

$$G''_{yy}(x_0,y_0) = -24\, x_0^{1/2}\, y_0^{-8/5} = -24 \cdot 100^{1/2} \cdot 32^{-8/5} = -24 \cdot 10 \cdot \dfrac{1}{2^8} = -0,9375 < 0$$

$$G''_{xy}(x_0,y_0) = 20\, x_0^{-1/2}\, y_0^{-3/5} = 20 \cdot 100^{-1/2} \cdot 32^{-3/5} = 20 \cdot \dfrac{1}{10} \cdot \dfrac{1}{2^3} = 0,25 = 0,25$$

$$G''_{xx}(x_0,y_0)G''_{yy}(x_0,y_0) = 0,09375 > \left(G''_{xy}(x_0,y_0) \right)^2 = 0,25^2 = 0,0625$$

$\rightarrow$ in $(x_0 , y_0) = (100 , 32)$ befindet sich ein *relatives Maximum*

Aufgabe 2.2.2.21   **Kaffeespezialgeschäft**

Normaler Kaffee $\qquad\qquad N_N(x,y)=a\left(1-\dfrac{x}{y}\right)$

Entkoffeinierter Kaffee $\quad N_E(x,y)=a-\dfrac{1}{4}ln\,y \qquad\qquad a>0$

a) **Umsatz**

$$U(x,y)=N_N(x,y)\,x+N_E(x,y)\,y=a\left(x-\dfrac{x^2}{y}\right)+ay-\dfrac{y}{4}ln\,y$$

Partielle Ableitungen:

$$U_x'(x,y)=a\left(1-\dfrac{2x}{y}\right)$$

Für den letzten Summanden wird die **Produktregel** benötigt:

$$f(y)=\dfrac{y}{4} \qquad\qquad f'(y)=\dfrac{1}{4} \qquad\qquad g(y)=ln\,y \qquad g'(y)=\dfrac{1}{y}$$

$$\left(\dfrac{y}{4}ln\,y\right)'=f'(y)g(y)+f(y)g'(y)=\dfrac{1}{4}ln\,y+\dfrac{y}{4y}=\dfrac{1}{4}(ln\,y+1)$$

$$U_y'(x,y)=\dfrac{ax^2}{y^2}+a-\dfrac{1}{4}(ln\,y+1)$$

$$U_{xx}''(x,y)=-a\dfrac{2}{y} \qquad\qquad U_{yy}''(x,y)=-2\dfrac{ax^2}{y^3}-\dfrac{1}{4y} \qquad\qquad U_{xy}''(x,y)=a\dfrac{2x}{y^2}$$

b) Notwendige Bedingungen:

(1) $U_x'(x_0,y_0)=a\left(1-\dfrac{2x_0}{y_0}\right)=0 \qquad\rightarrow\qquad \underline{y_0=2x_0}$

(2) $U_y'(x_0,y_0)=\dfrac{ax_0^2}{y_0^2}+a-\dfrac{1}{4}(ln\,y_0+1)=0$

c) Hinreichende Bedingungen: $\qquad\qquad (x_0,2x_0)$

$$U_{xx}''(x_0,2x_0)=-a\dfrac{2}{y_0}=-a\dfrac{2}{2x_0}=-\dfrac{a}{x_0}<0$$

$$U_{yy}''(x_0,2x_0)=-2\dfrac{ax_0^2}{y_0^3}-\dfrac{1}{4y_0}=-2\dfrac{ax_0^2}{8x_0^3}-\dfrac{1}{8x_0}=-\dfrac{a}{4x_0}-\dfrac{1}{8x_0}<0$$

$$U_{xy}''(x_0,2x_0)=a\dfrac{2x_0}{y_0^2}=a\dfrac{2x_0}{4x_0^2}=\dfrac{a}{2x_0}$$

$$U_{xx}''(x_0,2x_0)U_{yy}''(x_0,2x_0)=-\dfrac{a}{x_0}\left(-\dfrac{a}{4x_0}-\dfrac{1}{8x_0}\right)=\dfrac{a^2}{4x_0^2}+\dfrac{a}{8x_0^2}$$

$$U''_{xx}(x_0,2x_0)U''_{yy}(x_0,2x_0)=\frac{a^2}{4x_0^2}+\frac{a}{8x_0^2}>\left(U''_{xy}(x_0,2x_0)\right)^2=\frac{a^2}{4x_0^2}$$

→   **relatives Maximum** in $(x_0 , 2\, x_0)$

d)   Notwendige Bedingung:

$$(2)\ U'_y(x_0,2x_0)=\frac{a\,x_0^2}{4\,x_0^2}+a-\frac{1}{4}(ln(2x_0)+1)=\frac{a}{4}+a-\frac{1}{4}(ln(2x_0)+1)=0$$

→ $a+4a-ln(2x_0)-1=0$ → $ln(2x_0)=5\,a-1$

→ $2x_0=e^{5a-1}$ → $\underline{x_0=\frac{1}{2}e^{5a-1}}$ $\underline{y_0=e^{5a-1}}$

2.3.2.3 Relative Extrema unter Nebenbedingungen

Relative Extrema unter Nebenbedingungen

Der Einfachheit halber sollen hier drei Variable x, y, z und zwei Nebenbedingungen betrachtet werden.

Funktion: $f(x,y,z)$ Nebenbedingungen: $g_1(x,y,z)=0$
                                                         $g_2(x,y,z)=0$

Damit die Nebenbedingungen diese Form besitzen, müssen sie zuvor entsprechend umgestellt werden.

Lagrangefunktion: $L(x,y,z,\lambda_1,\lambda_2)=f(x,y,z)+\lambda_1 g_1(x,y,z)+\lambda_2 g_2(x,y,z)$

Damit die Funktion $f(x,y,z)$ unter Einhaltung der beiden Nebenbedingungen ein relatives Minimum oder Maximum annimmt, müssen alle partiellen Ableitungen der Lagrangefunktion null sein:

$$L'_x(x_0,y_0,z_0,\lambda_{10},\lambda_{20})=0 \qquad L'_{\lambda_1}(x_0,y_0,z_0,\lambda_{10},\lambda_{20})=g_1(x,y,z)=0$$

$$L'_y(x_0,y_0,z_0,\lambda_{10},\lambda_{20})=0 \qquad L'_{\lambda_2}(x_0,y_0,z_0,\lambda_{10},\lambda_{20})=g_2(x,y,z)=0$$

$$L'_z(x_0,y_0,z_0,\lambda_{10},\lambda_{20})=0$$

Die ermittelten Werte der Lagrangemultiplikatoren λ_{10}, λ_{20} lassen sich interpretieren als näherungsweise Veränderung des Funktionswertes $f(x,y,z)$ infolge einer Veränderung der betreffenden Nebenbedingung um eine Einheit zu $g_1(x,y,z)=1$ bzw. $g_2(x,y,z)=1$ bei optimaler Wahl der Werte von x, y und z.

Aufgabe 2.2.3.1   **Werbung Elektroauto**

$$P(x,y,z)=c\,ln\,x+4c\,\sqrt{y}+c\,z$$

a)   Nebenbedingung: $x+y+z=10$ $g(x,y,z)=10-x-y-z=0$

Lagrangefunktion:

$$L(x,y,z,\lambda)=P(x,y,z)+\lambda(10-x-y-z)$$

$$=c\,ln\,x+4c\sqrt{y}+c\,z+\lambda(10-x-y-z)$$

b) Partielle Ableitungen:

$$L'_x(x,y,z,\lambda)=\frac{c}{x}-\lambda \qquad\qquad L'_y(x,y,z,\lambda)=\frac{4c}{2\sqrt{y}}-\lambda=\frac{2c}{\sqrt{y}}-\lambda$$

$$L'_z(x,y,z,\lambda)=c-\lambda \qquad\qquad L'_\lambda(x,y,z,\lambda)=10-x-y-z$$

c) Notwendige Bedingungen:

Am besten beginnt man hier mit der dritten Bedingung, der Ableitung nach z, da diese Gleichung nur die unbekannte Variable λ_0 enthält.

(3) $L'_z(x_0,y_0,z_0,\lambda_0)=c-\lambda_0=0 \qquad\rightarrow\qquad \underline{\lambda_0=c}$

(1) $L'_x(x_0,y_0,z_0,\lambda_0)=\dfrac{c}{x_0}-\lambda_0=0 \qquad\rightarrow\qquad \underline{x_0=\dfrac{c}{\lambda_0}=1}$

(2) $L'_y(x_0,y_0,z_0,\lambda_0)=\dfrac{2c}{\sqrt{y_0}}-\lambda_0=0 \qquad\rightarrow\qquad \sqrt{y_0}=\dfrac{2c}{\lambda_0}=2$

$\underline{y_0=2^2=4}$

(4) $L'_\lambda(x_0,y_0,z_0,\lambda_0)=10-x_0-y_0-z_0=10-1-4-z_0=0 \qquad \underline{z_0=5}$

d) Interpretation $\lambda_0=c$

Wenn sich das Werbebudget um 1 Mio. € erhöht, so steigt die Zahl der Personen, die das Produkt aus der Werbung kennen, um c Mio. bei optimaler Aufteilung des Budgets auf die drei Werbemedien.

Aufgabe 2.2.3.2   Bus- und Flugreisen

$$U(x,y)=x\,B(x)+y\,F(y)=a\,x-\frac{x^2}{b}+2a\,y-\frac{y^2}{2b}$$

a) Nebenbedingung: G = Anzahl Reisebuchungen (Flug- und Busreisen) insgesamt

$$G=B(x)+F(y)=a-\frac{x}{b}+2a-\frac{y}{2b}=3a-\frac{x}{b}-\frac{y}{2b}$$

$$g(x,y)=G-3a+\frac{x}{b}+\frac{y}{2b}=0$$

b) Lagrangefunktion:

$$L(x,y,\lambda)=a\,x-\frac{x^2}{b}+2a\,y-\frac{y^2}{2b}+\lambda\left(G-3a+\frac{x}{b}+\frac{y}{2b}\right)$$

c) Partielle Ableitungen:

$$L'_x(x,y,\lambda)=a-2\frac{x}{b}+\frac{\lambda}{b} \qquad\qquad L'_y(x,y,\lambda)=2a-\frac{y}{b}+\frac{\lambda}{2b}$$

$$L'_\lambda(x,y,\lambda)=G-3a+\frac{x}{b}+\frac{y}{2b}$$

d) Notwendige Bedingungen:

(1) $L'_x(x_0,y_0,\lambda_0)=a-2\dfrac{x_0}{b}+\dfrac{\lambda_0}{b}=0 \;\rightarrow\; 2\dfrac{x_0}{b}=a+\dfrac{\lambda_0}{b} \quad\rightarrow x_0=\dfrac{ab+\lambda_0}{2}$

(2) $L'_y(x_0,y_0,\lambda_0)=2a-\dfrac{y_0}{b}+\dfrac{\lambda_0}{2b}=0\rightarrow \dfrac{y_0}{b}=2a+\dfrac{\lambda_0}{2b} \;\rightarrow\; y_0=2ab+\dfrac{\lambda_0}{2}$

(3) $L'_\lambda(x_0,y_0,\lambda_0)=G-3a+\dfrac{x_0}{b}+\dfrac{y_0}{2b}=0$

In allen drei Gleichungen sind jeweils zwei Variable enthalten. Daher wurden Gleichung (1) nach x_0, (2) nach y_0 umgestellt. Beide Formeln enthalten dann nur noch λ_0 als unbekannte Variable.

Die Ergebnisse werden nun in Gleichung (3) eingesetzt, um damit λ_0 zu ermitteln.

$$(3) \;\rightarrow\;\; G-3a+\frac{ab+\lambda_0}{2b}+\frac{2ab+\lambda_0/2}{2b}=G-3a+\frac{a}{2}+\frac{\lambda_0}{2b}+a+\frac{\lambda_0}{4b}=0$$

$$\rightarrow\;\; \frac{\lambda_0}{2b}+\frac{\lambda_0}{4b}=\frac{3}{2}a-G \;\;\rightarrow\;\; \frac{3\lambda_0}{4b}=\frac{3}{2}a-G \;\rightarrow\; \lambda_0=2ab-\frac{4}{3}bG$$

e) $a=300 \quad b=2 \quad G=150 \quad \lambda_0=800 \quad x_0=700\,€ \quad y_0=1\,600\,€$

Erhöht sich die Zahl der Reisenden von bisher G um einen, dann steigt der Umsatz um ca. 800 € bei optimaler Wahl der Preise.

Aufgabe 2.2.3.2   Grundstückspreis

a) Das Rechteck mit der Fläche $x\,y$ wird mit dem vollen Preis p bewertet. Für die Restfläche $ab/2-x\,y$ wird nur der halbe Preis $p/2$ angesetzt.

$$P(x,y)=pxy+\frac{p}{2}\left(\frac{ab}{2}-xy\right)=pxy+\frac{p}{4}ab-\frac{p}{2}xy=\frac{p}{2}xy+\frac{p}{4}ab$$

b) Nebenbedingung : $\quad g(x,y)=y-b+\dfrac{b}{a}x=0$

     Lagrangefunktion: $\quad L(x,y,\lambda)=\dfrac{p}{2}xy+\dfrac{p}{4}ab+\lambda\left(y-b+\dfrac{b}{a}x\right)$

c) Partielle Ableitungen:

$$L'_x(x,y,\lambda)=\frac{p}{2}y+\lambda\frac{b}{a} \qquad L'_y(x,y,\lambda)=\frac{p}{2}x+\lambda \qquad L'_\lambda(x,y,\lambda)=y-b+\frac{b}{a}x$$

d) Notwendige Bedingungen:

(1) $L'_x(x_0,y_0,\lambda_0)=\dfrac{p}{2}y_0+\lambda_0\dfrac{b}{a}=0$ $\rightarrow$ $\underline{y_0=\dfrac{-2\lambda_0 b}{ap}}$

(2) $L'_y(x_0,y_0,\lambda_0)=\dfrac{p}{2}x_0+\lambda_0=0$ $\rightarrow$ $\underline{x_0=\dfrac{-2\lambda_0}{p}}$

(3) $L'_\lambda(x_0,y_0,\lambda_0)=y_0-b+\dfrac{b}{a}x_0=0$

Jede der drei Gleichungen enthält zwei zu bestimmende Variable, die erste x_0 und λ_0, die zweite y_0 und λ_0. Hier wurde Gleichung (1) nach y_0 und Gleichung (2) nach x_0 umgestellt, so dass beide nur noch von λ_0 abhängen. Die Ergebnisse werden nun in Gleichung (3) eingesetzt, die dann nach λ_0 umgestellt wird.

(3) $y_0-b+\dfrac{b}{a}x_0=\dfrac{-2\lambda_0 b}{ap}-b+\dfrac{b}{a}\left(-\dfrac{2\lambda_0}{p}\right)=0$

$\rightarrow$ $\dfrac{-2\lambda_0 b}{ap}+\dfrac{-2\lambda_0 b}{ap}=-\dfrac{4\lambda_0 b}{ap}=b$

$\rightarrow$ $\underline{\lambda_0=-\dfrac{ap}{4}}$ $\quad$ $\underline{x_0=\dfrac{-2\lambda_0}{p}=\dfrac{a}{2}}$ $\quad$ $\underline{y_0=\dfrac{-2\lambda_0 b}{ap}=\dfrac{b}{2}}$

e) $a=30$ m $\qquad b=40$ m $\qquad p=200$ €/m²

$x_0=\dfrac{a}{2}=\underline{15\text{ m}}$ $\qquad\qquad y_0=\dfrac{b}{2}=\underline{20\text{ m}}$

$P(x_0,y_0)=P(15,20)=100\cdot15\cdot20+50\cdot30\cdot40=\underline{90\,000\text{ €}}$

f) $\lambda_0=-\dfrac{ap}{4}=-1\,500$

Wenn die längste Grundstücksgrenze (Hypotenuse des Dreiecks) 1 m weiter außerhalb verliefe, würde der Grundstückspreis bei optimaler Wahl der Seitenlängen des Rechtecks um ca. 1 500 € steigen.

Aufgabe 2.2.3.4 $\qquad$ Verkaufsflächen bei Kosmetikmarken

$$U(x,y,z)=ax+\frac{a}{4}y^2+4a\sqrt{z}\qquad\qquad a>0$$

a) Nebenbedingung: $\quad x+y+z=10$ $\qquad g(x,y,z)=10-x-y-z=0$

Lagrangefunktion: $\quad L(x,y,z,\lambda)=ax+\dfrac{a}{4}y^2+4a\sqrt{z}+\lambda(10-x-y-z)$

b) Partielle Ableitungen:

$L'_x(x,y,z,\lambda)=a-\lambda$ $\qquad L'_y(x,y,z,\lambda)=\dfrac{a}{2}y-\lambda$ $\qquad L'_z(x,y,z,\lambda)=\dfrac{2a}{\sqrt{z}}-\lambda$

$L'_\lambda(x,y,z,\lambda)=10-x-y-z$

c) Notwendige Bedingungen:

(1) $L'_x(x_0,y_0,z_0,\lambda_0)=a-\lambda_0=0$ $\qquad \rightarrow \qquad \underline{\lambda_0=a}$

Da die erste Gleichung nur die Variable λ_0 enthält, wird sie nach dieser umgestellt. Damit lassen sich aus Gleichung (2) der Wert y_0 und aus Gleichung (3) z_0 bestimmen.

(2) $L'_y(x_0,y_0,z_0,\lambda_0)=\dfrac{a}{2}y_0-\lambda_0=0$ $\qquad \rightarrow \qquad y_0=\dfrac{2\lambda_0}{a}=\dfrac{2a}{a}=\underline{2}$

(3) $L'_z(x_0,y_0,z_0,\lambda_0)=\dfrac{2a}{\sqrt{z_0}}-\lambda_0=0$ $\qquad \rightarrow \qquad \sqrt{z_0}=\dfrac{2a}{\lambda_0}=\dfrac{2a}{a}=2 \rightarrow z_0=\underline{4}$

(4) $L'_\lambda(x_0,y_0,z_0,\lambda_0)=10-x_0-y_0-z_0=0 \rightarrow \qquad x_0=10-2-4=\underline{4}$

d) $\lambda_0=a$

*Wenn die Verkaufsfläche um einen Regalmeter vergrößert wird, so steigt der Umsatz bei optimaler Aufteilung der Fläche auf die drei Marken um **a** TE.*

Aufgabe 2.2.3.5 $\qquad$ Bettwäsche

$$p_1(x_1)=c_1\left(1-\frac{x_1}{G}\right) \qquad p_2(x_2)=c_2\left(1-\frac{x_2}{G}\right) \qquad p_3(x_3)=c_3\left(1-\frac{x_3}{G}\right)$$

a) **Umsatz** (= Preis · Menge)

$$U(x_1,x_2,x_3)=p_1(x_1)x_1+p_2(x_2)x_2+p_3(x_3)x_3$$

$$=c_1\left(x_1-\frac{x_1^2}{G}\right)+c_2\left(x_2-\frac{x_2^2}{G}\right)+c_3\left(x_3-\frac{x_3^2}{G}\right)=\sum_{i=1}^{3}c_i\left(x_i-\frac{x_i^2}{G}\right)$$

b) Nebenbedingung: $\qquad G=x_1+x_2+x_3 \qquad g(x_1,x_2,x_3)=G-x_1-x_2-x_3=0$

Lagrangefunktion: $\qquad L(x_1,x_2,x_3,\lambda)=\sum_{i=1}^{3}c_i\left(x_i-\frac{x_i^2}{G}\right)+\lambda(G-x_1-x_2-x_3)$

c) Partielle Ableitungen:

$$L'_{x_i}(x_1,x_2,x_3)=c_i\left(1-2\frac{x_i}{G}\right)-\lambda \qquad\qquad i=1,2,3$$

$$L'_\lambda(x_1,x_2,x_3,\lambda)=G-x_1-x_2-x_3$$

d) Notwendige Bedingungen: $\qquad i=1,2,3$

$$L'_{x_i}(x_{10},x_{20},x_{30},\lambda_0)=c_i\left(1-2\frac{x_{i0}}{G}\right)-\lambda_0=0 \qquad \rightarrow \qquad 1-2\frac{x_{i0}}{G}=\frac{\lambda_0}{c_i}$$

$$\rightarrow \quad 2\frac{x_{i0}}{G}=1-\frac{\lambda_0}{c_i} \quad \rightarrow \quad x_{i0}=\frac{G}{2}\left(1-\frac{\lambda_0}{c_i}\right)$$

$$L'_\lambda(x_{10},x_{20},x_{30},\lambda_0)=G-x_{10}-x_{20}-x_{30}=0$$

$$\rightarrow \quad G - \frac{G}{2}\left(1-\frac{\lambda_0}{c_1}\right) - \frac{G}{2}\left(1-\frac{\lambda_0}{c_2}\right) - \frac{G}{2}\left(1-\frac{\lambda_0}{c_3}\right) = 0$$

Diese Gleichung wird mit 2 multipliziert und durch G dividiert.

$$\rightarrow \quad 2-1+\frac{\lambda_0}{c_1}-1+\frac{\lambda_0}{c_2}-1+\frac{\lambda_0}{c_3} = 0 \quad \rightarrow \quad \frac{\lambda_0}{c_1}+\frac{\lambda_0}{c_2}+\frac{\lambda_0}{c_3} = 1$$

$$\rightarrow \quad \left(\frac{1}{c_1}+\frac{1}{c_2}+\frac{1}{c_3}\right)\lambda_0 = 1 \qquad \rightarrow \qquad \lambda_0 = \frac{1}{\dfrac{1}{c_1}+\dfrac{1}{c_2}+\dfrac{1}{c_3}}$$

e) $c_1 = 160$, $c_2 = 32$, $c_3 = 80$ und $G = 800$

$$\lambda_0 = \frac{1}{\dfrac{1}{c_1}+\dfrac{1}{c_2}+\dfrac{1}{c_3}} = \frac{1}{\dfrac{1}{160}+\dfrac{1}{32}+\dfrac{1}{80}} = \frac{160}{1+5+2} = \underline{20}$$

Wenn ein Bettwäsche-Set mehr produziert wird, dann erhöht sich der Umsatz bei optimaler Aufteilung der Produktionsmenge auf die drei Sorten um 20 €.

$$x_{10} = \frac{G}{2}\left(1-\frac{\lambda_0}{c_1}\right) = 400\left(1-\frac{20}{160}\right) = \underline{350}$$

$$x_{20} = \frac{G}{2}\left(1-\frac{\lambda}{c_2}\right) = 400\left(1-\frac{20}{32}\right) = \underline{150}$$

$$x_{30} = \frac{G}{2}\left(1-\frac{\lambda}{c_3}\right) = 400\left(1-\frac{20}{80}\right) = \underline{300}$$

Aufgabe 2.2.3.6   Wasserbassin

a) Höhenlinie

$$A(x,y)=100=2xy+\frac{\pi}{2}y^2 \quad \rightarrow \quad 2xy=100-\frac{\pi}{2}y^2 \quad \rightarrow \quad x=\frac{100-\dfrac{\pi}{2}y^2}{2y}$$

$$x=\frac{50}{y}-\frac{\pi}{4}y$$

Für alle Kombinationen der Seitenlänge des Rechtecks x und des Radius y, die die obige Gleichung erfüllen, hat das Wasserbecken eine Fläche von 100 m².

b) Nebenbedingung: $U(x,y) = 2x + 2y + \pi y = 50$ $g(x,y)= 50 - 2x - 2y - \pi y = 0$

Lagrangefunktion: $L(x,y,\lambda)=2xy+\dfrac{\pi}{2}y^2 + \lambda(50-2x-2y-\pi y)$

c) Partielle Ableitungen:

$$L'_x(x,y,\lambda)=2y-2\lambda \qquad\qquad L'_y(x,y,\lambda)=2x+\pi y-2\lambda-\pi\lambda$$

$$L'_\lambda(x,y,\lambda)=50-2x-2y-\pi y$$

d) Notwendige Bedingungen:

(1) $L'_x(x_0, y_0, \lambda_0) = 2y_0 - 2\lambda_0 = 0$ $\rightarrow$ $\underline{\underline{y_0 = \lambda_0}}$

(2) $L'_y(x_0, y_0, \lambda_0) = 2x_0 + \pi\, y_0 - 2\lambda_0 - \pi\, \lambda_0 = 0$

(3) $L'_\lambda(x_0, y_0, \lambda_0) = 50 - 2x_0 - 2y_0 - \pi\, y_0 = 0$

Nachdem die erste Gleichung nach y_0 umgestellt wurde, kann dieser Wert in Gleichung (2) eingesetzt werden, die nach x_0 umgestellt wird.

(2) $2x_0 + \pi\lambda_0 - 2\lambda_0 - \pi\lambda_0 = 0$ $\rightarrow$ $\underline{\underline{x_0 = \lambda_0}}$

Nach dem Einsetzen beider Werte in die dritte Gleichung wird diese nach dem noch fehlenden Wert λ_0 aufgelöst.

(3) $50 - 2\lambda_0 - 2\lambda_0 - \pi\, \lambda_0 = 50 - (4 + \pi)\lambda_0 = 0$ $\rightarrow$ $\underline{\underline{\lambda_0 = \dfrac{50}{4 + \pi} \approx 7}}$

$\underline{\underline{x_0 = y_0 = \lambda_0 \approx 7}}$

e) *Wenn der Umfang von 50 m auf 51 m vergrößert wird, erhöht sich die maximale Fläche näherungsweise um 7 m².*

Aufgabe 2.2.3.7 Verkaufsflächen bei Bekleidungsmarken

$$U(x.y.z) = \left(2 + \frac{1}{x}\right)x + (6 - y)\,y + (5 - \sqrt{z})\,z = 2x + 1 + 6y - y^2 + 5z - z^{3/2}$$

a) Nebenbedingung: $x + y + z = 12$ $g(x, y, z) = 12 - x - y - z = 0$

Lagrangefunktion:

$$L(x, y, z, \lambda) = 2x + 1 + 6y - y^2 + 5z - z^{3/2} + \lambda(12 - x - y - z)$$

b) Partielle Ableitungen:

$L'_x(x, y, z, \lambda) = 2 - \lambda$ $L'_y(x, y, z, \lambda) = 6 - 2y - \lambda$

$L'_z(x, y, z, \lambda) = 5 - \dfrac{3}{2}\sqrt{z} - \lambda$ $L'_\lambda(x, y, z, \lambda) = 12 - x - y - z$

c) Notwendige Bedingungen:

(1) $L'_x(x_0, y_0, z_0, \lambda_0) = 2 - \lambda_0 = 0$ $\rightarrow$ $\lambda_0 = \underline{2}$

(2) $L'_y(x_0, y_0, z_0, \lambda_0) = 6 - 2y_0 - \lambda_0 = 0$ $\rightarrow$ $y_0 = \dfrac{6 - \lambda_0}{2} = \dfrac{6 - 2}{2} = \underline{2}$

(3) $L'_z(x_0, y_0, z_0, \lambda_0) = 5 - \dfrac{3}{2}\sqrt{z_0} - \lambda_0 = 0$ $\rightarrow$ $\dfrac{3}{2}\sqrt{z_0} = 5 - \lambda_0 = 3$

$\sqrt{z_0} = \dfrac{2}{3} \cdot 3 = 2$ $\rightarrow$ $z_0 = \underline{4}$

(4) $L'_\lambda(x_0,y_0,z_0,\lambda_0)=12-x_0-y_0-z_0=0 \quad \rightarrow \quad x_0=12-2-4=\underline{6}$

d) $\lambda_0 = 2$

Erhöht sich die insgesamt verfügbare Verkaufsfläche um 1 m², so steigt der Umsatz um 2 000 € pro Tag bei optimaler Aufteilung der Fläche auf die drei Marken.

Aufgabe 2.2.3.8   Waschmittel

$$U(x,y,z)= N_P(x,y)\,x+ N_T(y,z)\,y+ N_F(z)\,z$$
$$= a\,(y-x)\,x+ a\,(z-y)\,y+ a\,(c-z)\,z$$

Nebenbedingung:

$$G= N_P(x,y)+ N_T(y,z)+ N_F(z)=a\,(y-x)+a\,(z-y)+a\,(c-z)=a\,(c-x)$$

$$\rightarrow \qquad g(x,y,z)=G-a\,(c-x)=0$$

a) Lagrangefunktion:

$$L(x,y,z,\lambda)=a\,(y-x)\,x+a\,(z-y)\,y+a\,(c-z)\,z+\lambda\,(G-a\,(c-x))$$
$$=a\,(xy-x^2+yz-y^2+cz-z^2)+\lambda\,(G-a\,(c-x))$$

b) Partielle Ableitungen:

$$L'_x(x,y,z,\lambda)=a\,(y-2x)+\lambda\,a \qquad\qquad L'_y(x,y,z,\lambda)=a\,(x+z-2y)$$

$$L'_z(x,y,z,\lambda)=a\,(y+c-2z) \qquad\qquad L'_\lambda(x,y,z,\lambda)=G-a\,(c-x)$$

c) Notwendige Bedingungen:

Gleichung (4) enthält nur x_0 als Variable. Daher empfiehlt es sich, mit dieser Gleichung zu beginnen.

(4) $L'_\lambda(x_0,y_0,z_0,\lambda_0)=G-a\,(c-x_0)=0 \qquad\rightarrow\qquad x_0=c-\dfrac{G}{a}$

(2) $L'_y(x_0,y_0,z_0,\lambda_0)=a\,(x_0+z_0-2y_0)=0 \qquad\rightarrow\qquad x_0+z_0-2y_0=0$

     nach Einsetzen von x_0 $\qquad\rightarrow\qquad 2y_0-z_0=c-\dfrac{G}{a}$

(3) $L'_z(x_0,y_0,z_0,\lambda_0)=a\,(y_0+c-2z_0)=0 \qquad\rightarrow\qquad y_0+c-2z_0=0$

     bzw. $\qquad\qquad\qquad\qquad\qquad\qquad\qquad -y_0+2z_0=c$

Durch geeignete Multiplikation dieser Gleichungen und anschließende Addition, kann jeweils eine Variable daraus eliminiert werden.

$2(2)+(3)\quad 3y_0=3c-2\dfrac{G}{a} \qquad\qquad\rightarrow\qquad y_0=c-\dfrac{2G}{3a}$

$(2)+2(3)\quad 3z_0=3c-\dfrac{G}{a} \qquad\qquad\rightarrow\qquad z_0=c-\dfrac{G}{3a}$

Aus Gleichung (1) ergibt sich dann der fehlende Wert λ_0.

(1) $L_x'(x_0,y_0,z_0,\lambda_0)=a(y_0-2x_0)+\lambda_0 a=0 \quad \rightarrow \quad y_0-2x_0+\lambda_0=0$

$$\rightarrow \quad \lambda_0 = 2x_0 - y_0 = 2\left(c-\frac{G}{a}\right)-\left(c-\frac{2G}{3a}\right)=c-\frac{2G}{a}+\frac{2G}{3\,a}=c-\frac{4G}{3\,a}$$

d) $a=300 \quad c=10 \quad G=2\,700 \quad \rightarrow \quad x_0=1\,€ \quad y_0=4\,€ \quad z_0=7\,€ \quad \lambda_0=-2$

e) $\lambda_0=-2$

Erhöht sich die nachgefragte Menge des Waschmittels um 1 kg, dann steigt der Umsatz um 2 € bei optimaler Wahl der Preise der drei Formen des Waschmittels.

Aufgabe 2.2.3.9　　　　　Konservendose

$$M(r,h)=2\pi r^2 + 2\pi r h \qquad \text{Nebenbedingung:} \quad V(r,h)=\pi r^2 h \ .$$
$$g(r,h)=V-\pi r^2 h = 0$$

a) Lagrangefunktion: $\quad L(r,h,\lambda)=2\pi r^2 + 2\pi r h + \lambda\left(V-\pi r^2 h\right)$

b) Partielle Ableitungen:

$L_r'(r,h,\lambda)=4\pi r + 2\pi h - 2\lambda\pi r h$

$L_h'(r,h,\lambda)=2\pi r - \lambda\pi r^2 \qquad\qquad L_\lambda'(r,h,\lambda)=V-\pi r^2 h$

c) Notwendige Bedingungen:

(1) $L_r'(r_0,h_0,\lambda_0)=4\pi r_0 + 2\pi h_0 - 2\lambda_0\pi r_0 h_0 = 0$

(2) $L_h'(r_0,h_0,\lambda_0)=2\pi r_0 - \lambda_0\pi r_0^2 = 0$

(3) $L_\lambda'(r_0,h_0,\lambda_0)=V-\pi r_0^2 h_0 = 0$

Die zweite Gleichung kann zunächst durch πr_0 dividiert und dann nach r_0 umgestellt werden, da der Radius einer Konservendose größer als null sein muss. Das Ergebnis wird in Gleichung (1) eingesetzt, die durch 2π dividiert und dann nach h_0 umgestellt wird.

(2) $\rightarrow \quad 2-\lambda_0 r_0 = 0 \qquad\qquad\qquad \rightarrow \quad r_0 = \dfrac{2}{\lambda_0}$

(1) $\rightarrow \quad 4\pi r_0 + 2\pi h_0 - 2\lambda_0\pi r_0 h_0 = 2\pi(2r_0+h_0-\lambda_0 h_0)=0$

$\qquad \rightarrow \quad 2r_0 + h_0 - \lambda_0 r_0 h_0 = 2\cdot\dfrac{2}{\lambda_0}+h_0-\lambda_0\dfrac{2}{\lambda_0}h_0 = 0$

$\qquad \rightarrow \quad \dfrac{4}{\lambda_0}+h_0-2h_0 = \dfrac{4}{\lambda_0}-h_0 = 0 \qquad \rightarrow \quad h_0 = \dfrac{4}{\lambda_0}$

(3) $\rightarrow \quad V-\pi r_0^2 h_0 = V-\pi\left(\dfrac{2}{\lambda_0}\right)^2\dfrac{4}{\lambda_0}=0 \qquad \rightarrow \quad V=\pi\dfrac{16}{\lambda_0^3}$

$$\rightarrow \quad \lambda_0^3 = \pi \frac{16}{V} \quad \rightarrow \quad \lambda_0 = \sqrt[3]{\pi \frac{16}{V}}$$

d) $V = 400 \text{ cm}^3$

$$\lambda_0 = \sqrt[3]{\pi \frac{16}{400}} \approx \underline{0{,}5} \qquad r_0 = \frac{2}{0{,}5} = \underline{4} \qquad h_0 = \frac{4}{0{,}5} = \underline{8}$$

Wenn das Volumen der Konservendose um 1 cm³ erhöht wird, dann steigt der Material-verbrauch um ca. 0,5 cm² bei optimaler Wahl von Radius und Höhe.

Aufgabe 2.2.3.10   Investition

$$G(x,y) = G_A(x) + G_B(y) = a\sqrt{2x} + b\sqrt{y}$$

a) Nebenbedingung: $K = x + y$ $g(x,y) = K - x - y = 0$

Lagrangefunktion: $L(x,y,\lambda) = a\sqrt{2x} + b\sqrt{y} + \lambda(K - x - y)$

b) Partielle Ableitungen:

$$L_x'(x,y,\lambda) = a\frac{2}{2\sqrt{2x}} - \lambda = a\frac{1}{\sqrt{2x}} - \lambda$$

$$L_y'(x,y,\lambda) = b\frac{1}{2\sqrt{y}} - \lambda$$

$$L_\lambda'(x,y,\lambda) = K - x - y$$

c) Notwendige Bedingungen:

(1) $L_x'(x_0,y_0,\lambda_0) = a\dfrac{1}{\sqrt{2x_0}} - \lambda_0 = 0 \qquad \rightarrow \qquad \sqrt{2x_0} = \dfrac{a}{\lambda_0} \rightarrow \qquad \underline{x_0 = \dfrac{a^2}{2\lambda_0^2}}$

(2) $L_y'(x_0,y_0,\lambda_0) = b\dfrac{1}{2\sqrt{y_0}} - \lambda_0 = 0 \rightarrow \qquad \sqrt{y_0} = \dfrac{b}{2\lambda_0} \rightarrow \qquad \underline{y_0 = \dfrac{b^2}{4\lambda_0^2}}$

(3) $L_\lambda'(x_0,y_0,\lambda_0) = K - x_0 - y_0 = K - \dfrac{a^2}{2\lambda_0^2} - \dfrac{b^2}{4\lambda_0^2} = 0$

$$\rightarrow \quad 4K\lambda_0^2 = 2a^2 + b^2 \quad \rightarrow \quad \underline{\lambda_0 = \pm\sqrt{\dfrac{2a^2 + b^2}{4K}}}$$

d) $a = 0{,}4 \quad b = 0{,}8 \quad K = 6$

$\lambda_0 = \pm 0{,}2 \quad x_0 = 2 \quad y_0 = 4 \qquad G(x_0,y_0) = 0{,}4 \cdot 2 + 0{,}8 \cdot 2 = 0{,}8 + 1.6 = \underline{2{,}4}$

e) $\lambda_0 = \pm 0{,}2$

Erhöht sich das verfügbare Kapital um 1 Mio. €, so wächst der Gewinn um ungefähr 0,2 Mio. € bei optimaler Aufteilung des Kapitals auf die beiden Betriebe.

Aufgabe 2.2.3.11   **Therme**

$$E(x,y,z)= 5\sqrt{x} + 2\sqrt{2y} + 4\sqrt{3z}$$

a) Nebenbedingung: $x + y + z = 2\,025$ $g(x,y) = 2\,025 - x - y - z = 0$

Lagrangefunktion:

$$L(x,y,z,\lambda)= 5\sqrt{x} + 2\sqrt{2y} + 4\sqrt{3z} + \lambda(2\,025 - x - y - z)$$

b) Partielle Ableitungen:

$$L_x'(x,y,z,\lambda)= \frac{5}{2\sqrt{x}} - \lambda \qquad\qquad L_y'(x,y,z,\lambda)= \frac{2\cdot 2}{2\sqrt{2y}} - \lambda = \frac{2}{\sqrt{2y}} - \lambda$$

$$L_z'(x,y,z,\lambda)= \frac{4\cdot 3}{2\sqrt{3z}} - \lambda = \frac{6}{\sqrt{3z}} - \lambda \qquad L_\lambda'(x,y,z,\lambda)=2025-x-y-z$$

c) Notwendige Bedingungen:

(1) $L_x'(x_0,y_0,z_0,\lambda_0)= \dfrac{5}{2\sqrt{x_0}} - \lambda_0 = 0 \rightarrow \sqrt{x_0} = \dfrac{5}{2\lambda_0} \quad \rightarrow x_0 = \dfrac{25}{4\lambda_0^2}$

(2) $L_y'(x_0,y_0,z_0,\lambda_0)= \dfrac{2}{\sqrt{2y_0}} - \lambda_0 = 0 \rightarrow \sqrt{2y_0} = \dfrac{2}{\lambda_0} \quad \rightarrow y_0 = \dfrac{4}{2\lambda_0^2} = \dfrac{2}{\lambda_0^2}$

(3) $L_z'(x_0,y_0,z_0,\lambda_0)= \dfrac{6}{\sqrt{3z_0}} - \lambda_0 = 0 \rightarrow \sqrt{3z_0} = \dfrac{6}{\lambda_0} \quad \rightarrow z_0 = \dfrac{36}{3\lambda_0^2} = \dfrac{12}{\lambda_0^2}$

(4) $L_\lambda'(x_0,y_0,z_0,\lambda_0)= 2\,025 - x_0 - y_0 - z_0 = 2\,025 - \dfrac{25}{4\lambda_0^2} - \dfrac{2}{\lambda_0^2} - \dfrac{12}{\lambda_0^2} = 0$

$$\rightarrow \quad L_\lambda'(x_0,y_0,z_0,\lambda_0)= 2\,025 - \frac{25+8+48}{4\lambda_0^2} = 0$$

$$\rightarrow \quad 2\,025\lambda_0^2 = \frac{81}{4} \quad \rightarrow \quad \lambda_0^2 = \frac{81}{4\cdot 2025} = 0{,}01 \quad \rightarrow \quad \lambda_0 = \sqrt{0{,}01} = 0{,}1$$

$$x_0 = \frac{25}{4\lambda_0^2} = \underline{625\text{ m}^2} \quad y_0 = \frac{2}{\lambda_0^2} = \underline{200\text{ m}^2} \qquad z_0 = \frac{12}{\lambda_0^2} = \underline{1\,200\text{ m}^2}$$

d) $\lambda_0 = 0{,}1$

Wenn die verfügbare Gesamtfläche um 1 m² vergrößert wird, so erhöhen sich bei optimaler Aufteilung der Fläche auf die drei Bereiche die Einnahmen pro Stunde um 0,1 €

Aufgabe 2.2.3.12   **Mieteinnahmen**

$$M(x,y)= N_W(x)x + N_G(x,y)y = 4a(b-x)x + a(2x-y)y$$

a) Nebenbedingung:

$$F = N_W(x) + N_G(x,y) = 4a(b-x) + a(2x-y) = 4ab - 2ax - ay$$

$$g(x,y) = F - 4ab + 2ax + ay = 0$$

188

Lagrangefunktion:

$$L(x,y,\lambda) = 4\,a\,(b-x)\,x + a\,(2x-y)\,y + \lambda(F - 4ab + 2ax + ay)$$
$$= 4\,a\,(bx - x^2) + a\,(2xy - y^2) + \lambda(F - 4ab + 2ax + ay)$$

b) Partielle Ableitungen:

$$L'_x(x,y,\lambda) = 4\,a\,(b - 2x) + 2ay + 2a\lambda = 2a\,(2b - 4x + y + \lambda)$$
$$L'_y(x,y,\lambda) = a\,(2x - 2y) + a\lambda = a\,(2x - 2y - \lambda)$$
$$L'_\lambda(x,y,\lambda) = F - 4ab + 2ax + ay$$

c) Notwendige Bedingungen:

(1) $L'_x(x_0,y_0,\lambda_0) = 2a\,(2b - 4x_0 + y_0 + \lambda_0) = 0$

(2) $L'_y(x_0,y_0,\lambda_0) = a\,(2x_0 - 2y_0 + \lambda_0) = 0$

(3) $L'_\lambda(x_0,y_0,\lambda_0) = F - 4ab + 2ax_0 + ay_0 = 0$

Zunächst werden Gleichung (1) durch $2a$ und Gleichung (2) durch a dividiert.

(1) $2b - 4x_0 + y_0 + \lambda_0 = 0$

(2) $\quad 2x_0 - 2y_0 + \lambda_0 = 0$

Nun sollen x_0 und y_0 in Abhängigkeit von der dritten Variablen λ_0 dargestellt werden. Um y_0 zu eliminieren, wird das Doppelte von Gleichung (1) zu Gleichung (2) addiert.

$$2(1) + (2) \quad 4b - 6x_0 + 3\lambda_0 = 0 \quad \rightarrow \quad 6x_0 = 4b + 3\lambda_0 \quad \rightarrow \quad \underline{x_0 = \frac{2}{3}b + \frac{1}{2}\lambda_0}$$

Um x_0 zu eliminieren, wird zu Gleichung (1) das Doppelte der Gleichung (2) addiert.

$$(1) + 2(2) \quad 2b - 3y_0 + 3\lambda_0 = 0 \quad \rightarrow \quad 3y_0 = 2b + 3\lambda_0 \quad \rightarrow \quad \underline{y_0 = \frac{2}{3}b + \lambda_0}$$

Beide Ergebnisse werden in die dritte Gleichung eingesetzt, die dann nach λ_0 umgestellt wird.

$$F - 4ab + 2ax_0 + ay_0 = F - 4ab + 2a\left(\frac{2}{3}b + \frac{1}{2}\lambda_0\right) + a\left(\frac{2}{3}b + \lambda_0\right)$$

$$= F - 4ab + \frac{4}{3}ab + \frac{2}{3}ab + 2a\lambda_0 = F - 2ab + 2a\lambda_0 = 0$$

Damit ist: $2\lambda_0 = 2b - \dfrac{F}{a} \quad \rightarrow \quad \underline{\lambda_0 = b - \dfrac{F}{2a}}$

d) $F = 2\,000,\ a = 200,\ b = 15$

$$\lambda_0 = 15 - \frac{2\,000}{2\cdot 200} = \underline{10} \qquad x_0 = \frac{2}{3}\cdot 15 + 5 = \underline{15} \qquad y_0 = \frac{2}{3}\cdot 15 + 10 = \underline{20}$$

Wenn die zu vermietende Fläche um 1 m² größer wäre, könnten bei optimaler Wahl der Mietpreise für Wohn- und Gewerbeflächen ca. 10 € mehr an Mieteinnahmen erzielt werden.

Aufgabe 2.2.3.13   **Verbindungsstraße zum Aussichtsturm**

$$F(x,y) = \frac{x\,y}{2} \qquad \text{Nebenbedingung:} \qquad g(x,y) = y - \frac{y-b}{a}\,x = 0$$

a) Lagrangefunktion: $\quad L(x,y,\lambda) = \frac{x\,y}{2} + \lambda\left(y - \frac{y-b}{a}\,x\right)$

b) Partielle Ableitungen:

$$L'_x(x,y,\lambda) = \frac{y}{2} - \lambda\frac{y-b}{a} \qquad\qquad L'_y(x,y,\lambda) = \frac{x}{2} + \lambda - \lambda\frac{x}{a}$$

$$L'_\lambda(x,y,\lambda) = y - \frac{y-b}{a}\,x$$

c) Notwendige Bedingungen:

(1) $L'_x(x_0,y_0,\lambda_0) = \dfrac{y_0}{2} - \lambda_0\dfrac{y_0-b}{a} = 0$

(2) $L'_y(x_0,y_0,\lambda_0) = \dfrac{x_0}{2} + \lambda_0 - \lambda_0\dfrac{x_0}{a} = 0$

(3) $L'_\lambda(x_0,y_0,\lambda_0) = y_0 - \dfrac{y_0-b}{a}\,x_0 = 0$

Nun wird die erste Gleichung nach y_0 umgestellt, die zweite nach x_0. Die Ergebnisse dessen werden in Gleichung (3) eingesetzt, aus der dann der fehlende Wert λ_0 ermittelt wird.

(1) $\rightarrow \quad y_0\left(\dfrac{1}{2} - \dfrac{\lambda_0}{a}\right) = -\lambda_0\dfrac{b}{a} \quad \rightarrow \quad y_0 = \dfrac{\lambda_0\dfrac{b}{a}}{\dfrac{\lambda_0}{a} - \dfrac{1}{2}} = \dfrac{\lambda_0 b}{\lambda_0 - a/2}$

(2) $\rightarrow \quad x_0\left(\dfrac{1}{2} - \dfrac{\lambda_0}{a}\right) = -\lambda_0 \quad\qquad \rightarrow \quad x_0 = \dfrac{\lambda_0}{\dfrac{\lambda_0}{a} - \dfrac{1}{2}} = \dfrac{\lambda_0 a}{\lambda_0 - a/2}$

(3) $\rightarrow \quad y_0 - \dfrac{y_0-b}{a}\,x_0 = \dfrac{\lambda_0 b}{\lambda_0 - a/2} - \dfrac{\dfrac{\lambda_0 b}{\lambda_0 - a/2} - b}{a}\cdot\dfrac{\lambda_0 a}{\lambda_0 - a/2} = 0$

Zur Vereinfachung wird diese Gleichung mit $\lambda_0 - a/2$ multipliziert.

$$\rightarrow \lambda_0 b - \left(\dfrac{\lambda_0 b}{\lambda_0 - a/2} - b\right)\lambda_0 = 2\lambda_0 b - \dfrac{\lambda_0^2 b}{\lambda_0 - a/2} = 0$$

Als nächstes wird durch $\lambda_0 b$ dividiert und anschließend mit $\lambda_0 - a/2$ multipliziert.

$$\rightarrow \quad 2 - \dfrac{\lambda_0}{\lambda_0 - a/2} = 0 \quad \rightarrow \quad 2\left(\lambda_0 - \dfrac{a}{2}\right) - \lambda_0 = \lambda_0 - a = 0 \quad \rightarrow \quad \underline{\lambda_0 = a}$$

d) $a = 4,\ b = 2 \quad \rightarrow \quad \lambda_0 = \underline{4}$

$$x_0 = \dfrac{\lambda_0 a}{\lambda_0 - a/2} = \dfrac{4\cdot 4}{4 - 4/2} = \underline{8\ \text{km}} \qquad y_0 = \dfrac{\lambda_0 b}{\lambda_0 - a/2} = \dfrac{4\cdot 2}{4 - 4/2} = \underline{4\ \text{km}}$$

$$F(x_0,y_0) = 16\ \text{km}^2$$

e) $\lambda_0 = 4$

Wenn der Aussichtsturm einen km weiter nördlich läge, so vergrößerte sich das durch die zu bauende Straße abgetrennte Areal um ca. 4 km^2 bei optimaler Wahl von x und y.

Aufgabe 2.2.3.14   Schwimmbecken

$$F(x,y) = xy \qquad \text{Nebenbedingung:} \qquad \frac{x^2}{a^2} + \frac{y^2}{b^2} = 4$$

$$g(x,y) = 4 - \frac{x^2}{a^2} - \frac{y^2}{b^2} = 0$$

a) Lagrangefunktion:
$$L(x,y,\lambda) = xy + \lambda\left(4 - \frac{x^2}{a^2} - \frac{y^2}{b^2}\right)$$

b) Partielle Ableitungen:

$$L'_x(x,y,\lambda) = y - 2\lambda\frac{x}{a^2} \quad L'_y(x,y,\lambda) = x - 2\lambda\frac{y}{b^2} \quad L'_\lambda(x,y,\lambda) = 4 - \frac{x^2}{a^2} - \frac{y^2}{b^2}$$

c) Notwendige Bedingungen:

(1) $L'_x(x_0,y_0,\lambda_0) = y_0 - 2\lambda_0\frac{x_0}{a^2} = 0$

(2) $L'_y(x_0,y_0,\lambda_0) = x_0 - 2\lambda_0\frac{y_0}{b^2} = 0$

(3) $L'_\lambda(x_0,y_0,\lambda_0) = 4 - \frac{x_0^2}{a^2} - \frac{y_0^2}{b^2} = 0$

Zuerst soll Gleichung (1) nach y_0 umgestellt werden. Das Ergebnis wird in Gleichung (2) eingesetzt, die dann nach x_0 umgestellt wird.

(1) $\rightarrow \qquad y_0 = 2\lambda_0\frac{x_0}{a^2}$

(2) $\rightarrow \qquad L'_y(x_0,y_0,\lambda_0) = x_0 - 2\lambda_0\dfrac{2\lambda_0\frac{x_0}{a^2}}{b^2} = x_0 - 4\lambda_0^2\frac{x_0}{a^2b^2} = 0$

Da $x_0 > 0$ sein muss, kann diese Gleichung durch x_0 dividiert, mit a^2b^2 multipliziert und dann nach λ_0 umgestellt werden.

(2) $\rightarrow \quad a^2b^2 - 4\lambda_0^2 = 0 \quad \rightarrow \quad \lambda_0^2 = \frac{a^2b^2}{4} \qquad \rightarrow \quad \underline{\underline{\lambda_0 = \pm\frac{ab}{2}}}$

Da eine negative Lösung für λ_0 nach Formel (1) dazu führt, dass die Seitenlängen x_0 und y_0 unterschiedliche Vorzeichen haben, kommt hier nur die positive Lösung infrage. In (1) eingesetzt erhält man:

(1) $\rightarrow \qquad y_0 = 2\lambda_0\frac{x_0}{a^2} = \frac{2ab}{2}\frac{x_0}{a^2} = \frac{b}{a}x_0$

Dieser Wert wird nun in die dritte Gleichung eingesetzt, um x_0 zu bestimmen.

(3) $\rightarrow \quad L'_\lambda(x_0,y_0,\lambda_0) = 4 - \frac{x_0^2}{a^2} - \frac{y_0^2}{b^2} = 4 - \frac{x_0^2}{a^2} - \frac{b^2x_0^2}{a^2b^2} = 4 - 2\frac{x_0^2}{a^2} = 0$

$$\rightarrow \quad x_0^2 = 2a^2 \quad \rightarrow \quad x_0 = \sqrt{2}\,a \qquad y_0 = \frac{b}{a}x_0 = \sqrt{2}\,b$$

Die negative Lösung für x_0 und y_0 wird dabei ignoriert, da sie sachlogisch unsinnig ist.

Aufgabe 2.2.3.15   Planetarium

$$V(x,y) = \frac{\pi}{3}y^2\left(\frac{3}{2}x - y\right)$$

Nebenbedingung $\qquad A(x,y) = \pi\,x\,y \qquad\qquad g(x,y) = A - \pi\,x\,y = 0$

a) Lagrangefunktion: $\qquad L(x,y,\lambda) = \frac{\pi}{3}y^2\left(\frac{3}{2}x - y\right) + \lambda(A - \pi\,x\,y)$

bzw. $\qquad\qquad\qquad L(x,y,\lambda) = \frac{\pi}{2}xy^2 - \frac{\pi}{3}y^3 + \lambda(A - \pi\,x\,y)$

b) Partielle Ableitungen:

$$L'_x(x,y,\lambda) = \frac{\pi}{2}y^2 - \lambda\,\pi\,y \qquad\qquad L'_y(x,y,\lambda) = \pi\,x\,y - \pi\,y^2 - \lambda\,\pi\,x$$

$$L'_\lambda(x,y,\lambda) = A - \pi\,x\,y$$

c) Notwendige Bedingungen:

(1) $L'_x(x_0,y_0,\lambda_0) = \frac{\pi}{2}y_0^2 - \lambda_0\,\pi\,y_0 = 0$

Da eine Höhe null nicht zu einem maximalen Volumen führen kann, ist $y_0 \neq 0$, so dass Gleichung (1) durch y_0 dividiert werden kann:

$$\rightarrow \quad \frac{\pi}{2}y_0 - \lambda_0\,\pi = 0 \quad \rightarrow \quad \frac{\pi}{2}y_0 = \lambda_0\,\pi \qquad \rightarrow \quad y_0 = 2\lambda_0$$

(2) $L'_y(x_0,y_0,\lambda_0) = \pi\,x_0\,y_0 - \pi\,y_0^2 - \lambda_0\,\pi\,x_0 = 0$

Durch Einsetzen der aus (1) ermittelten Formel für y_0 erhält man:

$$\rightarrow \quad 2\pi\,x_0\,\lambda_0 - 4\pi\,\lambda_0^2 - \lambda_0\,\pi\,x_0 = 0$$

und nach Division durch $\pi\,\lambda_0$:

$$\rightarrow \quad 2x_0 - 4\lambda_0 - x_0 = x_0 - 4\lambda_0 = 0 \qquad \rightarrow \quad x_0 = 4\lambda_0$$

Beides wird in Gleichung (3) eingesetzt, um damit den fehlenden Wert λ_0 zu ermitteln.

(3) $L'_\lambda(x_0,y_0,\lambda_0) = A - \pi\,x_0\,y_0 = 0 \qquad\qquad \rightarrow \quad A - 8\pi\,\lambda_0^2 = 0$

$$\rightarrow \quad \lambda_0^2 = \frac{A}{8\pi} \quad \rightarrow \quad \lambda_0 = \pm\sqrt{\frac{A}{8\pi}}$$

Um für x_0 und y_0 positive Werte zu erhalten, negative wären unsinnig, muss die positive Lösung für λ_0 verwendet werden.

$$x_0 = 4\lambda_0 = 4\sqrt{\frac{A}{8\pi}} = \frac{4}{2}\sqrt{\frac{A}{2\pi}} = 2\sqrt{\frac{A}{2\pi}}$$

$$y_0 = 2\lambda_0 = 2\sqrt{\frac{A}{8\pi}} = \frac{2}{2}\sqrt{\frac{A}{2\pi}} = \sqrt{\frac{A}{2\pi}}$$

$$A = 630 \quad \rightarrow \quad x_0 = 2\sqrt{\frac{630}{2\pi}} \approx \underline{20\ \text{m}} \qquad y_0 = \sqrt{\frac{630}{2\pi}} \approx \underline{10\ \text{m}}$$

d) $\quad \lambda_0 = \sqrt{\frac{630}{8\pi}} \approx \underline{5}$

Wenn die Dachfläche um 1 m² vergrößert wird, so erhöht sich bei optimaler Wahl von Durchmesser und Höhe der Kuppel das Volumen um ca. 5 m³.

Aufgabe 2.2.3.16 Materialverbrauch

a) Nebenbedingung : $\quad g(x,y,z) = V - x\,y\,z = 0$

Lagrangefunktion: $\quad L(x,y,z,\lambda) = 2(x+y)(z+y) + \lambda(V - x\,y\,z)$

b) Partielle Ableitungen:

$$L'_x(x,y,z,\lambda) = 2(z+y) - \lambda\,y\,z \qquad L'_y(x,y,z,\lambda) = 2(z+y) + 2(x+y) - \lambda\,x\,z$$

$$L'_z(x,y,z,\lambda) = 2(x+y) - \lambda\,x\,y \qquad L'_\lambda(x,y,z,\lambda) = V - x\,y\,z$$

c) Notwendige Bedingungen:

(1) $L'_x(x_0,y_0,z_0,\lambda_0) = 2(z_0 + y_0) - \lambda_0 y_0 z_0 = 0$

(2) $L'_y(x_0,y_0,z_0,\lambda_0) = 2(z_0 + y_0) + 2(x_0 + y_0) - \lambda_0 x_0 z_0 = 0$

(3) $L'_z(x_0,y_0,z_0,\lambda_0) = 2(x_0 + y_0) - \lambda_0 x_0 y_0 = 0$

(4) $L'_\lambda(x_0,y_0,z_0,\lambda_0) = V - x_0 y_0 z_0 = 0$

Angegebene Lösung: $\quad x_0 = \sqrt[3]{2V} \qquad y_0 = \sqrt[3]{\frac{V}{4}} \qquad z_0 = \sqrt[3]{2V}$

Bestimmung von λ_0 nach Gleichung (1): $\qquad z_0 = 2y_0$ (siehe Hinweis)

(1) $\quad 2(z_0 + y_0) - \lambda_0 y_0 z_0 = 2z_0 + 2y_0 - \lambda_0 y_0 z_0 = 2z_0 + z_0 - \lambda_0 \dfrac{z_0}{2} z_0 = 0$

$\rightarrow \quad 3z_0 - \lambda_0 \dfrac{z_0^2}{2} = 0 \quad \rightarrow \quad \lambda_0 \dfrac{z_0}{2} = 3 \quad \rightarrow \quad \lambda_0 = \dfrac{6z_0}{z_0^2} = \dfrac{6}{z_0}$

$\underline{\lambda_0 = \dfrac{6}{\sqrt[3]{2V}}} \quad \text{oder} \quad \underline{\lambda_0 = \dfrac{3}{\sqrt[3]{V/4}}}$

Mit Gleichung (1) ist auch Gleichung (3) erfüllt, da $x_0 = z_0$ ist.

(2) $L'_y(x_0, y_0, z_0, \lambda_0) = 2(z_0 + y_0) + 2(x_0 + y_0) - \lambda_0 x_0 z_0$

$\qquad L'_y(x_0, y_0, z_0, \lambda_0) = 2z_0 + 4y_0 + 2x_0 - \lambda_0 x_0 z_0$

$\qquad\qquad = 2z_0 + 2z_0 + 2z_0 - \lambda_0 z_0^2 = 6z_0 - \lambda_0 z_0^2$

$\qquad\qquad = 6\sqrt[3]{2V} - \dfrac{6}{\sqrt[3]{2V}}\left(\sqrt[3]{2V}\right)^2 = 6\sqrt[3]{2V} - 6\sqrt[3]{2V} = \underline{0}$

(4) $L'_\lambda(x_0, y_0, z_0, \lambda_0) = V - \sqrt[3]{2V}\sqrt[3]{\dfrac{V}{4}}\sqrt[3]{2V} = V - \sqrt[3]{2V \cdot \dfrac{V}{4} \cdot 2V} = V - V = \underline{0}$

d) $V = 500$ cm^3 $\quad x_0 = \sqrt[3]{1\,000} = \underline{10} \qquad y_0 = \sqrt[3]{125} = \underline{5} \qquad z_0 = \sqrt[3]{1\,000} = \underline{10}$

$\lambda_0 = \dfrac{6}{\sqrt[3]{1000}} = \underline{0,6}$

Wenn das Volumen um 1 cm^3 steigt, erhöht sich der Materialverbrauch ungefähr um 0,6 cm^2 bei optimaler Wahl der Kantenlängen.

Aufgabe 2.2.3.17 Verbindungsstraße

$f(x,y) = x^2 + y^2$

Nebenbedingung: $\quad (x-a)(y-b) = ab \qquad g(x,y) = (x-a)(y-b) - ab = 0$

a) Lagrangefunktion: $\quad L(x,y,\lambda) = x^2 + y^2 + \lambda\left[(x-a)(y-b) - ab\right]$

b) Partielle Ableitungen:

$L'_x(x,y,\lambda) = 2x + \lambda(y-b) \qquad\qquad L'_y(x,y,\lambda) = 2y + \lambda(x-a)$

$L'_\lambda(x,y,\lambda) = (x-a)(y-b) - ab$

c*) Gegebene Lösung: $\quad x_0 = a^{1/3}\left(a^{2/3} + b^{2/3}\right) \qquad y_0 = b^{1/3}\left(a^{2/3} + b^{2/3}\right)$

Notwendige Bedingungen:

(1) $L'_x(x_0, y_0, \lambda_0) = 2x_0 + \lambda_0(y_0 - b) = 0 \qquad \rightarrow \qquad \lambda_0 = -\dfrac{2x_0}{y_0 - b}$

$\rightarrow \quad \lambda_0 = -\dfrac{2a^{1/3}\left(a^{2/3}+b^{2/3}\right)}{b^{1/3}\left(a^{2/3}+b^{2/3}\right) - b} = -\dfrac{2a^{1/3}\left(a^{2/3}+b^{2/3}\right)}{b^{1/3}\left(a^{2/3}+b^{2/3} - b^{2/3}\right)} = -\dfrac{2a^{1/3}\left(a^{2/3}+b^{2/3}\right)}{b^{1/3}a^{2/3}}$

$\rightarrow \quad \lambda_0 = -\dfrac{2\left(a^{2/3}+b^{2/3}\right)}{b^{1/3}a^{1/3}}$

(2) $L'_y(x_0, y_0, \lambda_0) = 2y_0 + \lambda_0(x_0 - a)$

$\qquad L'_y(x_0, y_0, \lambda_0) = 2b^{1/3}\left(a^{2/3}+b^{2/3}\right) - \dfrac{2\left(a^{2/3}+b^{2/3}\right)}{a^{1/3}b^{1/3}}\left[a^{1/3}\left(a^{2/3}+b^{2/3}\right) - a\right]$

$$L'_y(x_0, y_0, \lambda_0) = 2b^{1/3}\left(a^{2/3} + b^{2/3}\right) - \frac{2\left(a^{2/3} + b^{2/3}\right)}{a^{1/3}b^{1/3}}\left[a + a^{1/3}b^{2/3} - a\right]$$

$$= 2b^{1/3}\left(a^{2/3} + b^{2/3}\right) - \frac{2\left(a^{2/3} + b^{2/3}\right)}{a^{1/3}b^{1/3}}a^{1/3}b^{2/3}$$

$$= 2b^{1/3}\left(a^{2/3} + b^{2/3}\right) - 2\left(a^{2/3} + b^{2/3}\right)b^{1/3} = \underline{0}$$

(3) $L'_\lambda(x_0, y_0, \lambda_0) = (x_0 - a)(y_0 - b) - ab$

$$= \left[a^{1/3}\left(a^{2/3} + b^{2/3}\right) - a\right]\left[b^{1/3}\left(a^{2/3} + b^{2/3}\right) - b\right] - ab$$

$$= \left[a + a^{1/3}b^{2/3} - a\right]\left[b^{1/3}a^{2/3} + b - b\right] - ab$$

$$= a^{1/3}b^{2/3}b^{1/3}a^{2/3} - ab = ab - ab = \underline{0}$$

Damit erfüllt die angegebene Lösung alle drei notwendigen Bedingungen.

d) $a = 8$, $b = 64$ $\rightarrow$ $a^{1/3} = \sqrt[3]{8} = 2$, $b^{1/3} = \sqrt[3]{64} = 4$

$\rightarrow$ $x_0 = a^{1/3}\left(a^{2/3} + b^{2/3}\right) = 2\left(2^2 + 4^2\right) = \underline{40 \text{ km}}$

$\rightarrow$ $y_0 = b^{1/3}\left(a^{2/3} + b^{2/3}\right) = 4\left(2^2 + 4^2\right) = \underline{80 \text{ km}}$

Länge der Verbindungsstraße:

$$\sqrt{f(x_0, y_0)} = \sqrt{x_0^2 + y_0^2} = \sqrt{40^2 + 80^2} = \underline{89{,}44 \text{ km}}$$

3 Lineare Algebra

3.1 Matrizen

3.1.1 Rechnen mit Matrizen

Beispiel: **Frühstücksbrötchen**

(Idee Karin Brinner)

Der Besitzer eines kleinen Hotels bietet seinen Gästen zum Frühstück selbstgebackene Brötchen in drei Sorten an. In "normalen" Wochen (ohne zusätzliche Feiertage) hat er folgenden Brötchenverbrauch:

Wochentag	Brötchen pro Tag		
	Schrippen	Mohnbrötchen	Splitterbrötchen
Sa	25	15	10
So	40	24	9
Mo - Fr	10	16	6

Bestimmung des Brötchenbedarfs für eine Woche

Diese Daten aus der obigen Tabelle werden in der Matrix A zusammengefasst.

$$A = \begin{pmatrix} 25 & 15 & 10 \\ 40 & 24 & 9 \\ 10 & 16 & 6 \end{pmatrix} .$$

Die Koeffizienten a_{ij} dieser Matrix geben an, wie viele Brötchen der Sorte j am i-ten Wochentag benötigt werden. D.h. $a_{21} = 40$ gibt die Zahl der an Sonntagen ($i = 2$) benötigten Schrippen ($j = 1$) an.

Mit x wird der Vektor der Zahl der betreffenden Wochentage bezeichnet, wobei zu beachten ist, dass es pro Woche einen Samstag, einen Sonntag, aber 5 weitere Wochentage (Mo – Fr) gibt. Durch die Multiplikation der Matrix A mit dem Vektor der Zahl der Tage pro Woche x kann die Zahl der Brötchen der einzelnen Sorten, die insgesamt für eine Woche benötigt werden, berechnet werden. Der Ergebnisvektor, der die Zahl der Brötchen der drei Sorten, die für die ganze Woche benötigt werden, angibt, wird mit y bezeichnet. Dabei wird immer für eine ganze Woche gebacken. Die fertigen Brötchen werden eingefroren und früh wird dann die zum Frühstück benötigte Portion aufgetaut und aufgebacken.

Zunächst einmal gibt es zwei Möglichkeiten, die Matrix A mit dem Vektor x zu multiplizieren. A könnte gemäß Ax mit dem Spaltenvektor der Zahl der Wochentage multipliziert werden oder gemäß $x^T A$ mit dem Zeilenvektor, wobei Zeilenvektoren hier generell mit dem hochgestellten T gekennzeichnet werden sollen. T bedeutet *transponiert,* was der Rechenoperation des Vertauschens der Zeilen und Spalten einer Matrix entspricht. Dadurch wird aus einem Spalten- ein Zeilenvektor oder umgekehrt. Das ergibt:

$$Ax = \begin{pmatrix} 25 & 15 & 10 \\ 40 & 24 & 9 \\ 10 & 16 & 6 \end{pmatrix} \begin{pmatrix} 1 \\ 1 \\ 5 \end{pmatrix} = \begin{pmatrix} 25+15+10\cdot5 \\ 40+24+9\cdot5 \\ 10+16+6\cdot5 \end{pmatrix} = \begin{pmatrix} 90 \\ 109 \\ 56 \end{pmatrix} ,$$

wobei bei Matrizenmultiplikationen stets die Zeilen der linken Matrix mit den Spalten der rechten Matrix multipliziert werden,

oder:

$$x^T A = \begin{pmatrix} 1 & 1 & 5 \end{pmatrix} \begin{pmatrix} 25 & 15 & 10 \\ 40 & 24 & 9 \\ 10 & 16 & 6 \end{pmatrix} = \begin{pmatrix} 25+40+5\cdot10 & 15+24+5\cdot16 & 10+9+5\cdot6 \end{pmatrix}$$

$$= \begin{pmatrix} 115 & 119 & 49 \end{pmatrix}$$

Leider ist die Matrizenmultiplikation nicht kommutativ, so dass nur einer der beiden Ergebnisvektoren y ist. Bei der Rechnung Ax wurden 25 Schrippen, 15 Mohnbrötchen und 50 Splitterbrötchen ($5 \cdot 10$) zu 90 Brötchen addiert. Hier werden die pro Samstag benötigten Brötchen, egal welcher Sorte, aufsummiert, wobei allerdings die Multiplikation der Zahl der Splitterbrötchen mit 5 unsinnig ist. Bei der zweiten Rechnung $x^T A$ werden dagegen die 25 Samstag benötigten Schrippen, die 40 Sonntagsschrippen und die $5 \cdot 10$ Schrippen für die übrigen Wochentage aufsummiert. Das Ergebnis stellt den Wochenbedarf an Schrippen bzw. Mohn- und Splitterbrötchen dar. Das ist der gesuchte Vektor y. Damit ist $y^T = x^T A$.

Das lässt sich natürlich auch herausfinden, ohne die beiden Produkte Ax und $x^T A$ auszurechnen. Wenn die Matrix A von links mit einem Zeilenvektor multipliziert wird, dann werden die Elemente in den Spalten von A zusammengefasst, denn das Prinzip der Matrizenmultiplikation lautet *Zeile mal Spalte*. Da die Brötchenarten in den Spalten der Matrix A stehen und deren Anzahlen für eine Woche aufsummiert werden müssen, ist demnach $y^T = x^T A$ der gesuchte Vektor des Bedarfs an jeder der drei Brötchensorten für die ganze Woche. Insgesamt sind für eine Woche 115 Schrippen, 119 Mohn- und 49 Splitterbrötchen zu backen.

Bestimmung der Menge der Zutaten für den Brötchenteig

Die für jeweils ein Brötchen der einzelnen Sorten benötigten Hauptzutaten lassen sich der folgenden Tabelle entnehmen.

Zutaten	Bedarf je Brötchen in g		
	Schrippen	Mohnbrötchen	Splitterbrötchen
Mehl	50	40	35
Margarine	1	2	5
Zucker	-	2	5
Salz	1,5	1,5	1
Hefe	2	2	3

Diese Mengen bilden die Matrix B:

$$B = \begin{pmatrix} 50 & 40 & 35 \\ 1 & 2 & 5 \\ 0 & 2 & 5 \\ 1,5 & 1 & 1 \\ 2 & 2 & 3 \end{pmatrix} .$$

Die Elemente dieser Matrix b_{ij} geben an, welche Menge der i-ten Zutat (in g) je Brötchen der j-ten Brötchensorte benötigt wird. Damit beschreibt $b_{23} = 5$, dass für ein Splitterbrötchen ($j = 3$) 5 g Margarine ($i = 2$) erforderlich sind.

Um nun die insgesamt erforderlichen Mengen der fünf Zutaten für die gesamte Wochenration der Brötchen (Vektor z) zu bestimmen, müssen diesmal die Elemente der Zeilen zusammengefasst werden, denn die Zeilen gehören zu den einzelnen Zutaten. Infolgedessen muss diesmal (Prinzip: *Zeile mal Spalte*) die Matrix B von rechts mit dem Spaltenvektor der Brötchenmengen pro Woche y multipliziert werden. Das ergibt:

$$z = By = \begin{pmatrix} 50 & 40 & 35 \\ 1 & 2 & 5 \\ 0 & 2 & 5 \\ 1{,}5 & 1{,}5 & 1 \\ 2 & 2 & 3 \end{pmatrix} \begin{pmatrix} 115 \\ 119 \\ 49 \end{pmatrix} = \begin{pmatrix} 12225 \\ 598 \\ 483 \\ 400 \\ 615 \end{pmatrix}.$$

Dabei ist: $z_1 = 50 \cdot 115 + 40 \cdot 119 + 35 \cdot 49 = 12\,225$ (1. Zeile · 1. Spalte). Damit werden insgesamt 12 225 g Mehl benötigt (50 g für jede der 115 Schrippen, 40 g für jedes der 119 Mohnbrötchen und 35 g für jedes der 49 Splitterbrötchen). Insgesamt werden zum Backen der Brötchen für eine Woche 12,225 kg Mehl, 598 g Margarine, 483 g Zucker, 400 g Salz und 615 g Hefe benötigt.

Bestimmung der Übergangsmatrix insgesamt

Der Zwischenschritt, die Ermittlung der Zahl der benötigten Brötchen, lässt sich überspringen, wenn man die Matrizen A und B miteinander multipliziert. Hierbei muss beachtet werden, dass passende Elemente multipliziert und aufsummiert werden. Da in beiden Tabellen die Brötchensorten in den Spalten stehen, muss eine der beiden Matrizen transponiert werden, um bei der Multiplikation (*Zeile mal Spalte*) über den verschiedenen Brötchen summieren zu können. Man erhält:

$$C = AB^T = \begin{pmatrix} 25 & 15 & 10 \\ 40 & 24 & 9 \\ 10 & 16 & 6 \end{pmatrix} \begin{pmatrix} 50 & 1 & 0 & 1{,}5 & 2 \\ 40 & 2 & 2 & 1{,}5 & 2 \\ 35 & 5 & 5 & 1 & 3 \end{pmatrix} = \begin{pmatrix} 2200 & 105 & 80 & 70 & 110 \\ 3275 & 133 & 93 & 105 & 155 \\ 1350 & 72 & 62 & 45 & 70 \end{pmatrix}.$$

Dabei ist: $c_{11} = 25 \cdot 50 + 15 \cdot 40 + 10 \cdot 35 = 2\,200$ (1. Zeile · 1. Spalte). Die Zeilen der Matrix C entsprechen den Wochentagen, wie in Matrix A, die Spalten den verschiedenen Zutaten, wie in Matrix B^T. Das Element c_{ij} gibt an, welche Menge der Zutat j für die Brötchenration des i-ten Wochentags benötigt wird. Für die Samstagsbrötchen ($i = 1$) braucht man insgesamt 2 200 g Mehl (50 g für jede der 25 Schrippen, 40 g für jedes der 15 Mohnbrötchen und 35 g für jedes der 10 Splitterbrötchen). Der Gesamtbedarf aller fünf Zutaten für eine Woche lässt sich nun auch mittels:

$$z^T = x^T C = \begin{pmatrix} 1 & 1 & 5 \end{pmatrix} \begin{pmatrix} 2200 & 105 & 80 & 70 & 110 \\ 3275 & 133 & 93 & 105 & 155 \\ 1350 & 72 & 62 & 45 & 70 \end{pmatrix}$$

$$= \begin{pmatrix} 12225 & 598 & 483 & 400 & 615 \end{pmatrix}$$

berechnen. Dass man zum gleichen Ergebnis gelangt wie zuvor, ist inhaltlich plausibel, mathematisch beruht es auf dem Assoziativgesetz, welches auch für die Matrizenmultiplikation gilt. Es besagt in diesem Fall, dass

$$z^T = (x^T A) B^T = x^T (A B^T) = x^T C$$

bzw. $\quad z^T = (B\ y)^T = y^T B^T = (x^T A) B^T = x^T (A\ B^T) = x^T C \quad ,$

da $y^T = x^T A$ bereits berechnet wurde. Zu beachten ist bei der Matrizenmultiplikation, dass das Kommutativgesetz hier nicht gilt, d.h. im Allgemeinen ist $A\ B \neq B\ A$.

Aufgabe 3.1.1.1

Gegeben sind die Matrizen: $\qquad A = \begin{pmatrix} 1 & 2 \\ 0 & 4 \end{pmatrix} \qquad$ und $\qquad B = \begin{pmatrix} 1 & -2 \\ 3 & 0 \end{pmatrix} \quad .$

a) Bestimmen Sie die Matrix $2A + 3B$.

b) Berechnen Sie $2A - B$.

c) Stellen Sie die Gleichung $3B - 2C = A$ nach C um und bestimmen Sie die Matrix C.

d) Bestimmen Sie $A\ B$ und $B\ A$. Warum stimmen diese Ergebnisse nicht überein?

Aufgabe 3.1.1.2

Es gelten folgende Gleichungen:

$$(1)\ 5A - B = \begin{pmatrix} 4 & -1 \\ 10 & 13 \end{pmatrix} \qquad \text{und} \qquad (2)\ 3A + 2B = \begin{pmatrix} 5 & 2 \\ 6 & 13 \end{pmatrix} \quad .$$

Bestimmen Sie die Matrizen A und B, die beiden Gleichungen genügen.

Aufgabe 3.1.1.3

Gegeben sind folgende Matrizen

$$A = \begin{pmatrix} 3 & 2 & 1 \\ 0 & 1 & 0 \\ 2 & 1 & 0 \end{pmatrix} \qquad B = \begin{pmatrix} 2 & 4 & 1 \\ 0 & 0 & 3 \end{pmatrix} \qquad C = \begin{pmatrix} 1 & 2 \\ 0 & 1 \end{pmatrix} \quad .$$

a) Berechnen Sie damit die folgenden Vektoren, sofern die betreffenden Rechenoperationen ausführbar sind:

$$x^{(1)} = \begin{pmatrix} 1 & 0 & 1 \end{pmatrix} A \qquad x^{(2)} = B \begin{pmatrix} 1 \\ 0 \end{pmatrix} \qquad x^{(3)} = C \begin{pmatrix} 1 \\ 2 \end{pmatrix}$$

$$x^{(4)} = \begin{pmatrix} 1 & 2 \end{pmatrix} B + \begin{pmatrix} 0 & 0 & 1 \end{pmatrix} A \qquad x^{(5)} = \begin{pmatrix} 1 & 0 \end{pmatrix} B - \begin{pmatrix} 1 & 1 \end{pmatrix} C \qquad x^{(6)} = B \begin{pmatrix} 1 \\ 0 \\ 0 \end{pmatrix} + C \begin{pmatrix} 0 \\ 1 \end{pmatrix}$$

b) Bestimmen Sie folgende Produktmatrizen, sofern sie existieren:

$$A\,B \qquad B\,A \qquad B\,C \qquad C\,B \qquad A\,C \qquad C\,A \ .$$

c) Ermitteln Sie folgende Produktmatrizen, sofern die betreffende Multiplikation ausführbar ist:

$$A^{\mathsf{T}}B \qquad B^{\mathsf{T}}A \qquad B^{\mathsf{T}}C \qquad C^{\mathsf{T}}B \ .$$

Aufgabe 3.1.1.4

Berechnen Sie für die Matrizen

$$A = \begin{pmatrix} 3 & 1 & 4 \\ 4 & 1 & 5 \end{pmatrix} \qquad B = \begin{pmatrix} 1 & 2 \\ 0 & 1 \\ 1 & 3 \end{pmatrix} \qquad C = \begin{pmatrix} 1 & a \\ b & 1 \end{pmatrix} \ .$$

a) $A\,B$ und $B\,A$

b) Welche Werte müssen in der Matrix C für a und b eingesetzt werden, damit $C\,B^{\mathsf{T}} = A$ ist?

Aufgabe 3.1.1.5

Gegeben sind die Matrizen

$$A = \begin{pmatrix} 1 & 0 & 0 \\ 0 & 2 & 0 \\ 0 & 0 & 3 \end{pmatrix} \qquad B = \begin{pmatrix} 1 & 1 & 1 \\ 0 & 1 & 1 \\ 0 & 0 & 1 \end{pmatrix} \ .$$

a) Berechnen Sie die Matrizen

$$C = A + B \qquad \text{und} \qquad C^2 = C\,C \ .$$

b) Bestimmen Sie die Matrix

$$D = A^2 + 2\,A\,B + B^2 \ .$$

c) Erklären Sie, warum die Matrizen D und C^2 nicht übereinstimmen.

Aufgabe 3.1.1.6   **Baufirma**

Die Leistungen einer Baufirma, die Maurer, Klempner und Elektriker beschäftigt, bei jedem ihrer drei Objekte in Arbeitstagen sind in der folgenden Tabelle zusammen gestellt:

	angefallene Leistungen in Arbeitstagen		
Objekt	Maurer	Klempner	Elektriker
Altbausanierung	20	4	5
EFH	50	5	4
sonst. Reparaturen	10	4	2

Die Arbeitskosten, ohne Material, betragen 200 € für Maurerarbeiten, 240 € für Klempnerarbeiten und 300 € für Elektrikerarbeiten.

a) Geben Sie die Matrix der Arbeitszeiten in Tagen A an. (Zeilen und Spalten wie in der Tabelle) und den Vektor der Arbeitskosten der drei Gewerke x.

b) Bestimmen Sie unter Nutzung der Matrizenrechnung den Vektor der Arbeitskosten für die drei Objekte y. Begründen Sie Ihren Ansatz.

Aufgabe 3.1.1.7 Prozessanalyse

Aus [3] Jaeger, A./Wäscher, G. „Mathematische Propädeutik für Wirtschaftswissenschaftler (Werte geändert)

Der folgende Gozintograph (in Anlehnung an VAZSOYI, 1962, S 383 eine Verballhornung des englischen „goes into") stellt hier die beiden Phasen eines Produktionsprozesses dar.

Abbildung: 3.1-1 Gozintograph

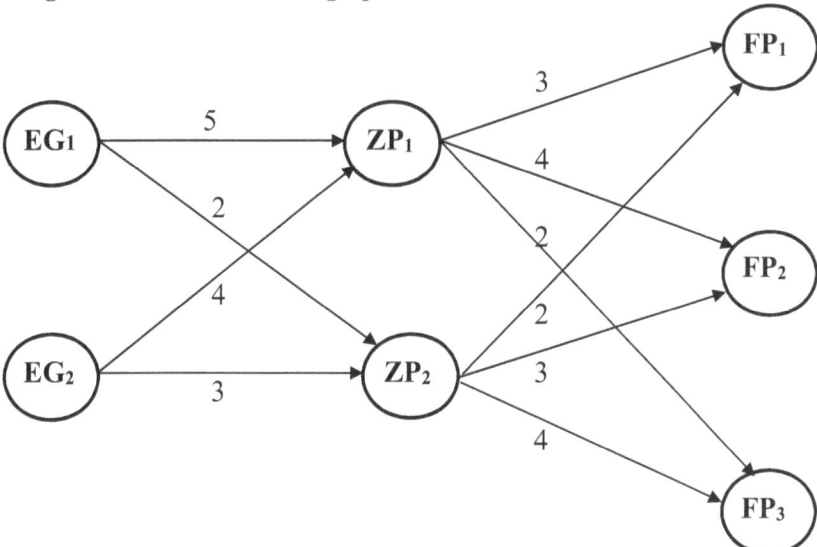

Dabei werden in der ersten Phase aus den beiden Einsatzgütern **EG₁** und **EG₂** die Zwischenprodukte **ZP₁** und **ZP₂** hergestellt, aus denen in der zweiten Phase die drei Fertigprodukte **FP₁**, **FP₂** und **FP₃** gefertigt werden. Die Zahlen geben an, wie viele Mengeneinheiten des Ausgangsprodukts für eine Mengeneinheit des jeweiligen Folgeprodukts erforderlich sind.

a) Geben Sie die Übergangsmatrizen A für die erste und B für die zweite Produktionsphase an und multiplizieren Sie beide miteinander. Nennen Sie die Produktmatrix C und interpretieren Sie das Element c_{23} dieser Matrix.

b) Ermitteln Sie unter Nutzung der Matrizenrechnung die benötigten Mengen der beiden Einsatzgüter, wenn 10 ME des ersten, 20 ME des zweiten und 5 ME des dritten Fertigprodukts hergestellt werden sollen.

Aufgabe 3.1.1.8 Stromanbieter

In Anlehnung an [3] Jaeger, A./Wäscher, G. „Mathematische Propädeutik für Wirtschaftswissenschaftler

In einer Kleinstadt teilen sich drei Stromanbieter den Markt. Die Haushalte haben die Wahl zwischen E (EON), V (Vattenfall) und Y (Yellow). Die Wechselbereitschaft der Haushalte zeigt folgende Abbildung:

a) Geben Sie die Übergangsmatrix P zu dem Schema aus Abbildung 3.1-2 an, wobei die Zeilen dem bisherigen und die Spalten dem Stromanbieter im Folgejahr entsprechen. Interpretieren Sie den Koeffizienten p_{12}.

Abbildung 3.1-2 Stromanbieter

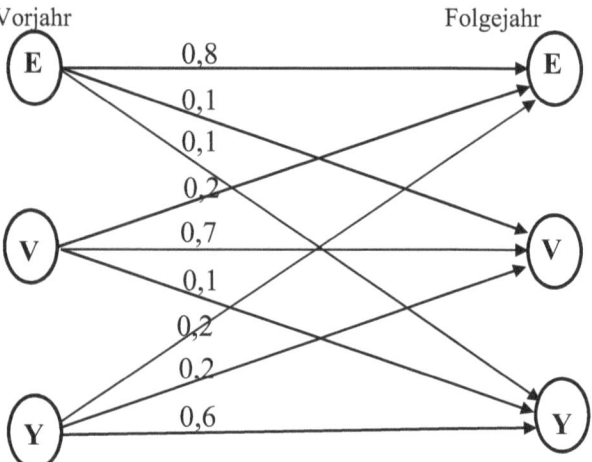

b) Im Vorjahr lag der Kundenanteil von EON bei 40 %, der von Vattenfall bei 20 % und der von Yellow bei 40 %. Bestimmen Sie mittels Matrizenrechnung die Kundenanteile der drei Stromanbieter im Folgejahr.

c) Berechnen Sie die Übergangsmatrix P^2 für zwei Jahre unter der Voraussetzung, dass die Wechselbereitschaft der Kunden unverändert fortbesteht und erneut dem Schema aus Abbildung 3.1-2 entspricht. Interpretieren Sie den Koeffizienten dieser Matrix in Zeile 1 und Spalte 2.

d) Bestimmen Sie erneut die Kundenanteile der drei Stromanbieter im 3. Jahr (dem Folgejahr des Folgejahrs).

Aufgabe 3.1.1.9   Ostseereisen

Ein Reiseveranstalter bietet Einzelzimmer, Doppelzimmer und Ferienwohnungen an der Ostsee auf Usedom, Rügen und Hiddensee in folgenden Mengen an:

Quartierart	Usedom	Rügen	Hiddensee
Einzelzimmer	20	40	20
Doppelzimmer	100	120	60
Ferienwohnung	80	100	20

Lösen Sie alle folgenden Teilaufgaben mit Hilfe der Matrizenrechnung

a) In allen drei Gebieten beträgt der Einzelzimmerpreis 80 €, der Doppelzimmerpreis 120 € und der Preis der Ferienwohnungen 200 € pro Tag in der Hauptsaison. Wie hoch sind die Tageseinnahmen in jedem der drei Gebiete, wenn in den Sommerferien alle verfügbaren Quartiere vermietet wurden?

Die durchschnittliche Auslastung der Quartiere in den drei Gebieten, die sich für Einzel-, Doppelzimmer und Ferienwohnungen nicht unterscheidet, in der Haupt- und Nebensaison kann der folgenden Tabelle entnommen werden:

Gebiet	Hauptsaison	Nebensaison
Usedom	100 %	75 %
Rügen	95 %	70 %
Hiddensee	90 %	70 %

b) Geben Sie zu beiden Tabellen die Matrizen A und B an und multiplizieren sie diese miteinander. Interpretieren sie das Element c_{21} der Produktmatrix $C = A\,B$ sachbezogen.

Aufgabe 3.1.1.10   Mietbestandteile

Eine Wohnungsgesellschaft verfügt über Wohnungen in drei Gebieten und erzielt dabei folgende Einnahmen:

Gebiet	durchschn. Kaltmiete je m^2 in €	durchschn. Heizkosten je m^2 in €	durchschn. sonst. Betriebskosten je m^2 in €
I	5,2	1,8	0,8
II	6,4	2,2	0,6
III	7,0	2,0	1,0

Diese Angaben lassen sich in der Matrix A darstellen:

$$A = \begin{pmatrix} 5,2 & 1,8 & 0,8 \\ 6,4 & 2,2 & 0,6 \\ 7,0 & 2,0 & 1,0 \end{pmatrix} \quad .$$

a) Es sei $x^T = (0,2 \quad 0,5 \quad 0,3)$ der Vektor der Anteile der drei Gebiete an der Gesamtwohnfläche der Wohnungsgesellschaft. Ermitteln Sie das Produkt

$$y^T = x^T A$$

und interpretieren Sie die Werte des Ergebnisvektors y^T.

b) Im Folgejahr steigen die Kaltmieten um 2 %, die Heizkosten um 5 % und die sonstigen Betriebskosten um 2 %, und zwar in allen drei Gebieten gleichermaßen. Wie muss der Vektor dieser prozentualen Preiserhöhungen $z^T = (0,02 \quad 0,05 \quad 0,02)$ mit der Matrix A verknüpft werden, um die daraus resultierende Erhöhung der Warmmieten in allen drei Gebieten zu ermitteln? Bestimmen Sie, um wieviel €/m^2 die Warmmieten (Warmmiete = Kaltmiete + Heizkosten + sonstige Betriebskosten) in den drei Gebieten steigen.

Aufgabe 3.1.1.11   Gartengestaltung

Eine Gartenbaufirma bietet das Pflastern von Wegen, die Anlage von Blumenrabatten und den Baumschnitt an. Ausgehend von folgendem Leistungsumfang, sollen die Kosten für die drei Objekte kalkuliert werden:

Objekt	Wege in m^2	Blumenbeete in m^2	Anzahl zu beschneidender Bäume
Einfamilienhaus	40	5	6
Reihenhaus	10	-	2
Wohnanlage	80	20	2

a) Geben Sie die Matrix A zu den Daten aus der Tabelle (Zeilen: Objekte, Spalten: Leistungsart) an und interpretieren Sie den Koeffizienten a_{31} aus dieser Matrix.

b) Ermitteln Sie unter Nutzung der Matrizenmultiplikation die Kosten für jedes der drei Objekte, wenn für das Pflastern der Wege ein Preis von 50 €/m^2, für Blumenbeete ein Preis von 10 €/m^2 und für den Baumschnitt 25 € je Baum zugrunde gelegt werden.

c) Da für die verschiedenen Leistungsarten unterschiedliche Mitarbeiter eingesetzt werden, soll nun der Umfang der zu erbringenden Leistungen getrennt nach den drei Leistungsarten ermittelt werden, wobei die in der obigen Tabelle angegebenen Leistungen jeweils für 2 Einfamilienhäuser, 5 Reihenhäuser und eine Wohnanlage erbracht werden sollen. Auch diese Aufgabe soll mittels Matrizenrechnung gelöst werden.

Aufgabe 3.1.1.12   Fußbodenarbeiten

Über die Fußbodenarbeiten in einem Neubau liegen folgende Angaben vor:

| Wohnungstyp | Zu belegende Fläche in m^2 | | | Anzahl |
	Fliesen	Parkett	Teppich	Wohnungen
I	10	20	40	8
II	15	0	80	20
III	20	50	50	10
Preis je m^2	25 €	40 €	15 €	

a) Geben Sie die Matrix A der zu belegenden Flächen in den drei Wohnungstypen (Zeilen: Wohnungstyp) nach Fußbodenarten (Spalten: Fußbodenart) an und berechnen Sie:

$y^T = x^T A$ mit dem Vektor der Wohnungszahlen je Wohnungstyp: $x^T = (8 \quad 20 \quad 10)$.

Interpretieren Sie die Elemente des Vektors y.

b) Bestimmen Sie mittels Matrizenmultiplikation die Preise für die Fußbodenarbeiten für jeden der drei Wohnungstypen, wenn für Fliesen 25 €, für Parkett 40 € und für Teppich 15 € veranschlagt werden, jeweils je m^2.

c) Berechnen Sie $x^T A\, p$, wobei p der Vektor der m^2-Preise für die drei Fußbodenarten ist, und interpretieren Sie das Ergebnis.

Aufgabe 3.1.1.13   Sanierung Altbau

Im Rahmen der Sanierung eines Altbaus sollen die Elektroanlagen erneuert werden. Dabei geht die Kostenkalkulation des Elektrikers von folgendem Bedarf aus

| Wohnungstyp | Bedarf | | |
	Kabellänge in m	Anz. Steckdosen und Schalter	Arbeitszeit in h
Einraum	60	12	25
Zweiraum	100	16	35
Dreiraum	150	24	50

Die Matrix der Zahlen in dieser Tabelle heißt A (Zeilen: Wohnungstyp, Spalten Bedarf).

Die Kosten für 1 m Kabel betragen 1 €, eine Steckdose bzw. ein Schalter kostet 10 € und 1 h Arbeitszeit des Elektrikers 50 €. (Vektor x)

Insgesamt verfügt das Haus über 4 Einraum-, 8 Zweiraum- und 12 Dreiraumwohnungen (Vektor y).

a) Bestimmen Sie für jeden der drei Wohnungstypen mittels Matrizenmultiplikation die Gesamtkosten der Elektroarbeiten (Vektor k).

b) Berechnen Sie den Vektor z mittels folgender Rechenoperation: $z^T = y^T A$ und interpretierten Sie die Komponente z_1 dieses Vektors.

Aufgabe 3.1.1.14   Prozessanalyse

Der Gozintograph in Abbildung 3.1-3 beschreibt, wie viele Mengeneinheiten (ME) der Rohstoffe R_1, R_2 und R_3 benötigt werden, um eine ME der beiden Halbprodukte H_1 und H_2 herzustellen, und wie viele ME dieser Halbprodukte je ME der Fertigprodukte F_1, F_2 und F_3 benötigt werden. Der Bedarf a und b steht noch nicht fest. Es sei x der Vektor der Mengen der Rohstoffe R_1, R_2 und R_3, y der Vektor der Mengen

Abbildung 3.1-3   Produktionsprozess (2 Phasen)

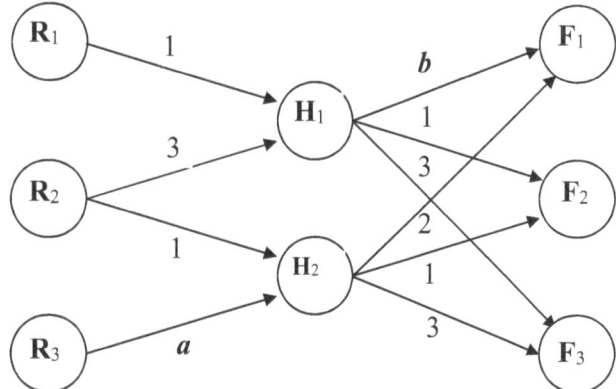

der beiden Halbprodukte H_1 und H_2 und z der Vektor der Mengen der drei Fertigprodukte F_1, F_2 und F_3. Mittels der Gleichungen $x = A y$ und $y = B z$
lässt sich ermitteln, wie viele ME der drei Rohstoffe für y ME der beiden Halb- und wie viele ME der Halbprodukte für z ME der drei Fertigprodukte erforderlich sind.

a) Lesen Sie die beiden Übergangsmatrizen A und B aus dem Gozintographen ab.

b) Aus der Multiplikation der beiden Übergangsmatrizen A und B ergibt sich die neue Übergangsmatrix

$$C = AB = \begin{pmatrix} 1 & & \\ 5 & & \\ 4 & 2 & 6 \end{pmatrix} .$$

Berechnen Sie die fehlenden Elemente dieser Matrix und die Werte der Konstanten a und b aus dem gegebenen Gozintographen.

c) Interpretieren Sie den Koeffizienten c_{21} der Übergangsmatrix C.

d) Welche Mengen der drei Rohstoffe werden benötigt, um 20 ME F_1, 30 ME F_2 und 10 ME F_3 herzustellen?

Aufgabe 3.1.1.15   Wohnungsbau

(Aufgabe von Karin Krüger)

Ein kommunales Wohnungsunternehmen baut an drei Standorten neue Wohnungen zu unterschiedlichen Mietpreisen. Wie sich die Mieten auf die Wohnungen in den drei Gebäudetypen verteilen und wie viele der Gebäude an den drei Standorten errichtet werden, ist den folgenden Tabellen zu entnehmen.

Tabelle 1: Anzahl Wohnungen der verschiedenen Mietpreise innerhalb der drei Gebäudetypen

Mieten in €/m²	Gebäudetyp A	Gebäudetyp B	Gebäudetyp C
6,50 bis 7,50	6	4	2
8,00 bis 10,50	4	8	3
über 11,00	-	3	5

Tabelle 2: Anzahl Häuser der drei Gebäudetypen an den verschiedenen Standorten:

Gebäudetyp	Standort I	Standort II	Standort III
Gebäudetyp A	5	3	3
Gebäudetyp B	7	4	2
Gebäudetyp C	3	6	5

a) Stellen Sie die Daten aus den Tabellen durch zwei Matrizen A (Tabelle 1) und B (Tabelle 2) dar. Bestimmen Sie das Produkt der beiden Matrizen $C = A\,B$ und interpretieren Sie das Element c_{23} sachbezogen.

b) Die Baukosten für die drei Gebäudetypen betragen 5, 7 und 10 (Mio. €). Berechnen Sie für die drei Standorte die Baukosten mittels Matrizenrechnung.

c) Das Unternehmen muss pro gebauter Wohnung (gestaffelt nach den drei Mietpreisgruppen) einen Betrag von 4, 6 bzw. 8 (1000 €) zur Entwicklung der Infrastruktur bereitstellen. Bestimmen Sie mittels Matrizenrechnung, welche Beträge an den drei Standorten für die Entwicklung der Infrastruktur zusammenkommen.

Aufgabe 3.1.1.16   Grillbuffet

Ein Grillrestaurant stellt Ketchup, Currysoße und scharfe Grillsoße selbst her. Dazu werden folgende Hauptzutaten verwendet: (Matrix A)

Zutaten	benötigte Menge der Zutaten in g je 100 g Soße		
	Ketchup	Currysoße	scharfe Grillsoße
Tomaten	60	40	20
Paprika	20	30	50
Zwiebeln	10	20	10
Essig	10	10	20

Für die regelmäßig an Sommerwochenenden stattfindenden Brunchs stehen drei Alternativen hinsichtlich des Grillbuffets zur Verfügung. Die unterschiedlichen Mengen der dabei benötigten Soßen sind der folgenden Tabelle zu entnehmen: (Matrix B)

Zutaten	benötigte Soßenmengen in 100 g für		
	Grillbuffet 1	Grillbuffet 2	Grillbuffet 3
Ketchup	5	3	2
Currysoße	3	2	3
scharfe Grillsoße	-	2	4

a) Geben Sie die zugehörigen Matrix A (Zeilen: Zutaten, Spalten: Soßen) und B (Zeilen: Soßen, Spalten: Grillbuffet) an und interpretieren Sie die Koeffizienten a_{21} und b_{23} sachbezogen.

b) Bestimmen Sie die Übergangsmatrix insgesamt $C = A\,B$ und interpretieren Sie den Koeffizienten c_{31} dieser Matrix.

c) Bestimmen Sie mittels Matrizenrechnung, welche Mengen der vier Zutaten in einem Monat erforderlich sind, in dem zweimal Grillbuffet 1 und jeweils dreimal Grillbuffet 2 und Grillbuffet 3 zum Brunch eingesetzt werden.

3.1.2 Die inverse Matrix

Beispiel: **Input-Output-Modell**

Vergl. [4] Kallischnigg,g./Kockelkorn, U./Dinge, A.

Mit Hilfe dieser auf **Leontieff** (Nobelpreis 1973) zurückgehenden Modelle werden Beziehungen zwischen den verschiedenen Bereichen eines Unternehmens oder der Volkswirtschaft insgesamt dargestellt. Dazu werden die mit Preisen bewerteten Leistungen der Bereiche eines Unternehmens in Form einer Input-Output-Tabelle abgebildet, die den Leistungsfluss innerhalb des Unternehmens, die Leistungen für den Markt (Endprodukt oder Endnachfrage) und den Gesamtoutput, die Gesamtsumme der erbrachten Leistungen, enthält. Eine solche Tabelle wird für eine abgelaufene Produktionsperiode zusammengestellt. Aus ihr sollen dann Modellrechnungen und Prognosen für künftige Produktionsperioden abgeleitet werden.

Allgemein hat diese Tabelle die Form:

Input-Output-Tabelle

abgebender Bereich	empfangender Bereich				Endprodukt	Gesamtoutput
	1	2	$\cdots\cdots$	n		
1	x_{11}	x_{12}	$\cdots$	x_{1n}	Y_1	X_1
2	x_{21}	x_{22}	$\cdots$	x_{2n}	Y_2	X_2
.	.	.		.	.	.
.	.	.		.	.	.
.	.	.		.	.	.
n	x_{n1}	x_{n2}	$\cdots$	x_{nn}	Y_n	X_n

Dabei sind

x_{ij} der Wert der Leistungen, die der Bereich i (abgebender Bereich) für Bereich j (empfangender Bereich) erbringt,

Y_i der Wert der Leistungen, die Bereich i direkt für den Markt erbringt, das *Endprodukt*, und

X_i die Summe der insgesamt von Bereich i erbrachten Leistungen, der *Gesamtoutput*.

Dabei gilt folgende Bilanzgleichung:

$$X_i = Y_i + \sum_{j=1}^{n} x_{ij} \quad \text{bzw.} \quad Y_i = X_i - \sum_{j=1}^{n} x_{ij} \qquad \text{für } i = 1,\ldots,n \quad , \qquad (1)$$

sowie die nach dem Endprodukt umgestellte Gleichung.

Um daraus ein Planungsmodell für die nächste Produktionsperiode zu entwickeln, bedarf es zunächst einmal einer Prognose des zu erbringenden Endprodukts. Dieses ergibt sich entweder aus Vorgaben der Unternehmensführung oder bei Unternehmen, die Großgeräte oder größere Fahrzeuge wie Bagger, Kräne, Schiffe, Flugzeuge oder Bahnen herstellen, aus den bereits vorliegenden Auftragsbüchern. Mit Änderungen der Produktion ist dabei stets auch eine Änderung der im Unternehmen verbleibenden Leistungen x_{ij} verbunden. Daher ist Formel (1) in der gegebenen Form für die Planung der künftigen Produktion noch nicht geeignet.

Als Kenngrößen, auf die sich die Planung auch bei Änderungen der Produktionsmengen stützen kann, werden zunächst Produktionskoeffizienten a_{ij} gemäß der folgenden Formel bestimmt:

$$a_{ij} = \frac{x_{ij}}{X_j} \qquad\qquad \text{für } i, j = 1, \ldots, n \ . \qquad (2)$$

Diese geben an, welchen Teil des Gesamtoutputs des Bereichs j (empfangender Bereich) die vom Bereich i (abgebender Bereich) erhaltenen Leistungen ausmachen. Unabhängig davon, wie viele S-Bahnwagen produziert werden, hängen die Anteile der Zulieferungen der einzelnen Bereiche des Schienenfahrzeugbaus nicht von der Produktionshöhe ab, zumindest soweit es sich um den gleichen Fahrzeugtyp mit gleicher Ausstattung handelt.

Gleichung (2) lässt sich umstellen gemäß:

$$x_{ij} = a_{ij} X_j \qquad\qquad \text{für } i, j = 1, \ldots, n \ . \qquad (3)$$

Diese Werte werden anschließend in Gleichung (1) eingesetzt. Das ergibt:

$$Y_i = X_i - \sum_{j=1}^{n} a_{ij} X_j \qquad\qquad \text{für } i = 1, \ldots, n \ . \qquad (4)$$

In Matrizenform lautet Gleichung (4):

$$\begin{pmatrix} Y_1 \\ \vdots \\ Y_n \end{pmatrix} = \begin{pmatrix} X_1 \\ \vdots \\ X_n \end{pmatrix} - \begin{pmatrix} a_{11} & \cdots & a_{1n} \\ \vdots & & \vdots \\ a_{n1} & \cdots & a_{nn} \end{pmatrix} \begin{pmatrix} X_1 \\ \vdots \\ X_n \end{pmatrix} \ .$$

Setzt man nun:

$$A = \begin{pmatrix} a_{11} & \cdots & a_{1n} \\ \vdots & & \vdots \\ a_{n1} & \cdots & a_{nn} \end{pmatrix} \qquad x = \begin{pmatrix} X_1 \\ \vdots \\ X_n \end{pmatrix} \qquad y = \begin{pmatrix} Y_1 \\ \vdots \\ Y_n \end{pmatrix} \ ,$$

so nimmt Gleichung (4) die Form:

$$y = x - Ax = (I - A)x \qquad\qquad (5)$$

an, wobei I die n-dimensionale Einheitsmatrix ist. Bestimmt man nun $(I - A)^{-1}$ die inverse Matrix zu $(I - A)$ und multipliziert damit die Gleichung (5), dann erhält man:

$$x = (I - A)^{-1} y \ . \qquad\qquad (6)$$

Damit lässt sich für beliebige Varianten des Vektors des Endprodukts y der dafür jeweils erforderliche Gesamtoutput x ermitteln, den die einzelnen Unternehmensbereiche dazu erbringen müssen.

Im Folgenden soll ein Bahnbetrieb, bestehend aus den Unternehmensbereichen Fahrdienst (F), Stellwerk (St) und Wartung/Reparatur (W/R), betrachtet werden. Im vergangenen Jahr wurden hier folgende Leistungen (jeweils in Mio. €) erbracht:

abgebender	empfangender Bereich			End-	Gesamt-
Bereich	F	St	W/R	produkt	output
F	5	0	8	12	25
St	5	0	8	7	20
W/R	5	4	4	27	40

Bestimmung der Produktionskoeffizienten

Nach Formel (2) müssen die Leistungen x_{ij}, die Bereich i für Bereich j erbringt, durch den Gesamtoutput des empfangenden Bereichs X_j dividiert werden. Die empfangenden Bereiche stehen jeweils in den Spalten der Input-Output-Tabelle. Das ergibt:

$$A = \begin{pmatrix} 5/25 & 0 & 8/40 \\ 5/25 & 0 & 8/40 \\ 5/25 & 4/20 & 4/40 \end{pmatrix} = \begin{pmatrix} 0{,}2 & 0 & 0{,}2 \\ 0{,}2 & 0 & 0{,}2 \\ 0{,}2 & 0{,}2 & 0{,}1 \end{pmatrix} .$$

Dabei ist $a_{13} = 0{,}2$. Das bedeutet, dass die Leistungen des Fahrdienstes ($i = 1$) 20 % des Gesamtoutputs des Bereichs Wartung/Reparatur ($j = 3$) ausmachen. Die Matrix ($I - A$) hat dann die Form:

$$I - A = \begin{pmatrix} 1 & 0 & 0 \\ 0 & 1 & 0 \\ 0 & 0 & 1 \end{pmatrix} - \begin{pmatrix} 0{,}2 & 0 & 0{,}2 \\ 0{,}2 & 0 & 0{,}2 \\ 0{,}2 & 0{,}2 & 0{,}1 \end{pmatrix} = \begin{pmatrix} 0{,}8 & 0 & -0{,}2 \\ -0{,}2 & 1 & -0{,}2 \\ -0{,}2 & -0{,}2 & 0{,}9 \end{pmatrix} .$$

Bestimmung der Inversen von (I - A)

1. Ermittlung der Inversen ausgehend von der Definition der inversen Matrix

Als Inverse einer Matrix B wird, sofern sie existiert, eine Matrix B^{-1} bezeichnet, die den Gleichungen: $\qquad B B^{-1} = I \qquad$ und $\qquad B^{-1} B = I$

genügt.

In dem hier betrachteten Beispiel ist $B = I - A$.

Um die Elemente von $(I - A)^{-1}$ zu bestimmen, setzt man

$$(I - A)^{-1} = \begin{pmatrix} a & b & c \\ d & e & f \\ g & h & i \end{pmatrix}$$

und erhält gemäß der Definition der Inversen die Gleichung:

$$(I-A)(I-A)^{-1} = \begin{pmatrix} 0,8 & 0 & -0,2 \\ -0,2 & 1 & -0,2 \\ -0,2 & -0,2 & 0,9 \end{pmatrix} \begin{pmatrix} a & b & c \\ d & e & f \\ g & h & i \end{pmatrix} = I = \begin{pmatrix} 1 & 0 & 0 \\ 0 & 1 & 0 \\ 0 & 0 & 1 \end{pmatrix}$$

$$(I-A)(I-A)^{-1} = \begin{pmatrix} 0,8a-0,2g & 0,8b-0,2h & 0,8c-0,2i \\ -0,2a+d-0,2g & -0,2b+e-0,2h & -0,2c+f-0,2i \\ -0,2a-0,2d+0,9g & -0,2b-0,2e+0,9h & -0,2c-0,2f+0,9i \end{pmatrix}$$

Daraus ergeben sich die Gleichungen (Zeile 1, Spalte 1)

(I) $0,8\,a - 0,2\,g = 1$, woraus $0,2\,g = 0,8\,a - 1$ bzw. $\mathbf{g = 4\,a - 5}$

folgt. Dies wird eingesetzt in (II) (Zeile 2, Spalte 1)

(II) $-0,2\,a + d - 0,2\,g = -0,2\,a + d - 0,2\,(4\,a - 5) = -a + d + 1 = 0$,

woraus $\qquad\qquad\qquad\qquad\qquad\qquad\qquad \mathbf{d = a - 1}$

folgt. Mit Hilfe der dritten Gleichung (Zeile 3, Spalte 1) erhält man dann durch Einsetzen der bisherigen Ergebnisse:

(III) $-0,2\,a - 0,2\,d + 0,9\,g = -0,2\,a - 0,2\,(a-1) + 0,9\,(4\,a - 5) = 3,2\,a - 4,3 = 0$

Damit ist: $a = 4,3/3,2 = \underline{1,34375}$ $\quad d = a - 1 = \underline{0,34375}$ $\quad g = 4\,a - 5 = \underline{0,375}$.

Analog werden die anderen Elemente ermittelt. Dieser Weg ist sehr rechenaufwendig, wenn die zu invertierende Matrix mehr als zwei Zeilen und Spalten enthält und kaum Elemente besitzt, die null sind.

2. Ermittlung der Inversen nach dem Gaußschen Algorithmus

Dazu wird die Matrix $(I - A)$ zunächst durch die passende Einheitsmatrix I ergänzt. Nach den für Gleichungen üblichen Rechenoperationen wird dieses Schema so lange bearbeitet, bis links die Einheitsmatrix steht. Die rechte Matrix ist dann die gesuchte Inverse $(I - A)^{-1}$.

(1)	0,8	0	-0,2	1	0	0
(2)	-0,2	1	-0,2	0	1	0
(3)	-0,2	-0,2	0,9	0	0	1

Dabei werden drei Gleichungssysteme gleichzeitig gelöst. Alle drei besitzen die gleiche Koeffizientenmatrix, während die Konstante auf der rechten Seite jeweils die drei Einheitsvektoren sind. Die drei Spaltenvektoren der Lösung bilden dann die gesuchte Inverse der betrachteten Matrix, hier $(I - A)$.

Im ersten Schritt wird die erste Spalte in die gewünschte Form gebracht (Einheitsvektor mit 1 als erstem Element), im zweiten die zweite usw.. Links sind jeweils die verwendeten Rechenoperationen angegeben, wobei (1′) die neue erste Zeile ist.

(1)	0,8	0	-0,2	1	0	0
(2)	-0,2	1	-0,2	0	1	0
(3)	-0,2	-0,2	0,9	0	0	1

  1. Schritt:

$(1') = (1)/0,8$	1	0	-0,25	1,25	0	0
$(2') = (2)+(1)/4$	0	1	-0,25	0,25	1	0
$(3') = (3)+(1)/4$	0	-0,2	0,85	0,25	0	1

2. Schritt:

$(1'') = (1')$	1	0	-0,25	1,25	0	0
$(2'') = (2')$	0	1	-0,25	0,25	1	0
$(3'') = (3')+(2')/5$	0	0	0,8	0,3	0,2	1

3. Schritt

$(1''') = (1'')+0,25(3''')$	1	0	0	1,34375	0,0625	0,3125
$(2''') = (2'')+0,25(3''')$	0	1	0	0,34375	1,0625	0,3125
$(3''') = (3'')/0,8$	0	0	1	0,375	0,25	1,25

Damit ist:

$$(I-A)^{-1} = \begin{pmatrix} 1,34375 & 0,0625 & 0,3125 \\ 0,34375 & 1,0625 & 0,3125 \\ 0,375 & 0,25 & 1,25 \end{pmatrix} .$$

3. Ermittlung der Inversen mit Hilfe der Adjunkten

Der Einfachheit halber werden die zu invertierende Matrix mit B und ihre Elemente mit b_{ij} bezeichnet und die Elemente der Inversen B^{-1} mit $b_{ij}{}^*$. Zunächst wird die Determinante $det(B)$ der Matrix B ermittelt, wobei hier $B = I - A$ ist. Für (3,3)-Matrizen setzt man dazu gemäß der Regel von Sarrus rechts neben die betrachte Matrix B nochmals die ersten beiden Spalten dieser Matrix. Dann multipliziert man die Elemente der drei Hauptdiagonalen von links oben nach rechts unten miteinander (schwarze Linien) und addiert sie, während die Elemente der drei Nebendiagonalen von rechts oben nach links unten (gestrichelte Linien) ebenfalls multipliziert und vom bisherigen Ergebnis subtrahiert werden.

$$B = I - A = \begin{pmatrix} 0,8 & 0 & -0,2 \\ -0,2 & 1 & -0,2 \\ -0,2 & -0,2 & 0,9 \end{pmatrix} \qquad \begin{pmatrix} 0,8 & 0 & -0,2 & 0,8 & 0 \\ -0,2 & 1 & -0,2 & -0,2 & 1 \\ -0,2 & -0,2 & 0,9 & -0,2 & -0,2 \end{pmatrix}$$

Die Produkte entlang der schwarzen Linien werden aufsummiert, die entlang der gestrichelten Linien davon subtrahiert. Damit ist:

$$det(B) = 0,8 \cdot 1 \cdot 0,9 + 0 \cdot (-0,2) \cdot (-0,2) + (-0,2) \cdot (-0,2) \cdot (-0,2)$$
$$- (-0,2) \cdot 1 \cdot (-0,2) - 0,8 \cdot (-0,2) \cdot (-0,2) - 0 \cdot (-0,2) \cdot 0,9$$
$$= 0,72 + 0 - 0,008 - 0,04 - 0,032 - 0 = \underline{0,64}$$

Die Elemente $b_{ij}{}^*$ der inversen Matrix B^{-1} erhält man dann mittels:

$$b_{ij}^* = (-1)^{i+j} \frac{det(B_{ji})}{det(B)} \quad ,$$

wobei B_{ji} die Adjunkten der Matrix B sind, die durch Streichen der Zeile j und Spalte i aus B entstehen. Zu beachten ist hier die Vertauschung der Indizes i und j, d.h. zur Berechnung des Elements $b_{ij}{}^*$ wird die Adjunkte B_{ji} benötigt. Alternativ dazu kann man auch die Matrix B transponieren, wobei $det(B_{ji}) = det(B_{ij}{}^T)$ ist. Die Determinante von B ändert sich dabei nicht, denn $det(B) = det(B^T)$.

Für $B = I - A$ erhält man damit:

$$b_{11}^* = (-1)^2 \frac{\begin{vmatrix} 1 & -0{,}2 \\ -0{,}2 & 0{,}9 \end{vmatrix}}{0{,}64} = \frac{0{,}9 - (-0{,}2)^2}{0{,}64} = 1{,}34375$$

$$b_{12}^* = (-1)^3 \frac{\begin{vmatrix} 0 & -0{,}2 \\ -0{,}2 & 0{,}9 \end{vmatrix}}{0{,}64} = -\frac{0 - (-0{,}2)^2}{0{,}64} = 0{,}0625$$

$$b_{13}^* = (-1)^4 \frac{\begin{vmatrix} 0 & -0{,}2 \\ 1 & -0{,}2 \end{vmatrix}}{0{,}64} = \frac{0 - (-0{,}2)}{0{,}64} = 0{,}3125$$

Analog werden die anderen Elemente der Matrix $(I - A)^{-1}$ bestimmt, was zu der Matrix:

$$(I - A)^{-1} = \begin{pmatrix} 1{,}34375 & 0{,}0625 & 0{,}3125 \\ 0{,}34375 & 1{,}0625 & 0{,}3125 \\ 0{,}375 & 0{,}25 & 1{,}25 \end{pmatrix} \quad \text{führt.}$$

Bestimmung des Gesamtoutputs für ein gegebenes Endprodukt

Im nächsten Jahr soll vom Bereich Fahrdienst ein Endprodukt in Höhe von 26 Mio. €, vom Stellwerk eines von 11 Mio. € und vom Bereich Wartung/Reparatur eines in Höhe von 14 Mio. € geschaffen werden. Nach Gleichung (6) lässt sich der dafür erforderliche Gesamtoutput der drei Bereiche mittels:

$$x = (I - A)^{-1} y = \begin{pmatrix} 1{,}34375 & 0{,}0625 & 0{,}3125 \\ 0{,}34375 & 1{,}0625 & 0{,}3125 \\ 0{,}375 & 0{,}25 & 1{,}25 \end{pmatrix} \begin{pmatrix} 26 \\ 11 \\ 14 \end{pmatrix} = \begin{pmatrix} 40 \\ 25 \\ 30 \end{pmatrix} \quad .$$

berechnen. Für dieses Endprodukt hat der Fahrdienst insgesamt Leistungen für 40 Mio € zu erbringen, das Stellwerk solche für 25 Mio. € und der Bereich Wartung/Reparatur muss Leistungen im Wert von 30 Mio. € aufbringen. Unter Nutzung von Formel (3) lassen sich damit auch die Werte der zwischen den Bereichen zu erbringenden Leistungen bestimmen, wodurch die Input-Output-Tabelle der geplanten Leistungen komplettiert wird. Dabei ist:

$$x_{11} = a_{11} X_1 = 0{,}2 \cdot 40 = 8 \quad x_{12} = a_{12} X_2 = 0 \cdot 25 = 0 \quad x_{13} = a_{13} X_3 = 0{,}2 \cdot 30 = 6 .$$

Zur Probe werden diese Werte noch in die Bilanzgleichung (1) eingesetzt:

$$X_1 = Y_1 + \sum_{j=1}^{n} x_{1j} = 26 + 8 + 0 + 6 = 40 \quad .$$

Die restlichen Werte lassen sich analog ermitteln, woraus sich die neue Input-Output-Tabelle der geplanten Produktionsperiode ergibt.

abgebender Bereich	empfangender Bereich			End-produkt	Gesamt-output
	F	**St**	**W/R**		
F	8	0	6	26	40
St	8	0	6	11	25
W/R	8	5	3	14	30

Aufgabe 3.1.2.1

Gegeben sind die Matrizen

$$A = \begin{pmatrix} 1 & 2 & 1 \\ 0 & 1 & 2 \\ 1 & 0 & 2 \end{pmatrix} \qquad D = \begin{pmatrix} 5 & 10 & 10 \\ 3 & 4 & 6 \\ 4 & 2 & 8 \end{pmatrix}.$$

a) Bestimmen Sie die Inverse der Matrix A.

b) Ermitteln Sie die Matrix B, die der Gleichung $A\,B = D$ genügt.

c) Berechnen Sie die Matrix C, die der Gleichung $C\,A = D$ genügt.

d) Begründen Sie, weshalb die ermittelten Matrizen B und C nicht übereinstimmen.

Aufgabe 3.1.2.2

Gegeben sind die Matrizen:

$$A = \begin{pmatrix} 2 & -1 \\ -1 & 3 \end{pmatrix} \qquad B = \begin{pmatrix} 2 & 1 & 4 \\ 0 & 2 & 3 \\ 4 & 2 & 3 \end{pmatrix} \qquad B^{-1} = \begin{pmatrix} 0 & -0{,}25 & \\ -0{,}6 & & 0{,}3 \\ 0{,}4 & 0 & -0{,}2 \end{pmatrix}$$

$$D = \begin{pmatrix} -4 & 10 & 15 \\ 42 & 5 & 20 \end{pmatrix}.$$

a) Bestimmen Sie die inverse Matrix von A.

b) Berechnen Sie die fehlenden Elemente der Matrix B^{-1}.

c) Ermitteln Sie die Matrix C, die der Gleichung: $A\,C\,B = D$ genügt.

Aufgabe 3.1.2.3

Gegeben sind die Matrizen:

$$A = \begin{pmatrix} 1 & 2 & 1 \\ 3 & 1 & 0 \\ 2 & 1 & 1 \end{pmatrix} \qquad A^{-1} = \begin{pmatrix} -0{,}25 & 0{,}25 & 0{,}25 \\ 0{,}75 & 0{,}25 & -0{,}75 \\ -0{,}25 & -0{,}75 & 1{,}25 \end{pmatrix}$$

$$B = \begin{pmatrix} 1 & 0{,}6 & -0{,}8 \\ -0{,}5 & 0{,}2 & \\ 2 & 1 & \end{pmatrix} \qquad B^{-1} = \begin{pmatrix} 13 & -4 & -7 \\ -8 & 4 & 5 \\ 9 & & \end{pmatrix}$$

$$P = \begin{pmatrix} 4 & -1 & 6 \\ 3{,}5 & -2{,}5 & 7 \\ 2{,}9 & -5{,}7 & 9{,}4 \end{pmatrix} \qquad Q = \begin{pmatrix} 9 & 11 & -3 \\ 11{,}5 & 11 & -6{,}5 \\ 13{,}5 & 12 & -8{,}5 \end{pmatrix} \qquad R = \begin{pmatrix} 12 & 8 & -10 \\ 9 & 8 & -5 \\ 14 & 10 & -11 \end{pmatrix}$$

a) Berechnen Sie die fehlenden Elemente der Matrizen B und B^{-1}.

b) Bestimmen Sie die Matrix C, die der Gleichung: $A\,B\,C = P$ genügt.

c) Ermitteln Sie die Matrix D, die der Gleichung: $A\,D\,B = Q$ genügt.

d) Berechnen Sie die Matrix F, die der Gleichung: $F\,A\,B = R$ genügt.

Aufgabe 3.1.2.4 Fruchtjoghurt

(Aufgabe von Karin Krüger)

Für die Produktion von Fruchtjoghurt unterschiedlicher Qualität werden 3 Fruchtzubereitungen (Z_1, Z_2 und Z_3) hergestellt, die u. a. Fruchtsaft (R_1), Fruchtmark (R_2) und (zerkleinerte) Früchte (R_3) enthalten. Die Tabelle enthält die Mengen R_1, R_2 und R_3 (in Litern), die für die Herstellung von einem Hektoliter der Zubereitungen Z_1, Z_2 und Z_3 benötigt werden.

(*a* ist dabei eine positive reelle Konstante):

Rohstoffe	Rohstoffmenge in Liter je ME (Hektoliter) Fruchtjoghurt		
	Z_1	Z_2	Z_3
R_1	1	1	a
R_2	4	a	5
R_3	1	a	4

Die inverse Matrix von A hat die Form $\quad A^{-1} = \begin{pmatrix} 2 & 0 & -1 \\ 11 & -2 & b \\ -6 & 1 & 2 \end{pmatrix}$.

a) Ermitteln Sie fehlenden Werte a und b in den beiden Matrizen.

b) Bestimmen Sie mit Hilfe der Matrizenrechnung die benötigten Mengen der drei Rohstoff (Vektor r), um 2 Hektoliter Z_1, 5 Hektoliter Z_2 und 8 Hektoliter Z_3 herzustellen.

Es stehen von den Rohstoffen R_1 110, R_2 280 und R_3 210 Liter zur Verfügung. Um zu ermitteln, welche Mengen z_1, z_2 und z_3 der drei Zubereitungen daraus hergestellt werden können, muss das Gleichungssystem $\quad r = A\,z\quad$ mit

$$z = \begin{pmatrix} z_1 \\ z_2 \\ z_3 \end{pmatrix}, \quad r = \begin{pmatrix} 110 \\ 280 \\ 210 \end{pmatrix} \quad \text{und der in der Tabelle dargestellten Matrix } A \text{ gelöst werden.}$$

c) Berechnen Sie mit Hilfe der Matrizenrechnung den Vektor z der aus den vorhandenen Mengen der drei Rohstoffe herstellbaren Mengen der drei Sorten Fruchtjoghurt.

Aufgabe 3.1.2.5 Bäckerei

Ein Bäcker bäckt täglich Sandkuchen, Obstkuchen und Quarkkuchen. Für alle drei Kuchen benötigt er Mehl, Zucker und Eier in folgenden Mengen (Bedarf je Kuchen):

Zutaten	Sandkuchen	Obstkuchen	Quarkkuchen
Mehl	0,5 kg	0,25 kg	0,2 kg
Zucker	0,1 kg	0,15 kg	0,2 kg
Eier	3	2	4

a) Lesen Sie die Übergangsmatrix A, mit deren Hilfe sich der Bedarf der drei Rohstoffe ermitteln lässt, aus der obigen Tabelle ab.

b) An einem Tag sollen 20 Sandkuchen, 40 Obstkuchen und 50 Quarkkuchen gebacken werden. Welche Mengen der drei Zutaten sind dazu erforderlich? Nutzen Sie für Ihre Rechnung die Übergangsmatrix A.

c) Die Inverse der Übergangsmatrix A besitzt folgende Form:

$$A^{-1} = \begin{pmatrix} c & -6 & 0,2 \\ 2 & 14 & -0,8 \\ -2,5 & -2,5 & 0,5 \end{pmatrix}$$. Bestimmen Sie das fehlende Element c von A^{-1}.

d) Bevor der Bäcker seinen Betrieb urlaubsbedingt schließt, möchte er die restlichen Zutaten noch verbrauchen. Dabei handelt es sich um 11 kg Mehl, 5 kg Zucker und 90 Eier. Welche Kuchenmengen der drei betrachteten Sorten lassen sich daraus herstellen, wenn die Reste aller drei betrachteten Zutaten dabei komplett aufgebraucht werden sollen?

Aufgabe 3.1.2.6 Reisekosten

Ein Reiseveranstalter bietet in einer Saison drei Reisen zu verschiedenen Zielen an. Die Zusammensetzung des Reisepreises pro Kopf ergibt sich aus folgender Tabelle:

Kostenart	Kosten pro Kopf in €		
	Reise A	Reise B	Reise C
Transport	200	500	800
Beherbergung	300	250	200
Reiseleitung	10	10	50

Schreiben Sie die Daten aus der Tabelle als Kostenmatrix K (Zeilen: Kostenart, Spalten: Reise) auf.

a) Bestimmen Sie mittels Matrizenrechnung die Gesamtaufwendungen für die drei Kostenarten, wenn Reise A von 50 Personen, Reise B von 30 Personen und Reise C von 40 Personen gebucht werden.

Die Inverse der Kostenmatrix K hat die Form:

$$K^{-1} = \begin{pmatrix} -0{,}002625 & 0{,}00425 & c \\ 0{,}00325 & -0{,}0005 & -0{,}05 \\ -0{,}000125 & -0{,}00075 & 0{,}025 \end{pmatrix} .$$

b) Bestimmen Sie das fehlende Element der Matrix K^{-1}.

c) Ermitteln Sie mittels Matrizenrechnung die Zahl der Reisenden für die drei Reisearten, wenn die Transportkosten 49 000 €, die Beherbergungskosten 28 500 € und die Kosten für die Reiseleitung 1 900 € betragen.

Aufgabe 3.1.2.7   Werbung Jobmesse

(Aufgabe von Karin Krüger)

Ein Unternehmen braucht Werbematerial (Flyer, Broschüren und Plakate) für eine demnächst im Hause stattfindende Jobmesse. Eine Online-Druckerei macht dem Unternehmen (auf der Basis des avisierten Umfangs des Auftrags) das folgende Preisangebot, aufgeschlüsselt nach Kosten für Papier, Druck und Versand. Die Preise (in Cent) beziehen sich auf jeweils ein Exemplar.

Kostenart	Flyer	Broschüre	Plakat
Papier	2,5	10	15
Druck	1,5	15	10
Versand	0,5	2,5	3

a) Ermitteln Sie unter Nutzung der Matrizenrechnung die anfallenden Kosten y für die drei Positionen (Papier, Druck, Versand), wenn 1500 Flyer, 1000 Broschüren und 200 Plakate (x = Vektor der Anzahl der Werbemittel) benötigt werden.

b) Wenn Sie die sich aus der obigen Tabelle ergebende Kostenmatrix mit K bezeichnen (Zeilen: Kostenarten, Spalten: Werbemittel), so besitzt die inverse Matrix dazu die Form:

$$K^{-1} = \frac{1}{5} \begin{pmatrix} -80 & -30 & z \\ -2 & 0 & 10 \\ 15 & 5 & -90 \end{pmatrix} .$$

Bestimmen Sie das fehlende Element z dieser Matrix.

c) Wie viele Flyer, Broschüren und Plakate können gedruckt werden, wenn für das Papier 132,50 €, für den eigentlichen Druck 153,00 € und für den Versand 30,50 € zur Verfügung stehen? (Beachten Sie dabei, dass die Kosten in der Matrix A in *Cent* gegeben sind.)

Aufgabe 3.1.2.8   Sanierung Wohngebäude

(Aufgabe von Karin Krüger)

Eine Wohnungsbaugenossenschaft plant Sanierungsmaßnahmen in 3-, 5- und 10-geschossigen Häusern, in denen es 2-, 3- und 4-Raumwohnungen gibt. Die folgende Tabelle gibt an, wie viele Wohnungen der drei Typen sich in den unterschiedlichen Häusern befinden:

Gebäudeart	2-Raumwohnungen	3-Raumwohnungen	4-Raumwohnungen
3-Geschosser	6	3	-
5-Geschosser	5	5	5
10-Geschosser	10	10	20

In einem Angebot, das der Wohnungsbaugenossenschaft vorliegt, werden für eine 2-Raumwohnung Kosten in Höhe von 7 000 € veranschlagt, für eine 3-Raumwohnung 8 000 € und für eine 4 Raumwohnung 10 000 €.

a) Bestimmen Sie die Sanierungskosten für jeden der drei Haustypen mit Hilfe der Matrizenrechnung.

Die Inverse der Matrix der Wohnungszahlen je Haustyp A (Zeilen: Haustyp, Spalten: Wohnungstyp) hat folgende Form:

$$A^{-1} = \begin{pmatrix} 1/3 & -2/5 & 1/10 \\ -1/3 & 4/5 & -1/5 \\ a & b & 1/10 \end{pmatrix} .$$

b) Bestimmen Sie die fehlenden Elemente a und b der Matrix A^{-1}.

c) In einem anderen Angebot sind nur Gesamtkosten für die drei Haustypen angegeben, und zwar für die 3-Geschosser 57 000 €, für 5-Geschosser 107 500 € und für die 10-Geschosser 300 000 €. Um dieses Angebot mit dem obigen Angebot mit den Kosten je Wohnungstyp vergleichen zu können, müssen die Kosten für jeweils eine Wohnung der drei Typen bestimmt werden. Berechnen Sie diese unter Nutzung der Matrizenrechnung.

Aufgabe 3.1.2.9   Volkshochschulkurse

(Aufgabe von Karin Brinner)

Die Volkshochschule Havelland bietet Kurse zur beruflichen Bildung an in den Städten Rathenow, Falkensee und Brandenburg. Die Kurse sind Programmbereichen zugeordnet. Folgende Kurspreise (in €) und Erfahrungswerte zu Teilnehmerzahlen sind gegeben:

Programmbereich	Durchschnittliche Teilnehmerzahl pro Kurs			Kursgebühren pro Teilnehmer
	Rathenow	Falkensee	Brandenburg	
Politik/Recht	10	20	15	15
Kultur, Sprachen	5	20	20	40
Gesundheit-Sport	15	10	15	10
Computer	10	5	10	40

a) Geben Sie die Matrix T der durchschnittlichen Teilnehmerzahlen pro Kurs nach Programmbereichen (Zeilen) und Einzugsgebieten (Spalten) an, sowie den Vektor x der Kursgebühren pro Teilnehmer.

b) Bestimmen Sie mittels Matrizenrechnung den Vektor y der Einnahmen der Volkshochschule an den drei Standorten.

Die Volkshochschule plant einen weiteren Standort für eine Zweigstelle. Dort wird mit durchschnittlich zehn Teilnehmern für alle Programmbereiche gerechnet und mit Gesamtkosten in

Rathenow von 940 €, 1 385 € in Falkensee, 1 585 € in Brandenburg sowie am neuen Standort mit 1 080 € (Vektor y_{neu}).

c) Geben Sie die neue Matrix der geplanten Teilnehmerzahlen T_{neu} an, sowie die Matrizengleichung zur Berechnung der erforderlichen Kursgebühren pro Teilnehmer, die zur Deckung der Kosten benötigt werden.

d) Die Inverse der Matrix T_{neu} hat die Form:

$$T_{neu}^{-1} = \begin{pmatrix} 0{,}04 & -0{,}08 & 0{,}12 & -0{,}08 \\ b & -0{,}04 & -0{,}04 & -0{,}04 \\ -0{,}16 & 0{,}12 & 0{,}12 & -0{,}08 \\ 0{,}06 & -0{,}02 & -0{,}22 & 0{,}28 \end{pmatrix}.$$

Bestimmen Sie das fehlende Element b dieser Matrix und berechnen Sie die notwendigen Kursgebühren zur Deckung der Kosten y_{neu}.

Aufgabe 3.1.2.10   Marken bei Douglas

Über die mittlere Anzahl der Käufer der Marken Boss, Chanel und Dior pro Monat in drei verschiedenen Douglas-Filialen und die mittleren Ausgaben pro Kauf und Marke, die für alle drei Filialen gleich hoch sind, liegen folgende Angaben vor:

Filiale	Anz. Käufe pro Monat			Marke	durchschn. Ausgaben pro Kauf in € für diese Marke
	Boss	Chanel	Dior		
A	10	20	15	Boss	40
B	20	24	18	Chanel	60
C	15	30	10	Dior	50

Daraus ergeben sich die Matrizen:

$$A = \begin{pmatrix} 10 & 20 & 15 \\ 20 & 24 & 18 \\ 15 & 30 & 10 \end{pmatrix} \quad \text{und} \quad A^{-1} = \begin{pmatrix} -0{,}15 & 0{,}125 & 0 \\ 0{,}035 & -0{,}0625 & 0{,}06 \\ c & 0 & -0{,}08 \end{pmatrix}.$$

Lösen Sie folgende Aufgaben unter Nutzung der Matrizenrechnung.

a) Berechnen Sie die Umsätze der drei Filialen aus dem Verkauf dieser drei Marken insgesamt.

b) Bestimmen Sie das fehlende Element c der Matrix A^{-1}.

c) Im Folgejahr erzielt Douglas bei Käufern der Marken Boss einen Umsatz von 1 950 €, bei Chanel 2 540 € und bei Dior 2 175 . Bestimmen Sie für das Folgejahr die durchschnittlichen Umsätze pro Kauf der Kunden, wenn sich die Zahl der Käufe der drei Marken pro Monat in den drei Filialen nicht verändert hat.

Aufgabe 3.1.2.11   Rufbus

(Aufgabe von Karin Krüger)

Ein Nahverkehrsunternehmen bietet am Wochenende auf drei Linien L_1, L_2 und L_3 einen Rufbus an. Die Längen dieser Linien sind x_1, x_2 und x_3 (Angaben in km). Die drei Linien werden unterschiedlich oft genutzt. Für drei Tage, Freitag, Sonnabend, Sonntag ergaben sich folgenden Daten: Dabei wurde am Freitag die Linie L_1 viermal, L_2 einmal und L_3 zweimal genutzt.

| Linie | Anzahl Touren pro Linie und Wochentag | | | Kosten der Busfahrer pro Linie in € ins. |
	Freitag	Samstag	Sonntag	
L_1	4	2	2	y_1
L_2	1	3	2	y_2
L_3	2	3	1	y_3
Pro Tag insges. gefahrene Strecke in km	z_1	z_2	z_3	

Daraus ergibt sich die Übergangsmatrix A mit der inversen Matrix A^{-1}:

$$A = \begin{pmatrix} 4 & 2 & 2 \\ 1 & 3 & 2 \\ 2 & 3 & 1 \end{pmatrix} \qquad A^{-1} = \begin{pmatrix} 1/4 & -1/3 & 1/6 \\ a & 0 & 1/2 \\ 1/4 & 2/3 & -5/6 \end{pmatrix} .$$

Lösen Sie folgende Aufgaben unter Nutzung der Matrizenrechnung.

a) Bestimmen Sie die Kosten y der drei Linien für die Busfahrer für das gesamte Wochenende, wenn jeder Busfahrer unabhängig davon, auf welcher Linie er fährt, pro Tour am Freitag eine Vergütung von 40 €, pro Tour am Sonnabend 45 € und am Sonntag aufgrund der Feiertagszuschläge sogar 55 € erhält.

b) Bestimmen Sie für jeden der drei Tage am Wochenende die insgesamt von Bussen aller drei Linien zurückgelegte Strecke z, wenn die Linie L_1 20 km, L_2 30 km und Linie L_3 25 km lang ist.

c) Bestimmen Sie das fehlende Element der Matrix A^{-1}.

d) Nach einer Änderung der Streckenführung der drei Linien ergeben sich insgesamt zurückgelegte Strecken am Freitag von $z_1 = 170$ km, am Sonnabend von $z_2 = 190$ km und am Sonntag von $z_3 = 124$ km. Ermitteln Sie unter Nutzung der inversen Matrix A^{-1} die neuen Streckenlängen der drei Linien.

Aufgabe 3.1.2.12   Äpfel aus der Region

(Aufgabe von Karin Krüger)

Drei Bio-Supermärkte (Alnatura, Bio-Company und Denn's) bieten in ihren Berliner Filialen drei Sorten Bio-Äpfel (Braeburn, Elstar und Holsteiner Cox) aus drei regionalen Anbaugebieten (Altes Land, Werder und Oderbruch) an. Die erste Tabelle (Matrix A) gibt an, in welchen Mengen die drei Märkte (in einem Wintermonat) Äpfel aus den drei Anbaugebieten anbieten:

	Angebotene Mengen in t		
	Altes Land	Werder	Oderbruch
Alnatura	6	7	5
Bio-Company	10	8	4
Denn's	8	6	3

Lösen Sie die folgenden Aufgaben mittels Matrizenrechnung.

a) Die drei Regionen erhalten im Rahmen eines Förderprogramms Zuwendungen für verkaufsfördernde Maßnahmen. Das alte Land bekommt 50 €, Werder 60 € und der Oderbruch 70 € je Tonne Äpfel, die entsprechend den abgenommenen Mengen an die Märkte weiter gegeben werden.

Bestimmen Sie die Zuwendungen für verkaufsfördernde Maßnahmen, die jeder der drei Biomärkte daraus bekommt.

b) Die Inverse der Matrix A (Zeilen: Märkte, Spalten: Anbaugebiete) hat die Form:

$$A^{-1} = \frac{1}{6} \cdot \begin{pmatrix} 0 & -9 & 12 \\ -2 & 22 & -26 \\ 4 & a & 22 \end{pmatrix} .$$

Bestimmen Sie das fehlende Element a dieser inversen Matrix.

c) Im Folgejahr erhält Alnatura 1 330 €, die Bio-Company 1 700 € und Denn's 1 320 € für verkaufsfördernde Maßnahmen bei Bio-Äpfeln. Welcher Förderbetrag in €/t Äpfel entfällt dabei auf die einzelnen Anbaugebiete, wenn die Förderung wieder proportional zur abgenommenen Menge erfolgt?

Die zweite Tabelle gibt die Anteile der drei Apfelsorten an den Angeboten aus den drei Anbaugebieten an:

	Braeburn	Elstar	Holsteiner Cox
Altes Land	0,3	0,2	0,5
Werder	0,4	0,4	0,2
Oderbruch	0,4	0,6	-

d) In welchen Mengen bieten die drei Märkte die drei Apfelsorten an?

e) Alle drei Märkte bieten die Äpfel zum gleichen Preis an, und zwar ein kg Braeburn, für 2,30 €, ein kg Elstar für 2,40 € und ein kg Holsteiner Cox für 2,50 €.

Welchen Umsatz erzielen die drei Märkte, falls alle angebotenen Äpfel verkauft werden?

Hinweis: Die Maßeinheit €/kg entspricht der Einheit T€/t.

Aufgabe 3.1.2.13   Input-Output-Modell

Ein Hotelbetrieb ist in die Bereiche Zimmervermietung (**Z**), Gastronomie (**G**) und Wellness (**W**) unterteilt. Die Leistungen, die jeder der drei Bereiche für sich und die anderen Bereiche erbringt, lassen sich der folgenden Input-Output-Tabelle entnehmen (alle Angaben in 1000 €).

abgebender Bereich	empfangender Bereich			End-produkt	Gesamt-output
	Z	**G**	**W**		
Z	0	50	10	20	80
G	16	10	14	60	100
W	8	15	20	57	100

a) Bestimmen Sie die Matrix A der Produktionskoeffizienten. Interpretieren Sie das Element a_{32} dieser Matrix.

Die Inverse der Matrix $(I - A)$ hat die Form:

$$(I - A)^{-1} = \frac{1}{600} \begin{pmatrix} 699 & 415 & 160 \\ 174 & 790 & c \\ 120 & d & 800 \end{pmatrix} .$$

b) Bestimmen Sie die fehlenden Elemente von $(I - A)^{-1}$.

c) Welchen Gesamtoutput müssen die drei Bereiche erbringen, damit Bereich **Z** ein Endprodukt von 70, **G** eins von 34 und **W** 56 (alle Angaben in 1000 €) erreicht?

d) Ergänzen Sie die fehlenden Werte in der folgenden Input-Output-Tabelle, die eine weitere Planungsvariante beschreibt, die nicht den Ergebnissen von **c)** entspricht.

abgebender Bereich	empfangender Bereich			End-produkt	Gesamt-output
	Z	**G**	**W**		
Z	0	40			100
G		8	21	31	
W	10		30		150

Aufgabe 3.1.2.14   Kreativladen

(Idee von Karin Brinner)

Ein Kreativladen, der selbstgemachte Handarbeiten verschiedener Techniken anbietet, hat in der Wintersaison 2016/17 erstmals selbstgestrickte Mützen, Handschuhe und Schals mit Norwegermuster im Angebot. Der Wollverbrauch für jedes der drei Strickprodukte, getrennt nach Farben, lässt sich der folgenden Tabelle entnehmen:

Produkt	Materialeinsatz (in g pro Stück/Paar)		
Wolle in	Mütze	Handschuhe	Schal
weiß	10	18	25
hellblau	10	20	30
dunkelblau	15	20	*a*

Die Schallänge kann variabel gestaltet werden, was sich jedoch nur auf die dunkelblaue Wolle im mittleren Teil der Schals auswirkt, während die Enden, für die die anderen beiden Farben benötigt werden, für jede Schallänge gleich sind. Der Verbrauch an dunkelblauer Wolle wird daher mit *a* bezeichnet. Daraus ergibt sich folgende Matrix A mit der Inversen A^{-1}:

$$A = \begin{pmatrix} 10 & 18 & 25 \\ 10 & 20 & 30 \\ 15 & 20 & a \end{pmatrix} \qquad A^{-1} = \frac{1}{80}\begin{pmatrix} 40 & -44 & 8 \\ 10 & 5 & -10 \\ -20 & 14 & b \end{pmatrix}.$$

Lösen Sie folgende Aufgaben unter Nutzung der Matrizenrechnung.

a) Bestimmen Sie damit die fehlenden Werte a aus Matrix A und b aus A^{-1}.

b) Die Strickwaren im Norwegermuster finden großen Anklang bei den Kunden, daher bittet die Inhaberin des Ladens die Strickerin um eine Nachlieferung von 8 Mützen, zwei Paar Handschuhen und 12 Schals. Berechnen Sie die dafür erforderlichen Wollmengen in den drei Farben.

c) Die Preise je 100 g Wolle betragen $p_1 = 2$ € für die weiße, $p_2 = 2,4$ € für die hellblaue und $p_3 = 3$ € für die dunkelblaue Wolle. Alle drei Werte zusammen bilden den Preisvektor p. Bestimmen Sie den Vektor:

$$z^T = \frac{1}{100} p^T A$$

und *interpretieren* Sie den Wert z_1.

d) Nach Anfertigung der gewünschten Strickwaren verbleiben der Strickerin noch 135 g weiße, 150 g hellblaue und 170 g dunkelblaue Wolle. Welche Mengen der drei Strickwaren lassen sich daraus anfertigen, wenn diese Wollreste komplett verbraucht werden sollen?

3.2   Lineare Gleichungssysteme

3.2.1 Aufstellung und Lösung linearer Gleichungssysteme

Beispiel   **Innerbetriebliche Leistungsverrechnung**

Vergl. Z.B. [4] Kallischnigg,g./Kockelkorn, U./Dinge, A. oder [3] Jaeger, A./Wäscher, G.

In einem Unternehmen werden Leistungen erbracht, die im eigentlichen Produktionsprozess wieder verbraucht werden. Diese werden als innerbetriebliche Leistungen bezeichnet. Um die innerbetrieblichen Leistungen, die die einzelnen Abteilungen für die anderen Abteilungen des Unternehmens erbringen, miteinander verrechnen zu können, müssen innerbetriebliche Verrechnungspreise dafür ermittelt werden. Diese müssen kostendeckend sein, enthalten jedoch keine Gewinnspanne. Abbildung 3.2-1 zeigt die Leistungsverflechtungen der drei Nebenkostenstellen: *Fuhrpark* (**F**), *Kantine* (**K**) und *Reinigung* (**R**) eines Unternehmens. Daraus ist ersichtlich, wie viele

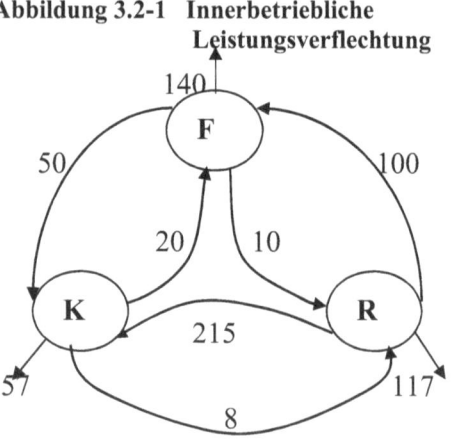

Abbildung 3.2-1 Innerbetriebliche Leistungsverflechtung

Leistungseinheiten jede dieser drei Nebenkostenstellen an die beiden anderen abgibt, und wie viele Leistungseinheiten für den Hauptbetrieb bzw. den Markt erbracht werden. So erhält der Fuhrpark 20 Leistungseinheiten (z.B. für die Bereitstellung von Imbissen und Getränken) von der Kantine und 100 von der Reinigung, während er seinerseits 50 Leistungseinheiten (z.B.

Fahrstunden oder Fahrzeug-km) an die Kantine, 10 an die Reinigung und 140 an den Hauptbetrieb liefert oder zum Verkauf auf dem Markt bereitstellt. In allen drei Kostenstellen fallen dabei Primärkosten an, im Fuhrpark täglich 20 €, in der Kantine 395 € und in der Reinigung 154 €.

Aufstellung des linearen Gleichungssystems

Mit x_1 wird der innerbetriebliche Verrechnungspreis je Leistungseinheit (je km gefahrener Strecke) des Fuhrparks bezeichnet, mit x_2 der Preis der Kantine je Arbeitsstunde und mit x_3 der Preis der Reinigung je m² zu reinigender Fläche. Ausgehend von diesen Preisen wird der Wert der insgesamt erbrachten Leistungen der drei Kostenstellen berechnet und den anfallenden Kosten gegenüber gestellt. Dabei sind neben den Primärkosten, die in der betreffenden Abteilung selbst anfallen, auch Sekundärkosten, das sind die Kosten der von den anderen Abteilungen empfangenen Leistungen, zu berücksichtigen.

Abteilung **F** hat insgesamt 200 Leistungseinheiten erbracht (Gesamtfahrleistung 200 km), 50 für Abteilung **K**, 10 für Abteilung **R** und 140 für den Hauptbetrieb oder den Markt. Der Wert dieser erbrachten Leistungen muss die anfallenden Kosten genau decken. Diese setzen sich aus den direkt im Fuhrpark angefallenen Primärkosten von 40 €, den Kosten für die von Abteilung **K** empfangenen Leistungen im Wert von $20\,x_2$ und den von Abteilung **R** erhaltenen Leistungen, die $100\,x_3$ € ausmachen, zusammen.

Auf die gleiche Weise bestimmt man auch die Gleichungen für die anderen beiden Abteilungen und erhält dabei:

für den Fuhrpark	(1)	$200\,x_1 = 20 + 20\,x_2 + 100\,x_3$	,
für die Kantine	(2)	$85\,x_2 = 395 + 50\,x_1 + 215\,x_3$	und
für die Reinigung	(3)	$432\,x_3 = 154 + 10\,x_1 + 8\,x_2$	.

Dieses Gleichungssystem wird so umgestellt, dass die Variablen x_1, x_2, x_3 alle auf der linken Seite der Gleichungen stehen und die Konstanten auf der rechten. Dazu werden die beiden Summanden auf der rechten Seite, die die Variablen enthalten, in allen Gleichungen subtrahiert. Darüber hinaus werden die drei Summanden, die nun auf der linken Seite der Gleichungen stehen, bei allen drei Gleichungen in der gleichen Reihenfolge angegeben. Damit erhält man:

(1) $200\,x_1 - 20\,x_2 - 100\,x_3 = 20$

(2) $-50\,x_1 + 85\,x_2 - 215\,x_3 = 395$

(3) $-10\,x_1 - 8\,x_2 + 432\,x_3 = 154$

Lösung des Gleichungssystems nach dem Gaußschen Algorithmus

Das erhaltene Gleichungssystem soll so umgeformt werden, dass jede Gleichung am Ende nur noch eine Variable enthält, Gleichung (1) x_1, Gleichung (2) x_2 und Gleichung (3) x_3. Da nicht sicher ist, dass das betreffende Gleichungssystem eine eindeutige Lösung besitzt, ist es nicht sinnvoll, die Variablen Schritt für Schritt zu ersetzen, also z.B. Gleichung (3) nach x_3 umzustellen und das Ergebnis in Gleichung (2) einzusetzen, um die neue Gleichung (2) dann nach x_2 aufzulösen und das Ergebnis in Gleichung (1) einzusetzen, die dann nur noch von x_1 abhängt und nach dieser Variablen umgestellt werden kann.

Stattdessen soll mit den Gleichungen als Ganzes bis zur letztendlichen Lösung des Gleichungssystems gearbeitet werden. Zulässige Rechenoperationen sind dabei:

- die Addition oder Subtraktion zweier Gleichungen,
- die Multiplikation einer Gleichung mit einer reellen Zahl ($\neq 0$) oder auch die Division durch eine solche reelle Zahl und

- eine Vertauschung der Reihenfolge der Gleichungen.

Mit Hilfe dieser Rechenoperationen soll das Gleichungssystem dann schrittweise in die gewünschte Form gebracht werden. Allerdings klappt das insgesamt nur, wenn das Gleichungssystem genau eine Lösung besitzt. Woran man die anderen Lösungsvarianten erkennt, keine Lösung oder unendlich viele Lösungen, wird im Abschnitt 3.2.2 behandelt.

Im ersten Schritt soll x_1 aus der zweiten und dritten Gleichung eliminiert werden. Dabei ist es hilfreich, die erste Gleichung, die dann als einzige noch x_1 enthält, durch den derzeitigen Koeffizienten von x_1, hier durch 200, zu dividieren, damit der neue Koeffizient von x_1 1 ist.

1. Schritt

$(1') = (1)/200$	$x_1 - 0{,}1\,x_2 - 0{,}5\,x_3 = 0{,}1$
$(2') = (2) + 50\,(1')$	$80\,x_2 - 240\,x_3 = 400$
$(3') = (3) + 10\,(1')$	$-9\,x_2 + 427\,x_3 = 155$

Das bedeutet:
- Die erste Gleichung wurde durch 200 dividiert.
- Zur zweiten Gleichung wurde, um x_1 darin zu eliminieren, das 50-fache der neuen ersten Gleichung $(1')$ addiert.
- Aus dem gleichen Grund wurde zur dritten Gleichung das 10-fache der neuen ersten Gleichung addiert.

Alternativen dazu wären z.B.: $(2') = (2) + 0{,}25\,(1)$ $(3') = 5\,(3) - (2)$

oder $(2') = (2) - 5(3)$ $(3') = (3) - 0{,}05\,(1)$.

Allerdings ist die Kombination $(2') = (2) - 5\,(3)$ $(3') = 5\,(3) - (2)$

nicht zulässig, da sich die Gleichungen $(2')$ und $(3')$ in diesem Fall nur im Vorzeichen voneinander unterscheiden, d.h. es wäre dann $(2') = -(3')$. Damit würde das Gleichungssystem nur noch zwei Gleichungen enthalten und hätte keine eindeutige Lösung mehr, obwohl es zuvor eine solche besaß.

Im nächsten Schritt soll x_2 aus der ersten und dritten Gleichung eliminiert werden. Um den Erfolg des ersten Schritts dabei nicht zunichte zu machen, sollte Gleichung $(1')$ weder mit einer reellen Zahl multipliziert noch durch eine solche dividiert werden. Außerdem darf Gleichung $(1')$ nicht zur Neuberechnung der zweiten und dritten Gleichung genutzt werden, damit x_1 nicht erneut in diesen beiden Gleichungen auftritt. Um die Berechnung der neuen ersten und dritten Gleichung zu vereinfachen wird hier mit Gleichung $(2')$ begonnen.

2. Schritt

$(1'') = (1') + 0{,}1\,(2'')$	$x_1 - 0{,}8\,x_3 = 0{,}6$
$(2'') = (2')/80$	$x_2 - 3\,x_3 = 5$
$(3'') = (3') + 9\,(2'')$	$400\,x_3 = 200$

Im dritten Schritt muss nur noch x_3 aus den ersten beiden Gleichungen eliminiert werden, dann steht die Lösung da. Dazu wird die dritte Gleichung durch den Koeffizienten von x_3, also durch 400, dividiert. Zur ersten Gleichung $(1'')$ wird nun das 0,8-fache der neuen dritten Gleichung $(3''')$ addiert, zur zweiten $(2'')$ das Dreifache. Eine andere Vorgehensweise ist hier nicht mehr möglich, da sonst bereits eliminierte Variable wieder in die anderen Gleichungen aufgenommen würden.

3. Schritt

$(1''') = (1'') + 0,8\,(3''')$ $\qquad x_1 \qquad\qquad\qquad = 1$

$(2''') = (2'') + 3\,(3''')$ $\qquad\qquad x_2 \qquad\quad = 6,5$

$(3''') = (3'') / 400$ $\qquad\qquad\qquad x_3 = 0,5$

Damit kostet innerbetrieblich eine Fahrstrecke von 1 km 1 €, eine Stunde Arbeitszeit in der Kantine 6,5 € und die Reinigung einer Fläche von 1 m² 0,5 €. Sollten externe Firmen diese Leistungen preiswerter anbieten, wäre über eine Auslagerung nachzudenken.

Verkürzt lässt sich der Gaußsche Algorithmus auch darstellen, indem statt der kompletten Gleichungen nur die Koeffizienten mit denen die Variablen x_1, x_2, x_3 multipliziert werden und die Konstanten aufgeschrieben werden. Das ist im folgenden Schema dargestellt:

	x_1	x_2	x_3	
(1)	200	-20	-100	20
(2)	-50	85	-215	395
(3)	-10	-8	432	154

Um die Analogie zu der ausführlichen Darstellung der Gleichungen deutlich zu machen, stehen über den Spalten zunächst noch die Variablen x_1, x_2, x_3, die mit den in der betreffenden Spalte angegebenen Koeffizienten multipliziert werden. In den folgenden Schritten wird darauf verzichtet.

1. Schritt

$(1') = (1)/200$	1	-0,1	-0,5	0,1
$(2') = (2)+50\,(1')$	0	80	-240	400
$(3') = (3)+10(1')$	0	-9	427	155

2. Schritt

$(1'') = (1')+0,1(2'')$	1	0	-0,8	0,6
$(2'') = (2')/80$	0	1	-3	5
$(3'') = (3')+9(2'')$	0	0	400	200

3. Schritt

$(1''') = (1'')+0,8(3''')$	1	0	0	1
$(2''') = (2'')+3(3''')$	0	1	0	6,5
$(3''') = (3'')/400$	0	0	1	0,5

Lösung des Gleichungssystems durch Pivotisierung

Dieses Verfahren ist dem Gaußschen Algorithmus sehr ähnlich, allerdings ist die Reihenfolge der Variablen, die in einzelnen Gleichungen verbleiben sollen, ebenso wie die Gleichung, in der sie verbleiben, frei wählbar. Am Ende muss jede Gleichung eine andere Variable enthalten als die anderen beiden. Dazu werden wieder die zuvor genannten Rechenoperationen mit Gleichungen genutzt.

- Zuerst wird eine *Pivotspalte* ausgewählt. Das ist die Spalte der Variablen x_i, die in zwei Gleichungen eliminiert werden und nur noch in einer Zeile vorkommen soll.

- Mit der Wahl der *Pivotzeile* wird festgelegt, in welcher Gleichung bzw. Zeile die betreffende Variable verbleiben soll.

- Als *Pivotelement* wird dann der Koeffizient bezeichnet, in dem sich Pivotspalte und Pivotzeile überschneiden. Dieser muss im jeweiligen Schritt eins werden.

	x_1	x_2	x_3	
(1)	200	-20	-100	20
(2)	-50	85	-215	395
(3)	-10	-8	432	154

Hier wurde die zweite Spalte als Pivotspalte gewählt, d.h. die Variable x_2 soll aus zwei der drei Gleichungen eliminiert werden. Als Pivotzeile wurde die erste Zeile gewählt, was bedeutet, dass x_2 aus der zweiten und dritten Gleichung verschwinden soll.

Begonnen wird mit der Pivotzeile (1), die durch den derzeitigen Koeffizienten von x_2 dividiert wird. Dieser ist hier -20. Der neue Koeffizient von x_2 in Gleichung (1′) ist dann eins.

Damit x_2 aus der zweiten Gleichung verschwindet, wird die neue erste Zeile (1′) mit 85 multipliziert und von Gleichung (2) subtrahiert. Um x_2 aus Gleichung (3) zu eliminieren, muss die neue Zeile (1′) mit 8 multipliziert und zu Gleichung (3) addiert werden.

Alternativ dazu hätte man bei diesen Rechnungen auch die alte Pivotzeile (1) verwenden und:
$$(2′) = (2) + 4{,}25\,(1) \qquad\qquad (3′) = (3) - 0{,}4\,(1)$$
rechnen können. Das Ergebnis beider Vorgehensweise ist dasselbe, denn $(1) = -20\,(1′)$

1. Schritt

$(1′) = (1)/(-20)$	-10	1	5	-1
$(2′) = (2) - 85\,(1′)$	800	0	-640	480
$(3′) = (3) + 8\,(1′)$	-90	0	472	146

Für den nächsten Schritt bleiben als Pivotspalte nur noch die erste und dritte Spalte übrig. Wenn nun x_1 in zwei Gleichungen eliminiert werden soll, ist dies die erste Spalte. Als Pivotzeilen kommen jetzt nur noch (2′) und (3′) infrage, da die erste Gleichung die einzige ist, die x_2 enthält, was sich bei ihrer erneuten Wahl als Pivotzeile ändern würde. Damit würde der Erfolg des ersten Schritts zunichte gemacht. Diesmal soll (2′) als Pivotzeile gewählt werden.

2. Schritt

$(1′)$	-10	1	5	-1
$(2′)$	800	0	-640	480
$(3′)$	-90	0	472	146

Daraus ergibt sich das folgende Tableau:

$(1′′) = (1′) + 10\,(2′′)$	0	1	-3	5
$(2′′) = (2′)/800$	1	0	-0,8	0,6
$(3′′) = (3′) + 90\,(2′′)$	0	0	400	200

Im dritten und letzten Schritt ist die dritte Spalte die Pivotspalte, da nur noch x_3 ermittelt werden muss, und Zeile (3′′) die Pivotzeile, da die erste Zeile zum Ablesen des Wertes von x_2 und die zweite Zeile für x_1 gebraucht werden.

3. Schritt

(1′′)	0	1	-3	5
(2′′)	1	0	-0,8	0,6
(3′′)	0	0	400	200

(1′′′) = (1′′) +3 (3′′′)	0	1	0	6,5
(2′′′) = (2′′) + 0,8 (3′′′)	1	0	0	1
(3′′′) = (3′′) / 400	0	0	1	0,5

Da die Berechnung des folgenden Tableaus nach Festlegung von Pivotspalte und Pivotzeile immer dem gleichen eindeutigen Schema folgt, etwas anders als beim Gaußschen Algorithmus, müssen die mit den Gleichungen auszuführenden Rechenoperationen hier eigentlich nicht angegeben werden. Auch die Markierung von Pivotspalte und Pivotzeile ist verzichtbar, dies lässt sich aus dem folgenden Tableau leicht rekonstruieren, erleichtert aber die Rechnung.

Zu beachten ist hierbei, dass jede Spalte höchstens einmal im Verlauf des Verfahrens Pivotspalte und jede Zeile höchstens einmal Pivotzeile sein darf.

Aufgabe 3.2.1.1   Fahrpreise Öffentlicher Nahverkehr

Eine städtische Verkehrsgesellschaft plant die Einführung neuer Tarife im öffentlichen Nahverkehr, wobei das Einzugsgebiet in 3 Zonen A, B und C untergliedert werden soll. Bei den Fahrpreisen soll unterschieden werden zwischen Fahrten innerhalb einer Zone (*Einzonentarif*), Fahrten im Gebiet zweier Zonen (*Zweizonentarif*) und Fahrten im Gesamtgebiet (***Dreizonentarif***).

Die Kalkulation der Fahrpreise geht von folgenden Überlegungen aus:

1. Eine Fahrkarte im Dreizonentarif soll um 0,5 € preiswerter sein als eine Fahrt im Zweizonentarif und eine im Einzonentarif zusammen.

2. Der Preisunterschied zwischen dem Ein- und dem Zweizonentarif soll genauso groß sein wie der zwischen dem Zwei- und dem Dreizonentarif.

3. Wenn 20 % der verkauften Fahrkarten zum Einzonentarif gehören, 60 % zum Zweizonentarif und 20 % zum Dreizonentarif, soll sich im Mittel der bisherige Einheitspreis von 2,5 € pro Fahrt ergeben.

a) Geben Sie das lineare Gleichungssystem zur Bestimmung der neuen Tarife an.

b) Lösen Sie das Gleichungssystem nach dem Gaußschen Algorithmus. Wie müssen die drei Fahrpreise gewählt werden, um allen drei Bedingungen zu genügen?

Aufgabe 3.2.1.2 Gebäudereinigung

Eine Gebäudereinigungsfirma bietet Reinigungsarbeiten (**R**), Fensterputzen (**F**) und Müllentsorgung (**M**) an. Die Verflechtung der pro Woche ausgeführten Arbeiten, für die verschiedene Beschäftigte zuständig sind, ist in Abb. 3.2-2 dargestellt.

Außerdem fallen Primärkosten bei der Reinigung von 325 €, beim Fensterputzen von 110 € und bei der Müllentsorgung von 255 € an.

Die innerbetrieblichen Verrechnungspreise für die Leistungen dieser drei Bereiche sollen so ermittelt werden, dass alle drei Beschäftigtengruppen kostendeckend arbeiten.

Dabei werden die Reinigungsarbeiten je

Abbildung 3.2-2 Innerbetriebliche Leistungsverflechtung

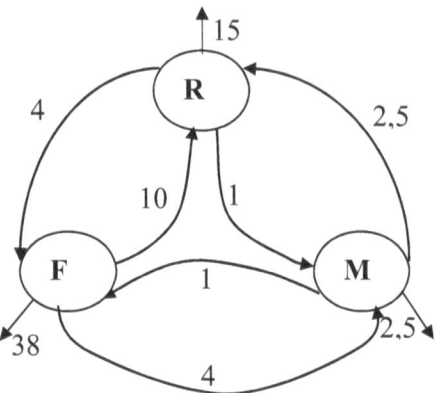

100 m² Fläche, die Fensterputzarbeiten nach der Zahl der zu reinigenden Fenster und die Müllentsorgung je m³ Müll kalkuliert.

a) Geben Sie das Gleichungssystem zur Bestimmung der innerbetrieblichen Verrechnungspreise für die drei Leistungsarten an.

b) Lösen Sie das lineare Gleichungssystem mit Hilfe des Gaußschen Algorithmus oder des Pivotisierungsverfahrens.

Aufgabe 3.2.1.3 Input-Output-Modell

Ein Hotelbetrieb ist in die Bereiche Zimmervermietung (**Z**), Gastronomie (**G**) und Wellness (**W**) unterteilt. Die Leistungen, die jeder der drei Bereiche für sich, die anderen Bereiche und Gäste erbringt, lassen sich der folgenden Input-Output-Tabelle entnehmen:

alle Angaben in 1000 €

abgebender Bereich	empfangender Bereich			End-produkt	Gesamt-output
	Z	**G**	**W**		
Z	0	20	16	44	80
G	40	10	8	42	100
W	0	10	18	72	100

Hinweis: Input-Output-Modelle wurden ausführlich in dem Beispiel zu Beginn des Abschnitts 3.1.2 erläutert. Dort finden Sie auch die benötigten Formeln zur Lösung dieses Problems.

a) Bestimmen Sie zunächst die Matrix der Produktionskoeffizienten A. Interpretieren Sie den Produktionskoeffizienten a_{32}.

b) Welchen Gesamtoutput müssen die drei Bereiche erarbeiten, damit Bereich **Z** ein Endprodukt von 26, **G** eins von 43 und **W** 33 (alle Angaben in 1000 €) auf den Markt bringen können?

Hinweis: Im Beispiel von 3.1.2 wurde dieses Problem mit Hilfe der inversen Matrix $(I - A)^{-1}$ gelöst. Da die vollständige Berechnung dieser inversen Matrix sehr aufwendig ist, soll diese Aufgabe mit Hilfe des linearen Gleichungssystems gelöst werden, das in Matrizenform $y = (I - A)\,x$ lautet, wobei y der Vektor des gegebenen Endprodukts ist und x der des gesuchten Gesamtoutputs.

c) Ergänzen Sie die zweite Zeile der folgenden Input-Output-Tabelle. Nutzen Sie dazu auch die Ergebnisse aus **b)**, es geht allerdings auch ohne diese.

abgebender Bereich	empfangender Bereich			End-produkt	Gesamt-output
	Z	G	W		
Z	0	16	8	26	
G				43	
W	0	8	9	33	

Aufgabe 3.2.1.4   Browserwechsel

Seitdem auch die Nutzer von Windows wählen können, verliert der Internet Explorer von Windows zunehmend Anwender. Die folgende Abbildung zeigt die Wechselbereitschaft der Internet-Nutzer im Laufe eines Jahres:

Dabei steht *IE* für den Internet Explorer von Windows, *F* für Firefox und *s* für sonstige Browser.

Abbildung 3.2-3   Browserwechsel

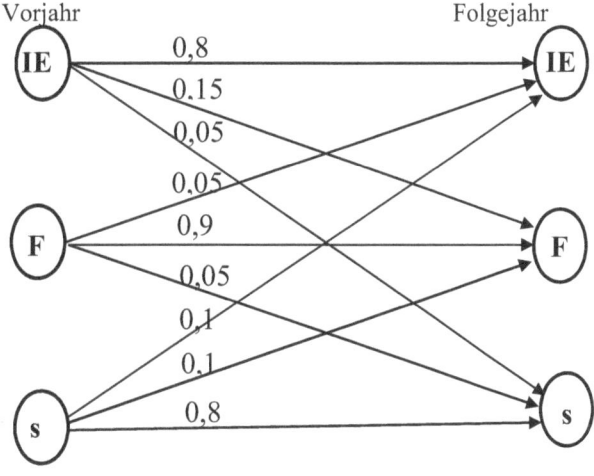

a) Geben Sie die Übergangsmatrix **P** zu dem Schema aus Abbildung 3.2-3 an, wobei die Zeilen dem bisherigen dem bisher genutzten Browser und die Spalten des Folgejahres entsprechen. Interpretieren Sie den Koeffizienten p_{12}.

b) Bestimmen Sie die erwarteten Nutzeranteile der drei Webbrowser im Folgejahr, wenn im Vorjahr 70 % den Internet Explorer, 24 % Firefox und 6 % andere Browser genutzt haben. Nutzen Sie dazu die Übergangsmatrix **P**.

c) Geben Sie das Gleichungssystem zur Ermittlung der *Grenzverteilung* an, der sich die Nutzeranteile bei gleichbleibendem Wechselverhalten allmählich nähern. Sie erhalten dieses, indem Sie davon ausgehen, dass sich die Nutzeranteile nach Erreichen der Grenzverteilung nicht mehr verändern, obwohl die Nutzer weiterhin gemäß dem in Abbildung 3.2-3 dargestellten Verhalten zwischen den Browsern wechseln.

Zusätzlich können Sie davon ausgehen, dass die Gesamtzahl der Nutzer gleich bleibt. Wer das Internet nutzt, hört damit nicht plötzlich auf, Neueinsteiger und Todesfälle sollen hier aufgrund der geringen Zahl außer Acht gelassen werden. (Gleichung (4))

d) Lösen Sie das lineare Gleichungssystem aus **c)** mit Hilfe des Gaußschen Algorithmus.

Aufgabe 3.2.1.5   Kleingarten

(Aufgabe von Karin Krüger)

Ein Hobbygärtner will auf den 400 m² seines Kleingartens vier verschiedene Kulturen (Erdbeeren, Gurken, Tomaten und Erbsen) anbauen (Bedingung (1)). Die Flächen (in 100 m²), die er mit den einzelnen Kulturen bestellt seien x_1, x_2, x_3 und x_4. Aufgrund der unterschiedlichen finanziellen und zeitlichen Aufwendungen für die einzelnen Kulturen sollen dabei folgende Bedingungen eingehalten werden:

$$(2) \quad x_1 + 2\,x_2 + 3\,x_3 + 2\,x_4 = 7$$

$$(3) \quad 2\,x_1 + 4\,x_2 \qquad\qquad = 13 - 4\,x_3 - 3\,x_4$$

$$(4) \qquad\qquad\quad x_3 + 5 \;= x_1 + 2\,x_2$$

Wie viel m² entfallen dabei auf jede der 4 Kulturen?

a) Geben Sie das lineare Gleichungssystem zur Bestimmung der vier Flächen vollständig und in der üblichen Form an.

b) Lösen Sie das lineare Gleichungssystem mit Hilfe des Gaußschen Algorithmus und begründen Sie, weshalb es keine eindeutige Lösung gibt.

c) Geben Sie die Lösungsmenge an. Welche Lösungen sind ökonomisch sinnvoll?

d) Geben Sie eine konkrete Lösung für die Aufteilung der Gesamtfläche an, in der alle vier infrage kommenden Kulturen angebaut werden.

e) Gibt es eine Lösung, bei der die Fläche für Erdbeeren doppelt so groß ist wie die für Erbsen? Wenn ja, geben Sie diese Lösung an.

f) Prüfen Sie, ob es auch eine sinnvolle Lösung des Gleichungssystems gibt, bei der auf genau 150 m² Tomaten und Erbsen angebaut werden.

Aufgabe 3.2.1.6   Kundenkarten

Eine Handelskette plant zur Erhöhung der Kundenbindung Kundenkarten einzuführen, auf die in Abhängigkeit von der Kaufsumme auf dem Kassenzettel Preisnachlässe gewährt werden. Dabei ist x_1 der Rabatt bei Einkäufen unter 100 €, x_2 der für Einkäufe zwischen 100 und 200 € und x_3 der für Einkäufe über 200 €, jeweils in %.
Zur Vorbereitung dieser Maßnahme wurden in vier Filialen dieser Handelsketten folgende Daten ermittelt:

Kaufsumme in €	Kundenanteil in %				mittlere Kaufsumme
	Filiale **A**	Filiale **B**	Filiale **C**	Filiale **D**	
unter 100	50	60	70	80	80 €
100 bis 200	30	20	20	15	160 €
über 200	20	20	10	5	240 €
durchschn. Kosten pro Kunde	3,6 €	3,2 €	2,4 €	2 €	

Ausgehend von ihrer jeweiligen Kundenstruktur planen die vier Filialen die in der letzten Zeile genannten Einnahmeverluste pro Kunde infolge der auf die Kundenkarte zu gewährenden Rabatte.

a) Geben Sie das Gleichungssystem zur Bestimmung der Rabatte an, mit denen sich bei der jeweiligen Kundenstruktur und den durchschnittlichen Ausgaben der Kunden der drei Ausgabengruppen die geplanten Einnahmeverluste ergeben. Dabei werden in allen vier Filialen die gleichen durchschnittlichen Ausgaben pro Kundengruppe vorausgesetzt.

   Hinweis: Achten Sie auf die Dimension. Da die Einnahmeverluste in € angegeben sind, müssen die Rabatte x_1, x_2, x_3 ebenfalls in Kosten in € umgerechnet werden.

b) Lösen Sie dieses Gleichungssystem mit Hilfe des Gaußschen Algorithmus. Gibt es eine Lösung, bei der alle vier Filialen genau die vorgesehenen durchschnittlichen Einnahmeverluste pro Kunde erzielen?

c) Welche Einnahmeverluste hätte die vierte Filiale erzielt, wenn die Rabatte ohne Berücksichtigung dieser Filiale ermittelt worden wären?

Aufgabe 3.2.1.7   Werbung

Eine Versicherung plant den Einsatz von Plakaten, Annoncen in Tageszeitungen und Radiospots zur Werbung neuer Kunden.

Über die Kosten und den erreichbaren Effekt liegen folgende Angaben vor:

	Kosten je Veröffentlichung in €	Durchschn. Anz. damit erreichter Personen
Plakat	500	1 000
Zeitungsannonce	100	300
Radiospot	600	2 000

1. Insgesamt sollen bei der Werbeaktion 150 000 Personen erreicht werden (ohne Streuverluste, die eintreten, wenn Personen über mehrere Medien gleichzeitig angesprochen werden).

2. Für die Werbung werden insgesamt Kosten in Höhe von 50 000 € veranschlagt.

3. Da Plakate längere Zeit sichtbar sind, sollen im Interesse der Ausgewogenheit der optischen und akustischen Werbung Radiospots 2,5-mal so häufig eingesetzt werden wie Plakate.

a) Stellen Sie das lineare Gleichungssystem auf und bestimmen Sie damit die Zahl der im Rahmen der Werbestrategie einzusetzenden Plakate, Annoncen und Radiospots.

b) Geben Sie die Menge aller Lösungen des Gleichungssystems an.

c) Wie muss die Zahl der Radiospots x_3 gewählt werden, damit auch die Lösungen für x_1 und x_2 positiv sind?

d) Gibt es eine Lösung, bei der die Zahl der Zeitungsannoncen doppelt so hoch ist wie die der Radiospots? Wenn ja, geben Sie diese an.

Aufgabe 3.2.1.8   Frisör in der Shopping Mall

Ein Herrenfrisör plant eine Niederlassung in einer Shopping Mall. Während Frauen schier endlos shoppen können, erledigen Männer ihre geplanten Einkäufe eher zielstrebig und stringent. In der Wartezeit auf die shoppende Freundin, Gattin oder Mutter hofft der Frisör beim männlichen Teil der Familie auf Kunden für seine preisgünstigen Trockenhaarschnitte, für die er nur 15 Minuten benötigt. Nach einer von ihm in Auftrag gegebenen Marktstudie erwartet er nur für die Trockenhaarschnitte folgende Kundenzahlen:

Wochentag	Anzahl Trockenhaarschnitte			erforderliche Tageseinnahmen
	Kinder	Jugendliche	Männer	
Montag - Freitag	8	10	4	212 €
Samstag	10	5	15	340 €

a) Stellen Sie das lineare Gleichungssystem zur Kalkulation der Preise für die drei Kundengruppen auf, mit denen sich die erforderlichen Tageseinnahmen erwirtschaften lassen. Dabei sollen die Preise nach den drei Kundengruppen gestaffelt werden.

b) Lösen Sie das lineare Gleichungssystem nach dem Gaußschen Algorithmus und machen Sie Aussagen zur Lösbarkeit und zur Lösungsmenge dieses Gleichungssystems.

c*) Besitzt ein solches lineares Gleichungssystem mit zwei Gleichungen und drei Variablen stets unendlich viele Lösungen oder sind Alternativen möglich? Wenn ja, geben Sie ein Beispiel dazu an, indem Sie die zweite Gleichung dieses Gleichungssystems entsprechend variieren.

d) Geben Sie die Lösungsmenge des betrachteten linearen Gleichungssystems an (des ursprünglichen). Welche Einschränkungen gibt es für den Preis eines Männerhaarschnitts, um für die Preise aller drei Kundengruppen sinnvolle Lösungen zu erhalten?

e*) Bestimmen Sie die Wocheneinnahmen des Frisörs aus den Trockenhaarschnitten.

f) Gibt es eine sinnvolle Lösung, bei der Jugendliche und Männer den gleichen Preis für ihren Haarschnitt zahlen? Wenn ja, geben Sie diese an.

g) Welche Preise erhält man für den Trockenhaarschnitt der drei Kundengruppen, wenn der Preis für den Haarschnitt bei Männern 1,5 mal so hoch sein soll wie der bei Jugendlichen?

3.2.2 Lineare Gleichungssysteme mit Parametern

Beispiel   **Wohnungen für Flüchtlinge**

Um Massenunterkünfte wie Turnhallen wieder ihrer ursprünglichen Nutzung zuführen zu können, plant der Berliner Senat den Bau von Flüchtlingsunterkünften für 20 000 Flüchtlinge an verschiedenen Standorten. Zur Auswahl stehen drei Gebäudetypen, Container, Modulbauten (Häuser aus vorgefertigten Modulen) und mehrgeschossige Wohnhäuser, wobei folgende Kosten- und Bedarfskalkulation vorliegt:

	Container	Modulbauten	Wohnhäuser	insgesamt
Anz. Flüchtlinge je Bau	2	50	500	20 000
Kosten je Bau in T€	20	400	2500	116 000
Wohnfläche je Bau in m²	16	300	1500	b

Dabei ist die erreichbare Wohnfläche noch nicht bekannt, so dass dieser Wert zunächst mit der Konstanten b bezeichnet wird.

Aufstellung des linearen Gleichungssystems

Mit x_1 wird die Zahl der Container, mit x_2 die der Modulbauten und mit x_3 die Zahl der zu errichtende Wohnhäuser bezeichnet. Dann beschreibt das folgende Gleichungssystem die einzuhaltenden Bedingungen:

(1) $2\,x_1 + 50\,x_2 + 500\,x_3 = 20\,000$ (Zahl unterzubringender Flüchtlinge)

(2) $20\,x_1 + 400\,x_2 + 2500\,x_3 = 116\,000$ (Baukosten in 1000 €))

(3) $16\,x_1 + 300\,x_2 + 1500\,x_3 = b$ (geplante Wohnfläche) .

Lösung des Gleichungssystems nach dem Gaußschen Algorithmus

(1)	2	50	500	20 000
(2)	20	400	2 500	116 000
(3)	16	300	1 500	b
(1′) = (1)/2	1	25	250	10 000
(2′)=(2) - 10(1)	0	-100	-2 500	-84 000
(3′)=(3) - 8(1)	0	-100	-2 500	$b - 160\,000$
(1″)=(1′) - 25(2″)	1	0	-375	-11 000
(2″)= -(2′)/100	0	1	25	840
(3″)=(3′) - (2′)	0	0	0	$b - 76\,000$

Diskussion von Lösbarkeit und Lösungsmenge dieses Gleichungssystems in Abhängigkeit von b

Zunächst sind hier in Abhängigkeit von b zwei Fälle zu unterscheiden:

$b \neq 76\,000$ In diesem Fall besitzt das Gleichungssystem *keine Lösung*, da aufgrund der dritten Gleichung dann $0 \cdot x_3$ einen von null verschiedenen Wert annehmen müsste, was nicht möglich ist.

$b = 76\,000$ In diesem Fall ist das Gleichungssystem lösbar, da Gleichung (3‴) $0 = 0$ ergäbe. Für die Ermittlung der Werte der drei Variablen x_1, x_2, x_3 wären damit jedoch nur noch zwei Gleichungen verfügbar. Demnach gibt es keine eindeutige Lösung sondern *unendlich viele Lösungen*. Zu jedem für x_3 eingesetzten Wert, lässt sich eine passende Lösung für x_1 und x_2 ermitteln.

Man erhält dann folgende Lösungsmenge:

(1) $x_1 - 375\,x_3 = -11\,000$ bzw. $x_1 = -11\,000 + 375\,x_3$,

(2) $x_2 + 25\,x_3 = -840$ bzw. $x_2 = 840 - 25\,x_3$,

während für x_3 jede reelle Zahl eingesetzt werden kann.

Setzt man nun $x_3 = t$, so lässt sich diese Lösungsmenge in Vektorform wie folgt darstellen:

$$\begin{pmatrix} x_1 \\ x_2 \\ x_3 \end{pmatrix} = \begin{pmatrix} -11\,000 \\ 840 \\ 0 \end{pmatrix} + t \begin{pmatrix} 375 \\ -25 \\ 1 \end{pmatrix} \qquad t \in R \quad .$$

Bestimmung der ökonomisch sinnvollen Lösungen des Gleichungssystems ($b = 76000$)

Sinnvoll sind hierbei nur nichtnegative Lösungen für die Zahl der zu errichtenden Bauten x_1, x_2, x_3, da z.B. -5 Bauten nicht errichtet werden können. Daraus ergibt sich, dass

(1) $x_1 = -11\,000 + 375\,t \geq 0$ bzw. $375\,t \geq 11\,000$ und damit $t \geq 11\,000/375 = 29{,}333$

(1) $x_2 = 840 - 25\,t \geq 0$ bzw. $840 \geq 25\,t$ und folglich $840/25 = 33{,}6 \geq t$

(3) $t \geq 0$

Nichtnegative Lösungen für die Zahl aller drei Bautentypen erhält man damit für

$$29{,}333 \leq t \leq 33{,}6 \ .$$

Dies genügt jedoch noch nicht. Da weder halbe, noch Drittel oder Viertelgebäude errichtet werden sollen, müssen die Werte aller drei Variablen x_1, x_2, x_3 außerdem *ganzzahlig* sein. Solche Lösungen erhält man für $t = 30, 31, 32, 33$. Daraus ergeben sich folgende sinnvollen Lösungen für die Zahl der zu errichtenden Gebäude:

$$\begin{pmatrix} x_1 \\ x_2 \\ x_3 \end{pmatrix} = \begin{pmatrix} -11\,000 \\ 840 \\ 0 \end{pmatrix} + 30 \begin{pmatrix} 375 \\ -25 \\ 1 \end{pmatrix} = \begin{pmatrix} 250 \\ 90 \\ 30 \end{pmatrix} ,$$

sowie für $t = 31$ $t = 32$ $t = 33$

$$\begin{pmatrix} x_1 \\ x_2 \\ x_3 \end{pmatrix} = \begin{pmatrix} 625 \\ 65 \\ 31 \end{pmatrix} \qquad \begin{pmatrix} x_1 \\ x_2 \\ x_3 \end{pmatrix} = \begin{pmatrix} 1\,000 \\ 40 \\ 32 \end{pmatrix} \qquad \begin{pmatrix} x_1 \\ x_2 \\ x_3 \end{pmatrix} = \begin{pmatrix} 1\,375 \\ 15 \\ 33 \end{pmatrix} .$$

Angenommen, der Senat bevorzugt die Lösung mit der geringsten Anzahl Container, da diese im Unterschied zu den anderen Wohnhäusern nur wenige Jahre genutzt werden können, dann wäre die erste Lösung mit 250 Containern die beste. In diesem Fall muss man keineswegs alle infrage kommenden Lösungen ausrechnen, um die Lösung mit der geringsten Anzahl herauszufinden. Aus der ersten Gleichung:

(1) $x_1 = -11\,000 + 375\,t$

ergibt sich bereits, dass x_1 umso geringer ist, je kleiner t ist. Da der kleinste sinnvolle (nichtnegative und ganzzahlige) Wert $t = 30$ ist, erkennt man bereits, dass diese Lösung die geringste Anzahl Container aufweist.

Aufgabe 3.2.2.1   Badsanierung

Bei der Sanierung von Bädern in drei verschiedenen Objekten fallen folgende Leistungen an:

	Aufwand in Arbeitsstunden		
	Einfamilienhaus	Doppelhaus	Mehrfamilienhaus
Fliesenarbeiten	20	25	50
Elektroarbeiten	6	8	10
Klempnerarbeiten	8	8	a
Gesamtkosten der Arbeiten (ohne Material)	1460 €	1755 €	4350 €

234

Die Klempnerarbeiten im Mehrfamilienhaus sind noch nicht abgeschlossen, daher wurde für deren Dauer der Wert a eingesetzt, wobei laut Kostenvoranschlägen dafür die in der unteren Zeile der Tabelle genannten Gesamtarbeitskosten anfallen.

a) Geben Sie das lineare Gleichungssystem zur Bestimmung der Stundenlöhne der drei Gewerke an.

b) Lösen Sie das Gleichungssystem mit Hilfe des Gaußschen Algorithmus.

c) Diskutieren Sie die Lösbarkeit und die Lösungsmenge dieses linearen Gleichungssystems in Abhängigkeit vom Wert der Konstanten a.

Setzen Sie für die restlichen Teilaufgaben für a einen Wert ein, für den das Gleichungssystem unendlich viele Lösungen besitzt.

d) Welche Einschränkungen ergeben sich dann für den Preis der Klempnerarbeiten x_3, damit die Stundenlöhne in allen drei Gewerken nichtnegativ werden? Geben Sie die Menge aller sinnvollen Lösungen dieses Gleichungssystems an.

e) Geben Sie *eine* konkrete Lösung für die Stundenlöhne an.

f) Wie müssen die drei Preise festgelegt werden, wenn der Stundenlohn der Elektrikerarbeiten genau 15 € höher sein soll als der Preis der Fliesenarbeiten pro Stunde?

Aufgabe 3.2.2.2   Malerarbeiten

(Aufgabe von Karin Krüger)

Ein Malerbetrieb tapeziert und streicht. Der Preis fürs Tapezieren liegt bei x_1 (€/m²), der fürs Streichen bei x_2 (€/m²). Aktuell sind zwei Aufträge zu bearbeiten mit folgenden Flächen:

	zu tapezierende Fläche	zu streichende Fläche	Gesamtpreis
Auftrag **A**	100 m²	80 m²	420 €
Auftrag **B**	250 m²	a m²	b €

Die im Objekt **B** zu streichende Fläche ist noch nicht bekannt, daher wurde sie mit der Konstanten a und der Gesamtpreis dieses Auftrags mit b bezeichnet.

a) Stellen Sie das Gleichungssystem zur Ermittlung der Preise der beiden Leistungen x_1 und x_2 auf.

Die Studenten Egon, Frank und Gerd haben folgende Aussagen zur Lösbarkeit dieses Gleichungssystems formuliert:

Egon   Das lineare Gleichungssystem ist für alle Werte a und b lösbar.

Frank   Das Gleichungssystem ist nur lösbar, wenn $a = 200$ und $b = 1\ 050$ ist.

Gerd   Das Gleichungssystem ist lösbar, wenn $a \neq 200$ ist, unabhängig von b.

b) Bewerten Sie die Aussagen der drei Studenten, indem Sie dieses Gleichungssystem nach dem Gaußschen Algorithmus umstellen, soweit dies ohne Kenntnis der Werte der Konstanten a und b möglich ist. Begründen Sie Ihre Aussage und ergänzen Sie die betreffende Aussage, sofern keine der drei Aussagen vollständig richtig ist.

c) Verwenden Sie nun die Werte für a und b, bei denen das Gleichungssystem *unendlich viele Lösungen* besitzt, und geben Sie die Lösungsmenge dazu an. Welche Einschränkungen ergeben sich aus ökonomischer Sicht für den Preis der Streicharbeiten x_2?

d) Welche Preise erhalten Sie dann für die Streich- und Tapezierarbeiten, wenn Tapezieren genau doppelt so viel kostet wie das Streichen der gleichen Fläche?

Aufgabe 3.2.2.3   Erbschaft

Ein Ehepaar mit einem Sohn, zwei Töchtern und 5 Enkeln möchte nach dem Tod des letzten Ehepartners sein Vermögen an seine Kinder und Enkel vererben. Es setzt ein Berliner Testament (gemeinsames Testament) auf, nach dem zunächst der überlebende Ehepartner alles erbt und erst bei seinem Tod die anderen ihre Erbteile erhalten. Nach dem Tod beider Eltern soll der Sohn einen Betrag x_1 erben, jede Tochter den Betrag x_2 und jedes Enkelkind den Betrag x_3 erhalten. Dabei geht das Ehepaar von folgenden Prämissen aus:

1. Der Sohn, der bisher keine Kinder hat, soll so viel erben wie eine Schwester und ein Enkelkind zusammen.

2. Eine Tochter soll genau 5 T€ mehr erben als zwei Enkelkinder zusammen.

3. Das zu vererbende Vermögen hat eine Höhe von 75 T€. Es soll vollständig zwischen dem Sohn, den beiden Töchtern und den Enkeln, deren Zahl, da sie noch wachsen kann, mit n bezeichnet wird, aufgeteilt werden.

a) Geben Sie das lineare Gleichungssystem zur Bestimmung der Höhe der Erbschaften der drei Personengruppen an.

b) Lösen Sie das Gleichungssystem mit Hilfe des Gaußschen Algorithmus, soweit dies ohne die Zahl der Enkel n zu kennen möglich ist.

c) Gesetzlich ist für jedes Kind der Familie, also den Sohn und seine beiden Schwestern, ein Pflichtteil in Höhe von einem Sechstel der Gesamterbschaft vorgeschrieben. Wie hoch darf die Zahl der miterbenden Enkel n maximal sein, ohne dass das Testament wegen Unterschreitung des Pflichtteils eines Kindes ungültig wird?

d) Welches Vermögen erbt jeder der Berechtigten, wenn es bei den derzeit vorhandenen 5 Enkeln bleibt?

Aufgabe 3.2.2.4   Fotograf

Ein Fotograf, der sich auf Familienfeiern spezialisiert hat und dafür bisher Pauschalpreise mit seinen Auftraggebern vereinbart hatte, möchte seine Preise nun stärker aufwandsbezogen gestalten, ohne dabei seine erwarteten Einnahmen zu verändern. Dabei soll x_1 der Preis pro Stunde Anwesenheit sein, x_2 der Preis für eine (kopiergeschützte) Foto-CD und x_3 der Preis je nachbestelltem Abzug im Postkartenformat 15 · 18 auf qualitativ hochwertigem Fotopapier. Er geht dabei von folgenden Erfahrungswerten aus:

	Anwesenheit des Fotografen	durchschn. Anz. bestellter Foto-CD	durchschn. Anz. nachbe-stellter Abzüge	bisheriger Pauschalpreis
Konfirmation/Jugendweihe	5 h	3	50	180 €
Hochzeit	6 h	10	80	300 €
Begräbnis	3 h	5	a	150 €

Die Anzahl nachbestellter Abzüge bei Begräbnissen variiert sehr stark je nach der Zahl der Angehörigen, so dass hier zunächst ein später zu ermittelnder Wert a eingesetzt wird.

a) Geben Sie das Gleichungssystem zur Ermittlung der drei Preise an, wenn auch künftig die durchschnittlich anfallende Leistung mit dem bisherigen Pauschalpreis vergolten werden soll.

b) Lösen Sie dieses Gleichungssystem nach dem Gaußschen Algorithmus, soweit dies möglich ist, ohne den Wert der Konstanten *a* zu kennen.

c) Diskutieren Sie Lösbarkeit und Lösungsmenge dieses Gleichungssystems in Abhängigkeit vom Wert der Konstanten *a*.

Verwenden Sie für die folgenden Teilaufgaben den Wert der Konstanten *a*, für den das Gleichungssystem unendlich viele Lösungen besitzt.

d) Welche Einschränkungen ergeben sich dabei für den Preis je Abzug x_3, um ökonomisch sinnvolle Lösungen für alle drei Preise zu erhalten?

e) Welche Preise erhält man für die drei betrachteten Leistungen, wenn 1 h Anwesenheit genau doppelt so viel kosten soll wie eine Foto-CD?

Aufgabe 3.2.2.5   Meinungsforschung

(Aufgabe von Karin Brinner, leicht verändert)

Ein Meinungsforschungsinstitut hat Aufträge zur Durchführung von drei Umfragen erhalten. Der geschätzte Zeitaufwand (in Tagen) für die Vorbereitung, Durchführung und Auswertung und das Budget (in €) der drei Befragungen (Meinungsumfrage, Kundenbefragung und Patientenbefragung) lässt sich der folgender Tabelle entnehmen:

	Arbeitsaufwand in Tagen			Budget in €
	Vorbereitung	Durchführung	Auswertung	Budget in €
Meinungsumfrage	5	10	2,5	2 700
Kundenbefragung	10	45	15	10 800
Patientenbefragung	5	15	*a*	*b*

Der Zeitaufwand für die Auswertungsphase der Patientenbefragung *a* sowie das Budget für die Patientenbefragung *b* stehen noch nicht fest. Gesucht sind die Vergütungen pro Tag x_1, x_2, x_3 für die drei Tätigkeiten Vorbereitung, Durchführung und Auswertung, wenn das Budget vollständig ausgeschöpft werden soll.

a) Stellen Sie das Gleichungssystem zur Bestimmung der Höhe der Vergütungen der drei Leistungen auf.

b) Lösen Sie das Gleichungssystem mit Hilfe des Gaußschen Algorithmus, soweit das ohne zusätzliche Annahmen zu den Werten *a* und *b* möglich ist.

c) Für welchen Zeitaufwand *a* und welches Budget *b* der Patientenbefragung hat das Gleichungssystem unendlich viele Lösungen?

Verwenden Sie für die folgenden Teilaufgaben die unter **c)** ermittelten Werte von *a* und *b*, für die es unendlich viele Lösungen gibt.

d) Geben Sie die allgemeine Lösung des Gleichungssystems an.

e) Geben Sie alle ökonomisch sinnvollen Lösungen für x_3 an, wenn ein Arbeitstag, egal für welche Tätigkeit er genutzt wird, mindestens 100 € kostet.

f) Prüfen Sie, ob es möglich ist, die Vergütung der Auswertung doppelt so hoch anzusetzen wie die der Vorbereitung.

g) Welche Preise erhält man für einen Tag bei allen drei Tätigkeiten, wenn der mittlere Preis pro Tag bei 180 € liegt (gemittelt aus allen drei Tätigkeiten)?

Aufgabe 3.2.2.6   Ostseereisen

Ein Reiseveranstalter bietet Einzelzimmer, Doppelzimmer und Ferienwohnungen an der Ostsee auf Usedom, Rügen und Hiddensee in folgenden Mengen an, die in der Hauptsaison alle vermietet werden.

Quartierart	Usedom	Rügen	Hiddensee
Einzelzimmer	20	40	20
Doppelzimmer	100	120	60
Ferienwohnung	80	100	*a*
Tageseinnahmen	32 000 €	40 000 €	20 000 €

Der Tagespreis eines Einzelzimmers wird mit x_1, der eines Doppelzimmer mit x_2 und der einer Ferienwohnung mit x_3 bezeichnet, wobei die Preise in allen drei Ostseeregionen gleich sein sollen. Da die Zahl der verfügbaren Ferienwohnungen auf Hiddensee aufgrund der noch nicht abgeschlossenen Verhandlungen mit den Eigentümern noch nicht feststeht, wird sie zunächst mit *a* bezeichnet.

a) Geben Sie das lineare Gleichungssystem zur Bestimmung der drei Preise an, die erforderlich sind, um die geplanten Tageseinnahmen in allen drei Gebieten zu erreichen.

b) Lösen Sie das lineare Gleichungssystem nach dem Gaußschen Algorithmus, soweit dies ohne Kenntnis der Konstanten *a* möglich ist.

c) Diskutieren Sie Lösbarkeit und Lösungsmenge dieses Gleichungssystems in Abhängigkeit vom Wert der Konstanten *a*.

d) Setzen Sie für *a* den Wert ein, für den das Gleichungssystem unendlich viele Lösungen besitzt, und geben Sie die Lösungsmenge an. Wie hoch darf der Preis der Ferienwohnungen höchstens sein, damit man ökonomisch sinnvolle Lösungen für alle drei Preise erhält?

e) Gibt es eine ökonomisch sinnvolle Lösung, bei der der Preis für eine Ferienwohnung genauso hoch ist wie Einzel- und Doppelzimmerpreis zusammen? Wenn ja, geben Sie diese an.

Aufgabe 3.2.2.7   Teemischungen

(Die Idee zu dieser Aufgabe stammt von Karin Krüger.)

Auf einer Verkaufsausstellung für Genussmittel will ein bekannter Tee-Hersteller drei neue Teesorten Frühlingserwachen, Sommernachtstraum und Herbstzauber präsentieren, die sich aus den Sorten Assam-, Ceylon- und Yunnantee zusammensetzen.

Der *Tee Frühlingserwachen* setzt sich zu 50 % aus Assam-, und zu 30 % aus Ceylon- und zu 20 % aus Yunnantee zusammen. *Sommernachtstraum* enthält 75 % Assam-, 20 % Ceylon- und 5 % Yunnantee und *Herbstzauber* wird zu 60 % aus Assam-, zu 26 % aus Ceylon- und zu 14 % aus Yunnantee hergestellt.

Dabei soll Frühlingserwachen 5 € und Sommernachtstraum 6 € je 100 g kosten. Der Preis für Herbstzauber muss noch kalkuliert werden und wird deshalb zunächst mit b € angegeben. Es ist zu ermitteln, welche Preise (in €) x_1 (für 1 g Assamtee), x_2 (für 1 g Ceylontee) und x_3 (für 1 g Yunnantee) der Kalkulation zugrunde liegen.

a) Stellen Sie das lineare Gleichungssystem zur Bestimmung der Preis der Zutaten auf.

b) Lösen Sie das lineare Gleichungssystem nach dem Gaußschen Algorithmus.

c) Diskutieren Sie Lösbarkeit und Lösungsmenge des linearen Gleichungssystems in Abhängigkeit von Wert der Konstanten b.

d) Setzen Sie für b den Wert ein, für den das Gleichungssystem unendlich viele Lösungen besitzt, und geben Sie die ökonomisch sinnvolle Lösungsmenge des Problems an.

e) Gibt es eine Lösung des Problems, bei der der Preis für 1 g Ceylontee genauso hoch ist wie der für 1 g Yunnantee? Wenn ja, geben Sie diese Lösung an.

Aufgabe 3.2.2.8   Maklerannoncen

Ein Immobilienmakler hat die Zahl der Immobilienanfragen mit der Zahl der geschalteten Annoncen in der Bertliner Zeitung, der Morgenpost und Online im Immobilienscout innerhalb der letzten 3 Monate verglichen:

	Berliner Zeitung	Morgenpost	Immobilienscout	Anz. erhaltener Anfragen
1. Monat	5	10	20	600
2. Monat	10	15	30	1 000
3. Monat	25	35	70	b

Mit x_1, x_2, x_3 werden die mittleren Anzahlen Anfragen je geschalteter Annonce in den drei Medien bezeichnet. Da der letzte Monat noch nicht zu Ende ist, wurde die Zahl der Immobilienanfragen mit b bezeichnet. Durch Lösung des entsprechenden Gleichungssystems soll der Effekt jeder der drei Werbemaßnahmen bestimmt werden.

a) Geben Sie das lineare Gleichungssystem zur Bestimmung der Effekte der Annoncen gemessen in der Zahl der eingetroffenen Anfragen je Annonce in den drei Medien an.

b) Lösen Sie das Gleichungssystem mit Hilfe des Gaußschen Algorithmus.

c) Diskutieren Sie Lösbarkeit und Lösungsmenge dieses Gleichungssystem in Abhängigkeit vom Wert der Konstanten b.

d) Setzen Sie für b einen Wert ein, für den das Gleichungssystem lösbar ist, und geben Sie die Lösungsmenge an.

e) Für welche Werte von x_3 erhält man ökonomisch sinnvolle Lösungen?

f) Gibt es eine Lösung des Gleichungssystems, bei der die Zahl der über eine Annonce in der Morgenpost erzielten Kontakte doppelt so hoch ist wie die Zahl der Kontakte bei einem Inserat im Immobilienscout? Wenn ja, geben Sie diese Lösung an, wenn nicht, begründen Sie das.

Aufgabe 3.2.2.9   Hotelsanierung

(Aufgabe von Karin Krüger)

Nach einer Grundsanierung sollen in einem Ferienhotel auf 1000 m^2 Fläche 40 Gästezimmer eingerichtet werden und zwar x_1 Einzelzimmer, x_2 Doppelzimmer und x_3 Familienzimmer. Wenn das Haus voll belegt ist, sollen 80 Gäste unterkommen. Dabei geht man davon aus, dass ein Familienzimmer mit 4 Gästen belegt ist. Die Einzelzimmer sollen einheitlich 15 m^2 groß sein und die Doppelzimmer 25 m^2. Die Planung für die Familienzimmer ist noch nicht abgeschlossen, so dass zunächst eine durchschnittliche Fläche von a m^2 angesetzt wird. Um zu ermitteln, wie viele Zimmer der drei Kategorien eingerichtet werden können, ist das folgende lineare Gleichungssystem zu lösen. Dabei ist a eine positive reelle Konstante.

$$(1) \qquad x_1 + \quad x_2 + \quad x_3 = \quad 40$$

$$(2) \qquad x_1 + \quad 2\,x_2 + 4\,x_3 = \quad 80$$

$$(3) \qquad 15\,x_1 + 25\,x_2 + a\,x_3 = 1\,000$$

a) Lösen Sie das lineare Gleichungssystem unter Nutzung des Gaußschen Algorithmus, soweit dies ohne Kenntnis des Wertes der Konstanten a möglich ist.

b) Treffen Sie Aussagen zur Lösbarkeit und zur Lösungsmenge dieses Gleichungssystems in Abhängigkeit vom Wert des Parameters a.

Verwenden Sie für die folgenden Teilaufgaben den Wert für a, für den das Gleichungssystem unendlich viele Lösungen besitzt.

c) Geben Sie die Lösungsmenge an.

d) Wie viele Familienzimmer können höchstens eingerichtet werden, wenn die Lösung auch für die anderen Zimmerkategorien sinnvoll sein soll?

e) Gibt es eine sinnvolle Lösung, bei der die Zahl der Einzel- und die der Doppelzimmer gleich sind? Wenn ja, geben Sie diese an.

Aufgabe 3.2.2.10   Geflügelfutter

Ein Futtermittelhersteller stellt Fertigfutter für Hühner, Enten und Gänse her. Die Mengen einiger Grundbestandteile lassen sich der folgenden Tabelle entnehmen:

Getreide	Einsatzmenge in dt je dt Geflügelfutter für			Bestand in dt
	Hühner	Enten	Gänse	
Hafer	0,1	0,2	0,4	12
Mais	0,4	0,4	0,2	20
Gerste	0,325	0,35	a	18

Die Menge Gerste je dt Gänsefutter hängt davon ab, ob die Fütterung während der Mast oder am Ende der Mastzeit erfolgt, und wird daher mit a angesetzt.

a) Geben Sie das lineare Gleichungssystem zur Bestimmung der aus den Beständen herstellbaren Futtermengen für die drei Geflügelarten x_1, x_2, x_3 an.

b) Lösen Sie das Gleichungssystem mit Hilfe des Gaußschen Algorithmus, soweit dies ohne Kenntnis des Wertes von a möglich ist.

c) Machen Sie Aussagen zur Lösbarkeit und zur Lösungsmenge dieses Gleichungssystems in Abhängigkeit vom Wert des Koeffizienten a.

Setzen Sie für die folgenden Teilaufgaben für a den Wert ein, für den das Gleichungssystem unendlich viele Lösungen besitzt.

d) Geben Sie die Lösungsmenge des linearen Gleichungssystems an. Wie sollte die herzustellende Menge des Gänsefutters gewählt werden, um ökonomisch sinnvolle Lösungen zu erhalten?

e) Da von der Mehrzahl der Geflügelzüchter Hühner gehalten werden, soll die hergestellte Menge Hühnerfutter doppelt so groß sein wie die des Enten- und Gänsefutters zusammen. Geben Sie die Futtermengen der drei Futtersorten unter dieser Zusatzbedingung an.

Aufgabe 3.2.2.11   Rehabilitation

(*Aufgabe von Karin Brinner*)

Das Konzept einer ganzheitlich ausgerichteten Arztpraxis für Orthopädie und Neurochirurgie umfasst auch eine Rehabilitationsabteilung, für die Trainingsgeräte, Cross- und Cardiotrainer (Anzahl x_1), Seilzuggeräte (Anzahl x_2) und Stützstemm-/Lastzuggeräte (Anzahl x_3), angeschafft werden sollen.

	Cross- und Cardiotrainer	Seilzuggeräte	Stützstemm- und Lastzuggeräte
Therapiestunden pro Tag [h]	2	1	4
Fläche pro Gerät [m^2]	5	3,5	11
Durchschnittspreis pro Gerät [€]	1000	500	2000

Durch die Trainingsgeräte sollen fünf Physiotherapeuten mit jeweils acht Therapiestunden pro Tag ausgelastet werden. Für die benötigten Geräte steht eine Gesamtfläche von 120 m^2 zur Verfügung. Für alle Geräte zusammen werden Kosten in Höhe von b € angesetzt, wobei der Betrag noch nicht genau feststeht.

a) Geben Sie das lineare Gleichungssystem zu diesem Problem an.

b) Lösen Sie das lineare Gleichungssystem mit Hilfe des Gaußschen Algorithmus.

c) Für welchen Wert der Konstanten b ist das Gleichungssystem lösbar? Geben Sie die allgemeine Lösung an.

d) Geben Sie alle sinnvollen Lösungen für die Zahl der drei anzuschaffenden Geräte an.

Aufgabe 3.2.2.12   Preisgestaltung Skipass

(*Aufgabe von Karin Brinner*)

Ein Unternehmen betreibt drei regional zusammenhängende Skigebiete, für die ein Tages-Skipass für Kinder zum Preis x_1, für Erwachsene zum Preis x_2 und für Senioren zum Preis x_3 angeboten werden soll. Die durchschnittlichen Besucherzahlen der letzten drei Jahre und der dabei generierte Umsatz, der auch mit dem neuen Skipass erzielt werden soll, sind der folgenden Tabelle zu entnehmen, wobei jeder Gast pro Tag nur ein Skigebiet besucht:

Skigebiet	Durchschnittliche Besucherzahl pro Tag			Tagesumsatz in €
	Kinder	Erwachsene	Senioren	
I	50	100	25	8 500
II	30	20	20	3 100
III	60	40	a	6 200

Da die Besucherzahl der Senioren im dritten Skigebiet durch gezielte Werbung noch gesteigert werden soll, wurde hier zunächst der Wert a angesetzt.

a) Stellen Sie das lineare Gleichungssystem auf.

b) Lösen Sie das Gleichungssystem mit Hilfe des Gaußschen Algorithmus, soweit dies ohne Kenntnis des Wertes des Koeffizienten a möglich ist.

c) Machen Sie Aussagen zur Lösbarkeit und Lösungsmenge dieses linearen Gleichungssystems in Abhängigkeit von a.

d) Setzen Sie für a den Wert ein, für den das Gleichungssystem unendlich viele Lösungen besitzt und geben Sie die Lösungsmenge an.

e) Für welche Werte von x_3 erhält man ökonomisch sinnvolle Lösungen des linearen Gleichungssystems?

f) Gibt es eine ökonomisch sinnvolle Lösung, bei der der Skipass für Senioren genau doppelt so teuer ist wie der für Kinder? Wenn ja, geben Sie diese Lösung an.

Aufgabe 3.2.2.13   Flächenaufteilung Therme

Das Projekt einer zu bauenden Therme sieht eine Fläche von 800 m² vor, die aufgeteilt werden soll in den Badebereich (Fläche x_1), den Saunabereich (Fläche x_2) und den Fitnessbereich (Fläche x_3). Dabei sind folgende Bedingungen zu beachten:

	Bad	Sauna	Fitness	
Personalkosten pro Woche je m² in €	2	4	2	Kostenrahmen 1 450 €
Platzbedarf pro Besucher in m²	5	8	5	Gesamtgästezahl bei voller Auslastung b

Daraus ergeben sich folgende Gleichungen:

(1) $x_1 + x_2 + x_3 = 800$

(2) $2x_1 + 4x_2 + 2x_3 = 2000$

(3) $0{,}2x_1 + 0{,}125x_2 + 0{,}2x_3 = b$.

a) Begründen Sie Gleichung (3).

b) Lösen Sie das lineare Gleichungssystem unter Nutzung des Gaußschen Algorithmus.

c) Analysieren Sie Lösbarkeit und Lösungsmenge dieses Gleichungssystems in Abhängigkeit von der maximal möglichen Besucherzahl b.

d) Wählen Sie b so, dass das Gleichungssystem lösbar ist und geben Sie die vollständige Lösung an.

e) Gibt es eine Lösung des Gleichungssystems, bei der die Fläche des Badebereichs 1,5-mal so groß ist wie die des Fitnessbereichs? Wenn ja, geben Sie diese Lösung an.

3.3 Lineare Optimierung

3.3.1 Grafische Lösung

Beispiel   Geldanlage

Ein Bankkunde möchte einen Betrag von 50 (1000 €) anlegen. Der Kundenberater empfiehlt ihm eine Splittung des Betrages in einen Betrag x_1 für Festgeld und einen Betrag x_2 für einen Investmentfonds. Er schlägt vor, maximal 40 (1000 €) als Festgeld anzulegen. Da die Kurswerte der Fondsanteile auch fallen können, wünscht der Bankkunde außerdem, dass die Zinsen des Festgeldes, aktuell liegen sie bei 4 %, reichen sollen, um Kursverluste des Investmentfonds von bis zu 12 % zu kompensieren.

Daraus ergeben sich die folgenden *Restriktionen*:

(1) $x_1 +$ $x_2 \leq 50$

(2) x_1 ≤ 40

(3) $0,04\,x_1 - 0,12\,x_2 \geq 0$

Dabei sind nur Aufteilungen mit nichtnegativen Beträgen für x_1 und x_2 sinnvoll, d.h. $x_1, x_2 \geq 0$.

Bei Festgeldzinsen von 4 % jährlich und Kursgewinnen des Investmentfonds von 8 % im Jahresdurchschnitt der letzten 5 Jahre, rechnet der Kunde nach einem Jahr mit einer Rendite von:

$G(x) = 0,04\,x_1 + 0,08\,x_2$.

Der Gesamtbetrag soll so auf das Festgeld und die Fondsanteile des Investmentfonds aufgeteilt werden, dass diese erwartete Rendite maximal wird. Dabei wird die Funktion $G(x)$, deren Wert unter den gegebenen Bedingungen maximiert werden soll, als *Zielfunktion* bezeichnet.

Grafische Darstellung der Restriktionsmenge

Betrachtet wird zunächst Anlagebedingung (1):

(1) $x_1 + x_2 \leq 50$.

Alle Anlagebeträge x_1 und x_2, die diese Bedingung ausschöpfen liegen auf einer Geraden. Um diese zu zeichnen, werden zwei Punkte benötigt. Am besten verwendet man dazu die beiden Schnittpunkte der Geraden

(1*) $x_1 + x_2 = 50$

mit den Koordinatenachsen. Sie werden bestimmt, indem die jeweils andere Variable null gesetzt wird. Dabei erhält man

den Schnittpunkt mit der x_1-Achse: $x_2 = 0$ $\rightarrow$ $x_1 = 50$ und

den Schnittpunkt mit der x_2-Achse: $x_1 = 0$ $\rightarrow$ $x_2 = 50$.

Abbildung 3.3-1 zeigt diese Gerade. Unterhalb dieser Geraden liegen alle die Punkte, bzw. Anlagestrategien, (x_1, x_2), die der Bedingung (1) genügen und damit den Gesamtanlagebetrag nicht überschreiten. Dieser Bereich ist in Abbildung 3.3-2 dargestellt.

Abbildung 3.3-1 Geldanlage – Gerade (1)

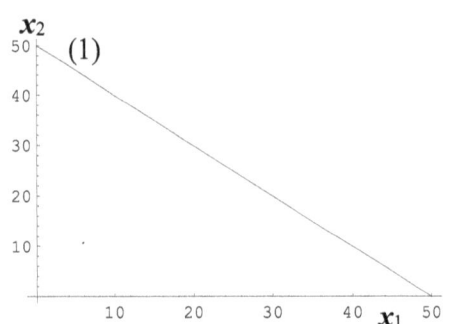

Abbildung 3.3-2 Geldanlage – Punkte, die der Bedingung (1) genügen

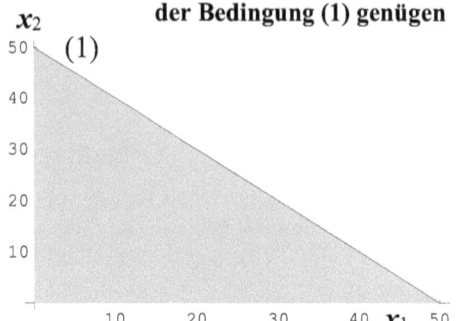

Als nächstes wird Bedingung (2):

(2) $x_1 \leq 40$

betrachtet. Auch hier bilden alle Punkte (x_1, x_2), die die Bedingung (2) ausschöpfen, eine Gerade, nur hat diese lediglich einen Schnittpunkt mit der x_1-Achse, jedoch keinen mit der x_2-Achse. Dieser befindet sich im Punkt $(x_1, x_2) = (40, 0)$. Da es für x_2 hier keine Einschränkungen gibt, verläuft diese Gerade senkrecht zur x_1-Achse und damit parallel zur x_2-Achse. Die beiden ersten Geraden und alle Punkte (x_1, x_2), die beiden Bedingungen genügen, sind in den Abbildungen 3.3-3 und 3.3-4 dargestellt.

Abbildung 3.3-3 Geldanlage – Gerade (1) und (2)

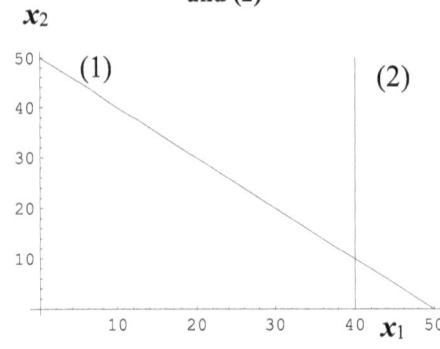

Abbildung 3.3-4 Geldanlage – Punkte, die den Bedingungen (1) und (2) genügen

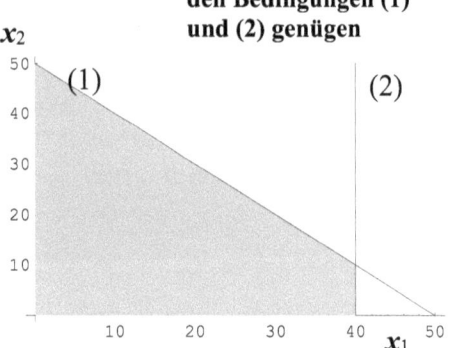

Bedingung (3) beinhaltet die Kompensation möglicher Verluste und lautet:

(3) $0{,}04\,x_1 - 0{,}12\,x_2 \geq 0$.

Alle Punkte (x_1, x_2), die diese Bedingung ausschöpfen, bei denen also die Zinsen der Festgeldanlage genau den Verlust von 12 % des im Investmentfonds angelegten Geldes kompensieren, liegen wiederum auf einer Geraden. Diese Gerade schneidet beide Achsen, aber im gleichen Punkt $(x_1, x_2) = (0, 0)$, dem Koordinatenursprung. Um sie zu zeichnen, wird noch ein zweiter Punkt benötigt. Dieser kann beliebig gewählt werden, er muss nur der Gleichung:

(3*) $0{,}04\,x_1 - 0{,}12\,x_2 = 0$ bzw. $0{,}04\,x_1 = 0{,}12\,x_2$

genügen, so dass $x_1 = 3\,x_2$

ist. Ein solcher Punkt ist z.B. $(x_1, x_2) = (30, 10)$. Es wären auch die Punkte $(x_1, x_2) = (12, 4)$, $(x_1, x_2) = (15, 5)$, $(x_1, x_2) = (18, 6)$, $(x_1, x_2) = (21, 7)$, $(x_1, x_2) = (24, 8)$, $(x_1, x_2) = (27, 9)$ oder $(x_1, x_2) = (60, 20)$ möglich gewesen, denn all diese Punkte liegen auf der gleichen Geraden.

Indem nun die beiden Punkte $(x_1, x_2) = (0\,,\,0)$ und $(x_1, x_2) = (30\,,\,10)$ miteinander verbunden werden, erhält man die dritte Restriktionsgerade (siehe Abbildung 3.3-5).

Schwieriger als bei den anderen beiden Geraden ist es nun herauszufinden, auf welcher Seite dieser Geraden die Punkte liegen, die Bedingung (3) genügen. Dabei ist für jedes feste x_1 der Bereich der Werte x_2 nach oben begrenzt. Demnach liegen alle zulässigen Punkte (x_1, x_2) in der Halbebene unterhalb der Geraden (3). Einfacher erkennt man das, indem ein beliebiger Punkt (x_1, x_2), der nicht auf der dritten Geraden liegt, in Bedingung (3) eingesetzt wird. Erfüllt er diese Bedingung, liegt er auf der richtigen Seite der Geraden bzw. in der Halbebene der nach Bedingung (3) zulässigen Anlagestrategien, wie z.B. der Punkt $(x_1, x_2) = (30\,,\,5)$. Erfüllt er diese Bedingung nicht, wie z.B. $(x_1, x_2) = (30\,,\,20)$, dann befindet er sich auf der falschen Seite der Geraden und damit außerhalb der Restriktionsmenge. Die vollständige Restriktionsmenge, d.h. die Menge aller Anlagestrategien, die allen drei Bedingungen genügen, ist aus Abbildung 3.3-6 ersichtlich.

Abbildung 3.3-5 Geldanlage – Gerade (1), (2) und (3)

Abbildung 3.3-6 Geldanlage – Restriktionsmenge

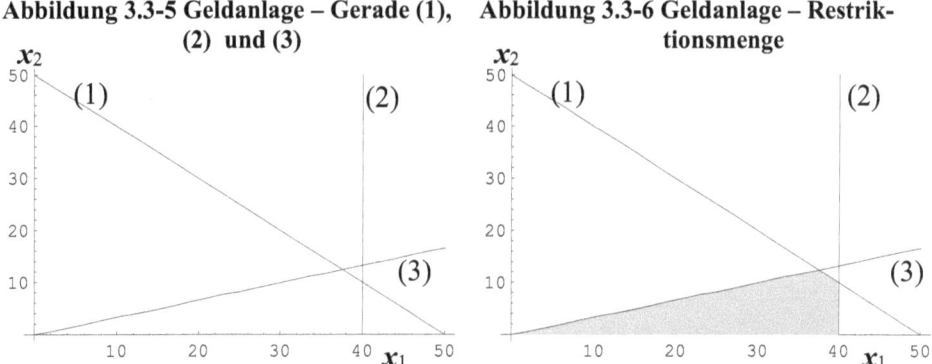

Ermittlung von Niveaulinien der Zielfunktion

Um die Zielfunktion $G(x)$ in die geometrische Darstellung einzubeziehen, wäre eine dritte Koordinatenachse für die Werte der Zielfunktion erforderlich. Um ohne diese dritte Achse eine Vorstellung vom Verlauf der Zielfunktion zu erhalten, werden stattdessen Niveaulinien der Zielfunktion gezeichnet.

Das Niveau für $G(x)$ kann beliebig angesetzt werden, z.B.

$$G_1 = 0,8 \qquad\qquad G_2 = 1,6 \qquad\qquad G_3 = 2,4 \quad .$$

Da die Zielfunktion als lineare Funktion von zwei Veränderlichen x_1 und x_2 eine Ebene ist, sind ihre Niveaulinien parallele Geraden. Dabei werden die Niveaulinien genauso gezeichnet wie die Restriktionen, d.h. es werden zum jeweiligen Niveau die Schnittpunkte mit den beiden Koordinatenachsen bestimmt und miteinander verbunden. Die Gerade:

$$G_1 = 0,04\,x_1 + 0,08\,x_2 = 0,8$$

schneidet die x_1-Achse im Punkt $(x_1, x_2) = (20\,,\,0)$ und die x_2-Achse in $(x_1, x_2) = (0\,,\,10)$. Abbildung 3.3-7 zeigt alle drei genannten Niveaulinien von $G(x)$. Indem eine dieser Niveaulinien, eine hätte für die grafische Lösung des Problems völlig genügt, nach oben parallel verschoben wird, wird das Niveau von $G(x)$ erhöht. Dies geschieht so lange, bis die neue Niveaulinie die Restriktionsmenge gerade noch am Rand berührt. Der letzte zulässige Punkt, in dem die neue Niveaulinie von $G(x)$ die Restriktionsmenge gerade noch berührt, ist das Optimum. Dieses Optimum kann eine Ecke oder eine Kante der Restriktionsmenge sein. Eine Niveaulinie, die komplett außerhalb der Restriktionsmenge verläuft, gehört zu einem Niveau von $G(x)$, das unter Einhaltung aller Restriktionen nicht mehr erreicht werden kann.

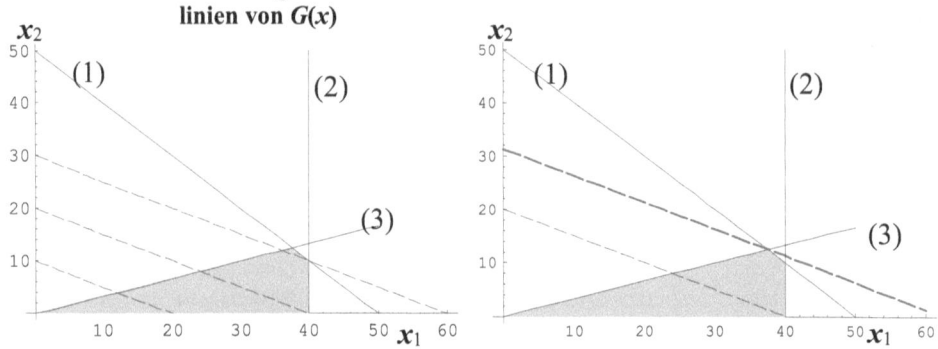

Abbildung 3.3-7 Geldanlage - Restriktionsmenge mit Niveaulinien von $G(x)$

Abbildung 3.3-8 Geldanlage – Optimum

Bestimmung der Koordinaten des Optimums

Nach Abbildung 3.3-8 liegt die optimale Anlagestrategie im Schnittpunkt der Geraden (1) und (3):

(1) $x_1 + x_2 = 50$

(3) $0,04\,x_1 - 0,12\,x_2 = 0$

Aus Gleichung (3) folgt, dass $0,04\,x_1 = 0,12\,x_2$ und damit $x_1 = 3\,x_2$ ist. Setzt man das in Gleichung (1) ein, so erhält man:

(1) $x_1 + x_2 = 3\,x_2 + x_2 = 4\,x_2 = 50$.

woraus: $x_2 = 50/4 = \underline{12,5}$ und $x_1 = 3\,x_2 = 3 \cdot 12,5 = \underline{37,5}$

folgt. D.h. es sollten 37 500 € als Festgeld und 12 500 € in Investmentfondsanteile investiert werden, um unter den Ausgangsbedingungen die erwartete Rendite zu maximieren. Ob die erwartete Rendite tatsächlich eintritt, ist allerdings ungewiss, da sich die Kursentwicklung des Investmentfonds aus den letzten 5 Jahren nicht ohne weiteres auf die Zukunft übertragen lässt.

Sensitivität bezüglich des Anlagebetrages

Es soll jetzt untersucht werden, wie stark der Anlagebetrag wachsen kann, ohne wesentliche Änderung des Optimums. Damit ist gemeint, dass das Optimum nach wie vor im Schnittpunkt der Geraden (1) und (3) liegt, auch wenn sich die Anlagebeträge dabei ändern. Man spricht hier vom Beibehalten der **Basislösung**. Eine neue Basislösung tritt auf, wenn eine neue optimale Ecke auftritt, an der mindestens eine andere Restriktionsgerade beteiligt ist.

Neu: (1*) $x_1 + x_2 = b_1{}^*$

Die anderen beiden Bedingungen bleiben hier unverändert.

Nach Abbildung 3.3-8 könnte der Anlagebetrag $b_1{}^*$ so weit wachsen, bis die neue erste Gerade durch den Schnittpunkt der Geraden (2) und (3) verläuft, dessen Koordinaten

(2) $x_1 = 40$ und

(3) $0,04\,x_1 - 0,12\,x_2 = 0,04 \cdot 40 - 0,12\,x_2 = 0$ d.h. $x_2 = 1,6/0,12 = 40/3$ sind.

In diesem Punkt ist: $b_1{}^* = x_1 + x_2 = 40 + 40/3 = \underline{53,333}$.

Bei einem Anlagebetrag von 53 333 € würden sich alle drei Geraden im gleichen Punkt schneiden. Im neuen Optimum wären dann alle drei Bedingungen voll ausgeschöpft. Eine weitere Erhöhung des Anlagebetrages würde das Optimum nicht mehr verändern. Es bliebe im

Schnittpunkt der Geraden (2) und (3) und hätte die Koordinaten: $x_1 = 40$ und $x_2 = 13,333$. (Vergl. Abbildung 3.3-9)

x_1 = Anlagebetrag Festgeld in 1 000 €

x_2 = Anlagebetrag Investmentfonds in 1 000 €

(1*) $x_1 + x_2 \leq 65$

(2) $x_1 \leq 40$

(3) $0,04\,x_1 - 0,12\,x_2 \geq 0$

$G(x) = 0,04\,x_1 + 0,08\,x_2$

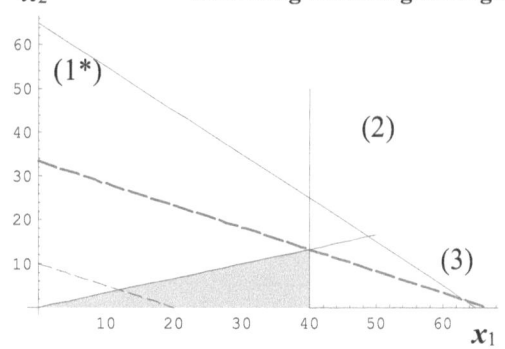

Abbildung 3.3-9 Geldanlage – Optimum nach Erhöhung des Anlagebetrages

Aufgabe 3.3.1.1   Autoreifen

Ein Betrieb stellt Sommer- und Winterreifen her, wobei produktionsseitig folgende Bedingungen einzuhalten sind:

	Sommerreifen	Winterreifen	max. verfügbar
Arbeitszeit in h pro St.	2	4	120 h
Materialverbrauch in kg pro St.	3	4	150 kg

Da Winterreifen nur im Winter nachgefragt werden, sollen im betrachteten Zeitraum höchstens 20 Stück davon produziert werden. (Marktbedingung)

Beim Verkauf liegt der Gewinn je Sommerreifen bei 12 € und je Winterreifen bei 20 €. Gesucht sind die Produktionsmengen beider Reifensorten, bei denen insgesamt ein maximaler Gewinn erzielt wird.

a) Definieren Sie die Variablen x_1 und x_2 und formulieren Sie das Problem mathematisch, d.h. geben Sie die Restriktionsmenge und die Zielfunktion an.

b) Lösen Sie das Problem grafisch.

c) Welche Geraden schneiden sich im Optimum? Berechnen Sie die Koordinaten des Optimums.

d*) Wie stark kann sich der Gewinn je Winterreifen zu Beginn des Winters erhöhen bei gleichbleibendem Gewinn je Sommerreifen, ohne dass sich das Optimum ändert?

e) Welche optimalen Produktionsmengen erhält man, wenn der Gewinn beim Verkauf eines Winterreifen aufgrund des einsetzenden Schneefalls auf 30 € steigt bei unverändertem Gewinn je Sommerreifen?

Aufgabe 3.3.1.2   Fußbodenarbeiten

In einem Neubau entstehen vorwiegend Dreiraumwohnungen mit 70 m² Wohnfläche und Fünf-raumwohnungen a 130 m², deren Fußböden mit Parkett- bzw. Fliesen versehen werden sollen. Die Kalkulation der Preise für beide Arbeiten, geht von folgenden Rahmenbedingungen aus

Wohnungstyp	Fläche in m²		vorgegebener Maximalpreis in €
	Fliesen	Parkett	
Dreiraumwohnung	20	50	3 000
Fünfraumwohnung	50	80	6 000
Gesamtfläche	480	1200	

Außerdem soll der Preis des Parketts höchstens doppelt so hoch sein wie der der Fliesen. Dabei lässt ein höherer Preis der Handwerksfirma mehr Spielraum für teureres Material. Wie sollten die Preise gewählt werden, um den Ertrag zu maximieren?

a) Definieren Sie die Variablen x_1 und x_2 und formulieren Sie das Problem mathematisch.

b) Lösen Sie das Problem grafisch.

c) Welche Besonderheiten weist die Lösung dieses Optimierungsproblems auf? Geben Sie die Menge aller optimalen Lösungen an.

Aufgabe 3.3.1.3   Winzer

Ein Winzer stellt zwei Sorten Rotwein, *Rubin* (Menge x_1) und *Pinot Noir* (Menge x_2) aus den Rebsorten: Merlot, Pinotage und Cabernet Sauvignon her mit folgender Zusammensetzung:

Einsatzmengen der Rebsorten pro Liter	Weinsorten		Mindesterntemenge
Rotwein [in l]	*Rubin*	*Pinot Noir*	
Merlot	0,4	0,2	200 Liter
Pinotage	0,2	0,5	250 Liter
Produktionskosten je Liter in €	1,5	1	

Cabernet Sauvignon baut der Winzer nicht selbst an, daher gibt es für dessen Menge keine Einschränkungen.

Daraus ergeben sich folgende Bedingungen:

(1) $0,4\,x_1 + 0,2\,x_2 \geq 200$

(2) $0,2\,x_1 + 0,5\,x_2 \geq 250$

Angesichts der Nachfrage seiner Kunden, soll höchstens doppelt so viel *Rubin* hergestellt werden wie *Pinot Noir*. (Bedingung (3))

Gesucht werden die Mengen der beiden Weinsorten, die mit den geringsten Produktionskosten herstellbar sind.

a) Geben Sie die dritte Bedingung und die Zielfunktion an.

b) Lösen Sie das Problem grafisch und kennzeichnen Sie dabei den zulässigen Bereich.

c) Welche Geraden schneiden sich im Optimum? Berechnen Sie die optimalen Mengen.

d*) Der Winzer möchte die Produktionskosten der Weinsorte *Rubin* durch die Anschaffung einer neuen Maschine verringern. Die Kosten der anderen Weinsorte ändern sich dadurch nicht. Wie weit können sich die Produktionskosten der Sorte Rubin verringern, ohne dass dies Einfluss auf die optimalen Produktionsmengen hat?

e*) Bestimmen Sie die optimalen Produktionsmengen, wenn die Produktionskosten der Weinsorte *Rubin* stärker sinken als unter **d*)** ermittelt.

Aufgabe 3.3.1.4   Waschmittel

Ein Unternehmen stellt ein Waschmittel in Pulverform und als Flüssigwaschmittel her. Die dafür erforderlichen Zeiten in der Produktions- und der Verpackungsanlage lassen sich der folgenden Tabelle entnehmen:

	Zeit pro t Waschmittel in h		max. verfügbare
	Waschpulver	Flüssigwaschmittel	Zeit in h
Produktionsanlage	2	1,5	150
Verpackungsmaschine	1	2	100

Da Waschpulver bei den Kunden stärker gefragt ist als Flüssigwaschmittel, soll mindestens doppelt so viel Waschpulver hergestellt werden wie Flüssigwaschmittel (Marktbedingung).

Der beim Verkauf von 1 t Waschmittel erzielte Gewinn beträgt bei Waschpulver 100 € und beim Flüssigwaschmittel 150 €.

Gesucht sind die Produktionsmengen beider Sorten, bei denen ein maximaler Gewinn erzielt wird.

a) Definieren Sie die Variablen x_1 und x_2 und formulieren Sie das Problem mathematisch.

b) Lösen Sie das Problem grafisch.

c) Welche Geraden schneiden sich im Optimum? Berechnen Sie die Koordinaten des Optimums.

d*) Wie weit kann die Kapazität der Verpackungsanlage durch eine Generalüberholung gesteigert werden, ohne dass sich die Lage des Optimums wesentlich ändert? Damit ist der Verbleib im Schnittpunkt der gleichen Geraden gemeint, auch wenn sich die optimalen Produktionsmengen verändern. (Man spricht hierbei auch vom Erhalt der Basislösung.)

e*) Welche optimalen Produktionsmengen erhält man nach der Anschaffung einer neuen Verpackungsanlage, die zeitlich länger verfügbar ist als unter **d*)** ermittelt wurde?

Aufgabe 3.3.1.5   Johannisbeeren

Ein Gartenbaubetrieb plant den Anbau von roten und schwarzen Johannisbeeren. Mit x_1 wird die Zahl der roten und mit x_2 die Zahl der schwarzen Johannisbeersträucher bezeichnet. Dabei geht man von folgenden Werten aus:

Johannisbeersorte	Platzbedarf je Strauch	mittlerer Ertrag pro Strauch	Preis je kg Beeren
Rot (Red Lake)	2,5 m^2	5 kg	4 €
Schwarz (Wusil)	4 m^2	8 kg	3 €

Es gelten folgende Rahmenbedingungen:

1. Insgesamt soll eine Fläche von 1 200 m^2 mit Johannisbeersträuchern bepflanzt werden.

2. Da ein Teil der Kunden schwarze Johannisbeeren bevorzugt, soll deren Ertrag mindestens halb so groß sein, wie die geerntete Menge der roten Johannisbeeren.

Insgesamt sollen die Mengen der zu pflanzenden Sträucher so gewählt werden, dass der Erlös beim Verkauf der Ernte maximal wird.

a) Formulieren Sie das Optimierungsproblem mathematisch.

b) Lösen Sie das Problem grafisch.

c) Welche Geraden schneiden sich im Optimum? Bestimmen Sie die Koordinaten der optimalen Ecke rechnerisch.

d*) Ändert sich das Optimum, wenn Bedingung (2) dahingehend verändert wird, dass nun aufgrund eines Wandels des Kundengeschmacks der Ertrag der schwarzen Johannisbeeren höchstens halb so hoch sein soll wie der der roten? Wenn ja, geben Sie das neue Optimum an.

Aufgabe 3.3.1.6   Reisen in die Toskana

Ein Reiseveranstalter kalkuliert seine Preise für einwöchige Rundreisen außerhalb der Saison in die Toskana. Diese sind als Bus- oder als Flugreise buchbar, wobei x_1 der Preis für die Bus- und x_2 der Preis für die Flugreise ist. Er geht dabei von folgenden Restriktionen aus:

1. Die Flugreise soll mindestens doppelt so viel kosten wie die Busreise.

2. Die Preisdifferenz zwischen Flug- und Busreise soll mindestens 200 € betragen.

3. Der aus Bus- und Flugreise berechnete mittlere Preis (ungewichtet) darf 450 € nicht übersteigen, da dies auch der mittlere Preis des Konkurrenten für entsprechende Reisen ist.

Die Preise sollen so festgelegt werden, dass die Einnahmen maximal werden, wobei sich erfahrungsgemäß 60 % der Reisenden für die Bus- und 40 % für die Flugreise entscheiden.

a) Formulieren Sie das Optimierungsproblem mathematisch.

b) Lösen Sie das Problem grafisch.

c) Welche Geraden schneiden sich in der optimalen Ecke? Bestimmen Sie die zugehörigen Reisepreise rechnerisch. (*nicht* nach der Simplex-Methode.)

d*) Inwiefern ändert sich die Lösung, wenn die erste Bedingung dahingehend verändert wird, dass die Flugreise höchstens doppelt so viel kosten darf wie die Busreise? Ergänzen Sie, falls nötig, Ihre Zeichnung und bestimmen Sie auch dafür die optimalen Preise, falls sich das Optimum verändert.

Aufgabe 3.3.1.7   Preissenkung für Medikamente

Ein Pharmakonzern muss nach Auslaufen der 10-jährigen Schutzfrist für das von ihm entwickelte Rheuma-Medikament die Preise senken, da nun Generika (Nachahmmedikamente, wirkstoffgleiche Kopien) zu wesentlich günstigeren Preisen auf den Markt gebracht werden können. Das Medikament wird in zwei Formen angeboten, als Tabletten (Preissenkung x_1) und als Injektion (Preissenkung x_2).

Dabei sollen folgende Bedingungen eingehalten werden:

1. Der Preis der Injektionen soll um mindestens 12 € gesenkt werden.

2. Die Senkung des Preises für Injektionen soll höchstens viermal so groß sein wie die Preissenkung für Tabletten.

3. Im Mittel sollen die Preise für Injektionen und Tabletten um mindestens 6 € gesenkt werden, wobei der derzeitige Bedarf zugrunde gelegt wird, nach dem 75 % der Patienten Tabletten und 25 % Injektionen erhalten.

Die Preissenkungen sollen so erfolgen, dass sich die erwarteten Einnahmen des Konzerns möglichst wenig verringern. Da bei Tabletten früher mit Konkurrenzprodukten gerechnet wird, erwartet man, dass künftig nur noch 2/3 der mit den Medikamenten dieses Herstellers behandelten Patienten Tabletten und 1/3 Injektionen erhalten.

a) Formulieren Sie das Problem mathematisch.

b) Lösen Sie das Problem grafisch.

c) Welche Geraden schneiden sich im Optimum? Bestimmen Sie die Koordinaten dieses Schnittpunkts rechnerisch.

d*) Ändert sich das Optimum der Preissenkungen, wenn die Preissenkung für Injektionen nicht wie in Bedingung (2) formuliert höchstens, sondern mindestens vier Mal so hoch sein soll wie die der Tabletten? Wenn ja, welches neue Optimum erhält man dann?

Aufgabe 3.3.1.8   Ökostrom

Ein neuer Stromanbieter, der ausschließlich Ökostrom verwendet, kalkuliert seine Preise, bestehend aus der monatlichen Grundgebühr x_1 (in €) und den Kosten je kWh x_2 (in Cent/kWh), ausgehend von folgenden Angaben:

Kundengruppe	mittlerer Stromverbrauch im Monat in kWh	maximale monatliche Kosten (einschließlich Grundgebühr) in €
Singles	250	75
Familien	450	120

Darüber hinaus soll aus Gründen der Ausgewogenheit der Preise die monatliche Grundgebühr höchstens so viel kosten wie 150 kWh.

Die beiden Gebühren sollen so gewählt werden, dass maximale Einnahmen erzielt werden, wobei von einem durchschnittlichen monatlichen Stromverbrauch aller Kunden von 300 kWh ausgegangen wird.

a) Formulieren Sie das Optimierungsproblem mathematisch.

b) Lösen Sie das Optimierungsproblem grafisch. Wählen Sie den Maßstab Ihrer Zeichnung so, dass die Restriktionsmenge gut erkennbar ist. (unterschiedliche Skalen für x_1 und x_2 könnten sich hier als zweckmäßig erweisen)

c) Welche Geraden schneiden sich im Optimum? Bestimmen Sie die Koordinaten des Schnittpunkts rechnerisch.

d*) Inwieweit lassen sich die monatlichen Kosten für Singles erhöhen, ohne dass sich die Basislösung ändert? Das bedeutet, dass die Lösung im Schnittpunkt der gleichen Restriktionsgeraden bleibt.

e*) Welches Optimum erhält man, wenn die monatlichen Kosten für Singles über die unter d*) ermittelte Grenze hinaus wachsen?

Aufgabe 3.3.1.9   Molkerei

Eine kleine Molkerei, die ihre ökologisch erzeugten Produkte wie Milch und Butter am eigenen Stand auf dem Markt anbietet, orientiert sich bei der Festlegung der Preise ihrer Produkte am nahe gelegenen Supermarkt. Dessen Preise sollen nur moderat überboten werden, da auch qualitätsbewusste Kunden auf zu hohe Preise sensibel reagieren. Dabei soll der Milchpreis den des Supermarktes um x_1 Cent/Liter und der Butterpreis den des Supermarktes um x_2 Cent/250 g übersteigen. Um geeignete Preisspannen zu ermitteln geht die Molkerei von folgenden Bedarfsmengen pro Woche aus:

Haushaltstyp	Durchschnittliche Verbrauchsmenge pro Woche		Maximale Mehr- kosten gegenüber dem Supermarkt
	Milch (in Liter)	Butter in Packungen a 250g	
Singles	0,8	0,5	10 Cent
Paar	1,5	2,5	30 Cent
Familie mit Kindern	1	5	50 Cent

Insgesamt verkauft die Molkerei an einem Markttag durchschnittlich 270 Liter Milch und 450 Packungen Butter. Die Preisdifferenzen zum Supermarkt sollen unter den genannten Bedingungen so festgelegt werden, dass die dadurch erzielten Mehreinnahmen maximal werden.

a) Formulieren Sie das Problem mathematisch.

b) Lösen Sie das Optimierungsproblem grafisch.

c) Geben Sie die Menge der optimalen Lösungen an.

d*) Wie ändert sich das Optimum, wenn sich die insgesamt absetzbare Menge Milch pro Markttag etwas erhöht?

e*) Wie ändert sich das Optimum, wenn sich die insgesamt absetzbare Menge Butter pro Markttag etwas erhöht?

Aufgabe 3.3.1.10   Fitnessstudio

(Aufgabe von Karin Brinner)

Ein erfolgreiches Fitnessstudio möchte sein Studio erweitern und umbauen.

1. Insgesamt stehen maximal 300 m² zur Verfügung.

2. Die Kursraumfläche x_1 soll höchstens doppelt so groß sein wie die Gerätefläche x_2.

3. Da die Kurse gut besucht werden, muss die Kursraumfläche mindestens 100 m² umfassen.

Dabei werden je Quadratmeter Kursraum Einnahmen von 10 €/h und pro Quadratmeter Gerätefläche 20 €/h erwartet. Wie sind die Kursraum- und die Gerätefläche zu planen, wenn die Einnahmen möglichst hoch ausfallen sollen?

a) Formulieren Sie das Optimierungsproblem mathematisch.

b) Lösen Sie das Problem grafisch. Kennzeichnen Sie den zulässigen Bereich und den Punkt der optimalen Flächenkombination.

c) Welche Geraden schneiden sich im Optimum? Ermitteln Sie die Koordinaten der optimalen Ecke rechnerisch.

d*) Inwieweit ändert sich die optimale Flächenaufteilung, wenn die Kursraumfläche x_1 nicht höchstens sondern mindestens doppelt so groß sein soll wie die Gerätefläche x_2?

Aufgabe 3.3.1.11   Physiotherapie

Eine Physiotherapie muss zum Ausgleich der gestiegenen Miet- und Lohnkosten ihre Preise für Massagen und Krankengymnastik erhöhen. Dazu liegen folgende Daten zur mittleren Anzahl der Behandlungen pro Woche vor:

	Mittlere Anz. Behandlungen pro Woche		
	Sommer	Winter	Frühling und Herbst
Massagen	20	40	80
Krankengymnastik	80	60	60
Kostensteigerung pro Woche	160 €	180 €	240 €

Die angegebene Kostensteigerung pro Woche soll durch die zusätzlichen Einnahmen infolge der Preiserhöhungen mindestens kompensiert werden.

Außerdem wurde mit den Ärzten im Einzugsgebiet vereinbart, dass die Kosten für eine Krankengymnastik um höchstens 4 € erhöht werden. (Bedingung (4))

Insgesamt soll die mittlere Preissteigerung so gering wie möglich ausfallen, damit die Krankenkassen die Therapien weiterhin bezahlen. Dabei kommen 50 % der Patienten zur Massage und 50 % zur Krankengymnastik in die Physiotherapie.

a) Formulieren Sie das Optimierungsproblem mathematisch. Bezeichnen Sie dabei die Preiserhöhung für Massagen mit y_1 und die für die Krankengymnastik mit y_2.

b) Lösen Sie das Problem grafisch. (Wählen Sie für die abzubildenden Achsenabschnitte den Bereich [0 , 8])

c) Welche Geraden schneiden sich im Optimum? Bestimmen Sie den Schnittpunkt rechnerisch.

d*) Bis zu welchem Verhältnis der Koeffizienten der Zielfunktion bleibt die ermittelte Lösung optimal?

e*) Wie weit können die im Frühling/Herbst zu deckenden Kosten verringert werden, ohne dass sich die Basislösung ändert, d.h. dass das Optimum nach wie vor im Schnittpunkt der in **c)** ermittelten Geraden liegt? Welche Ecke wird optimal, wenn die Kosten im Frühling/Herbst noch stärker sinken?

Aufgabe 3.3.1.12   Ski-Kurse

(Aufgabe von Karin Brinner mit veränderten Werten)

Die Skischule *Wichtelberg* bietet verschiedenen Skiunterricht an, wobei die durchschnittlichen Stundenzahlen pro Tag für die einzelnen Winterzeiträume in folgender Tabelle gegeben sind:

Zeitraum	Ski-Langlauf	Snow-Board	Max. Einnahmen pro Tag in €
Vor-/Nachsaison	15	10	900
Hauptsaison	20	30	1800

Aus steuerrechtlichen Gründen sollen die Tageseinnahmen in Haupt- und Nebensaison die angegebenen Maximalbeträge nicht überschreiten.

Außerdem soll der Preis pro h Snowboard-Kurs höchstens doppelt so hoch sein wie der Preis pro h Langlauf. (Bedingung (3))

Gesucht werden die Preise x_1 und x_2 für die beiden Unterrichtsarten, die zum größtmöglichen Jahreserlös führen. Dieser wird mit Hilfe der folgenden Funktion bestimmt:

$$G(x) = 20\,x_1 + 24\,x_2 \quad .$$

a) Formulieren Sie das Optimierungsproblem mathematisch.

b) Lösen Sie das Problem grafisch.

c) Welche Geraden schneiden sich im Optimum? Ermitteln Sie die Koordinaten der optimalen Ecke rechnerisch.

d*) Inwieweit ändert sich das Preisoptimum, wenn der Preis pro Stunde Snowboard nicht höchstens sondern mindestens doppelt so groß sein soll wie der Preis pro Stunde Langlauf?

Aufgabe 3.3.1.13   Verkaufsflächenoptimierung

Ein Bekleidungsgeschäft möchte die verfügbare Verkaufsfläche in eine Fläche für Damenbekleidung x_1 und eine für Herrenbekleidung x_2 aufteilen. Dafür gelten folgende Bedingungen:

1. Die insgesamt verfügbare Fläche hat eine Größe von 300 m².

2. Die Fläche für Damenbekleidung soll höchstens doppelt so groß sein wie die für Herrenbekleidung.

3. Die Fläche für die Herrenbekleidung soll mindestens 50 m² groß sein.

Insgesamt soll die Verkaufsfläche so auf die beiden Sortimente aufgeteilt werden, dass ein maximaler Umsatz erwirtschaftet werden kann. Dabei geht man von einer Flächenproduktivität der Damenbekleidung von 3 T€ je m² Verkaufsfläche und der Herrenbekleidung von 2,5 T€/m² pro Monat aus.

a) Formulieren Sie das Problem mathematisch.

b) Lösen Sie das Optimierungsproblem grafisch.

c) Welche Geraden schneiden sich im Optimum? Bestimmen Sie die Koordinaten dieses Schnittpunkts.

d*) Ändert sich die Lösung, wenn die zweite Bedingung dahingehend verändert wird, dass die Fläche für die Damenbekleidung mindestens doppelt so groß sein soll wie die für die Herrenbekleidung? Wenn ja, bestimmen Sie das neue Optimum.

Aufgabe 3.3.1.14   Download Videos

Eine Internetfirma, die Downloads von Musikvideos und Spielfilmen anbietet, kalkuliert die Preise für die beiden Produkte (x_1 = Preis Musikvideo, x_2 = Preis Spielfilm, beides in €) ausgehend von folgenden Nutzerprofilen:

Nutzer	mittlere Anz. Downloads im Monat		maximale monatliche Kosten in €
	Musikvideo	Spielfilm	
Jugendliche	5	10	50
Erwachsene	3	2	12
Alle Nutzer	4	6	

Dabei soll der Preis für das Herunterladen eines Spielfilms mindestens 1,5-mal so viel kosten wie der eines Musikvideos. (dritte Bedingung)

Insgesamt sollen die Preise so festgelegt werden, dass dadurch die monatlichen Einnahmen maximal werden.

a) Formulieren Sie das Problem mathematisch.

b) Lösen Sie das Optimierungsproblem grafisch.

c) Welche Geraden schneiden sich im Optimum? Bestimmen Sie die Koordinaten dieses Schnittpunkts.

d*) Ändert sich die optimale Lösung, wenn die dritte Bedingung dahingehend verändert wird, dass der Preis für einen Spielfilm höchstens 1,5-mal so hoch sein soll wie der eines Musikvideos? Wenn ja, bestimmen Sie das neue Optimum.

Aufgabe 3.3.1.15   Seniorenreisen

Ein Ostseehotel hat sich auf Seniorenreisen spezialisiert. Zur Unterbringung stehen Ein- und Zweibettzimmer zur Verfügung. Es sei x_1 die Anzahl der benötigten Einzelzimmer und x_2 die Zahl der Zweibettzimmer. Bei der Organisation sind folgende Bedingungen hinsichtlich der Unterbringung der Senioren zu beachten:

1. Nach bisherigem Stand liegen bereits Reisebuchungen von 70 Personen vor, wobei die Zahl noch steigen könnte.

2. Da es viele allein reisende Senioren gibt, soll die Zahl der Einbettzimmer mindestens um 10 höher sein als die der Doppelzimmer.

3. Unter den Reisenden gibt es mindestens 10 Paare, die auf jeden Fall ein Doppelzimmer nehmen.

Die Übernachtungskosten für Einzelzimmer betragen 60 €, die für Doppelzimmer 80 € (Zimmerpreis). Wie viele Einzel- und Doppelzimmer sollten belegt werden, um die Übernachtungskosten zu minimieren?

a) Formulieren Sie das Minimierungsproblem mathematisch.

b) Lösen Sie das Problem grafisch.

c) Bestimmen Sie die optimale Ecke rechnerisch.

d*) Wie weit könnte der Doppelzimmerpreis steigen, ohne dass sich die optimalen Zimmerzahlen dadurch verändern?

Aufgabe 3.3.1.16   Papierfabrik

(Aufgabe von Karin Brinner mit geänderten Werten)

Ein kleines Unternehmen der papierverarbeitenden Industrie produziert Recyclingpapier (Menge x_1) und weißes Papier (Menge x_2). Beim Verkauf wird ein Gewinn von 2 € pro Packung Recyclingpapier und 3 € je Packung weißen Papiers erzielt. Gesucht sind die Produktionsmengen, die den höchsten Gewinn erbringen, wobei folgende Bedingungen zu beachten sind:

1. Insgesamt können maximal 600 Papierpackungen pro Tag produziert werden.

2. Die Produktionskosten von 1000 € sollen dabei nicht überschritten werden, wobei die Produktion einer Packung Recyclingpapier 1 € und die einer Packung weißen Papiers 2 € kostet.

3. Es sollen höchstens doppelt so viele Packungen Recyclingpapier wie weißes Papier hergestellt werden.

a) Formulieren Sie das Problem mathematisch.

b) Lösen Sie das Optimierungsproblem grafisch.

c) Welche Geraden schneiden sich im Optimum? Bestimmen Sie die Koordinaten dieses Schnittpunkts.

d*) Wie weit kann der Gewinn je Packung Recyclingpapier steigen, ohne dass sich das Produktionsoptimum ändert? Welche Ecke wird optimal, wenn der Gewinn sich noch stärker erhöht?

e*) Wie weit darf der Gewinn je Packung weißen Papiers steigen, ohne dass das Produktionsoptimum sich ändert? Welche Produktionsmengen werden optimal, wenn sich dieser Gewinn darüber hinaus erhöht?

Aufgabe 3.3.1.17   Geflügelfarm

Eine Geflügelfarm züchtet Bio-Geflügel, speziell Hühner und Gänse. Aus den Bio-Vorschriften ergeben sich dabei folgende Bedingungen:

	Hühner	Gänse	Fläche/Futtermenge
Fläche pro Tier	$5\ m^2$	$10\ m^2$	$4\,000\ m^2$
Futtermenge pro Tier in kg/Woche	2 kg	8 kg	2 400 kg
Preis in €	12	30	

Dabei soll die Zahl der gehaltenen Hühner höchstens viermal so groß sein wie die der Gänse. (Bedingung (3))

Die Zahl der zu haltenden Hühner und Gänse soll unter diesen Bedingungen so gewählt werden, dass der erzielte Umsatz maximal wird.

a) Formulieren Sie das Problem mathematisch.

b) Lösen Sie das Optimierungsproblem grafisch.

c) Welche Geraden schneiden sich im Optimum? Berechnen Sie deren Schnittpunkt.

d*) In welchem Bereich kann der Preis der Gänse variieren, ohne dass sich das Optimum ändert bei gleichbleibendem Verkaufspreis der Hühner?

e*) Wie ändert sich das Optimum, wenn der Preis der Gänse infolge der zunehmenden Konkurrenz auf 20 € reduziert werden muss. Geben Sie das neue Optimum an.

f*) Im Rahmen des Weihnachtsgeschäfts wird angesichts der gestiegenen Nachfrage der Preis der Gänse auf 50 € angehoben. Geben Sie das neue Optimum der Zahl der zu haltenden Tiere an.

Aufgabe 3.3.1.18   Parkführungen

Die Gärten der Welt in Berlin-Marzahn wollen Führungen in deutscher und englischer Sprache anbieten. Dabei gelten folgende Bedingungen:

1. Insgesamt sollen mindestens 18 Führungen pro Woche stattfinden.

2. Die Zahl der deutschsprachigen Führungen soll höchstens doppelt so hoch sein wie die Anzahl der Führungen in englischer Sprache.

3. Die Gesamtzahl der Besucher pro Woche, die an einer Führung teilnehmen, soll mindestens 400 sein, wobei an deutschsprachigen Führungen im Mittel 25 Personen und an englischsprachigen durchschnittlich 20 Besucher teilnehmen.

Dabei sollen die Kosten der Führungen möglichst gering sein, wobei ein deutschsprachiger Guide pro Führung 30 € bekommt und ein englischsprachiger 40 €. Wie viele Führungen in deutscher und englischer Sprache sollten pro Woche angeboten werden?

a) Formulieren Sie das Optimierungsproblem mathematisch.

b) Lösen Sie das Problem grafisch. Kennzeichnen Sie dabei die Restriktionsmenge und das Kostenminimum.

c) Welche Geraden schneiden sich im Optimum? Berechnen Sie deren Schnittpunkt.

d*) In der Semesterpause bewerben sich zahlreiche Studenten für die Durchführung englischsprachiger Parkführungen. Dadurch sinken die Kosten dieser Führungen. Wie weit können diese Preise sinken bei gleichbleibenden Preisen der deutschsprachigen Führungen, ohne dass sich das Optimum ändert?

e*) Wie hoch sollte die Anzahl deutsch- und englischsprachiger Führungen pro Woche sein, wenn aufgrund der zahlreichen eingesetzten Studenten die Kosten einer englischsprachigen Führung auf 25 € sinken?

3.3.2 Simplex-Methode

Beispiel   Autoreifen

Ein Betrieb stellt Sommer- und Winterreifen her, wobei in einer Produktionsperiode (z.B. an einem Tag) folgende Bedingungen einzuhalten sind:

	Sommerreifen	Winterreifen	max. verfügbar
Arbeitszeit in h	2	4	120 h
Materialverbrauch in kg	3	4	150 kg

Da Winterreifen nur in der kalten Jahreszeit nachgefragt werden, sollen im betrachteten Zeitraum höchstens 20 Stück davon produziert werden.

Pro verkauftem Sommerreifen wird ein Gewinn von 12 € erzielt, pro Winterreifen sind es 20 €.

Ausgehend von dieser Bedingung sollen die Reifenmengen beider Sorten bestimmt werden, bei deren Verkauf ein maximaler Gewinn erzielt wird, wobei aufgrund von Lieferverträgen jeder produzierte Reifen auch abgesetzt wird.

Mathematisch stellt sich dieses Problem folgendermaßen dar. Die Variablen x_1 und x_2 bezeichnen die Anzahl der Sommer- bzw. Winterreifen, die in Abhängigkeit von dem jeweiligen Produktionsplan hergestellt werden.

Gemäß der beiden Produktionsbedingungen und der Marktbedingung müssen dafür die folgenden linearen Ungleichungen gelten:

(1) $2\,x_1 + 4\,x_2 \leq 120$

(2) $3\,x_1 + 4\,x_2 \leq 150$

(3) $x_2 \leq\ 20$.

Da nur nichtnegative Reifenzahlen hergestellt werden können, ist außerdem $x_1, x_2 \geq 0$. Die Menge aller Produktionspläne, die sämtlichen angegebenen Bedingungen genügen, wird als **Restriktionsmenge** bezeichnet.

Der für den jeweiligen Produktionsplan erzielte Gewinn wird über die **Zielfunktion**:

$$G(x) = 12\,x_1 + 20\,x_2$$

ermittelt, die ebenfalls linear ist. Unter allen **zulässigen** Produktionsplänen (x_1, x_2), das sind die, die alle Bedingungen erfüllen, wird derjenige gesucht, der den Gewinn maximiert.

Die kanonische Form

Im Gegensatz zu Gleichungen lassen sich Ungleichungen nicht voneinander subtrahieren. Dadurch sind die Möglichkeiten, sie miteinander zu verknüpfen, um die Werte der Variablen x_1, x_2, x_3 zu bestimmen, erheblich eingeschränkt. Dieses Problem lässt sich beheben, indem auf der kleineren Seite jeder Ungleichung eine weitere Variable addiert wird, so dass die kleinere Seite vergrößert und damit der größeren angeglichen wird. Dies wird als **kanonische Form** des Ungleichungssystems bezeichnet. Bezüglich der Autoreifen erhält man damit:

(1) $2\,x_1 + 4\,x_2 + u_1 = 120$

(2) $3\,x_1 + 4\,x_2 + u_2 = 150$

(3) $x_2 + u_3 =\ 20$,

wobei $x_1, x_2, u_1, u_2, u_3 \geq 0$ sein müssen, um die ursprünglichen Bedingungen beizubehalten. Die Variablen x_1, x_2, die die Zahl der zu produzierenden Autoreifen der beiden Sorten angeben, werden als **Strukturvariable** bezeichnet, u_1, u_2, u_3 als **Schlupfvariable**. Letztere geben für einen konkreten Produktionsplan an, welcher Spielraum noch bis zur gegebenen Kapazitätsgrenze bleibt.

Zunächst sollen einige Eigenschaften dieser kanonischen Form herausgearbeitet werden, die für die rechnerische Lösung des Optimierungsproblems bedeutsam sind. Dazu werden folgende Produktionspläne betrachtet:

Produktionsplan **A**: $x_{1A} = 25$ $x_{2A} = 15$

Produktionsplan **B**: $x_{1B} = 22$ $x_{2B} = 20$

Für beide Produktionspläne lassen sich mit Hilfe der Gleichungen (1), (2) und (3) die Werte der zugehörigen Schlupfvariablen u_1, u_2 und u_3 ermitteln, indem die Werte der Strukturvariablen x_1, x_2 in die drei Gleichungen eingesetzt werden. Dabei erhält man die Darstellung der beiden Produktionspläne in der kanonischen Form:

$$\begin{pmatrix} x_A \\ u_A \end{pmatrix} = \begin{pmatrix} 25 \\ 15 \\ 10 \\ 15 \\ 5 \end{pmatrix} \qquad\qquad \begin{pmatrix} x_B \\ u_B \end{pmatrix} = \begin{pmatrix} 22 \\ 20 \\ -4 \\ 4 \\ 0 \end{pmatrix} .$$

Produktionsplan **A** erfüllt alle drei Bedingungen. Von den 120 h verfügbarer Arbeitszeit bleiben noch 10 h übrig, von 150 kg Material werden 15 kg nicht benötigt und die maximale Anzahl Winterreifen von 20 wird um 5 Reifen unterschritten. Produktionsplan **B** ist nicht zulässig, da die verfügbare Arbeitszeit von 120 h hier um 4 h überschritten wird. Erkennbar ist das an dem negativen Wert der Schlupfvariablen u_1.

Aus der grafischen Lösung linearer Optimierungsprobleme im Abschnitt 3.3.1 ist ersichtlich, dass das Optimum sich entweder in einer Ecke befindet oder auf einer Kante. Als nächstes soll untersucht werden, was Ecken in der kanonischen Form kennzeichnet. Abbildung 3.3-10 zeigt die Restriktionsmenge.

Die Restriktionsmenge wird hier von 5 Ecken begrenzt. Ihre Darstellung in der kanonischen Form lautet:

$$\begin{pmatrix} x^{(1)} \\ u^{(1)} \end{pmatrix} = \begin{pmatrix} 0 \\ 0 \\ 120 \\ 150 \\ 20 \end{pmatrix}, \begin{pmatrix} x^{(2)} \\ u^{(2)} \end{pmatrix} = \begin{pmatrix} 50 \\ 0 \\ 20 \\ 0 \\ 20 \end{pmatrix}, \begin{pmatrix} x^{(3)} \\ u^{(3)} \end{pmatrix} = \begin{pmatrix} 30 \\ 15 \\ 0 \\ 0 \\ 5 \end{pmatrix}, \begin{pmatrix} x^{(4)} \\ u^{(4)} \end{pmatrix} = \begin{pmatrix} 20 \\ 20 \\ 0 \\ 10 \\ 0 \end{pmatrix}, \begin{pmatrix} x^{(5)} \\ u^{(5)} \end{pmatrix} = \begin{pmatrix} 0 \\ 20 \\ 40 \\ 70 \\ 0 \end{pmatrix}.$$

Abbildung 3.3-10   Autoreifen – Restriktionsmenge

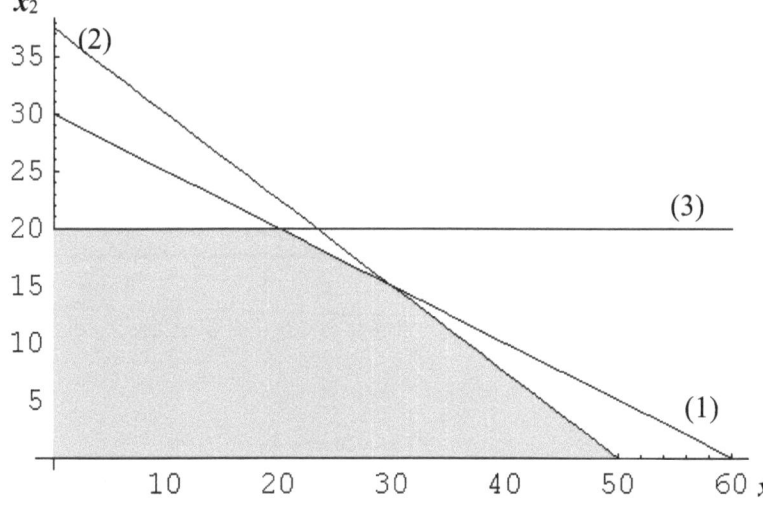

In jeder Ecke schneiden sich mindestens zwei Geraden. Im Koordinatenursprung $x^{(1)}$ sind es die beiden Koordinatenachsen ($x_1 = 0$, $x_2 = 0$), in der zweiten Ecke sind es die x_1-Achse und die zweite Restriktionsgerade ($x_2 = 0$, $u_2 = 0$), in der dritten Ecke die Geraden (1) und (2)

$(u_1 = 0, u_2 = 0)$, in der vierten die Geraden (1) und (3) $(u_1 = 0, u_3 = 0)$ und in der fünften sind es die x_2-Achse und die dritte Restriktionsgerade $(x_1 = 0, u_3 = 0)$. In der kanonischen Form ist das daran erkennbar, dass (mindestens) zwei der 5 Variablen null sind.

Gäbe es *drei* Strukturvariable x_1, x_2, x_3, so entstünden Ecken im Schnittpunkt von *drei* Ebenen. Weiter reicht zwar die geometrische Vorstellung nicht, aber es darf gefolgert werden, dass eine Ecke im *n*-dimensionalen Raum der Schnittpunkt von *n* Hyperebenen ist. Dabei ist die Hyperebene eine Verallgemeinerung der Ebene im dreidimensionalen Raum. Sie umfasst alle Punkte $(x_1, \ldots, x_n)$ im *n*-dimensionalen Raum, die einer linearen Gleichung genügen.

Daraus ergeben sich folgende Eigenschaften der kanonischen Form:

1. Jedem Punkt x im R^n wird eindeutig ein Punkt $\begin{pmatrix} x \\ u \end{pmatrix}$ in der kanonischen Form zugeordnet.

2. Der Punkt x ist genau dann zulässig, d.h. er gehört zur Restriktionsmenge, wenn $\begin{pmatrix} x \\ u \end{pmatrix} \geq 0$

    ist

3. Eine Ecke $x = (x_1, \ldots, x_n)$ im R^n ist daran erkennbar, dass in der kanonischen Form dieses Punktes $\begin{pmatrix} x \\ u \end{pmatrix}$ mindestens *n* Koordinaten null sind. Sind mehr als *n* Koordinaten null, so heißt die Ecke entartet. Dies weist darauf hin, dass sich in diesem Punkt mehr als *n* Hyperebenen schneiden (z.B. für *n* = 2 drei oder mehr Geraden).

Die Simplex-Methode

Aus der grafischen Lösung ist ersichtlich, dass sich das Optimum stets in einer Ecke oder auf einer Kante, zu der natürlich wiederum auch zwei Ecken gehören, befindet. Daraus resultiert der Grundgedanke der Simplex-Methode, sich entlang des Randes der Restriktionsmenge von Ecke zu Ecke zu bewegen, bis das Optimum erreicht ist. Im Unterschied zur grafischen Lösung ist dieses Prinzip auch bei mehr als zwei Strukturvariablen anwendbar. Zunächst werden dazu wie beim Gaußschen Algorithmus die Koeffizienten der Gleichungen der kanonischen Form in ein entsprechendes Simplex-Tableau eingetragen:

x_1	x_2	u_1	u_2	u_3	G	
2	4	1	0	0	0	120
3	4	0	1	0	0	150
0	1	0	0	1	0	20
-12	-20	0	0	0	1	0

Für die untere Gleichung wurde eine zusätzliche Variable G für den Wert der Zielfunktion eingeführt:

$$G = 12\,x_1 + 20\,x_2 \quad .$$

Die daraus hervorgehende Gleichung $\qquad G - 12\,x_1 - 20\,x_2 = 0$

wurde in die untere Zeile des Tableaus eingetragen.

Sofern zulässig, was in diesem Beispiel der Fall ist, bildet der Koordinatenursprung die Ausgangsecke. Um die Koordinaten in der kanonischen Form dazu abzulesen, werden x_1 und x_2 null gesetzt. Aus den Gleichungen kann man dann die Werte der restlichen Variablen ablesen.

260

Nach Gleichung (1) ist dann $u_1 = 120$, nach (2) ist $u_2 = 150$ und aus Gleichung (3) erhält man $u_3 = 20$, so dass die Ausgangsecke in der kanonischen Form folgende Koordinaten besitzt:

$$x_1 = 0 \qquad x_2 = 0 \qquad u_1 = 120 \qquad u_2 = 150 \qquad u_3 = 20 \qquad .$$

Da es zwei Strukturvariable x_1 und x_2 gibt, müssen in der kanonische Form einer Ecke gemäß der 3. Eigenschaft mindestens zwei Koordinaten null sein. Diese werden als **Nichtbasisvariable** bezeichnet, die anderen Variablen u_1, u_2, u_3, deren Werte aus dem Tableau abgelesen werden, nennt man **Basisvariablen**.

Der Übergang zu einer benachbarten Ecke erfordert nun den Tausch einer Basis- und einer Nichtbasisvariablen. Zunächst soll die betreffende Basisvariable ausgewählt werden. Ein mögliches Kriterium dazu ist der betragsgrößte negative Koeffizient in der Zielfunktionszeile. Unter den beiden Koeffizienten von x_1 und x_2, die beide negativ sind, besitzt der von x_2 den größeren Betrag. Das bedeutet, dass x_2 im folgenden Simplex-Schritt zur Basisvariablen gemacht wird. An Abbildung 3.3-10 ist erkennbar, dass die entsprechende benachbarte Ecke auf der x_2-Achse in deren Schnittpunkt mit der dritten Restriktionsgeraden liegt. Das bedeutet, dass x_2 beim Übergang zur benachbarten Ecke die bisherige Basisvariable u_3 ersetzten muss. Da die Simplex-Methode anders als die grafische Lösung nicht auf zwei Strukturvariable beschränkt ist, muss dies jedoch auch ohne Grafik ermittelbar sein. Dazu werden die Konstanten in der rechten Spalte des Tableaus durch den jeweiligen Koeffizienten der neuen Basisvariablen x_2 dividiert. Dabei erhält man die Werte:

$$\frac{120}{4} = 30 \qquad \frac{150}{4} = 37{,}5 \qquad \frac{20}{1} = \underline{20} \qquad .$$

Der kleinste nichtnegative Quotient gibt an, welche bisherige Basisvariable im folgenden Schritt durch die neue Basisvariable x_2 ersetzt wird. Da der kleinste Koeffizient in der dritten Zeile steht, aus der bisher der Wert von u_3 abgelesen wurde, muss x_2 hier u_3 als Basisvariable ersetzen. $(x_2 \leftrightarrow u_3)$

Typisch für eine Basisvariable ist, dass sie nur in einer Gleichung auftritt, natürlich jede Basisvariable in einer anderen. Da x_2 nun an die Stelle der bisherige Basisvariable u_3 tritt, muss ihr Koeffizient in Gleichung (3) eins und in den anderen Gleichungen null werden.

Das neue Tableau muss dazu die folgenden Koeffizienten aufweisen:

x_1	x_2	u_1	u_2	u_3	G	
0	1	0		0		
0	0	1		0		
1	0	0		0		
0	0	0		1		

Die übrigen Basisvariablen u_1 in Gleichung (1) und u_2 in Gleichung (2) bleiben als Basisvariable erhalten, können nun jedoch andere Werte annehmen. Daher dürfen sich ihre Koeffizienten in allen vier Gleichungen nicht verändern. Um das gewünschte Tableau zu erhalten, sind folgende Rechnungen erforderlich:

$$(3') = (3) \qquad (1') = (1) - 4\,(3) \qquad (2') = (2) - 4\,(3) \qquad (4') = (4) + 20\,(3) \qquad .$$

Es sind nur diese Rechnungen möglich, um die Koeffizienten der Basisvariablen u_1 und u_2 beizubehalten und zusätzlich zu erreichen, dass die neue Basisvariable x_2 nur noch in Gleichung (3) vorkommt. Dabei darf nur die Pivotzeile, hier die dritte Zeile, zur Neuberechnung der anderen Zeilen genutzt werden, da die Koeffizienten der anderen Basisvariablen u_1 und u_2 in dieser Zeile null sind, so dass die Spalten dieser beiden Basisvariablen unverändert bleiben. Daraus ergibt sich das neue Tableau.

x_1	x_2	u_1	u_2	u_3	G	
2	0	1	0	-4	0	40
3	0	0	1	-4	0	70
0	1	0	0	1	0	20
-12	0	0	0	20	1	400

Erneut werden nun die **Nichtbasisvariablen**, das sind jetzt x_1 und u_3, null gesetzt, um aus der rechten Spalte die zugehörigen Werte der **Basisvariablen** x_2, u_1 und u_2 ablesen zu können. Die neue Ecke hat die Koordinaten:

$x_1 = 0$ $x_2 = 20$ $u_1 = 40$ $u_2 = 70$ $u_3 = 0$ $G = 400$.

Die Zielfunktion nimmt an dieser Stelle den Wert $G = 400$ an. Aus den Nichtbasisvariablen ist ablesbar, dass diese Ecke im Schnittpunkt der dritten Geraden ($u_3 = 0$) mit der x_2-Achse ($x_1 = 0$) liegt. (vergl. Abbildung 3.3-10)

Das Optimum ist erreicht, wenn die Zielfunktionszeile keinen negativen Koeffizienten mehr aufweist, der Wert von **G** also nicht mehr durch die Addition einer anderen Gleichung beim Übergang zu einer benachbarten Ecke vergrößert werden kann.

Da nur x_1 in der Zielfunktionszeile einen negativen Koeffizienten besitzt, muss x_1 im nächsten Schritt Basisvariable werden. Welche bisherige Basisvariable durch x_1 ersetzt wird, entscheidet sich wieder nach der Division der Konstanten in der rechten Spalte durch den bisherigen Koeffizienten von x_1. Wenn dieser null ist, wie in der dritten Zeile, oder negativ, kommt die betreffende Zeile nicht infrage. Für die anderen beiden Zeilen erhält man die Werte:

$$\frac{40}{2} = 20 \qquad \frac{70}{3} = 23{,}333 \qquad .$$

Der kleinere Wert gehört zur ersten Zeile, so dass x_1 anstelle von u_1 Basisvariable wird. Die Wahl des kleinsten Quotienten ist erforderlich, um erneut eine zulässige Ecke zu finden. Würde man hier die zweite Zeile wählen und anstelle von u_1 damit u_2 ersetzen, wäre der Schnittpunkt der Geraden (2) und (3) die nächste Ecke. Diese ist jedoch nach Abbildung 3.3-10 nicht zulässig. Bedingung (1) wäre hier nicht erfüllt, was einen negativen Wert in der ersten Zeile für u_1 zur Folge hätte.

Das nächste Tableau muss damit folgende Koeffizienten aufweisen:

x_1	x_2	u_1	u_2	u_3	G	
1	0		0		0	
0	0		1		0	
0	1		0		0	
0	0		0		1	

Übernommen wurden dabei die Koeffizienten der verbleibenden Basisvariablen x_2 und u_2, während die neue Basisvariable x_1, da sie u_1 ersetzt, nur in Gleichung (1) verbleibt. Da die Werte der Basisvariablen stets in der rechten Spalte abgelesen werden, darf jede Gleichung nur eine Basisvariable enthalten und von den Basisvariablen befindet sich jede in einer anderen

Gleichung. Um nun u_1 durch die neue Basisvariable x_1 zu ersetzen, sind folgende Rechenoperationen auszuführen:

$(1'') = (1')/2 \qquad (2'') = (2') - 3\,(1'') \qquad (3'') = (3') \qquad (4'') = (4') + 12\,(1'')$

Nach deren Anwendung erhält man folgendes Tableau:

x_1	x_2	u_1	u_2	u_3	G	
1	0	0,5	0	-2	0	20
0	0	-1,5	1	2	0	10
0	1	0	0	1	0	20
0	0	6	0	-4	1	640

Dabei sind u_1 und u_3 die **Nichtbasisvariablen**, die null gesetzt werden müssen, um die Werte der **Basisvariablen** x_1, x_2 und u_2 zu erhalten. Die nun erreichte Ecke hat die Koordinaten:

$x_1 = 20 \qquad x_2 = 20 \qquad u_1 = 0 \qquad u_2 = 10 \qquad u_3 = 0 \qquad G = 640.$

Der Gewinn G liegt bei diesem Produktionsplan bei 640 €.

Da nunmehr u_3 in der Zielfunktionszeile einen negativen Koeffizienten aufweist, ist ein weiterer Simplexschritt erforderlich, bei dem u_3 erneut Basisvariable wird. Um herauszufinden, welche bisherige Basisvariable dabei durch u_3 zu ersetzen ist, müssen die Konstanten in der rechten Spalte durch die Koeffizienten von u_3 dividiert werden. Zeile (1) kommt dafür nicht infrage, da u_3 in dieser Zeile einen negativen Koeffizienten besitzt. D.h. wenn u_3 die bisherige Basisvariable x_1 ersetzen würde, erhielte man für u_3 einen negativen Wert und damit eine nichtzulässige Ecke (wie z.B. den Schnittpunkt der Geraden (3) und (2) in Abbildung 3.3-10). Bleibt der Vergleich der restlichen Quotienten:

$$\frac{10}{2} = 5 \qquad\qquad \frac{20}{1} = 20 \qquad .$$

Der kleinere Quotient gehört zur zweiten Zeile. Das bedeutet, dass u_3 die bisherige Basisvariable u_2 ersetzt. In Gleichung (2) bleibt damit u_3 erhalten, während diese Variable aus den anderen Gleichungen eliminiert werden muss. Aus der zweiten Zeile wird nach dem nächsten Schritt der Wert der neuen Basisvariablen u_3 abgelesen.

Das neue Tableau muss dazu die folgenden Koeffizienten enthalten:

x_1	x_2	u_1	u_2	u_3	G	
1	0			0	0	
0	0			1	0	
0	1			0	0	
0	0			0	1	

Mittels:

$(2''') = (2'')/2 \quad (1''') = (1'') + 2\,(2''') \quad (3''') = (3'') + (2''') \quad (4''') = (4'') + 4\,(2''')$

oder auch $\qquad (1''') = (1'') + (2'') \qquad (3''') = (3'') + 0,5\,(2'') \qquad (4''') = (4'') + 2\,(2'')\;,$

werden die restlichen Koeffizienten bestimmt. Ob zur Neuberechnung der anderen Gleichungen $(2'')$ oder die neue Gleichung $(2''')$ benutzt wird, spielt keine Rolle, es führt zum gleichen Ergebnis. Daraus ergibt sich das folgende Tableau:

x_1	x_2	u_1	u_2	u_3	G	
1	0	-1	1	0	0	30
0	0	-0,75	0,5	1	0	5
0	1	0,75	-0,5	0	0	15
0	0	3	2	0	1	660

Da die Zielfunktionszeile nun keinen negativen Koeffizienten mehr enthält, ist damit das Optimum erreicht. Die optimale Ecke hat die Koordinaten:

$x_1 = 30$ $\quad\quad$ $x_2 = 15$ $\quad\quad$ $u_1 = 0$ $\quad\quad$ $u_2 = 0$ $\quad\quad$ $u_3 = 5$ $\quad\quad$ $G = 660$.

Sie liegt im Schnittpunkt der Geraden (1) und (2), denn u_1 und u_2 sind hier die **Nichtbasisvariablen**, deren Werte null sind. Aus dem Wert von u_3, der Schlupfvariablen innerhalb der dritten Bedingung, ist ablesbar, dass die betreffende Kapazitätsgrenze bei der optimalen Ecke um 5 Einheiten unterschritten wird, d.h. es werden nicht die höchstens zulässigen 20 Winterreifen produziert sondern nur 15, 5 weniger als erlaubt. Abbildung 3.3-11 zeigt den Weg zum Optimum entsprechend den durchgeführten Simplex-Schritten.

Abbildung 3.3-11 $\quad$ **Autoreifen – Weg zum Optimum**

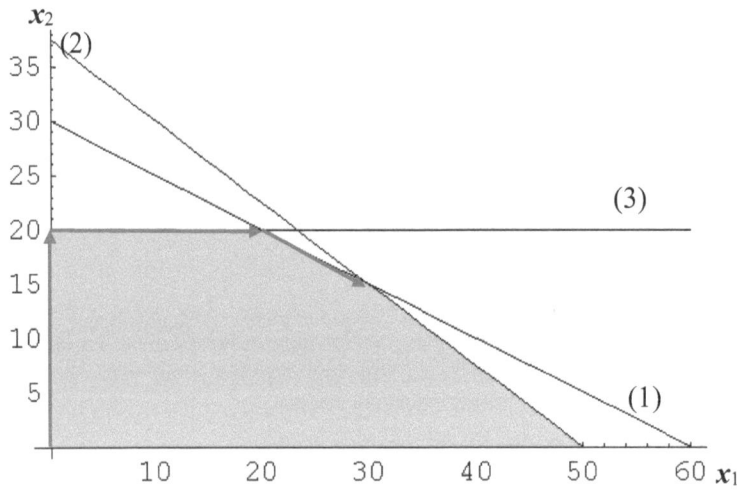

Rechnerisch folgen die Umformungen der Gleichungen nach der Simplex-Methode dem Pivotisierungsverfahren, das auch zur Lösung linearer Gleichungssysteme genutzt werden kann. (siehe Beispiel 3.2.1) Dabei wird zunächst die **Pivotspalte** ausgewählt. Das ist die Spalte der Nichtbasisvariablen, die im jeweiligen Simplex-Schritt zur Basisvariablen wird. Über die Division der Konstanten in der rechten Spalte durch die bisherigen Koeffizienten dieser Variablen wird die **Pivotzeile** bestimmt. Diese gibt an, in welcher Gleichung die neue Basisvariable übrig bleibt bzw. welche bisherige Basisvariable sie ersetzt.

Erweiterung des Problems

Das Reifenwerk erweitert sein Sortiment um Alljahresreifen, für die eine Arbeitszeit von 2 h und ein Materialverbrauch von 4 kg je Reifen erforderlich sind. Die verfügbare Arbeitszeit steigt dabei durch Neueinstellungen auf 180 h und der Materialverbrauch auf 240 kg. Die neuen Restriktionen sind dann:

$$(1) \quad 2\,x_1 + 4\,x_2 + 2\,x_3 \leq 180$$

$$(2) \quad 3\,x_1 + 4\,x_2 + 4\,x_3 \leq 240$$

$$(3) \qquad\qquad x_2 \quad\; \leq \; 20$$

mit x_1, x_2, $x_3 \geq 0$, wobei x_3 die Zahl der Alljahresreifen ist. Der Gewinn je verkauftem Alljahresreifen liegt bei 16 €, so dass die Zielfunktion die Form:

$$G(x) = 12\,x_1 + 20\,x_2 + 16\,x_3$$

annimmt. Gesucht wird wiederum der Produktionsplan mit dem maximalen Gewinn.

Da es nunmehr drei Strukturvariable gibt, erhöht sich auch die Zahl der **Nichtbasisvariablen**, die für eine Ecke null sein müssen, auf drei. Die Simplex-Tableaus dazu haben folgende Form: (Pivotspalte, die zu der neuen Basisvariablen gehört, und Pivotzeile, die angibt, in welcher Gleichung diese Variable übrig bleibt, sind dabei grau markiert)

x_1	x_2	x_3	u_1	u_2	u_3	G	
2	4	2	1	0	0	0	180
3	4	4	0	1	0	0	240
0	1	0	0	0	1	0	20
-12	-20	-16	0	0	0	1	0

x_1	x_2	x_3	u_1	u_2	u_3	G	
2	0	2	1	0	-4	0	100
3	0	4	0	1	-4	0	160
0	1	0	0	0	1	0	20
-12	0	-16	0	0	20	1	400

x_1	x_2	x_3	u_1	u_2	u_3	G	
0,5	0	0	1	-0,5	-2	0	20
0,75	0	1	0	0,25	-1	0	40
0	1	0	0	0	1	0	20
0	0	0	0	4	4	1	1 040

Da es keinen negativen Koeffizienten mehr in der Zielfunktionszeile gibt, ist damit das Optimum erreicht. Die zugehörige Ecke hat die Koordinaten:

$x_1 = 0$ $\qquad x_2 = 20$ $\qquad x_3 = 40$ $\qquad u_1 = 20$ $\qquad u_2 = 0$ $\qquad u_3 = 0$ $\qquad G = 1\,040$.

Dabei sind x_2, x_3 und u_1 die Basisvariablen und x_1, u_2 und u_3 die Nichtbasisvariablen. Es sollten demnach keine Sommerreifen, sondern nur 20 Winterreifen und 40 Alljahresreifen hergestellt werden. Die zweite und dritte Bedingung werden dabei voll ausgeschöpft ($u_2 = 0$, $u_3 = 0$), während es bei der Arbeitszeit (Bedingung (1)) noch eine Restkapazität von 20 h gibt, die für diesen Produktionsplan nicht benötigt werden.

Eine Kante als optimale Lösung

Dies ist jedoch nicht die einzige optimale Lösung. In der Zielfunktionszeile des Endtableaus besitzt die *Nichtbasisvariable* x_1 den *Koeffizienten null*. Das bedeutet, dass x_1 keinen Einfluss mehr auf den Wert der Zielfunktion *G* hat. Wenn man in einem weiteren Simplex-Schritt x_1 zur Basisvariablen macht, ändert sich der Wert der Zielfunktion *G* dadurch nicht. Es gibt folglich eine zweite optimale Ecke bzw. das Optimum stellt eine *Kante* der Restriktionsmenge dar.

Um diese Kante zu charakterisieren, werden nur die restlichen Nichtbasisvariablen u_2 und u_3 null gesetzt, x_1 jedoch nicht. Das ergibt folgende mathematische Beschreibung der Lösungsmenge:

Lösungsmenge:

(1) $0,5 \ x_1 + u_1 = 20$

(2) $0,75 \ x_1 + x_3 = 40$

(3) $\qquad\quad x_2 = 20$ $\qquad\qquad\qquad\qquad x_1, x_2, x_3, u_1 \geq 0$

Jede nichtnegative Lösung dieses Gleichungssystems ist optimal. So führt z.B. die Festlegung $x_1 = 12$ zu der folgenden speziellen Lösung:

(1) $0,5 \cdot 12 + u_1 = 20$ $\qquad\qquad \rightarrow \qquad\qquad u_1 = 20 - 6 = 14$

(2) $0,75 \cdot 12 + x_3 = 40$ $\qquad\qquad \rightarrow \qquad\qquad x_3 = 40 - 9 = 31$

(3) $x_2 = 20$

Spezielle Lösung:

$x_1 = 12 \qquad x_2 = 20 \qquad x_3 = 31 \qquad u_1 = 14 \qquad u_2 = 0 \qquad u_3 = 0 \qquad G = 1040$

Dagegen ergibt z.B. $x_1 = 44$:

(1) $0,5 \cdot 44 + u_1 = 20$ $\qquad\qquad \rightarrow \qquad\qquad u_1 = 20 - 22 = -2$

(2) $0,75 \cdot 44 + x_3 = 40$ $\qquad\qquad \rightarrow \qquad\qquad x_3 = 40 - 33 = 7$

(3) $x_2 = 20$

keine zulässige Lösung, da hier $u_1 = -2$ ist, so dass die erste Bedingung nicht eingehalten wird. Das zeigt die Bedeutung der Nichtnegativitätsbedingung für alle Variablen.

Die optimale Kante liegt auf der Schnittlinie der Ebenen (2) und (3) ($u_2 = 0$, $u_3 = 0$). Sie umfasst jedoch nur den Teil der Geraden, der zur Begrenzung der Restriktionsmenge gehört, nicht die gesamte Schnittgerade.

Um die zweite Ecke auf dieser optimalen Kante zu ermitteln, kann entweder ein weiterer Simplex-Schritt durchgeführt werden, bei dem x_1 Basisvariable wird, oder es können stattdessen die Gleichungen aus der Darstellung der Lösungsmenge genutzt werden. Auch dazu muss jedoch aus dem letzten Tableau ermittelt werden, welche bisherige Basisvariable durch x_1 zu ersetzen ist. Da $20/0,5 < 40/0,75$ ist, ist dies u_1. Wenn u_1 zur Nichtbasisvariablen wird, nimmt diese Variable den Wert null an. Man setzt daher $u_1 = 0$ und erhält:

(1) $0,5 \ x_1 + 0 = 20$ $\qquad\qquad \rightarrow \qquad\qquad x_1 = 20 / 0,5 = 40$

(2) $0,75 \ x_1 + x_3 = 40$ $\qquad\qquad \rightarrow \qquad\qquad x_3 = 40 - 0,75 \cdot 40 = 10$

(4) $x_2 = 20$

Die zweite optimale Ecke hat dann die Koordinaten:

$x_1 = 40 \qquad x_2 = 20 \qquad x_3 = 10 \qquad u_1 = 0 \qquad u_2 = 0 \qquad u_3 = 0 \qquad G = 1040 \quad .$

Wie schon im Rahmen grafischer Lösungen genutzt, lässt sich die Menge aller optimalen Lösungen nun auch wie folgt darstellen.

Lösungsmenge:

$$\begin{pmatrix} x \\ u \end{pmatrix} = \lambda \begin{pmatrix} x^{(1)} \\ u^{(1)} \end{pmatrix} + (1-\lambda) \begin{pmatrix} x^{(2)} \\ u^{(2)} \end{pmatrix} \qquad 0 \le \lambda \le 1 \quad ,$$

dabei ist $\begin{pmatrix} x^{(1)} \\ u^{(1)} \end{pmatrix} = \begin{pmatrix} 0 \\ 20 \\ 40 \\ 20 \\ 0 \\ 0 \end{pmatrix}$ die erste und $\begin{pmatrix} x^{(2)} \\ u^{(2)} \end{pmatrix} = \begin{pmatrix} 40 \\ 20 \\ 10 \\ 0 \\ 0 \\ 0 \end{pmatrix}$ die zweite optimale Ecke.

Für $\lambda = 1$ erhält man aus der allgemeinen Darstellung der Lösungsmenge die erste optimale Ecke, für $\lambda = 0$ die zweite. Mit $\lambda = 0{,}5$ bestimmt man den Mittelpunkt der optimalen Kante:

$$\begin{pmatrix} x \\ u \end{pmatrix} = 0{,}5 \begin{pmatrix} 0 \\ 20 \\ 40 \\ 20 \\ 0 \\ 0 \end{pmatrix} + 0{,}5 \begin{pmatrix} 40 \\ 20 \\ 10 \\ 0 \\ 0 \\ 0 \end{pmatrix} = \begin{pmatrix} 20 \\ 20 \\ 25 \\ 10 \\ 0 \\ 0 \end{pmatrix} \quad .$$

Aufgabe 3.3.2.1   Mietwagenpreise

Eine Autovermietungsfirma kalkuliert die Mietpreise für einen bestimmten Pkw-Typ, wobei Preise für einen Tag, ein Wochenende und eine Woche festgelegt werden sollen. Dabei geht sie von folgenden Überlegungen aus:

1. Der Mietpreis für 7 einzelne Tage soll den Wochenmietpreis um höchsten 50 € übersteigen.

2. Der Wochenendpreis soll höchstens 10 € über dem Mietpreis für zwei Einzeltage liegen.

3. 5 Einzeltagespreise und ein Wochenendpreis sollen den Wochenmietpreis um höchstens 25 € übersteigen.

4. Die Differenz zwischen dem Wochenmietpreis und dem Wochenendpreis soll 200 € nicht übersteigen.

Ermittelt werden soll die Preiskalkulation, bei der die Autovermietung maximale Erlöse erzielt, wenn 40 % Tagesvermietungen, 10% Wochenendvermietungen und 50% Wochenvermietungen erwartet werden.

a) Formulieren Sie das Optimierungsproblem mit dem Ziel der Erlösmaximierung.

b) Bestimmen Sie die optimalen Mietpreise.

c) Welche der 4 Bedingungen wird nicht voll ausgeschöpft?

Aufgabe 3.3.2.2   Geldanlage

Ein Bankkunde möchte sein Vermögen als Festgeld, in Immobilienfonds und in Aktienfonds anlegen.

1. Insgesamt stehen 100 000 € für die Anlage in den drei Formen zur Verfügung.

2. In Immobilien- und Aktienfonds zusammen sollen maximal 50 000 € angelegt werden.

3. Um sich gegenüber dem Kursrisiko der Aktien abzusichern, soll die Jahresrendite des Festgeldes und der Immobilienfonds ausreichen, um einen Kurzsturz der Aktien bis zu 20 % vollständig zu kompensieren, wenn das Festgeld mit 4 % verzinst wird und bei Immobilien eine jährliche Rendite von 5 % erwartet wird.

Gesucht wird die Anlagestrategie mit der höchsten zu erwartenden Rendite, wenn das Festgeld mit 4 % verzinst wird, bei Immobilien ein jährlicher Wertzuwachs von 5 % und bei Aktien einer von 8 % erwartet werden.

a) Formulieren Sie das Optimierungsproblem mathematisch.

b) Lösen Sie die Aufgabe mit Hilfe der Simplex-Methode.

Nach einem Blick auf die Entwicklung der Aktienkurse der letzten Zeit korrigiert der Anleger seine Vorgaben. Im Interesse einer höheren Sicherheit möchte er Bedingung (2) durch eine Restriktion ersetzen, nach der mindestens 60 000 € als Festgeld angelegt werden. Die restlichen Bedingungen hält er aufrecht. Mit Hilfe der Simplex-Methode erhält man nach der Veränderung der zweiten Bedingung bei der Optimierung der Anlagestrategie folgendes Endtableau:

x_1	x_2	x_3	u_1	u_2	u_3	G	
0	0		0,8	0,96	-4	0	
1	0		0	-1	0	0	
0	1		0,2	0,04	4	0	
0	0		0,056	0,0112	0,12	1	

c) Ergänzen Sie die fehlenden Werte in der letzten Spalte dieses Tableaus.

Hinweis: Die rechnerische Lösung des veränderten Problems erfordert die Zwei-Phasen-Methode, die erst im nächsten Abschnitt behandelt wird. Eine Ergänzung dieses Tableaus ist jedoch ohne Kenntnis dieser Methode möglich.

Aufgabe 3.3.2.3   Verkehrstarife

Ein Verkehrsbetrieb kalkuliert die neuen Tarife für sein Einzugsgebiet, wobei Fahrscheine für Erwachsene (Normaltarif), Fahrscheine für Kinder, Schüler und Studenten (ermäßigter Tarif) und ein Familientagesticket geplant sind. Die Kalkulation geht von folgenden Bedingungen aus:

(1) Das Familientagesticket soll maximal so teuer sein wie Einzelfahrscheine für eine Familie mit 2 Erwachsenen und 3 Kindern für eine Fahrt.

(2) Für einen Erwachsenen und ein Kind soll eine gemeinsame Fahrt (Normal- und Ermäßigungstarif) höchstens 4 € kosten.

(3) Ein Fahrschein im Normaltarif soll mindestens so viel kosten wie zwei ermäßigte Fahrscheine.

(4) Die Summe aus einem Fahrschein für Erwachsene, einem ermäßigten Fahrschein und einem für eine Familie soll maximal 13 € betragen.

Man rechnet damit, dass 50 % aller verkauften Fahrscheine dem Normaltarif entsprechen, 40 % dem ermäßigten Tarif und 10 % Familientagestickets sind.

a) Formulieren Sie das Optimierungsproblem.

b) Lösen Sie das Problem unter Nutzung der Simplex-Methode.

c) Welche Besonderheiten weist die Lösung auf?

d) Geben Sie die Lösungsmenge an.

e*) Gibt es eine optimale Lösung, bei der ein Fahrschein im Normaltarif 2,5 € kostet?

f*) Gibt es eine optimale Lösung, bei der ein ermäßigter Fahrschein genau 1 € kostet? Wenn ja, geben Sie diese Lösung an.

Aufgabe 3.3.2.4   Dachziegel

Ein mittelständischer Betrieb stellt drei Sorten Dachziegel her, Tonziegel *natur*, *engobierte* Tonziegel und *glasierte* Tonziegel. Die Anzahlen der herzustellenden Paletten seien x_1, x_2, x_3.

1. Der Ofen, in dem die Dachziegel gebrannt werden, fasst genau eine Palette Ziegel. Dabei werden für das Brennen der Tonziegel *natur* 50 Minuten benötigt, für die *engobierten* Ziegel kommen nach dem Einfärben nochmals 50 Minuten hinzu und die *lasierten* benötigen sogar 100 Minuten mehr als *Natur*-Tonziegel. Insgesamt kann der Ofen bis zu 1 000 Minuten am Tag zum Brennen der Dachziegel genutzt werden.

2. Da die Tonziegel *natur* aufgrund des geringeren Preises besonders gefragt sind, sollen davon mindestens so viele hergestellt werden wie von beiden anderen Sorten zusammen.

3. Insgesamt können am Tag höchstens 12 Paletten Ziegel gebrannt werden. Da die Ziegel beim Brennen einzeln gelagert werden, können auch unterschiedliche Dachziegelarten gleichzeitig im Ofen gebrannt werden.

Der beim Verkauf einer Palette Dachziegel erzielte Gewinn beträgt 100 € für Tonziegel *natur*, 160 € für *engobierte* Tonziegel und 200 € für *lasierte* Tonziegel. Gesucht ist die Tagesproduktion der drei Dachziegelarten, die zu dem höchsten Gewinn führt.

a) Formulieren Sie das Problem mathematisch.

b) Lösen Sie das Optimierungsproblem mit Hilfe der Simplex-Methode.

Um auch die Zeiten zum Färben und Lasieren von *engobierten* und *glasierten* Dachziegeln zu berücksichtigen, werden die Restriktionen durch folgende Bedingung ergänzt:

(4) $20\,x_2 + 30\,x_3 \leq 130$ (Dafür sind maximal 120 Minuten vorgesehen.)

Das neue Endtableau hat dann folgende Form:

x_1	x_2	x_3	u_1	u_2	u_3	u_4	G	
0	0	0	0,04		-1	-0,2	0	
0	0	1	0,04		-2	-0,1	0	
0	1	0	-0,06		3	0,2	0	
1	0	0	0,02		0	-0,1	0	
0	0	0	0,4		80	2	1	

c) Ergänzen Sie die fehlenden Werte in diesem Endtableau.

d) Geben Sie die optimale Lösung an und interpretieren Sie den Wert der Schlupfvariablen u_2.

Aufgabe 3.3.2.5   Schreinerei

Eine Schreinerei, die Stühle, Tische und Regale herstellt, möchte ihr Produktionsprogramm optimieren. Es sei x_1 die Anzahl Stühle, x_2 die Zahl der Tische und x_3 die Zahl der Regale, die in einer Woche gebaut werden sollen. Für die erforderlichen Arbeitsgänge Sägen, Hobeln, Lackieren, die in drei verschiedenen Betriebsteilen erledigt werden, gibt es folgende Kapazitätsbeschränkungen:

Tätigkeiten	Bearbeitungszeiten in Minuten			pro Monat maximal verfügbare Bearbeitungszeit in Minuten
	Stuhl	Tisch	Regal	
Sägen	7	10	10	1 920
Hobeln	11	10	10	2 600
Lackieren	5	25	50	3 800
Gewinn pro St	12 €	35 €	60 €	

Darüber hinaus soll die Zahl der Stühle mindestens 4-mal so hoch sein wie die der Tische. (Bedingung (4))

Die untere Zeile der Tabelle enthält den Gewinn, der beim Verkauf jedes einzelnen Möbelstücks realisiert wird. Die Produktionsmengen der drei Möbelstücke sollen so gewählt werden, dass der Gewinn dabei maximal wird.

a) Formulieren Sie das Problem mathematisch.

b) Lösen Sie das Optimierungsproblem nach der Simplex-Methode.

c) Gibt es Besonderheiten der Lösung dieses Optimierungsproblems?

d) Geben Sie die optimale Lösung dieses Problems vollständig an.

e*) Geben Sie die beide optimalen Ecken an.

f*) Gibt es eine optimale Lösung, bei der 50 Regale pro Woche hergestellt werden?

g*) Geben Sie die optimale Lösung an, bei der 165 Stühle gebaut werden.

Aufgabe 3.3.2.6   Waschmittel

Ein Unternehmen stellt Waschmittel in Pulverform, als Tabs und als Flüssigwaschmittel her. Die dafür erforderlichen Zeiten in der Produktions- und der Verpackungsanlage lassen sich der folgenden Tabelle entnehmen:

	Zeit pro t Waschmittel in h			max. verfügbare
	Waschpulver	Tabs	Flüssigwaschmittel	Zeit in h
Produktionsanlage	2	3	4	190
Verpackungsmaschine	1	2	2	105

Da Waschpulver bei den Kunden stärker gefragt ist als Flüssigwaschmittel, soll davon mindestens so viel hergestellt werden wie von Tabs und Flüssigwaschmittel zusammen (Marktbedingung (3)).

Da das Flüssigwaschmittel bisher wenig gefragt ist, sollen davon höchstens 20 t hergestellt werden. (Marktbedingung (4))

Der beim Verkauf 1 t Waschmittel erzielte Gewinn beträgt bei Waschpulver 100 € und bei Tabs 200 € und beim Flüssigwaschmittel 250 €.

Gesucht sind die Produktionsmengen der drei Sorten des Waschmittels, bei denen ein maximaler Gewinn erzielt wird.

a) Definieren Sie die Variablen x_1, x_2 und x_3 und formulieren Sie das Problem mathematisch.

b) Lösen Sie das Problem mit Hilfe der Simplex-Methode. Es sind vier Simplex-Schritte erforderlich.

c) Welche Mengen sollten von den drei Waschmittelformen hergestellt werden? Interpretieren Sie den Wert der Schlupfvariablen u_4.

Da dank der Werbung das Flüssigwaschmittel inzwischen stärker nachgefragt wird, sollen davon künftig mindestens 25 t hergestellt werden. (neue 4. Bedingung) Alle anderen Bedingungen bleiben erhalten.

Bei der Lösung dieses Problems nach der Zwei-Phasen-Methode erhält man folgendes Endtableau:

x_1	x_2	x_3	u_1	u_2	u_3	u_4	G	
0	1	0	0,2		0,4	1,2	0	
0	0	0	-0,6		-0,2	-0,6	0	
0	0	1	0		0	-1	0	
1	0	0	0,2		-0,6	0,2	0	
0	0	0	60		20	10	1	

d) Ergänzen Sie die fehlenden Werte in diesem Tableau.

e) Interpretieren Sie den Wert der Schlupfvariablen u_2.

Aufgabe 3.3.2.7   Bettwäsche

Ein Betrieb produziert Bettwäsche in drei Qualitäten, Feinbiber, Mako-Satin und Baumwolle. Der Zeitaufwand für die verschiedenen Arbeitsgänge zur Herstellung eines Sets Bettwäsche lässt sich der folgenden Tabelle entnehmen:

Material/Qualität	Zeitaufwand für ein Bettwäsche-Set in min			
	Färben	Weben	Nähen	Bügeln
Feinbiber	20	40	10	20
Mako-Satin	30	20	25	10
Baumwolle	26	24	10	25
verfügbare Zeit insgesamt in min	2 700	3 200	1 400	2 300

Beim Verkauf eines Sets Bettwäsche erzielt das Unternehmen bei Feinbiber-Bettwäsche 12 €, bei Mako-Satin 20 € und bei Baumwolle 10 € Gewinn. Die zu produzierenden Mengen sollen so gewählt werden, dass ausgehend von den vorhandenen Produktionskapazitäten ein maximaler Gewinn erzielt wird.

a) Formulieren Sie das Optimierungsproblem mathematisch.

b) Lösen Sie das Problem mit Hilfe der Simplex-Methode.

c) Inwieweit werden die verfügbaren Zeiten für die vier Arbeitsgänge dabei ausgeschöpft?

d) Gibt es Besonderheiten der optimalen Lösung? Geben Sie alle optimalen Lösungen an.

e*) Bestimmen Sie die zweite optimale Ecke.

f*) Gibt es eine optimale Lösung, bei der genau 50 Bettwäsche-Sets Feinbiber produziert werden? Wenn ja, geben Sie diese Lösung an.

Aufgabe 3.3.2.8   Papierfabrik

(Idee von Karin Brinner)

Ein kleines Unternehmen der papierverarbeitenden Industrie produziert Recyclingpapier (Menge x_1), weißes Papier (Menge x_2) und Fotopapier (Menge x_3). Dabei werden Gewinne von 2 € pro Packung Recyclingpapier, 3 € je Packung weißes Papier und 8 € je Packung Fotopapier erzielt. Gesucht sind die Produktionsmengen, die den höchsten Gewinn erbringen, wobei folgende Bedingungen zu beachten sind:

1. Von allen drei Papiersorten zusammen können pro Tag höchstens 1 000 Packungen hergestellt werden.

2. Dabei sollen höchstens Kosten von 1 000 € entstehen, wobei die Herstellung einer Packung Recyclingpapier 1 € kostet, die einer Packung weißen Papiers 1,25 € und die einer Packung Fotopapier 2,5 €.

3. Es sollen mindestens doppelt so viele Packungen weißes Papier hergestellt werden wie vom Fotopapier.

4. Da Recyclingpapier besser zum beidseitigen Beschriften geeignet ist als weißes Papier, soll mindestens so viel davon produziert werden wie von beiden anderen Papiersorten zusammen.

a) Formulieren Sie das Problem mathematisch.

b) Geben Sie das Ausgangstableau an und machen Sie den ersten Schritt der Simplex-Methode.

c) Ergänzen Sie das folgende Endtableau. (Die Simplex-Methode ist dazu nicht erforderlich.)

x_1	x_2	x_3	u_1	u_2	u_3	u_4	G	
0	0	0		-0,75	0,3125	0,25	0	
1	0	0		0,375	-0,1563	-0,625	0	
0	0	1		0,125	0,28125	0,125	0	
0	1	0		0,25	-0,4375	0,25	0	
0	0	0		2,5	0,625	1,5	1	

d) Interpretieren Sie den Wert der Schlupfvariablen u_1.

Aufgabe 3.3.2.9   Download Videos

Eine Internetfirma, die Downloads von Musikvideos, Spielfilmen und Computerspielen anbietet, kalkuliert die Preise für die drei Produkte (x_1 = Preis eines Musikvideos, x_2 = Preis eines Spielfilm, x_3 = Preis eines Computerspiels, alles in €) ausgehend von folgenden Nutzerprofilen:

Nutzer	mittlere Anz. Downloads im Monat			maximale monatliche Kosten in €
	Musikvideo	Spielfilm	Computerspiel	
männl. Jugendliche	5	5	5	55
weibl. Jugendliche	4	2	2	25
Männer	6	2	4	40
Frauen	4	2	-	15
Alle Nutzer	5	4	3	

Die Preise sollen so festgelegt werden, dass die insgesamt erzielten Einnahmen maximal werden.

a) Formulieren Sie das Problem mathematisch.

b) Ergänzen Sie das folgende Simplex-Tableau, das sich im Verlauf der Rechnung ergeben hat. Begründen Sie, weshalb dieses Tableau noch nicht die optimale Lösung enthält.

x_1	x_2	x_3	u_1	u_2	u_3	u_4	G	
0	0	0	1	-7,5	2,5	2,5	0	
0	1	0	0	2	-1	-0,5	0	
0	0	1	0	0,5	0	-0,5	0	
1	0	0	0	-1	0,5	0,5	0	
0	0	0	0	7	-0,875	-1	1	

c) Bestimmen Sie ausgehend von diesem Tableau die optimale Lösung. Dazu ist noch ein Simplex-Schritt erforderlich.

d) Geben Sie die optimale Lösung an und interpretieren Sie den Wert der Schlupfvariablen u_4.

e*) Welche Ebenen schneiden sich im Optimum?

Aufgabe 3.3.2.10   Leihfahrräder

(Idee (nur der Sachbezug) aus einem Projektbericht von Katja Peschke (2014), HWR Fachrichtung Tourismusmanagement)

Ein Brandenburger Hotel möchte seinen Service durch die Ausleihe von Fahrrädern ergänzen. Dabei ist x_1 die Leihgebühr für ein Herrenfahrrad, x_2 die Leihgebühr für ein Damenfahrrad und x_3 die Leihgebühr für ein Kinderfahrrad jeweils pro Tag. Dabei soll

1. ein Paar, das ein Herren- und ein Damenfahrrad ausleiht, höchstens 20 € zahlen,

2. eine Mutter mit Kind für ein Damen- und ein Kinderfahrrad maximal 13 € zahlen und

3. ein Paar mit zwei Kindern nicht mehr als 28 € pro Tag zahlen.

Die Preise sollen so festgelegt werden, dass die Tageseinnahmen maximal werden, wobei im Mittel pro Tag 16 Herren-, 24 Damen- und 40 Kinderfahrräder ausgeliehen werden.

a) Formulieren Sie das Problem mathematisch.

b) Lösen Sie die Aufgabe mit Hilfe der Simplex-Methode.

c) Gibt es Besonderheiten der Lösung? Geben die Menge aller Lösungen an.

d) Welche Lösungen wären Ihrer Meinung sozial akzeptabel?

Aufgabe 3.3.2.11   Spiegelproduktion

Ein Unternehmen stellt aus Glas und Aluminium Spiegel her, die nach Wandspiegeln, Garderobespiegeln und Kosmetikspiegeln unterschieden werden. Materialbedarf, Produktivität, Kapazitäten und Deckungsbeiträge sind folgender Tabelle zu entnehmen:

	Spiegeltyp			Tageskapazität
	Wand	Garderobe	Kosmetik	
Materialbedarf Glas (in m²/Stück)	0,2	0,5	0,05	90 m²
Materialbedarf Aluminium (g/Stück)	5,2	8	1	1 800 g
Produktivität (Stück/h)	20	10	50	27 h
Deckungsbeitrag (€/Stück)	9,5	15	2	

Gesucht sind die Produktionsmengen x_1, x_2, x_3 der drei Spiegeltypen, die zu einem maximalen Deckungsbeitrag führen. Die Nebenbedingungen sind gemäß der obigen Tabelle gegeben mit:

(1) $0,2\ x_1 + 0,5\ x_2 + 0,05\ x_3 \leq\ 90$

(2) $5,2\ x_1 + 8\ x_2 +\quad x_3 \leq 1\ 800$

(3) $0,05\ x_1 + 0,1\ x_2 + 0,02\ x_3 \leq\ 27$

a) Erläutern Sie das Zustandekommen der dritten Bedingung.

b) Führen Sie die ersten beiden Schritte zur Lösung des Problems nach der Simplex-Methode aus.

c) Ergänzen Sie das folgende Tableau. Woran erkennt man, dass das Optimum erreicht ist?

x_1	x_2	x_3	u_1	u_2	u_3	G	
0		0	6	-1/6	-20/3	0	60
1		0	-20/3	5/9	-100/9	0	
0		1	-40/3	-5/9	1000/9	0	
0		0	0	5/3	100/6	1	

d) Weist die optimale Lösung Besonderheiten auf, wenn ja welche?

e) Gibt es eine optimale Lösung, bei der genau 140 Wandspiegel hergestellt werden? Wenn ja, geben Sie diese an.

Beispiel   TV-Reisemagazin

Ab 2001 brachte der ursprünglich als Frauensender konzipierte TV-Sender TM3 das Reisemagazin „Urlaubsreif".

> Tägliches Reiseshopping mit Talks, Berichten und News für alle, die das Fernweh plagte. In jeder Sendung wurden sechs verschiedene Ferienziele vorgestellt, die von den Zuschauern direkt per Telefon gebucht werden konnten.
>
> Quelle: https://www.fernsehserien.de/urlaubsreif

Der Fernsehsender TM3 verkauft in der Sendung „Urlaubsreif" Reisen via Bildschirm, die von den Zuschauern sofort per Telefon gebucht werden können. Über die Resonanz beim Publikum gibt folgende Tabelle Aufschluss:

Reiseart	mittlerer Preis	mittlere Anzahl Buchungen je in der Sendung vorgestellter Reise
Pauschalreise	500 €	400
Rundreise	1 000 €	200
Abenteuerreise	800 €	100
Schiffsreise	2 000 €	80

Es sei x_1 die Anzahl der innerhalb einer Woche in TM3 vorgestellten Pauschalreisen, x_2 die Anzahl der Rundreisen, x_3 die der Abenteuerreisen und x_4 die der Schiffsreisen. Diese Anzahlen sollen so gewählt werden, dass der Umsatz (in 1000 €) bei den erwarteten Buchungen dieser Reisen maximal wird. (Der Sender TM3 wurde zwar eingestellt, aber vergleichbare Reisemagazine gibt es auch auf anderen Sendern.)

Dabei müssen jedoch folgende Restriktionen eingehalten werden:

1.   Die Sendung läuft an 5 Tagen in der Woche, wobei pro Sendung 6 Reisen präsentiert werden.

2./3. Im Interesse eines ausgewogenen Reiseangebots sollen pro Woche mindestens 7 Abenteuerreisen und mindestens 8 Schiffsreisen vorgestellt werden. (Das sind zwei Bedingungen.)

4.   Aufgrund des großen Interesses der Zuschauer an Pauschalreisen, sollen mindestens doppelt so viele Pauschalreisen vorgestellt werden wie Rundreisen.

Problemstellung

Daraus ergeben sich folgende Restriktionen:

(1) $x_1 + x_2 + x_3 + x_4 \leq 6 \cdot 5 = 30$
(2) $x_3 \geq 7$
(3) $x_4 \geq 8$
(4) $x_1 \geq 2x_2$ bzw. $-x_1 + 2x_2 \leq 0$
     $x_1 , x_2 , x_3 , x_4 \geq 0$

Den zu maximierenden Umsatz erhält man durch Multiplikation des Reisepreises mit der mittleren Zahl der Buchungen und der Zahl der vorgestellten Reisen der jeweiligen Art. Dabei wird aus Gründen der Übersichtlichkeit der Reisepreis in 1 000 € angegeben.

$G(x) = 0,5 \cdot 400\,x_1 + 1 \cdot 200\,x_2 + 0,8 \cdot 100\,x_3 + 2 \cdot 80\,x_4 = 200\,x_1 + 200\,x_2 + 80\,x_3 + 160\,x_4$

Aufgrund der Bedingungen (2) und (3) ist hier der Koordinatenursprung, der bisher immer die Ausgangsecke der Simplex-Methode war, nicht zulässig.

Die Lösung erfolgt daher in zwei Phasen.

1. Phase: Bestimmung einer zulässigen Ausgangsecke

2. Phase: Bestimmung der optimalen Ecke (wie bisher unter Nutzung der Simplex-Methode)

Phase 1: Bestimmung einer zulässigen Ausgangsecke

In der kanonischen Form lauten die Bedingungen (2) und (3)

(2) $x_3 - u_2 = 7$
(3) $x_4 - u_3 = 8$.

Um die Ungleichung in eine Gleichung zu überführen, wurde hier die größere Seite durch Subtraktion der Schlupfvariablen verkleinert. Setzt man nun den Koordinatenursprung in diese Gleichungen ein, so erhält man:

(2) $-u_2 = 7$ bzw. $u_2 = -7$

(3) $-u_3 = 8$ bzw. $u_3 = -8$.

Für einen zulässigen Punkt müssen jedoch alle Variablen nichtnegativ sein. Die Variablen u_2 und u_3 sind daher aufgrund ihrer negativen Werte nicht als Basisvariablen geeignet. Daher wird in jeder der beiden Gleichungen auf der linken Seite eine weitere Variable w_2 bzw. w_3 addiert:

(2*) $x_3 - u_2 + w_2 = 7$
(3*) $x_4 - u_3 + w_3 = 8$.

Die beiden neuen Variablen treten als Basisvariablen an die Stelle der Schlupfvariablen u_2 und u_3, wodurch der Koordinatenursprung mit $w_2 = 7$ und $w_3 = 8$ und $u_2 = 0$ und $u_3 = 0$ zulässig erscheint, es aber natürlich nicht ist. Um nun tatsächlich zu einer zulässigen Ecke zu gelangen, wird erst mal eine Hilfszielfunktion:

$G^* = -w_2 - w_3$ $w_2, w_3 \geq 0$

maximiert. Ihr Maximum erreicht diese Hilfszielfunktion G^*, wenn w_2 und w_3 null sind. Was bedeutet, dass eine zulässige Ecke gefunden wurde. Diese beiden Variablen sind dann nicht mehr erforderlich und die Optimierung kann im Rahmen der zweiten Phase wie üblich nach der Simplex-Methode erfolgen.

Die Gleichung wird wie üblich für Zielfunktionen umgestellt:

$G^* + w_2 + w_3 = 0$ analog zu $G - 200\,x_1 - 200\,x_2 - 80\,x_3 - 160\,x_4 = 0$

Da w_2 und w_3 im Ausgangstableau Basisvariable sind, sie ersetzen ja u_2 und u_3, die als Nichtbasisvariable null gesetzt werden, dürfen sie in den Zielfunktionszeilen, sowohl in der für G^* als auch in der für G nicht vorkommen. Daher müssen die Gleichungen (2*) und (3*) nach w_2 bzw. w_3 umgestellt werden zu

(2*) $w_2 = 7 - x_3 + u_2$
(3*) $w_3 = 8 - x_4 + u_3$.

Diese Werte werden nun in der Gleichung der Hilfszielfunktion G^* für w_2 und w_3 eingesetzt:

$G^* + w_2 + w_3 = G^* + 7 - x_3 + u_2 + 8 - x_4 + u_3 = 0$.

Nach Subtraktion der beiden Konstanten ergibt sich daraus:

$G^* - x_3 + u_2 - x_4 + u_3 = -15$.

Diese Gleichung wird in das Ausgangstableau der ersten Phase eingesetzt, wobei sich folgendes Tableau ergibt:

x_1	x_2	x_3	x_4	u_1	u_2	u_3	u_4	w_2	w_3	G^*/G	
1	1	1	1	1	0	0	0	0	0	0	45
0	0	1	0	0	-1	0	0	1	0	0	7
0	0	0	1	0	0	-1	0	0	1	0	8
-1	2	0	0	0	0	0	1	0	0	0	0
0	0	-1	-1	0	1	1	0	0	0	1	-15
-200	-200	-80	-160	0	0	0	0	0	0	1	0

Da es zwei verschiedene Variable sind, müsste es eigentlich zwei getrennte Spalten für G^* und G geben. Die eine hat nur in der vorletzten Zeile den Koeffizienten eins, die andere nur in der letzten Zeile. Da die betreffenden Spalten bei der folgenden Rechnung jedoch stets unverändert bleiben, wurden sie aus Platzgründen zusammengefasst.

Die Rechnung ist die übliche nach der Simplex-Methode, wobei zuerst die Hilfszielfunktion G^* maximiert wird. Da die negativen Koeffizienten von x_3 und x_4 in der G^*-Zeile beide gleich sind, ist frei wählbar, welche davon im ersten Schritt zur Basisvariablen werden soll. Hier wurde x_3 gewählt. Um herauszufinden, welche bisherige Basisvariable dadurch zu ersetzen ist, müssen die Konstanten in der rechten Spalte durch den bisherigen Koeffizienten von x_3 dividiert werden. Das ergibt:

(1) $30/1 = 30$ (2) $7/1 = 7$ (3) -   (4) - .

Damit ersetzt x_3 die bisherige Basisvariable w_2. Die entsprechenden Simplex-Schritte sind in den folgenden Tableaus dargestellt:

x_1	x_2	x_3	x_4	u_1	u_2	u_3	u_4	w_2	w_3	G^*/G	
1	1	1	1	1	0	0	0	0	0	0	30
0	0	1	0	0	-1	0	0	1	0	0	7
0	0	0	1	0	0	-1	0	0	1	0	8
-1	2	0	0	0	0	0	1	0	0	0	0
0	0	-1	-1	0	1	1	0	0	0	1	-15
-200	-200	-80	-160	0	0	0	0	0	0	1	0

x_1	x_2	x_3	x_4	u_1	u_2	u_3	u_4	w_2	w_3	G^*/G	
1	1	0	1	1	1	0	0	-1	0	0	23
0	0	1	0	0	-1	0	0	1	0	0	7
0	0	0	1	0	0	-1	0	0	1	0	8
-1	2	0	0	0	0	0	1	0	0	0	0
0	0	0	-1	0	0	1	0	1	0	1	-8
-200	-200	0	-160	0	-80	0	0	80	0	1	560

277

Nun besitzt nur noch x_4 einen negativen Koeffizienten in der Zeile der Hilfszielfunktion G^*. Wie zuvor x_3 wird nun x_4 zur Basisvariablen und ersetzt dabei die bisherige Basisvariable w_3.

x_1	x_2	x_3	x_4	u_1	u_2	u_3	u_4	w_2	w_3	G^*/G	
1	1	0	0	1	1	1	0	-1	-1	0	15
0	0	1	0	0	-1	0	0	1	0	0	7
0	0	0	1	0	0	-1	0	0	1	0	8
-1	2	0	0	0	0	0	1	0	0	0	0
0	0	0	0	0	0	0	0	1	1	1	0
-200	-200	0	0	0	-80	-160	0	80	160	1	1 840

Die Zeile der Hilfszielfunktion G^* enthält nun keinen negativen Koeffizienten mehr. Damit hat G^* sein Maximum null erreicht. Die erreichte Ausgangsecke hat die Koordinaten:

$x_1 = 0$ $x_2 = 0$ $x_3 = 7$ $x_4 = 8$ $u_1 = 15$ $u_2 = 0$ $u_3 = 0$ $u_4 = 0$,

sowie $w_2 = 0$ und $w_3 = 0$.

Dies ist übrigens eine entartete Ecke, d.h. es schneiden sich hier 5 statt 4 Hyperebenen, da neben den Nichtbasisvariablen x_1 , x_2 , u_2 , u_3 auch die Basisvariable u_4 null ist.

Phase 2: Bestimmung des Optimums

Das Optimum wird nun in der üblichen Weise nach der Simplex-Methode ermittelt. Die Hilfszielfunktion G^* hat ihr Maximum bereits erreicht und wird nicht mehr benötigt, ebenso wie die zusätzlich eingefügten Variablen w_2 und w_3. Diese sind jetzt Nichtbasisvariablen, d.h. ihre Werte sind null. Damit kann auf diese Variablen verzichtet werden, da die ermittelte Ausgangsecke nun den ursprünglichen Bedingungen (2) und (3) genügt, und die Ersatzbedingungen (2*) und (3*) nicht mehr benötigt werden. Das reduzierte Tableau hat damit die Form:

x_1	x_2	x_3	x_4	u_1	u_2	u_3	u_4	G	
1	1	0	0	1	1	1	0	0	15
0	0	1	0	0	-1	0	0	0	7
0	0	0	1	0	0	-1	0	0	8
-1	2	0	0	0	0	0	1	0	0
-200	-200	0	0	0	-80	-160	0	1	1 840

x_1	x_2	x_3	x_4	u_1	u_2	u_3	u_4	G	
1	1	0	0	1	1	1	0	0	15
0	0	1	0	0	-1	0	0	0	7
0	0	0	1	0	0	-1	0	0	8
0	3	0	0	1	1	1	1	0	15
0	0	0	0	200	120	40	0	1	4 840

Da die Zielfunktionszeile keinen negativen Koeffizienten mehr enthält, ist das Optimum erreicht. Die optimale Ecke hat die Koordinaten:

$x_1 = 27$ $\quad$ $x_2 = 0$ $\quad$ $x_3 = 7$ $\quad$ $x_4 = 8$ $\quad$ $u_1 = 0$ $\quad$ $u_2 = 0$ $\quad$ $u_3 = 0$ $\quad$ $u_4 = 15$.

Menge der ökonomisch sinnvollen Lösungen

Da der Koeffizient der Nichtbasisvariablen x_2 in der Zielfunktionszeile null ist, ist die angegebene Ecke jedoch nicht die einzige optimale Lösung. Eine Erhöhung des Wertes x_2, indem x_2 z.B. anstelle von u_4 zur Basisvariablen gemacht wird, ändert den Wert der Zielfunktion G nicht.

Die Lösungsmenge (Kante) hat damit die Form:

(1) $x_1 + x_2 = 15$
(2) $x_3 = 7$
(3) $x_4 = 8$
(4) $3\,x_2 + u_4 = 15$ $\qquad\qquad\qquad$ $x_1 , x_2 , x_3 , x_4, u_4 \geq 0$

Jede nichtnegative Lösung dieses Gleichungssystems ist optimal. Da bei der ersten optimalen Ecke keine Rundreisen ($x_2 = 0$) vorgestellt werden, würde eine andere optimale Lösung zu einem abwechslungsreicheren Programm des Reisemagazins führen.

Um die zweite optimale Ecke zu bestimmen, muss x_2 zur Basisvariablen gemacht werden. Angesichts des Endtableaus, ist dazu ein Austausch $x_2 \leftrightarrow u_4$ erforderlich, da der Quotient der Konstanten in der letzten Spalte und des Koeffizienten von x_2 in der vierten Zeile den geringeren Wert aufweist ($15/1 > 15/3$). Anstelle des kompletten Simplex-Schrittes, genügt es, in den Gleichungen, die die Lösungsmenge beschreiben, $u_4 = 0$ zu setzen. Dann ist:

(4) $3\,x_2 + u_4 = 3\,x_2 + 0 = 15$ $\qquad$ bzw. $\qquad$ $x_2 = 15/3 = 5$
(1) $\quad x_1 + x_2 = x_1 + 5 = 15$ $\qquad$ bzw. $\qquad$ $x_1 = 15 - 5 = 10$,

während x_3 und x_4 ihre Werte behalten.

Die zweite optimale Ecke hat damit die Form:

$x_1 = 10$ $\quad$ $x_2 = 5$ $\quad$ $x_3 = 7$ $\quad$ $x_4 = 8$ $\quad$ $u_1 = 0$ $\quad$ $u_2 = 0$ $\quad$ $u_3 = 0$ $\quad$ $u_4 = 0$.

Damit kann die Lösungsmenge auch mittels:

$$\begin{pmatrix} x \\ u \end{pmatrix} = \lambda \begin{pmatrix} x^{(1)} \\ u^{(1)} \end{pmatrix} + (1-\lambda) \begin{pmatrix} x^{(2)} \\ u^{(2)} \end{pmatrix} = \lambda \begin{pmatrix} 15 \\ 0 \\ 7 \\ 8 \\ 0 \\ 0 \\ 0 \\ 15 \end{pmatrix} + (1-\lambda) \begin{pmatrix} 10 \\ 5 \\ 7 \\ 8 \\ 0 \\ 0 \\ 0 \\ 0 \end{pmatrix} \qquad 0 \leq \lambda \leq 1$$

dargestellt werden. Sinnvolle Lösungen mit ganzzahligen Reisezahlen (ganzzahlige Werte für x_2 kann dabei nur die Werte 0,1,2,3,4,5 annehmen) erhält man für

$$\lambda = \frac{k}{5} \qquad\qquad \text{mit} \qquad k = 0,1,2,3,4,5 \quad .$$

Ökonomisch sinnvolle optimale Lösungen sind damit:

k	0	1	2	3	4	5
x_1	10	11	12	13	14	15
x_2	5	4	3	2	1	0

Sowie $x_3 = 7$ und $x_4 = 8$.

Aufgabe 3.3.3.1   Fitnessstudio

(Aufgabe von Karin Brinner)

Ein Fitnessstudio plant einen Umbau, der mit einer Neuaufteilung der Flächen verbunden ist. Dabei sei x_1 die Fläche der Kursräume, x_2 die Fläche für die Trainingsgeräte und x_3 die Fläche für ein Sonnenstudio (alles in m^2). Die Neuaufteilung der Flächen geht von folgenden Bedingungen aus:

1. Die Gesamtfläche für alle drei Bereiche ist 300 m^2 groß.

2. Die Kursraumfläche soll mindestens so groß sein wie die Gerätefläche und die des Sonnenstudios zusammen.

3. Für das Sonnenstudio ist mindestens eine Fläche von 25 m^2 vorgesehen.

Die erwarteten Tageseinnahmen liegen bei den Kursräumen bei 8 €/m^2, bei den Geräten bei 10 €/m^2 und im Sonnenstudio bei 2 €/m^2. Unter Einhaltung der genannten Bedingungen soll die Flächenaufteilung so erfolgen, dass die pro Stunde erwarteten Einnahmen dabei maximiert werden.

a) Formulieren Sie das Optimierungsproblem mathematisch.

b) Begründen Sie, weshalb die Lösung dieses Problem die Zwei-Phasen-Methode erfordert und bestimmen Sie mit Hilfe der Zwei-Phasen-Methode die optimale Flächenaufteilung des Fitnessstudios.

c) Geben Sie die optimalen Flächen für die drei Flächenarten an und interpretieren Sie den Wert der Schlupfvariablen u_1.

Aufgabe 3.3.3.2   Glutenfreies Brot

(Aufgabe von Karin Krüger)

Ein Backwarengeschäft will glutenfreie Brote, die in einer Spezialbäckerei hergestellt werden, in sein Angebot aufnehmen. Geplant sind Sorten, Graubrot, Toastbrot und Kürbiskernbrot. Für die täglich anzubietenden Mengen sollen folgende Bedingungen gelten:

1. Von allen drei Sorten können insgesamt pro Tag höchstens 50 Brote gebacken werden.

2. Dabei soll es mindestens 1,5 mal so viele Graubrote geben wie Toastbrot und Kürbiskernbrot zusammen.

3. Pro Tag sollen mindestens 8 Kürbiskernbrote angeboten werden.

Beim Verkauf der Brote wird ein Gewinn von 0,5 € bei Graubrot, 1 € bei Toastbrot und 0,75 € bei Kürbiskernbrot erzielt. Die Produktionsmengen sollen unter den zuvor genannten Bedingungen so gewählt werden, dass der Gewinn maximal wird.

a) Formulieren Sie das Problem mathematisch.

b) Begründen Sie, warum die Lösung dieses Problems die Zwei-Phasenmethode erfordert. Bestimmen Sie die Brotmengen der drei Sorten, mit denen ein maximaler Gewinn erzielt wird. Wieviel Brote der drei Sorten sollten pro Tag gebacken werden?

Aufgabe 3.3.3.3   Ökosteuer

Im Zuge einer Ökosteuer soll der Verbrauch von Gas, Strom und Wasser besteuert werden. Die Steuersätze seien x_1 für Gas, x_2 für Strom und x_3 für Wasser (jeweils in %). Dabei geht die Kalkulation von folgenden Verbrauchswerten aus:

Haushaltstyp	durchschn. jährliche Ausgaben in €			Mehrkosten infolge der Ökosteuer in €
	für Gas	für Strom	für Wasser	
Eigenheim mit Gasheizung (I)	2 000	800	800	höchstens 200
Wohnung mit Gasherd (II)	400	960	700	höchstens 120
Wohnung ohne Gasanschl. (III)	-	1 000	700	mindestens 80

Die drei Steuersätze sollen so gewählt werden, dass die daraus resultierenden Einnahmen des Staates maximal werden, wobei im Durchschnitt aller Haushalte die jährlichen Ausgaben für Gas derzeit 800 €, für Strom 960 € und für Wasser 720 € betragen.

a) Formulieren Sie das Problem mathematisch.

b) Begründen Sie weshalb die Lösung dieses Problems die Zwei-Phasen-Methode erfordert und bestimmen Sie im Rahmen der ersten Phase eine zulässige Ausgangsecke.

c) Ergänzen Sie die fehlenden Werte in dem folgenden Endtableau:

x_1	x_2	x_3	u_1	u_2	u_3	G	
1	0	0,13	0,06	-0,05		0	
0	0	-0,25	-0,25	1,25		0	
0	1	0,675	-0,025	0,125		0	
0	0	0,32	0,24	0,8		1	

d) Fällt Ihnen eine Besonderheit der optimalen Lösung, mathematisch oder ökonomisch, auf?

Aufgabe 3.3.3.4   Preiserhöhung für Eier und Milchprodukte

Berlin (dpa) - Aldi hat den Anfang gemacht, die Konkurrenz ist nachgezogen: Milch ist zu Monatsbeginn in fast allen Supermärkten deutlich teurer geworden. Für die in den vergangenen Monaten schwer gebeutelten Landwirte ein Hoffnungsschimmer.

Entwarnung will der Bundesverband Deutscher Milchviehhalter (BDM) aber noch nicht geben. ... Im Oktober hätten die Landwirte im Schnitt 25 bis 26 Cent pro Liter erhalten. Um profitabel zu arbeiten, sind nach Meinung des Verbands aber rund 40 Cent nötig.

Süddeutsche Zeitung 5. November 2016

Nach massiven Bauernprotesten vereinbart der Handel mit dem Bauernverband Mindestabnahmepreise für Eier, Milch und Butter, die durch Preiserhöhungen der Einzelhandelspreise kompensiert werden müssen. Mit x_1 wird die Preiserhöhung pro Ei, mit x_2 die Preiserhöhung pro Liter Milch und mit x_3 die Preiserhöhung pro Packung (250 g) Butter, jeweils in Cent, bezeichnet. Dabei geht eine Supermarktkette von folgenden Verbrauchsmengen und den Kunden aus Konkurrenzgründen höchstens zumutbaren Mehrausgaben aus:

Haushaltstyp	Mittlerer Kaufmenge pro Woche			Maximale Mehrausgaben in Cent
	Eier (St)	Milch (l)	Butter (250 g)	
Einpersonen	5	2	1	25
Mehrpersonen	10	5	4	45
Durchschnitt aller Kunden	10	4	4	

Zusatzbedingung:

Da die Bauern unter den geringen Milchpreisen besonders leiden und man hier nach Presseberichten zu Bauernprotesten auf das Verständnis der Kunden hofft, soll der Milchpreis um mindestens 5 Cent angehoben werden.

Insgesamt sollen die erwarteten Einnahmen infolge der Preiserhöhungen maximiert werden.

a) Formulieren Sie das Problem mathematisch.

b) Begründen Sie weshalb die Lösung dieses Problems die Zwei-Phasen-Methode erfordert und bestimmen Sie im Rahmen der ersten Phase eine zulässige Ausgangsecke.

c) Ergänzen Sie die fehlenden Werte in dem folgenden Endtableau:

x_1	x_2	x_3	u_1	u_2	u_3	G	
0	0	-1		-0,5	-0,5	0	
1	0	0,4		0,1	0,5	0	
0	1	0		0	-1	0	
0	0	0	1	1	1	1	

d) Gibt es Besonderheiten der optimalen Lösung? Geben Sie die Lösungsmenge an.

e*) Geben Sie alle ökonomisch sinnvollen Lösungen an, d.h. die Preiserhöhung bei Milch und Butter muss ganzzahlig sein, die bei Eiern nicht, da Eier nicht einzeln, sondern üblicher Weise in Packungen a 10 Eier verkauft werden.

Aufgabe 3.3.3.5   Geflügelfarm

Eine Geflügelfarm züchtet Bio-Geflügel, Hühner, Enten und Gänse. Aus den Bio-Vorschriften ergeben sich dabei folgende Bedingungen:

	Hühner	Enten	Gänse	Verfügbare Fläche/Menge
Fläche pro Tier	$4\ m^2$	$6\ m^2$	$10\ m^2$	$4000\ m^2$
Futtermenge pro Tier in kg/Woche	3 kg	3 kg	9 kg	2 700 kg

Da Hühner am Markt besonders gefragt sind, sollen mindestens so viele Hühner wie Enten und Gänse zusammen gehalten werden. (3. Bedingung) Des Weiteren sollen mindestens 100 Gänse gehalten werden. (4. Bedingung)

Der Erlös beim Verkauf der Tiere soll maximiert werden, wobei die Verkaufspreise pro Tier bei Hühnern bei 12 €, bei Enten 17 € und bei Gänsen 24 € betragen.

a) Formulieren Sie das Problem mathematisch.

b) Begründen Sie, weshalb die Lösung dieses Problems die Zwei-Phasen-Methode erfordert. Bestimmen Sie eine zulässige Anfangslösung und geben Sie die ermittelte Ecke dazu an.

c) Welche Basis- und welche Nichtbasisvariable müssten im ersten Schritt der zweiten Phase getauscht werden? (Der Simplex-Schritt dazu ist nicht verlangt.)

d) Ergänzen Sie das folgende Endtableau der zweiten Phase der Simplex-Methode:

x_1	x_2	x_3	u_1	u_2	u_3	u_4	G	
0	0	0		-5/3	-1	-6	0	
0	1	0		1/6	0,5	2	0	
0	0	1		0	0	-1	0	
1	0	0		1/6	-0,5	1	0	
0	0	0		29/6	2,5	22	1	

e) Interpretieren Sie den Wert der Schlupfvariablen u_1.

Aufgabe 3.3.3.6   Paketdienst

Ein neuer Paketdienst möchte die wichtigsten ortsansässigen Firmen **A**, **B** und **C** als Kunden gewinnen. Ausgehend von dem ermittelten Bedarf dieser Firmen sollen die Preise x_1 für kleine, x_2 für mittlere und x_3 für große Pakete so kalkuliert werden, dass die von allen drei Firmen bisher für Paketdienste aufgewendeten Kosten nicht überschritten werden:

Firma	Anzahl Aufträge pro Tag			bisherige Ausgaben dafür
	kleine Pakete	mittlere Pakete	große Pakete	
A	50	20	10	320 €
B	50	80	40	840 €
C	60	100	80	1 240 €

Entsprechend der Logik des Preisgefüges, sollen außerdem

4. die Differenz zwischen den Preisen für mittlere und kleine Pakete mindestens 1 € betragen und

5. die großen Pakete mindestens 2 € mehr kosten als mittlere Pakete.

Ob tatsächlich alle drei Firmen das Angebot annehmen ist ungewiss, daher kalkuliert die Firma vorsichtig ihre erwarteten Einnahmen mit 60 zu befördernden kleinen, 60 mittleren und 40 großen Paketen pro Tag. Wie müssen die Preise kalkuliert werden, damit diese Einnahmen unter den gegebenen Bedingungen maximal werden?

a) Formulieren Sie das Optimierungsproblem mathematisch.

b) Begründen Sie, weshalb die Lösung dieses Problem die Zwei-Phasen-Methode erfordert und bestimmen Sie mit Hilfe der ersten Phase eine zulässige Ausgangsecke.

Bei der Lösung des Problems mit Hilfe der Simplex-Methode gelangt man zu folgendem Endtableau:

x_1	x_2	x_3	u_1	u_2	u_3	u_4	u_5	G	
1	0	0	1/40	0	-1/240		-1/12	0	3
0	0	0	-1/4	1	-5/8		12,5	0	
0	0	0	-1/30	0	1/90		5/9	0	
0	1	0	-1/12	0	1/144		17/36	0	
0	0	1	-1/12	0	1/144		-19/36	0	
0	0	0	2/3	0	4/9		20/9	1	

c) Ermitteln Sie die fehlenden Werte des vorliegenden Endtableaus.

d) Inwieweit werden die für die drei betrachteten Firmen einzuhaltenden Maximalkosten bei dieser Lösung ausgeschöpft? Gibt es Besonderheiten der Lösung, wenn ja – welche?

Aufgabe 3.3.3.7   Fliesen

Ein Unternehmen stellt Fliesen in drei Qualitäten her, *Terrakottafliesen* (x_1 = Menge in m^2), Fliesen aus *Steingut* (x_2 = Menge in m^2) und Fliesen aus *Feinsteinzeug* (x_3 = Menge in m^2). Dabei sind folgende Bedingungen einzuhalten:

1. Es stehen zum Brennen pro Tag maximal 4 000 kWh zur Verfügung, wobei je m^2 *Terrakottafliesen* 60 kWh, je m^2 *Steingutfliesen* 90 kWh und je m^2 *Feinsteinzeugfliesen* 160 kWh benötigt werden.

2. Da *Steingutfliesen* fleckenunempfindlich sind, werden sie oft für Bäder und Küchen eingesetzt. Ihre Menge soll daher mindestens die Hälfte der gesamten Tagesproduktion ausmachen.

3. *Feinsteinzeugfliesen* werden aufgrund der Frostsicherheit vorwiegend im Außenbereich verwendet. Pro Tag sollen davon *mindestens* 4 m^2 hergestellt werden.

Der beim Verkauf erzielte Gewinn je m^2 Fliesen liegt bei *Terrakottafliesen* bei 2 €, bei *Steingutfliesen* bei 3 € und bei *Feinsteinzeugfliesen* bei 4 €. Die Tagesproduktion soll so auf die drei Sorten aufgeteilt werden, dass der beim Verkauf erreichte Gewinn maximiert wird.

a) Formulieren Sie das Problem mathematisch.

b) Begründen Sie, warum die Lösung dieses Problems die Zwei-Phasenmethode erfordert und bestimmen Sie im Rahmen der ersten Phase eine zulässige Ausgangslösung.

c) Ergänzen Sie das folgende Endtableau der Simplex-Methode.

x_1	x_2	x_3	u_1	u_2	u_3	G	
1	0	0	2/300	3/5	5/3	0	
0	0	1	0	0	-1	0	
0	1	0	2/300	-2/5	2/3	0	
0	0	0	1/30	0	4/3	1	

d) Weist die Lösung dieses Optimierungsproblems Besonderheiten auf? Geben Sie die Menge aller optimalen Lösungen an.

e*) Geben Sie alle ökonomisch sinnvollen optimalen Lösungen für die Mengen der drei Fliesensorten an, wenn alle Fliesen in Paketen a 1 m² verkauft werden.

Aufgabe 3.3.3.8   Müllentsorgung

Ein privates Unternehmen möchte die Aufstellung von Mülltonnen und die Müllentsorgung in Konkurrenz zur staatlichen Müllabfuhr anbieten. Dabei ist x_1 der Preis je 60-Liter-Tonne, x_2 der Preis pro 120-Liter-Tonne und x_3 der Preis pro 240-Liter-Tonne (alle in € pro Quartal). Die Kalkulation der Preise geht von folgende Bedingungen aus:

1. Der Preis für eine 120-Liter-Tonne soll höchstens 1,5-mal so hoch sein wie der Preis der 60-Liter-Tonne.

2. Der Preis der 240-Liter-Tonne soll maximal doppelt so hoch sein wie der Preis der 60-Liter-Tonne.

3. Die Beseitigung von 600 Liter Müll aus zwei 60-Liter-, zwei 120-Liter- und einer 240-Liter-Tonne sollen insgesamt höchstens 400 € kosten.

4. Eine 60-Liter-Tonne soll mindestens 60 € kosten.

Das Unternehmen möchte möglichst hohe Einnahmen erzielen, wobei erwartet wird, dass 25 % aller von diesem Unternehmen aufgestellten Mülltonnen 60-Liter-Tonnen, 50 % 120-Liter-Tonnen und 25 % 240-Liter-Tonnen sind.

a) Formulieren Sie das Problem mathematisch.

b) Begründen Sie, warum die Lösung dieses Problems die Zwei-Phasen-Methode erfordert und ergänzen Sie das folgende Ausgangstableau der ersten Phase:

x_1	x_2	x_3	u_1	u_2	u_3	u_4	w_4	$G*/G$	
-1,5	1	0	1	0	0	0	0	0	0
-2	0	1	0	1	0	0	0	0	0
2	2	1	0	0	1	0	0	0	400
1	0	0	0	0	0			0	60
								1	
	0	0	0	0	0		1	0	

c) Ergänzen Sie das folgende Simplex-Tableau aus der zweiten Phase. Begründen Sie, warum diese Lösung noch nicht optimal ist.

x_1	x_2	x_3	u_1	u_2	u_3	u_4	G	
0	1	0	1	0		-1,5	0	
0	0	1	0	1		-2	0	
0	0	1	-2	0		5	0	
1	0	0	0	0		1	0	
0	0	-0,25	0,5	0		-1	1	

d) Bestimmen Sie ausgehend von dem in **c)** vervollständigten Tableau die optimale Lösung. Es sind dazu noch zwei Simplex-Schritte erforderlich.

e) Gibt es Besonderheiten der optimalen Lösung? Geben Sie die optimale Lösung vollständig an.

f*) Gibt es eine optimale Lösung, bei der die Summe der drei Gebühren genau 200 € beträgt? Wenn ja, geben Sie diese an. Wenn nicht, begründen Sie Ihre Aussage.

g*) Wie hoch muss die Summe der drei Gebühren mindestens sein, damit eine entsprechende optimale Lösung existiert? Geben Sie die zugehörige optimale Lösung an.

Aufgabe 3.3.3.9 Lyrik

(Idee Karin Krüger)

Ein kleiner Verlag, der sich darauf spezialisiert hat, aufwändig gestaltete Lyrikbände herauszugeben, will im nächsten Quartal drei neue Titel auf den Markt bringen, einen mit zeitgenössischen, einen mit romantischen und einen mit expressionistischen Gedichten.

Dabei sollen folgende Bedingungen eingehalten werden:

1. Es sollen insgesamt höchstens 6 000 Exemplare gedruckt werden.

2. Das Papierkontingent von 1 300 000 Seiten darf nicht überschritten werden, wobei ein Band mit zeitgenössischen Gedichten 200 Seiten, der mit romantischer Lyrik 250 Seiten und der mit expressionistischer Lyrik 150 Seiten umfasst.

3. Von der romantischen Lyrik sollen mindestens so viele Exemplare gedruckt werden wie von beiden anderen Bänden zusammen.

4. Es sollen mindestens 1 000 Exemplare der expressionistischen Lyrik gedruckt werden.

Beim Verkauf der zeitgenössischen Lyrik wird ein Gewinn von 4 € erzielt, bei romantischer Lyrik sind es 5 € und bei der expressionistischen Lyrik 3 € pro Band. Die Zahlen der zu druckenden Exemplare der drei Bände sollen so gewählt werden, dass dadurch ein maximaler Gewinn erwirtschaftet wird.

a) Formulieren Sie das Problem mathematisch.

b) Begründen Sie, warum die Lösung dieses Problems die Zwei-Phasen-Methode erfordert und bestimmen Sie über die erste Phase eine zulässige Ausgangsecke.

c) Vervollständigen Sie das folgende Endtableau der zweiten Phase:

x_1	x_2	x_3	u_1	u_2	u_3	u_4	G	
0	0	0		-1/225	-1/9	2/9	0	
1	0	0		1/450	5/9	8/9	0	
0	0	1		0	0	-1	0	
0	1	0		1/450	-4/9	1/9	0	
0	0	0		1/45	1/18	7/18	1	

d) Wie viele Exemplare sollten von jedem der drei Bände gedruckt werden? Interpretieren Sie den Wert der Schlupfvariablen u_1. Gibt es Besonderheiten der optimalen Lösung? Wenn ja, welche?

Aufgabe 3.3.3.10   Partnervermittlung

Die neu gegründete Online-Partnervermittlung *Come together* möchte Interessenten Mitglied-schaften von einem Vierteljahr, einem halben und einem ganzen Jahr anbieten. Dabei ist x_1 der Monatspreis einer Vierteljahres-, x_2 der Monatspreis einer Halbjahres- und x_3 der Monatspreis einer Ganzjahresmitgliedschaft in €. Bei der Kalkulation ihrer Preise, geht die Partnervermitt-lung von folgenden Restriktionen aus:

1. Erfahrungsgemäß werden 50 % der interessierten Frauen Mitglied für ein Vierteljahr, 30 % für ein halbes Jahr und 20 % für ein ganzes Jahr. Im Mittel sollen die monatlichen Kosten bei den Frauen 40 € nicht übersteigen.

2. Bei männlichen Interessenten geht man von 60 % aus, die für ein Vierteljahr Mitglied werden, 20 % für ein halbes und 20 % für ein ganzes Jahr. Hier sollen mittlere monatliche Kosten von 50 € eingehalten werden.

3. Um eine längerfristige Mitgliedschaft zu honorieren, soll der Monatspreis bei einer Halb-jahresmitgliedschaft mindestens 10 € günstiger sein als der für eine Vierteljahresmitglied-schaft.

4. Der Monatspreis für eine Jahresmitgliedschaft soll sogar mindestens 15 € günstiger sein als der einer Halbjahresmitgliedschaft.

Die Preise sollen so gewählt werden, dass die erwarteten monatlichen Einnahmen maximal werden, die nach bisherigen Anfragen durch folgende Umsatzfunktion dargestellt werden:

$$G(x) = 80\,x_1 + 40\,x_2 + 40\,x_3$$

a) Formulieren Sie das Problem mathematisch.

b) Begründen Sie, weshalb die Lösung dieses Problems die Zwei-Phasen-Methode erfordert und bestimmen Sie damit die optimalen Preise.

c) Geben Sie die optimalen Monatspreise je nach Dauer der Mitgliedschaft an und interpre-tieren Sie den Wert der Schlupfvariablen u_2.

d) Weist die optimale Lösung Besonderheiten auf? Begründen Sie Ihre Aussage. Geben Sie die Menge aller optimalen Lösungen an.

e*) Gibt es eine optimale Lösung, bei der die Differenz des Monatspreises einer Vierteljahres- und einer Jahresmitgliedschaft 35 € beträgt? Wenn ja, geben Sie diese Lösung an.

Aufgabe 3.3.3.11   Wasserpreise

Angesichts der Kritik an den jahrelang überhöhten Wasserpreisen und den aufgrund des immer sparsameren Umgangs mit Wasser steigenden Wartungskosten für die Leitungsrohre beschließen die Berliner Wasserbetriebe eine Tarifumstellung. Wie bei den Strom-, Gas- und Telefonkosten soll es künftig eine Grundgebühr geben, die alle Haushalte unabhängig von der Höhe des Verbrauchs zu entrichten haben.

Wassertarife
Entlastung für Großverbraucher

Mit einer Umstellung des Tarifsystems von einem linearen Kubikmeterpreis für Trink- und Schmutzwasser auf einen Grundpreis pro Anschluss zuzüglich einem gegenüber Anfang 2007 verringerten Arbeits- beziehungsweise Mengenpreis wollen die Berliner Wasser-betriebe der zunehmenden Kritik an ihrer Tarifgestaltung entgegentreten.

Berliner Mieterverein:
http://www.berliner-mieterverein.de/magazin/online/mm0607/060723.htm

---

Es sei x_1 die Höhe der monatlichen Grundgebühr, x_2 die Gebühr je m^3 Frischwasser und x_3 die Gebühr je m^3 Abwasser (alles in €). Um die Haushalte dadurch nicht über Gebühr zu belasten, sollen dabei bestimmte Maximalgebühren nicht überschritten werden, die sich aus folgender Tabelle ergeben und die weitgehend den bisherigen monatlichen Kosten entsprechen:

Haushaltstyp	monatl. Verbrauch in m^3		maximale monatl. Kosten in €
	Frischwasser	Abwasser	
Singles u. Paare Mietwohnungen	5	5	26
Haushalte mit Kindern in Mietwohnungen	8	8	40
Haushalte in Eigenheimen mit Garten	10	7,5	40

Dabei soll die monatliche Grundgebühr mindestens 5 € betragen. (4. Bedingung).

Die Gebühren sollen so festgelegt werden, dass die Einnahmen der Wasserwirtschaft bei einem mittleren Verbrauch pro Haushalt von 9 m^3 Frischwasser und 7 m^3 Abwasser maximal werden.

a) Formulieren Sie das Problem mathematisch.

b) Begründen Sie, weshalb die Lösung dieses Problems die Zwei-Phasen-Methode erfordert und vervollständigen Sie das folgende Ausgangstableau der ersten Phase:

x_1	x_2	x_3	u_1	u_2	u_3	u_4	w_4	G^*/G	
1	5	5	1	0	0	0	0	0	26
1	8	8	0	1	0	0	0	0	40
1	2	1	0	0	1	0	0	0	40
1	0	0	0	0	0			0	5
								1	
			0	0	0	0	0	1	0

c) Vervollständigen Sie das folgende Tableau aus der zweiten Phase:

x_1	x_2	x_3	u_1	u_2	u_3	u_4	G	
0	5	5	1		0	1	0	
0	8	8	0		0	1	0	
0	10	7,5	0		1	1	0	
1	0	0	0		0	-1	0	
0	-9	-7	0		0	-1	1	

d) Begründen Sie, weshalb die zugehörige Ecke noch nicht optimal ist und bestimmen Sie ausgehend von diesem Tableau das Optimum. Es sind dazu noch zwei Simplex-Schritte erforderlich.

e) Geben Sie die optimale Lösung an und interpretieren Sie den Wert der Schlupfvariablen u_2.

f) Weist diese optimale Lösung Besonderheiten auf? Geben Sie die Menge aller optimalen Lösungen an.

g*) Gibt es eine optimale Lösung, bei der die Abwassergebühr 1,5-mal so hoch ist wie der Frischwasserpreis? Wenn ja, geben Sie diese Lösung an.

Aufgabe 3.3.3.12   Malerarbeiten

Bei einem Neubau sind Malerarbeiten, Spachteln, Streichen und die Verlegung von Malervlies, ausgeschrieben. Der Preis je m^2 für Spachtelarbeiten wird mit x_1, der für das Streichen mit x_2 und der für die Verlegung von Malervlies mit x_3 (alle in €) bezeichnet. Es gibt in dem betrachteten Neubau drei Wohnungstypen, für die folgende Arbeiten anfallen, wobei die Kostengrenzen aus der Ausschreibung stammen:

| Wohnungstyp | Fläche in m^2 | | | Kostengrenze der |
	Spachteln	Streichen	Malervlies	Malerarbeiten
I	80	120	100	1 000 €
II	120	200	160	1 600 €
III	160	250	200	2 030 €

Außerdem soll das Verlegen von Malervlies mindestens 4 €/m^2 kosten. (4. Bedingung)

Bei 5 Wohnungen des Typs I, 10 Wohnungen des Typs II und 8 Wohnungen des Typs III ergeben sich daraus folgende Einnahmen der Malerfirma bei Erhalt des Auftrags für dieses Objekt:

$$G(x) = 2\,880\,x_1 + 4\,600\,x_2 + 3\,700\,x_3 \ .$$

Die Preise für die einzelnen Arbeiten, Spachteln, Streichen und Verlegen von Malervlies, sollen so angesetzt werden, dass die erzielten Einnahmen bei Auftragserteilung maximal werden.

a) Geben Sie die Restriktionen an und begründen Sie den Ansatz der Zielfunktion.

b) Begründen Sie, weshalb die Lösung dieses Problems die Zwei-Phasen-Methode erfordert und vervollständigen Sie das folgende Anfangstableau der ersten Phase der Optimierung:

x_1	x_2	x_3	u_1	u_2	u_3	u_4	w_4	G^*/G	
80	120	100	1	0	0	0	0	0	1 000
120	200	160	0	1	0	0	0	0	1 600
160	250	200	0	0	1	0	0	0	2 030
0	0	1	0	0	0			0	4
								1	
			0	0	0	0	0	1	0

c) Bei der Lösung des Problems erhält man im Rahmen der zweiten Phase folgendes Tableau:

x_1	x_2	x_3	u_1	u_2	u_3	u_4	G
8	0	0	1	-0,6		4	0
0,6	1	0	0	0,005		0,8	0
10	0	0	0	-1,25		0	0
0	0	1	0	0		-1	0
-120	0	0	0	23	0	-20	1

Bestimmen Sie die fehlenden Werte in dem angegebenen Tableau.

d) Lösen Sie das Optimierungsproblem ausgehend von dem in **c)** angegebenen Tableau. Es sind dazu noch zwei Simplex-Schritte erforderlich.

e) Welche Preise sollte die Malerfirma ihren Arbeiten zugrunde legen? Weist die optimale Lösung Besonderheiten auf, wenn ja welche?

3.3.4 Minimierungsprobleme

Beispiel   **Girokonten**

Um der Abwanderung ihrer Kunden zu anderen Banken entgegen zu wirken, will eine Bank die Konditionen zur Führung von Girokonten verbessern. Zur Auswahl stehen:

- eine Verringerung der monatlichen Kontoführungsgebühren und

- eine Verzinsung der Einlagen.

Dabei geht die Bank von folgenden Daten zur Kundenstruktur aus:

Kontostand in €	Kundenanteil	durchschn. Kontostand	Minimum der monatl. Entlastung
bis 3000	30 %	2 400 €	2 €
3000 bis 6000	45 %	4 800 €	3,5 €
ab 6000	25 %	7 200 €	5 €

Es soll die für die Bank kostengünstigste Strategie gewählt werden.

Mit y_1 wird die Verringerung der monatlichen Kontoführungsgebühren in € bezeichnet und mit y_2 der Zinssatz, mit dem Guthaben künftig verzinst werden sollen (in %). Hierbei ist zu beachten, dass diese beiden Variablen unterschiedliche Dimensionen haben, € bzw. %. Daraus muss dann die monatliche Entlastung der Kunden errechnet werden. Diese setzt sich aus der Verringerung der monatlichen Kontoführungsgebühren y_1 und den anfallenden Zinsen zusammen. Die Höhe der Zinsen hängt vom Guthaben auf dem Girokonto ab. Hierbei wird das durchschnittliche Guthaben aller Kunden der jeweiligen Kundengruppe verwendet. Von diesem werden $y_2/12$ % ermittelt, da es sich bei y_2 um den Jahreszinssatz handelt, während hier Monate betrachtet werden. Das ergibt:

(1) $y_1 + 2400 \cdot \dfrac{y_2}{12 \cdot 100} \geq 2$ $\rightarrow$ $y_1 + 2\,y_2 \geq 2$

(2) $y_1 + 4800 \cdot \dfrac{y_2}{12 \cdot 100} \geq 3,5$ $\rightarrow$ $y_1 + 4\,y_2 \geq 3,5$

(3) $\quad y_1 + 7200 \cdot \dfrac{y_2}{12 \cdot 100} \geq 10 \qquad \rightarrow \qquad\qquad\qquad y_1 + 6\,y_2 \geq 5$

$$y_1, y_2 \geq 0$$

Um die kostengünstigste Strategie für die Bank zu ermitteln, werden die durchschnittlichen Kosten beider Maßnahmen pro Kunde berechnet. Dazu müssen die Entlastungen der Kunden der einzelnen Kundengruppen in € mit den Kundenanteilen gewichtet und aufsummiert werden. Das führt zu folgender Zielfunktion:

$$K(y) = y_1 + (0{,}3 \cdot 2 + 0{,}45 \cdot 4 + 0{,}25 \cdot 6)\,y_2 = y_1 + 3{,}9\,y_2 \quad ,$$

die minimiert werden soll.

Grafische Lösung

Restriktionen :

(1) $\;y_1 + 2\,y_2 \geq 2$
(2) $\;y_1 + 4\,y_2 \geq 3{,}5$
(3) $\;y_1 + 6\,y_2 \geq 5$

$\qquad y_1, y_2 \geq 0$

Zielfunktion:

$K(y) = y_1 + 3{,}9\,y_2$

ges. Min $K(y)$

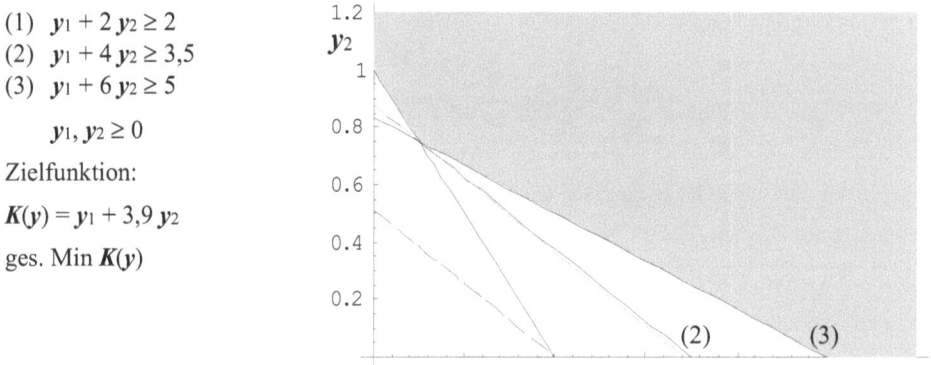

Abbildung 3.3.4-1 Girokonten – grafische Lösung

Nach dieser Zeichnung schneiden sich alle drei Restriktionsgeraden im Optimum, zwei wären nur erforderlich gewesen. Die optimale Ecke wird in einem solchen Fall als *entartet* bezeichnet. Es soll geprüft werden, ob dies tatsächlich zutrifft oder ob dieser Eindruck täuscht, da kleinere Unterschiede in der Grafik kaum erkennbar sind.

Dazu wird zunächst der Schnittpunkt der ersten beiden Geraden ermittelt und dann geprüft, ob dieser auch auf der dritten Geraden liegt.

(1) $\;y_1 + 2\,y_2 = 2$

(2) $\;y_1 + 4\,y_2 = 3{,}5$

$\quad$ (2) – (1) $\qquad 2\,y_2 = 1{,}5 \qquad \rightarrow \qquad y_2 = 1{,}5/2 = \underline{0{,}75} \qquad y_1 = \underline{0{,}5}$

Setzt man diese Werte in Gleichung (3) ein, so erhält man:

(3) $\;y_1 + 6\,y_2 = 0{,}5 + 6 \cdot 0{,}75 = 5 \quad .$

Da auch diese Bedingung voll ausgeschöpft wird, d.h. es wird genau die Mindestentlastung realisiert, schneiden sich tatsächlich alle drei Geraden im Optimum. Die Kontoführungsgebühren sollten demnach um 0,5 € gesenkt und die Guthaben jährlich mit 0,75 % verzinst werden.

Lösung mit der Zwei-Phasen-Methode

Statt die Kosten zu minimieren, kann ersatzweise auch die mit (-1) multiplizierte Kostenfunktion $-K(y)$ maximiert werden. Die Schlupfvariablen v_1, v_2, v_3 müssen auf der linken Seite der Ungleichungen subtrahiert werden, da diese verkleinert werden muss, um zu einer Gleichung überzugehen.

(1) $y_1 + 2\,y_2 - v_1 = 2$

(2) $y_1 + 4\,y_2 - v_2 = 3{,}5$

(3) $y_1 + 6\,y_2 - v_3 = 5$ $y_1, y_2, v_1, v_2, v_3 = \ \geq 0$

Der Koordinatenursprung ist aufgrund aller drei Bedingungen nicht zulässig. Die drei Schlupfvariablen nehmen hier negative Werte an. Daher wird die Zwei-Phasen-Methode zur Maximierung von $-K(y)$ benötigt. Zunächst wird wieder auf der linken Seiten jeder der drei Gleichungen eine zusätzlich Variable w_i, $i = 1,2,3$, eingefügt, die anstelle der Schlupfvariablen v_i, $i = 1,2,3$, als Basisvariable dient.

(1) $y_1 + 2\,y_2 - v_1 + w_1 = 2$ $\rightarrow$ $w_1 = 2 \ - y_1 - 2\,y_2 + v_1$

(2) $y_1 + 4\,y_2 - v_2 + w_2 = 3{,}5$ $\rightarrow$ $w_2 = 3{,}5 - y_1 - 4\,y_2 + v_2$

(3) $y_1 + 6\,y_2 - v_3 + w_3 = 5$ $\rightarrow$ $w_3 = 5 \ - y_1 - 6\,y_2 + v_3$.

Um zu einer zulässigen Ecke zu gelangen, muss zunächst die Hilfszielfunktion:

$G^* = -\,w_1 - w_2 - w_3$

maximiert werden. Dabei ist:

$G^* + w_1 + w_2 + w_3 = 2 - y_1 - 2\,y_2 + v_1 + 3{,}5 - y_1 - 4\,y_2 + v_2 + 5 - y_1 - 6\,y_2 + v_3$

$$= G^* + 10{,}5 - 3\,y_1 - 12\,y_2 + v_1 + v_2 + v_3 = 0$$

bzw. $G^* - 3\,y_1 - 12\,y_2 + v_1 + v_2 + v_3 = -10{,}5$.

Die eigentliche Zielfunktion wird dabei umgestellt gemäß:

$G = -\,K(y) = -y_1 - 3{,}9\,y_2$

bzw. $G + y_1 + 3{,}9\,y_2 = 0$.

Erste Phase

y_1	y_2	v_1	v_2	v_3	w_1	w_2	w_3	G^*/G	
1	2	-1	0	0	1	0	0	0	2
1	4	0	-1	0	0	1	0	0	3,5
1	6	0	0	-1	0	0	1	0	5
-3	-12	1	1	1	0	0	0	1	-10,5
1	3,9	0	0	0	0	0	0	1	0

Hier enthält die eigentliche Zielfunktionszeile keinen negativen Koeffizienten, so dass das Kostenoptimum bereits angenommen wird. Diese Kosten sind null, nur ist die zugehörige Ecke nicht zulässig, denn die geplante Entlastung der Kunden findet nicht statt, da $y_1 = 0$ und $y_2 = 0$ sind.

In der vorletzten Zeile, der der Hilfszielfunktion, besitzt y_2 den betragsgrößten negativen Koeffizienten. Die Quotienten der Konstanten auf der rechten Seite und des bisherigen Koeffizienten von y_2 sind

$$(1)\ 2/2 = 1 \qquad (2)\ 3,5/4 = 0,875 \qquad (3)\ 5/6 = 0,833\ .$$

Damit ersetzt y_2 die bisherige Basisvariable w_3.

y_1	y_2	v_1	v_2	v_3	w_1	w_2	w_3	G^*/G	
2/3	0	-1	0	1/3	1	0	-1/3	0	1/3
1/3	0	0	-1	2/3	0	1	-2/3	0	1/6
1/6	1	0	0	-1/6	0	0	1/6	0	5/6
-1	0	1	1	-1	0	0	2	1	-1/2
0,35	0	0	0	0,65	0	0	-0,65	1	-3,25

y_1	y_2	v_1	v_2	v_3	w_1	w_2	w_3	G^*/G	
2/3	0	-1	0	1/3	1	0	-1/3	0	1/3
1/3	0	0	-1	2/3	0	1	-2/3	0	1/6
1/6	1	0	0	-1/6	0	0	1/6	0	5/6
-1	0	1	1	-1	0	0	2	1	-1/2
0,35	0	0	0	0,65	0	0	-0,65	1	-3,25

Aufgrund des gleichen negativen Koeffizienten in der Zeile der Hilfszielfunktion hätte anstelle von y_2 auch v_3 zur Basisvariablen gemacht werden können. Statt $y_1 \leftrightarrow w_1$ hätten hier auch $y_1 \leftrightarrow w_2$ getauscht werden können. ((1/3)/(2/3) = 0,5 und (1/6)/(1/3) = 0,5)

y_1	y_2	v_1	v_2	v_3	w_1	w_2	w_3	G^*/G	
1	0	-1,5	0	0,5	1,5	0	-0,5	0	0,5
0	0	0,5	-1	0,5	-0,5	1	-0,5	0	0
0	1	0,25	0	-0,25	-0,25	0	0,25	0	0,75
0	0	-0,5	1	-0,5	1,5	0	1,5	1	0
0	0	0,525	0	0,475	-0,525	0	-0,475	1	-3,425

Alternativ dazu hätte anstelle von v_1 auch v_3 zur Basisvariablen gemacht werden können, da beide Variablen den gleichen negativen Koeffizienten in der Zeile der Hilfszielfunktion besitzen.

y_1	y_2	v_1	v_2	v_3	w_1	w_2	w_3	G^*/G	
1	0	0	-3	2	0	3	-2	0	0,5
0	0	1	-2	1	-1	2	-1	0	0
0	1	0	0,5	-0,5	0	-0,5	0,5	0	0,75
0	0	0	0	0	1	1	1	1	0
0	0	0	1,05	-0,05	0	-1,05	0,05	1	-3,425

Damit ist eine zulässige Ecke erreicht, denn die Zeile der Hilfszielfunktion G^* enthält keinen negativen Koeffizienten mehr und der Wert dieser Hilfszielfunktion ist an dieser Stelle null. Die zulässige Ausgangsecke hat die Koordinaten:

$y_1 = 0,5$ $\qquad y_2 = 0,75$ $\qquad v_1 = 0$ $\qquad v_2 = 0$ $\qquad v_3 = 0$ $\qquad G = -K = -3,425$

Für die Optimierung im Rahmen der zweiten Phase werden die Hilfszielfunktion G^* und die Hilfsvariablen w_1, w_2 und w_3 nicht mehr benötigt.

Zweite Phase

y_1	y_2	v_1	v_2	v_3	G^*/G	
1	0	0	-3	2	0	0,5
0	0	1	-2	1	0	0
0	1	0	0,5	-0,5	0	0,75
0	0	0	1,05	-0,05	1	-3,425

y_1	y_2	v_1	v_2	v_3	G^*/G	
1	0	-2	1	0	0	0,5
0	0	1	-2	1	0	0
0	1	0,5	-0,5	0	0	0,75
0	0	0,05	0,95	0	1	-3,425

Da die letzte Zeile keinen negativen Koeffizienten mehr enthält, ist damit das Optimum erreicht. Es wird im Punkt:

$y_1 = 0,5$ $\qquad y_2 = 0,75$ $\qquad v_1 = 0$ $\qquad v_2 = 0$ $\qquad v_3 = 0$ $\qquad G = -K = -3,425$

angenommen. Dass sich die Werte der Variablen hier nicht mehr verändert haben, liegt daran, dass die Basisvariable v_1, die durch v_3 ersetzt wurde, bereits den Wert null hatte, da es sich hier um eine entartete Ecke handelt, die im Schnittpunkt aller drei Geraden liegt. Der Verlust der Bank pro Kunde infolge der zu treffenden Maßnahmen liegt hier bei 3,425 € im Monat.

Lösung mit Hilfe der dualen Maximierungsaufgabe

Eine andere Möglichkeit der Lösung dieses Minimierungsproblems führt über die dazu duale Maximierungsaufgabe. Diese wird wie folgt bestimmt:

	Minimierungsaufgabe		*Duale Maximierungsaufgabe*
Restriktionen	$A\,y \geq c$	Restriktionen:	$A^T x \leq b$
Zielfunktion:	$K(y) = b^T y$	Zielfunktion:	$G(x) = c^T x$

Dazu muss zunächst die Koeffizientenmatrix der Minimierungsaufgabe A transponiert werden:

$$A = \begin{pmatrix} 1 & 2 \\ 1 & 4 \\ 1 & 6 \end{pmatrix} \qquad\qquad A^T = \begin{pmatrix} 1 & 1 & 1 \\ 2 & 4 & 6 \end{pmatrix} .$$

Damit die Operation $A^T x$ ausführbar ist, muss x ein Spaltenvektor mit drei Elementen sein. Dann ist

$$A^T x = \begin{pmatrix} 1 & 1 & 1 \\ 2 & 4 & 6 \end{pmatrix} \begin{pmatrix} x_1 \\ x_2 \\ x_3 \end{pmatrix} = \begin{pmatrix} x_1 + x_2 + x_3 \\ 2x_1 + x4_2 + 6x_3 \end{pmatrix} .$$

Die Konstanten, die die Restriktionen der dualen Maximierungsaufgabe begrenzen, sind die Koeffizienten der Zielfunktion $K(y)$ des Minimierungsproblems, während die Koeffizienten der zu maximierenden Zielfunktion $G(x)$ die Konstanten aus den Restriktionen des Minimierungsproblems sind. Die beiden Probleme haben damit folgende Form:

Minimierungsaufgabe	*Duale Maximierungsaufgabe*
Restriktionen :	Restriktionen :
(1) $y_1 + 2 y_2 \geq 2$	(1) $\quad x_1 + \quad x_2 + \quad x_3 \leq 1$
(2) $y_1 + 4 y_2 \geq 3,5$	(2) $2 x_1 + 4 x_2 + 6 x_3 \leq 3,9$
(3) $y_1 + 6 y_2 \geq 5 \qquad y_1, y_2 \geq 0$	$\qquad\qquad\qquad x_1, x_2, x_3 \geq 0$
Zielfunktion:	Zielfunktion:
$K(y) = y_1 + 3,9 y_2 \qquad$ ges. Min $K(y)$	$G(x) = 2 x_1 + 3,5 x_2 + 5 x_3 \quad$ ges. Max $G(x)$

Diese duale Maximierungsaufgabe lässt sich mit Hilfe der Simplex-Methode lösen:

x_1	x_2	x_3	u_1	u_2	G	
1	1	1	1	0	0	1
2	4	6	0	1	0	3,9
-2	-3,5	-5	0	0	1	0

x_1	x_2	x_3	u_1	u_2	G	
2/3	1/3	0	1	-1/6	0	0,35
1/3	2/3	1	0	1/6	0	0,65
-1/3	-1/6	0	0	5/6	1	3,25

x_1	x_2	x_3	u_1	u_2	G	
1	0,5	0	1,5	-0,25	0	0,525
0	0,5	1	-0,5	0,25	0	0,475
0	0	0	0,5	0,75	1	3,425

Die Koeffizienten der Zielfunktion $G(x)$ im Endtableau der dualen Maximierungsaufgabe stellen die optimalen Werte der Variablen der Minimierungsaufgabe dar, wobei die Koeffizienten der Strukturvariablen x_1, x_2, x_3 die Werte der Schlupfvariablen der Minimierungsaufgabe und die Koeffizienten der Schlupfvariablen u_1 und u_2 die Werte der Strukturvariablen der Minimierungsaufgabe sind.

x_1	x_2	x_3	u_1	u_2	G	
$v_1 = 0$	$v_2 = 0$	$v_3 = 0$	$y_1 = 0{,}5$	$y_2 = 0{,}75$	1	$K(y) = 3{,}425$

Das Maximum der Zielfunktion der dualen Maximierungsaufgabe ist gleichzeitig das Minimum der Zielfunktion des Minimierungsproblems.

Um sich von der Richtigkeit der Lösung zu überzeugen, lassen sich diese Werte in die kanonische Form der Minimierungsaufgabe einsetzen:

(1) $y_1 + 2\,y_2 - v_1 = 0{,}5 + 2 \cdot 0{,}75 + 0 = 2$

(2) $y_1 + 4\,y_2 - v_2 = 0{,}5 + 4 \cdot 0{,}75 + 0 = 3{,}5$

(3) $y_1 + 6\,y_2 - v_3 = 0{,}5 + 6 \cdot 0{,}75 + 0 = 5$

und $\qquad\qquad K(y) = y_1 + 3{,}9\,y_2 = 0{,}5 + 3{,}9 \cdot 0{,}75 = 3{,}425$.

Meist ist die Lösung mit Hilfe der dualen Maximierungsaufgabe sehr viel einfacher zu ermitteln als nach der Zwei-Phasen-Methode. Dort wurden vier Rechenschritte benötigt, hier lediglich zwei. Vor allem werden auch keine zusätzlichen Variablen benötigt, mit deren Hilfe in der ersten Phase erst eine zulässige Ausgangsecke bestimmt werden muss.

Da die Zwei-Phasen-Methode im Abschnitt 3.3.3 bereits ausführlich behandelt wurde, sollten die folgenden Aufgaben mit Hilfe der dualen Maximierungsaufgabe gelöst werden. Prinzipiell lassen sich natürlich alle hier betrachteten Minimierungsprobleme auch mit der Zwei-Phasen-Methode lösen, nur gehen die Teilaufgaben und die Lösungen darauf nicht mehr ein.

Aufgabe 3.3.4.1   Maklerannoncen

Eine Berliner Maklerfirma, die den Alleinauftrag zum Verkauf der Wohnungen in mehreren Neubauten besitzt, möchte Interessenten über Annoncen in der *Morgenpost*, der *Berliner Zeitung* und Online im *Immobilienscout* erreichen.

Über die Kosten und die mittlere Zahl der Kontakte je Annonce liegen folgende Daten vor:

Zeitung bzw. Internet	Preis pro Annonce	Durchschnittliche Anz. Kontakte je Annonce
Morgenpost	60 €	50
Berliner Zeitung	50 €	40
Immobilienscout	32 €	20

Für die geplante Werbeaktion sollen folgende Bedingungen eingehalten werden:

1. Es soll insgesamt mindestens 2 000 Kontaktaufnahmen von Interessenten geben.

2. Aufgrund ihrer stärkeren Verbreitung im gesamten Stadtgebiet sollen in der *Morgenpost* mindestens doppelt so viele Annoncen erscheinen wie in der *Berliner Zeitung*, die vor allem im Ostteil der Stadt gelesen wird.

3. Es sollen insgesamt mindestens 80 Annoncen aufgegeben werden.

Dabei soll die kostengünstigste Strategie gewählt werden.

a) Formulieren Sie das Problem mathematisch.

b) Geben Sie die duale Maximierungsaufgabe dazu an.

c) Lösen Sie die duale Maximierungsaufgabe mit Hilfe der Simplex-Methode. Geben Sie das Optimum des Minimierungsproblems an und interpretieren Sie die Ergebnisse.

Aufgabe 3.3.4.2   Gebührensenkung Abfallentsorgung

Die Stadtreinigung einer Großstadt bietet ihren Bewohnern die Aufstellung und Entsorgung von Müll-, Papier- und Bioguttonnen an. Um die Trennung der Abfälle für die Bewohner attraktiver zu gestalten sollen die Gebühren für die drei Entsorgungsarten (pro Quartal) gesenkt werden. Ausgangspunkt der Planung der Preissenkungen sind die folgenden Angaben:

Haustyp	mittlere Anzahl Tonnen pro Haus für			mindestens zu erreichende Kostensenkung
	Müll	Papier	Biogut	
Hochhaus	4	2	2	30 €
mehrgeschossiges Wohnhaus	3	1	1	12 €
Stadtvilla	2	1	0,8	8 €
Ein- bzw. Zwei-familienhaus	1	0,4	0,2	4 €

Insgesamt sollen die Einnahmeverluste infolge der Kostensenkung so gering wie möglich gehalten werden, wobei zum Einzugsgebiet der Stadtreinigung 2 500 Hochhäuser, 40 000 mehrgeschossige Wohnhäuser, 5 000 Stadtvillen und 40 000 Ein- und Zweifamilienhäuser gehören.

a) Formulieren Sie das Optimierungsproblem mathematisch.

b) Geben Sie die duale Maximierungsaufgabe zu diesem Minimierungsproblem an.

c) Lösen Sie die duale Maximierungsaufgabe mit Hilfe der Simplex-Methode.

d) Wie weit sollten die einzelnen Gebühren gesenkt werden? Welche Mindestentlastungen werden dabei genau realisiert und wo fällt die Entlastung stärker aus als mindestens gefordert?

Aufgabe 3.3.4.3   Jugendhotel

Für die Abschlussfahrt eines Abiturjahrgangs wurde ein Jugendhotel gebucht, das neben Einzel- und Doppelzimmern auch über 3- und 4-Bett-Zimmer verfügt. Dabei kostet ein Einzelzimmer 50 €, ein Zweibettzimmer 60 €, ein Dreibettzimmer 75 € und ein Vierbettzimmer 100 € pro Nacht. Die Teilnehmer sollen dabei so auf die Zimmer der angebotenen Kategorien verteilt werden, dass die Gesamtkosten pro Nacht möglichst gering ausfallen.

Dabei sind folgende Bedingungen einzuhalten:

1. Insgesamt nehmen mindestens 105 Schüler und Lehrer an der Fahrt teil.

2. Für die Betreuer werden mindestens 7 Ein- oder Zweibettzimmer benötigt.

3. Die Zahl der Vierbettzimmer soll höchstens so groß sein wie die der drei anderen Zimmerkategorien zusammen.

a) Definieren Sie die Variablen und formulieren Sie das Problem mathematisch.

b) Geben Sie die duale Maximierungsaufgabe zu diesem Minimierungsproblem an und führen Sie den ersten Simplex-Schritt zur Lösung dieses Problems aus.

c) Ergänzen Sie das folgende Endtableau der dualen Maximierungsaufgabe um die fehlenden Werte.

x_1	x_2	x_3	u_1	u_2	u_3	u_4	G	
0	0	0	-1	1/7	1/7	0	15
0	1	0	1	-6/7	1/7	0	10
0	0	1	0	4/7	-3/7	0	0
1	0	0	0	1/7	1/7	0	25
							1	

d) Wie viele Einzel-, Doppel-, Drei- und Vierbettzimmer sollten demnach reserviert werden?

Aufgabe 3.3.4.4   Preissenkung für Rheumamedikamente

Ein Pharmakonzern beabsichtigt nach Auslaufen der 10-jährigen Schutzfrist für sein Rheuma-Medikament die Preise zu senken, da nun Generika (Nachahmmedikamente, wirkstoffgleiche Kopien) zu wesentlich günstigeren Preisen auf den Markt gebracht werden können. Das Medikament wird in drei Formen angeboten, als Tabletten (y_1 = Preissenkung der Tabletten in €), als Injektion (y_2 = Preissenkung der Injektion in €) und als Rheumasalbe (y_3 = Preissenkung der Salbe in €).

Dabei sollen folgende Bedingungen eingehalten werden:

1. Der Preis einer Injektion, der teuersten Darreichungsform des Medikaments, soll mindestens um 12 € gesenkt werden.

2. Dabei soll der Preis der Injektion jedoch höchsten viermal so stark gesenkt werden wie der der Tabletten.

3. Der Preis der Tabletten soll höchstens doppelt so stark gesenkt werden wie der der Rheumasalbe.

4. Die Krankenkassen müssen an der Behandlung eines Rheumapatienten, der im Monat eine Packungen Tabletten und eine Spritze erhält und zwei Tuben Rheumasalbe verbraucht, mindestens 25 € sparen, damit sie die Behandlung mit den Medikamenten dieses Herstellers weiterhin bezahlen.

Insgesamt erhalten täglich 40 Patienten eine Injektion, 80 Patienten werden Tabletten und 100 Patienten wird diese Rheumasalbe verschrieben. Gesucht ist die kostengünstigste Strategie hinsichtlich der erforderlichen Preissenkungen.

a) Formulieren Sie das Problem mathematisch.

b) Geben Sie die duale Maximierungsaufgabe dazu an.

c) Lösen Sie die duale Maximierungsaufgabe mit Hilfe der Simplex-Methode. Zur Rechnung sind drei Simplex-Schritte erforderlich. Interpretieren Sie die Ergebnisse sachbezogen.

Aufgabe 3.3.4.5 — Winzer

Ein Winzer stellt drei Sorten Rotwein, *Rubin* (Menge y_1), *Pinot Noir* (Menge y_2) und *Cabernet* (Menge y_3) aus den Rebsorten: Merlot, Pinotage und Cabernet Sauvignon her mit folgender Zusammensetzung:

Rebsorte	Einsatzmengen in Litern pro Liter Wein			Mindesternte- mengein Litern
	Rubin	Pinot Noir	Cabernet	
Merlot	0,4	0,2	0	200
Pinotage	0,2	0,5	0,4	240
Cabernet Sauvignon	0,4	0,3	0,6	300
Produktionskosten je Liter	1 €	1,5 €	2 €	

Um den Kunden genug Auswahl zu bieten, soll die produzierte Menge der Weinsorte *Rubin* höchstens so groß sein wie die der beiden anderen Sorten zusammen. (vierte Bedingung)

a) Definieren Sie die Variablen und formulieren Sie das Problem mathematisch.

b) Geben Sie die duale Maximierungsaufgabe zu diesem Minimierungsproblem an und führen Sie den ersten Simplex-Schritt zur Lösung dieses Problems aus.

c) Ergänzen Sie die fehlenden Werte in dem folgenden Endtableau der dualen Maximierungsaufgabe.

x_1	x_2	x_3	x_4	u_1	u_2	u_3	G	
	0,25	1	0	0,625	-1,25	1,875	0	2,5
	0,875	0	0	0,9375	3,125	-2,1875	0	1,25
	0,25	0	1	-0,375	0,75	-0,125	0	0,5
							1	

d) Welche Mengen sollten von den drei Weinsorten produziert werden? Inwieweit reichen dazu die Mindesterntemengen der Traubensorten und wo geht der Bedarf über diese hinaus?

Aufgabe 3.3.4.6 — Museumsführungen

Im Pergamonmuseum in Berlin soll es nach dem Umbau Führungen in deutscher, englischer und französischer Sprache geben. Dabei bezeichnet y_1 die Zahl der deutschsprachigen Führungen, y_2 die Zahl der englischsprachigen Führungen und y_3 die Zahl der französisch-sprachigen Führungen pro Woche.

Dabei gelten folgende Rahmenbedingungen:

1. Insgesamt sollen mindestens 30 Führungen pro Woche angeboten werden.

2. Die Zahl der fremdsprachigen Führungen soll insgesamt mindestens so groß sein wie die der deutschsprachigen Führungen.

3. Es sollen mindestens 5 Führungen in französischer Sprache angeboten werden.

4. Insgesamt sollen mindestens 550 Besucher an den Führungen teilnehmen, wobei an deutsch- und englischsprachigen im Mittel 20 und an französischsprachigen 25 Personen teilnehmen.

Dabei sollen die Kosten möglichst gering sein, wobei ein deutschsprachiger Guide 30 € pro Führung erhält, ein englischsprachiger 40 € und ein französischsprachiger 50 €.

a) Formulieren Sie das Problem mathematisch.

b) Geben Sie die duale Maximierungsaufgabe zu diesem Minimierungsproblem an und lösen Sie diese. Es sind insgesamt vier Simplex-Schritte dazu erforderlich.

c) Geben Sie die optimale Lösung an und interpretieren Sie die ermittelten Werte.

Im Winter nehmen die Zahl der Touristen ab und die der einheimischen Besucher zu. Daher soll Bedingung (2) dahingehend abgeändert werden, dass die Zahl der deutschsprachigen Führungen höchstens 1,5-mal so groß sein soll wie die Anzahl fremdsprachiger Führungen.

d) Geben Sie die neue Bedingung (2*) an.

e) Ergänzen Sie die fehlenden Werte in dem folgenden Endtableau der dualen Maximierungsaufgabe nach Ersetzung von Bedingung (2) durch (2*).

x_1	x_2	x_3	x_4	u_1	u_2	u_3	G	
1	0	0	20	0,6	0,4	0	0	34
0	1	0	0	-0,4	0,4	0	0	4
0	0	1	5	0	-1	1	0	10
						5	1	

Aufgabe 3.3.4.7   Wohnungen für Flüchtlinge

Um Massenunterkünfte wie Turnhallen wieder ihrer ursprünglichen Nutzung zuführen zu können, plant Brandenburg den Bau von Flüchtlingsunterkünften an verschiedenen Standorten. Zur Auswahl stehen drei Gebäudearten, Container (Anzahl y_1), Modulbauten (Anzahl y_2), das sind Häuser aus vorgefertigten Modulen, und mehrgeschossige Wohnhäuser (Anzahl y_3), wobei folgende Kosten- und Bedarfskalkulation vorliegt:

	Container	Modulbauten	Wohnhäuser
Anz. Flüchtlinge je Bau	4	40	400
Wohnfläche je Bau	20 m^2	400 m^2	$5\,000 \text{ m}^2$
Kosten je Bau	20 T€	2 500 T€	7 400 T€

Insgesamt soll die kostengünstigste Lösung gefunden werden unter folgenden Bedingungen:

1. Es soll Wohnraum für mindestens 20 000 Flüchtlinge geschaffen werden.

2. Dabei soll eine Wohnfläche von mindestens 160 000 m^2 bereitgestellt werden.

3. Die in Modulbauten und Wohnhäusern geschaffene Wohnfläche soll mindestens doppelt so groß sein wie die Wohnfläche der aufgestellten Container.

4. Damit sich die Fertigung der Modulbauten für den Hersteller lohnt, sollen davon mindestens 70 errichtet werden.

a) Definieren Sie die Variablen und formulieren Sie das Problem mathematisch.

b) Geben Sie die duale Maximierungsaufgabe zu diesem Minimierungsproblem an und führen Sie den ersten Simplex-Schritt zur Lösung dieses Problems aus.

c) Ergänzen Sie die fehlenden Werte in dem folgenden Endtableau der dualen Maximierungsaufgabe und geben Sie die optimale Zahl der Wohnungsbauten der drei Typen an.

x_1	x_2	x_3	x_4	u_1	u_2	u_3	G	
	25/3	0	0	5/36	0	1/900	0	11
	-200/3	0	1	-10/9	1	-8/90	0	1820
	1/3	1	0	-1/90	0	1/9000	0	0,6
			0				1	

d) Wie viele Container, Modulbauten und Wohnhäuser sollten errichtet werden? Interpretieren Sie den Wert der Schlupfvariablen v_2.

Aufgabe 3.3.4.8   Multivitaminsaft

Ein Fruchtsafthersteller stellt aus dem Saft von Apfelsinen, Äpfeln und Weintrauben einen Multivitaminsaft her, wobei als Restbestandteil noch stilles Wasser hinzugefügt wird. Der Vitamingehalt seiner Rohsäfte ist aus der folgenden Tabelle zu entnehmen:

Frucht	Vitamingehalt in g je Liter Fruchtsaft			
	A	B (B1, B2, B6)	C	E
Apfelsinen	0	1,2	200	0
Äpfel	0	0,6	120	60
Weintrauben	0,1	4,3	50	30
Mindestgehalt im Multivitaminsaft	0,05	1,6	100	5

Da der Fruchtsaftproduzent noch über größere Restbestände an Apfelsaft verfügt, sollen im Multivitaminsaft mindestens 30 % Apfelsaft enthalten sein. (Bedingung (5))

Ein Liter Apfelsinensaft kostet 0,8 €, ein Liter Apfelsaft 0,6 € und ein Liter Traubensaft 0,85 €. Gesucht wird die kostengünstigste Mischung.

a) Formulieren Sie das Problem mathematisch.

b) Geben Sie die duale Maximierungsaufgabe zu diesem Minimierungsproblem an und bestimmen Sie das Tableau der dualen Maximierungsaufgabe nach dem ersten Simplex-Schritt.

c) Ergänzen Sie das folgende Endtableau der dualen Maximierungsaufgabe.

x_1	x_2	x_3	x_4	x_5	u_1	u_2	u_3	G	
0	0,006	1	0	0	0,005	0	0	0	0,004
0	-0,12	0	60	1	-0,6	1	0	0	0,12
1	40	0	300	0	-2,5	0	10	0	6,5
					0,3			1	

d) Wieviel Prozent des Multivitaminsafts bestehen aus stillem Wasser? Bei welchen Vitaminen werden die Mindestanforderungen überschritten?

Aufgabe 3.3.4.9   Weihnachtsbaumschmuck

Ein Handelsunternehmen stellt in der Vorweihnachtszeit in allen Filialen Weihnachtsbäume auf. Diese sollen mit Weihnachtskugeln, Glöckchen und Sternen aus Holzspan geschmückt werden. Die Kugeln kosten 2 €, die Glöckchen 5 € und die Sterne 7,5 € pro Stück. Gesucht wird die preisgünstigste Variante des Baumschmucks.

Die Dekorateure bestehen aus ästhetischen Gründen auf Einhaltung folgender Rahmenbedingungen:

1. Insgesamt sollen mindestens 400 Schmuckelemente verwendet werden.

2. Da die Kugeln das dominierende Element sind, soll ihre Zahl mindestens so groß sein wie die der Glöckchen und Sterne zusammen.

3. Es sollen mindestens doppelt so viele Glöckchen wie Sterne eingesetzt werden.

4. Damit die Sterne als exklusives Schmuckelement wahrgenommen werden, müssen davon mindestens 80 eingesetzt werden.

a) Formulieren Sie das Problem mathematisch.

b) Geben Sie die duale Maximierungsaufgabe zu diesem Minimierungsproblem an.

c) Lösen Sie die duale Maximierungsaufgabe mit Hilfe der Simplex-Methode. Es sind dazu 4 Simplex-Schritte erforderlich.

d) Geben Sie die optimale Zahl der pro Weihnachtsbaum einzusetzenden Kugeln, Glöckchen und Sterne und die Kosten dieser Weihnachtsdekoration an. Interpretieren Sie den Wert der ersten Schlupfvariablen v_1.

Aufgabe 3.3.4.10   Bau einer Ferienanlage

Am Ufer eines Brandenburger Sees soll eine neue Ferienanlage mit komfortablen Ferienhäusern (Anzahl y_1), einfachen Bungalows (Anzahl y_2) und Doppelzimmern im Haupthaus (Anzahl y_3) entstehen. Die Planung geht von folgende Kapazitäten aus:

	Ferienhäuser	Bungalows	Doppelzimmer
Max. Anz. Gäste pro Einheit	8	5	2
Wohnfläche pro Einheit in m²	160	100	20
Kosten pro Einheit in 1000 €	500	100	40

Für die Planung macht der Hotelkonzern den Architekten folgende Vorgaben:

1. Insgesamt soll die Ferienanlage mindestens 500 Gäste aufnehmen können.

2. Die Wohnfläche soll mindestens 6 000 m² umfassen.

3. Die Zahl der Doppelzimmer soll höchstens 2,5-mal so hoch sein wie die Zahl der Bungalows.

4. Für anspruchsvolle Gäste sollen mindestens 50 Ferienhäuser gebaut werden.

Unter Einhaltung dieser Restriktionen wird die kostengünstigste Variante gesucht.

a) Formulieren Sie das Problem mathematisch.

b) Geben Sie die duale Maximierungsaufgabe zu diesem Minimierungsproblem an.

c) Lösen Sie die dualen Maximierungsaufgabe mit Hilfe der Simplex-Methode. Es sind dazu vier Simplex-Schritte erforderlich.

d) Wie viele Ferienhäuser, Bungalows und Doppelzimmer sollten gebaut werden? Interpretieren Sie den Wert der Schlupfvariablen v_2.

Nach Fertigstellung der Ferienanlage wird an einem anderen Standort ein ähnliches Objekt geplant. Auch hier sollen insgesamt mindestens 500 Gäste untergebracht werden, wofür wiederum eine Wohnfläche von mindestens 6 000 m² geschaffen werden soll. Statt des Hotels mit Doppelzimmern ist am neuen Standort jedoch ein Bau mit Ferienwohnungen (Anzahl y_3) geplant. Diese sollen 50 m² groß sein und Platz für maximal 4 Personen bieten. Der Bau einer Ferienwohnung kostet 80 T€.

Außerdem sollen die dritte und vierte Rahmenbedingung wie folgt geändert werden:

3*. Die Zahl der Ferienwohnungen soll mindestens so groß sein wie die der Bungalows.

4*. An diesem Standort sollen mindestens 40 Ferienhäuser gebaut werden.

e) Geben Sie die Restriktionen und die Zielfunktion für den neuen Standort an.

f) Vervollständigen Sie das folgende Endtableau der dualen Maximierungsaufgabe für die Bebauung des neuen Standorts:

x_1	x_2	x_3	x_4	u_1	u_2	u_3	G	
0	80/3	0	1	1	-8/9	-8/9	0	340
1	50/3	0	0	0	1/9	1/9	0	20
0	-50/3	1	0	0	-4/9	5/9	0	0
			0				1	

3.4 Lösungen der Übungsaufgaben

3.4.1 Matrizen

3.4.1.1 *Rechnen mit Matrizen*

Rechnen mit Matrizen

Typ einer Matrix: (m,n) m = Anzahl der Zeilen n = Anzahl der Spalten

Multiplikation mit Skalaren (*reellen Zahlen*)

$$\lambda A = \lambda \begin{pmatrix} a_{11} & \cdots & a_{1n} \\ \vdots & & \vdots \\ a_{m1} & \cdots & a_{mn} \end{pmatrix} = \begin{pmatrix} \lambda a_{11} & \cdots & \lambda a_{1n} \\ \vdots & & \vdots \\ \lambda a_{m1} & \cdots & \lambda a_{mn} \end{pmatrix}$$

Addition/Subtraktion

$$A \pm B = \begin{pmatrix} a_{11} & \cdots & a_{1n} \\ \vdots & & \vdots \\ a_{m1} & \cdots & a_{mn} \end{pmatrix} \pm \begin{pmatrix} b_{11} & \cdots & b_{1n} \\ \vdots & & \vdots \\ b_{m1} & \cdots & b_{mn} \end{pmatrix} = \begin{pmatrix} a_{11} \pm b_{11} & \cdots & a_{1n} \pm b_{1n} \\ \vdots & & \vdots \\ a_{m1} \pm b_{m1} & \cdots & a_{mn} \pm b_{mn} \end{pmatrix}$$

Addieren oder subtrahieren lassen sich nur Matrizen des gleichen Typs (m,n)

Dabei gelten folgende Rechenregeln:

Kommutativgesetz	$A + B = B + A$
Assoziativgesetz	$A + B + C = (A + B) + C = A + (B + C)$
Distributivgesetz	$\alpha(A + B) = \alpha A + \alpha B$
	$(\alpha + \beta)A = \alpha A + \beta A$

Aufgabe 3.1.1.1

$$A = \begin{pmatrix} 1 & 2 \\ 0 & 4 \end{pmatrix} \qquad B = \begin{pmatrix} 1 & -2 \\ 3 & 0 \end{pmatrix} \ .$$

a) $\quad 2A + 3B = 2\begin{pmatrix} 1 & 2 \\ 0 & 4 \end{pmatrix} + 3\begin{pmatrix} 1 & -2 \\ 3 & 0 \end{pmatrix} = \begin{pmatrix} 5 & -2 \\ 9 & 8 \end{pmatrix}$

b) $\quad 2A - B = 2\begin{pmatrix} 1 & 2 \\ 0 & 4 \end{pmatrix} - \begin{pmatrix} 1 & -2 \\ 3 & 0 \end{pmatrix} = \begin{pmatrix} 1 & 6 \\ -3 & 8 \end{pmatrix}$

c) $\quad 3B - 2C = A \quad \rightarrow \quad 2C = 3B - A \quad \rightarrow \quad C = 1{,}5\,B - 0{,}5\,A$

$$C = 1{,}5\begin{pmatrix} 1 & -2 \\ 3 & 0 \end{pmatrix} - 0{,}5\begin{pmatrix} 1 & 2 \\ 0 & 4 \end{pmatrix} = \begin{pmatrix} 1 & -4 \\ 4{,}5 & -2 \end{pmatrix}$$

d) $\quad A\,B = \begin{pmatrix} 1 & 2 \\ 0 & 4 \end{pmatrix}\begin{pmatrix} 1 & -2 \\ 3 & 0 \end{pmatrix} = \begin{pmatrix} 7 & -2 \\ 12 & 0 \end{pmatrix}$

$$B\,A = \begin{pmatrix} 1 & -2 \\ 3 & 0 \end{pmatrix}\begin{pmatrix} 1 & 2 \\ 0 & 4 \end{pmatrix} = \begin{pmatrix} 1 & -6 \\ 3 & 6 \end{pmatrix}$$

$A\,B \neq B\,A$ da die Matrizenmultiplikation **nicht kommutativ** ist.

Aufgabe 3.1.1.2

(1) $5A - B = \begin{pmatrix} 4 & -1 \\ 10 & 13 \end{pmatrix}$ $\qquad$ (2) $3A + 2B = \begin{pmatrix} 5 & 2 \\ 6 & 13 \end{pmatrix}$

$2(1) + (2) \quad 10A + 3A = 13A = \begin{pmatrix} 13 & 0 \\ 26 & 39 \end{pmatrix} \quad \rightarrow \quad A = \dfrac{1}{13}\begin{pmatrix} 13 & 0 \\ 26 & 39 \end{pmatrix} = \underline{\begin{pmatrix} 1 & 0 \\ 2 & 3 \end{pmatrix}}$

$(1) \rightarrow B = 5A - \begin{pmatrix} 4 & -1 \\ 10 & 13 \end{pmatrix} = 5\begin{pmatrix} 1 & 0 \\ 2 & 3 \end{pmatrix} - \begin{pmatrix} 4 & -1 \\ 10 & 13 \end{pmatrix} = \underline{\begin{pmatrix} 1 & 1 \\ 0 & 2 \end{pmatrix}}$

Häufige Fehler

Oft werden die Regeln der Matrizenmultiplikation vergessen und zwei Matrizen des gleichen Typs analog zu Addition und Subtraktion einfach elementweise multipliziert gemäß

$$AB = \begin{pmatrix} 1 & 2 \\ 0 & 4 \end{pmatrix} \begin{pmatrix} 2 & 1 \\ 4 & 3 \end{pmatrix} = \begin{pmatrix} 1 \cdot 2 & 2 \cdot 1 \\ 0 \cdot 4 & 4 \cdot 3 \end{pmatrix} = \begin{pmatrix} 2 & 2 \\ 0 & 12 \end{pmatrix} \; .$$

Das entspricht jedoch nicht der üblichen Definition der Matrizenmultiplikation und ist daher *falsch*. Ein solcher Ansatz für die Matrizenmultiplikation erwies sich als wenig geeignet, um lineare Zusammenhänge zu beschreiben.

Ein anderer Fehler besteht darin, Zeilen mit Zeilen elementweise zu multiplizieren und dann aufzusummieren gemäß:

$$AB = \begin{pmatrix} 1 & 2 \\ 0 & 4 \end{pmatrix} \begin{pmatrix} 2 & 1 \\ 4 & 3 \end{pmatrix} = \begin{pmatrix} 1 \cdot 2 + 2 \cdot 1 & 1 \cdot 4 + 2 \cdot 3 \\ 0 \cdot 2 + 4 \cdot 1 & 0 \cdot 4 + 4 \cdot 3 \end{pmatrix} = \begin{pmatrix} 4 & 10 \\ 4 & 12 \end{pmatrix} \; .$$

Auch das entspricht *nicht* der Definition der Matrizenmultiplikation. Man hätte sie natürlich so definieren können, hat sich aber anders entschieden. Eine Abweichung von der üblichen Definition der Matrizenmultiplikation hätte nicht nur ein anderes Ergebnis für das Produkt *A B* zur Folge, sondern es würden hier auch andere Rechenregeln gelten.

Das ist wie bei Verkehrsregeln. Auch hier wären andere Regeln denkbar (z.B. Links- statt Rechtsverkehr), aber um Unfälle zu vermeiden, bedarf es der gleichen Regeln für alle Verkehrsteilnehmer.

Multiplikation von Matrizen

Definiert ist die Matrizenmultiplikation *A B* als Multiplikation der Zeilen der Matrix *A* mit den Spalten der Matrix *B* gemäß:

$$C = AB = \begin{pmatrix} 1 & 2 \\ 0 & 4 \end{pmatrix} \begin{pmatrix} 2 & 1 \\ 4 & 3 \end{pmatrix} = \begin{pmatrix} 1 \cdot 2 + 2 \cdot 4 & 1 \cdot 1 + 2 \cdot 3 \\ 0 \cdot 2 + 4 \cdot 4 & 0 \cdot 1 + 4 \cdot 3 \end{pmatrix} = \begin{pmatrix} 10 & 7 \\ 16 & 12 \end{pmatrix}$$

Um sich diese Regel besser einzuprägen, kann das folgende Falksche Schema zur Matrizenmultiplikation genutzt werden:

		Spalte j	
		2	1
Zeile i		4	3
1	2	10	7
0	4	16	12

Um das Element c_{ij} der Produktmatrix *C* zu bestimmen, wird die *i-te Zeile* der linken Matrix *A* mit der *j-ten Spalte* der rechten Matrix *B* elementweise multipliziert. Die Produkte werden aufsummiert.

Damit zwei Matrizen auf diese Weise miteinander multipliziert werden können, müssen sie vom Typ her zusammen passen, d.h. die Matrix *A* muss genau so viele Spalten besitzen wie die Matrix *B* Zeilen hat. Ist *A* vom Typ (*m,n*), so muss *B* vom Typ (*n,k*) sein, wobei *m* und *k* beliebig sein können. Die Produktmatrix *C* = *A B* besitzt dann den Typ (*m,k*), d.h. sie hat so viele Zeilen wie *A* und so viele Spalten wie *B*.

Zu beachten ist, dass das ***Kommutativgesetz*** hier *nicht gilt*, d.h. in der Regel ist *A B* ≠ *B A*, wovon man sich anhand der beiden gegebenen Matrizen leicht überzeugen kann.

$$AB = \begin{pmatrix} 1 & 2 \\ 0 & 4 \end{pmatrix}\begin{pmatrix} 2 & 1 \\ 4 & 3 \end{pmatrix} = \begin{pmatrix} 10 & 7 \\ 16 & 12 \end{pmatrix} \qquad BA = \begin{pmatrix} 2 & 1 \\ 4 & 3 \end{pmatrix}\begin{pmatrix} 1 & 2 \\ 0 & 4 \end{pmatrix} = \begin{pmatrix} 2 & 8 \\ 4 & 20 \end{pmatrix}$$

Dagegen gelten das Assoziativ- und Distributivgesetz auch für die Matrizenmultiplikation.

Assoziativgesetz $\qquad\qquad\qquad\qquad A(BC) = (AB)C = ABC$

Distributivgesetz $\qquad\qquad\qquad\qquad A(B+C) = AB + AC$

$$(A+B)C = AC + BC$$

$$(AB)^T = B^T A^T$$

Aufgabe 3.1.1.3

$$A = \begin{pmatrix} 3 & 2 & 1 \\ 0 & 1 & 0 \\ 2 & 1 & 0 \end{pmatrix} \qquad B = \begin{pmatrix} 2 & 4 & 1 \\ 0 & 0 & 3 \end{pmatrix} \qquad C = \begin{pmatrix} 1 & 2 \\ 0 & 1 \end{pmatrix}$$

a) $\quad x^{(1)} = \begin{pmatrix} 1 & 0 & 1 \end{pmatrix} A = \begin{pmatrix} 1 & 0 & 1 \end{pmatrix}\begin{pmatrix} 3 & 2 & 1 \\ 0 & 1 & 0 \\ 2 & 1 & 0 \end{pmatrix} = \begin{pmatrix} 5 & 3 & 1 \end{pmatrix}$

$x^{(2)} = B\begin{pmatrix} 1 \\ 0 \end{pmatrix} = \begin{pmatrix} 2 & 4 & 1 \\ 0 & 0 & 3 \end{pmatrix}\begin{pmatrix} 1 \\ 0 \end{pmatrix} \qquad$ *nicht ausführbar*

$x^{(3)} = C\begin{pmatrix} 1 \\ 2 \end{pmatrix} = \begin{pmatrix} 1 & 2 \\ 0 & 1 \end{pmatrix}\begin{pmatrix} 1 \\ 2 \end{pmatrix} = \begin{pmatrix} 5 \\ 2 \end{pmatrix}$

$x^{(4)} = \begin{pmatrix} 1 & 2 \end{pmatrix} B + \begin{pmatrix} 0 & 0 & 1 \end{pmatrix} A = \begin{pmatrix} 1 & 2 \end{pmatrix}\begin{pmatrix} 2 & 4 & 1 \\ 0 & 0 & 3 \end{pmatrix} + \begin{pmatrix} 0 & 0 & 1 \end{pmatrix}\begin{pmatrix} 3 & 2 & 1 \\ 0 & 1 & 0 \\ 2 & 1 & 0 \end{pmatrix}$

$\qquad = \begin{pmatrix} 2 & 4 & 7 \end{pmatrix} + \begin{pmatrix} 2 & 1 & 0 \end{pmatrix} = \begin{pmatrix} 4 & 5 & 7 \end{pmatrix}$

$x^{(5)} = \begin{pmatrix} 1 & 0 \end{pmatrix} B - \begin{pmatrix} 1 & 1 \end{pmatrix} C = \begin{pmatrix} 1 & 0 \end{pmatrix}\begin{pmatrix} 2 & 4 & 1 \\ 0 & 0 & 3 \end{pmatrix} - \begin{pmatrix} 1 & 1 \end{pmatrix}\begin{pmatrix} 1 & 2 \\ 0 & 1 \end{pmatrix}$

$\qquad = \begin{pmatrix} 2 & 4 & 1 \end{pmatrix} - \begin{pmatrix} 1 & 3 \end{pmatrix} \qquad$ *nicht ausführbar*

$x^{(6)} = B\begin{pmatrix} 1 \\ 0 \\ 0 \end{pmatrix} + C\begin{pmatrix} 0 \\ 1 \end{pmatrix} = \begin{pmatrix} 2 & 4 & 1 \\ 0 & 0 & 3 \end{pmatrix}\begin{pmatrix} 1 \\ 0 \\ 0 \end{pmatrix} + \begin{pmatrix} 1 & 2 \\ 0 & 1 \end{pmatrix}\begin{pmatrix} 0 \\ 1 \end{pmatrix} = \begin{pmatrix} 2 \\ 0 \end{pmatrix} + \begin{pmatrix} 2 \\ 1 \end{pmatrix} = \begin{pmatrix} 4 \\ 1 \end{pmatrix}$

b) $A\,B \qquad B\,A \qquad B\,C \qquad C\,B \qquad A\,C \qquad C\,A$

$$AB = \begin{pmatrix} 3 & 2 & 1 \\ 0 & 1 & 0 \\ 2 & 1 & 0 \end{pmatrix} \begin{pmatrix} 2 & 4 & 1 \\ 0 & 0 & 3 \end{pmatrix} \qquad \textit{nicht ausführbar}$$

$$BA = \begin{pmatrix} 2 & 4 & 1 \\ 0 & 0 & 3 \end{pmatrix} \begin{pmatrix} 3 & 2 & 1 \\ 0 & 1 & 0 \\ 2 & 1 & 0 \end{pmatrix} = \begin{pmatrix} 8 & 9 & 2 \\ 6 & 3 & 0 \end{pmatrix}$$

$$BC = \begin{pmatrix} 2 & 4 & 1 \\ 0 & 0 & 3 \end{pmatrix} \begin{pmatrix} 1 & 2 \\ 0 & 1 \end{pmatrix} \qquad \textit{nicht ausführbar}$$

$$CB = \begin{pmatrix} 1 & 2 \\ 0 & 1 \end{pmatrix} \begin{pmatrix} 2 & 4 & 1 \\ 0 & 0 & 3 \end{pmatrix} = \begin{pmatrix} 2 & 4 & 7 \\ 0 & 0 & 3 \end{pmatrix}$$

$$AC = \begin{pmatrix} 3 & 2 & 1 \\ 0 & 1 & 0 \\ 2 & 1 & 0 \end{pmatrix} \begin{pmatrix} 1 & 2 \\ 0 & 1 \end{pmatrix} \qquad CA = \begin{pmatrix} 1 & 2 \\ 0 & 1 \end{pmatrix} \begin{pmatrix} 3 & 2 & 1 \\ 0 & 1 & 0 \\ 2 & 1 & 0 \end{pmatrix} \qquad \textit{beides nicht ausführbar}$$

c) $A^{\mathrm{T}}B \qquad B^{\mathrm{T}}A \qquad B^{\mathrm{T}}C \qquad C^{\mathrm{T}}B$

$$A^{T}B = \begin{pmatrix} 3 & 0 & 2 \\ 2 & 1 & 1 \\ 1 & 0 & 0 \end{pmatrix} \begin{pmatrix} 2 & 4 & 1 \\ 0 & 0 & 3 \end{pmatrix} \qquad B^{T}A = \begin{pmatrix} 2 & 0 \\ 4 & 0 \\ 1 & 3 \end{pmatrix} \begin{pmatrix} 3 & 2 & 1 \\ 0 & 1 & 0 \\ 2 & 1 & 0 \end{pmatrix} \qquad \textit{nicht ausführbar}$$

$$B^{T}C = \begin{pmatrix} 2 & 0 \\ 4 & 0 \\ 1 & 3 \end{pmatrix} \begin{pmatrix} 1 & 2 \\ 0 & 1 \end{pmatrix} = \begin{pmatrix} 2 & 4 \\ 4 & 8 \\ 1 & 5 \end{pmatrix} \qquad C^{T}B = \begin{pmatrix} 1 & 0 \\ 2 & 1 \end{pmatrix} \begin{pmatrix} 2 & 4 & 1 \\ 0 & 0 & 3 \end{pmatrix} = \begin{pmatrix} 2 & 4 & 1 \\ 4 & 8 & 5 \end{pmatrix}$$

Aufgabe 3.1.1.4

$$A = \begin{pmatrix} 3 & 1 & 4 \\ 4 & 1 & 5 \end{pmatrix} \qquad B = \begin{pmatrix} 1 & 2 \\ 0 & 1 \\ 1 & 3 \end{pmatrix} \qquad C = \begin{pmatrix} 1 & a \\ b & 1 \end{pmatrix}$$

a) $A\,B$ und $B\,A$

$$AB = \begin{pmatrix} 3 & 1 & 4 \\ 4 & 1 & 5 \end{pmatrix} \begin{pmatrix} 1 & 2 \\ 0 & 1 \\ 1 & 3 \end{pmatrix} = \begin{pmatrix} 7 & 19 \\ 9 & 24 \end{pmatrix}$$

$$BA = \begin{pmatrix} 1 & 2 \\ 0 & 1 \\ 1 & 3 \end{pmatrix} \begin{pmatrix} 3 & 1 & 4 \\ 4 & 1 & 5 \end{pmatrix} = \begin{pmatrix} 11 & 3 & 14 \\ 4 & 1 & 5 \\ 15 & 4 & 19 \end{pmatrix}$$

b) $C B^{\mathrm{T}} = A$

$$CB^{T} = \begin{pmatrix} 1 & a \\ b & 1 \end{pmatrix} \begin{pmatrix} 1 & 0 & 1 \\ 2 & 1 & 3 \end{pmatrix} = A = \begin{pmatrix} 3 & 1 & 4 \\ 4 & 1 & 5 \end{pmatrix}$$

$\rightarrow \quad a_{11} = 1 + 2a = 3 \quad \rightarrow \quad a = \underline{1}$

$\rightarrow \quad a_{21} = b + 2 \ = 4 \quad \rightarrow \quad b = \underline{2}$

Aufgabe 3.1.1.5

$$A = \begin{pmatrix} 1 & 0 & 0 \\ 0 & 2 & 0 \\ 0 & 0 & 3 \end{pmatrix} \qquad B = \begin{pmatrix} 1 & 1 & 1 \\ 0 & 1 & 1 \\ 0 & 0 & 1 \end{pmatrix}$$

a) $C = A + B = \begin{pmatrix} 1 & 0 & 0 \\ 0 & 2 & 0 \\ 0 & 0 & 3 \end{pmatrix} + \begin{pmatrix} 1 & 1 & 1 \\ 0 & 1 & 1 \\ 0 & 0 & 1 \end{pmatrix} = \begin{pmatrix} 2 & 1 & 1 \\ 0 & 3 & 1 \\ 0 & 0 & 4 \end{pmatrix}$

$$C^{2} = \begin{pmatrix} 2 & 1 & 1 \\ 0 & 3 & 1 \\ 0 & 0 & 4 \end{pmatrix} \begin{pmatrix} 2 & 1 & 1 \\ 0 & 3 & 1 \\ 0 & 0 & 4 \end{pmatrix} = \begin{pmatrix} 4 & 5 & 7 \\ 0 & 9 & 7 \\ 0 & 0 & 16 \end{pmatrix}$$

b) $D = A^{2} + 2\,A\,B + B^{2}$

$$A^{2} = \begin{pmatrix} 1 & 0 & 0 \\ 0 & 2 & 0 \\ 0 & 0 & 3 \end{pmatrix} \begin{pmatrix} 1 & 0 & 0 \\ 0 & 2 & 0 \\ 0 & 0 & 3 \end{pmatrix} = \begin{pmatrix} 1 & 0 & 0 \\ 0 & 4 & 0 \\ 0 & 0 & 9 \end{pmatrix}$$

$$B^{2} = \begin{pmatrix} 1 & 1 & 1 \\ 0 & 1 & 1 \\ 0 & 0 & 1 \end{pmatrix} \begin{pmatrix} 1 & 1 & 1 \\ 0 & 1 & 1 \\ 0 & 0 & 1 \end{pmatrix} = \begin{pmatrix} 1 & 2 & 3 \\ 0 & 1 & 2 \\ 0 & 0 & 1 \end{pmatrix}$$

$$AB = \begin{pmatrix} 1 & 0 & 0 \\ 0 & 2 & 0 \\ 0 & 0 & 3 \end{pmatrix} \begin{pmatrix} 1 & 1 & 1 \\ 0 & 1 & 1 \\ 0 & 0 & 1 \end{pmatrix} = \begin{pmatrix} 1 & 1 & 1 \\ 0 & 2 & 2 \\ 0 & 0 & 3 \end{pmatrix}$$

$$D = A^2 + 2AB + B^2 = \begin{pmatrix} 1 & 0 & 0 \\ 0 & 4 & 0 \\ 0 & 0 & 9 \end{pmatrix} + 2\begin{pmatrix} 1 & 1 & 1 \\ 0 & 2 & 2 \\ 0 & 0 & 3 \end{pmatrix} + \begin{pmatrix} 1 & 2 & 3 \\ 0 & 1 & 2 \\ 0 & 0 & 1 \end{pmatrix} = \begin{pmatrix} 4 & 4 & 5 \\ 0 & 9 & 6 \\ 0 & 0 & 16 \end{pmatrix}$$

c) Das *Kommutativgesetz* gilt für die Matrizenmultiplikation *nicht*.

$$C^2 = (A+B)(A+B) = A^2 + AB + BA + B^2 \neq A^2 + 2AB + B^2 = D$$

Aufgabe 3.1.1.6   Baufirma

a) $A = \begin{pmatrix} 20 & 4 & 5 \\ 50 & 5 & 4 \\ 10 & 4 & 2 \end{pmatrix}$ $x = \begin{pmatrix} 200 \\ 240 \\ 300 \end{pmatrix}$

b) Die Objekte stehen in den Zeilen der Matrix A, daher müssen die Arbeitstage innerhalb der Objekte (Zeilen) zusammengefasst werden. Gemäß dem Prinzip der Matrizenmultiplikation *Zeile mal Spalte*, muss A daher von rechts mit dem Spaltenvektor x der Preise pro Arbeitstag multipliziert werden.

$$y = Ax = \begin{pmatrix} 20 & 4 & 5 \\ 50 & 5 & 4 \\ 10 & 4 & 2 \end{pmatrix}\begin{pmatrix} 200 \\ 240 \\ 300 \end{pmatrix} = \begin{pmatrix} 6460 \\ 12400 \\ 3560 \end{pmatrix}$$

$y_1 = 20 \cdot 200 + 4 \cdot 240 + 5 \cdot 300 = 6\,460$

(20 Tage a 200 € + 4 Tage a 240 € + 5 Tage a 300 €)

Aufgabe 3.1.1.7   Prozessanalyse

	ZP_1	ZP_2
EG_1	5	2
EG_2	4	3

	FP_1	FP_2	FP_3
ZP_1	3	4	2
ZP_2	2	3	4

a) $A = \begin{pmatrix} 5 & 2 \\ 4 & 3 \end{pmatrix}$ $B = \begin{pmatrix} 3 & 4 & 2 \\ 2 & 3 & 4 \end{pmatrix}$

Übergangsmatrix insgesamt

$$C = AB = \begin{pmatrix} 5 & 2 \\ 4 & 3 \end{pmatrix}\begin{pmatrix} 3 & 4 & 2 \\ 2 & 3 & 4 \end{pmatrix} = \begin{pmatrix} 19 & 26 & 18 \\ 18 & 25 & 20 \end{pmatrix}$$

$c_{23} = 20$,   *d.h. je ME des dritten Fertigprodukts werden 20 ME des zweiten Einsatzgutes benötigt.*

b) x = Vektor der *EG*-Mengen z = Vektor der *FP*-Mengen

$$x = Cz = \begin{pmatrix} 19 & 26 & 18 \\ 18 & 25 & 20 \end{pmatrix} \begin{pmatrix} 10 \\ 20 \\ 5 \end{pmatrix} = \begin{pmatrix} 800 \\ 780 \end{pmatrix}$$

Für diese Produktion sind 800 ME *EG₁* und 780 ME *EG₂* erforderlich.

Aufgabe 3.1.1.8   Stromanbieter

a) $P = \begin{pmatrix} 0{,}8 & 0{,}1 & 0{,}1 \\ 0{,}2 & 0{,}7 & 0{,}1 \\ 0{,}2 & 0{,}2 & 0{,}6 \end{pmatrix}$

$a_{12} = 0{,}1$

10 % der ursprünglichen Kunden von EON beziehen im Folgejahr ihren Strom von Vattenfall.

b) x = Vektor der Kundenanteile im Vorjahr
y = Vektor der Kundenanteile im Folgejahr

Um die Kundenanteile des Folgejahres zu bestimmen, müssen die Kundenanteile in den Spalten (der Anbieter, zu dem gewechselt wird) zusammengefasst werden. Daher muss die Übergangsmatrix *P* nach dem Prinzip *Zeile mal Spalte* von links mit dem Zeilenvektor der Kundenanteile des Vorjahres multipliziert werden.

$$y^T = x^T P = \begin{pmatrix} 40 & 20 & 40 \end{pmatrix} \begin{pmatrix} 0{,}8 & 0{,}1 & 0{,}1 \\ 0{,}2 & 0{,}7 & 0{,}1 \\ 0{,}2 & 0{,}2 & 0{,}6 \end{pmatrix} = \begin{pmatrix} 44 & 26 & 30 \end{pmatrix}$$

c) $P \cdot P = \begin{pmatrix} 0{,}8 & 0{,}1 & 0{,}1 \\ 0{,}2 & 0{,}7 & 0{,}1 \\ 0{,}2 & 0{,}2 & 0{,}6 \end{pmatrix} \begin{pmatrix} 0{,}8 & 0{,}1 & 0{,}1 \\ 0{,}2 & 0{,}7 & 0{,}1 \\ 0{,}2 & 0{,}2 & 0{,}6 \end{pmatrix} = \begin{pmatrix} 0{,}68 & 0{,}17 & 0{,}15 \\ 0{,}32 & 0{,}53 & 0{,}15 \\ 0{,}32 & 0{,}28 & 0{,}40 \end{pmatrix}$

17 % der ursprünglichen Kunden von EON (i=1) beziehen ihren Strom zwei Jahre später von Vattenfall (j=2).

d) z = Vektor der Kundenanteile im 3. Jahr

Aufgrund des Assoziativgesetzes bestehen hier zwei Möglichkeiten:

$$z^T = x^T P^2 = \begin{pmatrix} 40 & 20 & 40 \end{pmatrix} \begin{pmatrix} 0{,}68 & 0{,}17 & 0{,}15 \\ 0{,}32 & 0{,}53 & 0{,}15 \\ 0{,}32 & 0{,}28 & 0{,}40 \end{pmatrix} = \begin{pmatrix} 46{,}4 & 28{,}6 & 25 \end{pmatrix}$$

oder

$$z^T = y^T P = \begin{pmatrix} 44 & 26 & 30 \end{pmatrix} \begin{pmatrix} 0{,}8 & 0{,}1 & 0{,}1 \\ 0{,}2 & 0{,}7 & 0{,}1 \\ 0{,}2 & 0{,}2 & 0{,}6 \end{pmatrix} = \begin{pmatrix} 46{,}4 & 28{,}6 & 25 \end{pmatrix}$$

Aufgabe 3.1.1.9   **Ostseereisen**

a) $A = \begin{pmatrix} 20 & 40 & 20 \\ 100 & 120 & 60 \\ 80 & 100 & 20 \end{pmatrix}$ $p = \begin{pmatrix} 80 \\ 120 \\ 200 \end{pmatrix}$

Die Feriengebiete, deren Einnahmen zusammengefasst werden sollen, stehen in den Spalten. Gemäß dem Prinzip der Matrizenmultiplikation *Zeile mal Spalte*, muss A daher von links mit dem Zeilenvektor p^T multipliziert werden

$$p^T A = (80 \quad 120 \quad 200) \begin{pmatrix} 20 & 40 & 20 \\ 100 & 120 & 60 \\ 80 & 100 & 20 \end{pmatrix} = (29\,600 \quad 37\,600 \quad 12\,800)$$

b) $A = \begin{pmatrix} 20 & 40 & 20 \\ 100 & 120 & 60 \\ 80 & 100 & 20 \end{pmatrix}$ $B = \begin{pmatrix} 1 & 0,75 \\ 0,95 & 0,7 \\ 0,9 & 0,7 \end{pmatrix}$

$$AB = \begin{pmatrix} 20 & 40 & 20 \\ 100 & 120 & 60 \\ 80 & 100 & 20 \end{pmatrix} \begin{pmatrix} 1 & 0,75 \\ 0,95 & 0,7 \\ 0,9 & 0,7 \end{pmatrix} = \begin{pmatrix} 76 & 57 \\ 268 & 201 \\ 193 & 144 \end{pmatrix}$$

$c_{21} = 268 =$ *Anz. der in der Hauptsaison (j=1) vermieteten Doppelzimmer (i=2), in allen drei Gebieten zusammen*

Aufgabe 3.1.1.10   **Mietbestandteile**

a) $x^T = (0,2 \quad 0,5 \quad 0,3)$

$$y^T = x^T A = (0,2 \quad 0,5 \quad 0,3) \begin{pmatrix} 5,2 & 1,8 & 0,8 \\ 6,4 & 2,2 & 0,6 \\ 7,0 & 2,0 & 1,0 \end{pmatrix} = (6,34 \quad 2,06 \quad 0,76)$$

6,34 €/m² = *mittlerer Mietpreis je m² (Kaltmiete) insgesamt*
2,06 €/m² = *mittlere Heizkosten je m² insgesamt*
0,76 €/m² = *mittlere sonstige Betriebskosten je m² insgesamt*

b) $z^T = (0,03 \quad 0,05 \quad 0,02) =$ relative Preiserhöhungen der drei Mietbestandteile

$w =$ Erhöhung der Warmmiete je m² in €

Um die Änderung der Warmmieten für jedes der drei Gebiete zu ermitteln, müssen die absoluten Veränderungen der verschiedenen Mietbestandteile in den Zeilen der Matrix A zusammengefasst werden. Nach dem Prinzip *Zeile mal Spalte* muss die Matrix A daher von rechts mit dem Spaltenvektor z der relativen Preisänderungen multipliziert werden.

$$w = Az = \begin{pmatrix} 5{,}2 & 1{,}8 & 0{,}8 \\ 6{,}4 & 2{,}2 & 0{,}6 \\ 7{,}0 & 2{,}0 & 1{,}0 \end{pmatrix} \begin{pmatrix} 0{,}02 \\ 0{,}05 \\ 0{,}02 \end{pmatrix} = \begin{pmatrix} 0{,}21 \\ 0{,}25 \\ 0{,}26 \end{pmatrix}$$

Aufgabe 3.1.1.11   Gartengestaltung

a)

$$A = \begin{pmatrix} 40 & 5 & 6 \\ 10 & 0 & 2 \\ 80 & 20 & 2 \end{pmatrix}$$

$a_{31} = 80 = $ *Leistungen der Gartenbaufirma der 1. Leistungsart (Pflastern der Wege) für die Wohnanlage*

b) Um die Kosten für jedes Objekt insgesamt zu bestimmen, müssen die Leistungen in den Zeilen der Matrix A zusammengefasst werden. Nach dem Prinzip Zeile mal Spalte muss A daher von rechts mit dem Spaltenvektor der Einzelkosten x multipliziert werden.

$$Ax = \begin{pmatrix} 40 & 5 & 6 \\ 10 & 0 & 2 \\ 80 & 20 & 2 \end{pmatrix} \begin{pmatrix} 50 \\ 10 \\ 25 \end{pmatrix} = \begin{pmatrix} 2200 \\ 550 \\ 4250 \end{pmatrix}$$

c) Diesmal sind die Leistungen aus den Spalten der Matrix A zum Gesamtaufwand der betreffenden Leistungsart zusammenzufassen. Dazu muss nach dem Prinzip *Zeile mal Spalte* die Matrix A von links mit dem Zeilenvektor der Auftragszahlen multipliziert werden.

$$y^T A = \begin{pmatrix} 2 & 5 & 1 \end{pmatrix} \begin{pmatrix} 40 & 5 & 6 \\ 10 & 0 & 2 \\ 80 & 20 & 2 \end{pmatrix} = \begin{pmatrix} 210 & 30 & 24 \end{pmatrix}$$

Aufgabe 3.1.1.12   Fußbodenarbeiten

a) $A = \begin{pmatrix} 10 & 20 & 40 \\ 15 & 0 & 80 \\ 20 & 50 & 50 \end{pmatrix}$ $x = $ Vektor der Wohnungszahlen je Wohnungstyp

$$y^T = x^T A = \begin{pmatrix} 8 & 20 & 10 \end{pmatrix} \begin{pmatrix} 10 & 20 & 40 \\ 15 & 0 & 80 \\ 20 & 50 & 50 \end{pmatrix} = \begin{pmatrix} 580 & 660 & 2420 \end{pmatrix}$$

Der Vektor y gibt für den gesamten Neubau die Flächen für Fliesen, Parkett und Teppich an.

b) $p = $ Vektor der Preise je Fußbodenart

     $z = $ Vektor der Preise je Wohnungstyp für die Fußbodenarbeiten insgesamt

Da die Wohnungstypen in den Zeilen der Matrix A stehen, müssen die Kosten innerhalb der Zeilen zusammengefasst werden. Dazu muss nach dem Prinzip *Zeile mal Spalte* die Matrix A von rechts mit dem Spaltenvektor der Preise p multipliziert werden.

$$z = Ap = \begin{pmatrix} 10 & 20 & 40 \\ 15 & 0 & 80 \\ 20 & 50 & 50 \end{pmatrix} \begin{pmatrix} 25 \\ 40 \\ 15 \end{pmatrix} = \begin{pmatrix} 1650 \\ 1575 \\ 3250 \end{pmatrix}$$

c) $\quad y^T = x^T A\, p = \begin{pmatrix} 8 & 20 & 10 \end{pmatrix} \begin{pmatrix} 10 & 20 & 40 \\ 15 & 0 & 80 \\ 20 & 50 & 50 \end{pmatrix} \begin{pmatrix} 25 \\ 40 \\ 15 \end{pmatrix} = \begin{pmatrix} 580 & 660 & 2420 \end{pmatrix} \begin{pmatrix} 25 \\ 40 \\ 15 \end{pmatrix}$

$\quad\quad = \underline{77\,200\ \text{€}}$

Alternative (nach dem Assoziativgesetz)

$y^T = x^T A\, p = \begin{pmatrix} 8 & 20 & 10 \end{pmatrix} \begin{pmatrix} 10 & 20 & 40 \\ 15 & 0 & 80 \\ 20 & 50 & 50 \end{pmatrix} \begin{pmatrix} 25 \\ 40 \\ 15 \end{pmatrix} = \begin{pmatrix} 8 & 20 & 10 \end{pmatrix} \begin{pmatrix} 1650 \\ 1575 \\ 3250 \end{pmatrix}$

$\quad\quad = \underline{77\,200\ \text{€}}$

Die Gesamtkosten der Fußbodenarbeiten in dem Neubau betragen 77 200 €.

Um diese zu errechnen, wurden die Preise der Fußbodenarten der drei Wohnungstypen mit der Zahl der Wohnungen jedes Typs multipliziert und aufsummiert.

Aufgabe 3.1.1.13   Sanierung Altbau

$$A = \begin{pmatrix} 60 & 12 & 25 \\ 100 & 16 & 35 \\ 150 & 24 & 50 \end{pmatrix} \qquad x = \begin{pmatrix} 1 \\ 10 \\ 50 \end{pmatrix} \qquad y^T = \begin{pmatrix} 4 & 8 & 12 \end{pmatrix}$$

                                 Kosten in €   Wohnungsanzahlen

a) Um die Kosten k je Wohnungstyp zu ermitteln, müssen die Mengen bzw. die Arbeitszeit in den Zeilen der Matrix A zusammengefasst werden. Nach dem Prinzip *Zeile mal Spalte* muss dazu die Matrix A von rechts mit dem Spaltenvektor der Kosten x multipliziert werden.

$$k = Ax = \begin{pmatrix} 60 & 12 & 25 \\ 100 & 16 & 35 \\ 150 & 24 & 50 \end{pmatrix} \begin{pmatrix} 1 \\ 10 \\ 50 \end{pmatrix} = \begin{pmatrix} 1430 \\ 2010 \\ 2890 \end{pmatrix}$$

b) $\quad z^T = y^T A = \begin{pmatrix} 4 & 8 & 12 \end{pmatrix} \begin{pmatrix} 60 & 12 & 25 \\ 100 & 16 & 35 \\ 150 & 24 & 50 \end{pmatrix} = \begin{pmatrix} 2840 & 464 & 980 \end{pmatrix}$

$\quad\quad z_1 = 2840 \quad\quad$ *Insgesamt sind im Haus 2840 m Kabel zu verlegen.*

Aufgabe 3.1.1.14   **Prozessanalyse**

	H_1	H_2
R_1	1	0
R_2	3	1
R_3	0	a

	F_1	F_2	F_3
H_1	b	1	3
H_2	2	1	3

a) $A = \begin{pmatrix} 1 & 0 \\ 3 & 1 \\ 0 & a \end{pmatrix}$ $B = \begin{pmatrix} b & 1 & 3 \\ 2 & 1 & 3 \end{pmatrix}$

b) $C = AB = \begin{pmatrix} 1 & 0 \\ 3 & 1 \\ 0 & a \end{pmatrix}\begin{pmatrix} b & 1 & 3 \\ 2 & 1 & 3 \end{pmatrix} = \begin{pmatrix} 1 & 1 & 3 \\ 5 & 4 & 12 \\ 4 & 2 & 6 \end{pmatrix}$

$$c_{11} = 1 \cdot b + 0 \cdot 2 = 1 \quad \rightarrow \quad b = \underline{1}$$

oder $\quad c_{21} = 3 \cdot b + 1 \cdot 2 = 5 \quad \rightarrow \quad b = \underline{1}$

$$c_{31} = 0 \cdot b + 2a = 4 \quad \rightarrow \quad a = \underline{2}$$

oder $\quad c_{32} = 0 \cdot 1 + \quad a = 2 \quad \rightarrow \quad a = \underline{2}$

oder $\quad c_{33} = 0 \cdot 3 + 3\,a = 6 \quad \rightarrow \quad a = \underline{2}$

c) $\quad c_{21} = 5$

d.h. es werden 5 ME des Rohstoffs R_2 benötigt, um eine ME des Fertigprodukts F_1 herzustellen.

d) Die Rohstoffe, deren Bedarf ermittelt werden soll, stehen in den Zeilen der Matrix C. Daher muss nach dem Prinzip *Zeile mal Spalte* die Matrix C von rechts mit dem Spaltenvektor der Mengen der Fertigprodukte z multipliziert werden.

$$x = Cz = \begin{pmatrix} 1 & 1 & 3 \\ 5 & 4 & 12 \\ 4 & 2 & 6 \end{pmatrix}\begin{pmatrix} 20 \\ 30 \\ 10 \end{pmatrix} = \begin{pmatrix} 80 \\ 340 \\ 200 \end{pmatrix}$$

Aufgabe 3.1.1.15   **Wohnungsbau**

a) $A = \begin{pmatrix} 6 & 4 & 2 \\ 4 & 8 & 3 \\ 0 & 3 & 5 \end{pmatrix}$ $B = \begin{pmatrix} 5 & 3 & 3 \\ 7 & 4 & 2 \\ 3 & 6 & 5 \end{pmatrix}$

$$C = AB = \begin{pmatrix} 6 & 4 & 2 \\ 4 & 8 & 3 \\ 0 & 3 & 5 \end{pmatrix}\begin{pmatrix} 5 & 3 & 3 \\ 7 & 4 & 2 \\ 3 & 6 & 5 \end{pmatrix} = \begin{pmatrix} 64 & 46 & 36 \\ 85 & 62 & 43 \\ 36 & 42 & 31 \end{pmatrix}$$

$c_{23} = 43$

Insgesamt werden am Standort III 43 Wohnungen mit Mietpreisen zwischen 8 und 10,5 €/m² errichtet.

b) p = Preis der drei Gebäudetypen in Mio. €
k = Kostenvektor (Baukosten je Standort) in Mio. €

Um die Baukosten, getrennt nach den drei Standorten, zu berechnen, müssen die Gebäude-zahlen in den Spalten der Matrix B mit den Kosten pro Gebäude multipliziert und aufsummiert werden. Dazu muss die Matrix B nach dem Prinzip *Zeile mal Spalte* von links mit dem Zeilenvektor der Gebäudekosten multipliziert werden.

$$k^T = p^T B = \begin{pmatrix} 5 & 7 & 10 \end{pmatrix} \begin{pmatrix} 5 & 3 & 3 \\ 7 & 4 & 2 \\ 3 & 6 & 5 \end{pmatrix} = \begin{pmatrix} 104 & 103 & 79 \end{pmatrix}$$

c) i = Vektor der Infrastrukturabgabe pro gebauter Wohnung der Mietpreisklassen in 1000 €
s = Abgaben für die Infrastruktur an den drei Standorten in 1000 €

Die Infrastrukturabgaben sind nach Mietpreisgruppen gestaffelt. Diese Mietpreisgruppen bilden die Zeilen der Matrix C. Um die Abgaben standortweise zu summieren, müssen die Werte in den Spalten der Produktmatrix C zusammengefasst werden. Nach dem Prinzip *Zeile mal Spalte* muss dazu die Matrix C von links mit dem Zeilenvektor Infrastruktur-abgaben i multipliziert werden.

$$s^T = i^T C = \begin{pmatrix} 4 & 6 & 8 \end{pmatrix} \begin{pmatrix} 64 & 46 & 36 \\ 85 & 62 & 43 \\ 36 & 42 & 31 \end{pmatrix} = \begin{pmatrix} 1054 & 892 & 650 \end{pmatrix}$$

Aufgabe 3.1.1.16   Grillbuffet

a) $A = \begin{pmatrix} 60 & 40 & 20 \\ 20 & 30 & 50 \\ 10 & 20 & 10 \\ 10 & 10 & 20 \end{pmatrix}$ $B = \begin{pmatrix} 5 & 3 & 2 \\ 3 & 2 & 3 \\ 0 & 2 & 4 \end{pmatrix}$

$a_{21} = 20$ *je 100 g Ketchup werden 20 g Paprika benötigt.*

$b_{23} = 3$ *Für das Grillbuffet 3 werden 300 g Currysoße benötigt.*

b) $C = AB = \begin{pmatrix} 60 & 40 & 20 \\ 20 & 30 & 50 \\ 10 & 20 & 10 \\ 10 & 10 & 20 \end{pmatrix} \begin{pmatrix} 5 & 3 & 2 \\ 3 & 2 & 3 \\ 0 & 2 & 4 \end{pmatrix} = \begin{pmatrix} 420 & 300 & 320 \\ 190 & 220 & 330 \\ 110 & 90 & 120 \\ 80 & 90 & 130 \end{pmatrix}$

$c_{31} = 110$ *Für das Grillbuffet 1 werden 110 g Zwiebeln benötigt.*

c) Die Zutaten, deren Gesamtbedarf ermittelt werden soll, stehen in den Zeilen der Matrix C. Um deren Werte nach dem Prinzip *Zeile mal Spalte* zusammenzufassen, muss die Matrix

C von rechts mit dem Spaltenvektor der Zahl der einzelnen Grillbuffets multipliziert werden.

$$x = C_z = \begin{pmatrix} 420 & 300 & 320 \\ 190 & 220 & 330 \\ 110 & 90 & 120 \\ 80 & 90 & 130 \end{pmatrix} \begin{pmatrix} 2 \\ 3 \\ 3 \end{pmatrix} = \begin{pmatrix} 2700 \\ 2030 \\ 850 \\ 820 \end{pmatrix}$$

3.4.1.2 *Die inverse Matrix*

Die inverse Matrix

Einheitsmatrix

$$I = \begin{pmatrix} 1 & 0 & \cdots & 0 \\ 0 & 1 & \cdots & 0 \\ \vdots & \vdots & \ddots & \vdots \\ 0 & 0 & \cdots & 1 \end{pmatrix}$$

Die Matrix I, deren Elemente in der Hauptdiagonale alle eins und außerhalb dieser alle null sind, wird als *Einheitsmatrix* bezeichnet.

Sie stellt das neutrale Element der Matrizenmultiplikation dar, für das bei einer beliebigen Matrix A von Typ (m,n) gilt:

$$I_m A = A I_n = I \quad .$$

Dabei gibt der Index n bzw. m die Dimension der benötigten Einheitsmatrix, die Zahl ihrer Zeilen und Spalten, an.

Inverse Matrix

Als Inverse der Matrix A wird eine Matrix A^{-1} bezeichnet, die der Gleichung

$$A A^{-1} = A^{-1} A = I \quad \text{genügt.}$$

Nicht jede Matrix A besitzt eine inverse Matrix A^{-1}. Die Inverse A^{-1} existiert nur dann, wenn:
- die Matrix A quadratisch ist ($m = n$), d.h. sie besitzt genauso viele Zeilen wie Spalten, und
- die Zeilen (bzw. Spalten) von A linear unabhängig sind. (Vektoren sind linear *abhängig*, wenn sich einer dieser Vektoren als Summe oder Differenz der mit geeigneten Koeffizienten multiplizierten anderen Vektoren darstellen lässt.)

In einfachen Fällen, z.B. bei (2,2) Matrizen lässt sich die Inverse direkt aus der Definitionsgleichung berechnen.

$$A = \begin{pmatrix} 1 & 2 \\ 3 & 1 \end{pmatrix} \qquad A^{-1} = \begin{pmatrix} a & b \\ c & d \end{pmatrix} \qquad A A^{-1} = \begin{pmatrix} a + 2c & b + 2d \\ 3a + c & 3b + d \end{pmatrix} = \begin{pmatrix} 1 & 0 \\ 0 & 1 \end{pmatrix}$$

Damit ist:

(3) $3a + c = 0 \quad \rightarrow \quad c = -3a$

(1) $a + 2c = 1 \quad \rightarrow \quad a - 6a = -5a = 1 \quad \rightarrow \quad a = \underline{-0{,}2} \qquad c = -3a = \underline{0{,}6}$

(2) $b + 2d = 0 \quad \rightarrow \quad b = -2d$

(4) $3b + d = 1 \quad \rightarrow \quad -6d + d = -5d = 1 \quad \rightarrow \quad d = \underline{-0{,}2} \qquad b = -2d = \underline{0{,}4}$

und $\qquad A^{-1} = \begin{pmatrix} -0{,}2 & 0{,}4 \\ 0{,}6 & -0{,}2 \end{pmatrix}$. $\qquad$ **Probe**: $\qquad A\,A^{-1} = A^{-1}A = \begin{pmatrix} 1 & 0 \\ 0 & 1 \end{pmatrix}$

Benötigt wird die inverse Matrix, um Gleichungen der Form $A\,B = C$ nach A oder B umzustellen, was bei reellen Zahlen mittels Division erfolgt, die für Matrizen jedoch nicht existiert. Mit der gegebenen Matrix A und ihrer Inversen A^{-1} erhält man für

$$C = \begin{pmatrix} 5 & 1 \\ 5 & 3 \end{pmatrix} \qquad \text{aus} \qquad A\,B = C$$

die fehlende Matrix B, indem man die Gleichung von links mit A^{-1} multipliziert. Dabei ist

$$A^{-1}A\ B = I\,B = B = A^{-1}C$$

und damit

$$B = A^{-1}C = \begin{pmatrix} -0{,}2 & 0{,}4 \\ 0{,}6 & -0{,}2 \end{pmatrix}\begin{pmatrix} 5 & 1 \\ 5 & 3 \end{pmatrix} = \begin{pmatrix} 1 & 1 \\ 2 & 0 \end{pmatrix} \qquad .$$

Ist dagegen $\qquad B\,A = C \qquad$ für die gleichen Matrizen A und C, so muss diese Gleichung von rechts mit A^{-1} multipliziert werden gemäß

$$B\,A\,A^{-1} = B\,I = B = C\,A^{-1}$$

mit $\qquad B = C A^{-1} = \begin{pmatrix} 5 & 1 \\ 5 & 3 \end{pmatrix}\begin{pmatrix} -0{,}2 & 0{,}4 \\ 0{,}6 & -0{,}2 \end{pmatrix} = \begin{pmatrix} -0{,}4 & 1{,}8 \\ 0{,}8 & 1{,}4 \end{pmatrix}$.

Da die Matrizenmultiplikation *nicht kommutativ* ist, muss die Multiplikation mit der Inversen A^{-1} von der Seite erfolgen, auf der die zu beseitigende Matrix A steht, im ersten Fall von links, im zweiten von rechts.

Aufgabe 3.1.2.1

$$A = \begin{pmatrix} 1 & 2 & 1 \\ 0 & 1 & 2 \\ 1 & 0 & 2 \end{pmatrix} \qquad\qquad D = \begin{pmatrix} 5 & 10 & 10 \\ 3 & 4 & 6 \\ 4 & 2 & 8 \end{pmatrix}$$

a) Eine Bestimmung von A^{-1} ausgehend von der Definition der Inversen ist nicht zu empfehlen, da hierzu drei Gleichungssysteme mit jeweils drei Variablen und drei Gleichungen gelöst werden müssten.

1. Bestimmung A^{-1} nach dem Gaußschen Algorithmus

Dazu wird neben die Matrix A eine Einheitsmatrix gesetzt und das Ganze mittels der üblichen Rechenoperationen für lineare Gleichungen so umgeformt, dass man auf der linken Seite die Einheitsmatrix erhält. Die Matrix rechts ist dann die gesuchte Inverse A^{-1}.

(1)	1	2	1	1	0	0
(2)	0	1	2	0	1	0
(3)	1	0	2	0	0	1

$(1') = (1)$	1	2	1	1	0	0
$(2') = (2)$	0	1	2	0	1	0
$(3') = (3) - (1)$	0	-2	1	-1	0	1
$(1'') = (1') - 2(2')$	1	0	-3	1	-2	0
$(2'') = (2')$	0	1	2	0	1	0
$(3'') = (3') + 2(2')$	0	0	5	-1	2	1
$(1''') = (1'') + 3(3''')$	1	0	0	0,4	-0,8	0,6
$(2''') = (2'') - 2(3''')$	0	1	0	0,4	0,2	-0,4
$(3''') = (3'') / 5$	0	0	1	-0,2	0,4	0,2

$$A^{-1} = \begin{pmatrix} 0,4 & -0,8 & 0,6 \\ 0,4 & 0,2 & -0,4 \\ -0,2 & 0,4 & 0,2 \end{pmatrix}$$

Alternative

2. Bestimmung von A^{-1} mittels Adjunkten

$$A = \begin{pmatrix} 1 & 2 & 1 \\ 0 & 1 & 2 \\ 1 & 0 & 2 \end{pmatrix} \qquad \begin{pmatrix} 1 & 2 & 1 & 1 & 2 \\ 0 & 1 & 2 & 0 & 1 \\ 1 & 0 & 2 & 1 & 0 \end{pmatrix}$$

Nach der Regel von Sarrus wird zunächst die Determinante von A ermittelt, indem die Elemente der drei Hauptdigonalen (durchgängige Linien) von links oben nach rechts unten miteinander multipliziert und dann aufsummiert werden. Davon sind die Produkte der Elemente der Nebendiagonalen (gestrichelte Linien) zu subtrahieren.

$$det(A) = 1 \cdot 1 \cdot 2 + 2 \cdot 2 \cdot 1 + 1 \cdot 0 \cdot 0 - 1 \cdot 1 \cdot 1 - 1 \cdot 2 \cdot 0 - 2 \cdot 0 \cdot 1$$
$$= 2 + 4 - 1 = 5$$

Die Elemente von A^{-1}, hier mit a_{ij}^* bezeichnet, werden dann nach der Formel:

$$a_{ij}^* = (-1)^{i+j} \frac{det(A_{ji})}{det(A)}$$

berechnet, wobei A_{ji} die Adjunkte der Matrix A ist, bei der die j-te Zeile und die i-te Spalte herausgestrichen wurden. Zu beachten ist dabei die Vertauschung der Indizes i und j, d.h. um das Element a_{ij}^* der Matrix A^{-1} zu bestimmen, wird die Adjunkte A_{ji} benötigt. Man kann stattdessen auch die ursprüngliche Matrix A transponieren und die Adjunkte A_{ij}^T dieser transponierten Matrix verwenden gemäß:

$$a_{ij}^* = (-1)^{i+j} \frac{det(A_{ij}^T)}{det(A)}, \quad \text{denn} \qquad det(A_{ji}) = det(A_{ij}^T) \ .$$

$$a_{11}^* = (-1)^2 \frac{\begin{vmatrix} 1 & 2 \\ 0 & 2 \end{vmatrix}}{5} = \frac{2-0}{5} = 0{,}4 \qquad a_{12}^* = (-1)^3 \frac{\begin{vmatrix} 2 & 1 \\ 0 & 2 \end{vmatrix}}{5} = -\frac{4-0}{5} = -0{,}8$$

$$a_{13}^* = (-1)^4 \frac{\begin{vmatrix} 2 & 1 \\ 1 & 2 \end{vmatrix}}{5} = \frac{4-1}{5} = 0{,}6 \qquad a_{21}^* = (-1)^3 \frac{\begin{vmatrix} 0 & 2 \\ 1 & 2 \end{vmatrix}}{5} = -\frac{0-2}{5} = 0{,}4$$

$$a_{22}^* = (-1)^4 \frac{\begin{vmatrix} 1 & 1 \\ 1 & 2 \end{vmatrix}}{5} = \frac{2-1}{5} = 0{,}2 \qquad a_{23}^* = (-1)^5 \frac{\begin{vmatrix} 1 & 1 \\ 0 & 2 \end{vmatrix}}{5} = -\frac{2-0}{5} = -0{,}4$$

$$a_{31}^* = (-1)^4 \frac{\begin{vmatrix} 0 & 1 \\ 1 & 0 \end{vmatrix}}{5} = \frac{0-1}{5} = -0{,}2 \qquad a_{32}^* = (-1)^5 \frac{\begin{vmatrix} 1 & 2 \\ 1 & 0 \end{vmatrix}}{5} = -\frac{0-2}{5} = 0{,}4$$

$$a_{33}^* = (-1)^6 \frac{\begin{vmatrix} 1 & 2 \\ 0 & 1 \end{vmatrix}}{5} = \frac{1-0}{5} = 0{,}2$$

$$A^{-1} = \begin{pmatrix} 0{,}4 & -0{,}8 & 0{,}6 \\ 0{,}4 & 0{,}2 & -0{,}4 \\ -0{,}2 & 0{,}4 & 0{,}2 \end{pmatrix}$$

b) $A\,B = D \quad \rightarrow \quad B = A^{-1}\,D$

$$B = A^{-1}D = \begin{pmatrix} 0{,}4 & -0{,}8 & 0{,}6 \\ 0{,}4 & 0{,}2 & -0{,}4 \\ -0{,}2 & 0{,}4 & 0{,}2 \end{pmatrix} \begin{pmatrix} 5 & 10 & 10 \\ 3 & 4 & 6 \\ 4 & 2 & 8 \end{pmatrix} = \begin{pmatrix} 2 & 2 & 4 \\ 1 & 4 & 2 \\ 1 & 0 & 2 \end{pmatrix}$$

c) $C\,A = D \quad \rightarrow \quad C = D\,A^{-1}$

$$C = DA^{-1} = \begin{pmatrix} 5 & 10 & 10 \\ 3 & 4 & 6 \\ 4 & 2 & 8 \end{pmatrix} \begin{pmatrix} 0{,}4 & -0{,}8 & 0{,}6 \\ 0{,}4 & 0{,}2 & -0{,}4 \\ -0{,}2 & 0{,}4 & 0{,}2 \end{pmatrix} = \begin{pmatrix} 4 & 2 & 1 \\ 1{,}6 & 0{,}8 & 1{,}4 \\ 0{,}8 & 0{,}4 & 3{,}2 \end{pmatrix}$$

d) Die Matrizenmultiplikation ist *nicht kommutativ*, daher ist $A\,B \neq B\,A$ und $A^{-1}D \neq D\,A^{-1}$.

Aufgabe 3.1.2.2

$$A = \begin{pmatrix} 2 & -1 \\ -1 & 3 \end{pmatrix} \qquad B = \begin{pmatrix} 2 & 1 & 4 \\ 0 & 2 & 3 \\ 4 & 2 & 3 \end{pmatrix} \qquad B^{-1} = \begin{pmatrix} 0{,}3 & -0{,}25 & \\ -0{,}6 & & 0{,}3 \\ 0{,}4 & 0 & -0{,}2 \end{pmatrix}$$

$$D = \begin{pmatrix} -8 & 8 & 12 \\ 42 & 5 & 20 \end{pmatrix}$$

a) **1.** Lösung über die Definition der Inversen:

$$A = \begin{pmatrix} 2 & -1 \\ -1 & 3 \end{pmatrix} \qquad A^{-1} = \begin{pmatrix} a & b \\ c & d \end{pmatrix} \qquad AA^{-1} = I$$

$$AA^{-1} = \begin{pmatrix} 2 & -1 \\ -1 & 3 \end{pmatrix} \begin{pmatrix} a & b \\ c & d \end{pmatrix} = \begin{pmatrix} 2a-c & 2b-d \\ -a+3c & -b+3d \end{pmatrix} = \begin{pmatrix} 1 & 0 \\ 0 & 1 \end{pmatrix}$$

Zwei Matrizen sind gleich, wenn sie in jedem ihrer Elemente übereinstimmen, d.h. hier

(1) $2a - c = 1$

(3) $-a + 3c = 0 \qquad \rightarrow \qquad a = 3c$

Das wird in (1) eingesetzt:

(1) $\quad 2a - c = 6c - c = 5c = 1 \qquad \rightarrow \qquad\qquad c = 0{,}2$
$\quad a = 3c = 0{,}6$

(2) $2b - d = 0 \qquad \rightarrow \qquad d = 2b$

(4) $-b + 3d = -b + 6b = 5b = 1 \qquad \rightarrow \qquad b = 0{,}2 \qquad\qquad d = 2b = 0{,}4$

$$\rightarrow \quad A^{-1} = \begin{pmatrix} 0{,}6 & 0{,}2 \\ 0{,}2 & 0{,}4 \end{pmatrix}$$

2. Lösung mit dem Gaußscher Algorithmus

(1)	2	-1	1	0
(2)	-1	3	0	1
(1′) = (1)/2	1	-0,5	0,5	0
(2′) = (2) + (1′)	0	2,5	0,5	1
(1″) = (1′) + 0,5(2″)	1	0	0,6	0,2
(2″) = (2′)/2,5	0	1	0,2	0,4

$$\rightarrow \quad A^{-1} = \begin{pmatrix} 0{,}6 & 0{,}2 \\ 0{,}2 & 0{,}4 \end{pmatrix}$$

3. Lösung mit Hilfe von Adjunkten

$$A = \begin{pmatrix} 2 & -1 \\ -1 & 3 \end{pmatrix} \qquad\qquad det\,(A) = 2 \cdot 3 - (-1) \cdot (-1) = 5$$

$$a_{11}^* = (-1)^2 \frac{3}{5} = 0,6 \qquad\qquad a_{12}^* = (-1)^3 \frac{-1}{5} = 0,2$$

$$a_{21}^* = (-1)^3 \frac{-1}{5} = 0,2 \qquad\qquad a_{22}^* = (-1)^4 \frac{2}{5} = 0,4$$

$$\rightarrow \quad A^{-1} = \begin{pmatrix} 0,6 & 0,2 \\ 0,2 & 0,4 \end{pmatrix}$$

b) **1.** Lösung gemäß der Definition der Inversen

$$BB^{-1} = \begin{pmatrix} 2 & 1 & 4 \\ 0 & 2 & 3 \\ 4 & 2 & 3 \end{pmatrix} \begin{pmatrix} 0 & -0,25 & a \\ -0,6 & b & 0,3 \\ 0,4 & 0 & -0,2 \end{pmatrix} = \begin{pmatrix} 1 & -0,5+b & 2a-0,5 \\ 0 & 2b & 0 \\ 0 & -1+2b & 4a \end{pmatrix} = \begin{pmatrix} 1 & 0 & 0 \\ 0 & 1 & 0 \\ 0 & 0 & 1 \end{pmatrix}$$

Nun gibt es verschiedene Möglichkeiten, die fehlenden Elemente zu ermitteln. Z.B.

$$i_{22} = 2b = 1 \quad \rightarrow \quad b = 0,5$$

$$i_{33} = 4a = 1 \quad \rightarrow \quad a = 0,25 \qquad B^{-1} = \begin{pmatrix} 0 & -0,25 & 0,25 \\ -0,6 & 0,5 & 0,3 \\ 0,4 & 0 & -0,2 \end{pmatrix}$$

2. Alternative mit Hilfe von Adjunkten

$$B = \begin{pmatrix} 2 & 1 & 4 \\ 0 & 2 & 3 \\ 4 & 2 & 3 \end{pmatrix} \qquad\qquad \begin{pmatrix} 2 & 1 & 4 & 2 & 1 \\ 0 & 2 & 3 & 0 & 2 \\ 4 & 2 & 3 & 4 & 2 \end{pmatrix}$$

$$det\,(B) = 2 \cdot 2 \cdot 3 + 1 \cdot 3 \cdot 4 + 4 \cdot 0 \cdot 2 - 4 \cdot 2 \cdot 4 - 2 \cdot 3 \cdot 2 - 1 \cdot 0 \cdot 3$$

$$= 24 - 44 = -20$$

$$b_{13}^* = (-1)^4 \frac{\begin{vmatrix} 1 & 4 \\ 2 & 3 \end{vmatrix}}{-20} = \frac{3-8}{-20} = 0,25 \qquad b_{22}^* = (-1)^4 \frac{\begin{vmatrix} 2 & 4 \\ 4 & 3 \end{vmatrix}}{-20} = \frac{6-16}{-20} = 0,5$$

c) $A\,C\,B = D$

$$CB = A^{-1}D = \begin{pmatrix} 0,6 & 0,2 \\ 0,2 & 0,4 \end{pmatrix} \begin{pmatrix} -4 & 10 & 15 \\ 42 & 5 & 20 \end{pmatrix} = \begin{pmatrix} 6 & 7 & 13 \\ 16 & 4 & 11 \end{pmatrix}$$

$$C = A^{-1}DB^{-1} = \begin{pmatrix} 6 & 7 & 13 \\ 16 & 4 & 11 \end{pmatrix} \begin{pmatrix} 0 & -0,25 & 0,25 \\ -0,6 & 0,5 & 0,3 \\ 0,4 & 0 & -0,2 \end{pmatrix} = \begin{pmatrix} 1 & 2 & 1 \\ 2 & -2 & 3 \end{pmatrix}$$

Aufgabe 3.1.2.3

$$A = \begin{pmatrix} 1 & 2 & 1 \\ 3 & 1 & 0 \\ 2 & 1 & 1 \end{pmatrix} \qquad\qquad A^{-1} = \begin{pmatrix} -0,25 & 0,25 & 0,25 \\ 0,75 & 0,25 & -0,75 \\ -0,25 & -0,75 & 1,25 \end{pmatrix}$$

a) Nach der Definition der Inversen ist

$$BB^{-1} = \begin{pmatrix} 1 & 0,6 & -0,8 \\ -0,5 & 0,2 & a \\ 2 & 1 & b \end{pmatrix}\begin{pmatrix} 13 & -4 & -7 \\ -8 & 4 & 5 \\ 9 & c & d \end{pmatrix} = \begin{pmatrix} 1 & 0 & 0 \\ 0 & 1 & 0 \\ 0 & 0 & 1 \end{pmatrix}$$

Bestimmung von a, b:

$i_{21} = -0,5 \cdot 13 + 0,2 \cdot (-8) + 9a = 0 \qquad \rightarrow \qquad 9a = 8,1 \qquad \rightarrow \qquad a = 8,1/9 = \underline{0,9}$

$i_{31} = 2 \cdot 13 + 1 \cdot (-8) + 9b = 0 \qquad \rightarrow \qquad 9b = -18 \qquad \rightarrow \qquad b = -18/9 = \underline{-2}$

Bestimmung von c, d:

$i_{12} = -4 + 0,6 \cdot 4 - 0,8c = 0 \qquad \rightarrow \qquad 0,8c = -1,6 \qquad \rightarrow \qquad c = -1,6/0,8 = \underline{-2}$

$i_{13} = -7 + 0,6 \cdot 5 - 0,8d = 0 \qquad \rightarrow \qquad 0,8d = -4 \qquad \rightarrow \qquad d = -4/0,8 = \underline{-5}$

b) $A\,B\,C = P$ \qquad gesucht: C

$$BC = A^{-1}P = \begin{pmatrix} -0,25 & 0,25 & 0,25 \\ 0,75 & 0,25 & -0,75 \\ -0,25 & -0,75 & 1,25 \end{pmatrix}\begin{pmatrix} 4 & -1 & 6 \\ 3,5 & -2,5 & 7 \\ 2,9 & -5,7 & 9,4 \end{pmatrix} = \begin{pmatrix} 0,6 & -1,8 & 2,6 \\ 1,7 & 2,9 & -0,8 \\ 0 & -5 & 5 \end{pmatrix}$$

$$C = B^{-1}A^{-1}P = \begin{pmatrix} 13 & -4 & -7 \\ -8 & 4 & 5 \\ 9 & -2 & -5 \end{pmatrix}\begin{pmatrix} 0,6 & -1,8 & 2,6 \\ 1,7 & 2,9 & -0,8 \\ 0 & -5 & 5 \end{pmatrix} = \begin{pmatrix} 1 & 0 & 2 \\ 2 & 1 & 1 \\ 2 & 3 & 0 \end{pmatrix}$$

c) $A\,D\,B = Q$ \quad gesucht: D

$$DB = A^{-1}Q = \begin{pmatrix} -0,25 & 0,25 & 0,25 \\ 0,75 & 0,25 & -0,75 \\ -0,25 & -0,75 & 1,25 \end{pmatrix}\begin{pmatrix} 9 & 11 & -3 \\ 11,5 & 11 & -6,5 \\ 13,5 & 12 & -8,5 \end{pmatrix} = \begin{pmatrix} 4 & 3 & -3 \\ -0,5 & 2 & 2,5 \\ 6 & 4 & -5 \end{pmatrix}$$

$$D = A^{-1}QB^{-1} = \begin{pmatrix} 4 & 3 & -3 \\ -0,5 & 2 & 2,5 \\ 6 & 4 & -5 \end{pmatrix}\begin{pmatrix} 13 & -4 & -7 \\ -8 & 4 & 5 \\ 9 & -2 & -5 \end{pmatrix} = \begin{pmatrix} 1 & 2 & 2 \\ 0 & 5 & 1 \\ 1 & 2 & 3 \end{pmatrix}$$

d) $F\,A\,B = R$ gesucht: F

$$FA = RB^{-1} = \begin{pmatrix} 12 & 8 & -10 \\ 9 & 8 & -5 \\ 14 & 10 & -11 \end{pmatrix} \begin{pmatrix} 13 & -4 & -7 \\ -8 & 4 & 5 \\ 9 & -2 & -5 \end{pmatrix} = \begin{pmatrix} 2 & 4 & 6 \\ 8 & 6 & 2 \\ 3 & 6 & 7 \end{pmatrix}$$

$$F = RB^{-1}A^{-1} = \begin{pmatrix} 2 & 4 & 6 \\ 8 & 6 & 2 \\ 3 & 6 & 7 \end{pmatrix} \begin{pmatrix} -0{,}25 & 0{,}25 & 0{,}25 \\ 0{,}75 & 0{,}25 & -0{,}75 \\ -0{,}25 & -0{,}75 & 1{,}25 \end{pmatrix} = \begin{pmatrix} 1 & -3 & 5 \\ 2 & 2 & 0 \\ 2 & -3 & 5 \end{pmatrix}$$

Aufgabe 3.1.2.4   **Fruchtjoghurt**

$$A = \begin{pmatrix} 1 & 1 & a \\ 4 & a & 5 \\ 1 & a & 4 \end{pmatrix} \qquad A^{-1} = \begin{pmatrix} 2 & 0 & -1 \\ 11 & -2 & b \\ -6 & 1 & 2 \end{pmatrix}$$

a) Bestimmung der Werte a und b nach der Definition der Inversen

$$A\,A^{-1} = \begin{pmatrix} 1 & 1 & a \\ 4 & a & 5 \\ 1 & a & 4 \end{pmatrix} \begin{pmatrix} 2 & 0 & -1 \\ 11 & -2 & b \\ -6 & 1 & 2 \end{pmatrix} = \begin{pmatrix} 1 & 0 & 0 \\ 0 & 1 & 0 \\ 0 & 0 & 1 \end{pmatrix}$$

$i_{11} = 1 \cdot 2 + 1 \cdot 11 - 6\,a = 1$ $\rightarrow$ $6\,a = 12$ $\rightarrow$ $a = 12/6 = \underline{2}$

$i_{13} = 1 \cdot (-1) + b + 2 \cdot 2 = 0$ $\rightarrow$ $b = \underline{-3}$

b) Um den Rohstoffbedarf der drei Rohstoffe R_1, R_2, R_3 (Vektor r) für die gewünschten Mengen der drei Joghurtzubereitungen (Vektor z) auszurechnen, müssen die Rohstoffmengen in den *Zeilen* der Matrix A mit der gewünschten Menge der jeweiligen Zubereitung multipliziert und aufsummiert werden. Dazu muss die Matrix A von rechts mit dem Spaltenvektor z multipliziert werden.

$$r = A\,z = \begin{pmatrix} 1 & 1 & 2 \\ 4 & 2 & 5 \\ 1 & 2 & 4 \end{pmatrix} \begin{pmatrix} 2 \\ 5 \\ 8 \end{pmatrix} = \begin{pmatrix} 23 \\ 58 \\ 44 \end{pmatrix}$$

c) $r = Az$ $\rightarrow$ $z = A^{-1}r$

$$z = A^{-1}r = \begin{pmatrix} 2 & 0 & -1 \\ 11 & -2 & -3 \\ -6 & 1 & 2 \end{pmatrix} \begin{pmatrix} 110 \\ 280 \\ 210 \end{pmatrix} = \begin{pmatrix} 10 \\ 20 \\ 40 \end{pmatrix}$$

Aufgabe 3.1.2.5   **Bäckerei**

a) $A = \begin{pmatrix} 0,5 & 0,25 & 0,2 \\ 0,1 & 0,15 & 0,2 \\ 3 & 2 & 4 \end{pmatrix}$ $A^{-1} = \begin{pmatrix} c & -6 & 0,2 \\ 2 & 14 & -0,8 \\ -2,5 & -2,5 & 0,5 \end{pmatrix}$

b) Um die Mengen der benötigten Zutaten (Vektor x) zu ermitteln, müssen die Kuchenzahlen mit den für den jeweiligen Kuchen benötigten Mengen in den *Zeilen* der Matrix A multipliziert und aufsummiert werden. Dazu muss die Matrix A von rechts mit dem Spaltenvektor der Kuchenzahlen y multipliziert werden.

$$x = Ay = \begin{pmatrix} 0,5 & 0,25 & 0,2 \\ 0,1 & 0,15 & 0,2 \\ 3 & 2 & 4 \end{pmatrix} \begin{pmatrix} 20 \\ 40 \\ 50 \end{pmatrix} = \begin{pmatrix} 30 \\ 18 \\ 340 \end{pmatrix}$$

c) $AA^{-1} = \begin{pmatrix} 0,5 & 0,25 & 0,2 \\ 0,1 & 0,15 & 0,2 \\ 3 & 2 & 4 \end{pmatrix} \begin{pmatrix} c & -6 & 0,2 \\ 2 & 14 & -0,8 \\ -2,5 & -2,5 & 0,5 \end{pmatrix} = \begin{pmatrix} 1 & 0 & 0 \\ 0 & 1 & 0 \\ 0 & 0 & 1 \end{pmatrix}$

$i_{11} = 0,5\,c + 0,25 \cdot 2 - 0,2 \cdot 2,5 = 1$ $\rightarrow$ $0,5\,c = 1 - 0,5 + 0,5 = 1$ $\rightarrow$ $c = \underline{2}$

d) $x = \begin{pmatrix} 11 \\ 5 \\ 90 \end{pmatrix}$ $y = A^{-1}x = \begin{pmatrix} 2 & -6 & 0,2 \\ 2 & 14 & -0,8 \\ -2,5 & -2,5 & 0,5 \end{pmatrix} \begin{pmatrix} 11 \\ 5 \\ 90 \end{pmatrix} = \begin{pmatrix} 10 \\ 20 \\ 5 \end{pmatrix}$

Aufgabe 3.1.2.6   **Reisekosten**

a) $K = \begin{pmatrix} 200 & 500 & 800 \\ 300 & 250 & 200 \\ 10 & 10 & 50 \end{pmatrix}$ $x = \begin{pmatrix} 50 \\ 30 \\ 40 \end{pmatrix} = $ Anz. Reisende

$y = $ Gesamtkosten je Kostenart

Um die Gesamtkosten der drei Kostenarten zu bestimmen, müssen die Kosten pro Kopf der drei Reisen in den *Zeilen* der Matrix K mit der Zahl der Reisenden multipliziert und aufsummiert werden. Dazu muss die Matrix K von rechts mit dem Spaltenvektor der Buchungszahlen x multipliziert werden.

$$y = Kx = \begin{pmatrix} 200 & 500 & 800 \\ 300 & 250 & 200 \\ 10 & 10 & 50 \end{pmatrix} \begin{pmatrix} 50 \\ 30 \\ 40 \end{pmatrix} = \begin{pmatrix} 57\,000 \\ 30\,500 \\ 2\,800 \end{pmatrix}$$

b) $KK^{-1} = \begin{pmatrix} 200 & 500 & 800 \\ 300 & 250 & 200 \\ 10 & 10 & 50 \end{pmatrix} \begin{pmatrix} -0,002625 & 0,00425 & c \\ 0,00325 & -0,0005 & -0,05 \\ -0,000125 & -0,00075 & 0,025 \end{pmatrix} = \begin{pmatrix} 1 & 0 & 0 \\ 0 & 1 & 0 \\ 0 & 0 & 1 \end{pmatrix}$

$i_{13} = 200\,c - 500 \cdot 0,05 + 800 \cdot 0,025 = 200\,c - 25 + 20 = 0$

$200\,c = 5 \qquad\qquad \rightarrow \qquad\qquad c = \underline{0,025}$

c) $y = Kx \qquad\qquad \rightarrow \qquad\qquad x = K^{-1}y$

$$x = K^{-1}y = \begin{pmatrix} -0,002625 & 0,00425 & 0,025 \\ 0,00325 & -0,0005 & -0,05 \\ -0,000125 & -0,00075 & 0,025 \end{pmatrix} \begin{pmatrix} 49000 \\ 28500 \\ 1900 \end{pmatrix} = \begin{pmatrix} 40 \\ 50 \\ 20 \end{pmatrix}$$

Aufgabe 3.1.2.7   Werbung Jobmesse

a) $K = \begin{pmatrix} 2,5 & 10 & 15 \\ 1,5 & 15 & 10 \\ 0,5 & 2,5 & 3 \end{pmatrix} \qquad x = \begin{pmatrix} 1500 \\ 1000 \\ 200 \end{pmatrix} =$ Anzahl Werbemittel

Um die Kosten für die drei Kostenarten zu berechnen, müssen die Kosten für die Werbemedien in den *Zeilen* der Matrix *A* mit der Zahl der eingesetzten Werbemedien multipliziert und aufsummiert werden. Das passiert, indem die Matrix *A* von rechts mit dem Spaltenvektor *x* multipliziert wird.

Kosten je Kostenart: $y = Kx = \begin{pmatrix} 2,5 & 10 & 15 \\ 1,5 & 15 & 10 \\ 0,5 & 2,5 & 3 \end{pmatrix} \begin{pmatrix} 1500 \\ 1000 \\ 200 \end{pmatrix} = \begin{pmatrix} 16750 \\ 19250 \\ 3850 \end{pmatrix}$

Die Kosten sind in Cent angegeben, d.h. die Kosten für Papier betragen 167,5 €, die Druckkosten 192,5 € und die Versandkosten 38,5 €.

b) $K\,K^{-1} = I$

$$K\,K^{-1} = \begin{pmatrix} 2,5 & 10 & 15 \\ 1,5 & 15 & 10 \\ 0,5 & 2,5 & 3 \end{pmatrix} \frac{1}{5}\begin{pmatrix} -80 & -30 & z \\ -2 & 0 & 10 \\ 15 & 5 & -90 \end{pmatrix} = \begin{pmatrix} 1 & 0 & 0 \\ 0 & 1 & 0 \\ 0 & 0 & 1 \end{pmatrix}$$

$i_{13} = 2,5\,z/5 + 10 \cdot 10/5 + 15 \cdot (-90/5) = 0$

$0,5\,z = -20 + 270 = 250 \qquad\qquad \rightarrow \qquad z = 2 \cdot 250 = \underline{500}$

c) $y = Kx \qquad\qquad \rightarrow \qquad\qquad x = K^{-1}y$

$$x = \frac{1}{5}\begin{pmatrix} -80 & -30 & 500 \\ -2 & 0 & 10 \\ 15 & 5 & -90 \end{pmatrix} \begin{pmatrix} 13250 \\ 15300 \\ 3050 \end{pmatrix} = \begin{pmatrix} 1200 \\ 800 \\ 150 \end{pmatrix}$$

Aufgabe 3.1.2.8   Sanierung Wohngebäude

a) $A = \begin{pmatrix} 6 & 3 & 0 \\ 5 & 5 & 5 \\ 10 & 10 & 20 \end{pmatrix} \qquad x = \begin{pmatrix} 7\,000 \\ 8\,000 \\ 10\,000 \end{pmatrix} =$ Kosten je Wohnung

y = Kosten pro Haus

Um die Sanierungskosten für einzelnen Gebäudearten zu bestimmen, müssen die Wohnungszahlen pro Gebäude in den *Zeilen* der Matrix A mit Sanierungskosten für die einzelnen Wohnungstypen multipliziert und summiert werden. Das erfolgt, indem die Matrix A von rechts mit dem Spaltenvektor der Wohnungszahlen x multipliziert wird.

$$y = Ax = \begin{pmatrix} 6 & 3 & 0 \\ 5 & 5 & 5 \\ 10 & 10 & 20 \end{pmatrix} \begin{pmatrix} 7000 \\ 8000 \\ 10000 \end{pmatrix} = \begin{pmatrix} 66000 \\ 125000 \\ 350000 \end{pmatrix}$$

b)
$$AA^{-1} = \begin{pmatrix} 6 & 3 & 0 \\ 5 & 5 & 5 \\ 10 & 10 & 20 \end{pmatrix} \begin{pmatrix} 1/3 & -2/5 & 1/10 \\ -1/3 & 4/5 & -1/5 \\ a & b & 1/10 \end{pmatrix} = I = \begin{pmatrix} 1 & 0 & 0 \\ 0 & 1 & 0 \\ 0 & 0 & 1 \end{pmatrix}$$

$i_{21} = 5 \cdot (1/3) + 5 \cdot (-1/3) + 5\,a = 5a = 0 \qquad \rightarrow \qquad a = \underline{0}$

$i_{22} = 5 \cdot (-2/5) + 5 \cdot (4/5) + 5\,b = 2 + 5b = 1 \rightarrow \qquad b = \underline{-1/5}$

c) $\quad y = \begin{pmatrix} 57000 \\ 107500 \\ 300000 \end{pmatrix} \qquad y = A\,x \qquad \rightarrow \qquad x = A^{-1}\,y$

$$x = A^{-1}y = \begin{pmatrix} 1/3 & -2/5 & 1/10 \\ -1/3 & 4/5 & -1/5 \\ 0 & -1/5 & 1/10 \end{pmatrix} \begin{pmatrix} 57000 \\ 107500 \\ 300000 \end{pmatrix} = \begin{pmatrix} 6000 \\ 7000 \\ 8500 \end{pmatrix}$$

Aufgabe 3.1.2.9   **Volkshochschulkurse**

a) $\quad T = \begin{pmatrix} 10 & 20 & 15 \\ 5 & 20 & 20 \\ 15 & 10 & 15 \\ 10 & 5 & 10 \end{pmatrix}$ $\qquad\qquad x = \begin{pmatrix} 15 \\ 40 \\ 10 \\ 40 \end{pmatrix}$ = Kursgebühren pro Teilnehmer

b) $\;\; y$ = Einnahmen an den einzelnen Standorten

Die Standorte stehen in den Spalten. Um die Einnahmen für die verschiedenen Kursarten in den Spalten aufzusummieren, muss die Matrix T von links mit dem Zeilenvektor der Kursgebühren x^T multipliziert werden.

$$y^T = x^T T = \begin{pmatrix} 15 & 40 & 10 & 40 \end{pmatrix} \begin{pmatrix} 10 & 20 & 15 \\ 5 & 20 & 20 \\ 15 & 10 & 15 \\ 10 & 5 & 10 \end{pmatrix} = \begin{pmatrix} 900 & 1400 & 1575 \end{pmatrix}$$

c) $T_{neu} = \begin{pmatrix} 10 & 20 & 15 & 10 \\ 5 & 20 & 20 & 10 \\ 15 & 10 & 15 & 10 \\ 10 & 5 & 10 & 10 \end{pmatrix}$ $\qquad y_{neu}^T = x_{neu}^T T_{neu} \quad \rightarrow \quad x_{neu}^T = y_{neu}^T T_{neu}^{-1}$

d) $T_{neu} T_{neu}^{-1} = \begin{pmatrix} 10 & 20 & 15 & 10 \\ 5 & 20 & 20 & 10 \\ 15 & 10 & 15 & 10 \\ 10 & 5 & 10 & 10 \end{pmatrix} \begin{pmatrix} 0{,}04 & -0{,}08 & 0{,}12 & -0{,}08 \\ b & -0{,}04 & -0{,}04 & -0{,}04 \\ -0{,}16 & 0{,}12 & 0{,}12 & -0{,}08 \\ 0{,}06 & -0{,}02 & -0{,}22 & 0{,}28 \end{pmatrix} = I$

$i_{11} = 10 \cdot 0{,}04 + 20\,b + 15 \cdot (-0{,}16) + 10 \cdot 0{,}06 = 1$

$0{,}4 + 20\,b - 2{,}4 + 0{,}6 = 1 \quad \rightarrow \quad 20\,b = 2{,}4 \quad \rightarrow \quad b = 2{,}4/20 = \underline{0{,}12}$

$x_{neu}^T = y_{neu}^T T_{neu}^{-1}$

$x_{neu}^T = \begin{pmatrix} 940 & 1385 & 1585 & 1080 \end{pmatrix} \begin{pmatrix} 0{,}04 & -0{,}08 & 0{,}12 & -0{,}08 \\ 0{,}12 & -0{,}04 & -0{,}04 & -0{,}04 \\ -0{,}16 & 0{,}12 & 0{,}12 & -0{,}08 \\ 0{,}06 & -0{,}02 & -0{,}22 & 0{,}28 \end{pmatrix}$

$= \begin{pmatrix} 15 & 38 & 10 & 45 \end{pmatrix}$

Aufgabe 3.1.2.10   Marken bei Douglas

a) x = durchschnittliche Ausgaben beim Kauf dieser Marken
y = Umsatz der einzelnen Filialen pro Monat mit diesen drei Marken insgesamt

Zur Bestimmung der Umsätze der drei Filialen aus dem Verkauf der genannten Marken, muss die Zahl der Käufe pro Marke in den *Zeilen* der Matrix A mit den durchschnittlichen Ausgaben beim Erwerb von Produkten dieser Marke multipliziert und über den drei Marken summiert werden. Dazu ist die Matrix A von rechts mit dem Spaltenvektor der durchschnittlichen Ausgaben pro Kauf x zu multiplizieren.

$y = Ax = \begin{pmatrix} 10 & 20 & 15 \\ 20 & 24 & 18 \\ 15 & 30 & 10 \end{pmatrix} \begin{pmatrix} 40 \\ 60 \\ 50 \end{pmatrix} = \begin{pmatrix} 2\,350 \\ 3\,140 \\ 2\,900 \end{pmatrix}$

b) $A\,A^{-1} = I$

$A = \begin{pmatrix} 10 & 20 & 15 \\ 20 & 24 & 18 \\ 15 & 30 & 10 \end{pmatrix} \qquad A^{-1} = \begin{pmatrix} -0{,}15 & 0{,}125 & 0 \\ 0{,}035 & -0{,}0625 & 0{,}06 \\ z & 0 & -0{,}08 \end{pmatrix}$

$i_{11} = 10 \cdot (-0{,}15) + 20 \cdot 0{,}035 + 15\,z = 1 \quad \rightarrow \quad 15\,z = 1 + 1{,}5 - 0{,}7 = 1{,}8$

$z = \underline{0{,}12}$

c) $y_{neu} = \begin{pmatrix} 1950 \\ 2540 \\ 2175 \end{pmatrix}$ 　　　 $y_{neu} = A\, x_{neu}$ 　 $\rightarrow$ 　 $x_{neu} = A^{-1} y_{neu}$

$$x_{neu} = A^{-1} y_{neu} = \begin{pmatrix} -0{,}15 & 0{,}125 & 0 \\ 0{,}035 & -0{,}0625 & 0{,}06 \\ 0{,}12 & 0 & -0{,}08 \end{pmatrix} \begin{pmatrix} 1950 \\ 2540 \\ 2175 \end{pmatrix} = \begin{pmatrix} 25 \\ 40 \\ 60 \end{pmatrix}$$

Aufgabe 3.1.2.11　　　Rufbus

$$A = \begin{pmatrix} 4 & 2 & 2 \\ 1 & 3 & 2 \\ 2 & 3 & 1 \end{pmatrix} \qquad A^{-1} = \begin{pmatrix} 1/4 & -1/3 & 1/6 \\ a & 0 & 1/2 \\ 1/4 & 2/3 & -5/6 \end{pmatrix}$$

a) Um die Tagesstrecken z zu berechnen, muss die Zahl der Fahrten der einzelnen Linien in den *Zeilen* der Matrix A mit der Streckenlänge multipliziert und aufsummiert werden. Dazu muss die Matrix A von rechts mit dem Spaltenvektor der Streckenlängen s multipliziert werden.

$$y = As = \begin{pmatrix} 4 & 2 & 2 \\ 1 & 3 & 2 \\ 2 & 3 & 1 \end{pmatrix} \begin{pmatrix} 40 \\ 45 \\ 55 \end{pmatrix} = \begin{pmatrix} 360 \\ 285 \\ 270 \end{pmatrix}$$

b) x = Streckenlänge der Linien L_1, L_2, L_3

Um die insgesamt pro Tag gefahrene Strecke auszurechnen, müssen die Streckenlängen mit der Zahl der Fahrten am gleichen Tag in den *Spalten* der Matrix A multipliziert und summiert werden. Dazu muss A von links mit dem Zeilenvektor x^T multipliziert werden.

$$z^T = x^T A = \begin{pmatrix} 20 & 30 & 25 \end{pmatrix} \begin{pmatrix} 4 & 2 & 2 \\ 1 & 3 & 2 \\ 2 & 3 & 1 \end{pmatrix} = \begin{pmatrix} 160 & 205 & 125 \end{pmatrix}$$

c) $AA^{-1} = \begin{pmatrix} 4 & 2 & 2 \\ 1 & 3 & 2 \\ 2 & 3 & 1 \end{pmatrix} \begin{pmatrix} 1/4 & -1/3 & 1/6 \\ a & 0 & 1/2 \\ 1/4 & 2/3 & -5/6 \end{pmatrix} = \begin{pmatrix} 1 & 0 & 0 \\ 0 & 1 & 0 \\ 0 & 0 & 1 \end{pmatrix}$

$i_{11} = 4 \cdot 1/4 + 2\,a + 2 \cdot 1/4 = 1 \;\rightarrow\; 2\,a = 1 - 1 - 0{,}5 = -0{,}5 \;\rightarrow\; a = \underline{-0{,}25}$

d) $z^T = x^T A$ 　　　　　　　 $\rightarrow$ 　　　　 $x^T = z^T A^{-1}$

$$x^T = \begin{pmatrix} 170 & 190 & 124 \end{pmatrix} \begin{pmatrix} 1/4 & -1/3 & 1/6 \\ -1/4 & 0 & 1/2 \\ 1/4 & 2/3 & -5/6 \end{pmatrix} = \begin{pmatrix} 26 & 26 & 20 \end{pmatrix}$$

Aufgabe 3.1.2.12   **Äpfel aus der Region**

a) x = Zuwendung zur Verkaufsförderung nach Anbaugebiet in €/t
    y = Zuwendung zur Verkaufsförderung insgesamt je Bio-Markt

$$A = \begin{pmatrix} 6 & 7 & 5 \\ 10 & 8 & 4 \\ 8 & 6 & 3 \end{pmatrix} \qquad x = \begin{pmatrix} 50 \\ 60 \\ 70 \end{pmatrix}$$

Um die Zuwendungen pro Bio-Markt auszurechnen, müssen die Zuwendungen mit den Absatzmengen in den *Zeilen* von A multipliziert und aufsummiert werden. Dazu muss A von rechts mit dem Spaltenvektor x multipliziert werden.

$$y = Ax = \begin{pmatrix} 6 & 7 & 5 \\ 10 & 8 & 4 \\ 8 & 6 & 3 \end{pmatrix}\begin{pmatrix} 50 \\ 60 \\ 70 \end{pmatrix} = \begin{pmatrix} 1070 \\ 1260 \\ 970 \end{pmatrix}$$

b) $A\,A^{-1} = I$

$$A = \begin{pmatrix} 6 & 7 & 5 \\ 10 & 8 & 4 \\ 8 & 6 & 3 \end{pmatrix} \qquad A^{-1} = \frac{1}{6} \cdot \begin{pmatrix} 0 & -9 & 12 \\ -2 & 22 & -26 \\ 4 & a & 22 \end{pmatrix} \qquad B = \begin{pmatrix} 0{,}3 & 0{,}2 & 0{,}5 \\ 0{,}4 & 0{,}4 & 0{,}2 \\ 0{,}4 & 0{,}6 & 0 \end{pmatrix}$$

$i_{32} = 1/6(8 \cdot (-9) + 6 \cdot 22 + 3\,a) = 0 \quad \rightarrow \quad 3\,a = -60 \quad \rightarrow \quad \underline{a = -20}$

c) $y = A\,x \qquad \rightarrow \qquad x = A^{-1}y$

$$x = A^{-1}y = \frac{1}{6}\begin{pmatrix} 0 & -9 & 12 \\ -2 & 22 & -26 \\ 4 & -20 & 22 \end{pmatrix}\begin{pmatrix} 1330 \\ 1700 \\ 1320 \end{pmatrix} = \frac{1}{6}\begin{pmatrix} 540 \\ 420 \\ 360 \end{pmatrix} = \begin{pmatrix} 90 \\ 70 \\ 60 \end{pmatrix}$$

d) $C = A\,B$

$$C = AB = \begin{pmatrix} 6 & 7 & 5 \\ 10 & 8 & 4 \\ 8 & 6 & 3 \end{pmatrix}\begin{pmatrix} 0{,}3 & 0{,}2 & 0{,}5 \\ 0{,}4 & 0{,}4 & 0{,}2 \\ 0{,}4 & 0{,}6 & 0 \end{pmatrix} = \begin{pmatrix} 6{,}6 & 7 & 4{,}4 \\ 7{,}8 & 7{,}6 & 6{,}6 \\ 6 & 5{,}8 & 5{,}2 \end{pmatrix}$$

e) In den *Zeilen* der Matrix C stehen die drei Biomärkte, in den Spalten die Apfelsorten, deren Mengen mit dem jeweiligen Preis der Sorte multipliziert und aufsummiert werden müssen. Dazu muss die Matrix C von rechts mit dem Spaltenvektor der Preise p multipliziert werden.

$$p = \begin{pmatrix} 2{,}3 \\ 2{,}4 \\ 2{,}5 \end{pmatrix} \qquad Cp = \begin{pmatrix} 6{,}6 & 7 & 4{,}4 \\ 7{,}8 & 7{,}6 & 6{,}6 \\ 6 & 5{,}8 & 5{,}2 \end{pmatrix}\begin{pmatrix} 2{,}3 \\ 2{,}4 \\ 2{,}5 \end{pmatrix} = \begin{pmatrix} 42{,}98 \\ 52{,}68 \\ 40{,}72 \end{pmatrix}$$

Aufgabe 3.1.2.13   Input-Output-Modell

a) Bestimmung der Produktionskoeffizienten $a_{ij} = \dfrac{x_{ij}}{X_j}$

> **Häufiger Fehler**
>
> Mancher ist von den zwei Indizes in der Formel zur Berechnung der Produktions-koeffizienten a_{ij} überfordert und rechnet, wie er denkt, indem er die Leistungen x_{ij} durch den Gesamtoutput am Ende der Tabellenzeile X_i dividiert, z.B. $x_{21}/X_2 = 16/100 = 0{,}16$. Dieser Wert gibt an, dass 16 % der vom Bereich II erbachten Leistungen an den Bereich I geliefert werden. (Die Basisgröße (100 %) ist hierbei der Gesamtoutput des abgebenden Bereichs II)

Bei den Produktionskoeffizienten a_{ij} werden stattdessen die Leistungen x_{ij} durch den Gesamtoutput des empfangenden Bereichs X_j dividiert. Mit $a_{ij} = x_{ij}/X_j$ wird jedoch der Anteil des Bereichs i ab Gesamtoutput des empfangenden Bereichs j ermittelt. Tatsächlich ist $a_{21} = x_{21}/X_1 = 16/80 = 0{,}2$. Die Lieferungen von Bereich II machen 20 % des Gesamt-outputs des Bereichs I aus. (Die Basisgröße (100 %) ist hier der Gesamtoutput des Bereichs I, der die Leistungen von Bereich II erhält).

$$A = \begin{pmatrix} 0 & 50/100 & 10/100 \\ 16/80 & 10/100 & 14/100 \\ 8/80 & 15/100 & 20/100 \end{pmatrix} = \begin{pmatrix} 0 & 0{,}5 & 0{,}1 \\ 0{,}2 & 0{,}1 & 0{,}14 \\ 0{,}1 & 0{,}15 & 0{,}2 \end{pmatrix}$$

$a_{32} = 0{,}15$ *d.h. Bereich W erzeugt 15 % des Gesamtoutputs des Bereichs G*

b) $(I - A)\,(I - A)^{-1} = I$

$$I - A = \begin{pmatrix} 1 & -0{,}5 & -0{,}1 \\ -0{,}2 & 0{,}9 & -0{,}14 \\ -0{,}1 & -0{,}15 & 0{,}8 \end{pmatrix} \qquad (I - A)^{-1} = \frac{1}{600}\begin{pmatrix} 699 & 415 & 160 \\ 174 & 790 & c \\ 120 & d & 800 \end{pmatrix}$$

$i_{12} = (415 - 0{,}5 \cdot 790 - 0{,}1\,d)/600 = 0$

$\rightarrow \quad 415 - 395 - 0{,}1\,d = 0 \quad \rightarrow \quad 0{,}1\,d = 20 \quad \rightarrow \quad d = 20/0{,}1 = \underline{200}$

$i_{13} = (160 - 0{,}5\,c - 0{,}1 \cdot 800)/600 = 0$

$\rightarrow \quad 160 - 0{,}5\,c - 80 = 0 \quad \rightarrow \quad 0{,}5\,c = 80 \quad \rightarrow \quad c = 80/0{,}5 = \underline{160}$

c) Endprodukt: $y = \begin{pmatrix} 70 \\ 34 \\ 56 \end{pmatrix}$ Gesamtoutput: $x = \begin{pmatrix} X_1 \\ X_2 \\ X_3 \end{pmatrix}$

$y = (I - A)\,x \qquad \rightarrow \qquad x = (I - A)^{-1}\,y$

$$x = (I - A)^{-1}\,y = \frac{1}{600}\begin{pmatrix} 699 & 415 & 160 \\ 174 & 790 & 160 \\ 120 & 200 & 800 \end{pmatrix}\begin{pmatrix} 70 \\ 34 \\ 56 \end{pmatrix} = \frac{1}{600}\begin{pmatrix} 72000 \\ 48000 \\ 60000 \end{pmatrix} = \begin{pmatrix} 120 \\ 80 \\ 100 \end{pmatrix}$$

d) Basis: Produktionskoeffizienten: $\qquad a_{ij} = \dfrac{x_{ij}}{X_j}$

Zunächst wird damit der Gesamtoutput des Bereichs G ermittelt:

$$X_j = \frac{x_{ij}}{a_{ij}} \qquad\qquad \to X_2 = \frac{x_{12}}{a_{12}} = \frac{40}{0,5} = 80$$

Die restlichen Koeffizienten ergeben sich aus: $\quad x_{ij} = a_{ij} X_j$

und der Bilanzgleichung: $\qquad\qquad\qquad\qquad Y_i = X_i - \sum_j x_{ij}$

abgebender Bereich	empfangender Bereich			End-produkt	Gesamt-output
	Z	**G**	**W**		
Z	0	40	15	45	100
G	20	8	21	31	80
W	10	12	30	98	150

Aufgabe 3.1.2.14 $\qquad$ Kreativladen

$$A = \begin{pmatrix} 10 & 18 & 25 \\ 10 & 20 & 30 \\ 15 & 20 & a \end{pmatrix} \qquad A^{-1} = \frac{1}{80}\begin{pmatrix} 40 & -44 & 8 \\ 10 & 5 & -10 \\ -20 & 14 & b \end{pmatrix}$$

a) $A\,A^{-1} = I$

$i_{31} = (15 \cdot 40 + 20 \cdot 10 - 20\,a)/80 = 0 \;\to\; 20\,a = 800 \;\to\; a = 800/20 = \underline{40}$

$i_{13} = (10 \cdot 8 - 18 \cdot 10 + 25\,b)/80 = 0 \quad\to\quad 25\,b = 100 \;\to\; b = 100/25 = \underline{4}$

b) x = Vektor der Wollmengen
y = Vektor der Bestellmengen der 3 Strickwaren

Um die für die Nachlieferung benötigte Wollmenge aller drei Farben auszurechnen, müssen die pro Produkt nötigen Wollmengen mit der Zahl der Bestellungen dieses Produkts multipliziert und aufsummiert werden. Da die Farben in den *Zeilen* der Matrix A stehen, muss dazu A von rechts mit dem Spaltenvektor der Zahl der bestellten Artikel y multipliziert werden mit

$$x = Ay = \begin{pmatrix} 10 & 18 & 25 \\ 10 & 20 & 30 \\ 15 & 20 & 40 \end{pmatrix}\begin{pmatrix} 8 \\ 2 \\ 12 \end{pmatrix} = \begin{pmatrix} 416 \\ 480 \\ 640 \end{pmatrix}$$

c) $\quad z^T = \dfrac{1}{100} p^T A = \dfrac{1}{100}(2 \quad 2,4 \quad 3)\begin{pmatrix} 10 & 18 & 25 \\ 10 & 20 & 30 \\ 15 & 20 & 40 \end{pmatrix} = (0,89 \quad 1,44 \quad 2,42)$

Die Materialkosten für eine Mütze betragen 0,89 €.

d) $x_{neu} = A \, y_{neu}$ $\rightarrow$ $y_{neu} = A^{-1} x_{neu}$

$$y_{neu} = A^{-1} x_{neu} = \frac{1}{80} \begin{pmatrix} 40 & -44 & 8 \\ 10 & 5 & -10 \\ -20 & 14 & 4 \end{pmatrix} \begin{pmatrix} 135 \\ 150 \\ 170 \end{pmatrix} = \frac{1}{80} \begin{pmatrix} 160 \\ 400 \\ 80 \end{pmatrix} = \begin{pmatrix} 2 \\ 5 \\ 1 \end{pmatrix}$$

Daraus lassen sich 2 Mützen, 5 Paar Handschuhe und 1 Schal stricken.

3.4.2 Lineare Gleichungssysteme

3.4.2.1 *Aufstellung und Lösung linearer Gleichungssysteme*

Aufgabe 3.2.1.1   Fahrpreise Öffentlicher Nahverkehr

x_1 = Preis innerhalb einer Zone in €
x_2 = Preis im Gebiet zweier Zonen in €
x_3 = Preis im Gesamtgebiet aller drei Zonen in €

a)   (1) $x_1 + x_2 = x_3 + 0,5$ $\rightarrow$ $x_1 + x_2 - x_3 = 0,5$
     (2) $x_2 - x_1 = x_3 - x_2$ $\rightarrow$ $-x_1 + 2x_2 - x_3 = 0$
     (3) $0,2\,x_1 + 0,6x_2 + 0,2\,x_3 = 2,5$

b)

(1)	1	1	-1	0,5
(2)	-1	2	-1	0
(3)	0,2	0,6	0,2	2,5

Häufiger Fehler

Gern werden für Zeile (2) und (3) folgende Rechenoperationen verwendet: $(2') = (2) + 5(3)$ und $(3') = 5(3) + (2)$. Für sich genommen sind beide Rechnungen in Ordnung, nur ist dieser Kombination *nicht zulässig*, da hierbei $(2') = (3')$ ist, so dass beide Gleichungen nun identisch sind. Damit geht selbst bei linear unabhängigen Gleichungen eine Gleichung verloren, so dass das dadurch entstehende Gleichungssystem unendlich viele Lösungen besitzt anstelle genau einer Lösung des ursprünglichen Gleichungssystems.

Zumindest für eine dieser beiden Gleichungen (2') oder (3') muss Gleichung (1) oder (1') genutzt werden.

	1	1	-1	0,5
$(2') = (2) + (1)$	0	3	-2	0,5
$(3') = (3) -0,2\,(1)$	0	0,4	0,4	2,4
$(1'') = (1') - (2'')$	1	0	-1/3	1/3
$(2'') = (2')\,/3$	0	1	-2/3	1/6
$(3'') = (3') -0,4\,(2'')$	0	0	2/3	7/3

$(1''') = (1'') + (3'')/2$	1	0	0	1,5
$(2''') = (2'') + (3'')$	0	1	0	2/5
$(3''') = (3'') /(2/3)$	0	0	1	3,5
$x_1 = 1,5 €$		$x_2 = 2,5 €$		$x_3 = 3,5 €$

Aufgabe 3.2.1.2   Gebäudereinigung

a) Reinigung
   Fensterputzen
   Müllentsorgung

(1) $20 x_1 = 325 + 10 x_2 + 2,5 x_3$
(2) $52 x_2 = 110 + 4 x_1 + x_3$
(3) $6 x_3 = 255 + x_1 + 4 x_2$

(1) $20 x_1 - 10 x_2 - 2,5 x_3 = 325$
(2) $-4 x_1 + 52 x_2 - x_3 = 110$
(3) $- x_1 - 4 x_2 + 6 x_3 = 255$

b) Gaußscher Algorithmus

(1)	20	-10	-2,5	325
(2)	-4	52	-1	110
(3)	-1	-4	6	255
$(1') = (1) / 20$	1	-0,5	-0,125	16,25
$(2') = (2) + 4 (1'')$	0	50	-1,5	175
$(3') = (3) + (1'')$	0	-4,5	5,875	271,25
$(1'') = (1') + (2') / 100$	1	0	-0,14	18
$(2'') = (2') / 50$	0	1	-0,03	3,5
$(3'') = (3') + 4,5 (2'')$	0	0	5,74	287
$(1''') = (1'') + 0,14(3''')$	1	0	0	25
$(2''') = (2'') + 0,03(3''')$	0	1	0	5
$(3''') = (3'') / 5,74$	0	0	1	50
$x_1 = 25 €/100 \text{ m}^2$		$x_2 = 5 €/\text{Fenster}$		$x_3 = 50 €/\text{m}^3$

Aufgabe 3.2.1.3   Input-Output-Modell

a) $a_{ij} = \dfrac{x_{ij}}{X_j}$

$$A = \begin{pmatrix} 0 & 20/100 & 16/100 \\ 40/80 & 10/100 & 8/100 \\ 0 & 10/100 & 18/100 \end{pmatrix} = \begin{pmatrix} 0 & 0,2 & 0,16 \\ 0,5 & 0,1 & 0,08 \\ 0 & 0,1 & 0,18 \end{pmatrix}$$

$a_{32} = 0{,}1$ 　　d.h. die von Bereich **W erhaltenen** Lieferungen machen 10 % des Gesamtoutputs des Bereichs **G** aus.

b) Bestimmung des Gesamtoutputs x: 　　　　　　$(I - A)\,x = y$

$$\begin{pmatrix} 1 & -0{,}2 & -0{,}16 \\ -0{,}5 & 0{,}9 & -0{,}08 \\ 0 & -0{,}1 & 0{,}82 \end{pmatrix} \begin{pmatrix} x_1 \\ x_2 \\ x_3 \end{pmatrix} = \begin{pmatrix} 26 \\ 43 \\ 33 \end{pmatrix}$$

Gaußscher Algorithmus

1	-0,2	-0,16	26
-0,5	0,9	-0,08	43
0	-0,1	0,82	33

	1	-0,2	-0,16	26
$(2') = (2)+0{,}5(1)$	0	0,8	-0,16	56
	0	-0,1	0,82	33

$(1'') = (1')+0{,}2(2'')$	1	0	-0,2	40
$(2'') = (2')/0{,}8$	0	1	-0,2	70
$(3'') = (3')+0{,}1(2'')$	0	0	0,8	40

$(1''') = (1'')+0{,}2(3''')$	1	0	0	50
$(2''') = (2'')+0{,}2(3''')$	0	1	0	80
$(3''') = (3'')/0{,}8$	0	0	1	50

c) $x_{ij} = a_{ij}\,X_j \quad \rightarrow \quad x_{21} = 0{,}5 \cdot 50 = 25 \qquad x_{22} = 0{,}1 \cdot 80 = 8 \qquad x_{23} = 0{,}08 \cdot 50 = 4$

Alternative ohne **b):** 　　　　　　$X_i = \sum_j x_{ij} + Y_i$

$\rightarrow$ 　　　　　　$X_1 = 0 + 16 + 8 + 26 = 50$

$\rightarrow$ 　　　　　　$X_3 = 0 + 8 + 9 + 33 = 50$

$$X_j = \frac{x_{ij}}{a_{ij}} \qquad \rightarrow \qquad X_2 = \frac{x_{12}}{a_{12}} = \frac{16}{0{,}2} = \underline{80}$$

abgebender Bereich	empfangender Bereich			End- produkt	Gesamt- output
	Z	G	W		
Z	0	16	8	26	**50**
G	25	**8**	**4**	43	**80**
W	0	8	9	33	**50**

Aufgabe 3.2.1.4 **Browserwechsel**

a) Übergangsmatrix

$$P = \begin{pmatrix} 0,8 & 0,15 & 0,05 \\ 0,05 & 0,9 & 0,05 \\ 0,1 & 0,1 & 0,8 \end{pmatrix}$$

$p_{12} = 0,15$

d.h. 15 % der ursprünglichen Nutzer des Internet Explorers (i = 1) wechseln innerhalb eines Jahres zu Firefox (j = 2).

b) Bestimmung der Nutzeranteile des Folgejahres

$x^T = (70\ ,\ 24\ ,\ 6\ ) =$ Nutzeranteile Anfangsjahr $\qquad y^T =$ Nutzeranteile Folgejahr

Da die künftigen Nutzer eines Browsers in den *Spalten* der Übergangsmatrix P stehen, muss die Matrix P von links mit dem Zeilenvektor z^T multipliziert werden, um diese, egal welchen Browser sie vorher genutzt haben, zusammenzufassen.

$$y^T = x^T P = \begin{pmatrix} 70 & 24 & 6 \end{pmatrix} \begin{pmatrix} 0,8 & 0,15 & 0,05 \\ 0,05 & 0,9 & 0,05 \\ 0,1 & 0,1 & 0,8 \end{pmatrix} = \underline{\underline{\begin{pmatrix} 57,8 & 32,7 & 9,5 \end{pmatrix}}}$$

c) Wenn nach vielen Jahren die Grenzverteilung erreicht ist, dürfen sich die Nutzeranteile in den Folgejahren bei gleichbleibendem Wechselverhalten der Nutzer nicht mehr verändern, d.h.

Grenzverteilung z^T: $\qquad z^T = z^T P$

$$z^T = \begin{pmatrix} z_1 & z_2 & z_3 \end{pmatrix} = z^T P = \begin{pmatrix} z_1 & z_2 & z_3 \end{pmatrix} \begin{pmatrix} 0,8 & 0,15 & 0,05 \\ 0,05 & 0,9 & 0,05 \\ 0,1 & 0,1 & 0,8 \end{pmatrix}$$

→ lineares Gleichungssystem, dem die Grenzverteilung genügen muss:

(1) $\quad z_1 = 0,8\ z_1 + 0,05\ z_2 + 0,1\ z_3 \qquad$ bzw. $\qquad 0,2\ z_1 - 0,05\ z_2 - 0,1\ z_3 = 0$
(2) $\quad z_2 = 0,15\ z_1 + 0,9\ z_2 + 0,1\ z_3 \qquad$ bzw. $\quad -\ 0,15\ z_1 + 0,1\ z_2 - 0,1\ z_3 = 0$
(3) $\quad z_3 = 0,05\ z_1 + 0,05\ z_2 + 0,8\ z_3 \qquad$ bzw. $\quad -\ 0,05\ z_1 - 0,05\ z_2 + 0,2\ z_3 = 0$

Bilanzgleichung – die Anzahl der Nutzer insgesamt bleibt immer gleich, d.h.

(4) $\quad z_1 + z_2 + z_3 = 100$.

d) Gaußscher Algorithmus

(1)	0,2	-0,05	-0,1	0
(2)	-0,15	0,1	-0,1	0
(3)	-0,05	-0,05	0,2	0
(4)	1	1	1	100
(1′) = 5 (1)	1	-0,25	-0,5	0
(2′) = (2) +0,75 (1)	0	0,0625	-0,175	0
(3′) = (3) + 0,25 (1)	0	-0,0625	0,175	0
(4′) = (4) -5 (1)	0	1,25	1,5	100

$(1'') = 5\,(1)$	1	0	-1,2		0
$(2'') = (2') / 0{,}0625$	0	1	-2,8		0
$(3'') = (3') + (2')$	0	0	0		0
$(4'') = (4') -1{,}25\,(2'')$	0	0	5		100

Gleichung $(3'')$ enthält keine Variable mehr, ist aber mathematisch korrekt, d.h. sie ist für beliebige Werte von x_1, x_2, x_3 erfüllt. Daher muss die Lösung für x_3 mit Hilfe der vierten Gleichung berechnet werden.

$(1''') = (1'')+1{,}2(4''')$	1	0	0		24
$(2''') = (2') +2{,}8\,(4''')$	0	1	0		56
	0	0	0		0
$(4''') = (4'') / 5$	0	0	1		20

Damit pegelt sich der Anteil des Internet Explorers langfristig auf 24 % der Internetnutzer ein, der von Firefox auf 56 %, während sonstige Internetbrowser von 20 % genutzt werden.

Aufgabe 3.2.1.5   Kleingarten

a) Gleichungssystem (Normalform)

$$(1)\quad x_1 + x_2 + x_3 + x_4 = 4$$
$$(2)\quad x_1 + 2x_2 + 3x_3 + 2x_4 = 7$$
$$(3)\quad 2x_1 + 4x_2 + 4x_3 + 3x_4 = 13$$
$$(4)\quad x_1 + 2x_2 - x_3 = 5 \qquad \text{oder} \qquad -x_1 - 2x_2 + x_3 = -5$$

b) Gaußscher Algorithmus

1	1	1	1		4
1	2	3	2		7
2	4	4	3		13
1	2	-1	0		5

	1	1	1	1	4
$(2')=(2)-(1)$	0	1	2	1	3
$(3')=(3)-2(1)$	0	2	2	1	5
$(4')=(4)-(1)$	0	1	-2	-1	1

$(1'')=(1')-(2')$	1	0	-1	0	1
	0	1	2	1	3
$(3'')=(3')-2(2'')$	0	0	-2	-1	-1
$(4'')=(4')-(2')$	0	0	-4	-2	-2

$(1''')=(1'')+(3'')$	1	0	0	0,5	1,5
$(2''')=(2'')+(3'')$	0	1	0	0	2
$(3''')=-(3'')/2$	0	0	1	0,5	0,5
$(4''')=(4'')-2(3'')$	0	0	0	0	0

Häufiger Fehler

Nach richtiger Lösung eines linearen Gleichungssystems nach dem Gaußschen Algorithmus scheitern viele an der Angabe und Interpretation der Lösung, wenn es mehr als eine Lösung gibt. Häufig wird die letzte Gleichung *falsch interpretiert*, indem daraus geschlossen wird, dass $x_4 = 0$ ist. Dabei wird die Lösungsmenge auf eine einzige Lösung reduziert. Die letzte Gleichung ist jedoch für beliebige Werte x_1, x_2, x_3, x_4 erfüllt, da $0 \cdot x_1 + 0 \cdot x_2 + 0 \cdot x_3 + 0 \cdot x_4 = 0$ ist. Damit ist x_4 zwar frei wählbar, es kann aus der Beschreibung der Lösungsmenge jedoch nicht einfach weggelassen werden. Die Werte der anderen Variablen hängen von x_4 ab.

---

x_4 ist frei wählbar $\rightarrow$ Es gibt *unendlich viele Lösungen*

c) Lösungsmenge:

Diese erhält man, indem die Gleichungen aus dem Endtableau abgelesen und nach der ersten darin enthaltenen Variablen umgestellt werden.

$x_1 + 0,5\,x_4 = 1,5$ $\rightarrow$ $x_1 = 1,5 - 0,5\,x_4$
$x_2 = 2$
$x_3 + 0,5\,x_4 = 0,5$ $\rightarrow$ $x_3 = 0,5 - 0,5\,x_4$

Ökonomisch sinnvolle Lösungen erfordern, dass $x_1, x_2, x_3, x_4 \geq 0$ sind, da es keine negativen Flächen gibt.

$x_1 = 1,5 - 0,5\,x_4 \geq 0$ $\rightarrow$ $x_4 \leq 1,5/0,5 = 3$
$x_3 = 0,5 - 0,5\,x_4 \geq 0$ $\rightarrow$ $x_4 \leq 0,5/0,5 = 1$

Häufiger Fehler

Auch an diesen Überlegungen scheitern viele, indem sie die Werte für x_4 ermitteln, für die x_1 bzw. x_3 null sind. Das sind hier die Werte 1 und 3. Daraus wird dann geschlossen, dass $1 \leq x_4 \leq 3$ sein muss. Das ist hier jedoch *falsch*, da beide Werte 1 und 3 *nicht überschritten* werden dürfen, damit x_1 und x_3 nichtnegativ sind.

Ökonomisch sinnvolle Lösungen: $x_4 \leq \min(1,3)$ $\rightarrow$ $0 \leq x_4 \leq 1$
Alternative $x_4 = t$

$$\begin{pmatrix} x_1 \\ x_2 \\ x_3 \\ x_4 \end{pmatrix} = \begin{pmatrix} 1,5 \\ 2 \\ 0,5 \\ 0 \end{pmatrix} + t \begin{pmatrix} -0,5 \\ 0 \\ -0,5 \\ 1 \end{pmatrix} \qquad 0 \leq t \leq 1$$

d) z.B. $t = 0,5$ $x_1 = 1,25$ $x_2 = 2$
$x_3 = 0,25$ $x_4 = 0,5$

e) $x_1 = 2\,x_4$

$x_1 = 1,5 - 0,5\,t = 2\,x_4 = 2\,t \quad \rightarrow \quad 1,5 = 2,5\,t \quad \rightarrow \quad t = 1,5/2,5 = 0,6$

Dieser Wert liegt im Intervall $[0\,,\,1]$, daher gibt es eine solche Lösung. Sie lautet:

$$\begin{pmatrix} x_1 \\ x_2 \\ x_3 \\ x_4 \end{pmatrix} = \begin{pmatrix} 1,5 \\ 2 \\ 0,5 \\ 0 \end{pmatrix} + 0,6 \begin{pmatrix} -0,5 \\ 0 \\ -0,5 \\ 1 \end{pmatrix} = \begin{pmatrix} 1,2 \\ 2 \\ 0,2 \\ 0,6 \end{pmatrix}.$$

f) $x_3 + x_4 = 1,5$

$x_3 + x_4 = 0,5 - 0,5\,t + t = 1,5 \quad \rightarrow \quad 0,5\,t = 1 \quad \rightarrow \quad t = 2$

keine zulässige Lösung, da $t > 1$ ist

$$\begin{pmatrix} x_1 \\ x_2 \\ x_3 \\ x_4 \end{pmatrix} = \begin{pmatrix} 1,5 \\ 2 \\ 0,5 \\ 0 \end{pmatrix} + 2 \begin{pmatrix} -0,5 \\ 0 \\ -0,5 \\ 1 \end{pmatrix} = \begin{pmatrix} 0,5 \\ 2 \\ -0,5 \\ 2 \end{pmatrix}$$

Die Anbaufläche für Tomaten müsste dann -50 m² groß sein, was nicht möglich ist.

Aufgabe 3.2.1.6   Kundenkarten

a) x_1 = Preisnachlass bei Einkaufssummen unter 100 € in %
x_2 = Preisnachlass bei Einkaufssummen zwischen 100 und 200 € in %
x_3 = Preisnachlass bei Einkaufssummen ab 200 € in %
Bei 80 € Einkaufswert verursacht ein Rabatt von x_1 % Kosten von

$$80 \cdot \frac{x_1}{100} = 0,8 x_1 \; €$$

Lineares Gleichungssystem:

(1) $0,5 \cdot 80 \cdot \dfrac{x_1}{100} + 0,3 \cdot 160 \cdot \dfrac{x_2}{100} + 0,2 \cdot 240 \cdot \dfrac{x_3}{100} = 3,6$

usw.

(1) $0,40\,x_1 + 0,48\,x_2 + 0,48\,x_3 = 3,6$
(2) $0,48\,x_1 + 0,32\,x_2 + 0,48\,x_3 = 3,2$
(3) $0,56\,x_1 + 0,32\,x_2 + 0,24\,x_3 = 2,4$
(4) $0,64\,x_1 + 0,24\,x_2 + 0,12\,x_3 = 2$

b) Gaußscher Algorithmus

(1)	0,4	0,48	0,48	3,6
(2)	0,48	0,32	0,48	3,2
(3)	0,56	0,32	0,24	2,4
(4)	0,64	0,24	0,12	2
$(1') = 2{,}5\,(1)$	1	1,2	1,2	9
$(2') = (2) -1{,}2\,(1)$	0	-0,256	-0,096	-1,12
$(3') = (3) - 1{,}4\,(1)$	0	-0,352	-0,432	-2,64
$(4') = (4) -1{,}6\,(1)$	0	-0,528	-0,648	-3,76
$(1'') = (1') - 1{,}2\,(2'')$	1	0	0,75	3,75
$(2'') = -(2')/0{,}256$	0	1	0,375	4,375
$(3'') = (3') + 0{,}352\,(2'')$	0	0	-0,3	-1,1
$(4'') = (4') + 0{,}528\,(2'')$	0	0	-0,45	-1,45
$(1''') = (1'') - 0{,}75\,(3''')$	1	0	0	1
$(2''') = (2'') - 0{,}375\,(3''')$	0	1	0	3
$(3''') = (3'')/(-0{,}3)$	0	0	1	11/3
$(4''') = (4'') + 0{,}3\,(3''')$	0	0	0	0,2

(4''')   Da $0 \neq 0{,}2$ ist, gibt es **keine Lösung**, die allen vier Bedingungen genügt.

c) Für $x_1 = 1$, $x_2 = 3$, $x_3 = 11/3 \approx 3{,}67$ ist:

(4) $0{,}64\,x_1 + 0{,}24\,x_2 + 0{,}12\,x_3 = 0{,}64 + 0{,}24 \cdot 3 + 0{,}12 \cdot 11/3 = \underline{1{,}8}$

Die Lösung der ersten drei Gleichungen führt in der vierten Filiale zu durchschnittlichen Kosten pro Kunde von 1,8 €.

Aufgabe 3.2.1.7   Werbung

a) Lineares Gleichungssystem

x_1 = Anz. Plakate   (1) $1\,000\,x_1 + 300\,x_2 + 2\,000\,x_3 = 150\,000$
x_2 = Anz. Annoncen   (2) $500\,x_1 + 100\,x_2 + 600\,x_3 = 50\,000$
x_3 = Anz. Radiospots   (3) $2{,}5\,x_1 - x_3 = 0$

(1)	1 000	300	2 000	150 000
(2)	500	100	600	50 000
(3)	2,5	0	-1	0
$(1') = (1) / 1000$	1	0,3	2	150
$(2') = (2) -0{,}5\,(1)$	0	-50	-400	-25 000
$(3') = (3) - 2{,}5\,(1`)$	0	-0,75	-6	-375

$(1'') = (1') - 0,3\,(2'')$	1	0	-0,4	0
$(2'') = -(2')/50$	0	1	8	500
$(3'') = (3') + 0,75\,(2'')$	0	0	0	0

Da x_3 frei wählbar ist (die dritte Gleichung lautet $0 = 0$), gibt es **unendlich viele Lösungen**.

b) Lösungsmenge:

(1) $x_1 - 0,4\,x_3 = 0 \qquad \rightarrow \qquad x_1 = 0,4\,x_3$
(2) $x_2 + 8\,x_3 = 500 \qquad \rightarrow \qquad x_2 = 500 - 8\,x_3 \qquad\qquad x_3$ beliebig wählbar

Alternative $\qquad\qquad x_3 = t$

$$\begin{pmatrix} x_1 \\ x_2 \\ x_3 \end{pmatrix} = \begin{pmatrix} 0 \\ 500 \\ 0 \end{pmatrix} + t \begin{pmatrix} 0,4 \\ -8 \\ 1 \end{pmatrix}$$

c) Ökonomisch sinnvolle Lösungen: $\qquad\qquad x_1, x_2, x_3 \geq 0$

(2) $x_2 = 500 - 8\,t \geq 0 \quad \rightarrow \quad 500 \geq 8\,t \quad \rightarrow \quad t \leq 500/8 = 62,5 \qquad \underline{0 \leq t \leq 62,5}$

d) $x_2 = 2\,x_3 \quad \rightarrow \quad 500 - 8\,t = 2\,t \quad \rightarrow \quad 10\,t = 500 \quad \rightarrow \quad t = 50$

Es gibt eine sinnvolle Lösung, da 50 im zulässigen Bereich [0 ; 62,5] liegt.

$$\begin{pmatrix} x_1 \\ x_2 \\ x_3 \end{pmatrix} = \begin{pmatrix} 0 \\ 500 \\ 0 \end{pmatrix} + 50 \begin{pmatrix} 0,4 \\ -8 \\ 1 \end{pmatrix} = \begin{pmatrix} 20 \\ 100 \\ 50 \end{pmatrix}$$

Aufgabe 3.2.1.8 Frisör in der Shopping Mall

a) Lineares Gleichungssystem

x_1 = Preis für Kinder $\qquad\qquad$ (1) $\quad 8\,x_1 + 10\,x_2 + 4\,x_3 = 212$
x_2 = Preis für Jugendliche $\qquad$ (2) $\quad 10\,x_1 + 5\,x_2 + 15\,x_3 = 340$
x_3 = Preis für Männer für den Haarschnitt in €

b) Gaußscher Algorithmus

| (1) | 8 | 10 | 4 | 212 |
| (2) | 10 | 5 | 15 | 340 |

| $(1)' = (1)/8$ | 1 | 1,25 | 0,5 | 26,5 |
| $(2)' = (2) - 10\,(1')$ | 0 | -7,5 | 10 | 75 |

| $(1'') = (1') - 1,25\,(2'')$ | 1 | 0 | 13/6 | 39 |
| $(2'') = -(2')/7,5$ | 0 | 1 | -4/3 | -10 |

c*) Das Gleichungssystem besitzt keine Lösung, wenn sich die Gleichungen widersprechen, d.h. wenn die Ebenen, die alle Punkte (x_1, x_2, x_3) enthalten, die der jeweiligen Gleichung genügen, parallel zueinander sind. Das ist der Fall, wenn

(1) $\quad 8\,x_1 + 10\,x_2 + \ 4\,x_3 = 212$

(2) $\quad c\,8\,x_1 + c\,10\,x_2 + c\,4\,x_3 = b \neq 212\,c$ $\qquad$ für eine reelle Zahl $c \neq 0$.

d) Lösungsmenge:

(1) $\quad x_1 + 13/6\,x_3 = \ 39 \quad \rightarrow \quad x_1 = 39 - 13/6\,x_3$

(2) $\quad x_2 - \ 4/3\,x_3 = -10 \quad \rightarrow \quad x_2 = -10 + 4/3\,x_3$ $\qquad x_3$ beliebig wählbar

Alternative $\qquad\qquad x_3 = t$

$$\begin{pmatrix} x_1 \\ x_2 \\ x_3 \end{pmatrix} = \begin{pmatrix} 39 \\ -10 \\ 0 \end{pmatrix} + t \begin{pmatrix} -13/6 \\ 4/3 \\ 1 \end{pmatrix}$$

Ökonomisch sinnvolle Lösungen: $\qquad\qquad x_1, x_2, x_3 \geq 0$

(1) $\quad x_1 = 39 - 13/6\,t \geq 0 \quad \rightarrow \quad 39 \geq 13/6\,t \quad \rightarrow \quad 39 \cdot 6/13 = 18 \geq t$

(2) $\quad x_2 = -10 + 4/3\,t \geq 0 \quad \rightarrow \quad 4/3\,t \geq 10 \quad \rightarrow \quad t \geq 10 \cdot \tfrac{3}{4} = 7{,}5$

$\rightarrow \quad 7{,}5 \leq t \leq 18$

e*) Bestimmung der Wocheneinnahmen (Mo – Fr sind 5 Wochentage, Sa nur einer)

Kundenzahl pro Woche:

Kinder: $\qquad 5 \cdot 8 + 10 = 50$
Jugendliche: $5 \cdot 10 + 5 = 55$
Männer: $\qquad 5 \cdot 4 + 15 = 35$

Wocheneinnahmen:

$50\,x_1 + 55\,x_2 + 35\,x_3 = 50\,(39 - 13/6\,t) + 55\,(-10 + 4/3\,t) + 35\,t$

$\qquad\qquad\qquad\qquad = 1\,950 - 325/3\,t - 550 + 220/3\,t + 35\,t$

$\qquad\qquad\qquad\qquad = 1\,400 - 105/3\,t + 35\,t = \underline{1\,400\ \text{€}}$

f) $\quad x_2 = x_3 \qquad \rightarrow \qquad -10 + 4/3\,t = t \qquad \rightarrow \qquad 1/3\,t = 10 \qquad\qquad t = 30 > 18$

Dieser Wert liegt außerhalb des Bereichs der ökonomisch sinnvollen Lösungen. Hier wäre:

$$\begin{pmatrix} x_1 \\ x_2 \\ x_3 \end{pmatrix} = \begin{pmatrix} 39 \\ -10 \\ 0 \end{pmatrix} + 30 \begin{pmatrix} -13/6 \\ 4/3 \\ 1 \end{pmatrix} = \begin{pmatrix} -26 \\ 30 \\ 30 \end{pmatrix} \qquad\qquad \text{und damit } x_1 < 0 \ .$$

g) $\quad x_3 = 1{,}5\,x_2 \quad \rightarrow \quad t = 1{,}5\,(-10 + 4/3\,t) \quad \rightarrow \quad t = 15$

*Es gibt eine solche Lösung, da dieser Wert im Bereich der ökonomisch sinnvollen Lösungen
[7,5 ; 18] liegt.*

$$\begin{pmatrix} x_1 \\ x_2 \\ x_3 \end{pmatrix} = \begin{pmatrix} 39 \\ -10 \\ 0 \end{pmatrix} + 15 \begin{pmatrix} -13/6 \\ 4/3 \\ 1 \end{pmatrix} = \begin{pmatrix} 6{,}5 \\ 10 \\ 15 \end{pmatrix}$$

Aufgabe 3.2.2.1 **Badsanierung**

a) Lineares Gleichungssystem

x_1 = Preis pro Tag Fliesenarbeiten
x_2 = Preis pro Tag Elektrikerarbeiten
x_3 = Preis pro Tag Klempnerarbeiten

(1) $20\,x_1 + 6\,x_2 + 8\,x_3 = 1\,460$
(2) $25\,x_1 + 8\,x_2 + 8\,x_3 = 1\,755$
(3) $50\,x_1 + 10\,x_2 + a\,x_3 = 4\,350$

b) Gaußscher Algorithmus

(1)	20	6	8	1 460
(2)	25	8	8	1 755
(3)	50	10	a	4 350
$(1') = (1) / 20$	1	0,3	0,4	73
$(2') = 2 - 1{,}25\,(1)$	0	0,5	-2	-70
$(3') = (3) - 2{,}5(1)$	0	-5	$a - 20$	700
$(1'') = (1) - 0{,}3\,(2'')$	1	0	1,6	115
$(2'') = 2\,(2')$	0	1	-4	-140
$(3'') = (3') + 10\,(2')$	0	0	$a - 40$	0

c) Lösungsalternativen

$a = 40 \quad\rightarrow\quad$ *unendlich viele Lösungen*
$a \neq 40 \quad\rightarrow\quad$ *genau eine Lösung* mit $x_3 = 0$

$\rightarrow \qquad a = 40$

d) ökonomisch sinnvolle Lösungen $\qquad\rightarrow\qquad a = 40$
(1) $\quad x_1 = 115 - 1{,}6\,x_3 \geq 0 \qquad\rightarrow\qquad x_3 \leq 115/1{,}6 = 71{,}875$
(2) $\quad x_2 = -140 + 4\,x_3 \geq 0 \qquad\rightarrow\qquad x_3 \geq 140/4 = 35$

$\rightarrow \qquad 35 \leq x_3 \leq 71{,}875$

Alternative Darstellung der Lösungsmenge $\qquad x_3 = t$

$$x = \begin{pmatrix} 115 \\ -140 \\ 0 \end{pmatrix} + t \begin{pmatrix} -1{,}6 \\ 4 \\ 1 \end{pmatrix} \qquad 35 \leq t \leq 71{,}875$$

e) z.B. $t = 40 \qquad x = \begin{pmatrix} 51 \\ 20 \\ 40 \end{pmatrix}$

f) Zusatzbedingung $x_3 = x_1 + 15$

$x_3 = x_1 + 15 = 115 - 1{,}6\,x_3 + 15 \quad\rightarrow\quad 2{,}6\,x_3 = 130 \quad\rightarrow\quad x_3 = 130/2{,}6 = \underline{50\,€}$
$x_1 = 115 - 1{,}6\,x_3 = 115 - 1{,}6 \cdot 50 = \underline{35\,€}$
$x_2 = -140 + 4\,x_3 = -140 + 4 \cdot 50 = \underline{60\,€}$

Aufgabe 3.2.2.2   Malerarbeiten

a) Lineares Gleichungssystem

x_1 = Preis Tapezieren je m^2 Fläche   (1) $100\,x_1 + 80\,x_2 = 420$
x_1 = Preis Streichen je m^2 Fläche   (2) $250\,x_1 +\ a\,x_2 =\ b$

b) Gaußscher Algorithmus

	100	80	420
	250	a	b

$(1') = (1)/100$	1	0,8	4,2
$(2') = (2)-2{,}5(1)$	0	$a - 200$	$b - 1\,050$

Egon   Das lineare Gleichungssystem ist für alle Werte a und b lösbar.

Falsch Für $a = 200$ und $b \neq 1050$ gibt es keine Lösung.

Frank   Das Gleichungssystem ist *nur* lösbar, wenn $a = 200$ und $b = 1050$ ist.

Falsch Das Gleichungssystem ist lösbar, wenn $a = 200$ und $b = 1050$ ist, soweit stimmt die Aussage, aber es ist auch für $a \neq 200$ lösbar.

Gerd   Das Gleichungssystem ist lösbar, wenn $a \neq 200$ ist, unabhängig von b.

Richtig, aber unvollständig, weil es auch für $a = 200$ und $b = 1050$ Lösungen des Gleichungssystems gibt. Außerdem wird keine Aussage zur Lösungsmenge getroffen.

Das Gleichungssystem ist *eindeutig lösbar*, wenn $a \neq 200$ ist.

Es besitzt *unendlich viele Lösungen*, wenn $a = 200$ und $b = 1050$ ist.

c) Unendlich viele Lösungen: $a = 200$ $b = 1050$

Lösungsmenge:

$(1')\ x_1 = 4{,}2 - 0{,}8\,x_2$ x_2 ist frei wählbar

Ökonomisch sinnvolle Lösungen

$x_1 = 4{,}2 - 0{,}8\,x_2 \geq 0$ $\rightarrow$ $4{,}2 \geq 0{,}8\,x_2$ $4{,}2/0{,}8 = 5{,}25 \geq\ x_2$

Alternative Darstellung der Lösungsmenge $x_2 = t$

$$\begin{pmatrix} x_1 \\ x_2 \end{pmatrix} = \begin{pmatrix} 4{,}2 \\ 0 \end{pmatrix} + t \begin{pmatrix} -0{,}8 \\ 1 \end{pmatrix} \qquad 0 \leq t \leq 5{,}25$$

d) Zusatzbedingung $x_1 = 2\,x_2$

$(1')\ x_1 = 2x_2 = 4{,}2 - 0{,}8\,x_2\ \rightarrow\ 2{,}8\,x_2 = 4{,}2\ \rightarrow\ x_2 = 4{,}2/2{,}8 = \underline{1{,}5}\ \rightarrow\ x_1 = 2x_2 = \underline{3}$

Aufgabe 3.2.2.3   Erbschaft

a) Lineares Gleichungssystem

x_1 = Erbschaft des Sohnes in T€   (1) $x_1 -\ x_2 -\ x_3 = 0$
x_2 = Erbschaft jeder der beiden Töchter in T€   (2) $x_2 - 2\,x_3 = 5$
x_3 = Erbschaft jedes Enkelkindes in T€   (3) $x_1 + 2\,x_2 + n\,x_3 = 75$

b) Gaußscher Algorithmus

(1)	1	-1	-1	0
(2)	0	1	-2	5
(3)	1	2	n	75

	1	-1	-1	0
	0	1	-2	5
$(3') = (3) - (1)$	0	3	$n+1$	75

$(1'') = (1') + (2')$	1	0	-3	5
	0	1	-2	5
$(3'') = (3') - 3\,(2')$	0	0	$n+7$	60

$(1''') = (1'') + 3\,(3''')$	1	0	0	$5 + 180/(n+7)$
$(2''') = (2'') + 2\,(3''')$	0	1	0	$5 + 120/(n+7)$
$(3''') = (3'') / (n+7)$	0	0	1	$60/(n+7)$

c) Bestimmung der Maximalzahl der Enkel, ohne dass das Testament wegen Unterschreitung des Pflichtteils ungültig wird

$x_i \geq 75/6 = 12{,}5$ $\qquad\qquad i = 1{,}2$

$x_1 \geq x_2 = 5 + 120/(n+7) \geq 12{,}5$ $\quad\rightarrow\quad$ $120/(n+7) \geq 7{,}5$
$\rightarrow\quad 120 \geq 7{,}5(n+7)$ $\quad\rightarrow\quad$ $16 \geq n+7$ $\quad\rightarrow\quad$ $9 \geq n$

Es dürfen höchstens 9 Enkel sein, damit der Pflichtteil der Kinder nicht unterschritten wird.

d) Lösung für $n = 5$

(1) $x_1 = 5 + 180/(n+7) = \underline{20\ T\text{€}}$
(2) $x_2 = 5 + 120/(n+7) = \underline{15\ T\text{€}}$
(3) $x_3 = 60/(n+7) = \underline{5\ T\text{€}}$

Aufgabe 3.2.2.4 Fotograf

a) Lineares Gleichungssystem

x_1 = Preis je h Anwesenheit des Fotografen in € $\quad$ (1) $5x_1 + 3x_2 + 50x_3 = 180$
x_2 = Preis je Foto-CD in € $\quad$ (2) $6x_1 + 10x_2 + 80x_3 = 300$
x_1 = Preis je nachbestelltem Abzug in € $\quad$ (3) $3x_1 + 5x_2 + a\,x_3 = 150$

b) Gaußscher Algorithmus

5	3	50	180
6	10	80	300
3	5	a	150

$(1') = (1)/5$	1	0,6	10	36
$(2') = (2) - 6(1')$	0	6,4	20	84
$(3') = (3) - 3(1')$	0	3,2	$a - 30$	42
$(1'') = (1') - 0,6(2'')$	1	0	8,125	28,125
$(2'') = (2')/6,4$	0	1	3,125	13,125
$(3'') = (3') - 0,5(2')$	0	0	$a - 40$	0

c) Lösbarkeit und Lösungsmenge:

$a = 40$ $\rightarrow$ **unendlich viele Lösungen**

$a \neq 40$ $\rightarrow$ **genau eine Lösung** mit $x_3 = 0$

d) $a = 40$

Lösungsmenge und ökonomisch sinnvolle Lösungen

(1) $x_1 = 28,125 - 8,125x_3 \geq 0$ $\rightarrow$ $x_3 \leq 28,125/8,125 \approx 3,462$

(2) $x_2 = 13,125 - 3,125x_3 \geq 0$ $\rightarrow$ $x_3 \leq 13,125/3,125 \approx 4,2$

Häufiger Fehler

Oft werden nur die Werte x_3 ermittelt, für die x_1 bzw. x_2 null werden. Das sind die Werte 3,462 und 4,2 . Daraus wird dann *fälschlicher Weise* geschlossen, dass $3,462 \leq x_3 \leq 4,2$ sein sollte. Beide ermittelten Werte stellen jedoch Obergrenzen für x_3 dar. Damit beide eingehalten werden, muss $x_3 \leq \min(3,462 ; 4,2) = 3,462$ sein.

$\rightarrow$ $0 \leq x_3 \leq 3,462$

e) Zusatzbedingung: $x_1 = 2x_2$

$x_1 = 28,125 - 8,125x_3 = 2x_2 = 26,25 - 6,25x_3$ $\rightarrow$ $1,875 = 1,875 x_3 \rightarrow$ $\underline{x_3 = 1}$

(1) $x_1 = 28,125 - 8,125x_3 = \underline{20}$

(2) $x_2 = 13,125 - 3,125x_3 = \underline{10}$

Alternative $\qquad\qquad t = 1$

$$\begin{pmatrix} x_1 \\ x_2 \\ x_3 \end{pmatrix} = \begin{pmatrix} 28,125 \\ 13,125 \\ 0 \end{pmatrix} + \begin{pmatrix} -8,125 \\ -3,125 \\ 1 \end{pmatrix} = \begin{pmatrix} 20 \\ 10 \\ 1 \end{pmatrix}$$

Aufgabe 3.2.2.5 Meinungsforschung

a) Lineares Gleichungssystem

x_1 = Vergütung pro Tag Vorbereitung in €   (1) $\;5 x_1 + 10 x_2 + 2,5 x_3 = \;2\,700$

x_2 = Vergütung pro Tag Durchführung in €   (2) $\;10 x_1 + 45 x_2 + 15\;\, x_3 = 10\,800$

x_3 = Vergütung pro Tag Auswertung in €   (3) $\;5 x_1 + 15 x_2 + \;\;a\,x_3 = b$

b) Gaußscher Algorithmus

5	10	2,5	2 700
10	45	15	10 800
5	15	a	b

$(1') = (1)/5$	1	2	0,5	540
$(2') = (2) - 2(1)$	0	25	10	5 400
$(3') = (3) - (1)$	0	5	$a - 2,5$	$b - 2\,700$

$(1'') = (1') - 2(2'')$	1	0	-0,3	108
$(2'') = (2')/25$	0	1	0,4	216
$(3'') = (3') - 5(2'')$	0	0	$a - 4,5$	$b - 3\,780$

c) unendlich viele Lösungen bei $\quad a = 4,5 \qquad b = 3\,780$

d) Lösungsmenge für $\qquad a = 4,5 \qquad b = 3\,780$:

(1) $\quad x_1 = 108 + 0,3\,x_3$
(2) $\quad x_2 = 216 - 0,4\,x_3$
(3) $\quad x_3$ beliebig

Alternative $\qquad\qquad t = x_3$

$$\begin{pmatrix} x_1 \\ x_2 \\ x_3 \end{pmatrix} = \begin{pmatrix} 108 \\ 216 \\ 0 \end{pmatrix} + t \begin{pmatrix} 0,3 \\ -0,4 \\ 1 \end{pmatrix}$$

e) Bereich ökonomisch sinnvoller Lösungen

$x_1 = 108 + 0,3\,t \geq 100 \qquad$ stets erfüllt bei $t \geq 0$
$x_2 = 216 - 0,4\,t \geq 100 \quad \rightarrow \qquad 116 \geq 0,4\,t \qquad\qquad \rightarrow \qquad 116/0,4 = 290 \geq t$
$x_3 = t \geq 100$

$\rightarrow \qquad 100 \leq t \leq 290$

f) Zusatzbedingung $\qquad x_3 = 2\,x_1$

$x_3 = t = 2\,x_1 = 2\,(108 + 0,3\,t) = 216 + 0,6\,t$

$\rightarrow \qquad 0,4\,t = 216 \qquad\qquad \rightarrow \qquad t = 216/0,4 = \underline{540}$

Ökonomisch sinnvoll sind nur Werte t zwischen 100 und 290

$\rightarrow \qquad x_1 = 108 + 0,3\,t = \underline{270} \qquad$ bzw. $\qquad x_2 = 216 - 0,4\,t = \underline{0} < 100$

keine sinnvolle Lösung

g) Zusatzbedingung $\qquad \dfrac{1}{3}\,(x_1 + x_2 + x_3) = 180 \qquad \rightarrow \qquad x_1 + x_2 + x_3 = 180 \cdot 3 = 540$

$x_1 + x_2 + x_3 = (108 + 0,3\,t) + (216 - 0,4\,t) + t = 324 + 0,9\,t = 540$

$\rightarrow \qquad 0,9\,t = 216 \qquad\qquad t = 216/0,9 = \underline{240}$
$t = 240$ *liegt im Bereich der ökonomisch sinnvollen Lösungen*

$$\begin{pmatrix} x_1 \\ x_2 \\ x_3 \end{pmatrix} = \begin{pmatrix} 108 \\ 216 \\ 0 \end{pmatrix} + 240 \begin{pmatrix} 0,3 \\ -0,4 \\ 1 \end{pmatrix} = \begin{pmatrix} 180 \\ 120 \\ 240 \end{pmatrix}$$

Aufgabe 3.2.2.6   Ostseereisen

a) Lineares Gleichungssystem

x_1 = Preis Einzelzimmer pro Tag in €
x_2 = Preis Doppelzimmer pro Tag in €
x_3 = Preis Ferienwohnung pro Tag in €

(1) $20\,x_1 + 100\,x_2 + 80\,x_3 = 32\,000$
(2) $40\,x_1 + 120\,x_2 + 100\,x_3 = 40\,000$
(3) $20\,x_1 + 60\,x_2 + a\,x_3 = 20\,000$

b) Gaußscher Algorithmus

20	100	80	32 000
40	120	100	40 000
20	60	a	20 000

$(1') = (1)/20$	1	5	4	1 600
$(2') = (2) - 2(1)$	0	-80	-60	-24 000
$(3') = (3) - (1)$	0	-40	$a - 80$	-12 000

$(1'') = (1') - 5(2'')$	1	0	0,25	100
$(2'') = -(2')/80$	0	1	0,75	300
$(3'') = (3') - 0,5(2')$	0	0	$a - 50$	0

c) Lösbarkeit und Lösungsmenge

$a = 50$ **_unendlich viele_** *Lösungen*
$a \neq 50$ **_genau eine_** *Lösung* mit $x_3 = 0$

d) Lösungsmenge für $a = 50$:

(1) $x_1 = 100 - 0,25\,x_3$
(2) $x_2 = 300 - 0,75\,x_3$
    x_3 beliebig wählbar

Alternative $x_3 = t$

$$\begin{pmatrix} x_1 \\ x_2 \\ x_3 \end{pmatrix} = \begin{pmatrix} 100 \\ 300 \\ 0 \end{pmatrix} + t \begin{pmatrix} -0,25 \\ -0,75 \\ 1 \end{pmatrix} \geq 0$$

Bereich ökonomisch sinnvoller Lösungen:

(1) $x_1 = 100 - 0,25\,t \geq 0$ $\rightarrow$ $t \leq 100/0,25 = 400$
(2) $x_2 = 300 - 0,75\,t \geq 0$ $\rightarrow$ $t \leq 300/0,75 = 400$

e) Zusatzbedingung $x_3 = x_1 + x_2$

$t = x_1 + x_2 = 100 - 0,25\,t + 300 - 0,75\,t$

$t = 400 - t$ $\rightarrow$ $2\,t = 400$ $\rightarrow$ $t = 400/2 = 200$

$$\begin{pmatrix} x_1 \\ x_2 \\ x_3 \end{pmatrix} = \begin{pmatrix} 100 \\ 300 \\ 0 \end{pmatrix} + 200 \begin{pmatrix} -0,25 \\ -0,75 \\ 1 \end{pmatrix} = \begin{pmatrix} 50 \\ 150 \\ 200 \end{pmatrix}$$

Aufgabe 3.2.2.7   **Teemischungen**

a) Lineares Gleichungssystem

x_1 = Preis für 1 g Assamtee in €   (1) $50\,x_1 + 30\,x_2 + 20\,x_3 = 5$
x_2 = Preis für 1 g Ceylontee in €   (2) $75\,x_1 + 20\,x_2 + 5\,x_3 = 6$
x_3 = Preis für 1 g Yunnantee in €   (3) $60\,x_1 + 26\,x_2 + 14\,x_3 = b$

b) Gaußscher Algorithmus

	50	30	20	5
	75	20	5	6
	60	26	14	b
$(1') = (1)/50$	1	0,6	0,4	0,1
$(2') = (2) - 1,5(1)$	0	-25	-25	-1,5
$(3') = (3) - 60(1')$	0	-10	-10	$b - 6$
$(1'') = (1') - 0,6(2'')$	1	0	-0,2	0,064
$(2'') = -(2')/25$	0	1	1	0,06
$(3'') = (3') + 10(2'')$	0	0	0	$b - 5,4$

c) Lösbarkeit und Lösungsmenge:

$b = 5,4$ $\rightarrow$ ***unendlich viele Lösungen***
$b \neq 5,4$ $\rightarrow$ ***keine Lösung***

d) Lösung für $b = 5,4$ $x_1 = 0,064 + 0,2\,x_3$
$x_2 = 0,06 - 1\,x_3$
$x_3 = t$ (beliebig)

Alternative $\qquad \begin{pmatrix} x_1 \\ x_2 \\ x_3 \end{pmatrix} = \begin{pmatrix} 0,064 \\ 0,06 \\ 0 \end{pmatrix} + t \begin{pmatrix} 0,2 \\ -1 \\ 1 \end{pmatrix} \qquad t \in R$

Bereich ökonomisch sinnvoller Lösungen

$x_2 = 0,06 - t \geq 0$ $\rightarrow$ $t \leq 0,06$

$0 \leq t \leq 0,06$

e) Zusatzbedingung $x_2 = x_3$

$x_2 = 0,06 - t = t$ $\rightarrow$ $2\,t = 0,06$ $\rightarrow$ $t = 0,06/2 = 0,03$

$\begin{pmatrix} x_1 \\ x_2 \\ x_3 \end{pmatrix} = \begin{pmatrix} 0,064 \\ 0,06 \\ 0 \end{pmatrix} + 0,03 \begin{pmatrix} 0,2 \\ -1 \\ 1 \end{pmatrix} = \begin{pmatrix} 0,07 \\ 0,03 \\ 0,03 \end{pmatrix}$

Aufgabe 3.2.2.8   Maklerannoncen

a) Lineares Gleichungssystem

x_1 = durchschn. Anz. Anfragen pro Annonce in der Bertliner Zeitung
x_2 = durchschn. Anz. Anfragen pro Annonce in der Morgenpost
x_3 = durchschn. Anz. Anfragen pro Annonce im Immobilienscout

(1) $5\,x_1 + 10\,x_2 + 20\,x_3 = 600$
(2) $10\,x_1 + 15\,x_2 + 30\,x_3 = 1\,000$
(3) $25\,x_1 + 35\,x_2 + 70\,x_3 = b$

b) Gaußscher Algorithmus

5	10	20	600
10	15	30	1 000
25	35	70	b

$(1') = (1)/5$	1	2	4	120
$(2') = (2) - 2(1)$	0	-5	-10	-200
$(3') = (3) - 5(1)$	0	-15	-30	$b - 3\,000$

$(1'') = (1') - 2(2'')$	1	0	0	40
$(2'') = -(2')/5$	0	1	2	40
$(3'') = (3') - 3(2')$	0	0	0	$b - 2\,400$

c) Lösbarkeit und Lösungsmenge:

$b = 2\,400$ → ***unendlich viele Lösungen***
$b \neq 2\,400$ → ***keine Lösung***

d) Lösungsmenge für $b = 2\,400$:

$x_1 = 40$ $x_2 = 40 - 2x_3$ x_3 beliebig

Alternative $x_3 = t$

$$\begin{pmatrix} x_1 \\ x_2 \\ x_3 \end{pmatrix} = \begin{pmatrix} 40 \\ 40 \\ 0 \end{pmatrix} + t \begin{pmatrix} 0 \\ -2 \\ 1 \end{pmatrix}$$

e) Bereich ökonomisch sinnvoller Lösungen

$x_2 = 40 - 2x_3 \geq 0$ → $40 \geq 2x_3$ → $x_3 \leq 40/2 = 20$
$0 \leq x_3 \leq 20$

f) Zusatzbedingung $x_2 = 2\,x_3$

$40 - 2\,x_3 = 2\,x_3$ → $40 = 4\,x_3$ → $x_3 = 10$
$x_1 = 40$ $x_2 = 20$ $x_3 = 10$

Aufgabe 3.2.2.9   **Hotelsanierung**

x_1 = Anz. Einzelzimmer

x_2 = Anz. Doppelzimmer

x_3 = Anz. Familienzimmer

(1) $x_1 + x_2 + x_3 = 40$

(2) $x_1 + 2x_2 + 4x_3 = 80$

(3) $15x_1 + 25x_2 + a\,x_3 = 1\,000$

a)   Gaußscher Algorithmus

	1	1	1	40
	1	2	4	80
	15	25	a	1 000

	1	1	1	40
$(2') = (2) - (1)$	0	1	3	40
$(3') = (3) - 15(1)$	0	10	$a - 15$	400

	1	0	-2	0
$(1'') = (1') - (2')$	1	0	-2	0
	0	1	3	40
$(3'') = (3') - 10(2')$	0	0	$a - 45$	0

b)   Lösbarkeit und Lösungsmenge :

$a = 45$ $\rightarrow$ *unendlich viele Lösungen*

$a \neq 45$ $\rightarrow$ *genau eine Lösung* ohne Familienzimmer wegen $x_3 = 0$

c)   Lösungsmenge für $a = 45$:

$x_1 = 2x_3$

$x_2 = 40 - 3x_3$

x_3 beliebig

Alternative $x_3 = t$

$$\begin{pmatrix} x_1 \\ x_2 \\ x_3 \end{pmatrix} = \begin{pmatrix} 0 \\ 40 \\ 0 \end{pmatrix} + t \begin{pmatrix} 2 \\ -3 \\ 1 \end{pmatrix} \qquad t \in R$$

d)   Ökonomisch sinnvolle Lösungen: $x_1, x_2, x_3 \geq 0$

$x_1 = 2t \geq 0$ $\rightarrow$ $t \geq 0$

$x_2 = 40 - 3t$ $\rightarrow$ $3t \leq 40$ $\rightarrow$ $t \leq 40/3$

$0 \leq t \leq 40/3$

Es können maximal 13 Familienzimmer eingerichtet werden.

Da die Zimmerzahl für jede Zimmerkategorie ganzzahlig sein muss, erhält man nur für die ganzzahligen Werte $t = 0, 1, ..., 13$ sinnvolle Lösungen.

e)   Zusatzbedingung $x_1 = x_2$

$2t = 40 - 3t$ $\rightarrow$ $5t = 40$ $\rightarrow$ $t = 8$

$t = 8$ liegt im Bereich ökonomisch sinnvoller Lösungen

$x_1 = 2\,t = 2 \cdot 8 = \underline{16}$
$x_2 = 40 - 3\,t = 40 - 3 \cdot 8 = \underline{16}$

Aufgabe 3.2.2.10   Geflügelfutter

a) Lineares Gleichungssystem

x_1 = Menge Hühnerfutter in dt
x_2 = Menge Entenfutter in dt
x_3 = Menge Gänsefutter in dt

(1) $0,1\ \ x_1 + 0,2\ \ x_2 + 0,4\,x_3 = 12$
(2) $0,4\ \ x_1 + 0,4\ \ x_2 + 0,2\,x_3 = 20$
(3) $0,325\,x_1 + 0,35\,x_2 +\ \ a\,x_3 = 18$

b) Gaußscher Algorithmus

0,1	0,2	0,4	12
0,4	0,4	0,2	20
0,325	0,35	a	18

$(1') = 10(1)$	1	2	4	120
$(2') = (2) - 4(1)$	0	-0,4	-1,4	-28
$(3') = (3) - 0,325(1')$	0	-0,3	$a - 1,3$	-21

$(1'') = (1') - 2(2'')$	1	0	-3	-20
$(2'') = -2,5(2')$	0	1	3,5	70
$(3'') = (3') + 0,3(2'')$	0	0	$a - 0,25$	0

c) Lösbarkeit und Lösungsmenge:

$a = 0,25$ $\rightarrow$ *unendlich viele Lösungen*
$a \neq 0,25$ $\rightarrow$ *genau eine Lösung* (ohne Gänsefutter, da $x_3 = 0$ ist)

d) Lösungsmenge:

$x_1 = -20 + 3x_3$
$x_2 = 70 - 3,5\,x_3$
x_3 beliebig

Alternative $\qquad\qquad x_3 = t$

$$\begin{pmatrix} x_1 \\ x_2 \\ x_3 \end{pmatrix} = \begin{pmatrix} -20 \\ 70 \\ 0 \end{pmatrix} + t \begin{pmatrix} 3 \\ -3,5 \\ 1 \end{pmatrix} \qquad t \in R$$

Ökonomisch sinnvolle Lösungen $\qquad x_1, x_2, x_3 \geq 0$

$x_1 = -20 + 3\,t \geq 0$ $\qquad \rightarrow \qquad t \geq 20/3 = 6,67$
$x_2 = 70 - 3,5\,t \geq 0$ $\qquad \rightarrow \qquad t \leq 70/3,5 = 20$

$6,67 \leq t \leq 20$

e) Zusatzbedingung $\qquad x_1 = 2\,(x_2 + x_3)$

$-20 + 3\,t = 2(70 - 3,5\,t + t) = 140 - 5\,t \qquad\qquad \rightarrow \qquad 8\,t = 160 \quad \rightarrow \quad t = 20$

$$\begin{pmatrix} x_1 \\ x_2 \\ x_3 \end{pmatrix} = \begin{pmatrix} -20 \\ 70 \\ 0 \end{pmatrix} + 20 \begin{pmatrix} 3 \\ -3,5 \\ 1 \end{pmatrix} = \begin{pmatrix} 40 \\ 0 \\ 20 \end{pmatrix}$$

Aufgabe 3.2.2.11   Rehabilitation

a) Lineares Gleichungssystem

x_1 = Anz. Cross- und Cardiogeräte   (1) $2\,x_1 + x_2 + 4\,x_3 = 40$
x_2 = Anz. Seilzuggeräte   (2) $5\,x_1 + 3,5\,x_2 + 11\,x_3 = 120$
x_3 = Anz. Stützstemm- und Lastzuggeräte   (3) $1\,000\,x_1 + 500\,x_2 + 2\,000\,x_3 = b$

b) Gaußscher Algorithmus

	2	1	4	40
	5	3,5	11	120
	1 000	500	2 000	b

$(1') = (1)/2$	1	0,5	2	20
$(2') = (2) - 5(1`)$	0	1	1	20
$(3') = (3) - 1\,000(1')$	0	0	0	$b - 20\,000$

$(1'') = (1') - 0,5(2')$	1	0	1,5	10
	0	1	1	20
	0	0	0	$b - 20\,000$

c) Lösungsmenge für $b = 20\,000$:

$x_1 = 10 - 1,5\,x_3$ $x_2 = 20 - x_3$ x_3 beliebig

Alternative $x_3 = t$

$$\begin{pmatrix} x_1 \\ x_2 \\ x_3 \end{pmatrix} = \begin{pmatrix} 10 \\ 20 \\ 0 \end{pmatrix} + t \begin{pmatrix} -1,5 \\ -1 \\ 1 \end{pmatrix}$$

d) $x_1 = 10 - 1,5\,x_3 \geq 0$ $\rightarrow$ $x_3 \leq 10/1,5 = 6,67$
$x_2 = 20 - x_3 \geq 0$ $\rightarrow$ $x_3 \leq 20$

$0 \leq x_3 \leq 6,67$

Da nur ganzzahlige Lösungen möglich sind, halbe Geräte können nicht angeschafft werden, muss x_3 gerade sein, damit x_1 ganzzahlig ist. Infrage kommen daher die Werte $t = 0, 2, 4, 6$

$$\begin{pmatrix} x_1 \\ x_2 \\ x_3 \end{pmatrix} = \begin{pmatrix} 10 \\ 20 \\ 0 \end{pmatrix} \quad \begin{pmatrix} x_1 \\ x_2 \\ x_3 \end{pmatrix} = \begin{pmatrix} 7 \\ 18 \\ 2 \end{pmatrix} \quad \begin{pmatrix} x_1 \\ x_2 \\ x_3 \end{pmatrix} = \begin{pmatrix} 4 \\ 16 \\ 4 \end{pmatrix} \quad \begin{pmatrix} x_1 \\ x_2 \\ x_3 \end{pmatrix} = \begin{pmatrix} 1 \\ 14 \\ 6 \end{pmatrix}$$

Aufgabe 3.2.2.12   Preisgestaltung Skipass

a) Lineares Gleichungssystem

x_1 = Preis Skipass für Kinder in €
x_2 = Preis Skipass für Erwachsene in €
x_3 = Preis Skipass für Senioren in €

(1) $50\,x_1 + 100\,x_2 + 25\,x_3 = 8\,500$
(2) $30\,x_1 + 20\,x_2 + 20\,x_3 = 3\,100$
(3) $60\,x_1 + 40\,x_2 + a\,x_3 = 6\,200$

b) Gaußscher Algorithmus

50	100	25	8 500
30	20	20	3 100
60	40	a	6 200

$(1') = (1)/50$	1	2	0,5	170
$(2') = (2) - 30(1')$	0	-40	5	-2 000
$(3') = (3) - 60(1')$	0	-80	a - 30	-4 000

$(1'') = (1') - 2(2'')$	1	0	0,75	70
$(2'') = (2')/(-40)$	0	1	-0,125	50
$(3'') = (3') - 2(2')$	0	0	a - 40	0

c) Lösbarkeit und Lösungsmenge:

$a = 40$ $\rightarrow$ ***unendlich viele Lösungen***
$a \neq 40$ $\rightarrow$ ***genau eine Lösung*** mit $x_3 = 0$

d) Lösungsmenge für $a = 40$:

$x_1 = 70 - 0,75\,x_3$ $x_2 = 50 + 0,125\,x_3$ x_3 beliebig

Alternative $x_3 = t$

$$\begin{pmatrix} x_1 \\ x_2 \\ x_3 \end{pmatrix} = \begin{pmatrix} 70 \\ 50 \\ 0 \end{pmatrix} + t \begin{pmatrix} -0,75 \\ 0,125 \\ 1 \end{pmatrix}$$

e) Bereich ökonomisch sinnvoller Lösungen

$x_1 = 70 - 0,75\,t \geq 0$ $\rightarrow$ $70 \geq 0,75\,t$ $\rightarrow$ $t \leq 70/0,75 = 93,33$
$0 \leq t \leq 93,33$

f) Zusatzbedingung $2\,x_1 = x_3$

$2\,(70 - 0,75\,t) = 140 - 1,5\,t = t$ $\rightarrow$ $140 = 2,5\,t$ $\rightarrow$ $t = 56$

$$\begin{pmatrix} x_1 \\ x_2 \\ x_3 \end{pmatrix} = \begin{pmatrix} 70 \\ 50 \\ 0 \end{pmatrix} + 56 \begin{pmatrix} -0,75 \\ 0,125 \\ 1 \end{pmatrix} = \begin{pmatrix} 28 \\ 57 \\ 56 \end{pmatrix}$$

Aufgabe 3.2.2.13   **Flächenaufteilung Therme**

x_1 = Fläche Bad in m^2 (1) $x_1 +$ $x_2 +$ $x_3 =$ 800
x_2 = Fläche Sauna in m^2 (2) 2 $x_1 + 4$ $x_2 + 2$ $x_3 = 2\,000$
x_3 = Fläche Fitnesscenter in m^2 (3) $\,0{,}2\,x_1 + 0{,}125\,x_2 + 0{,}2\,x_3 =$ b

a) maximale Gästezahl = Fläche x/Fläche pro Besucher

   (3) $\dfrac{x_1}{5} + \dfrac{x_2}{8} + \dfrac{x_3}{5} = b$

b) Gaußscher Algorithmus

		1	1	1	800
		2	4	2	2 000
		0,2	0,125	0,2	b

$(1') = (1)$	1	1	1	800
$(2') = (2) - 2(1)$	0	2	0	400
$(3') = (3) - 0{,}2(1)$	0	-0,075	0	b - 160

$(1'') = (1') - (2'')$	1	0	1	600
$(2'') = (2')/2$	0	1	0	200
$(3'') = (3') + 0{,}075(2'')$	0	0	0	b - 145

c) Lösbarkeit und Lösungsmenge:

   $b = 145$ $\rightarrow$ *unendlich viele Lösungen*
   $b \neq 145$ $\rightarrow$ *keine Lösung*

d) Lösungsmenge für $b = 145$:

   $x_1 = 600 - x_3$
   $x_2 = 200$
   x_3 = frei wählbar

   Alternative $x_3 = t$

$$\begin{pmatrix} x_1 \\ x_2 \\ x_3 \end{pmatrix} = \begin{pmatrix} 600 \\ 200 \\ 0 \end{pmatrix} + t \begin{pmatrix} -1 \\ 0 \\ 1 \end{pmatrix}$$

e) Zusatzbedingung: $x_1 = 1{,}5\,x_3$

   $600 - t = 1{,}5\,t$ $\rightarrow$ $600 = 2{,}5\,t$ $\rightarrow$ $t = 600/2{,}5 = \underline{240}$

$$\begin{pmatrix} x_1 \\ x_2 \\ x_3 \end{pmatrix} = \begin{pmatrix} 600 \\ 200 \\ 0 \end{pmatrix} + 240 \begin{pmatrix} -1 \\ 0 \\ 1 \end{pmatrix} = \begin{pmatrix} 560 \\ 200 \\ 240 \end{pmatrix}$$

3.4.3 Lineare Optimierung

3.4.3.1 *Grafische Lösung*

Zur grafischen Lösung linearer Optimierungsprobleme

Zeichnung der Restriktionsmenge

Die Menge aller Punkte (x_1, x_2), die einer linearen Gleichung genügen, ist in der geometrischen Darstellung eine Gerade. Handelt es sich um eine lineare Ungleichung, so wird diese entweder von allen Punkten oberhalb der Geraden oder von allen Punkten, die darunter liegen, erfüllt.

Um eine Gerade zu zeichnen, benötigt man zwei Punkte, die darauf liegen. Am einfachsten ist es, die Schnittpunkte mit den Koordinatenachsen mit dem Lineal zu verbinden. Um den Schnittpunkt mit der x_1-Achse zu ermitteln, muss x_2 null gesetzt werden, für den Schnittpunkt mit der x_2-Achse ist $x_1 = 0$.

So schneidet die Gerade: $4 x_1 + 5 x_2 = 30$
die x_1-Achse an der Stelle $x_1 = 30/4 = 7,5$ (hier ist $x_2 = 0$) und
die x_2-Achse an der Stelle $x_2 = 30/5 = 6$ (hier ist $x_1 = 0$).

Die Gerade: $x_1 = 4$ besitzt allerdings nur einen Schnittpunkt mit der x_1-Achse an der Stelle $x_1 = 4$. Die x_2-Achse schneidet sie nicht. Da x_2 hier jeden beliebigen Wert annehmen kann, verläuft diese Gerade parallel zur x_2-Achse.

Probleme bereitet es vielen, die Gerade: $2 x_1 = x_2$ zu zeichnen. Sie schneidet zwar beide Koordinatenachsen, allerdings im gleichen Punkt, im Koordinatenursprung $(0,0)$. Trotzdem ist die Lösungsmenge dieser linearen Gleichung eine Gerade und nicht nur dieser eine Schnittpunkt mit den Achsen. Um sie zu zeichnen, muss ein zweiter Punkt auf dieser Geraden ermittelt werden. Für beliebige Wahl von x_1 kann der zugehörige Wert x_2 durch Einsetzen von x_1 in diese Gleichung ermittelt werden. Infrage kämen hier z.B. die Punkte $(1,2)$, $(2,4)$, $(4,8)$, $(6,12)$ usw.. Nun muss noch herausgefunden werden, auf welcher Seite der Geraden die Halbebene liegt, deren Punkte die betreffende Ungleichung erfüllen.

Lautet die Bedingung: $2 x_1 \leq x_2$, so wird sie von allen Punkten oberhalb der betreffenden Geraden erfüllt (x_2 kann beliebig groß werden, bei gegebenem Wert x_1).

Verlangt die Bedingung: $2 x_1 \geq x_2$, so liegt die zulässige Halbebene unterhalb dieser Geraden. (hier kann x_1 beliebig groß werden, während x_2 höchstens doppelt so groß sein darf wie x_1)

Im Zweifelsfall kann man dies feststellen, indem ein Punkt (x_1, x_2), der nicht auf der Geraden liegt, in die Ungleichung eingesetzt wird. Erfüllt dieser die Ungleichung, so liegt er auf der richtigen Seite der Geraden, innerhalb der zulässigen Halbebene. Genügt er der Bedingung nicht, so befindet er sich auf der falschen Seite der Geraden. Die zulässige Halbebene befindet sich dann auf der anderen Seite der Geraden.

Der Bereich, in dem sich alle ermittelten Halbebenen überschneiden, ist die Restriktionsmenge. Die Punkte in diesem Bereich genügen allen Ungleichungen.

Bestimmung des Optimums

Um innerhalb der Restriktionsmenge das Optimum zu finden, wird noch eine Niveaulinie der Zielfunktion $G(x) = G(x_1, x_2)$ benötigt. Dazu setzt man $G(x_1, x_2) = G_0$, wobei das Niveau G_0 beliebig gewählt werden kann, da alle Niveaulinien einer linearen Funktion parallel zueinander sind. Nun werden wiederum die Schnittpunkte dieser Niveaulinie mit den beiden Koordinatenachsen ermittelt und durch eine Gerade miteinander verbunden. (analog zur Zeichnung der Restriktionsgeraden) Alle Punkte auf dieser Geraden haben den gleichen Funktionswert $G(x_1, x_2) = G_0$. Um das Optimum zu finden, muss diese Niveaulinie der Zielfunktion nur noch parallel verschoben werden, für ein Maximum möglichst weit nach oben, für ein Minimum so weit wie möglich nach unten zum Koordinatenursprung, sofern die Koeffizienten der Zielfunktion nichtnegativ sind. Der letzte Punkt der Restriktionsmenge, den die nach oben oder unten verschobene Niveaulinie gerade noch berührt, ist das Optimum. Verläuft die Niveaulinie der Zielfunktion dagegen parallel zu einer Restriktionsgeraden, so ist die betreffende Kante auf dieser Geraden optimal.

Aufgabe 3.3.1.1   Autoreifen

a) x_1 = Anzahl Sommerreifen

x_2 = Anzahl Winterreifen

(1) $2 x_1 + 4 x_2 \le 120$

(2) $3 x_1 + 4 x_2 \le 150$

(3) $x_2 \le 20$ $x_1, x_2 \ge 0$

Zielfunktion

$G(x) = 12 x_1 + 20 x_2$

b) Dabei wurde $G_0 = 420$ gewählt, ein Wert, der durch die beiden Koeffizienten 12 und 20 gut teilbar ist. Diese Niveaulinie schneidet die x_1-Achse bei $x_1 = 35$ und die x_2-Achse bei $x_2 = 21$.

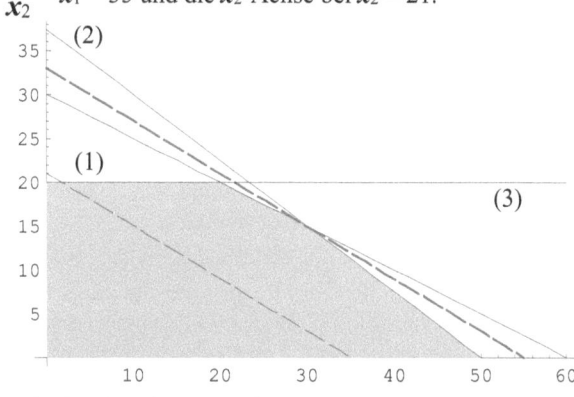

c) Das Optimum liegt im Schnittpunkt der Geraden (1) und (2)

(1) $2 x_1 + 4 x_2 = 120$
(2) $3 x_1 + 4 x_2 = 150$

    (2) − (1) $x_1 = \underline{30}$ $x_2 = \underline{15}$

d*) $G(x) = c_1 x_1 + c_2 x_2$ $c_1 = 12$

Wenn der Gewinn je Winterreifen c_2 wächst, wandert bei gleichbleibendem Niveau der Funktion $G(x)$ der Schnittpunkt mit der x_2-Achse näher zum Koordinatenursprung. Die Niveaulinien der Zielfunktion $G(x)$ dreht sich daher *entgegen dem Uhrzeigersinn*. Wenn die Niveaulinie parallel zur Geraden (1) verläuft, ist die gesamte Kante auf der Geraden (1) optimal. Danach ändert sich das Optimum.

Beide Geraden sind parallel, wenn die Koeffizienten von x_1 und x_2 im gleichen Verhältnis zueinander stehen. D.h. Gerade (1) und die Niveaulinie von $G(x)$ verlaufen parallel, wenn

(1) $\rightarrow$ $\dfrac{c_2}{c_1} = \dfrac{4}{2} = 2$ $\rightarrow$ $c_2 = 2 c_1 = 2 \cdot 12 = \underline{24}$

Wenn der Gewinn je Winterreifen 24 € übersteigt, ändert sich das Produktionsoptimum.

e) Neu $c_2 = 30$ $\rightarrow$ Das neue Optimum liegt im Schnittpunkt der Geraden (1) und (3)

(3) $x_2 = \underline{20}$ (1) $2 x_1 + 4 x_2 = 2 x_1 + 4 \cdot 20 = 120$ $\rightarrow$ $x_1 = 40/2 = \underline{20}$

x_1 = Anzahl Sommerreifen

x_2 = Anzahl Winterreifen

(1) $\quad 2\,x_1 + 4\,x_2 \le 120$

(2) $\quad 3\,x_1 + 4\,x_2 \le 150$

(3) $\quad x_2 \le 20 \qquad x_1, x_2 \ge 0$

Zielfunktion

$G^*(x) = 12\,x_1 + 30\,x_2$

Hier wurde $G_0 = 360$ gewählt. Die betreffende Niveaulinie schneidet die x_1-Achse bei $x_1 = 30$ und die x_2-Achse an der Stelle $x_2 = 12$.

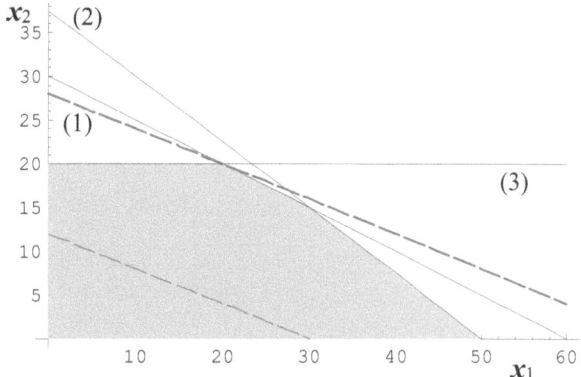

Aufgabe 3.3.1.2 — Fußbodenarbeiten

a) x_1 = Preis je m^2 Fliesen in €

x_2 = Preis je m^2 Parkett in €

(1) $\quad 20\,x_1 + 50\,x_2 \le 3\,000$

(2) $\quad 50\,x_1 + 80\,x_2 \le 6\,000$

(3) $\quad x_2 \le 2\,x_1 \qquad x_1, x_2 \ge 0$

Zielfunktion

$G(x) = 480\,x_1 + 1200\,x_2$

b) Hier wurde $G_0 = 24\,000$ gesetzt. Diese Niveaulinie schneidet die x_1-Achse an der Stelle $x_1 = 50$ und die x_2-Achse bei $x_2 = 20$.

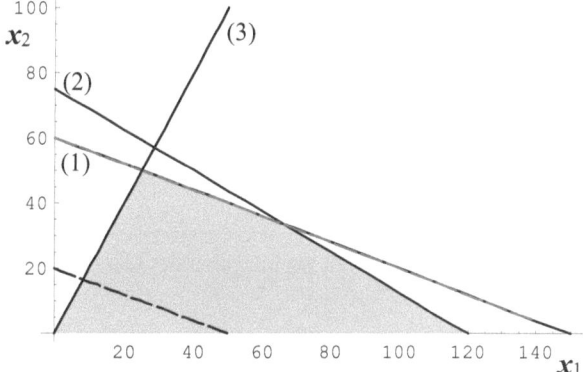

Häufiger Fehler

Bedingung (3) wird gern *falsch* aufgestellt, indem x_1 mit $2\,x_2$ verglichen wird. Wenn jedoch $x_1 = 2\,x_2$ wäre, wie z.B. bei $x_1 = 40$ und $x_2 = 20$, dann wären die Parkettarbeiten x_2 nur halb und nicht doppelt so teuer wie die Fliesenarbeiten x_1. Wem sich diese Logik nicht erschließt, der kann durch Einsetzen entsprechender Zahlen prüfen, ob die aufgestellte Ungleichung korrekt ist.

---

c) Optimal ist die Kante auf der Geraden (1)

Sie wird begrenzt von den Ecken im Schnittpunkt der Geraden (1) und (2) und dem der Geraden (1) und (3):

Schnittpunkte: (1), (2) $\quad (x_1\,,\,x_2) = (66{,}667\,;\,33{,}333) \qquad$ (1), (3) $\quad (x_1\,,\,x_2) = (25\,,\,50)$

Menge aller optimalen Lösungen:

$$x = \lambda\,x^{(1)} + (1-\lambda)x^{(2)} = \lambda \begin{pmatrix} 66{,}667 \\ 33{,}333 \end{pmatrix} + (1-\lambda)\begin{pmatrix} 25 \\ 50 \end{pmatrix} \qquad 0 \le \lambda \le 1$$

Aufgabe 3.3.1.3   Winzer

a) x_1 = Menge Rubin in Litern

x_2 = Menge Pinot Noir in Litern

(1) $0{,}4\,x_1 + 0{,}2\,x_2 \geq 200$

(2) $0{,}2\,x_1 + 0{,}5\,x_2 \geq 250$

(3) $x_1 \leq 2\,x_2$ $x_1, x_2 \geq 0$

Zielfunktion

$K(x) = 1{,}5\,x_1 + x_2$

b) Dabei wurde $K_0 = 600$ gesetzt. Diese Niveaulinie schneidet die x_1-Achse an der Stelle $x_1 = 400$ und die x_2-Achse bei $x_2 = 600$.

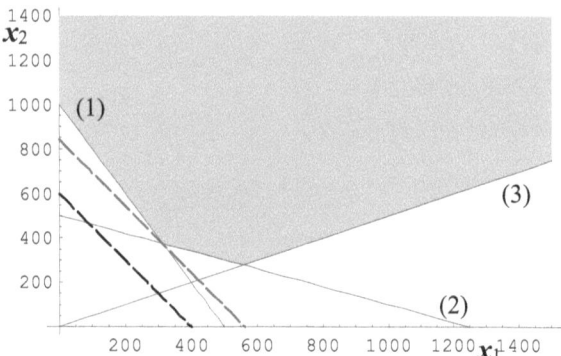

Häufige Fehler

Viele haben Probleme damit herauszufinden, ob die Restriktionsmenge ober- oder unterhalb der dritten Geraden liegt. Da x_2 auf der größeren Seite der Ungleichung steht, kann x_2 bei festem Wert x_1 beliebig groß werden, ohne die Ungleichung zu verletzen. Daher muss sich die Restriktionsmenge oberhalb der dritten Geraden befinden. Man kann das auch herausfinden, indem man Werte für x_1 und x_2 einsetzt, die nicht der betreffenden Gleichung genügen, z.B. $x_1 = 600$ und $x_2 = 600$. Diese Werte erfüllen Bedingung (3), daher liegt der Punkt (600,600) auf der richtigen Seite der Geraden in der zulässigen Halbebene.

Die Restriktionen enthalten hier vorgegeben *Mindestmengen*. Daher befindet sich die Konstante hier auf der kleineren Seite der Ungleichung und die zulässigen Punkte, die dieser Bedingung genügen, liegen *oberhalb* der Geraden.

c) Das Optimum liegt im Schnittpunkt der Geraden (1) und (2)

(1) $0{,}4\,x_1 + 0{,}2\,x_2 = 200$
(2) $0{,}2\,x_1 + 0{,}5\,x_2 = 250$

$2\,(2) - (1)\quad 0{,}8\,x_2 = 300 \qquad \rightarrow \qquad x_2 = 300/0{,}8 = \underline{375} \qquad x_1 = \underline{312{,}5}$

d*) $K^*(x) = c_1\,x_1 + c_2\,x_2 = c_1\,x_1 + x_2$

Sinken die Kosten c_1 der Sorte Rubin, dann wächst der Wert x_1, in dem die Niveaulinie von $K(x)$ die x_1-Achse schneidet. Diese Niveaulinie dreht sich dann *gegen den Uhrzeigersinn*. Das Optimum bleibt solange erhalten, bis die Niveaulinie von $K(x)$ parallel zur Geraden (2) verläuft.

(2) $c_1/c_2 = 0{,}2/0{,}5 = 0{,}4 \qquad \rightarrow \qquad c_1 = \underline{0{,}4}$

e*) Sinkt c_1 unter das Niveau von 0,4, dann liegt das neue Optimum im Schnittpunkt der Geraden (2) und (3).

(3) $x_1 = 2\,x_2$
(2) $0{,}2\,x_1 + 0{,}5\,x_2 = 0{,}4\,x_2 + 0{,}5\,x_2 = 250 \rightarrow \quad x_2 = 250/0{,}9 = \underline{277{,}8} \quad x_1 = 2\,x_2 = \underline{555{,}56}$

Aufgabe 3.3.1.4   Waschmittel

a) x_1 = Menge Waschpulver in t

x_2 = Menge Flüssigwasch-
    mittel in t

(1) $2\,x_1 + 1{,}5\,x_2 \le 150$

(2) $x_1 + 2\,x_2 \le 100$

(3) $x_1 \ge 2\,x_2$ $x_1, x_2 \ge 0$

Zielfunktion

$G(x) = 100\,x_1 + 150\,x_2$

b) Hier wurde $G_0 = 6\,000$ gewählt. Diese Niveaulinie
schneidet die Achsen in $(60\,,\,0)$ und in $(0\,,\,40)$

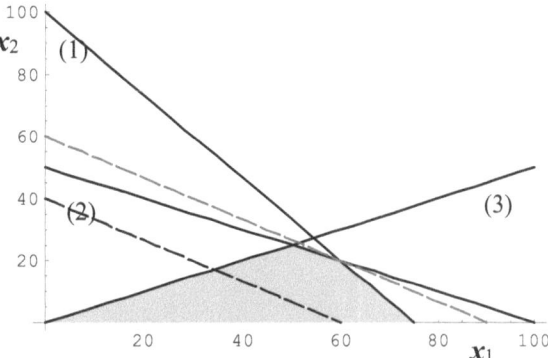

c) Das Optimum liegt im Schnittpunkt der Geraden (1) und (2)

(1) $2\,x_1 + 1{,}5\,x_2 = 150$
(2) $x_1 + 2\,x_2 = 100$

$2(2) - (1)$ $2{,}5\,x_2 = 50$ $\rightarrow$ $x_2 = 50/2{,}5 = \underline{20}$ $x_1 = \underline{60}$

d*) Wenn die Kapazität der Verpackungsanlage wächst, verschiebt sich die Gerade (2) parallel
nach oben. Dabei bleibt das Optimum so lange im Schnittpunkt der Geraden (1) und (2),
bis Gerade (2) durch den Schnittpunkt von (1) und (3) verläuft.

Schnittpunkt der Geraden (1), (3): $x_1 = 54{,}55$ $x_2 = 27{,}27$

Die neue Kapazität der Verpackungsanlage b_2* läge dann bei:

$b_2* = x_1 + 2\,x_2 = 54{,}55 + 2 \cdot 27{,}27 = \underline{109{,}09}$

e*) Wenn die Kapazität der Verpackungsanlage größer wird als 109,09 h, dann liegt das neue
Optimum im Schnittpunkt der Geraden (1) und (3) bei $x_1 = 54{,}55$ und $x_2 = 27{,}27$.

x_1 = Menge Waschpulver in t

x_2 = Menge Flüssigwasch-
    mittel in t

(1) $2\,x_1 + 1{,}5\,x_2 \le 150$

(2*) $x_1 + 2\,x_2 \le 125$

(3) $x_1 \ge 2\,x_2$ $x_1, x_2 \ge 0$

Zielfunktion

$G(x) = 100\,x_1 + 150\,x_2$

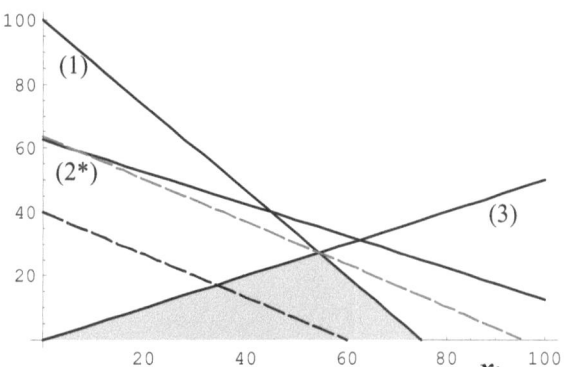

Aufgabe 3.3.1.5   Johannisbeeren

a) x_1 = Anz. roter Johannisbeersträucher

x_2 = Anz. schwarzer Johannisbeersträucher

(1) $2{,}5\,x_1 + 4\,x_2 \leq 1\,200$

(2) $0{,}5 \cdot 5\,x_1 \leq 8\,x_2$

    $\rightarrow$ $x_1 \leq 3{,}2\,x_2$

$x_1, x_2 \geq 0$

Zielfunktion

$G(x) = 4 \cdot 5\,x_1 + 3 \cdot 8\,x_2$

      $= 20\,x_1 + 24\,x_2$

b) Hier wurde $G_0 = 6\,000$ gesetzt. Diese Niveaulinie schneidet die x_1-Achse bei $x_1 = 300$ und die x_2-Achse bei $x_2 = 250$.

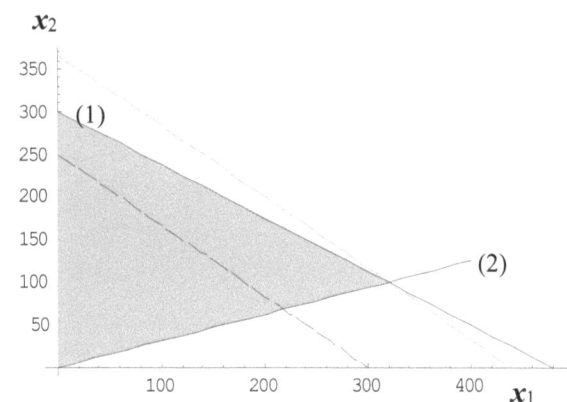

c) Das Optimum liegt im Schnittpunkt der Geraden (1) und (2)

(2) $x_1 = 3{,}2\,x_2$

(1) $2{,}5\,x_1 + 4\,x_2 = 2{,}5 \cdot 3{,}2\,x_2 + 4\,x_2 = 12\,x_2 = 1200$ $\rightarrow$ $x_2 = \underline{100}$ $x_1 = \underline{320}$

d*) $(2^*)\ x_1 \leq 3{,}2\,x_2 \approx \underline{3{,}43}$

Häufiger Fehler

Da sich an den Geraden nichts ändert, wird **_fälschlicher Weise_** daraus geschlossen, dass sich das Optimum nicht ändert. Die Lage der Restriktionsmenge verändert sich jedoch. Bisher lag sie oberhalb der zweiten Geraden, nun befindet sie sich unterhalb dieser Geraden.

Die Restriktionsmenge liegt nun unterhalb der Geraden (2). Damit kann die Niveaulinie der Zielfunktion noch weiter nach oben verschoben werden. Das neue Optimum liegt jetzt im Schnittpunkt der Geraden (1) und der x_1-Achse, an der Stelle: $x_1 = 480$, $x_2 = 0$

x_1 = Anz. roter Johannisbeersträucher

x_2 = Anz. schwarzer Johannisbeersträucher

(1) $2{,}5\,x_1 + 4\,x_2 \leq 1200$

(2*) $x_1 \geq 3{,}2\,x_2$

$x_1, x_2 \geq 0$

Zielfunktion

$G(x) = 20\,x_1 + 24\,x_2$

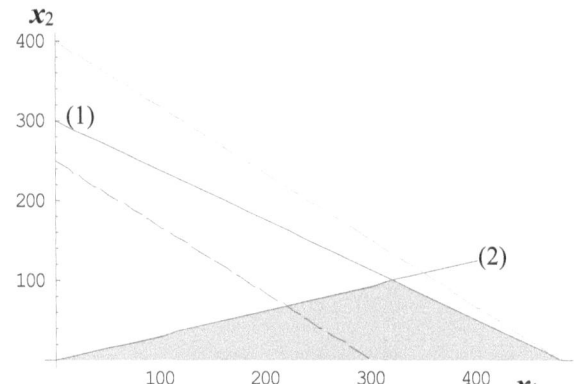

Aufgabe 3.3.1.6   **Reisen in die Toskana**

a) x_1 = Preis Busreise in €

x_2 = Preis Flugreise in €

(1) $2\,x_1 \leq x_2$

(2) $x_2 - x_1 \geq 200$

(3) $0,5\,(x_1 + x_2) \leq 450$

bzw. $x_1 + x_2 \leq 900$

$x_1, x_2 \geq 0$

Zielfunktion

$G(x) = 0,6\,x_1 + 0,4\,x_2$

b) Hier wurde $G_0 = 300$ gesetzt. Damit schneidet die Niveaulinie die x_1-Achse bei $x_1 = 500$ und die x_2-Achse bei $x_2 = 750$.

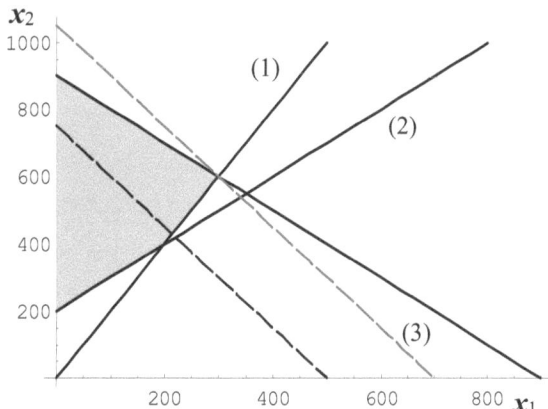

Da Flugreisen teurer sind als Busreisen, wird zur Ermittlung der Preisdifferenz in Bedingung (2) der Busreisepreis x_1 vom Preis der Flugreise x_2 subtrahiert, und nicht umgekehrt. Anstelle des Schnittpunkts mit der x_1-Achse im Punkt $x_1 = -200$, kann zum Zeichnen dieser Geraden neben $(x_1, x_2) = (0,200)$ auch ein anderer Punkt verwendet werden, wie z.B. der Punkt $(x_1, x_2) = (400,600)$.

c) Das Optimum liegt im Schnittpunkt der Geraden (1) und (3)

(1) $2\,x_1 = x_2$

(3) $x_1 + x_2 = 3\,x_1 = 900$ $\rightarrow$ $x_1 = \underline{300}$ $x_2 = \underline{600}$

d*) $(1^*)\,2\,x_1 \geq x_2$

Die Restriktionsmenge liegt nun unterhalb der Geraden (1). Damit liegt das neue Optimum im Schnittpunkt der Geraden (2) und (3)

x_1 = Preis Busreise in €

x_2 = Preis Flugreise in €

(1*) $2\,x_1 \geq x_2$

(2) $x_2 - x_1 \leq 200$

(3) $0,5\,(x_1 + x_2) \leq 450$

bzw. $x_1 + x_2 \leq 900$

$x_1, x_2 \geq 0$

Zielfunktion

$G(x) = 0,6\,x_1 + 0,4\,x_2$

(2) $x_2 - x_1 = 200$

(3) $x_1 + x_2 = 900$

$(2) + (3)$ $\qquad$ $2\,x_2 = 1\,100$ $\qquad \rightarrow \qquad x_2 = \underline{550} \qquad x_1 = \underline{350}$

Aufgabe 3.3.1.7 $\qquad$ Preissenkung für Medikamente

a) x_1 = Preissenkung Tabletten

x_2 = Preissenkung Injektionen, beides in €

(1) $\quad x_2 \geq 12$

(2) $\quad x_2 \leq 4\,x_1$

(3) $\quad 0{,}75\,x_1 + 0{,}25\,x_2 \geq 6$

$x_1, x_2 \geq 0$

Zielfunktion

$K(x) = {}^2\!/_3\,x_1 + {}^1\!/_3\,x_2$

b) Die hier verwendete Niveaulinie $K_0 = 4$ schneidet die x_1-Achse an der Stelle $x_1 = 6$ und die x_2-Achse bei $x_2 = 2$.

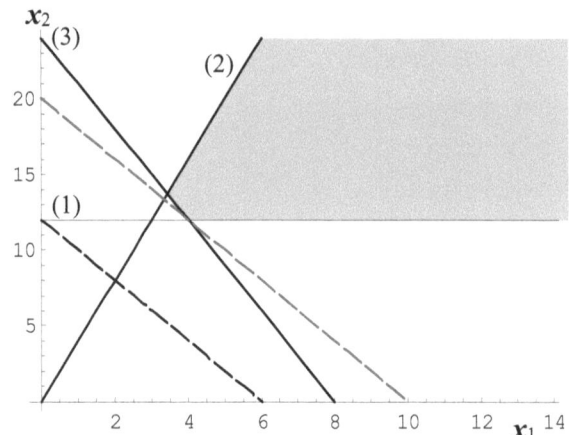

c) Im Kostenminimum schneiden sich die Geraden (1) und (3)

(1) $\quad x_2 = \underline{12}$

(3) $\quad 0{,}75\,x_1 + 0{,}25\,x_2 = 0{,}75\,x_1 + 0{,}25 \cdot 12 = 6 \qquad \rightarrow \qquad 0{,}75\,x_1 = 6 - 3 = 3$

$x_1 = 3/0{,}75 = \underline{4}$

d*) $(2^*)\,x_2 \geq 4\,x_1$

Die Restriktionsmenge befindet sich jetzt oberhalb der zweiten Geraden. Die Gerade selbst ändert sich nicht. Das neue Optimum liegt damit im Schnittpunkt der Geraden (2) und (3).

(2) $\quad x_2 = 4\,x_1$

(3) $\quad 0{,}75\,x_1 + 0{,}25\,x_2 = 0{,}75\,x_1 + x_1 = 1{,}75\,x_1 = 6$

$\rightarrow \quad x_1 = 6/1{,}75 \approx \underline{3{,}43} \qquad x_2 = 4\,x_1 = 4 \cdot 3{,}43 \approx \underline{13{,}72}$

x_1 = Preissenkung Tabletten in €

x_2 = Preissenkung Injektionen in €

(1) $\quad x_2 \leq 12$

(2*) $\quad x_2 \geq 4\,x_1$

(3) $\quad 0{,}75\,x_1 + 0{,}25\,x_2 \geq 6$

$x_1, x_2 \geq 0$

Zielfunktion

$K(x) = {}^2\!/_3\,x_1 + {}^1\!/_3\,x_2$

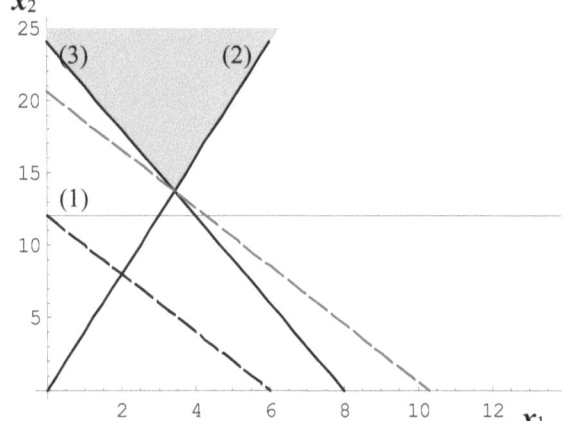

Aufgabe 3.3.1.8   Ökostrom

Häufige Fehler

Da die Tabelle nur den Stromverbrauch und die Kosten enthält, wird bei der Aufstellung der Ungleichungen die Grundgebühr, die jeder Haushalt in gleicher Höhe zahlt, leicht vergessen.

Des Weiteren werden oft die unterschiedlichen Maßeinheiten nicht beachtet. Da der Strompreis in Cent/kWh angegeben wird, muss der Stromverbrauch in 100 kWh damit multipliziert werden, um auf €-Preise zu kommen.

---

a) x_1 = monatl. Grundgebühr in €

x_2 = Preis je kWh in Cent

(1) $x_1 + 2{,}5\,x_2 \leq 75$

(2) $x_1 + 4{,}5\,x_2 \leq 120$

(3) $x_1 \leq 1{,}5\,x_2$

$x_1, x_2 \geq 0$

Zielfunktion $G(x) = x_1 + 3\,x_2$

b)   Hier wurde $G_0 = 30$ gesetzt. Diese Niveaulinie schneidet die x_1-Achse bei $x_1 = 30$ und die x_2-Achse bei $x_2 = 10$.

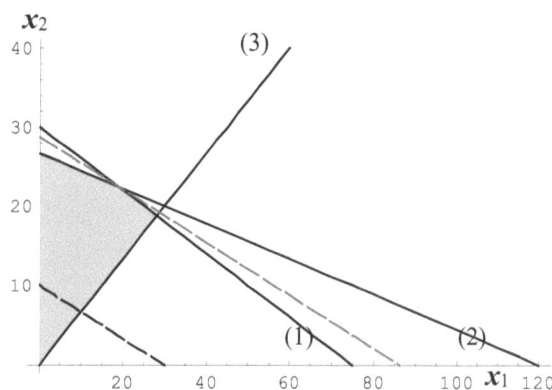

c)   Das Optimum liegt im Schnittpunkt der Geraden (1) und (2)

(1) $x_1 + 2{,}5\,x_2 = 75$
(2) $x_1 + 4{,}5\,x_2 = 120$

(2) – (1) $2\,x_2 = 45$ $\rightarrow$ $x_2 = 45/2 = \underline{22{,}5}$ $x_1 = \underline{18{,}75}$

d*) Die Gerade (1) kann nach oben verschoben werden bis sie durch den Schnittpunkt von (2) und (3) geht, ohne dass sich die Basislösung ändert.

Schnittpunkt von (2), (3):

(3) $x_1 = 1{,}5\,x_2$

(2) $x_1 + 4{,}5\,x_2 = 1{,}5\,x_2 + 4{,}5\,x_2 = 120$

$\rightarrow$ $6\,x_2 = 120$ $x_2 = 120/6 = 20$ $x_1 = 1{,}5\,x_2 = 1{,}5 \cdot 20 = 30$

(1*) $b_1{}^* = x_1 + 2{,}5\,x_2 = 30 + 2{,}5 \cdot 20 = \underline{80}$

e*) Eine darüber hinausgehende Erhöhung der Kosten der Singles würde das Optimum im Punkt $x_1 = 30$ und $x_2 = 20$ nicht mehr verändern.

x_1 = monatl. Grundgebühr in €

x_2 = Preis je kWh in Cent

(1*) $x_1 + 2,5\,x_2 \le 90$

(2) $x_1 + 4,5\,x_2 \le 120$

(3) $x_1 \le 1,5\,x_2$

$x_1, x_2 \ge 0$

Zielfunktion

$G(x) = x_1 + 3\,x_2$

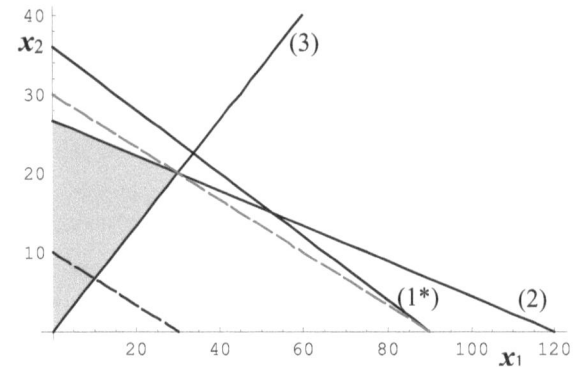

Aufgabe 3.3.1.9   Molkerei

a) x_1 = Preisdifferenz je Liter Milch in Cent

x_2 = Preisdifferenz je Packung Butter in Cent

(1) $0,8\,x_1 + 0,5\,x_2 \le 10$

(2) $1,5\,x_1 + 2,5\,x_2 \le 30$

(3) $x_1 + 5\;x_2 \le 50$

$x_1, x_2 \ge 0$

Zielfunktion

$G(x) = 270\,x_1 + 450\,x_2$

b) Dabei wurde $G_0 = 8\,100$ gewählt. Die zugehörige Niveaulinie schneidet die Achsen in den Punkten $(30\,,\,0)$ und $(0\,,\,18)$

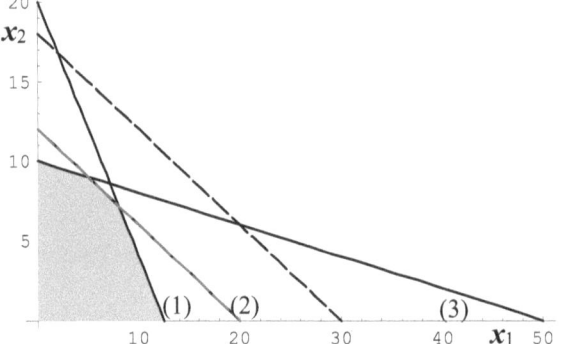

c) Die Niveaulinie der Zielfunktion $G(x)$ ist parallel zur zweiten Restriktionsgeraden. Daher ist die Kante auf dieser Geraden (2) optimal.

Begrenzt wird sie von den Ecken im Schnittpunkt der Geraden (1), (2) und (2), (3)

Schnittpunkte: (1), (2) $x_1 = 8$ $x_2 = 7,2$ (2), (3) $x_1 = 5$ $x_2 = 9$

Menge aller optimalen Lösungen:

$$x = \lambda x^{(1)} + (1-\lambda)x^{(2)} = \lambda \binom{8}{7,2} + (1-\lambda)\binom{5}{9} \qquad\qquad 0 \le \lambda \le 1$$

d*) $G^*(x) = c_1{}^*\,x_1 + 450\,x_2$ $c_1{}^* > 270$

→   Die Niveaulinie von $G(x)$ wird im Uhrzeigersinn gedreht. (Der Schnittpunkt mit der x_1-Achse wandert bei festem Niveau in Richtung des Koordinatenursprungs.)

→   neues Optimum im Schnittpunkt der Geraden (1), (2): $x_1 = \underline{8}$ $x_2 = \underline{7,2}$

e*) $G^*(x) = 270\,x_1 + c_2{}^*\,x_2$ $c_2{}^* > 450$

→   Die Niveaulinie von $G(x)$ wird gegen den Uhrzeigersinn gedreht. (Der Schnittpunkt mit der x_2-Achse wandert in Richtung des Koordinatenursprungs)

→   neues Optimum im Schnittpunkt der Geraden (2), (3): $x_1 = \underline{5}$ $x_2 = \underline{9}$

Aufgabe 3.3.1.10   Fitnessstudio

a) x_1 = Kursraumfläche in m^2

x_2 = Gerätefläche in m^2

(1) $x_1 + x_2 \leq 300$

(2) $x_1 \leq 2\,x_2$

(3) $x_1 \geq 100$ $x_1, x_2 \geq 0$

Zielfunktion

$G(x) = 10\,x_1 + 20\,x_2$

b) Hier wurde $G_0 = 3\,000$ gesetzt. Die Schnittpunkte mit den Achsen liegen bei $(300\,,\,0)$ und $(0\,,\,150)$

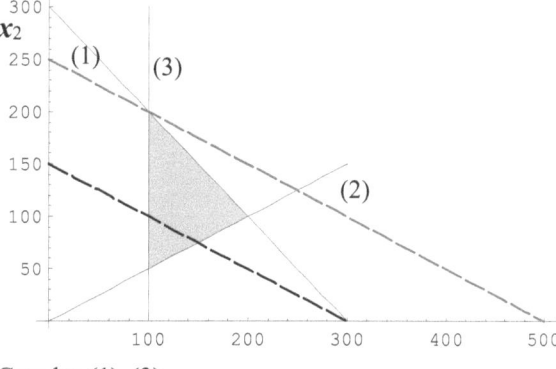

c)   Im Optimum schneiden sich die Geraden (1), (3)

(3) $x_1 = \underline{100}$ (1) $x_1 + x_2 = 100 + x_2 = 300$ $x_2 = \underline{200}$

d*) (2*) $x_1 \geq 2\,x_2$

Die Restriktionsmenge liegt nun unterhalb der zweiten Geraden.

x_1 = Kursraumfläche in m^2

x_2 = Gerätefläche in m^2

(1) $x_1 + x_2 \leq 300$

(2*) $x_1 \geq 2\,x_2$

(3) $x_1 \geq 100$

$x_1, x_2 \geq 0$

Zielfunktion

$G(x) = 10\,x_1 + 50\,x_2$

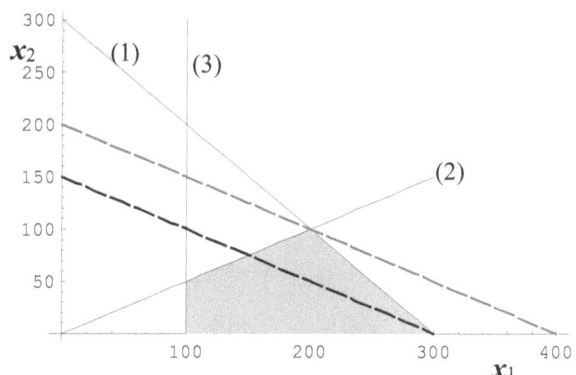

Das neue Optimum liegt im Schnittpunkt der Geraden (1) und (2)

(2) $2\,x_2 = x_1$

(1) $x_1 + x_2 = 2\,x_2 + x_2 = 3\,x_2 = 300$ $\rightarrow$ $x_2 = \underline{100}$ $x_1 = 2\,x_2 = \underline{200}$

Aufgabe 3.3.1.11   Physiotherapie

a) x_1 = Preiserhöhung für
  Massagen in €
  x_2 = Preiserhöhung für
  Krankengymnastik in €

  (1) $20\,x_1 + 80\,x_2 \geq 160$

  (2) $40\,x_1 + 60\,x_2 \geq 180$

  (3) $80\,x_1 + 60\,x_2 \geq 240$

  (4) $x_1 \leq 4$ $x_1, x_2 \geq 0$

  Zielfunktion

  $K(x) = 0{,}5\,x_1 + 0{,}5\,x_2$

b) Die gezeichnete Niveaulinie $K_0 = 3$ schneidet die
  Achsen in den Punkten $(6\,,\,0)$ und $(0\,,\,6)$

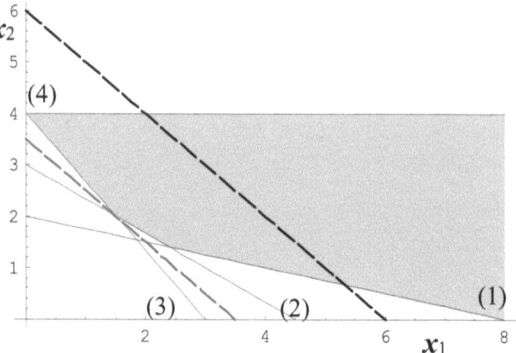

c) Das Optimum liegt im Schnittpunkt der Geraden (2) und (3).

  (2) $40\,x_1 + 60\,x_2 = 180$
  (3) $80\,x_1 + 60\,x_2 = 240$

  (3) – (2) $40\,x_1 = 60$ $x_1 = \underline{1{,}5}$ $x_2 = \underline{2}$

d*) $K(x) = c_1\,x_1 + c_2\,x_2$

Wenn sich das Verhältnis c_2/c_1 ändert, wird die Niveaulinie $K(x)$ gedreht. Erst wenn sie parallel zur Geraden (2) bzw. zu (3) verläuft, ändert sich das Optimum.

Niveaulinie $K(x)$ ist parallel zu (2), wenn $c_2/c_1 = 60{:}40 = 3{:}2$ $c_1 = 0{,}4$, $c_2 = 0{,}6$

Niveaulinie $K(x)$ ist parallel zu (3), wenn $c_2/c_1 = 60{:}80 = 3{:}4$ $c_1 = 4/7$, $c_2 = 3/7$

Bei allen Relationen dazwischen bleibt die Ecke $(1{,}5\,,\,2)$ optimal.

e*) Die Basislösung bleibt erhalten, bis (3) durch den Schnittpunkt von (2) mit der x_2-Achse geht, was im Punkt $(0\,,\,3)$ der Fall wäre.

$b_3{}^* = 80\,x_1 + 60\,x_2 = 60{\cdot}3 = \underline{180}$

x_1 = Preiserhöhung für
  Massagen in €

x_2 = Preiserhöhung für
  Krankengymnastik in €

  (1) $20\,x_1 + 80\,x_2 \geq 160$

  (2) $40\,x_1 + 60\,x_2 \geq 180$

  (3*) $80\,x_1 + 60\,x_2 \geq 180$

  (4) $x_1 \leq 4$ $x_1, x_2 \geq 0$

  Zielfunktion

  $K(x) = 0{,}5\,x_1 + 0{,}5\,x_2$

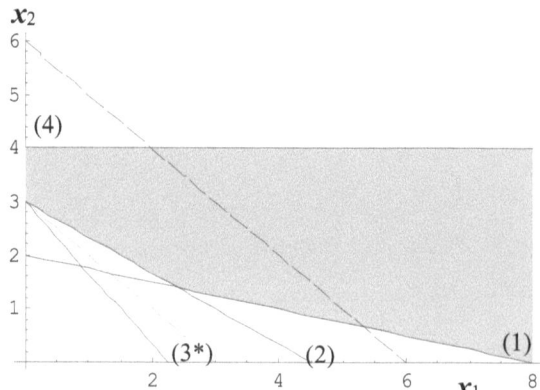

neues Optimum danach: Schnittpunkt (2) mit x_2-Achse: $(3\,,\,0)$

Aufgabe 3.3.1.12   Ski-Kurse

a) x_1 = Preis pro h Langlauf in €

x_2 = Preis pro h Snowboard in €

(1) $15\,x_1 + 10\,x_2 \leq\ \ 900$

(2) $20\,x_1 + 30\,x_2 \leq 1\,800$

(3) $2\,x_1 \geq x_2$

$x_1, x_2 \geq 0$

Zielfunktion

$G(x) = 20\,x_1 + 24\,x_2$

b) Als Niveau wurde $G_0 = 1\,200$ gewählt. Diese Gerade schneidet die Achsen in $(60\,,\,0)$ und $(0\,,\,50)$

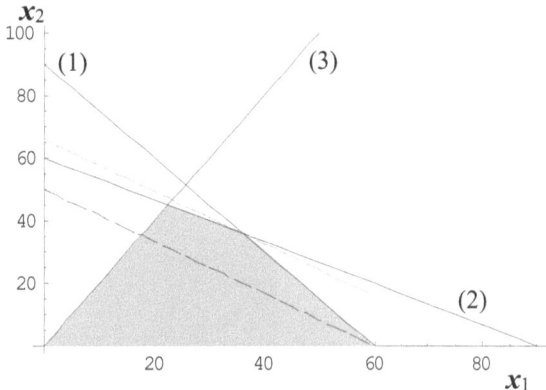

c) Im Optimum schneiden sich die Geraden (1) und (2).

(1) $15\,x_1 + 10\,x_2 =\ \ 900$
(2) $20\,x_1 + 30\,x_2 = 1\,800$

$\quad 3(1) - (2)\quad 25\,x_1 = 900 \qquad \rightarrow \qquad x_1 = 900/25 = \underline{36} \qquad x_2 = \underline{36}$

d*) $(3^*)\ 2\,x_1 \leq x_2 \qquad \rightarrow \qquad$ Die Restriktionsmenge liegt nun oberhalb der dritten Geraden. Die Gerade (3) bleibt jedoch die gleiche wie bisher.

x_1 = Preis pro h Langlauf in €

x_2 = Preis pro h Snowboard in €

(1) $15\,x_1 + 10\,x_2 \leq\ \ 900$

(2) $20\,x_1 + 30\,x_2 \leq 1800$

(3*) $2\,x_1 \leq x_2$

$x_1, x_2 \geq 0$

Zielfunktion

$G(x) = 20\,x_1 + 24\,x_2$

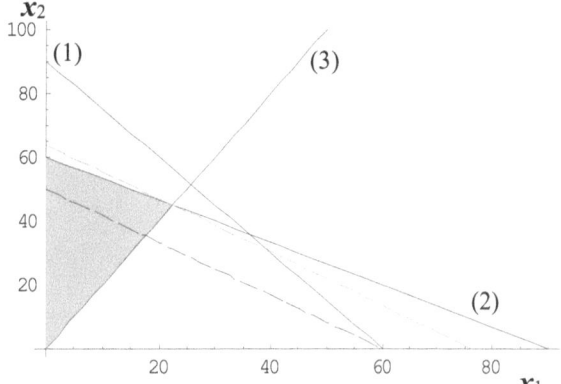

Das neue Optimum liegt im Schnittpunkt der Geraden (2) und (3).

(3) $2\,x_1 = x_2$
(2) $20\,x_1 + 30\,x_2 = 20\,x_1 + 60\,x_1 = 80\,x_1\ = 1800 \qquad \rightarrow \qquad x_1\ = \underline{22{,}5} \qquad x_2\ = \underline{45}$

Aufgabe 3.3.1.13   Verkaufsflächenoptimierung

a) x_1 = Fläche Damenbekleidung in m^2

x_2 = Fläche Herrenbekleidung in m^2

(1) $x_1 + x_2 \leq 300$

(2) $x_1 \leq 2\,x_2$

(3) $x_2 \geq 50$ $x_1, x_2 \geq 0$

Zielfunktion

$G(x) = 3\,x_1 + 2{,}5\,x_2$

b) Als Niveau wurde $G_0 = 450$ verwendet. Die
Schnittpunkte mit den Achsen sind dabei (150 , 0)
und (0 , 180).

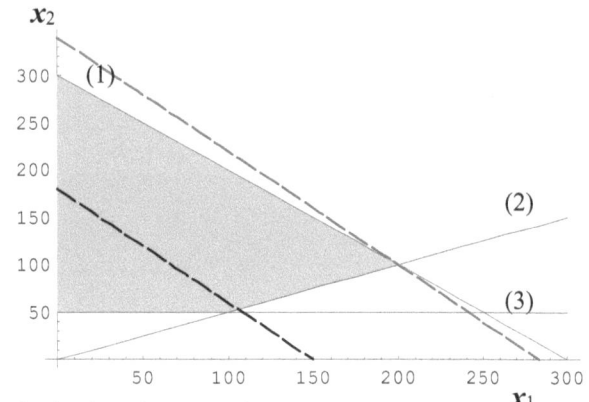

c) Das Optimum liegt im Schnittpunkt der Geraden (1) und (2).

(2) $x_1 = 2\,x_2$
(1) $x_1 + x_2 = 2\,x_2 + x_2 = 3\,x_2 = 300$ → $x_2 = \underline{100}$ $x_1 = \underline{200}$

d*) $(2^*)\,x_1 \geq 2\,x_2$

→ Die Gerade (2) bleibt gleich, aber die Menge der zulässigen Punkte, die die
Bedingung (2*) erfüllen, befindet sich unterhalb der Geraden (2).

Das neue Optimum liegt im Schnittpunkt der Geraden (1) und (3) bei:

(3) $x_2 = \underline{50}$
(1) $x_1 + x_2 = x_1 + 50 = 300$ $x_1 = \underline{250}$

x_1 = Fläche Damenbeklei dung
in m^2

x_2 = Fläche Herrenbeklei dung
in m^2

(1) $x_1 + x_2 \leq 300$

$(2^*)\,x_1 \geq 2\,x_2$

(3) $x_2 \geq 50$ $x_1, x_2 \geq 0$

Zielfunktion

$G(x) = 3\,x_1 + 2{,}5\,x_2$

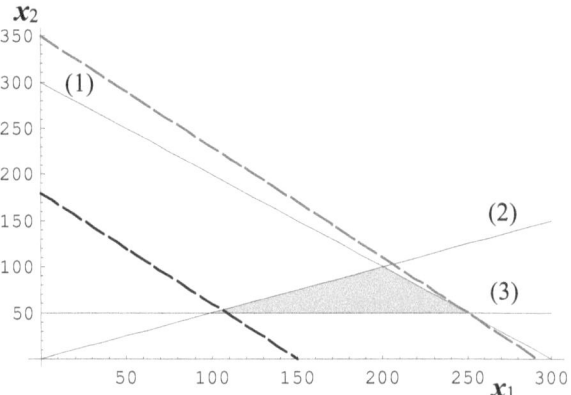

Aufgabe 3.3.1.14   Download Videos

a) x_1 = Preis je Musikvideo in €

x_2 = Preis je Spielfilm in €

(1) $5\,x_1 + 10\,x_2 \le 50$

(2) $3\,x_1 + 2\,x_2 \le 12$

(3) $x_2 \ge 1{,}5\,x_1$

$x_1, x_2 \ge 0$

Zielfunktion $G(x) = 4\,x_1 + 6\,x_2$

b) Als Niveau wurde $G_0 = 18$ gewählt. Diese Niveaulinie schneidet die Achsen in $(4{,}5\,,\,0)$ und $(0\,,\,3)$.

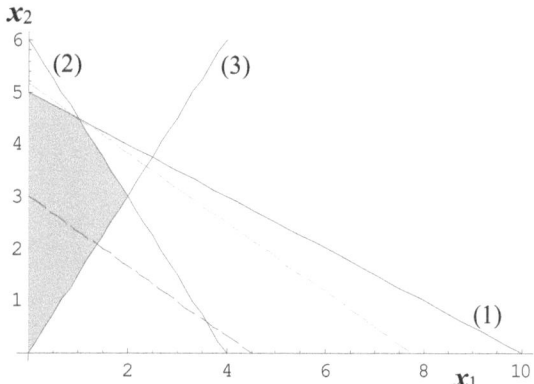

c) Im Optimum schneiden sich die Geraden (1) und (2).

(1) $5\,x_1 + 10\,x_2 = 50$
(2) $3\,x_1 + 2\,x_2 = 12$

$5\,(2) - (1) \qquad 10\,x_1 = 10 \qquad\qquad x_1 = \underline{1} \qquad x_2 = \underline{4{,}5}$

d*) $(3^*)\,x_2 \le 1{,}5\,x_1$

Nach Bedingung (3*) befindet sich die Restriktionsmenge nun unterhalb der dritten Geraden.

Das neue Optimum liegt im Schnittpunkt der Geraden (2) und (3).

(3) $x_2 = 1{,}5\,x_1$
(2) $3\,x_1 + 2\,x_2 = 3\,x_1 + 3\,x_1 = 12 \quad \rightarrow \quad x_1 = 12/6 = \underline{2} \qquad x_2 = 1{,}5\,x_1 = \underline{3}$

x_1 = Preis je Musikvideo in €

x_2 = Preis je Spielfilm in €

(3) $5\,x_1 + 10\,x_2 \le 50$

(4) $3\,x_1 + 2\,x_2 \le 12$

$(3^*)\ x_2 \le 1{,}5\,x_1$

$x_1, x_2 \ge 0$

Zielfunktion

$G(x) = 4\,x_1 + 6\,x_2$

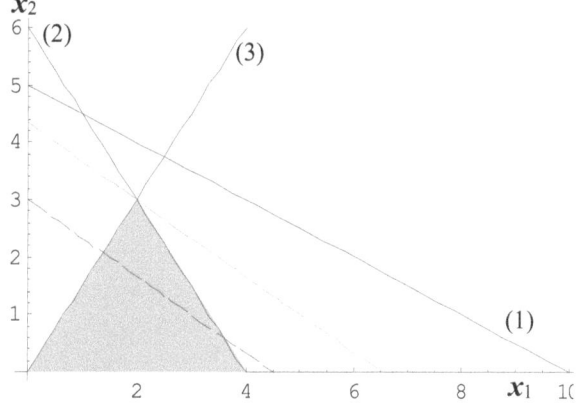

369

Aufgabe 3.3.1.15   Seniorenreisen

a) x_1 = Anz. Einzelzimmer

x_2 = Anz. Doppelzimmer

(1) $x_1 + 2 x_2 \geq 70$

(2) $x_1 - x_2 \geq 10$

(3) $x_2 \geq 10$

$x_1, x_2 \geq 0$

Zielfunktion

$K(x) = 60 x_1 + 80 x_2$

b) Das Niveau K_0 wurde mit 2 400 angesetzt. Die Schnittpunkte dieser Geraden mit den Achsen sind $(40, 0)$, $(0, 30)$.

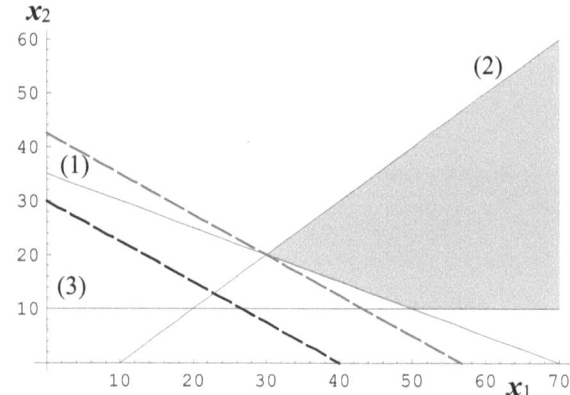

c) Im Optimum schneiden sich die Geraden (1) und (2).

(1) $x_1 + 2 x_2 = 70$

(2) $x_1 - x_2 = 10$ (1) − (2) $3 x_2 = 60$ $\rightarrow x_2 = \underline{20} \, x_1 = \underline{30}$

d*) Steigt der Doppelzimmerpreis, so dreht sich die Niveaulinie von $K(x)$ gegen den Uhrzeigersinn, da sich der Schnittpunkt mit der x_2-Achse bei gleichbleibendem Niveau dem Koordinatenursprung nähert. Dies ist möglich, ohne dass sich die optimalen Zimmerzahlen verändern, bis die Niveaulinie von $K(x)$ parallel zur ersten Geraden verläuft.

$K(x) = c_1 x_1 + c_2 x_2 = 60 x_1 + c_2 x_2$

Die Niveaulinie $K(x)$ ist parallel zur ersten Geraden, wenn das Verhältnis der Koeffizienten von x_1 und x_2 in beiden Gleichungen übereinstimmt, d.h.

(1) $c_2/c_1 = 2/1 = 2$ $\rightarrow$ $c_2 = 2 \, c_1 = 2 \cdot 60 = \underline{120}$

Aufgabe 3.3.1.16   Papierfabrik

a) x_1 = Anz. Packungen Recyclingpapier

x_2 = Anz. Packungen weißes Papier

(1) $x_1 + x_2 \leq 600$

(2) $x_1 + 2 x_2 \leq 1\,000$

(3) $x_1 \leq 2 x_2 \quad x_1, x_2 \geq 0$

Zielfunktion $G(x) = 2 x_1 + 3 x_2$

b) Als Niveau wurde $G_0 = 1\,200$ genommen. Diese Gerade geht durch $(600, 0)$ und $(0, 400)$.

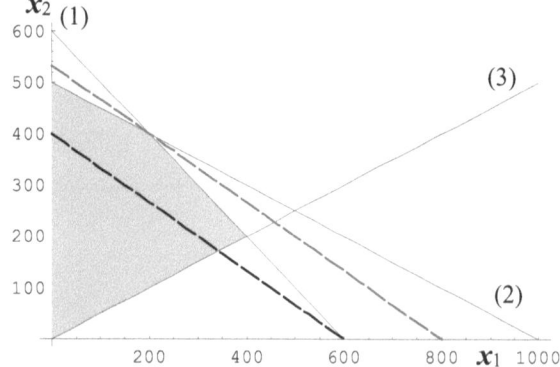

c) Im Optimum schneiden sich die Geraden (1) und (2).

(1) $x_1 + x_2 = 600$

(2) $x_1 + 2x_2 = 1\,000$

$(2) - (1) \quad x_2 = \underline{400} \qquad\qquad x_1 = \underline{200}$.

d*) Wenn sich der Gewinn je Packung Recyclingpapier erhöht, dreht sich die Niveaulinie von $G(x)$ im Uhrzeigersinn. Dies kann geschehen, bis diese Niveaulinie parallel zur Geraden (1) ist, d.h. bis $c_1 = c_2 = 3$ ist.

Danach ist die Ecke im Schnittpunkt der Geraden (1) und (3) optimal.

Neues Optimum: (3) $x_1 = 2x_2$

(1) $x_1 + x_2 = 2x_2 + x_2 = 600 \qquad \rightarrow \qquad x_2 = 200 \qquad x_1 = 400$

e*) Wenn der Gewinn je Packung weißen Papiers steigt, dreht sich die Niveaulinie von $G(x)$ entgegen dem Uhrzeigersinn. Dabei bleibt das Optimum erhalten, bis diese Niveaulinie parallel zur Geraden (2) ist, d.h. bis $c_2 = 2 c_1 = 4$ ist.

Danach ist die Ecke im Schnittpunkt der Geraden (2) mit der x_2-Achse optimal.

Neues Optimum: $x_1 = 0 \qquad x_2 = 500$

Aufgabe 3.3.1.17 Geflügelfarm

a) $x_1 =$ Anz. Hühner

$x_2 =$ Anz. Gänse

(1) $5x_1 + 10x_2 \leq 4\,000$

(2) $2x_1 + 8x_2 \leq 2\,400$

(3) $x_1 \leq 4x_2 \quad x_1, x_2 \geq 0$

Zielfunktion

$G(x) = 12x_1 + 30x_2$

b) Niveau: $G_0 = 4\,200$ Schnittpunkte mit den Achsen in $(350\,,\,0)$ und $(0\,,\,140)$

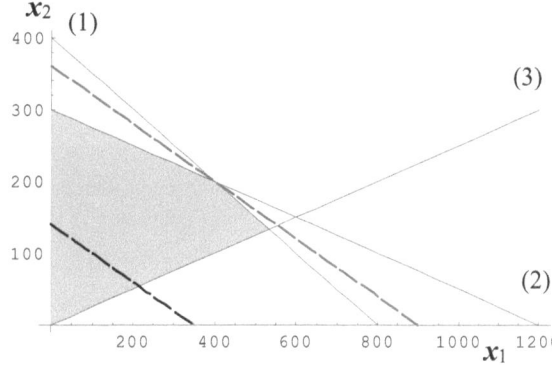

c) Das Optimum liegt im Schnittpunkt der Geraden (1) und (2).

(1) $5x_1 + 10x_2 \leq 4\,000$

(2) $2x_1 + 8x_2 \leq 2\,400$

$2,5(2) - (1) \quad 10x_2 = 2\,000 \qquad \rightarrow \qquad x_2 = \underline{200} \qquad x_1 = \underline{400}$

d*) Die ermittelte Ecke bleibt optimal, so lange die Niveaulinie der Zielfunktion $G(x)$ zwischen Parallelen zu den Geraden (1) und (2) variiert.

$G^*(x) = 12x_1 + c_2^* x_2$

Parallele zur Geraden (1): $\quad c_2/c_1 = 2 \qquad \rightarrow \qquad c_2^* = 2 c_1 = 2 \cdot 12 = \underline{24}$

Parallele zur Geraden (2): $\quad c_2/c_1 = 4 \qquad \rightarrow \qquad c_2^* = 4 c_1 = 4 \cdot 12 = \underline{48}$

Das Optimum ändert sich nicht, solange der Preis der Gänse zwischen 24 und 48 € variiert.

e*) $c_2{}^* = 20$ neues Optimum: Schnittpunkt (1),(3) $x_1 = 533$ $x_2 = 133$

f*) $c_2{}^* = 50$ neues Optimum: Schnittpunkt (2), x_2-Achse $x_1 = 0$ $x_2 = 300$

Aufgabe 3.3.1.18   Parkführungen

a) x_1 = Anz. deutschsprachiger

  x_2 = Anz. englischsprachiger Führungen

  (1) $x_1 + x_2 \geq 18$

  (2) $x_1 \leq 2\,x_2$

  (3) $25\,x_1 + 20\,x_2 \geq 400$

  $x_1, x_2 \geq 0$

  Zielfunktion

  $K(x) = 30\,x_1 + 40\,x_2$

b) Niveau: $K_0 = 480$ mit den Schnittpunkten der beiden Achsen in $(16\,,\,0)$ und $(0\,,\,12)$

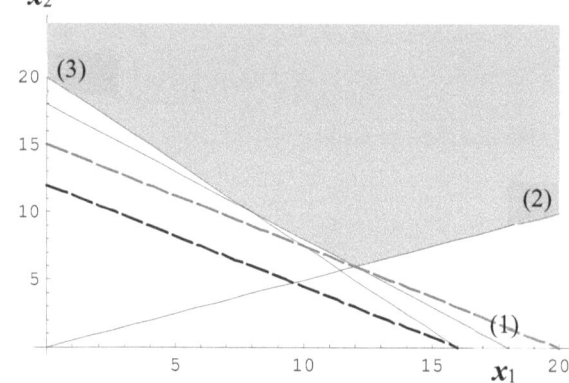

c)   Das Optimum liegt im Schnittpunkt der Geraden (1) und (2).

  (2) $x_1 = 2\,x_2$
  (1) $x_1 + x_2 = 2\,x_2 + x_2 = 18$ → $x_2 = 18/3 = \underline{6}$ $x_1 = 2\,x_2 = \underline{12}$

d*) $K^*(x) = c_1\,x_1 + c_2{}^*\,x_2 = 30\,x_1 + c_2{}^*\,x_2$

  Bei einer Verringerung des Preises englischsprachiger Führungen dreht sich die Niveaulinie der Zielfunktion $K(x)$ im Uhrzeigersinn. Das Optimum bleibt dabei so lange erhalten, bis diese Niveaulinie parallel zur Geraden (1) verläuft. Das ist der Fall, wenn

  $c_2/c_1 = 1$ → $c_2{}^* = c_1 = \underline{30}$ ist.

  Der Preis englischsprachiger Führungen kann auf 30 € sinken, ohne dass sich das Optimum ändert.

e*) $c_2{}^* = 25$ Das neue Optimum liegt dann im Schnittpunkt der Geraden (1) und (3).

  (1) $x_1 +\ \ x_2 =\ 18$
  (3) $25\,x_1 + 20\,x_2 = 400$ (3) − 20 (1) $5\,x_1 = 40$ → $x_1 = 40/5 = \underline{8}$ $x_2 = \underline{10}$

3.4.3.2 *Simplex-Methode*

Zur Simplex-Methode

Aufstellung und Eigenschaften der kanonischen Form

Da wesentliche Rechenoperationen für lineare Gleichungen, wie die Subtraktion, nicht auf lineare Ungleichungen übertragbar sind, muss das lineare Ungleichungssystem, das die Restriktionsmenge beschreibt, zunächst in ein lineares Gleichungssystem überführt werden. Dazu wird auf der kleineren Seite jeder Ungleichung eine weitere Variable, eine Schlupfvariable, addiert, oder diese auf der größeren Seite der Ungleichung subtrahiert.

	Allgemeine Form			Kanonische Form

$$a_{11}\, x_1 + \ldots + a_{1n}\, x_n \le b_1$$

$$\vdots \qquad\qquad \vdots \quad\ \ \vdots$$

$$a_{m1}\, x_1 + \ldots + a_{mn}\, x_n \le b_m$$

$$x_1, \ldots, x_n \ge 0$$

$$a_{11}\, x_1 + \ldots + a_{1n}\, x_n + u_1 = b_1$$

$$\vdots \qquad\qquad \vdots \qquad\quad \vdots$$

$$a_{m1}\, x_1 + \ldots + a_{mn}\, x_n + u_m = b_m$$

$$x_1, \ldots, x_n, u_1, \ldots, u_m \ge 0$$

Eigenschaften der kanonischen Form

- Jedem Punkt x wird eindeutig ein Punkt in der kanonischen Form $\begin{pmatrix} x \\ u \end{pmatrix}$ zugeordnet.

- Der Punkt x ist genau dann **zulässig**, d.h. x gehört zur Restriktionsmenge, wenn der zugehörige Punkt $\begin{pmatrix} x \\ u \end{pmatrix} \ge 0$ ist.

- Der Punkt x stellt eine **Ecke** der Lösungsmenge dar, wenn mindestens n Koordinaten des Punktes $\begin{pmatrix} x \\ u \end{pmatrix}$ null sind.

Prinzip der Simplex-Methode

Problem:

Maximierung einer linearen Zielfunktion: $\qquad G(x) = c_1\, x_1 + \ldots + c_n\, x_n$

unter Einhaltung der Bedingungen der Restriktionsmenge

Als optimale Lösung eines linearen Optimierungsproblems kommen nur Ecken oder Kanten, die wiederum durch Ecken begrenzt werden, infrage. Um die (bzw. eine) optimale Ecke zu ermitteln, bewegt man sich am Rand der Restriktionsmenge so lange von Ecke zu Ecke, bis sich der Wert der Zielfunktion nicht weiter vergrößern lässt. Sofern zulässig, beginnt man dabei im Koordinatenursprung.

Ausgangstableau

Um die Zielfunktion in das lineare Gleichungssystem der kanonischen Form mit einbeziehen zu können, wird eine weitere Variable G für den Wert der Zielfunktion eingeführt und die entsprechende Gleichung umgestellt gemäß: $\quad G - c_1\, x_1 - \ldots - c_n\, x_n = 0$

x_1	x_2	$\ldots$	x_n	u_1	u_2	$\ldots$	u_m	G	
a_{11}	a_{12}	$\ldots$	a_{1n}	1	0	$\ldots$	0	0	b_1
A_{21}	A_{22}	$\ldots$	A_{2n}	0	1	$\ldots$	0	0	b_2
$\vdots$	$\vdots$		$\vdots$	$\vdots$	$\vdots$		$\vdots$	$\vdots$	$\vdots$
a_{m1}	a_{m2}	$\ldots$	a_{mn}	0	0	$\ldots$	1	0	b_m
$-c_1$	$-c_2$	$\ldots$	$-c_n$	0	0	$\ldots$	0	1	0

Da bei n Strukturvariablen ($x_1, \ldots, x_n$) die kanonische Form einer Ecke der Restriktionsmenge n Variablen mit dem Wert null enthalten muss, setzt man zunächst die Strukturvariablen $x_1, \ldots, x_n$ null. Die null gesetzten Variablen werden als **Nichtbasisvariablen** (**NBV**) bezeichnet.

Anschließend kann man Werte der restlichen Variablen, der **Basisvariablen** (**BV**), in der letzten Spalte des Tableaus ablesen. Typisch für die Basisvariablen ist, dass jede von ihnen nur in einer einzigen Gleichung vorkommt, und jede in einer anderen. Andernfalls könnten ihnen die Werte in der rechten Spalte nicht eindeutig zugeordnet werden.

Übergang zur benachbarten Ecke

Beim Übergang zu einer benachbarten Ecke, muss *eine* der *Basisvariablen* durch eine *Nichtbasisvariable* ersetzt werden.

Auswahl der *NBV*:

Unter den *negativen* Koeffizienten der Zielfunktionszeile wird der *betragsgrößte* ($-c_{j0}$) ausgewählt: (*Pivotspalte* im Pivotisierungsver fahren)

Auswahl der zu ersetzenden *BV*:

Die Konstanten b_i in der rechten Spalte des Tableaus werden durch die Koeffizienten der zuvor ausgewählten *NBV* $a_{ij0} > 0$ (nur durch die *positiven*) dividiert. Der kleinste dieser *nichtnegativen* Quotienten b_i/a_{ij0} , $i = 1,...,m$ gibt an, welche bisherige *BV* durch x_{j0} zu ersetzen ist. (*Pivotzeile* im Pivotisierungsverfahren)

Das Optimum ist erreicht, wenn es in der Zielfunktionszeile keinen negativen Koeffizienten mehr gibt.

Aufgabe 3.3.2.1   Mietwagenpreise

a) x_1 = Tagesmietpreis in €   Restriktionen
     x_2 = Wochenendmietpreis in €   (1) $7\,x_1 - \qquad\quad x_3 \le \;\; 20$
     x_3 = Wochenmietpreis in €   (2) $-2\,x_1 + \;\; x_2 \qquad \le \;\; 10$
                                      (3) $5\,x_1 + \;\; x_2 - x_3 \le \;\; 50$
                                      (4) $-x_2 + x_3 \le 200$

                                               $x_1, x_2, x_3 \ge 0$

     Zielfunktion $G(x) = 0{,}4\,x_1 + 0{,}1\,x_2 + 0{,}5\,x_3$ ges. max. $G(x)$

b)   Simplex-Methode

x_1	x_2	x_3	u_1	u_2	u_3	u_4	G	
7	0	-1	1	0	0	0	0	50
-2	1	0	0	1	0	0	0	10
5	1	-1	0	0	1	0	0	25
0	-1	1	0	0	0	1	0	200
-0,4	-0,1	-0,5	0	0	0	0	1	0

x_1	x_2	x_3	u_1	u_2	u_3	u_4	G	
7	-1	0	1	0	0	1	0	250
-2	1	0	0	1	0	0	0	10
5	0	0	0	0	1	1	0	225
0	-1	1	0	0	0	1	0	200
-0,4	-0,6	0	0	0	0	0,5	1	100

x_1	x_2	x_3	u_1	u_2	u_3	u_4	G	
5	0	0	1	1	0	1	0	260
-2	1	0	0	1	0	0	0	10
5	0	0	0	0	1	1	0	225
-2	0	1	0	1	0	1	0	210
-1,6	0	0	0	0,6	0	0,5	1	106

x_1	x_2	x_3	u_1	u_2	u_3	u_4	G	
0	0	0	1	1	-0,8	0,2	0	35
0	1	0	0	1	0,4	0,4	0	100
1	0	0	0	0	0,2	0,2	0	45
0	0	1	0	1	0,4	1,4	0	300
0	0	0	0	0,6	0,32	0,82	1	178

Optimale Lösung: $x_1 = 45$ € $x_2 = 100$ € $x_3 = 300$ € $u_1 = 35$ € $G = 178$ €

NBV $u_2 = 0$ € $u_3 = 0$ € $u_4 = 0$ €

c) $u_1 = 35$

*7 Tagesmietpreise kosten um $7 \cdot 45 = 315$ €. Nach Bedingung (1) dürfen sie den Wochen-
mietpreis von hier 300 € um höchstens 20 € übersteigen. Tatsächlich unterschreiten sie den
Wochenmietpreis um 15 €, das sind 35 € weniger als nach Bedingung (1) zulässig.
(Restkapazität bei Bedingung (1))*

Aufgabe 3.3.2.2   Geldanlage

a) x_1 = Betrag für Festgeld in 1 000 €   Restriktionen
      x_2 = Betrag für Immobilien in 1 000 €   (1) $x_1 + x_2 + x_3 \le 100$
      x_3 = Betrag für Aktien in 1 000 €   (2) $x_2 + x_3 \le 50$
                                                (3) $-0,04x_1 - 0,05x_2 + 0,2x_3 \le 0$

                                                            $x_1, x_2, x_3 \ge 0$

Zielfunktion $G(x) = 0,04x_1 + 0,05x_2 + 0,08x_3$ ges. max. $G(x)$

b) Simplex-Methode

x_1	x_2	x_3	u_1	u_2	u_3	G	
1	1	1	1	0	0	0	100
0	1	1	0	1	0	0	50
-0,04	-0,05	0,2	0	0	1	0	0
-0,04	-0,05	-0,08	0	0	0	1	0

Dabei ist 0 der kleinste *nichtnegative* Quotient unter 100/1 , 50/1 und 0/0,2, so dass x_3
die bisherige *BV* u_3 ersetzt.

x_1	x_2	x_3	u_1	u_2	u_3	G	
1,2	1,25	0	1	0	-5	0	100
0,2	1,25	0	0	1	-5	0	50
-0,2	-0,25	1	0	0	5	0	0
-0,056	-0,07	0	0	0	0,4	1	0

Zwar ist auch hier 0 der kleinste *nichtnegative* Quotient unter 100/1,25 , 50/1,25 und 0/(-0,25), nur besitzt die neue *BV* x_2 in der dritten Zeile einen *negativen Koeffizienten* und durch *negative Koeffizienten* wird hierbei *nicht* dividiert. Andernfalls käme man aus der Ausgangsecke nicht heraus, da diese entartet ist, d.h. eine *BV* hat hier den Wert null.

x_1	x_2	x_3	u_1	u_2	u_3	G	
1	0	0	1	-1	0	0	50
0,16	1	0	0	0,8	-4	0	40
-0,16	0	1	0	0,2	4	0	10
-0,0448	0	0	0	0,056	0,12	1	2,8

x_1	x_2	x_3	u_1	u_2	u_3	G	
1	0	0	1	-1	0	0	50
0	1	0	-0,16	0,96	-4	0	32
0	0	1	0,16	0,04	4	0	18
0	0	0	0,0448	0,0112	0,12	1	5,04

Optimale Lösung: x_1= 50 000 € x_2= 32 000 € x_3= 18 000 € G= 5 040 €

NBV u_1= 0 € u_2= 0 € u_3= 0 €

c) (2*) $x_1 \geq 60$

Aus dem gegebenen Tableau lässt sich erkennen, dass u_1, u_2, u_3 *Nichtbasisvariablen* (*NBV*) sein müssen, denn sie treten jeweils in mehreren Gleichungen auf.

NBV $u_1 = 0$ $u_2 = 0$ $u_3 = 0$

Dabei ist x_2 eine *BV*, deren Wert in Zeile (1) abzulesen ist, da Zeile (2) und (3) für x_1 und x_3 benötigt werden. Jede *BV* kommt nur in einer einzigen Zeile vor.

Die Werte der *BV* werden ermittelt, indem in der kanonischen Form der Restriktionsmenge alle *NBV* null gesetzt werden.

(2*) $x_1 = \underline{60}$

(1) $x_1 +$ $x_2 +$ $x_3 = 100$ $\rightarrow$ $x_2 +$ $x_3 = 100 - 60 = 40$
(3) $-0,04\,x_1 -0,05\,x_2 +0,2\,x_3 = 0$ $\rightarrow$ $-0,05\,x_2 + 0,2\,x_3 = 0,04 \cdot 60 = 2,4$

        (3) + 0,05 (1) $0,25\,x_3 = 4,4$ $\rightarrow$ $x_3 = 4,4/0,25 = \underline{17,6}$

(1) $x_1 + x_2 + x_3 = 60 + x_2 + 17,6 = 100$ $\rightarrow$ $x_2 = 100 - 60 - 17,6 = \underline{22,4}$

$G(x) = 0,04\,x_1 + 0,05\,x_2 + 0,08\,x_3 = 0,04 \cdot 60 + 0,05 \cdot 22,4 + 0,08 \cdot 17,6 = \underline{4,928}$

x_1	x_2	x_3	u_1	u_2	u_3	G	
0	1	0	0,8	0,96	-4	0	22,4
1	0	0	0	-1	0	0	60
0	0	1	0,2	0,04	4	0	17,6
0	0	0	0,056	0,0112	0,12	1	4,928

Aufgabe 3.3.2.3   Verkehrstarife

a) x_1 = Preis für einen Fahrschein im Normaltarif in €
   x_2 = Preis für einen Fahrschein im ermäßigten Tarif in €
   x_3 = Preis für ein Familientagesticket in €

(1) $-2\,x_1 - 3\,x_2 + x_3 \le 0$
(2) $x_1 + x_2 \le 4$
(3) $-x_1 + 2\,x_2 \le 0$
(4) $x_1 + x_2 + x_3 \le 13$

$$x_1\,,\,x_2\,,\,x_3 \ge 0$$

Zielfunktion: $G(x) = 0,5\,x_1 + 0,4\,x_2 + 0,1\,x_3$ ges. max. $G(x)$

b) Simplex-Methode

x_1	x_2	x_3	u_1	u_2	u_3	u_4	G	
-2	-3	1	1	0	0	0	0	0
1	1	0	0	1	0	0	0	4
-1	2	0	0	0	1	0	0	0
1	1	1	0	0	0	1	0	13
-0,5	-0,4	-0,1	0	0	0	0	1	0

Die Zeilen (1) und (3) kommen nicht als Pivotzeile infrage, da die Koeffizienten der neuen **BV** x_1 in diesen beiden Gleichungen **negativ** sind.

x_1	x_2	x_3	u_1	u_2	u_3	u_4	G	
0	-1	1	1	2	0	0	0	8
1	1	0	0	1	0	0	0	4
0	3	0	0	1	1	0	0	4
0	0	1	0	-1	0	1	0	9
0	0,1	-0,1	0	0,5	0	0	1	2

x_1	x_2	x_3	u_1	u_2	u_3	u_4	G	
0	-1	1	1	2	0	0	0	8
1	1	0	0	1	0	0	0	4
0	3	0	0	1	1	0	0	4
0	1	0	-1	-3	0	1	0	1
0	0	0	0,1	0,7	0	0	1	2,8

Optimale Lösung: $x_1 = 4$ € $x_2 = 0$ € $x_3 = 8$ €

c) Da der Koeffizient der *NBV* x_2 in der Zielfunktionszeile null ist, kann x_2 zur *BV* gemacht werden, ohne dass sich der Wert der Zielfunktion *G* dabei ändert.

→ mehrdeutige Lösung (Kante)

d) Lösungsmenge:

Beim Ablesen der Lösungsmenge wird x_2 *nicht null gesetzt*. Da das Optimum eine Kante und keine Ecke ist, ist in der kanonischen Form der Punkte einer Kante eine Koordinate weniger null als bei einer Ecke. dass dies die Variable x_2 ist, ergibt sich daraus, dass x_2 keinen Einfluss auf den Wert der Zielfunktion hat. (vergl. Aussage zu **b)**)

(1) $-x_2 + x_3 = 8$
(2) $x_1 + x_2 = 4$
(3) $3x_2 + u_3 = 4$
(4) $x_2 + u_4 = 1$ $\qquad\qquad$ $x_1, x_2, x_3, u_3, u_4 \geq 0$

e*) $x_1 = 2{,}5$

(2)	$x_1 + x_2 = 4$	→	$x_2 = 4 - 2{,}5 = \underline{1{,}5}$
(1)	$-x_2 + x_3 = 8$	→	$x_3 = 8 + 1{,}5 = \underline{9{,}5}$
(3)	$3x_2 + u_3 = 4$	→	$u_3 = 4 - 3 \cdot 1{,}5 = -0{,}5 < 0$
(4)	$x_2 + u_4 = 1$	→	$u_4 = 1 - 1{,}5 = -0{,}5 < 0$

→ $(x_1, x_2, x_3) = (2{,}5\,,\,1{,}5\,,\,9{,}5)$ ist *nicht zulässig*, da die Bedingungen (3) und (4) nicht erfüllt werden ($u_3 < 0$, $u_4 < 0$)

→ Es gibt keine optimale Lösung mit $x_1 = 2{,}5$

f*) $x_2 = 1$

(1)	$-x_2 + x_3 = 8$	→	$x_3 = 8 + 1 = \underline{9}$
(2)	$x_1 + x_2 = 4$	→	$x_1 = 4 - 1 = \underline{3}$
(3)	$3x_2 + u_3 = 4$	→	$u_3 = 4 - 3 = \underline{1}$
(4)	$x_2 + u_4 = 1$	→	$u_4 = 1 - 1 = \underline{0}$

Spezielle optimale Lösung:

$x_1 = 3\,€ \qquad x_2 = 1\,€ \qquad x_3 = 9\,€ \qquad u_1 = 0\,€ \qquad u_2 = 0\,€ \qquad u_3 = 1\,€ \qquad u_4 = 0\,€ \qquad G = 2{,}8\,€$

Aufgabe 3.3.2.4 $\qquad$ Dachziegel

a) x_1 = Palettenzahl Tonziegel *natur*
x_2 = Palettenzahl *engobierte* Tonziegel
x_3 = Palettenzahl *lasierte* Tonziegel

(1) $50\,x_1 + 100\,x_2 + 150\,x_3 \leq 1000$
(2) $-x_1 + x_2 + x_3 \leq 0$
(3) $x_1 + x_2 + x_3 \leq 12$
$\qquad\qquad x_1, x_2, x_3 \geq 0$

$G(x) = 100\,x_1 + 160\,x_2 + 200\,x_3$ $\qquad$ ges. max. $G(x)$

b) Simplex-Methode

x_1	x_2	x_3	u_1	u_2	u_3	G	
50	100	150	1	0	0	0	1 000
-1	1	1	0	1	0	0	0
1	1	1	0	0	1	0	12
-100	-160	-200	0	0	0	1	0

x_1	x_2	x_3	u_1	u_2	u_3	G	
200	-50	0	1	-150	0	0	1 000
-1	1	1	0	1	0	0	0
2	0	0	0	-1	1	0	12
-300	40	0	0	200	0	1	0

Dass sich die Ecke: $x_1 = 0$, $x_2 = 0$, $x_3 = 0$, $u_1 = 1\ 000$, $u_2 = 0$, $x_3 = 12$ im ersten Simplex-Schritt nicht verändert hat, liegt daran, dass es sich hier um eine *entartete* Ecke handelt. In ihr schneiden sich nicht nur die drei Ebenen des Koordinatensystems, sondern zusätzlich auch die zur zweiten Restriktion gehörende Ebene. Da im ersten Schritt die *NBV* x_3 und *BV* u_2 getauscht wurden, also zwei Variablen mit dem Wert null, blieb die Ecke selbst, der Koordinatenursprung, dabei erhalten.

x_1	x_2	x_3	u_1	u_2	u_3	G	
1	-0,25	0	0,005	-0,75	0	0	5
0	0,75	1	0,005	0,25	0	0	5
0	0,5	0	-0,01	0,5	1	0	2
0	-35	0	1,5	-25	0	1	1 500

x_1	x_2	x_3	u_1	u_2	u_3	G	
1	0	0	0	-0,5	0,5	0	6
0	0	1	0,02	-0,5	-1,5	0	2
0	1	0	-0,02	1	2	0	4
0	0	0	0,8	10	70	1	1 640

Optimale Lösung:

$x_1 = 6$ $x_2 = 4$ $x_3 = 2$ $u_1 = 0$ $u_2 = 0$ $u_3 = 0$ $G = 1\ 640\ €$

c)   (4) $20\,x_2 + 30\,x_3 \leq 120$

Aus dem gegebenen Tableau lässt sich erkennen, dass u_1, u_3, u_4 *NBV* sind, denn sie treten jeweils in mehreren Gleichungen auf, während *BV* jeweils nur in einer Gleichung stehen.

Dagegen ist u_2 eine *BV*, deren Wert später in Zeile (1) abgelesen wird, da in Gleichung (2) schon der Wert von x_3, in Gleichung (3) der von x_2 und in Gleichung (4) der von x_1 abgelesen wird.

NBV $\qquad u_1 = 0 \qquad\qquad u_3 = 0 \qquad\qquad u_4 = 0$

Aus den Gleichungen (1), (3) und (4) der ursprünglichen Problemstellung erhält man:

(4) $20\,x_2 + 30\,x_3 = 130$ $\qquad\qquad \to \qquad 20\,x_2 = 130 - 30\,x_3$

$\qquad\qquad\qquad\qquad\qquad\qquad\qquad \to \qquad x_2 = 6{,}5 - 1{,}5\,x_3$

(1) $50\,x_1 + 100\,x_2 + 150\,x_3 = 50\,x_1 + 100\,(6{,}5 - 1{,}5\,x_3) + 150\,x_3 = 1000$

$\qquad 50\,x_1 = 1\,000 - 650 = 350 \qquad \to \qquad x_1 = 350/50 = \underline{7}$

(3) $x_1 + x_2 + x_3 = 7 + 6{,}5 - 1{,}5\,x_3 + x_3 = 13{,}5 - 0{,}5\,x_3 = 12$

$\qquad -0{,}5\,x_3 = -1{,}5 \qquad\qquad\qquad \to \qquad x_3 = 1{,}5/0{,}5 = \underline{3}$

(4) $\to \qquad x_2 = 6{,}5 - 1{,}5\,x_3 = 6{,}5 - 4{,}5 = \underline{2}$

(2) $-x_1 + x_2 + x_3 + u_2 = -7 + 2 + 3 + u_2 = 0 \qquad u_2 = \underline{2}$

$G(x) = 100\,x_1 + 160\,x_2 + 200\,x_3 = 100 \cdot 7 + 160 \cdot 2 + 200 \cdot 3 = \underline{1\,620}$

x_1	x_2	x_3	u_1	u_2	u_3	u_4	G	
0	0	0	0,04	*1*	-1	-0,2	0	*4*
0	0	1	0,04	*0*	-2	-0,1	0	*4*
0	1	0	-0,06	*0*	3	0,2	0	*0*
1	0	0	0,02	*0*	0	-0,1	0	*8*
0	0	0	0,4	*0*	80	2	1	*1 620*

d) Optimale Lösung:

$x_1 = 7 \qquad x_2 = 2 \qquad x_3 = 3 \qquad u_1 = 0 \qquad u_2 = 0 \qquad u_3 = 0 \qquad G = 1\,620\ €$

Mindestens die Hälfte der Tagesproduktion sollten nach Bedingung (2) Tonziegel natur sein. Tatsächlich werden von dieser Sorte 7 Paletten hergestellt, das sind 2 mehr als von den anderen Dachziegelsorten zusammen.

Aufgabe 3.3.2.5 Schreinerei

a) x_1 = Anz. Stühle $\qquad\qquad$ (1) $\quad 7\,x_1 + 10\,x_2 + 10\,x_3 \le 1\,920$

$\quad\ \ x_2$ = Anz. Tische $\qquad\qquad$ (2) $\ 11\,x_1 + 10\,x_2 + 10\,x_3 \le 2\,600$

$\quad\ \ x_3$ = Anz. Regale $\qquad\qquad$ (3) $\quad 5\,x_1 + 25\,x_2 + 50\,x_3 \le 3\,800$

$\qquad\qquad\qquad\qquad\qquad\qquad$ (4) $\ -x_1 + \ \ 4\,x_2 \qquad\qquad \le 0$

$\qquad\qquad\qquad\qquad\qquad\qquad\qquad\qquad\qquad x_1, x_2, x_3 \ge 0$

$G(x) = 12\,x_1 + 35\,x_2 + 60\,x_3 \qquad\qquad$ ges. max. $G(x)$

b) Simplex-Methode

x_1	x_2	x_3	u_1	u_2	u_3	u_4	G	
7	10	10	1	0	0	0	0	1 920
11	10	10	0	1	0	0	0	2 600
5	25	50	0	0	1	0	0	3 800
-1	4	0	0	0	0	1	0	0
-12	-35	-60	0	0	0	0	1	0

x_1	x_2	x_3	u_1	u_2	u_3	u_4	G	
6	5	0	1	0	-0,2	0	0	1 160
10	5	0	0	1	-0,2	0	0	1 840
0,1	0,5	1	0	0	0,02	0	0	76
-1	4	0	0	0	0	1	0	0
-6	-5	0	0	0	1,2	0	1	4 560

x_1	x_2	x_3	u_1	u_2	u_3	u_4	G	
0	2	0	1	-0,6	-0,08	0	0	56
1	0,5	0	0	0,1	-0,02	0	0	184
0	0,45	1	0	-0,01	0,022	0	0	57,6
0	4,5	0	0	0,1	-0,02	1	0	184
0	-2	0	0	0,6	1,08	0	1	5 664

x_1	x_2	x_3	u_1	u_2	u_3	u_4	G	
0	1	0	0,5	-0,3	-0,04	0	0	28
1	0	0	-0,25	0,25	0	0	0	170
0	0	1	-0,225	0,125	0,04	0	0	45
0	0	0	-2,25	1,45	0,16	1	0	58
0	0	0	1	0	1	0	1	5 720

c) Die Lösungsmenge ist eine Kante.

Begründung: Der Koeffizient der **NBV** u_2 in der Zielfunktionszeile ist null. Eine Erhöhung des Wertes von u_2, ein Übergang zur benachbarten Ecke mit u_2 als **BV**, ändert daher den Wert der Zielfunktion nicht.

d) Menge aller optimalen Lösungen:

Bei Ablesen der Menge aller optimalen Lösungen wird u_2 nicht null gesetzt, denn eine Erhöhung des Wertes der Variablen u_2 ändert den Wert der Zielfunktion nicht. (vergl. **c)**)

(1) $x_2 - 0,3 \quad u_2 = 28$
(2) $x_1 + 0,25 \quad u_2 = 170$

(3) $x_3 + 0,125\ u_2 = 45$
(4) $1,45\ u_2 + u_4 = 58$ $\quad\quad\quad\quad$ $x_1, x_2, x_3, u_2, u_4 \geq 0$

e*) Erste optimale Ecke:

$x_1 = 170$ $\quad$ $x_2 = 28$ $\quad$ $x_3 = 45$ $\quad$ $u_1 = 0$ $\quad\quad$ $u_2 = 0$ $\quad$ $u_3 = 0$ $\quad$ $u_4 = 58$ $\quad$ $G = 5\ 720\ €$

Übergang zur zweiten optimalen Ecke: $\quad\quad u_2 \leftrightarrow u_4$ $\quad\quad\quad\quad\quad u_4 = 0$

(4) $1,45\ u_2 + u_4 = 1,45\ u_2 = 58$ $\quad\quad\quad\quad \rightarrow \quad\quad u_2 = 58/1,45 = \underline{40}$

(1) $x_2 - 0,3 \cdot 40 = 28$ $\quad\quad\quad\quad\quad\quad\quad \rightarrow \quad\quad x_2 = 28 + 12 = \underline{40}$
(2) $x_1 + 0,25 \cdot 40 = 170$ $\quad\quad\quad\quad\quad\quad \rightarrow \quad\quad x_1 = 170 - 10 = \underline{160}$
(3) $x_3 + 0,125 \cdot 40 = 45$ $\quad\quad\quad\quad\quad\quad \rightarrow \quad\quad x_3 = 45 - 5 = \underline{40}$

Zweite optimale Ecke:

$x_1 = 160$ $\quad$ $x_2 = 40$ $\quad$ $x_3 = 40$ $\quad$ $u_1 = 0$ $\quad\quad$ $u_2 = 40$ $\quad$ $u_3 = 0$ $\quad$ $u_4 = 0$ $\quad$ $G = 5\ 720\ €$

Menge aller optimalen Lösungen:

$$\begin{pmatrix} x \\ u \end{pmatrix} = \lambda \begin{pmatrix} x^{(1)} \\ u^{(1)} \end{pmatrix} + (1 - \lambda) \begin{pmatrix} x^{(2)} \\ u^{(2)} \end{pmatrix} = \lambda \begin{pmatrix} 170 \\ 28 \\ 45 \\ 0 \\ 0 \\ 0 \\ 58 \end{pmatrix} + (1 - \lambda) \begin{pmatrix} 160 \\ 40 \\ 40 \\ 0 \\ 40 \\ 0 \\ 0 \end{pmatrix} \quad\quad 0 \leq \lambda \leq 1$$

f*) $x_3 = 50$ gehört nicht zur optimalen Kante. Nach **e)** muss $40 \leq x_3 \leq 45$ sein.

Alternative Begründung

(3) $x_3 + 0,125\ u_2 = 45$ $\quad\quad\quad\quad\quad \rightarrow \quad\quad 0,125\ u_2 = 45 - 50 = -5$
$\quad\quad\quad\quad\quad\quad\quad\quad\quad\quad\quad\quad\quad\quad\quad \rightarrow \quad\quad u_2 = -40 < 0$ ***nicht zulässig***

g*) Spezielle optimale Lösung $x_1 = 165$ $\quad\quad\quad \rightarrow \quad\quad \lambda = 0,5$

$$\begin{pmatrix} x \\ u \end{pmatrix} = 0,5 \begin{pmatrix} 170 \\ 28 \\ 45 \\ 0 \\ 0 \\ 0 \\ 58 \end{pmatrix} + 0,5 \begin{pmatrix} 160 \\ 40 \\ 40 \\ 0 \\ 40 \\ 0 \\ 0 \end{pmatrix} = \begin{pmatrix} 165 \\ 34 \\ 42,5 \\ 0 \\ 20 \\ 0 \\ 29 \end{pmatrix}$$

$x_1 = 165$ $\quad$ $x_2 = 34$ $\quad$ $x_3 = 42,5$ $\quad$ $u_1 = 0\ €$ $\quad$ $u_2 = 20\ €$ $\quad$ $u_3 = 0$ $\quad$ $u_4 = 29$ $\quad$ $G = 5\ 720\ €$

Aufgabe 3.3.2.6 — Waschmittel

a)

x_1 = Menge Waschpulver in t
x_2 = Menge Tabs in t
x_3 = Menge Flüssigwaschmittel in t

(1) $2 x_1 + 3 x_2 + 4 x_3 \leq 190$
(2) $x_1 + 2 x_2 + 2 x_3 \leq 105$
(3) $-x_1 + x_2 + x_3 \leq 0$
(4) $x_3 \leq 20 \quad x_1, x_2, x_3 \geq 0$

$G(x) = 100 x_1 + 180 x_2 + 250 x_3$ ges. max. $G(x)$

b) Simplex-Methode

x_1	x_2	x_3	u_1	u_2	u_3	u_4	G	
2	3	4	1	0	0	0	0	190
1	2	2	0	1	0	0	0	105
-1	1	1	0	0	1	0	0	0
0	0	1	0	0	0	1	0	20
-100	-200	-250	0	0	0	0	1	0

Da die Konstante in Gleichung (3) null ist und der Koeffizient der neuen **BV** x_3 positiv ist, wird diese Zeile zur Pivotzeile. (vergl. Hinweise zur Lösung von 3.3.2.2 und 3.3.2.4)

x_1	x_2	x_3	u_1	u_2	u_3	u_4	G	
6	-1	0	1	0	-4	0	0	190
3	0	0	0	1	-2	0	0	105
-1	1	1	0	0	1	0	0	0
1	-1	0	0	0	-1	1	0	20
-350	50	0	0	0	250	0	1	0

x_1	x_2	x_3	u_1	u_2	u_3	u_4	G	
0	5	0	1	0	2	-6	0	70
0	3	0	0	1	1	-3	0	45
0	0	1	0	0	0	1	0	20
1	-1	0	0	0	-1	1	0	20
0	-300	0	0	0	-100	350	1	7 000

x_1	x_2	x_3	u_1	u_2	u_3	u_4	G	
0	1	0	0,2	0	0,4	-1,2	0	14
0	0	0	-0,6	1	-0,2	0,6	0	3
0	0	1	0	0	0	1	0	20
1	0	0	0,2	0	-0,6	-0,2	0	34
0	0	0	60	0	20	-10	1	11 200

x_1	x_2	x_3	u_1	u_2	u_3	u_4	G	
0	1	0	-1	2	0	0	0	20
0	0	0	-1	5/3	-1/3	1	0	5
0	0	1	1	-5/3	1/3	0	0	15
1	0	0	0	1/3	-2/3	0	0	35
0	0	0	50	50/3	50/3	0	1	11 250

c) Optimale Lösung:

$x_1 = 35$ t $x_2 = 20$ t $x_3 = 15$ t $u_1 = 0$ $u_2 = 0$ $u_3 = 0$ $u_4 = 5$ $G = 11\ 250$ €

Es sollten 35 t Waschpulver, 20 t Tabs und 15 t Flüssigwaschmittel produziert werden.

$u_4 = 5$ *bedeutet, dass dabei die maximale Menge Flüssigwaschmittel von 20 t um 5 t unterschritten wird.*

d) (4*) $x_3 \geq 25$

Aus dem gegebenen Tableau lässt sich erkennen, dass u_1, u_3, u_4 **NBV** sind, denn sie treten jeweils in mehreren Gleichungen auf, während **BV** jeweils nur in einer Gleichung vorkommen, jede **BV** in einer anderen.

Dagegen ist u_2 eine **BV**, deren Wert in Zeile (2) abgelesen wird.

NBV $u_1 = 0$ $u_3 = 0$ $u_4 = 0$

Aus den Gleichungen (1), (3) und (4*) der ursprünglichen Problemstellung erhält man:

(4*)$x_3 = \underline{25}$

(1) $2 x_1 + 3 x_2 + 4 x_3 = 2 x_1 + 3 x_2 + 100 = 190$ $\rightarrow$ $2 x_1 + 3 x_2 = 90$

(3) $-x_1 + x_2 + x_3 = -x_1 + x_2 + 25 = 0$ $\rightarrow$ $-x_1 + x_2 = -25$

(1) + 2 (3) $5 x_2 = 40$ $x_2 = 40/5 = \underline{8}$ $x_1 = \underline{33}$

(2) $x_1 + 2 x_2 + 2 x_3 + u_2 = 33 + 2 \cdot 8 + 2 \cdot 25 + u_2 = 105$ $\rightarrow$ $u_2 = \underline{6}$

$G^*(x) = 100 x_1 + 200 x_2 + 250 x_3 = 100 \cdot 33 + 200 \cdot 8 + 250 \cdot 25 = \underline{\underline{11\ 150}}$

x_1	x_2	x_3	u_1	u_2	u_3	u_4	G	
0	1	0	0,2	*0*	0,4	1,2	0	*8*
0	0	0	-0,6	*1*	-0,2	-0,6	0	*6*
0	0	1	0	*0*	0	-1	0	*25*
1	0	0	0,2	*0*	-0,6	0,2	0	*33*
0	0	0	60	*0*	20	10	1	*11 150*

e) $u_2 = 6$ *bedeutet, dass dabei die verfügbare Arbeitszeit der Verpackungsmaschine um 6 h unterschritten wird.*

Aufgabe 3.3.2.7   Bettwäsche

a) x_1 = Anz. Sets Feinbiber   (1) $20\,x_1 + 30\,x_2 + 26\,x_3 \leq 2\,700$
     x_2 = Anz. Sets Mako-Satin   (2) $40\,x_1 + 20\,x_2 + 24\,x_3 \leq 3\,200$
     x_3 = Anz. Sets Baumwolle   (3) $10\,x_1 + 25\,x_2 + 10\,x_3 \leq 1\,400$
                                     (4) $20\,x_1 + 10\,x_2 + 25\,x_3 \leq 2\,300$

$$x_1, x_2, x_3 \geq 0$$

$G(x) = 12\,x_1 + 20\,x_2 + 10\,x_3$ ges. max. $G(x)$

b)   Simplex-Methode

x_1	x_2	x_3	u_1	u_2	u_3	u_4	G	
20	30	26	1	0	0	0	0	2 700
40	20	24	0	1	0	0	0	3 200
10	25	10	0	0	1	0	0	1 400
20	10	25	0	0	0	1	0	2 300
-12	-20	-10	0	0	0	0	1	0

x_1	x_2	x_3	u_1	u_2	u_3	u_4	G	
8	0	14	1	0	-1,2	0	0	1 020
32	0	16	0	1	-0,8	0	0	2 080
0,4	1	0,4	0	0	0,04	0	0	56
16	0	21	0	0	-0,4	1	0	1 740
-4	0	-2	0	0	0,8	0	1	1 120

x_1	x_2	x_3	u_1	u_2	u_3	u_4	G	
0	0	10	1	-0,25	-1	0	0	500
1	0	0,5	0	0,03125	-0,025	0	0	65
0	1	0,2	0	-0,0125	0,05	0	0	30
0	0	13	0	-0,5	0	1	0	700
0	0	0	0	0,125	0,7	0	1	1 380

c)   Optimale Ecke:

$x_1 = 65$ $x_2 = 30$ $x_3 = 0$ $u_1 = 500$ $u_2 = 0$ $u_3 = 0$ $u_4 = 700$ $G = 1380\,€$

→ *Die Zeitkapazitäten beim Weben und Nähen werden voll ausgeschöpft, während beim Färben 500 min und beim Bügeln 700 min nicht benötigt werden.*

d) Mehrdeutige Lösung (Kante)

Der Koeffizient der *NBV* x_3 in der Zielfunktionszeile ist null. Eine Erhöhung des Wertes von x_2, ein Übergang zur benachbarten Ecke mit x_3 als *BV*, ändert daher den Wert der Zielfunktion nicht.

Menge aller optimalen Lösungen:

Beim Ablesen der Menge der optimalen Lösungen, wird x_3 **nicht** null gesetzt.

(1) $10\,x_3 + u_1 = 500$
(2) $x_1 + 0{,}5\,x_3 = 65$
(3) $x_2 + 0{,}2\,x_3 = 30$
(4) $13\,x_3 + u_4 = 700$ $\qquad\qquad x_1, x_2, x_3, u_1, u_4 \geq 0$

e*) Der kleinste Quotient der Konstanten in der rechten Spalte und der Koeffizienten von x_3 tritt in der ersten Zeile auf. $\qquad x_3 \leftrightarrow u_1 \qquad\qquad u_1 = 0$

(1) $10\,x_3 = 500$ $\qquad\qquad \rightarrow \qquad x_3 = 500/10 = \underline{50}$
(2) $x_1 + 0{,}5\,x_3 = x_1 + 25 = 65$ $\qquad \rightarrow \qquad x_1 = 65 - 25 = \underline{40}$
(3) $x_2 + 0{,}2\,x_3 = x_2 + 10 = 30$ $\qquad \rightarrow \qquad x_2 = 30 - 10 = \underline{20}$
(4) $13\,x_3 + u_4 = 650 + u_4 = 700$ $\qquad \rightarrow \qquad u_4 = 700 - 650 = \underline{50}$

Zweite optimale Ecke:

$x_1 = 40 \quad x_2 = 20 \quad x_3 = 50 \quad u_1 = 0 \quad u_2 = 0 \quad u_3 = 0 \quad u_4 = 50 \quad G = 1380\,€$

Menge aller optimalen Lösungen (Alternative Darstellung)

$$\begin{pmatrix} x \\ u \end{pmatrix} = \lambda \begin{pmatrix} x^{(1)} \\ u^{(1)} \end{pmatrix} + (1 - \lambda) \begin{pmatrix} x^{(2)} \\ u^{(2)} \end{pmatrix} = \lambda \begin{pmatrix} 65 \\ 30 \\ 0 \\ 500 \\ 0 \\ 0 \\ 700 \end{pmatrix} + (1 - \lambda) \begin{pmatrix} 40 \\ 20 \\ 50 \\ 0 \\ 0 \\ 0 \\ 50 \end{pmatrix} \qquad 0 \leq \lambda \leq 1$$

f*) Lösung für $x_1 = 50$

(2) $x_1 + 0{,}5\,x_3 = 50 + 0{,}5\,x_3 = 65$ $\qquad \rightarrow \qquad x_3 = 2\,(65 - 50) = \underline{30}$
(1) $10\,x_3 + u_1 = 300 + u_1 = 500$ $\qquad \rightarrow \qquad u_1 = 500 - 300 = \underline{200}$
(3) $x_2 + 0{,}2\,x_3 = x_2 + 6 = 30$ $\qquad \rightarrow \qquad x_2 = 30 - 6 = \underline{24}$
(4) $13\,x_3 + u_4 = 390 + u_4 = 700$ $\qquad \rightarrow \qquad u_4 = 700 - 390 = \underline{310}$

$x_1 = 50 \quad x_2 = 24 \quad x_3 = 30 \quad u_1 = 200 \quad u_2 = 0 \quad u_3 = 0 \quad u_4 = 310 \quad G = 1380\,€$

Alternative

$\lambda \cdot 65 + (1 - \lambda) \cdot 40 = 25\,\lambda - 40 = 50$ $\qquad \rightarrow \qquad \lambda = 10/25 = 0{,}4$

$$\begin{pmatrix} x \\ u \end{pmatrix} = 0{,}4 \begin{pmatrix} x^{(1)} \\ u^{(1)} \end{pmatrix} + 0{,}6 \begin{pmatrix} x^{(2)} \\ u^{(2)} \end{pmatrix} = 0{,}4 \begin{pmatrix} 65 \\ 30 \\ 0 \\ 500 \\ 0 \\ 0 \\ 700 \end{pmatrix} + 0{,}6 \begin{pmatrix} 40 \\ 20 \\ 50 \\ 0 \\ 0 \\ 0 \\ 50 \end{pmatrix} = \begin{pmatrix} 50 \\ 24 \\ 30 \\ 200 \\ 0 \\ 0 \\ 310 \end{pmatrix}$$

Aufgabe 3.3.2.8   Papierfabrik

a) x_1 = Anz. Packungen Recyclingpapier

x_2 = Anz. Packungen weißes Papier

x_3 = Anz. Packungen Fotopapier

(1) $x_1 + x_2 + x_3 \leq 1\,000$

(2) $x_1 + 1{,}25\,x_2 + 2{,}5\,x_3 \leq 1\,000$

(3) $-x_2 + 2\,x_3 \leq 0$

(4) $-x_1 + x_2 + x_3 \leq 0$

$x_1, x_2, x_3 \geq 0$

$G(x) = 2\,x_1 + 3\,x_2 + 8\,x_3$ ges. max. $G(x)$

b)   Simplex-Methode

x_1	x_2	x_3	u_1	u_2	u_3	u_4	G	
1	1	1	1	0	0	0	0	1 000
1	1,25	2,5	0	1	0	0	0	1 000
0	-1	2	0	0	1	0	0	0
-1	1	1	0	0	0	1	0	0
-2	-3	-8	0	0	0	1	1	0

Da die Quotienten 0/2 und 0/1 in der dritten und vierten Zeile gleich sind, gibt es zwei Möglichkeiten dafür, welche **BV** durch x_3 ersetzt werden kann.

1. Schritt bei Austausch: $x_3 \leftrightarrow u_3$

x_1	x_2	x_3	u_1	u_2	u_3	u_4	G	
1	1,5	0	1	0	-0,5	0	0	1 000
1	2,5	0	0	1	-1,25	0	0	1 000
0	-0,5	1	0	0	0,5	0	0	0
-1	1,5	0	0	0	-0,5	1	0	0
-2	-7	0	0	0	4	1	1	0

1. Schritt bei Austausch: $x_3 \leftrightarrow u_4$ (Alternative)

x_1	x_2	x_3	u_1	u_2	u_3	u_4	G	
2	0	0	1	0	0	-1	0	1000
3,5	-1,25	0	0	1	0	-2,5	0	1000
2	-3	0	0	0	1	-2	0	0
-1	1	1	0	0	0	1	0	0
-10	5	0	0	0	0	9	1	0

c) Aus dem gegebenen Tableau lässt sich erkennen, dass u_2, u_3, u_4 *NBV* sind, denn sie treten jeweils in mehreren Gleichungen auf, während *BV* jeweils nur in einer Gleichung vorkommen, und zwar jede in einer anderen.

Daher ist u_1 eine *BV*, deren Wert in der ersten Zeile abgelesen wird.

NBV $u_2 = 0$ $u_3 = 0$ $u_4 = 0$

Aus den Gleichungen (2), (3) und (4) der ursprünglichen Problemstellung erhält man damit:

(3) $-x_2 + 2\,x_3 = 0$ $\qquad\rightarrow\qquad$ $x_2 = 2\,x_3$

(4) $-x_1 + x_2 + x_3 = -x_1 + 3\,x_3 = 0$ $\qquad\rightarrow\qquad$ $x_1 = 3\,x_3$

(2) $x_1 + 1,25\,x_2 + 2,5\,x_3 = 3\,x_3 + 2,5\,x_3 + 2,5\,x_3 = 8\,x_3 = 1\,000$

$\quad x_3 = 1\,000/8 = \underline{125}$ $\qquad x_2 = 2\,x_3 = \underline{250}$ $\qquad x_1 = 3\,x_3 = \underline{375}$

(1) $x_1 + x_2 + x_3 + u_1 = 375 + 250 + 125 + u_1 = 1\,000$ $\qquad u_1 = \underline{250}$

$G(x) = 2\,x_1 + 3\,x_2 + 8\,x_3 = 2 \cdot 375 + 3 \cdot 250 + 8 \cdot 125 = \underline{2500}$

x_1	x_2	x_3	u_1	u_2	u_3	u_4	G	
0	0	0	*1*	-0,75	0,3125	0,25	0	*250*
1	0	0	*0*	0,375	-0,1563	-0,625	1	*375*
0	0	1	*0*	0,125	0,28125	0,125	0	*125*
0	1	0	*0*	0,25	-0,4375	0,25	0	*250*
								2 5 0 0
0	0	0	*0*	2,5	0,625	1,5	0	*0*

d) $u_1 = 250$ *D.h. die maximal herstellbare Tagesmenge von 1 000 Packungen wird in der optimalen Lösung um 250 Packungen unterschritten.*

Aufgabe 3.3.2.9   Download Videos

a) x_1 = Download-Preis eines Musikvideos in € $\qquad$ (1) $5\,x_1 + 5\,x_2 + 5\,x_3 \le 55$
$\quad x_2$ = Download-Preis eines Spielfilms in € $\qquad$ (2) $4\,x_1 + 2\,x_2 + 2\,x_3 \le 25$
$\quad x_3$ = Download-Preis eines Computerspiels in € $\qquad$ (3) $6\,x_1 + 2\,x_2 + 4\,x_3 \le 40$
$\qquad\qquad\qquad\qquad\qquad\qquad\qquad\qquad$ (4) $4\,x_1 + 2\,x_2 \qquad\quad \le 15$

$$x_1\,,\,x_2\,,\,x_3 \ge 0$$

Zielfunktion: $\quad G(x) = 5\,x_1 + 4\,x_2 + 3\,x_3 \qquad$ ges. max. $G(x)$

b) Aus dem gegebenen Tableau lässt sich erkennen, dass u_2, u_3, u_4 *NBV* sind, denn sie treten jeweils in mehreren Gleichungen auf, während *BV* jeweils nur in einer Gleichung vorkommen dürfen.

Dagegen ist u_1 eine *BV*, deren Wert in der ersten Zeile abgelesen wird.

NBV $\qquad u_2 = 0 \qquad\qquad u_3 = 0 \qquad\qquad u_4 = 0$

Aus den Gleichungen (2), (3) und (4) der ursprünglichen Problemstellung erhält man damit:

(4) $4\,x_1 + 2\,x_2 = 15 \qquad\qquad\qquad \rightarrow \qquad x_2 = (15 - 4\,x_1)/2 = 7{,}5 - 2\,x_1$

(2) $4\,x_1 + 2\,x_2 + 2\,x_3 = 4\,x_1 + 2\,(7{,}5 - 2\,x_1) + 2\,x_3 = 15 + 2\,x_3 = 25$
$\qquad \rightarrow \qquad x_3 = 10/2 = \underline{5}$

(3) $6\,x_1 + 2\,x_2 + 4\,x_3 = 6\,x_1 + 2\,(7{,}5 - 2\,x_1) + 4 \cdot 5 = 2\,x_1 + 15 + 20 = 40$
$\qquad \rightarrow \qquad x_1 = 5/2 = \underline{2{,}5}$

(4) $x_2 = 7{,}5 - 2\,x_1 = 7{,}5 - 2 \cdot 2{,}5 = \underline{2{,}5}$

(1) $5\,x_1 + 5\,x_2 + 5\,x_3 + u_1 = 5 \cdot 2{,}5 + 5 \cdot 2{,}5 + 5 \cdot 5 + u_1 = 50 + u_1 = 55$
$\qquad \rightarrow \qquad u_1 = \underline{5}$

$G(x) = 5\,x_1 + 4\,x_2 + 3\,x_3 = 5 \cdot 2{,}5 + 4 \cdot 2{,}5 + 3 \cdot 5 = \underline{37{,}5}$

x_1	x_2	x_3	u_1	u_2	u_3	u_4	G	
0	0	0	1	-7,5	2,5	2,5	0	5
0	1	0	0	2	-1	-0,5	0	2,5
0	0	1	0	0,5	0	-0,5	0	5
1	0	0	0	-1	0,5	0,5	0	2,5
0	0	0	0	7	-0,875	-1	1	37,5

Die Ecke ist nicht optimal, da die Koeffizienten von u_3 und u_4 in der Zielfunktionszeile negativ sind.

c) Nächster Simplex-Schritt

x_1	x_2	x_3	u_1	u_2	u_3	u_4	G	
0	0	0	0,4	-3	1	1	1	2
0	1	0	0,2	0,5	-0,5	0	0	3,5
0	0	1	0,2	-1	0,5	0	0	6
1	0	0	-0,2	0,5	0	0	0	1,5
0	0	0	0,4	4	0,125	0	1	39,5

d) Optimale Lösung

$x_1 = 1{,}5 \,€ \quad x_2 = 3{,}5 \,€ \quad x_3 = 6 \,€ \quad u_1 = 0\,€ \quad u_2 = 0\,€ \quad u_3 = 0\,€ \quad u_4 = 2\,€ \quad G = 39{,}5 \,€$

$u_4 = 2 \,€ \qquad$ *bedeutet, dass Frauen durchschnittlich 13 € im Monat zahlen und damit den vorgegebenen Maximalpreis von 15 € um 2 € unterschreiten.*

e*) Jede lineare Gleichung im 3-dimensionalen Raum stellt eine Ebene dar.

$\quad$ *NBV* $\qquad u_1 = 0 \qquad\qquad u_2 = 0 \qquad\qquad u_3 = 0$

$\rightarrow \qquad$ Das Optimum liegt im Schnittpunkt der Ebenen (1), (2), (3).

Aufgabe 3.3.2.10 $\qquad$ Leihfahrräder

a) $\quad x_1$ = Leihgebühr eines Herrenfahrrades in € $\qquad$ (1) $\;x_1 + x_2 \qquad\quad \le 20$
$\quad x_2$ = Leihgebühr eines Damenfahrrades in € $\qquad$ (2) $\qquad x_2 + \;x_3 \le 13$
$\quad x_3$ = Leihgebühr eines Kinderfahrrades in € $\qquad$ (3) $\;x_1 + \;x_2 + 2\,x_3 \le 28$
$\qquad\qquad\qquad\qquad\qquad\qquad\qquad\qquad\qquad\qquad\qquad\qquad x_1\,, x_2\,, x_3 \ge 0$

$\quad$ Zielfunktion: $\qquad G(x) = 16\,x_1 + 24\,x_2 + 40\,x_3 \qquad$ ges. max. $G(x)$

b) $\quad$ Simplex-Methode

x_1	x_2	x_3	u_1	u_2	u_3	G	
1	1	0	1	0	0	0	20
0	1	1	0	1	0	0	13
1	1	2	0	0	1	0	28
-16	-24	-40	0	0	0	1	0

x_1	x_2	x_3	u_1	u_2	u_3	G	
1	1	0	1	0	0	0	20
0	1	1	0	1	0	0	13
1	-1	0	0	-2	1	0	2
-16	16	0	0	40	0	1	520

x_1	x_2	x_3	u_1	u_2	u_3	G	
0	2	0	1	2	-1	0	18
0	1	1	0	1	0	0	13
1	-1	0	0	-2	1	0	2
0	0	0	0	8	16	1	552

$\quad$ Erste optimale Ecke:

$\quad x_1 = 2\,€ \qquad x_2 = 0\,€ \quad x_3 = 13\,€ \quad u_1 = 18 \qquad u_2 = 0 \qquad u_3 = 0 \qquad G = 552\,€$

c) $\quad$ Mehrdeutige Lösung (Kante)

$\quad$ Der Koeffizient der *NBV* x_2 in der Zielfunktionszeile ist null. Eine Erhöhung des Wertes von x_2, ein Übergang zur benachbarten Ecke mit x_2 als *BV*, ändert daher den Wert der Zielfunktion nicht.

$\quad$ Menge aller optimalen Lösungen:

$\quad$ Beim Ablesen der Menge der optimalen Lösungen wird x_2 nicht null gesetzt, da eine Erhöhung von x_2 den Wert der Zielfunktion **nicht** ändert.

(1) $2x_2 + u_1 = 18$

(2) $x_2 + x_3 = 13$

(3) $x_1 - x_2 = 2$ $\qquad\qquad\qquad$ $x_1, x_2, x_3, u_1 \geq 0$

d) Die erste optimale Ecke ist sozial nicht akzeptabel, da danach für Kinderfahrräder die höchste Gebühr anfällt, während Damenräder kostenlos verliehen werden.

Bestimmung der zweiten optimalen Ecke: $\qquad$ $x_2 \leftrightarrow u_1$ $\qquad$ $u_1 = 0$

(1) $2x_2 + u_1 = 2x_2 = 18$ $\qquad\qquad \rightarrow \qquad x_2 = 18/2 = \underline{9}$

(2) $x_2 + x_3 = 9 + x_3 = 13$ $\qquad\qquad \rightarrow \qquad x_3 = \underline{4}$

(3) $x_1 - x_2 = x_1 - 9 = 2$ $\qquad\qquad \rightarrow \qquad x_1 = \underline{11}$

Zweite optimale Ecke:

$x_1 = 11\,€ \qquad x_2 = 9\,€ \qquad x_3 = 4\,€ \qquad u_1 = 0\,€ \qquad u_2 = 0\,€ \qquad u_3 = 0\,€ \qquad G = 552\,€$

Diese Lösung ist sozial angemessen und den Hotelgästen gut vermittelbar, da die Leihgebühr für Kinderfahrräder deutlich geringer ist als die für Damen- oder Herrenfahrräder.

Sozial akzeptabel sind Lösungen, bei denen die Leihgebühr für Kinderfahrräder geringer ist als die für Damen- oder Herrenfahrräder. Um den Bereich dieser Lösungen abzustecken, setzt man: $x_2 = x_3$

(2) $x_2 + x_3 = 2x_2 = 13$ $\qquad\qquad \rightarrow \qquad x_2 = x_3 = 13/2 = 6,5$

(3) $x_1 - x_2 = x_1 - 6,5 = 2$ $\qquad\qquad \rightarrow \qquad x_1 = 2 + 6,5 = 8,5$

(1) $2x_2 + u_1 = 13 + u_1 = 18$ $\qquad\qquad \rightarrow \qquad u_1 = 18 - 13 = 5$

Grenzfall der sozial verträglichen Leihgebühren

$x_1 = 8,5\,€ \qquad x_2 = 6,5\,€ \qquad x_3 = 6,5\,€ \qquad u_1 = 5\,€ \qquad u_2 = 0\,€ \qquad u_3 = 0\,€ \qquad G = 552\,€$

Zwischen der zweiten optimalen Ecke und dieser Grenzlösung liegen die sozial akzeptablen Lösungen.

$$\begin{pmatrix} x \\ u \end{pmatrix} = \lambda \begin{pmatrix} 8,5 \\ 6,5 \\ 6,5 \\ 5 \\ 0 \\ 0 \end{pmatrix} + (1-\lambda) \begin{pmatrix} 11 \\ 9 \\ 4 \\ 0 \\ 0 \\ 0 \end{pmatrix} \qquad 0 \leq \lambda \leq 1$$

Aufgabe 3.3.2.11 $\qquad$ Spiegelproduktion

a) $x_1 =$ Anz. Wandspiegel $\qquad\quad$ (1) $\quad 0,2\,x_1 + 0,5\,x_2 + 0,05\,x_3 \leq \quad 90$

$x_2 =$ Anz. Garderobespiegel $\qquad$ (2) $\quad 5,2\,x_1 + 8\quad x_2 + \qquad x_3 \leq 1\,800$

$x_3 =$ Anz. Kosmetikspiegel $\qquad$ (3) $\quad 0,05\,x_1 + 0,1\,x_2 + 0,02\,x_3 \leq \quad 27$

$$x_1, x_2, x_3 \geq 0$$

Zur Bedingung (3): $\qquad$ Wenn pro Stunde 20 Wandspiegel hergestellt werden können, werden für einen Wandspiegel $1\,h/20 = 0,05\,h$ benötigt usw.

b) $G(x) = 9,5\,x_1 + 15\,x_2 + 2\,x_3$ $\qquad$ ges. max. $G(x)$

Erste Simplex-Schritte

x_1	x_2	x_3	u_1	u_2	u_3	G	
0,2	0,5	0,05	1	0	0	0	90
5,2	8	1	0	1	0	0	1800
0,050	0,1	0,02	0	0	1	0	27
-9,5	-15	-2	0	0	0	1	0

x_1	x_2	x_3	u_1	u_2	u_3	G	
0,4	1	0,1	2	0	0	0	180
2	0	0,2	-16	1	0	0	360
0,01	0	0,01	-0,2	0	1	0	9
-3,5	0	-0,5	30	0	0	1	2 700

x_1	x_2	x_3	u_1	u_2	u_3	G	
0	1	0,06	5,2	-0,2	0	0	108
1	0	0,1	-8	0,5	0	0	180
0	0	0,009	-0,12	-0,005	1	0	7,2
0	0	-0,15	2	1,75	0	1	3 330

c) Aus dem gegebenen Tableau lässt sich erkennen, dass u_1, u_2, u_3 *NBV* sind, denn sie sind jeweils in mehreren Gleichungen zu finden, während *BV* immer nur in einer Gleichung auftreten, und zwar jede in einer anderen.

Daher ist x_2 eine *BV*, deren Wert in der ersten Zeile abgelesen wird: $x_2 = \underline{60}$

NBV $u_1 = 0$ $u_2 = 0$ $u_3 = 0$

Aus den Gleichungen (1), (2) und (3) der ursprünglichen Problemstellung erhält man damit:

(1) $0{,}2\,x_1 + 0{,}5\,x_2 + 0{,}05\,x_3 = 0{,}2\,x_1 + 30 + 0{,}05\,x_3 = 90$ → $0{,}2\,x_1 + 0{,}05\,x_3 = 60$

(3) $0{,}05\,x_1 + 0{,}1\,x_2 + 0{,}02\,x_3 = 0{,}05\,x_1 + 6 + 0{,}02\,x_3 = 27$ → $0{,}05\,x_1 + 0{,}02\,x_3 = 21$

　　　　(1) − 4 (3) $-0{,}03\,x_3 = -24$ → $x_3 = 24/0{,}03 = \underline{800}$ → $x_1 = \underline{100}$

$G(x) = 9{,}5\,x_1 + 15\,x_2 + 2\,x_3 = 9{,}5 \cdot 100 + 15 \cdot 60 + 2 \cdot 800 = \underline{3450}$

x_1	x_2	x_3	u_1	u_2	u_3	G	
0	*1*	0	6	-1/6	-20/3	0	60
1	*0*	0	-20/3	5/9	-100/9	0	*100*
0	*0*	1	-40/3	-5/9	1000/9	0	*800*
0	*0*	0	0	10/6	100/6	1	*3450*

d) Mehrdeutige Lösung (Kante)

Der Koeffizient der *NBV* u_1 in der Zielfunktionszeile ist null. Eine Erhöhung des Wertes von u_1, ein Übergang zur benachbarten Ecke mit u_1 als *BV*, ändert daher den Wert der Zielfunktion nicht.

Menge aller optimalen Lösungen:

Da der Wert der Zielfunktion von u_1 nicht abhängt, wird u_1 in der Lösungsmenge nicht null gesetzt.

(1) $x_2 + 6\,u_1 = 60$
(2) $x_1 - 20/3\,u_1 = 100$
(3) $x_3 - 40/3\,u_1 = 800$ $\qquad x_1, x_2, x_3, u_1, u_4 \geq 0$

e) Optimale Lösung für $x_1 = 140$

(2) $x_1 + 20/3\,u_1 = 140 - 20/3\,u_1 = 100 \quad \rightarrow \quad -20/3\,u_1 = -40 \quad \rightarrow \quad u_1 = \underline{6}$
(1) $x_2 + 6\,u_1 = x_2 + 6 \cdot 6 = 60 \qquad\qquad \rightarrow \qquad x_2 = \underline{24}$
(3) $x_3 - 40/3\,u_1 = x_3 - 40/3 \cdot 6 = 800 \quad \rightarrow \qquad x_3 = \underline{880}$

Spezielle Lösung für $x_1 = 140$

$x_1 = 140 \qquad x_2 = 24 \qquad x_3 = 880 \qquad u_1 = 6 \qquad u_2 = 0 \qquad u_3 = 0 \qquad \mathbf{G = 3\,450\,€}$

3.4.3.3 *Nichtzulässige Ausgangslösung*

Zur Zwei-Phasen Methode

Nichtzulässige Ausgangsecke

Enthalten eine oder mehrere Bedingungen Mindestanforderungen der Form:

$(k)\quad a_{k1}x_1 + \ldots + a_{kn}x_n \geq b_k \quad$ für $\quad b_k > 0$,

so erfüllt der Koordinatenursprung als die bisher übliche Ausgangsecke diese Bedingung(en) nicht. Die kanonischen Form besitzt hier die Form:

$(k)\quad a_{k1}x_1 + \ldots + a_{kn}x_n - u_k = b_k \quad$.

Die Schlupfvariable u_k wird hier auf der größeren Seite der Ungleichung subtrahiert, um diese zu verkleinern und dadurch eine Gleichung zu erhalten.

Werden die Variablen $x_1, \ldots, x_n$ als Nichbasisvariablen null gesetzt, so ist $-u_k = b_k$ bzw. $u_k = -b_k$. Damit nimmt u_k einen negativen Wert an und die Ecke ist nicht zulässig.

Die Zwei-Phasen-Methode

Probleme, bei denen der Koordinatenursprung nicht zulässig ist, lassen sich mit Hilfe der Zwei-Phasen-Methode lösen. In der *ersten Phase* wird eine zulässige Ausgangsecke ermittelt. Von der aus erfolgt dann die Bestimmung des Optimums in der *zweiten Phase*, wie bisher nach der Simplex-Methode.

Zunächst werden die Bedingungen, die den Koordinatenursprung als Ecke ausschließen durch eine zusätzliche Schlupfvariable w_k ergänzt. Die neue Bedingung hat dann die Form:

$(k^*)\,a_{k1}x_1 + \ldots + a_{kn}x_n - u_k + w_k = b_k \quad$.

Dabei fungiert die Variable w_k anstelle der Schlupfvariablen u_k als Basisvariable. Das ist natürlich vorerst nur eine scheinbare Lösung, die den Koordinatenursprung als zulässig erscheinen lässt, obwohl er es nicht ist. Um zu einer echten zulässigen Ecke zu gelangen, wird eine Hilfszielfunktion der Form: $\qquad G^* = -w_k \qquad\qquad$ bzw. $\qquad G^* + w_k = 0$

angesetzt und maximiert. Da $w_k \geq 0$ sein muss, wie alle betrachteten Variablen, erreicht die Hilfszielfunktion ihren maximalen Wert, wenn $w_k = 0$ ist.

Als Basisvariable, darf w_k jedoch in der Zielfunktion nicht vorkommen, auch nicht in der Hilfszielfunktion G^*. Daher wird die Bedingung (k^*) nach w_k umgestellt gemäß:

$$(k^*)\, w_k = b_k - a_{k1}x_1 - \ldots - a_{kn}x_n + u_k$$

und dieser Ausdruck in die Formel für G^* eingesetzt. Das ergibt:

$$G^* + w_k = G^* + b_k - a_{k1}x_1 - \ldots - a_{kn}x_n + u_k = 0$$

bzw. $\qquad G^* - a_{k1}x_1 - \ldots - a_{kn}x_n + u_k = -b_k \quad .$

Diese Gleichung wird als weitere Zielfunktionszeile in das Simplextableau eingesetzt. Nach der üblichen Vorgehensweise der Simplex-Methode wird nun zuerst die Hilfszielfunktion G^* maximiert. Ist dies geschehen, wurde eine zulässige Ausgangsecke (mit $w_k = 0$) erreicht. Damit ist die *erste Phase* beendet.

In der *zweiten Phase* wird dann nach der Simplex-Methode das Optimum ermittelt. Auf die Hilfsvariable w_k und die Zeile der Hilfszielfunktion G^* kann jetzt verzichtet werden.

Aufgabe 3.3.3.1   Fitnessstudio

a) $x_1 = $ Kursraumfläche in m^2
    $x_2 = $ Fläche für Trainingsgeräte in m^2
    $x_3 = $ Fläche Sonnenstudio in m^2

(1) $x_1 + x_2 + x_3 \leq 300$
(2) $-x_1 + x_2 + x_3 \leq 0$
(3) $x_3 \geq 25$
        $x_1, x_2, x_3 \geq 0$

$G(x) = 8\,x_1 + 10\,x_2 + 2\,x_3$ ges. max. $G(x)$

b) *Aufgrund der dritten Bedingung ist der Koordinatenursprung nicht zulässig. u_3 muss subtrahiert werden und ist daher kleiner als null. Es muss zunächst eine zulässige Ausgangsecke bestimmt werden.*

$(3^*)\, x_3 - u_3 + w_3 = 25$ $\rightarrow$ $w_3 = 25 - x_3 + u_3$

Hilfszielfunktion: $G^*(x) = -w_3$ $\rightarrow$ $G^* + w_3 = 0$

Durch Einsetzen des Terms aus Gleichung (3^*) für w_3 erhält man:

$G^* + 25 - x_3 + u_3 = 0$ $\rightarrow$ $G^* - x_3 + u_3 = -25 \quad .$

Erste Phase

x_1	x_2	x_3	u_1	u_2	u_3	w_3	G^*/G	
1	1	1	1	0	0	0	0	300
-1	1	1	0	1	0	0	0	0
0	0	1	0	0	-1	1	0	25
0	0	-1	0	0	1	0	1	-25
-8	-10	-2	0	0	0	0	1	0

Begonnen wird immer mit der Maximierung der Hilfszielfunktion G^* in der *vorletzten* Zeile dieses Tableaus. Der einzige negative Koeffizient in dieser Zeile gehört zu x_3. Daher wird x_3 als erstes zur **BV** gemacht und nicht x_2, das in der Zielfunktionszeile von G den betragsgrößten negativen Koeffizienten aufweist.

x_1	x_2	x_3	u_1	u_2	u_3	w_3	G^*/G	
2	0	0	1	-1	0	0	0	300
-1	1	1	0	1	0	0	0	0
1	-1	0	0	-1	-1	1	0	25
-1	1	0	0	1	1	0	1	-25
-10	-8	0	0	2	0	0	1	0

Da es erneut einen negativen Koeffizienten in der vorletzten Zeile gibt, wird das Verfahren fortgesetzt, indem nun x_1 zur **BV** gemacht wird.

x_1	x_2	x_3	u_1	u_2	u_3	w_3	G^*/G	
0	2	0	1	1	2	-2	0	250
0	0	1	0	0	-1	1	0	25
1	-1	0	0	-1	-1	1	0	25
0	0	0	0	1	0	1	1	0
0	-18	0	0	-8	-10	10	1	250

Die vorletzte Zeile der Hilfszielfunktion G^* enthält keinen negativen Koeffizienten mehr. Damit hat G^* sein Maximum null erreicht. Die zugehörige Ecke ist zulässig.

Zulässige Anfangsecke:

$x_1 = 25$ $\quad x_2 = 0$ $\quad x_3 = 25$ $\quad u_1 = 250$ $\quad u_2 = 0$ $\quad u_3 = 0$ $\quad G = 300$

Die Variable w_3 und die Zeile der Hilfszielfunktion G^* werden im Weiteren nicht mehr benötigt.

Zweite Phase

x_1	x_2	x_3	u_1	u_2	u_3	G^*/G	
0	2	0	1	1	2	0	250
0	0	1	0	0	-1	0	25
1	-1	0	0	-1	-1	0	25
0	-18	0	0	-8	-10	1	250

x_1	x_2	x_3	u_1	u_2	u_3	G^*/G	
0	1	0	0,5	0,5	1	0	125
0	0	1	0	0	-1	0	25
1	0	0	0,5	-0,5	0	0	150
0	0	0	9	1	8	1	2 500

c) Optimale Ecke:

$x_1 = 150 \text{ m}^2$ $\quad x_2 = 125 \text{ m}^2$ $\quad x_3 = 25 \text{ m}^2$ $\quad u_1 = 0$ $\quad u_2 = 0$ $\quad u_3 = 0$ $\quad G = 2500 \,€$

Die Gesamtfläche von 300 m^2 wird dabei voll ausgeschöpft. ($u_1 = 0$)

Aufgabe 3.3.3.2 Glutenfreies Brot

a)

x_1 = Anz. Graubrote	(1)	$x_1 +\ \ \ x_2 +\ \ \ x_3 \le 50$	
x_2 = Anz. Toastbrote	(2)	$-x_1 + 1,5\,x_2 + 1\,5\,x_3 \le\ \ 0$	
x_3 = Anz. Kürbiskernbrote	(3)	$x_3 \ge 8$	$x_1, x_2, x_3 \ge 0$

Zielfunktion: $G(x) = 0,5\,x_1 + x_2 + 0,75\,x_3$ ges. max. $G(x)$

b) *Aufgrund der dritten Bedingung ist der Koordinatenursprung nicht zulässig. Im Rahmen der ersten Phase muss daher zunächst eine zulässige Ausgangsecke ermittelt werden.*

$(3^*)x_3 - u_3 + w_3 = 8$ → $w_3 = 8 - x_3 + u_3$

Hilfszielfunktion: $G^*(x) = -w_3$ → $G^* + w_3 = 0$

$G^* + 8 - x_3 + u_3 = 0$ → $G^* - x_3 + u_3 = -8$

Erste Phase

x_1	x_2	x_3	u_1	u_2	u_3	w_3	G^*/G	
1	1	1	1	0	0	0	0	50
-1	1,5	1,5	0	1	0	0	0	0
0	0	1	0	0	-1	1	0	8
0	0	-1	0	0	1	0	1	-8
-0,5	-1	-0,75	0	0	0	0	1	0

> **Häufiger Fehler**
>
> Viele fangen wie üblich mit x_2 an, weil x_2 den betragsgrößten negativen Koeffizienten in der Zielfunktionszeile besitzt. Es ist jedoch uneffektiv, zuerst die Hauptzielfunktion G zu maximieren und dann erst über die Maximierung von G^* eine zulässige Ecke zu ermitteln, da sich dadurch der Wert von G wieder verringern würde und zusäztliche Rechenschritte erforderlich wären.

x_1	x_2	x_3	u_1	u_2	u_3	w_3	G^*/G	
5/3	0	0	1	-2/3	0	0	0	50
-2/3	1	1	0	2/3	0	0	0	0
2/3	-1	0	0	-2/3	-1	1	0	8
-2/3	1	0	0	2/3	1	0	1	-8
-1	-0,25	0	0	0,5	0	0	1	0

x_1	x_2	x_3	u_1	u_2	u_3	w_3	G^*/G	
0	2,5	0	1	1	2,5	-2,5	0	30
0	0	1	0	0	-1	1	0	8
1	-1,5	0	0	-1	-1,5	1,5	0	12
0	0	0	0	1	0	1	1	0
0	-1,75	0	0	-0,5	-1,5	2,5	1	12

Zulässige Anfangsecke:

$x_1 = 12$ $\quad x_2 = 0$ $\quad x_3 = 8$ $\quad u_1 = 30$ $\quad u_2 = 0$ $\quad u_3 = 0$ $\quad G = 12$

Zweite Phase

x_1	x_2	x_3	u_1	u_2	u_3	G^*/G	
0	2,5	0	1	1	2,5	0	30
0	0	1	0	0	-1	0	8
1	-1,5	0	0	-1	-1,5	0	12
0	-1,75	0	0	-0,5	-1,5	1	12

x_1	x_2	x_3	u_1	u_2	u_3	G^*/G	
0	1	0	0,4	0,4	1	0	12
0	0	1	0	0	-1	0	8
1	0	0	0,6	-0,4	0	0	30
0	0	0	0,7	0,2	0,25	1	33

Optimale Ecke:

$x_1 = 30$ $\quad x_2 = 12$ $\quad x_3 = 8$ $\quad u_1 = 0$ $\quad u_2 = 0$ $\quad u_3 = 0$ $\quad G = 33\ €$

Es sollten pro Tag 30 Graubrote, 12 Toastbrote und 8 Kürbiskernbrote hergestellt werden. Der dabei erzielte Gewinn liegt bei 33 €.

Aufgabe 3.3.3.3 Ökosteuer

a) x_1 = Steuersatz für Gas in % $\qquad$ (1) $\quad 20\,x_1 + 8\ \ x_2 + 8\,x_3 \leq 200$
 x_2 = Steuersatz für Strom in % $\qquad$ (2) $\quad 4\,x_1 + 9,6\,x_2 + 7\,x_3 \leq 120$
 x_3 = Steuersatz für Wasser in % $\qquad$ (3) $\quad\phantom{4\,x_1 +{}} 10\,x_2 + 7\,x_3 \geq\ \ 80$

$$x_1, x_2, x_3 \geq 0$$

Herleitung:
Um x_1 Prozent von 2 000 € auszurechnen, muss dieser Wert mit $x_1/100$ multipliziert werden. Genauso verfährt man bei den Strom- und Wasserkosten.

(1) $\quad 2\,000\ \dfrac{x_1}{100} + 800\ \dfrac{x_2}{100} + \ 800\ \dfrac{x_3}{100} \leq 200$

Zielfunktion: $\qquad$ Mittlere Einnahmen pro Haushalt infolge der Ökosteuer

$G(x) = 8\,x_1 + 9,6\,x_2 + 7,2\,x_3$ $\qquad\qquad$ ges. $\quad$ max. $G(x)$

b) *Aufgrund der dritten Bedingung ist der Koordinatenursprung nicht zulässig. Im Rahmen der ersten Phase der Zwei-Phasen-Methode muss daher zunächst eine zulässige Ausgangsecke ermittelt werden.*

$(3^*)\,10\,x_2 + 7\,x_3 - u_3 + w_3 = 80$ $\qquad \rightarrow \qquad w_3 = 80 - 10\,x_2 - 7\,x_3 + u_3$

Hilfszielfunktion: $\qquad G^*(x) = -w_3$ $\qquad \rightarrow \qquad G^* + w_3 = 0$

$G^* + 80 - 10\,x_2 - 7\,x_3 + u_3 = 0$ $\qquad \rightarrow \qquad G^* - 10\,x_2 - 7\,x_3 + u_3 = -80$

Erste Phase

x_1	x_2	x_3	u_1	u_2	u_3	w_3	G^*/G	
20	8	8	1	0	0	0	0	200
4	9,6	7	0	1	0	0	0	120
0	10	7	0	0	-1	1	0	80
0	-10	-7	0	0	1	0	1	-80
-8	-9,6	-7,2	0	0	0	0	1	0

x_1	x_2	x_3	u_1	u_2	u_3	w_3	G^*/G	
20	0	2,4	1	0	0,8	-0,8	0	136
4	0	0,28	0	1	0,96	-0,96	0	43,2
0	1	0,7	0	0	-0,1	0,1	0	8
0	0	0	0	0	0	1	1	0
-8	0	-0,48	0	0	-0,96	0,96	1	76,8

Zulässige Ausgangsecke:

$x_1 = 0$ $x_2 = 8$ $x_3 = 0$ $u_1 = 136$ $u_2 = 43,2$ $u_3 = 0$ $G = 76,8$

c)   NBV $x_3 = 0$ $u_1 = 0$ $u_2 = 0$

u_3 ist eine **BV**, die nur in Zeile (2) vorkommt.

(1) $20\,x_1 + 8\,x_2 + 8\,x_3 = 20\,x_1 + 8\quad x_2 = 200$
(2) $4\,x_1 + 9,6\,x_2 + 7\,x_3 = 4\,x_1 + 9,6\,x_2 = 120$

        $5\,(2) - (1)$ $40\,x_2 = 400$ $\rightarrow$ $x_2 = 400/40 = \underline{10}$ $\rightarrow$ $x_1 = \underline{6}$
(3) $10\,x_2 + 7\,x_3 - u_3 = 10 \cdot 10 - u_3 = 80$ $\rightarrow$ $u_3 = 100 - 80 = \underline{20}$

$G(x) = 8\,x_1 + 9,6\,x_2 + 7,2\,x_3 = 8 \cdot 6 + 9,6 \cdot 10 = 144$

x_1	x_2	x_3	u_1	u_2	u_3	G	
1	0	0,13	0,06	-0,05	*0*	0	6
0	0	-0,25	-0,25	1,25	*1*	0	20
0	1	0,675	-0,025	0,125	*0*	0	10
0	0	0,32	0,24	0,8	*0*	1	144

d)   *Da x_3 im Optimum null ist, sollte der Wasserverbrauch nicht besteuert werden. Geometrisch befindet sich die optimale Ecke im Schnittpunkt der Ebenen (1) und (2) ($u_1 = 0$ und $u_2 = 0$) mit der (x_1, x_2)-Ebene des Koordinatensystems ($x_3 = 0$).*

Aufgabe 3.3.3.4   **Preiserhöhung für Eier und Milchprodukte**

a) x_1 = Preiserhöhung je Ei in Cent
    x_2 = Preiserhöhung je Liter Milch in Cent
    x_3 = Preiserhöhung je Packung Butter in Cent

    (1) $5\,x_1 + 2\,x_2 + \quad x_3 \leq 25$
    (2) $10\,x_1 + 5\,x_2 + 4\,x_3 \leq 45$
    (3) $\qquad\quad x_2 \qquad\quad \geq 5$

$$x_1, x_2, x_3 \geq 0$$

Zielfunktion: $G(x) = 10\,x_1 + 4\,x_2 + 4\,x_3$ ges. max. $G(x)$

b) *Aufgrund der dritten Bedingung ist der Koordinatenursprung nicht zulässig. (u_3 muss subtrahiert werden und wäre damit kleiner als null) Im Rahmen der ersten Phase der Zwei-Phasen-Methode muss erst mal eine zulässige Ausgangsecke ermittelt werden.*

(3*)$x_2 - u_3 + w_3 = 5$ → $w_3 = 5 - x_2 + u_3$

Hilfszielfunktion: $G^*(x) = -w_3$ → $G^* + w_3 = 0$

$G^* + 5 - x_2 + u_3 = 0$ → $G^* - x_2 + u_3 = -5$

Erste Phase

x_1	x_2	x_3	u_1	u_2	u_3	w_3	G'	
5	2	1	1	0	0	0	0	25
10	5	4	0	1	0	0	0	45
0	1	0	0	0	-1	1	0	5
0	-1	0	0	0	1	0	1	-5
-10	-4	-4	0	0	0	0	1	0

x_1	x_2	x_3	u_1	u_2	u_3	w_3	G'	
5	0	1	1	0	2	-2	0	15
10	0	4	0	1	5	-5	0	20
0	1	0	0	0	-1	1	0	5
0	0	0	0	0	0	1	1	0
-10	0	-4	0	0	-4	4	1	20

Zulässige Ausgangsecke:

$x_1 = 0$ $x_2 = 5$ $x_3 = 0$ $u_1 = 15$ $u_2 = 20$ $u_3 = 0$ $G = 20$

c) *NBV* $x_3 = 0$ $u_2 = 0$ $u_3 = 0$

u_1 ist eine *BV*, die nur in Zeile (1) vorkommt.

(3) $x_2 = \underline{5}$
(2) $10\,x_1 + 5\,x_2 + 4\,x_3 = 10\,x_1 + 5 \cdot 5 = 45$ → $x_1 = (45 - 25)/10 = \underline{2}$
(1) $\quad 5\,x_1 + 2\,x_2 + x_3 + u_1 = 5 \cdot 2 + 2 \cdot 5 + u_1 = 25$ $u_1 = 25 - 10 - 10 = \underline{5}$

$G(x) = 10\,x_1 + 4\,x_2 + 4\,x_3 = 10 \cdot 2 + 4 \cdot 5 + 0 = \underline{40}$

x_1	x_2	x_3	u_1	u_2	u_3	G	
0	0	-1	1	-0,5	-0,5	0	5
1	0	0,4	0	0,1	0,5	0	2
0	1	0	0	0	-1	0	5
0	0	0	0	1	1	1	40

d) Mehrdeutigkeit (Kante)

x_3 hat keinen Einfluss auf den Wert der Zielfunktion und kann zur BV gemacht werden, ohne dass sich dabei der Wert der Zielfunktion ändert.

Lösungsmenge:

(1) $-x_3 + u_1 = 5$
(2) $x_1 + 0,4\,x_3 = 2$
(3) $x_2 = 5$ $\qquad\qquad x_1, x_1, x_1, u_1 \geq 0$

Erste optimale Ecke:

$x_1 = 2 \qquad x_2 = 5 \qquad x_3 = 0 \qquad u_1 = 5 \qquad u_2 = 0 \qquad u_3 = 0 \qquad G = 40$

e*) Bestimmung der zweiten optimalen Ecke: $\qquad x_3 \leftrightarrow x_1 \quad \rightarrow \qquad x_1 = 0$

(2) $x_1 + 0,4\,x_3 = 0,4\,x_3 = 2 \qquad\qquad \rightarrow \qquad x_3 = 2/0,4 = 5$
(1) $-x_3 + u_1 = -5 + u_1 = 5 \qquad\qquad \rightarrow \qquad u_1 = 5 + 5 = 10$
(3) $x_2 = 5$

Zweite optimale Ecke:

$x_1 = 0 \qquad x_2 = 5 \qquad x_3 = 5 \qquad u_1 = 10 \qquad u_2 = 0 \qquad u_3 = 0 \qquad G = 40$

Menge aller optimalen Lösungen:

$$\begin{pmatrix} x \\ u \end{pmatrix} = \lambda \begin{pmatrix} 2 \\ 5 \\ 0 \\ 5 \\ 0 \\ 0 \end{pmatrix} + (1-\lambda) \begin{pmatrix} 0 \\ 5 \\ 5 \\ 10 \\ 0 \\ 0 \end{pmatrix} \qquad 0 \leq \lambda \leq 1$$

Um für x_3 ganzzahlige Lösungen zu erhalten, muss $\quad \lambda = \dfrac{k}{5} \quad k = 0,1,2,3,4,5$ sein.

k	0	1	2	3	4	5
x_1	0	0,4	0,8	1,2	1,6	2
x_2	5	5	5	5	5	5
x_3	5	4	3	2	1	0

Aufgabe 3.3.3.5 Geflügelfarm

a) x_1 = Anz. Hühner

x_2 = Anz. Enten

x_3 = Anz. Gänse

(1) $4x_1 + 6x_2 + 10x_3 \leq 4\,000$

(2) $3x_1 + 3x_2 + 9x_3 \leq 2\,700$

(3) $-x_1 + x_2 + x_3 \leq 0$

(4) $x_3 \geq 100$

$x_1, x_2, x_3 \geq 0$

Zielfunktion: $G(x) = 12x_1 + 17x_2 + 24x_3$ ges. max. $G(x)$

b) *Aufgrund der Bedingung (4) ist der Koordinatenursprung nicht zulässig. Im Rahmen der ersten Phase muss daher zunächst eine zulässige Ausgangsecke ermittelt werden.*

(4*) $x_3 - u_4 + w_4 = 100$ $\rightarrow$ $w_4 = 100 - x_3 + u_4$

Hilfszielfunktion: $G^*(x) = -w_4$ $\rightarrow$ $G^* + w_4 = 0$

$G^* + w_4 = G^* + 100 - x_3 + u_4 = 0$ $\rightarrow$ $G^* - x_3 + u_4 = -100$

Erste Phase

x_1	x_2	x_3	u_1	u_2	u_3	u_4	w_4	G^*/G	
4	6	10	1	0	0	0	0	0	4 000
3	3	9	0	1	0	0	0	0	2 700
-1	1	1	0	0	1	0	0	0	0
0	0	1	0	0	0	-1	1	0	100
0	0	-1	0	0	0	1	0	1	-100
-12	-17	-24	0	0	0	0	0	1	0

x_1	x_2	x_3	u_1	u_2	u_3	u_4	w_4	G^*/G	
14	-4	0	1	0	-10	0	0	0	4 000
12	-6	0	0	1	-9	0	0	0	2 700
-1	1	1	0	0	1	0	0	0	0
1	-1	0	0	0	-1	-1	1	0	100
-1	1	0	0	0	1	1	0	1	-100
-36	7	0	0	0	24	0	0	1	0

x_1	x_2	x_3	u_1	u_2	u_3	u_4	w_4	G^*/G	
0	10	0	1	0	4	14	-14	0	2 600
0	6	0	0	1	3	12	-12	0	1 500
0	0	1	0	0	0	-1	1	0	100
1	-1	0	0	0	-1	-1	1	0	100
0	0	0	0	0	0	0	1	1	0
0	-29	0	0	0	-12	-36	36	1	3 600

Zulässige Anfangsecke:

$x_1 = 100 \quad x_2 = 0 \quad x_3 = 100 \quad u_1 = 2\,600 \quad u_2 = 1\,500 \quad u_3 = 0 \quad u_4 = 0 \quad G = 3600$

c) Unter den drei negativen Koeffizienten in der Zielfunktionszeile hat der von u_4 den höchsten Betrag. Daher muss im nächsten Schritt u_4 (wird neue BV) mit u_2 (wird NBV) getauscht werden.

d) *NBV* $\qquad u_2 = 0 \qquad\qquad u_3 = 0 \qquad\qquad u_4 = 0$

u_1 ist eine *BV*, die nur in Zeile (1) vorkommt

(4) $x_3 = \underline{100}$

(2) $3\,x_1 + 3\,x_2 + 9\,x_3 = 3\,x_1 + 3\,x_2 + 900 = 2\,700 \qquad \rightarrow \qquad 3\,x_1 + 3\,x_2 = 1\,800$
(3) $-x_1 + x_2 + x_3 = -x_1 + x_2 + 100 = 0 \qquad\qquad \rightarrow \qquad -x_1 + \quad x_2 = -100$

$\qquad$ (2) -3 (3) $\quad 6\,x_1 = 2\,100 \quad \rightarrow \qquad x_1 = \underline{350} \qquad \rightarrow \qquad x_2 = \underline{250}$

(1) $4\,x_1 + 6\,x_2 + 10\,x_3 + u_1 = 4 \cdot 350 + 6 \cdot 250 + 10 \cdot 100 + u_1 = 4\,000$

$\rightarrow \quad u_1 = 4\,000 - 1\,400 - 1\,500 - 1\,000 = \underline{100}$

$G(x) = 12\,x_1 + 17\,x_2 + 24\,x_3 = 12 \cdot 350 + 17 \cdot 250 + 24 \cdot 100 = \underline{10\,850}$

x_1	x_2	x_3	u_1	u_2	u_3	u_4	G	
0	0	0	1	-5/3	-1	-6	0	*100*
0	1	0	0	1/6	0,5	2	0	*250*
0	0	1	0	0	0	-1	0	*100*
1	0	0	0	1/6	-0,5	1	0	*350*
0	0	0	0	29/6	2,5	22	1	*10 850*

e) Optimale Ecke:

$x_1 = 350 \quad x_2 = 250 \quad x_3 = 100 \quad u_1 = 100 \quad u_2 = 0 \quad u_3 = 0 \quad u_4 = 0 \quad G = 10\,850\,€$

$u_1 = 100 \qquad$ *Die optimalen Tierzahlen benötigen zur Einhaltung des für Bio-Geflügel festgelegten Mindestbedarfs 100 m² weniger als an Fläche vorhanden ist.*

Aufgabe 3.3.3.6 $\qquad$ Paketdienst

a) $x_1 =$ Preis für kleine Pakete in € $\qquad$ (1) $50\,x_1 + 20\,x_2 + 10\,x_3 \le 320$
$x_2 =$ Preis für mittlere Pakete in € $\qquad$ (2) $50\,x_1 + 80\,x_2 + 40\,x_3 \le 830$
$x_3 =$ Preis für große Pakete in € $\qquad$ (3) $60\,x_1 + 100\,x_2 + 80\,x_3 \le 1240$
$\qquad\qquad\qquad\qquad\qquad\qquad\qquad\qquad$ (4) $-x_1 + \quad x_2 \qquad\qquad \ge \quad 1$
$\qquad\qquad\qquad\qquad\qquad\qquad\qquad\qquad$ (5) $\qquad -x_2 + \quad x_3 \ge \quad 2$

$$x_1, x_2, x_3 \ge 0$$

Zielfunktion: $\qquad G(x) = 60\,x_1 + 60\,x_2 + 40\,x_3 \qquad$ ges. max. $G(x)$

b) *Aufgrund der Bedingungen (4) und (5) ist der Koordinatenursprung nicht zulässig. (u_4 und u_5 müssen subtrahiert werden und wären damit im Koordinatenursprung kleiner als null) Im Rahmen der ersten Phase wird daher zunächst eine zulässige Ausgangsecke ermittelt.*

(4*) $-x_1 + x_2 - u_4 + w_4 = 1 \qquad\qquad \rightarrow \qquad w_4 = 1 + x_1 - x_2 + u_4$

(5*) $-x_2 + x_3 - u_5 + w_5 = 2 \qquad\qquad \rightarrow \qquad w_5 = 2 + x_2 - x_3 + u_5$

Statt nun mit zwei Hilfszielfunktionen zu arbeiten, können beide zusätzlichen Variablen w_4 und w_5 in einer Hilfszielfunktion kombiniert werden.

Hilfszielfunktion: $G^*(x) = -w_4 - w_5$ $\rightarrow$ $G^* + w_4 + w_5 = 0$

$G^* + w_4 + w_5 = G^* + 1 + x_1 - x_2 + u_4 + 2 + x_2 - x_3 + u_5 = G^* + 3 + x_1 - x_3 = 0$

$G^* + x_1 - x_3 = -3$

Erste Phase

x_1	x_2	x_3	u_1	u_2	u_3	u_4	u_5	w_4	w_5	G^*/G	
50	20	10	1	0	0	0	0	0	0	0	320
50	80	40	0	1	0	0	0	0	0	0	830
60	100	80	0	0	1	0	0	0	0	0	1240
-1	1	0	0	0	0	-1	0	1	0	0	1
0	-1	1	0	0	0	0	-1	0	1	0	2
1	0	-1	0	0	0	1	1	0	0	1	-3
-60	-60	-40	0	0	0	0	0	0	0	1	0

x_1	x_2	x_3	u_1	u_2	u_3	u_4	u_5	w_4	w_5	G^*/G	
50	30	0	1	0	0	0	10	0	-10	0	300
50	120	0	0	1	0	0	40	0	-40	0	750
60	180	0	0	0	1	0	80	0	-80	0	1 080
-1	1	0	0	0	0	-1	0	1	0	0	1
0	-1	1	0	0	0	0	-1	0	1	0	2
1	-1	0	0	0	0	1	0	0	1	1	-1
-60	-100	0	0	0	0	0	-40	0	40	1	80

x_1	x_2	x_3	u_1	u_2	u_3	u_4	u_5	w_4	w_5	G^*/G	
80	0	0	1	0	0	30	10	-30	-10	0	270
170	0	0	0	1	0	120	40	-120	-40	0	630
240	0	0	0	0	1	180	80	-180	-80	0	900
-1	1	0	0	0	0	-1	0	1	0	0	1
-1	0	1	0	0	0	-1	-1	1	1	0	3
0	0	0	0	0	0	0	0	1	1	1	0
-160	0	0	0	0	0	-100	-40	100	40	1	180

Zulässige Anfangsecke:

$x_1 = 0$ $x_2 = 1$ $x_3 = 3$ $u_1 = 270$ $u_2 = 630$ $u_3 = 900$ $u_4 = 0$ $u_5 = 0$

$G = 180$

c) *NBV* $\qquad u_1 = 0 \qquad\qquad u_3 = 0 \qquad\qquad u_5 = 0$

u_4 ist eine *BV*, die nur in der dritten Zeile vorkommt.

$x_1 = 3$

(1) $\ 50\,x_1 + 20\,x_2 + 10\,x_3 = 150 + 20\,x_2 + 10\,x_3 = 320 \qquad \rightarrow \qquad 20\,x_2 + 10\,x_3 = 170$

(3) $\ 60\,x_1 + 100\,x_2 + 80\,x_3 = 180 + 100\,x_2 + 80\,x_3 = 1\,240 \ \rightarrow \quad 100\,x_2 + 80\,x_3 = 1\,060$

$\qquad$ (3) $- 5$ (1) $\qquad 30\,x_3 = 210 \qquad\qquad\qquad \rightarrow \qquad\qquad x_3 = 210/30 = \underline{7} \qquad x_2 = \underline{5}$

(2) $\ 50\,x_1 + 80\,x_2 + 40\,x_3 + u_2 = 150 + 400 + 280 + u_2 = 830 \qquad \rightarrow \quad u_2 = \underline{0}$

(4) $\ -x_1 + x_2 - u_4 = -3 + 5 - u_4 = 1 \qquad\qquad\qquad\qquad \rightarrow \quad u_4 = \underline{1}$

$G(x) = 60\,x_1 + 60\,x_2 + 40\,x_3 = 60 \cdot 3 + 60 \cdot 5 + 40 \cdot 7 = \underline{760}$

x_1	x_2	x_3	u_1	u_2	u_3	u_4	u_5	G	
1	0	0	1/40	0	-1/240	*0*	-1/12	0	3
0	0	0	-1/4	1	-5/8	*0*	12,5	0	*0*
0	0	0	-1/30	0	1/90	*1*	5/9	0	*1*
0	1	0	-1/12	0	1/144	*0*	17/36	0	*5*
0	0	1	-1/12	0	1/144	*0*	-19/36	0	7
0	0	0	2/3	0	4/9	*0*	20/9	1	*760*

d) *Die Maximalkosten werden bei allen drei Firmen voll ausgeschöpft. Die Mindestpreis-differenz zwischen mittleren und kleineren Paketen wird um 1 € überschritten, während sie zwischen großen und mittleren Paketen voll realisiert wird.*

Besonderheit des Optimums: $\qquad\qquad$ ***Entartung***

Die *BV* $u_2 = 0$. Damit schneiden sich in der optimalen Ecke 4 statt 3 Ebenen. Dies sind die Ebenen (1), (2), (3), (5).

Aufgabe 3.3.3.7 $\qquad$ Fliesen

a) $\ x_1 =$ Menge Terrakottafliesen in m^2 $\qquad$ (1) $\ 60\,x_1 + 90\,x_2 + 160\,x_3 \le 4\,000$
$\quad x_2 =$ Menge Steingutfliesen in m^2 $\qquad$ (2) $\qquad x_1 - \quad x_2 + \quad x_3 \le \quad 0$
$\quad x_3 =$ Menge Feinsteinzeugfliesen in m^2 $\qquad$ (3) $\qquad\qquad\qquad\quad x_3 \ge \quad 4$
$\qquad\qquad\qquad\qquad\qquad\qquad\qquad\qquad\qquad\qquad x_1, x_2, x_3 \ge 0$

Begründung der 2. Bedingung:

(2) $x_2 \ge 0{,}5\,(x_1 + x_2 + x_3) \qquad \rightarrow \quad 2\,x_2 \ge x_1 + x_2 + x_3 \qquad \rightarrow \quad x_2 \ge x_1 + x_3$

$G(x) = 2\,x_1 + 3\,x_2 + 4\,x_3 \qquad\qquad\qquad\qquad$ ges. max. $G(x)$

b) *Aufgrund der dritten Bedingung ist der Koordinatenursprung nicht zulässig. Im Rahmen der ersten Phase der Zwei-Phasen-Methode muss zunächst eine zulässige Ausgangsecke ermittelt werden.*

(3*) $x_3 - u_3 + w_3 = 4 \qquad\qquad\qquad\qquad \rightarrow \qquad w_3 = 4 - x_3 + u_3$

Hilfszielfunktion: $\qquad G^*(x) = -w_3 \qquad \rightarrow \qquad G^* + w_3 = 0$

$G^* + 4 - x_3 + u_3 = 0 \qquad\qquad\qquad\qquad \rightarrow \qquad G^* - x_3 + u_3 = -4$

Erste Phase

x_1	x_2	x_3	u_1	u_2	u_3	w_3	G'	
60	90	160	1	0	0	0	0	4 000
1	-1	1	0	1	0	0	0	0
0	0	1	0	0	-1	1	0	4
0	0	-1	0	0	1	0	1	-4
-2	-3	-4	0	0	0	0	1	0

x_1	x_2	x_3	u_1	u_2	u_3	w_3	G'	
-100	250	0	1	-160	0	0	0	4 000
1	-1	1	0	1	0	0	0	0
-1	1	0	0	-1	-1	1	0	4
1	-1	0	0	1	1	0	1	-4
2	-7	0	0	4	0	0	1	0

x_1	x_2	x_3	u_1	u_2	u_3	w_3	G'	
150	0	0	1	90	250	-250	0	3 000
0	0	1	0	1	-1	1	0	4
-1	1	0	0	-1	-1	1	0	4
0	0	0	0	0	0	1	1	0
-5	0	0	0	-3	-7	7	1	28

Zulässige Anfangsecke:

$x_1 = 0$ $\quad$ $x_2 = 4$ $\quad$ $x_3 = 4$ $\quad$ $u_1 = 3\,000$ $\;u_2 = 0$ $\quad$ $u_3 = 0$ $\quad$ $G = 28$

c) **NBV** $\quad u_1 = 0$ $\qquad u_2 = 0$ $\qquad u_3 = 0$

(3) $x_3 = \underline{4}$

(1) $60\,x_1 + 90\,x_2 + 160\,x_3 = 60\,x_1 + 90\,x_2 + 640 = 4\,000$ $\quad \rightarrow \quad 60\,x_1 + 90\,x_2 = 3\,360$
(2) $x_1 - x_2 + x_3 = x_1 - x_2 + 4 = 0$ $\qquad\qquad\qquad\qquad \rightarrow \quad x_1 - \quad x_2 = -4$

$\quad$ (1) + 90 (2) $\quad 150\,x_1 = 3\,000$ $\qquad \rightarrow \qquad x_1 = 3\,000/150 = \underline{20}$ $\quad x_2 = \underline{24}$

$G(x) = 2\,x_1 + 3\,x_2 + 4\,x_3 = 2 \cdot 20 + 3 \cdot 24 + 4 \cdot 4 = \underline{128}$

x_1	x_2	x_3	u_1	u_2	u_3	G	
1	0	0	2/300	3/5	5/3	0	*20*
0	0	1	0	0	-1	0	*4*
0	1	0	2/300	-2/5	2/3	0	*24*
0	0	0	1/30	0	4/3	1	*128*

d) Mehrdeutigkeit: *u_2 hat keinen Einfluss auf den Wert der Zielfunktion*

Lösungsmenge:

(1) $x_1 + 3/5\ u_2 = 20$
(2) $x_3 = 4$
(3) $x_2 - 2/5\ u_2 = 24$ $x_1, x_2, x_3, u_2 \geq 0$

Erste optimale Ecke:

$x_1 = 20$ $x_2 = 24$ $x_3 = 4$ $u_1 = 0$ $u_2 = 0$ $u_3 = 0$ $G = 128$

e*) Bestimmung der zweiten optimalen Ecke: $u_2 \leftrightarrow x_1$ $x_1 = 0$

(1) $-x_1 + 0{,}6\ u_2 = 0{,}6\ u_2 = 20$ $\rightarrow$ $u_2 = 20/0{,}6 = 200/6 = 33{,}33$
(3) $x_2 - 0{,}4\ u_2 = x_2 - 0{,}4 \cdot 100/3 = 24$ $\rightarrow$ $x_2 = 24 + 40/3 = 37{,}33$

Zweite optimale Ecke:

$x_1 = 0$ $x_2 = 37{,}33$ $x_3 = 4$ $u_1 = 0$ $u_2 = 33{,}33$ $u_3 = 0$ $G = 128$

Menge aller optimalen Lösungen:

$$\begin{pmatrix} x \\ u \end{pmatrix} = \lambda \begin{pmatrix} 20 \\ 24 \\ 4 \\ 0 \\ 0 \\ 0 \end{pmatrix} + (1 - \lambda) \begin{pmatrix} 0 \\ 112/3 \\ 4 \\ 0 \\ 100/3 \\ 0 \end{pmatrix} \qquad 0 \leq \lambda \leq 1$$

Ökonomisch sinnvolle Lösungen haben ganzzahlige Werte für die Produktionsmengen der drei Fliesensorten. Das erfordert, dass

(1) $\rightarrow$ $0{,}6\ u_2 = 3/5\ u_2$ und
(3) $\rightarrow$ $0{,}4\ u_2 = 2/5\ u_2$ ganzzahlig sein müssen.

Dazu muss der Wert von u_2 durch 5 teilbar sein, wobei nur $0 \leq u_2 \leq 33{,}33$ zu zulässigen Lösungen führt. Nach Gleichung (1), (2), (3) der Lösungsmenge erhält man dabei folgende Lösungen:

u_2	0	5	10	15	20	25	30
x_1	20	17	14	11	8	5	2
x_2	24	26	28	30	32	34	36
x_3	4	4	4	4	4	4	4

Aufgabe 3.3.3.8   Müllentsorgung

a) $x_1 =$ Preis pro 60 Liter-Tonne in €
     $x_2 =$ Preis pro 120 Liter-Tonne in €
     $x_3 =$ Preis pro 240 Liter-Tonne in €

(1) $-1{,}5\ x_1 + x_2 \leq 0$
(2) $-2\ x_1 + x_3 \leq 0$
(3) $2\ x_1 + 2\ x_2 + x_3 \leq 400$
(4) $x_1 \geq 60$

                 $x_1, x_2, x_3 \geq 0$

Zielfunktion: $G(x) = 0{,}25\ x_1 + 0{,}5\ x_2 + 0{,}25\ x_3$ ges. max. $G(x)$

b) *Aufgrund der Bedingungen (4) ist der Koordinatenursprung nicht zulässig. Im Rahmen der ersten Phase muss daher zunächst eine zulässige Ausgangsecke bestimmt werden.*

$(4^*) x_1 - u_4 + w_4 = 60 \qquad\qquad \rightarrow \qquad w_4 = 60 - x_1 + u_4$

Hilfszielfunktion: $\qquad G^*(x) = -w_4 \qquad \rightarrow \qquad G^* + w_4 = 0$

$G^* + 60 - x_1 + u_4 = 0 \qquad \rightarrow \qquad G^* - x_1 + u_4 = -60$

x_1	x_2	x_3	u_1	u_2	u_3	u_4	w_4	G^*/G	
-1,5	1	0	1	0	0	0	0	0	0
-2	0	1	0	1	0	0	0	0	0
2	2	1	0	0	1	0	0	0	400
1	0	0	0	0	0	*-1*	*1*	0	60
-1	*0*	*0*	*0*	*0*	*0*	*0*	*0*	1	-60
-0,25	-0,5	-0,25	0	0	0	0	0	1	0

c) NBV $\qquad x_3 = 0 \qquad\qquad u_1 = 0 \qquad\qquad u_4 = 0$

u_3 ist eine **BV**, die nur in Zeile (3) vorkommt

(4) $x_1 = \underline{60}$
(1) $-1,5\, x_1 + x_2 = -90 + x_2 = 0 \qquad\qquad\qquad \rightarrow \qquad x_2 = \underline{90}$
(2) $-2\, x_1 + x_3 + u_2 = -2 \cdot 60 + u_2 = 0 \qquad\qquad \rightarrow \qquad u_2 = \underline{120}$
(3) $2\, x_1 + 2\, x_2 + x_3 + u_3 = 2 \cdot 60 + 2 \cdot 90 + u_3 = 400 \rightarrow \qquad u_3 = \underline{100}$

$G(x) = 0,25\, x_1 + 0,5\, x_2 + 0,25\, x_3 = 0,25 \cdot 60 + 0,5 \cdot 90 = \underline{60}$

Dies ist nicht das Endtableau, weil die Koeffizienten von x_3 und u_4 in der Zielfunktionszeile negativ sind. Erst wenn hier kein negativer Koeffizient mehr übrig ist, ist das Optimum erreicht.

x_1	x_2	x_3	u_1	u_2	u_3	u_4	G	
0	1	0	1	0	*0*	-1,5	0	*90*
0	0	1	0	1	*0*	-2	0	*120*
0	0	1	-2	0	*1*	5	0	*100*
1	0	0	0	0	*0*	1	0	*60*
0	0	-0,25	0,5	0	*0*	-1	1	*60*

d) Simplex-Methode

x_1	x_2	x_3	u_1	u_2	u_3	u_4	G	
0	1	0	1	0	0	-1,5	0	90
0	0	1	0	1	0	-2	0	120
0	0	1	-2	0	1	5	0	100
1	0	0	0	0	0	1	0	60
0	0	-0,25	0,5	0	0	-1	1	60

x_1	x_2	x_3	u_1	u_2	u_3	u_4	G	
0	1	0,3	0,4	0	0,3	0	0	120
0	0	1,4	-0,8	1	0,4	0	0	160
0	0	0,2	-0,4	0	0,2	1	0	20
1	0	0,2	-0,4	0	0,2	0	0	80
0	0	-0,05	0,1	0	0,2	0	1	80

x_1	x_2	x_3	u_1	u_2	u_3	u_4	G	
0	1	0	1	0	0	-1,5	0	90
0	0	0	2	1	-1	-7	0	20
0	0	1	-2	0	1	5	0	100
1	0	0	0	0	0	-1	0	60
0	0	0	0	0	0,25	0,25	1	85

Optimale Ecke:

$x_1 = 60\,€$ $x_2 = 90\,€$ $x_3 = 100\,€$ $u_1 = 0\,€$ $u_2 = 20\,€$ $u_3 = 0\,€$ $u_4 = 0\,€$ $G = 85\,€$

e) Mehrdeutige Lösung (Kante) – u_1 *hat keinen Einfluss auf den Wert der Zielfunktion*

   (1) $x_2 + u_1 = 90$
   (2) $2u_1 + u_2 = 20$
   (3) $x_3 - 2u_1 = 100$
   (4) $x_1 = 60$ $\qquad\qquad\qquad x_1, x_2, x_3, u_1, u_2 \geq 0$

f*) $x_1 + x_2 + x_3 = 200$

   (4) $x_1 = 60$
   (1) $x_2 + u_1 = 90$ $\qquad\qquad \rightarrow \qquad x_2 = 90 - u_1$
   (3) $x_3 - 2u_1 = 100$ $\qquad \rightarrow \qquad x_3 = 100 + 2u_1$

   $x_1 + x_2 + x_3 = 60 + (90 - u_1) + (100 + 2u_1) = 250 + u_1 = 200$
   $\rightarrow \qquad u_1 = 200 - 250 = -50 < 0$ $\qquad\qquad$ ***nicht zulässig***
   $\rightarrow \qquad$ Es gibt keine optimale Lösung, bei der $x_1 + x_2 + x_3 = 200$ ist.

g*) Für eine zulässige optimale Lösung muss $u_1 \geq 0$ sein. Das ist der Fall, wenn
   $x_1 + x_2 + x_3 \geq 250$ ist. Für $x_1 + x_2 + x_3 = 250$ (und damit $u_1 = 0$) wären:

   $x_1 = 60\,€$ $x_2 = 90\,€$ $x_3 = 100\,€$ $u_1 = 0\,€$ $u_2 = 20\,€$ $u_3 = 0\,€$ $u_4 = 0\,€$ $G = 85\,€$

Aufgabe 3.3.3.9   Lyrik

a) $x_1 =$ Anz. Exemplare zeitgenössische Lyrik $\quad$ (1) $\quad x_1 + \quad x_2 + \quad x_3 \leq \quad 6\,000$
   $x_2 =$ Anz. Exemplare romantische Lyrik $\qquad$ (2) $200\,x_1 + 250\,x_2 + 150\,x_3 \leq 1\,300\,000$
   $x_3 =$ Anz. Exemplare expressionistische Lyrik (3) $\quad x_1 - \quad x_2 + \quad x_3 \leq \quad 0$
   $\qquad\qquad\qquad\qquad\qquad\qquad\qquad\qquad\qquad$ (4) $\qquad\qquad\qquad\qquad x_3 \geq 1\,000$

   $\qquad\qquad\qquad\qquad\qquad\qquad\qquad\qquad\qquad\qquad\qquad x_1, x_2, x_3 \geq 0$

   Zielfunktion: $\qquad G(x) = 4,5\,x_1 + 5,5\,x_2 + 3\,x_3$ $\qquad\qquad$ ges. max. $G(x)$

b) *Aufgrund der Bedingung (4) ist der Koordinatenursprung nicht zulässig. In der ersten Phase wird daher zunächst eine zulässige Ausgangsecke ermittelt.*

$(4^*) x_3 - u_4 + w_4 = 1\,000$ $\rightarrow$ $w_4 = 1\,000 - x_3 + u_4$

Hilfszielfunktion: $G^*(x) = -w_4$ $\rightarrow$ $G^* + w_4 = 0$

$G^* + 1\,000 - x_3 + u_4 = 0$ $\rightarrow$ $G^* - x_3 + u_4 = -1\,000$

x_1	x_2	x_3	u_1	u_2	u_3	u_4	w_4	G^*/G	
1	1	1	1	0	0	0	0	0	6 000
200	250	150	0	1	0	0	0	0	1 300 000
1	-1	1	0	0	1	0	0	0	0
0	0	1	0	0	0	-1	1	0	1 000
0	0	-1	0	0	0	1	0	1	-1 000
-4,5	-5,5	-3	0	0	0	0	0	1	0

x_1	x_2	x_3	u_1	u_2	u_3	u_4	w_4	G^*/G	
0	2	0	1	0	-1	0	0	0	6 000
50	400	0	0	1	-150	0	0	0	1 300 000
1	-1	1	0	0	1	0	0	0	0
-1	1	0	0	0	-1	-1	1	0	1 000
1	-1	0	0	0	1	1	0	1	-1 000
-1,5	-8,5	0	0	0	3	0	0	1	0

x_1	x_2	x_3	u_1	u_2	u_3	u_4	w_4	G^*/G	
2	0	0	1	0	1	2	-2	0	4 000
450	0	0	0	1	250	400	-400	0	900 000
0	0	1	0	0	0	-1	1	0	1 000
-1	1	0	0	0	-1	-1	1	0	1 000
0	0	0	0	0	0	0	1	1	0
-10	0	0	0	0	-5,5	-8,5	8,5	1	8 500

c) NBV $u_2 = 0$ $u_3 = 0$ $u_4 = 0$

u_1 ist eine **BV**, die nur in Zeile (1) vorkommt

(4) $x_3 = \underline{1\,000}$

(3) $x_1 - x_2 + x_3 = x_1 - x_2 + 1\,000 = 0$ $\rightarrow$ $x_1 - x_2 = -1\,000$ $\rightarrow$ $x_1 -= -1\,000 + x_2$

(2) $200\,x_1 + 250\,x_2 + 150\,x_3 = 200\,(-1\,000 + x_2) + 250\,x_2 + 150\,000 = 1\,300\,000$
$\rightarrow$ $450\,x_2 = 1\,300\,000 + 200\,000 - 150\,000 = 1\,350\,000$
$\rightarrow$ $x_2 = 1\,350\,000/450 = \underline{3\,000}$ $x_1 -= -1000 + x_2 = \underline{2\,000}$

(1) $x_1 + x_2 + x_3 + u_1 = 2\,000 + 3\,000 + 1\,000 + u_1 = 6\,000$ $\rightarrow$ $u_1 = \underline{0}$

$$G(x) = 4,5\,x_1 + 5,5\,x_2 + 3\,x_3 = 4,5 \cdot 2\,000 + 5,5 \cdot 3\,000 + 3 \cdot 1\,000 = \underline{28\,500}$$

x_1	x_2	x_3	u_1	u_2	u_3	u_4	G	
0	0	0	*1*	-1/225	-1/9	2/9	0	*0*
1	0	0	0	1/450	5/9	8/9	0	*2 000*
0	0	1	0	0	0	-1	0	*1 000*
0	1	0	0	1/450	-4/9	1/9	0	*3 000*
0	0	0	0	1/45	1/18	7/18	1	*28 500*

d) Optimale Ecke:

$x_1 = 2\,000$ $x_2 = 3\,000$ $x_3 = 1\,000$ $u_1 = 0$ $u_2 = 0$ $u_3 = 0$ $u_4 = 0$ $G = 28\,500\,€$

$u_1 = 0$ *Die Maximalzahl von 6 000 Exemplaren wird voll ausgeschöpft.*

Besonderheit: **Entartung**

Im Optimum schneiden sich vier Ebenen, nicht nur drei. Neben den Restriktionen (2), (3), (4) ist auch die erste Bedingung im Optimum voll ausgeschöpft.

Aufgabe 3.3.3.10   **Partnervermittlung**

a) $x_1 =$ Monatspreis einer Vierteljahresmitgliedschaft in €   (1) $0,5\,x_1 + 0,3\,x_2 + 0,2\,x_3 \le 40$

$x_2 =$ Monatspreis einer Halbjahresmitgliedschaft in €   (2) $0,6\,x_1 + 0,2\,x_2 + 0,2\,x_3 \le 50$

$x_3 =$ Monatspreis einer Jahresmitgliedschaft in €   (3) $x_1 - \quad x_2 \qquad\qquad \ge 10$

(4) $\qquad\qquad x_2 - \quad x_3 \ge 15$

$$x_1, x_2, x_3 \ge 0$$

Zielfunktion: $G(x) = 80\,x_1 + 40\,x_2 + 40\,x_3$ ges. max. $G(x)$

b) *Aufgrund der Bedingungen (3) und (4) ist der Koordinatenursprung nicht zulässig, so dass zunächst eine zulässige Ausgangsecke berechnet werden muss.*

$(3^*)x_1 - x_2 - u_3 + w_3 = 10$ $\rightarrow$ $w_3 = 10 - x_1 + x_2 + u_3$

$(4^*)x_2 - x_3 - u_4 + w_4 = 15$ $\rightarrow$ $w_4 = 15 - x_2 + x_3 + u_4$

Hilfszielfunktion: $G^*(x) = -w_3 - w_4 \rightarrow$ $G^* + w_3 + w_4 = 0$

$G^* + 10 - x_1 + x_2 + u_3 + 15 - x_2 + x_3 + u_4 = G^* + 25 - x_1 + x_3 + u_3 + u_4 = 0$

$\rightarrow$ $G^* - x_1 + x_3 + u_3 + u_4 = -25$

Erste Phase

x_1	x_2	x_3	u_1	u_2	u_3	u_4	w_3	w_4	G^*/G	
0,5	0,3	0,2	1	0	0	0	0	0	0	40
0,6	0,2	0,2	0	1	0	0	0	0	0	50
1	-1	0	0	0	-1	0	1	0	0	10
0	1	-1	0	0	0	-1	0	1	0	15
-1	0	1	0	0	1	1	0	0	1	-25
-80	-40	-40	0	0	0	0	0	0	1	0

x_1	x_2	x_3	u_1	u_2	u_3	u_4	w_3	w_4	G^*/G	
0	0,8	0,2	1	0	0,5	0	-0,5	0	0	35
0	0,8	0,2	0	1	0,6	0	-0,6	0	0	44
1	-1	0	0	0	-1	0	1	0	0	10
0	1	-1	0	0	0	-1	0	1	0	15
0	-1	1	0	0	0	1	1	0	1	-15
0	-120	-40	0	0	-80	0	80	0	1	800

x_1	x_2	x_3	u_1	u_2	u_3	u_4	w_3	w_4	G^*/G	
0	0	1	1	0	0,5	0,8	-0,5	-0,8	0	23
0	0	1	0	1	0,6	0,8	-0,6	-0,8	0	32
1	0	-1	0	0	-1	-1	1	1	0	25
0	1	-1	0	0	0	-1	0	1	0	15
0	0	0	0	0	0	0	1	1	1	0
0	0	-160	0	0	-80	-120	80	120	1	2 600

Zulässige Ausgangsecke:

$x_1 = 25 \,€$ $x_2 = 15 \,€$ $x_3 = 0 \,€$ $u_1 = 23 \,€$ $u_2 = 32 \,€$ $u_3 = 0 \,€$ $u_4 = 0 \,€$

$G = 2600 \,€$

Zweite Phase

x_1	x_2	x_3	u_1	u_2	u_3	u_4	G	
0	0	1	1	0	0,5	0,8	0	23
0	0	1	0	1	0,6	0,8	0	32
1	0	-1	0	0	-1	-1	0	25
0	1	-1	0	0	0	-1	0	15
0	0	-160	0	0	-80	-120	1	2 600

x_1	x_2	x_3	u_1	u_2	u_3	u_4	G	
0	0	1	1	0	0,5	0,8	0	23
0	0	0	-1	1	0,1	0	0	9
1	0	0	1	0	-0,5	-0,2	0	48
0	1	0	1	0	0,5	-0,2	0	38
0	0	0	160	0	0	8	1	6 280

c) Optimale Ecke:

$x_1 = 48 \,€$ $x_2 = 38 \,€$ $x_3 = 23 \,€$ $u_1 = 0 \,€$ $u_2 = 9 \,€$ $u_3 = 0 \,€$ $u_4 = 0 \,€$

$G = 6\,280\,€$

$u_2 = 9\,€$ *Die im Durschnitt der Männer geplanten monatlichen Beiträge unterschreiten das gegebene Limit von 50 € um 9 €.*

d) Mehrdeutige Lösung (Kante) – u_3 hat keinen Einfluss auf den Wert der Zielfunktion

(1) $x_3 + 0{,}5\,u_3 = 23$
(2) $u_2 + 0{,}1\,u_3 = 9$
(3) $x_1 - 0{,}5\,u_3 = 48$
(4) $x_2 + 0{,}5\,u_3 = 38$ $x_1, x_2, x_3, u_2, u_3 \geq 0$

e*) $x_1 - x_3 = 35$

$x_1 - x_3 = (48 + 0{,}5\,u_3) - (23 - 0{,}5\,u_3) = 25 + u_3 = 35$ $\rightarrow$ $u_3 = \underline{10}$

(1) $x_3 + 0{,}5\,u_3 = x_3 + 5 = 23$ $\rightarrow$ $x_3 = 18$
(2) $u_2 + 0{,}1\,u_3 = u_2 + 1 = 9$ $\rightarrow$ $u_2 = 8$
(3) $x_1 - 0{,}5\,u_3 = x_1 - 5 = 48$ $\rightarrow$ $x_1 = 53$
(4) $x_2 + 0{,}5\,u_3 = x_2 + 5 = 38$ $\rightarrow$ $x_2 = 33$

Spezielle optimale Lösung mit $x_1 - x_3 = 35$:

$x_1 = 53\,€$ $x_2 = 33\,€$ $x_3 = 18\,€$ $u_1 = 0\,€$ $u_2 = 8\,€$ $u_3 = 10\,€$ $u_4 = 0\,€$

$G = 6\,280\,€$

Aufgabe 3.3.3.11   Wasserpreise

a) $x_1 = $ monatl. Grundgebühr in €
$x_2 = $ Frischwasserpreis je m^3 in €
$x_3 = $ Abwasserpreis je m^3 in €

$x_1, x_2, x_3 \geq 0$
Zielfunktion: $G(x) = x_1 + 9\,x_2 + 7\,x_3$

(1) $x_1 + 5\,x_2 + 5\,x_3 \leq 26$
(2) $x_1 + 8\,x_2 + 8\,x_3 \leq 40$
(3) $x_1 + 10\,x_2 + 7{,}5\,x_3 \leq 40$
(4) $x_1 \geq 5$

ges. max. $G(x)$

b) *Aufgrund der Bedingung (4) ist der Koordinatenursprung nicht zulässig. Es muss daher zunächst eine zulässige Ausgangsecke ermittelt werden.*

$(4^*)\,x_1 - u_4 + w_4 = 5$ $\rightarrow$ $w_4 = 5 - x_1 + u_4$

Hilfszielfunktion: $G^*(x) = -w_4$ $\rightarrow$ $G^* + w_4 = 0$

$G^* + 5 - x_1 + u_4 = 0$ $\rightarrow$ $G^* - x_1 + u_4 = -5$

x_1	x_2	x_3	u_1	u_2	u_3	u_4	w_4	G^*/G	
1	5	5	1	0	0	0	0	0	26
1	8	8	0	1	0	0	0	0	40
1	10	7,5	0	0	1	0	0	0	40
1	0	0	0	0	0	-1	1	0	5
-1	0	0	0	0	0	1	0	1	-5
-1	-9	-7	0	0	0	0	0	1	0

c) *NBV* $x_2 = 0$ $x_3 = 0$ $u_4 = 0$

u_2 ist eine *BV*, die nur in Zeile (2) vorkommt

(4) $x_1 = \underline{5}$

(1) $x_1 + 5\,x_2 + 5\,x_3 + u_1 = 5 + u_1 = 26 \quad \rightarrow \qquad u_1 = 26 - 5 = \underline{21}$
(2) $x_1 + 8\,x_2 + 8\,x_3 = 5 + u_2 = 40 \qquad \rightarrow \qquad u_2 = 40 - 5 = \underline{35}$
(3) $x_1 + 10\,x_2 + 7,5\,x_3 + u_3 = 5 + u_3 = 40 \rightarrow \qquad u_3 = 40 - 5 = \underline{35}$

$G(x) = x_1 + 9\,x_2 + 7\,x_3 = \underline{5}$

x_1	x_2	x_3	u_1	u_2	u_3	u_4	G	
0	5	5	1	0	0	1	0	21
0	8	8	0	1	0	1	0	35
0	10	7,5	0	0	1	1	0	35
1	0	0	0	0	0	-1	0	5
0	-9	-7	0	0	0	-1	1	5

d) *Die Ecke ist nicht optimal, da die letzte Zeile des Tableaus noch negative Koeffizienten enthält, durch deren Beseitigung der Wert der Zielfunktion erhöht werden kann.*

x_1	x_2	x_3	u_1	u_2	u_3	u_4	G	
0	5	5	1	0	0	1	0	21
0	8	8	0	1	0	1	0	35
0	10	7,5	0	0	1	1	0	35
1	0	0	0	0	0	-1	0	5
0	-9	-7	0	0	0	-1	1	5

x_1	x_2	x_3	u_1	u_2	u_3	u_4	G	
0	0	1,25	1	0	-0,5	0,5	0	3,5
0	0	2	0	1	-0,8	0,2	0	7
0	1	0,75	0	0	0,1	0,1	0	3,5
1	0	0	0	0	0	-1	0	5
0	0	-0,25	0	0	0,9	-0,1	1	36,5

x_1	x_2	x_3	u_1	u_2	u_3	u_4	G	
0	0	1	0,8	0	-0,4	0,4	0	2,8
0	0	0	-1,6	1	0	-0,6	0	1,4
0	1	0	-0,6	0	0,4	-0,2	0	1,4
1	0	0	0	0	0	-1	0	5
0	0	0	0,2	0	0,8	0	1	37,2

e) Optimale Ecke:

$x_1 = 5\,€ \qquad x_2 = 1,4\,€ \quad x_3 = 2,8\,€ \quad u_1 = 0\,€ \quad u_2 = 1,4\,€ \; u_3 = 0\,€ \quad u_4 = 0\,€ \quad G = 37,2\,€$

$u_2 = 1,4 €$ *Bei den Haushalten mit Kindern in Mietwohnungen werden die einzuhaltenden maximalen monatlichen Kosten von 40 € um 1,4 € unterschritten.*

f)   Mehrdeutige Lösung (Kante) – *u_4 hat keinen Einfluss auf den Wert der Zielfunktion*

(1) $x_3 + 0,4\, u_4 = 2,8$
(2) $u_2 - 0,6\, u_4 = 1,4$
(3) $x_2 - 0,2\, u_4 = 1,4$
(4) $x_1 - \quad u_4 = 5$ $x_1, x_2, x_3, u_2, u_3 \geq 0$

g*) $x_3 = 1,5\, x_2$
Nach Gleichung (1) und (3) bedeutet das:

$2,8 - 0,4\, u_4 = 1,5\,(1,4 + 0,2\, u_4) = 2,1 + 0,3\, u_4$ → $0,7 = 0,7\, u_4$ → $u_4 = \underline{1}$

(1) $x_3 + 0,4\, u_4 = x_3 + 0,4 = 2,8$ → $x_3 = 2,8 - 0,4 = 2,4$
(2) $u_2 - 0,6\, u_4 = u_2 - 0,6 = 1,4$ → $u_2 = 1,4 + 0,6 = 2$
(3) $x_2 - 0,2\, u_4 = x_2 - 0,2 = 1,4$ → $x_2 = 1,4 + 0,2 = 1,6$
(4) $x_1 - u_4 = x_1 - 1 = 5$ → $x_1 = 5 + 1 = 6$

Spezielle optimale Lösung mit $x_3 = 1,5\, x_2$:

$x_1 = 6 €$ $x_2 = 1,6 €$ $x_3 = 2,4 €$ $u_1 = 0 €$ $u_2 = 2 €$ $u_3 = 0 €$ $u_4 = 1 €$ $G = 37,2 €$

Aufgabe 3.3.3.12   Malerarbeiten

a) $x_1 =$ Preis Spachteln in $€/m^2$ (1) $80\, x_1 + 120\, x_2 + 100\, x_3 \leq 1\,000$
    $x_2 =$ Preis Streichen in $€/m^2$ (2) $120\, x_1 + 200\, x_2 + 160\, x_3 \leq 1\,600$
    $x_3 =$ Preis Verlegen Malervlies in $€/m^2$ (3) $160\, x_1 + 250\, x_2 + 200\, x_3 \leq 2\,030$

(4) $x_3 \geq \quad 4$

$x_1, x_2, x_3 \geq 0$

Zielfunktion:

$G(x) = (5 \cdot 80 + 10 \cdot 120 + 8 \cdot 160)\, x_1 + (5 \cdot 120 + 10 \cdot 200 + 8 \cdot 250)\, x_2$
$+ (5 \cdot 100 + 10 \cdot 160 + 8 \cdot 200)\, x_3 = 2\,880\, x_1 + 4\,600\, x_2 + 3\,700\, x_3$

ges. max. $G(x)$

b) *Aufgrund der Bedingung (4) ist der Koordinatenursprung nicht zulässig. Es muss daher zunächst eine zulässige Ausgangsecke ermittelt werden.*

$(4^*)\, x_3 - u_4 + w_4 = 4$ → $w_4 = 4 - x_3 + u_4$

Hilfszielfunktion: $G^*(x) = -w_4$ → $G^* + w_4 = 0$

$G^* + 4 - x_3 + u_4 = 0$ → $G^* - x_3 + u_4 = -4$

x_1	x_2	x_3	u_1	u_2	u_3	u_4	w_4	G^*/G	
80	120	100	1	0	0	0	0	0	1 000
120	200	160	0	1	0	0	0	0	1 600
160	250	200	0	0	1	0	0	0	2 030
0	0	1	0	0	0	-1	1	0	4
0	*0*	*-1*	*0*	*0*	*0*	*1*	*0*	*1*	*-4*
-2 880	*-4 600*	*-3 700*	0	0	0	0	0	1	0

c) **NBV** $\qquad x_1 = 0 \qquad\qquad u_2 = 0 \qquad\qquad u_4 = 0$

u_3 ist eine **BV**, die nur in Zeile (3) vorkommt

(4) $\quad x_3 = \underline{4}$

(2) $\quad 120\,x_1 + 200\,x_2 + 160\,x_3 = 200\,x_2 + 160 \cdot 4 = 1\,600$

$\qquad \rightarrow \qquad 200\,x_2 = 1\,600 - 640 = 960 \qquad \rightarrow \qquad x_2 = 960/200 = \underline{4{,}8}$

(1) $\quad 80\,x_1 + 120\,x_2 + 100\,x_3 + u_1 = 120 \cdot 4{,}8 + 100 \cdot 4 = 1\,000$

$\qquad \rightarrow \qquad u_1 = 1\,000 - 576 - 400 = \underline{24}$

(3) $\quad 160\,x_1 + 250\,x_2 + 200\,x_3 + u_3 = 250 \cdot 4{,}8 + 200 \cdot 4 + u_3 = 2\,030$

$\qquad \rightarrow \qquad u_3 = 2\,030 - 1\,200 - 800 = \underline{30}$

$G(x) = 2\,880\,x_1 + 4\,600\,x_2 + 3\,700\,x_3 = 4\,600 \cdot 4{,}8 + 3\,700 \cdot 4 = \underline{36\,880}$

x_1	x_2	x_3	u_1	u_2	u_3	u_4	G	
8	0	0	1	-0,6	*0*	4	0	*24*
0,6	1	0	0	0,005	*0*	0,8	0	*4,8*
10	0	0	0	-1,25	*1*	0	0	*0*
0	0	1	0	0	*0*	-1	0	*4*
-120	0	0	0	23	*0*	-20	1	*36 880*

d)

x_1	x_2	x_3	u_1	u_2	u_3	u_4	G	
8	0	0	1	-0,6	0	4	0	24
0,6	1	0	0	0,005	0	0,8	0	4,8
10	0	0	0	-1,25	1	0	0	0
0	0	1	0	0	0	-1	0	4
-120	0	0	0	23	0	-20	1	36 880

x_1	x_2	x_3	u_1	u_2	u_3	u_4	G	
0	0	0	1	0,4	-0,8	4	0	0
0	1	0	0	0,08	-0,06	0,8	0	3
1	0	0	0	-0,125	0,1	0	0	3
0	0	1	0	0	0	-1	0	4
0	0	0	0	8	12	-20	1	37 240

x_1	x_2	x_3	u_1	u_2	u_3	u_4	G	
0	0	0	0,25	0,1	-0,2	1	0	0
0	1	0	-0,2	0	0,1	0	0	3
1	0	0	0	-0,125	0,1	0	0	3
0	0	1	0,25	0,1	-0,2	0	0	4
0	0	0	5	10	8	0	1	37 240

e) Optimale Lösung:

$x_1 = 3\ €$ $x_2 = 3\ €$ $x_3 = 4\ €$ $u_1 = 0\ €$ $u_2 = 0\ €$ $u_3 = 0\ €$ $u_4 = 0\ €$ $G = 37\ 240\ €$

Spachtel und Streichen sollte je m^2 3 € kosten, das Verlegen von Malervlies 4 €.

Insgesamt kosten die Malerarbeiten in diesem Neubau 37 240 €.

Besonderheit: **Entartung**

Im Optimum schneiden sich nicht nur drei, sondern vier Ebenen. Es werden alle vier Restriktionen voll ausgeschöpft.

3.4.3.4 *Minimierungsprobleme*

Zur Lösung von Minimierungsproblemen

Die effektivste Form, Minimierungsprobleme zu lösen erfolgt mit Hilfe der **dualen Maximierungsaufgabe**:

Minimierungsaufgabe		Duale Maximierungsaufgabe	
Restriktionen	$A\,y \geq c$	Restriktionen:	$A^T x \leq b$
Zielfunktion:	$K(y) = b^T y$	Zielfunktion:	$G(x) = c^T x$

Nach der Lösung der dualen Maximierungsaufgabe mit Hilfe der Simplex-Methode, kann aus der untersten Zeile des Endtableaus die optimale Lösung des Minimierungsproblems abgelesen werden:

x_1	...	x_m	u_1	...	u_n	G	
v_1	...	v_m	y_1	...	y_n	1	$K(y)$

Die Koeffizienten der *Strukturvariablen x_j* der **dualen Maximierungsaufgabe** in der Zielfunktionszeile enthalten die optimalen Werte der *Schlupfvariablen v_j* des **Minimierungsproblems** und die Koeffizienten der *Schlupfvariablen u_i* geben die optimalen Werte der *Strukturvariablen y_i* der **Minimierungsaufgabe** an. Das Maximum der Zielfunktion **$G(x)$** der dualen Maximierungsaufgabe ist gleichzeitig das Minimum der Zielfunktion **$K(y)$** des Minimierungsproblems.

Aufgabe 3.3.4.1   Maklerannoncen

y_1 = Anz. Annoncen in der Morgenpost
y_2 = Anz. Annoncen in der Berliner Zeitung
y_3 = Anz. Annoncen im Immobilienscout

a) *Minimierungsaufgabe*

(1) $50\,y_1 + 40\,y_2 + 20\,y_3 \geq 2\ 000$
(2) $\quad y_1 - \ 2\,y_2 \qquad\quad \geq \quad 0$
(3) $\quad y_1 + \quad y_2 + \quad y_3 \geq \quad 80$

$\quad y_1, y_2, y_3 \geq 0$

Zielfunktion:

$K(y) = 60\,y_1 + 50\,y_2 + 32\,y_3$

ges. min $K(y)$

b) *Duale Maximierungsaufgabe*

(1) $50\,x_1 + \ x_2 + x_3 \leq 60$
(2) $40\,x_1 - 2\,x_2 + x_3 \leq 50$
(3) $20\,x_1 \qquad\quad + x_3 \leq 32$

$\quad x_1, x_2, x_3 \geq 0$

Zielfunktion:

$G(x) = 2\ 000\,x_1 + 80\,x_3$

ges. max. $G(x)$

c) Lösung der dualen Maximierungsaufgabe

x_1	x_2	x_3	u_1	u_2	u_3	G	
50	1	1	1	0	0	0	60
40	-2	1	0	1	0	0	50
20	0	1	0	0	1	0	32
-2000	0	-80	0	0	0	1	0

x_1	x_2	x_3	u_1	u_2	u_3	G	
1	0,02	0,02	0,02	0	0	0	1,2
0	-2,8	0,2	-0,8	1	0	0	2
0	-0,4	0,6	-0,4	0	1	0	8
0	40	-40	40	0	0	1	2 400

x_1	x_2	x_3	u_1	u_2	u_3	G	
1	0,3	0	0,1	-0,1	0	0	1
0	-14	1	-4	5	0	0	10
0	8	0	2	-3	1	0	2
0	-520	0	-120	200	0	1	2 800

x_1	x_2	x_3	u_1	u_2	u_3	G	
1	0	0	0,025	0,0125	-0,0375	0	0,925
0	0	1	-0,5	-0,25	1,75	0	13,5
0	1	0	0,25	-0,375	0,125	0	0,25
0	0	0	10	5	65	1	2 930

Häufiger Fehler

Beim Ablesen der optimalen Lösung wird sehr oft die Lösung der dualen Maximierungsaufgabe angegeben anstelle der Lösung des Minimierungsproblems in der letzten Zeile des
Tableaus.

Optimale Lösung:

$y_1 = 10$ $\quad$ $y_2 = 5$ $\quad$ $y_1 = 65$ $\quad$ $v_1 = 0$ $\quad$ $v_2 = 0$ $\quad$ $v_3 = 0$ $\quad$ $K(y) = 2930\,€$

*Es sollten 10 Annoncen in der Morgenpost, 5 in der Berliner Zeitung und 65 im Immo-
bilienscout erscheinen.*

Dabei werden in allen drei Bedingungen die Mindestanforderungen genau realisiert.

Die Kosten dieser Werbeaktion liegen bei 2 930 €.

Aufgabe 3.3.4.2   Gebührensenkung Abfallentsorgung

y_1 = Gebührensenkung für Mülltonnen in €
y_2 = Gebührensenkung für Papiertonnen in €
y_3 = Gebührensenkung für Biotonnen in €

a) Minimierungsaufgabe

(1) $4\,y_1 + \ \ 2\,y_2 + \ 2\,y_3 \geq 30$
(2) $3\,y_1 + \ \ \ \ y_2 + \ \ \ y_3 \geq 12$
(3) $2\,y_1 + \ \ \ \ y_2 + 0{,}8\,y_3 \geq \ 8$

(4) $\ \ \ \ y_1 + 0{,}4\,y_2 + 0{,}2\,y_3 \geq \ 4$

$\ \ \ \ y_1, y_2, y_3 \geq 0$

Zielfunktion: ges. min $K(y)$

$K(y) = 180\,000\,y_1 + 66\,000\,y_2 + 57\,000\,y_3$

b) Duale Maximierungsaufgabe

(1) $4\,x_1 + 3\,x_2 + 2\ \ x_3 + \ \ \ \ x_4 \leq 180\,0000$
(2) $2\,x_1 + \ \ x_2 + \ \ \ \ x_3 + 0{,}4\,x_4 \leq \ \ 66\,000$
(3) $2\,x_1 + \ \ x_2 + 0{,}8\,x_3 + 0{,}2\,x_4 \leq 57\,000$

$x_1, x_2, x_3 \geq 0$

Zielfunktion:

$G(x) = 30\,x_1 + 12\,x_2 + 8\,x_3 + 4\,x_4$

ges. max. $G(x)$

Bestimmung der Zielfunktion:

Die Verringerung der Einnahmen der Stadtreinigung insgesamt erhält man durch Multiplikation der Zahl der jeweiligen Abnehmer (nach Haustypen) mit der jeweiligen Kostensenkung, die auf der linken Seite der Restriktionsungleichungen ermittelt wird.

$K(y) = 2\,500\,(4\,y_1 + \ 2\,y_2 + 2\,y_3\,) + 40\,000\,(3\,y_1 + \ y_2 + y_3) + 5\,000\,(2\,y_1 + \ y_2 + 0{,}8\,y_3)$
$\qquad + 40\,000\,(y_1 + 0{,}4\,y_2 + 0{,}2\,y_3)$
$\qquad = 180\,000\,y_1 + 66\,000\,y_2 + 57\,000\,y_3$

c) Lösung der dualen Maximierungsaufgabe

x_1	x_2	x_3	x_4	u_1	u_2	u_3	G	
4	3	2	1	1	0	0	0	180 000
2	1	1	0,4	0	1	0	0	66 000
2	1	0,8	0,2	0	0	1	0	57 000
-30	-12	-8	-4	0	0	0	1	0

x_1	x_2	x_3	x_4	u_1	u_2	u_3	G	
0	1	0,4	0,6	1	0	-2	0	66 000
0	0	0,2	0,2	0	1	-1	0	9 000
1	0,5	0,4	0,1	0	0	0,5	0	28 500
0	3	4	-1	0	0	15	1	855 000

x_1	x_2	x_3	x_4	u_1	u_2	u_3	G	
0	1	-0,2	0	1	-3	1	0	39 000
0	0	1	1	0	5	-5	0	45 000
1	0,5	0,3	0	0	-0,5	1	0	24 000
0	3	5	0	0	5	10	1	900 000

d) Optimale Lösung:

$y_1 = 0\,€$ $y_2 = 5\,€$ $y_3 = 10\,€$ $v_1 = 0\,€$ $v_2 = 3\,€$ $v_3 = 5\,€$ $v_4 = 0\,€$

$K(y) = 900\,0000\,€$

Die Gebühren für Papiertonnen sollten um 5 €, die für Biogut um 10 € gesenkt werden, während die Müllgebühren unverändert bleiben. Das führt insgesamt zu Einnahmeverlusten pro Quartal von 900 000 €.

Bewohner von Hochhäusern und Ein-/Zweifamilienhäusern erhalten genau die Mindest-entlastung, Bewohner von mehrgeschossigen Wohnhäusern werden um 3 € und Bewohner von Stadtvillen um 5 € mehr entlastet als mindestens gefordert.

Aufgabe 3.3.4.3 Jugendhotel

y_1, y_2, y_3, y_4 = Anz. Ein-, Zwei-, Drei- bzw. Vierbettzimmer

a) *Minimierungsaufgabe*

(1) $y_1 + 2\,y_2 + 3\,y_3 + 4\,y_4 \geq 105$
(2) $y_1 + y_2 \geq 7$
(3) $y_1 + y_2 + y_3 - y_4 \geq 0$

$y_1, y_2, y_3, y_4 \geq 0$

Zielfunktion:

$K(y) = 50\,y_1 + 60\,y_2 + 75\,y_3 + 100\,y_4$

ges. min $K(y)$

b) *Duale Maximierungsaufgabe*

(1) $x_1 + x_2 + x_3 \leq 50$
(2) $2\,x_1 + x_2 + x_3 \leq 60$
(3) $3\,x_1 + x_3 \leq 75$
(4) $4\,x_1 - x_3 \leq 100$ $x_1, x_2, x_3 \geq 0$

Zielfunktion:

$G(x) = 105\,x_1 + 7\,x_2$

ges. max. $G(x)$

Lösung der dualen Maximierungsaufgabe

1. Schritt $x_1 \leftrightarrow u_3$

x_1	x_2	x_3	u_1	u_2	u_3	u_4	G	
1	1	1	1	0	0	0	0	50
2	1	1	0	1	0	0	0	60
3	0	1	0	0	1	0	0	75
4	0	-1	0	0	0	1	0	100
-105	-7	0	0	0	0	0	1	0

x_1	x_2	x_3	u_1	u_2	u_3	u_4	G	
0	1	2/3	1	0	-1/3	0	0	25
0	1	1/3	0	1	-2/3	0	0	10
1	0	1/3	0	0	1/3	0	0	25
0	0	-7/3	0	0	-4/3	1	0	0
0	-7	35	0	0	35	0	1	2 625

Alternative:

Aufgrund der gleichen Quotienten: $75/3 = 25$ und $100/4 = 25$ hätte x_1 auch mit u_4 getauscht werden können.

1. Schritt $\qquad x_1 \leftrightarrow u_4$

x_1	x_2	x_3	u_1	u_2	u_3	u_4	G	
0	1	1,25	1	0	0	-0,25	0	25
0	1	1,5	0	1	0	-0,5	0	10
0	0	1,75	0	0	1	-0,75	0	0
1	0	-0,25	0	0	0	0,25	0	25
0	-7	-26,25	0	0	0	26,25	1	2 625

c) *duale Maximierungsaufgabe*: u_1 ist eine *BV*, die nur in Zeile 1 vorkommt.

Die Koeffizienten aller *BV* in der Zielfunktionszeile sind null. Für die Minimierungsaufgabe heißt das, dass die Variablen, die hier abgelesen werden, den Wert null haben.

Minimierungsaufgabe:

$v_1 = 0 \qquad\qquad v_2 = 0 \qquad\qquad v_3 = 0 \qquad\qquad y_1 = 0$

(2) $y_1 + y_2 = 0 + y_2 = 7 \qquad\qquad\qquad \rightarrow \qquad y_2 = \underline{7}$

(1) $y_1 + 2\,y_2 + 3\,y_3 + 4\,y_4 = 14 + 3\,y_3 + 4\,y_4 = 105 \qquad \rightarrow \qquad 3\,y_3 + 4\,y_4 = 91$

(3) $y_1 + y_2 + y_3 - y_4 = 7 + y_3 - y_4 = 0 \qquad\qquad \rightarrow \qquad y_3 - y_4 = -7$

$\qquad$ (1) $-$ 3 (2) $\quad 7\,y_4 = 112 \qquad\qquad \rightarrow \qquad y_4 = 112/7 = \underline{16} \qquad y_3 = \underline{9}$

$K(y) = 50\,y_1 + 60\,y_2 + 75\,y_3 + 100\,y_4 = 0 + 60 \cdot 7 + 75 \cdot 9 + 100 \cdot 16 = \underline{2\,695}$

x_1	x_2	x_3	u_1	u_2	u_3	u_4	G	
0	0	0	*1*	-1	1/7	1/7	0	15
0	1	0	*0*	1	-6/7	1/7	0	10
0	0	1	*0*	0	4/7	-3/7	0	0
1	0	0	*0*	0	1/7	1/7	0	25
0	*0*	*0*	*0*	7	9	16	1	*2 695*

Probe: $\quad$ Lösung der dualen Maximierungsaufgabe: $x_1 = 25 \quad x_2 = 10 \quad x_3 = 0$

$\rightarrow \qquad G(x) = 105\,x_1 + 7\,x_2 = 105 \cdot 25 + 7 \cdot 10 = 2\,695 = K(y)$

d) *Es sollten kein Einzelzimmer, 7 Doppelzimmer, 9 Dreibettzimmer und 16 Vierbettzimmer reserviert werden. Die Kosten pro Nacht betragen dann 2 695 €.*

Aufgabe 3.3.4.4 $\qquad$ Preissenkung für Rheumamedikamente

y_1 = Preissenkung für Tabletten in €
y_2 = Preissenkung für Injektionen in €
y_3 = Preissenkung für Rheumasalbe in €

a) *Minimierungsaufgabe*

(1) $\qquad\quad y_2 \qquad\quad \geq 12$
(2) $4\,y_1 - y_2 \qquad\quad \geq\ 0$
(3) $-\,y_1 + \qquad 2\,y_3 \geq\ 0$
(4) $\quad y_1 + y_2 + 2\,y_3 \geq 25$

b) *Duale Maximierungsaufgabe*

(1) $\quad 4\,x_2 - x_3 + x_4 \leq\ 40$
(2) $x_1 - x_2 + \qquad x_4 \leq\ 80$
(3) $\qquad 2\,x_3 + 2\,x_4 \leq 100$

$x_1, x_2, x_3, x_4 \geq 0$

$y_1, y_2, y_3 \geq 0$

Zielfunktion:

$K(y) = 40\, y_1 + 80\, y_2 + 100\, y_3$

ges. min $K(y)$

Zielfunktion:

$G(x) = 12\, x_1 + 25\, x_4$

ges. max. $G(x)$

c) Lösung der dualen Maximierungsaufgabe

x_1	x_2	x_3	x_4	u_1	u_2	u_3	G	
0	4	-1	1	1	0	0	0	40
1	-1	0	1	0	1	0	0	80
0	0	2	2	0	0	1	0	100
-12	0	0	-25	0	0	0	1	0

x_1	x_2	x_3	x_4	u_1	u_2	u_3	G	
0	4	-1	1	1	0	0	0	40
1	-5	1	0	-1	1	0	0	40
0	-8	4	0	-2	0	1	0	20
-12	100	-25	0	25	0	0	1	1 000

x_1	x_2	x_3	x_4	u_1	u_2	u_3	G	
0	2	0	1	0,5	0	0,25	0	45
1	-3	0	0	-0,5	1	-0,25	0	35
0	-2	1	0	-0,5	0	0,25	0	5
-12	50	0	0	12,5	0	6,25	1	1 125

x_1	x_2	x_3	x_4	u_1	u_2	u_3	G	
0	2	0	1	0,5	0	0,25	0	45
1	-3	0	0	-0,5	1	-0,25	0	35
0	-2	1	0	-0,5	0	0,25	0	5
0	14	0	0	6,5	12	3,25	1	1 545

Optimale Lösung:

$y_1 = 6,5\,€ \quad y_2 = 12\,€ \quad y_3 = 3,25\,€ \quad v_1 = 0\,€ \quad v_2 = 14\,€ \quad v_3 = 0\,€ \quad v_4 = 0\,€$

$K(y) = 1\,545\,€$

Der Preis der Tabletten sollte um 6,5 €, der der Injektionen um 12 € und der der Salbe um 3,25 € gesenkt werden. Dabei wird nur Bedingung (2) nicht voll ausgeschöpft. D.h. der Preis der Injektion wird nicht 4 mal so stark gesenkt wie der Preis der Tabletten, sondern um 14 € weniger. Die Einnahmen pro Monat verringern sich dabei um 1 545 €.

Aufgabe 3.3.4.5 **Winzer**

y_1 = Menge *Rubin* in Litern
y_2 = Menge *Pinot Noir* in Litern
y_1 = Menge *Cabernet* in Litern

a) **Minimierungsaufgabe**

(1) $0,4\,y_1 + 0,2\,y_2 \qquad\qquad \geq 200$
(2) $0,2\,y_1 + 0,5\,y_2 + 0,4\,y_3 \geq 240$
(3) $0,4\,y_1 + 0,3\,y_2 + 0,6\,y_3 \geq 300$
(4) $\;\;-y_1 + \quad y_2 + \quad y_3 \geq \;\; 0$

$\qquad y_1, y_2, y_3 \geq 0$

Zielfunktion:

$K(y) = y_1 + 1,5\,y_2 + 2\,y_3$

ges. min $K(y)$

b) **Duale Maximierungsaufgabe**

(1) $0,4\,x_1 + 0,2\,x_2 + 0,4\,x_3 - x_4 \leq 1$
(2) $0,2\,x_1 + 0,5\,x_2 + 0,3\,x_3 + x_4 \leq 1,5$
(3) $\qquad\qquad 0,4\,x_2 + 0,6\,x_3 + x_4 \leq 2$

$\qquad x_1, x_2, x_3, x_4 \geq 0$

Zielfunktion:

$G(x) = 200\,x_1 + 240\,x_2 + 300\,x_3$

ges. max. $G(x)$

x_1	x_2	x_3	x_4	u_1	u_2	u_3	G	
0,4	0,2	0,4	-1	1	0	0	0	1
0,2	0,5	0,3	1	0	1	0	0	1,5
0	0,4	0,6	1	0	0	1	0	2
-200	-240	-300	0	0	0	0	0	0

x_1	x_2	x_3	x_4	u_1	u_2	u_3	G	
1	0,5	1	-2,5	2,5	0	0	0	2,5
-0,1	0,35	0	1,75	-0,75	1	0	0	0,75
-0,6	0,1	0	2,5	-1,5	0	1	0	0,5
100	-90	0	-750	750	0	0	0	750

c) **duale Maximierungsaufgabe**: x_1 ist eine **BV**, die nur in Zeile (2) vorkommt.

Die **BV** der dualen Maximierungsaufgabe x_1, x_3, x_4 haben in der Zielfunktionszeile den Koeffizienten null.

Minimierungsaufgabe: $\qquad v_1 = 0 \qquad v_3 = 0 \qquad v_4 = 0$

(1) $0,4\,y_1 + 0,2\,y_2 = 200 \qquad\qquad \rightarrow \quad 0,2\,y_2 = 200 - 0,4\,y_1 \quad \rightarrow \quad y_2 = 1\,000 - 2\,y_1$

(3) $0,4\,y_1 + 0,3\,y_2 + 0,6\,y_3 = 0,4\,y_1 + 0,3\,(1\,000 - 2\,y_1) + 0,6\,y_3 = 300$
$\quad \rightarrow \quad -0,2\,y_1 + 0,6\,y_3 + 300 = 300 \quad \rightarrow \quad -0,2\,y_1 + 0,6\,y_3 = 0 \quad \rightarrow \quad 0,6\,y_3 = 0,2\,y_1$
$\quad \rightarrow \quad y_3 = y_1/3$

(4) $-y_1 + y_2 + y_3 = -y_1 + (1\,000 - 2\,y_1) + y_1/3 = 0 \qquad\qquad \rightarrow \quad -(8/3)\,y_1 = -1\,000$

$\rightarrow \qquad y_1 = 3\,000/8 = \underline{375} \qquad y_2 = 1000 - 2\,y_1 = \underline{250} \qquad y_3 = y_1/3 = \underline{125}$

Alternative: Lösung nach dem Gaußschen Algorithmus

(1) $0,4\,y_1 + 0,2\,y_2 \qquad\qquad = 200$
(3) $0,4\,y_1 + 0,3\,y_2 + 0,6\,y_3 = 300$
(4) $\;\;-y_1 + \quad y_2 + \quad y_3 = \;\; 0$

(1)	0,4	0,2	0	200
(3)	0,4	0,3	0,6	300
(4)	-1	1	1	0
$(1') = 2,5\,(1)$	1	0,5	0	500
$(3') = (3) - (1)$	0	0,1	0,6	100
$(4') = (4) + (1')$	0	1,5	1	500
$(1'') = (1') - 0,5\,(3'')$	1	0	-3	0
$(3'') = 10\,(3')$	0	1	6	1000
$(4'') = (4') - 1,5\,(3'')$	0	0	-8	-1000
$(1''') = (1'') + 3(4''')$	1	0	0	375
$(3''') = (3'') - 6(4''')$	0	1	0	250
$(4''') = -(4'') : 8$	0	0	1	125

$y_1 = 375 \qquad y_2 = 250 \qquad y_3 = 125$

(2) $0,2\,y_1 + 0,5\,y_2 + 0,4\,y_3 - v_2 = 75 + 125 + 50 - v_2 = 240 \quad \rightarrow \quad v_2 = 250 - 240 = \underline{10}$

Häufiger Fehler

Als kanonische Form der zweiten Bedingung wird oft wie bei Bedingungen mit Kapazitätsgrenze: (2) $0,2\,y_1 + 0,5\,y_2 + 0,4\,y_3 + v_2 = 240$ angesetzt. Da 240 jedoch eine **Mindest-** und
keine **Maximal**kapazität ist, ist das **falsch** und führt zu dem nichtzulässigen Wert $v_2 = -10$.

$K(y) = y_1 + 1,5\,y_2 + 2\,y_3 = 375 + 1,5 \cdot 250 + 2 \cdot 125 = \underline{1\,000}$

x_1	x_2	x_3	x_4	u_1	u_2	u_3	G	
0	0,25	1	0	0,625	-1,25	1,875	0	2,5
1	0,875	0	0	0,9375	3,125	-2,1875	0	1,25
0	0,25	0	1	-0,375	0,75	-0,125	0	0,5
0	*10*	*0*	*0*	*375*	*250*	*125*	*1*	*1000*

Probe: Lösung der dualen Maximierungsaufgabe: $x_1 = 1,25 \quad x_2 = 0 \quad x_3 = 2,5 \quad x_4 = 0,5$

$\rightarrow \qquad G(x) = 200\,x_1 + 240\,x_2 + 300\,x_3 = 200 \cdot 1,25 + 300 \cdot 2,5 = 1\,000 = K(y)$

d) Optimale Lösung:

Rubin $\qquad y_1 = 375 \qquad$ *Pinot Noir* $y_2 = 250 \qquad$ *Cabernet* $y_3 = 125$ Liter

$v_2 = 10 \qquad$ *Von der Traubensorte Pinotage werden 10 Liter mehr benötigt als*
mindestens geerntet werden.

Produktionskosten: $K(y) = 1000$ €

Aufgabe 3.3.4.6   Museumsführungen

y_1, y_2, y_3 = Zahl der deutsch-, englisch- bzw. französischsprachigen Führungen pro Woche

a) Minimierungsaufgabe

(1) $\quad y_1 + \quad y_2 + \quad\quad y_3 \geq 30$
(2) $\; -y_1 + \quad y_2 + \quad\quad y_3 \geq 0$
(3) $\quad\quad\quad\quad\quad\quad\quad y_3 \geq 5$
(4) $20\, y_1 + 20\, y_2 + 25\, y_3 \geq 550$

$\quad\quad y_1, y_2, y_3 \geq 0$

Zielfunktion:

$K(y) = 30\, y_1 + 40\, y_2 + 50\, y_3$

ges. min $K(y)$

b) Duale Maximierungsaufgabe

(1) $x_1 - x_2 + \quad\quad\quad 20\, x_4 \leq 30$
(2) $x_1 + x_2 + \quad\quad\quad 20\, x_4 \leq 40$
(3) $x_1 + x_2 + x_3 + \; 25\, x_4 \leq 50$

$\quad\quad x_1, x_2, x_3, x_4 \geq 0$

Zielfunktion:

$G(x) = 30\, x_1 + 5\, x_3 + 550\, x_4$

ges. max. $G(x)$

Lösung der dualen Maximierungsaufgabe

x_1	x_2	x_3	x_4	u_1	u_2	u_3	G	
1	-1	0	20	1	0	0	0	30
1	1	0	20	0	1	0	0	40
1	1	1	25	0	0	1	0	50
-30	0	-5	-550	0	0	0	1	0

x_1	x_2	x_3	x_4	u_1	u_2	u_3	G	
0,05	-0,05	0	1	0,05	0	0	0	1,5
0	2	0	0	-1	1	0	0	10
-0,25	2,25	1	0	-1,25	0	1	0	12,5
-2,5	-27,5	-5	0	27,5	0	0	1	825

x_1	x_2	x_3	x_4	u_1	u_2	u_3	G	
0,05	0	0	1	0,025	0,025	0	0	1,75
0	1	0	0	-0,5	0,5	0	0	5
-0,25	0	1	0	-0,125	-1,125	1	0	1,25
-2,5	0	-5	0	13,75	13,75	0	0	962,5

x_1	x_2	x_3	x_4	u_1	u_2	u_3	G	
0,05	0	0	1	0,025	0,025	0	0	1,75
0	1	0	0	-0,5	0,5	0	0	5
-0,25	0	1	0	-0,125	-1,125	1	0	1,25
-3,75	0	0	0	13,125	8,125	5	0	968,75

x_1	x_2	x_3	x_4	u_1	u_2	u_3	G	
1	0	0	20	0,5	0,5	0	0	35
0	1	0	0	-0,5	0,5	0	0	5
0	0	1	0	0	-1	1	0	10
0	0	0	75	15	10	5	0	1 100

c) Optimale Lösung:

$y_1 = 15$ $\quad y_2 = 10$ $\quad y_3 = 5$ $\quad v_1 = 0$ $\quad v_2 = 0$ $\quad v_3 = 0$ $\quad v_4 = 75$ $\quad K(y) = 1\ 100\ €$

Es sollten pro Woche 15 Führungen in deutscher Sprache, 10 in Englisch und 5 in Französisch stattfinden.

Die geforderte Mindestteilnehmerzahl von 550 wird dabei um 75 überschritten.

Insgesamt kosten diese Führungen 1 100 €.

d) neue Bedingung (2*) $\quad y_1 \leq 1,5\,(y_2 + y_3)$ $\quad\rightarrow\quad$ $\quad -y_1 + 1,5\,y_2 + 1,5\,y_3 \geq 0$

e) *duale Maximierungsaufgabe* nach Ersetzung von Bedingung (2) durch (2*):

$\boldsymbol{BV}$ $\quad x_1, x_2, x_3$ $\quad\rightarrow\quad$ Die Koeffizienten der BV in der letzten Zeile sind null.

Für die Minimierungsaufgabe bedeutet das: $\quad v_1 = 0$ $\quad v_2 = 0$ $\quad v_3 = 0$ $\quad y_3 = 5$

(1) $\quad y_1 + y_2 + y_3 = y_1 + y_2 + 5 = 30$ $\qquad\rightarrow\qquad$ $y_1 + y_2 = 25$

(2*) $-y_1 + 1,5\,y_2 + 1,5\,y_3 = -y_1 + 1,5\,y_2 + 7,5 = 0$ $\rightarrow$ $\quad -y_1 + 1,5\,y_2 = -7,5$

$\qquad$ (1) + (2*) $\quad 2,5\,y_2 = 17,5$ $\qquad\qquad\rightarrow\qquad$ $y_2 = \underline{7}$ $\qquad y_1 = \underline{18}$

(4) $\quad 20\,y_1 + 20\,y_2 + 25\,y_3 - v_4 = 360 + 140 + 125 - v_4 = 550$ $\quad\rightarrow\quad$ $v_4 = \underline{75}$

$K(y) = 30\,y_1 + 40\,y_2 + 50\,y_3 = 30 \cdot 18 + 40 \cdot 7 + 50 \cdot 5 = \underline{1\ 070}$

Probe: Lösung der dualen Maximierungsaufgabe: $x_1 = 34$ $\quad x_2 = 4$ $\quad x_3 = 10$ $\quad x_4 = 0$

$\rightarrow$ $\quad G(x) = 30\,x_1 + 5\,x_3 + 550\,x_4 = 30 \cdot 34 + 5 \cdot 10 = 1\ 070 = K(y)$

x_1	x_2	x_3	x_4	u_1	u_2	u_3	G	
1	0	0	20	0,6	0,4	0	0	34
0	1	0	0	-0,4	0,4	0	0	4
0	0	1	5	0	-1	1	0	10
0	*0*	*0*	*75*	*18*	*7*	*5*	*1*	*1070*

Aufgabe 3.3.4.7   Wohnungen für Flüchtlinge

y_1 = Anz. Container y_2 = Anz. Modulbauten y_3 = Anz. Wohnhäuser

a) *Minimierungsaufgabe*

(1) $4\,y_1 + 40\,y_2 + 400\,y_3 \geq 20\,000$
(2) $20\,y_1 + 400\,y_2 + 5000\,y_3 \geq 160\,000$
(3) $-40\,y_1 + 400\,y_2 + 5000\,y_3 \geq 0$
(4) $\quad\quad\quad\quad y_2 \quad\quad\quad\quad \geq 70$

$\quad\quad y_1, y_2, y_3 \geq 0$

Zielfunktion:

$K(y) = 20\,y_1 + 2\,500\,y_2 + 7\,400\,y_3$

ges. min $K(y)$

b) *Duale Maximierungsaufgabe*

(1) $4\,x_1 + 20\,x_2 - 40\,x_3 \quad\quad \leq 20$
(2) $40\,x_1 + 400\,x_2 + 400\,x_3 + x_4 \leq 2\,500$
(3) $400\,x_1 + 5000\,x_2 + 5000\,x_3 \quad \leq 7\,400$

$\quad\quad x_1, x_2, x_3, x_4 \geq 0$

Zielfunktion:

$G(x) = 20\,000\,x_1 + 160\,000\,x_2 + 70\,x_4$

ges. max. $G(x)$

Duale Maximierungsaufgabe

x_1	x_2	x_3	x_4	u_1	u_2	u_3	G	
4	20	-40	0	1	0	0	0	20
40	400	400	1	0	1	0	0	2 500
400	5 000	5 000	0	0	0	1	0	7 400
-20 000	-160 000	0	-70	0	0	0	1	0

x_1	x_2	x_3	x_4	u_1	u_2	u_3	G	
0,2	1	-2	0	0,05	0	0	0	1
-40	0	1 200	1	-20	1	0	0	2 100
-600	0	15 000	0	-250	0	1	0	2 400
12 000	0	-320 000	-70	8 000	0	0	1	160 000

c) *dualen Maximierungsaufgabe:* **BV** x_1, x_3, x_4

Die Koeffizienten der **BV** in der letzten Zeile sind null.

Für die *Minimierungsaufgabe* bedeutet das: $v_1 = 0$ $v_3 = 0$ $v_4 = 0$

(4) $y_2 = \underline{70}$

(1) $4\,y_1 + 40\,y_2 + 400\,y_3 = 4\,y_1 + 2\,800 + 400\,y_3 = 20\,000$
$\quad \rightarrow \quad\quad 4\,y_1 + 400\,y_3 = 17\,200$

(3) $-40\,y_1 + 400\,y_2 + 5\,000\,y_3 = -40\,y_1 + 28\,000 + 5\,000\,y_3 = 0$
$\quad \rightarrow \quad\quad -40\,y_1 + 5\,000\,y_3 = -28\,000$

$\quad\quad 10\,(1) + (3) \quad 9000\,y_3 = 144\,000 \quad\quad \rightarrow \quad\quad y_3 = \underline{16} \quad\quad y_1 = \underline{2\,700}$

(2) $20\,y_1 + 400\,y_2 + 5\,000\,y_3 - v_2 = 54\,000 + 28\,000 + 80\,000 - v_2 = 160\,000$
$\quad \rightarrow \quad\quad v_2 = \underline{2\,000}$

$K(y) = 20\,y_1 + 2\,500\,y_2 + 7\,400\,y_3 = 20 \cdot 2\,700 + 2\,500 \cdot 70 + 7\,400 \cdot 16 = \underline{347\,400}$

Probe: Lösung der dualen Maximierungsaufgabe: $x_1 = 11$ $x_2 = 0$ $x_3 = 0,6$ $x_4 = 1820$

$\quad \rightarrow \quad\quad G(x) = 20\,000\,x_1 + 160\,000\,x_2 + 70\,x_4 = 220\,000 + 127\,400 = 347\,400 = K(y)$

x_1	x_2	x_3	x_4	u_1	u_2	u_3	G	
1	8,33333	0	0	0,13889	0	0,00111	0	11
0	-66,667	0	1	-1,1111	1	-0,0889	0	1 820
0	0,33333	1	0	-0,0111	0	0,00011	0	0,6
0	2 000	0	0	2 700	70	16	1	347 400

d) Optimale Lösung:

$y_1 = 2\,700 \quad y_2 = 70 \quad\quad y_3 = 16 \quad\quad v_1 = 0\,€ \quad\quad v_2 = 2\,000 \quad v_3 = 0 \quad\quad v_4 = 0$

$K(y) = 347\,400\,€$

Es sollten 2 700 Container aufgestellt, 70 Modulbauten und 16 Wohnhäuser errichtet werden.

Damit werden 20 000 Flüchtlinge untergebracht. Die geschaffene Wohnfläche liegt um 2 000 m² über der geplanten Mindestwohnfläche von 160 000 m².

Die Kosten dafür betragen 347,4 Millionen €.

Aufgabe 3.3.4.8   Multivitaminsaft

y_1 = Menge Apfelsinensaft in Litern je Liter Multivitaminsaft
y_2 = Menge Apfelsaft in Litern je Liter Multivitaminsaft
y_3 = Menge Traubensaft in Litern je Liter Multivitaminsaft

a) *Minimierungsaufgabe*

(1) $\qquad\qquad 0,1\,y_3 \geq \quad 0,05$
(2) $\quad 1,2\,y_1 + 0,6\,y_2 + 4,3\,y_3 \geq \quad 1,6$
(3) $200\,y_1 + 120\,y_2 + 50\,y_3 \geq 100$
(4) $\qquad\qquad 60\,y_2 + 30\,y_3 \geq \quad 5$
(5) $\qquad\qquad\quad y_2 \qquad\quad \geq \quad 0,3$

$\qquad y_1, y_2, y_3 \geq 0$

Zielfunktion:

$K(y) = 0,8\,y_1 + 0,6\,y_2 + 0,85\,y_3$

ges. min $K(y)$

Duale Maximierungsaufgabe

b) *Duale Maximierungsaufgabe*

(1) $\quad 1,2\,x_2 + 200\,x_3 \qquad\qquad\quad \leq 0,8$
(2) $\quad\; 0,6\,x_2 + 120\,x_3 + 60\,x_4 + x_5 \leq 0,6$
(3) $0,1\,x_1 + 4,3\,x_2 + 50\,x_3 + 30\,x_4 \leq 0,85$

$\qquad x_1, x_2, x_3, x_4, x_5 \geq 0$

Zielfunktion:

$G(x) = 0,05\,x_1 + 1,6\,x_2 + 100\,x_3 + 5\,x_4$
$\qquad\qquad + 0,3\,x_5$

ges. max. $G(x)$

x_1	x_2	x_3	x_4	x_5	u_1	u_2	u_3	G	
0	1,2	200	0	0	1	0	0	0	0,8
0	0,6	120	60	1	0	1	0	0	0,6
0,1	4,3	50	30	0	0	0	1	0	0,85
-0,05	-1,6	-100	-5	-0,3	0	0	0	1	0

x_1	x_2	x_3	x_4	x_5	u_1	u_2	u_3	G	
0	0,006	1	0	0	0,005	0	0	0	0,004
0	-0,12	0	60	1	-0,6	1	0	0	0,12
0,1	4	0	30	0	-0,25	0	1	0	0,65
-0,05	-1	0	-5	-0,3	0,5	0	0	1	0,4

c) *duale Maximierungsaufgabe:* **BV** x_1, x_3, x_5

Die Koeffizienten der **BV** der dualen Maximierungsaufgabe in der letzten Zeile sind null.

Für die **Minimierungsaufgabe** bedeutet das: $v_1 = 0$ $\quad$ $v_3 = 0$ $\quad$ $v_5 = 0$

Außerdem ist: $y_2 = 0,3$

(1) $0,1\, y_3 = 0,05$ $\qquad\rightarrow\qquad$ $y_3 = 0,05/0,1 = \underline{0,5}$

(3) $-200\, y_1 + 120\, y_2 + 50\, y_3 = 200\, y_1 + 36 + 25 = 100$
$\qquad\rightarrow\qquad 200\, y_1 = 39 \qquad\rightarrow\qquad y_1 = 39/200 = \underline{0,195}$

(2) $1,2\, y_1 + 0,6\, y_2 + 4,3\, y_3 - v_2 = 0,234 + 0,18 + 2,15 - v_2 = 1,6$
$\qquad\rightarrow\qquad v_2 = \underline{0,964}$

(4) $60\, y_2 + 30\, y_3 - v_4 = 18 + 15 - v_4 = 5$ $\qquad\rightarrow\qquad$ $v_4 = \underline{28}$

$K(y) = 0,8\, y_1 + 0,6\, y_2 + 0,85\, y_3 = 0,8 \cdot 0,195 + 0,6 \cdot 0,3 + 0,85 \cdot 0,5 = \underline{0,761\ €}$

Probe: Lösung der dualen Maximierungsaufgabe: $x_1 = 6,5$ $\quad x_3 = 0,004$ $\quad x_5 = 0,12$

$\rightarrow$ $\qquad G(x) = 0,05\, x_1 + 1,6\, x_2 + 100\, x_3 + 5\, x_4 + 0,3\, x_5 = 0,325 + 0,4 + 0,036 = 0,761$

x_1	x_2	x_3	x_4	x_5	u_1	u_2	u_3	G	
0	0,006	1	0	0	0,005	0	0	0	0,004
0	-0,12	0	60	1	-0,6	1	0	0	0,12
1	40	0	300	0	-2,5	0	10	0	6,5
0	*0,964*	*0*	*28*	*0*	*0,195*	*0,3*	*0,5*	*1*	*0,761*

d) *Die optimale Mischung enthält 19,5 % Apfelsinensaft, 30 % Apfelsaft und 50 % Traubensaft. Die restlichen 0,5 % sind Wasser. 1 Liter Multivitaminsaft kostet dann 0,761 €. Der Mindestbedarf an Vitamin B wird dabei um 0,964 g ($v_2 = 0,964$) und der an Vitamin E um 28 g je Liter ($v_4 = 28$) überschritten.*

Aufgabe 3.3.4.9 $\qquad$ Weihnachtsbaumschmuck

$y_1 =$ Anz. Kugeln $\qquad$ $y_2 =$ Anz. Glöckchen $\qquad$ $y_3 =$ Anz. Sterne

a) *Minimierungsaufgabe*

(1) $y_1 + y_2 + y_3 \geq 400$
(2) $y_1 - y_2 - y_3 \geq 0$
(3) $\qquad y_2 - 2\, y_3 \geq 0$
(4) $\qquad\qquad y_3 \geq 80$ $\quad y_1, y_2, y_3 \geq 0$

Zielfunktion: $\quad$ ges. min $K(y)$

$K(y) = 2\, y_1 + 5\, y_2 + 7,5\, y_3$

b) *Duale Maximierungsaufgabe*

(1) $x_1 + x_2$ $\qquad\qquad \leq 2$
(2) $x_1 - x_2 + x_3$ $\qquad \leq 5$
(3) $x_1 - x_2 - 2\, x_3 + x_4 \leq 7,5$

$\qquad x_1, x_2, x_3, x_4 \geq 0$

Zielfunktion: $\quad$ ges. max. $G(x)$

$G(x) = 400\, x_1 + 80\, x_4$

c) Lösung der dualen Maximierungsaufgabe

x_1	x_2	x_3	x_4	u_1	u_2	u_3	G	
1	1	0	0	1	0	0	0	2
1	-1	1	0	0	1	0	0	5
1	-1	-2	1	0	0	1	0	7,5
-400	0	0	-80	0	0	0	1	0

x_1	x_2	x_3	x_4	u_1	u_2	u_3	G	
1	1	0	0	1	0	0	0	2
0	-2	1	0	-1	1	0	0	3
0	-2	-2	1	-1	0	1	0	5,5
0	400	0	-80	400	0	0	1	800

x_1	x_2	x_3	x_4	u_1	u_2	u_3	G	
1	1	0	0	1	0	0	0	2
0	-2	1	0	-1	1	0	0	3
0	-2	-2	1	-1	0	1	0	5,5
0	240	-160	0	320	0	80	1	1 240

x_1	x_2	x_3	x_4	u_1	u_2	u_3	G	
1	1	0	0	1	0	0	0	2
0	-2	1	0	-1	1	0	0	3
0	-6	0	1	-3	2	1	0	11,5
0	-80	0	0	160	160	80	1	1 720

x_1	x_2	x_3	x_4	u_1	u_2	u_3	G	
1	1	0	0	1	0	0	0	2
2	0	1	0	1	1	0	0	7
6	0	0	1	3	2	1	0	23,5
80	0	0	0	240	160	80	1	1 880

d) Optimale Lösung:

$y_1 = 240$ $y_2 = 160$ $y_3 = 80$ $v_1 = 80$ $v_2 = 0$ $v_3 = 0$ $v_4 = 0$ $K(y) = 1\,880\,€$

Es sollten 240 Kugeln, 160 Glöckchen und 80 Sterne pro Baum verwendet werden.

Damit werden 80 Schmuckelemente mehr eingesetzt als mindestens erforderlich.

Die Kosten liegen bei 1 880 € pro Baum.

Aufgabe 3.3.4.10 Bau einer Ferienanlage

y_1 = Anzahl Ferienhäuser $\quad y_2$ = Anzahl Bungalows $\quad y_3$ = Anzahl Doppelzimmer

a) *Minimierungsaufgabe*

(1) $\quad 8\,y_1 + \quad 5\,y_2 + \ 2\,y_3 \geq \quad 500$
(2) $\ 160\,y_1 + 100\,y_2 + 20\,y_3 \geq 6\,000$
(3) $\qquad\qquad 2{,}5\,y_2 - \quad y_3 \geq \qquad 0$
(4) $\quad y_1 \qquad\qquad\qquad\qquad \geq \quad 50$

$\qquad y_1, y_2, y_3 \ \geq 0$

Zielfunktion:

$K(y) = 500\,y_1 + 100\,y_2 + 40\,y_3$

ges. min $K(y)$

b) *Duale Maximierungsaufgabe*

(1) $\ 8\,x_1 + 160\,x_2 \qquad\qquad + x_4 \leq 500$
(2) $\ 5\,x_1 + 100\,x_2 + 2{,}5\,x_3 \qquad \leq 100$
(3) $\ 2\,x_1 + \ 20\,x_2 - \qquad x_3 \quad \leq \ 40$

$\qquad x_1, x_2, x_3, x_4 \geq 0$

Zielfunktion:

$G(x) = 500\,x_1 + 6\,000\ x_2 + 50\,x_4$

ges. max. $G(x)$

c) Lösung der dualen Maximierungsaufgabe

x_1	x_2	x_3	x_4	u_1	u_2	u_3	G	
8	160	0	1	1	0	0	0	500
5	100	2,5	0	0	1	0	0	100
2	20	-1	0	0	0	1	0	40
-500	-6 000	0	-50	0	0	0	1	0

x_1	x_2	x_3	x_4	u_1	u_2	u_3	G	
0	0	-4	1	1	-1,6	0	0	340
0,05	1	0,025	0	0	0,01	0	0	1
1	0	-1,5	0	0	-0,2	1	0	20
-200	0	150	-50	0	60	0	1	6 000

Da $1/0{,}05 = 20$ und $20/1 = 20$ ist, hätte alternativ auch x_1 anstelle von x_2 Basisvariable werden können.

x_1	x_2	x_3	x_4	u_1	u_2	u_3	G	
0	0	-4	1	1	-1,6	0	0	340
0	1	0,1	0	0	0,02	-0,05	0	0
1	0	-1,5	0	0	-0,2	1	0	20
0	0	-150	-50	0	20	200	1	10 000

x_1	x_2	x_3	x_4	u_1	u_2	u_3	G	
0	40	0	1	1	-0,8	-2	0	340
0	10	1	0	0	0,2	-0,5	0	0
1	15	0	0	0	0,1	0,25	0	20
0	1 500	0	-50	0	50	125	1	10 000

x_1	x_2	x_3	x_4	u_1	u_2	u_3	G	
0	40	0	1	1	-0,8	-2	0	340
0	10	1	0	0	0,2	-0,5	0	0
1	15	0	0	0	0,1	0,25	0	20
0	3 500	0	0	50	10	25	1	27 000

d) Optimale Lösung:

$y_1 = 50$ $y_2 = 10$ $y_3 = 25$ $v_1 = 0$ $v_2 = 3\,500$ $v_3 = 0$ $v_4 = 0$ $K(y) = 27\,000$ T€

Es sollten 50 Ferienhäuser, 10 Bungalows und 25 Doppelzimmer errichtet werden.

$v_2 = 3\,500$ *D.h. dass die geschaffene Wohnfläche dabei um 3 500 m^2 größer ist als die angegebene Mindestwohnfläche.*

e) y_3 = Anzahl Ferienwohnungen

$$(1^*) \quad 8\,y_1 + \quad 5\,y_2 + \quad 4\,y_3 \geq \quad 500$$
$$(2^*) 160\,y_1 + 100\,y_2 + 50\,y_3 \geq 6\,000$$
$$(3^*) \qquad\quad - y_2 + \quad y_3 \geq \quad 0$$
$$(4^*) \quad y_1 \qquad\qquad\qquad\quad \geq \quad 40 \qquad\qquad y_1, y_2, y_3 \geq 0$$

Zielfunktion: $K^*(y) = 500\,y_1 + 100\,y_2 + 80\,y_3$ ges. min $K^*(y)$

f) *duale Maximierungsaufgabe:* BV x_1, x_3, x_4

Die Koeffizienten der **BV** der dualen Maximierungsaufgabe in der letzten Zeile sind null.

Für die *Minimierungsaufgabe* bedeutet das: $v_1 = 0$ $v_3 = 0$ $v_4 = 0$

$(4^*)\ y_1 = \underline{40}$

$(3^*)\ - y_2 + y_3 = 0$ $\rightarrow$ $y_2 = y_3$

$(1^*)\ 8\,y_1 + 5\,y_3 + 4\,y_3 = 320 + 9\,y_3 = 500$ $\rightarrow$ $9\,y_3 = 180$ $\rightarrow$ $y_2 = y_3 = \underline{20}$

$(2^*) 160\,y_1 + 100\,y_2 + 50\,y_3 - v_2 = 160 \cdot 40 + 100 \cdot 20 + 50 \cdot 20 - v_2 = 6\,000$

$\rightarrow$ $v_2 = 9\,400 - 6\,000 = \underline{3\,400}$

$K^*(y) = 500\,y_1 + 100\,y_2 + 80\,y_3 = 500 \cdot 40 + 100 \cdot 20 + 80 \cdot 20 = \underline{23\,600}$

x_1	x_2	x_3	x_4	u_1	u_2	u_3	G	
0	80/3	0	1	1	-8/9	-8/9	0	340
1	50/3	0	0	0	1/9	1/9	0	20
0	-50/3	1	0	0	-4/9	5/9	0	0
0	*3 400*	*0*	*0*	*40*	*20*	*20*	*1*	*23 600*

4 Literatur

Lehrbücher

[1]   Bosch, Karl: Mathematik für Wirtschaftswissenschaftler, Einführung, 15. Auflage
       München Wien: Oldenbourg 2011

[2]   Gohout, Wolfgang: Operations Research, München, Wien, 4. Auflage, Oldenbourg
       2009

[3]   Jaeger, Arno/Wäscher, Gerhard: Mathematische Propädeutik für
       Wirtschaftswissenschaftler, München, Wien Oldenbourg, 1998

[4]   Kallischnigg, Gerd/Kockelkorn, Ulrich/Dinge, Achim: Mathematik für Volks- und
       Betriebswirte, München, Wien, 3. Auflage, Oldenbourg, 1998

[5]   Schwarze, Jochen: Mathematik für Wirtschaftswissenschaftler, Band 2 - Differential-
       und Integralrechnung, 13. Auflage, Berlin, NBW Herne, 2010

[6]   Schwarze, Jochen: Mathematik für Wirtschaftswissenschaftler, Band 3 - Lineare
       Algebra, Lineare Optimierung und Graphentheorie, 13. Auflage, Berlin, NBW Herne,
       2010

Die Funktionsgrafiken und die Abbildungen zur grafischen Lösung linearer Optimierungsprobleme sind mit *Mathematica* erstellt worden.